科学出版社"十四五"普通高等教育本科规划教材

动物病理解剖学

（第三版）

贺文琦　赵　魁　主编

科学出版社

北京

内 容 简 介

　　本教材为新形态教材，内容翔实，文字简明扼要，图文并茂。共插入500余幅病理图片，均链接有二维码，扫描后可呈现高清图片。其中，部分病变较为复杂的图片配有语音解释说明，可更加直观地展示病理形态学的特征。本教材除绪论外，共二十章。第一至六章介绍基本病理变化及肿瘤病理，为认识动物疾病的病理形态打基础；第七至十三章介绍器官系统病理，重点阐述动物疾病过程中各组织器官常见的病理变化及其主要特征，为认识动物疾病打基础；第十四至二十章介绍动物疾病病理，分别阐述了禽类、猪、反刍动物、犬、猫、貂、兔及马属动物等的病毒性疾病、细菌性疾病、支原体和立克次氏体病、真菌病、寄生虫病、代谢性疾病和中毒病的病理学特征，为临床诊断动物疾病打基础。本教材在内容编排上除了重点介绍病理解剖学的知识，还概括介绍了动物疾病的主要临床症状、发病机制和病理诊断要点，以利于读者更加深刻地掌握动物疾病的本质。

　　本教材适用于动物医学、兽医公共卫生、动物药学、动物科学、实验动物等相关专业本科教学，也可作为兽医学科研究生、临床诊断兽医师和兽医病理学工作者的参考用书。

图书在版编目（CIP）数据

动物病理解剖学 / 贺文琦，赵魁主编. —3 版. —北京：科学出版社，2024.6
科学出版社"十四五"普通高等教育本科规划教材
ISBN 978-7-03-077867-3

Ⅰ. ①动…　Ⅱ. ①贺…　②赵…　Ⅲ. ①动物疾病-病理解剖学-高等

学校-教材　Ⅳ. ①S852.31

中国国家版本馆 CIP 数据核字（2024）第 023210 号

责任编辑：刘　丹　马程迪 / 责任校对：周思梦
责任印制：赵　博 / 封面设计：金舵手世纪

科学出版社 出版

北京东黄城根北街 16 号
邮政编码：100717
http://www.sciencep.com
天津市新科印刷有限公司印刷
科学出版社发行　各地新华书店经销

*

2008 年 8 月第 一 版　　2024 年 9 月第二次印刷
2013 年 11 月第 二 版　　开本：787×1092　1/16
2024 年 6 月第 三 版　　印张：23 1/4
字数：610 000

定价：89.00 元
（如有印装质量问题，我社负责调换）

《动物病理解剖学》（第三版）编委会

主　编　贺文琦　赵　魁
编　委　（按姓氏笔画排序）

王龙涛	吉林农业大学	王金玲	内蒙古农业大学
石火英	扬州大学	石俊超	吉林大学
宁章勇	华南农业大学	成子强	山东农业大学
吕英军	南京农业大学	吕晓玲	山西农业大学
刘永宏	内蒙古农业大学	关继羽	吉林大学
严玉霖	云南农业大学	李　姿	吉林大学
李　静	河南科技大学	李广兴	东北农业大学
杨利峰	中国农业大学	吴长德	沈阳农业大学
张　竞	吉林大学	张万坡	华中农业大学
陆慧君	吉林大学	林　静	吉林大学
周向梅	中国农业大学	周铁忠	锦州医科大学
赵　魁	吉林大学	赵晓民	西北农林科技大学
胡艳欣	中国农业大学	胡海霞	西南大学
胡静涛	吉林农业大学	贺文琦	吉林大学
高　洪	云南农业大学	郭东华	黑龙江八一农垦大学
涂　健	安徽农业大学	黄　勇	西北农林科技大学
盛金良	石河子大学	常灵竹	沈阳农业大学
童德文	西北农林科技大学	谭　勋	浙江大学
翟少华	新疆农业大学		

主　审　高　丰　吉林大学

前　言

　　《动物病理解剖学》前两版教材分别于 2008 年和 2013 年出版，至今已在国内 30 多所高校使用，得到了专业任课教师的高度认可。但是，《动物病理解剖学》（第二版）已出版 10 余年，内容相对陈旧，其中缺少很多新发再发动物传染病病理和犬、猫等动物肿瘤病理的知识，与当前兽医学科和行业发展的需求相脱节，难以满足动物医学及相关专业对动物病理解剖学知识的教学需求。

　　党的二十大报告提出"实施科教兴国战略，强化现代化建设人才支撑"的举措，其中明确提出"深化教育领域综合改革，加强教材建设和管理"等要求，为办好人民满意的教育提供支撑。为了更好地贯彻落实党的二十大精神，紧跟兽医学科发展步伐，在征求多个使用院校对第二版教材意见的基础上，编委会按照新形态教材的标准确定了《动物病理解剖学》（第三版）教材的修订大纲，并及时启动编写工作，本教材已入选科学出版社"十四五"普通高等教育本科规划教材。

　　在本教材编写过程中，结合兽医学科近年来的研究进展，编写人员查阅了国内外多部最新版本的兽医病理学教材、专著及大量的动物疾病相关研究文献，将兽医临床中流行的新发再发传染病、人兽共患病、重要外来病和科学研究前沿等新的病理学知识纳入其中，在对教材内容进行调整、更新和完善的基础上，也加快了科研成果转化为教学资源的效率。

　　与第二版教材相比，本教材按照基础病理、系统病理和疾病病理三大模块重新调整了章节顺序，使整体内容的逻辑性更强。同时，在编写体系和内容上做了部分删减和补充。在动物疾病病理部分，删减了临床中较为少见的动物疾病病理相关内容（如火鸡出血性肠炎等），补充了新发的常见传染病病理内容（如鸭坦布苏病毒病等）。本教材扩充了动物肿瘤病理的内容，尽可能全面、系统地呈现动物常见肿瘤的病理组织学特征，并以大量高清图片作为支撑，以满足动物肿瘤病理学知识的理论教学需求。另外，本教材将其中所有的病理学图片数字化，读者可以通过扫描二维码来查阅高清图片，在保证图片质量的同时，更加方便读者通过移动端学习。

　　除列出的编写人员之外，吉林大学动物病理学教研室的多名研究生也积极参与了文字资料的查阅编辑工作，为本教材编写的顺利完成做出了贡献；另外，台湾大学的刘振轩教授为本教材提供了部分病理学图片，在此表示感谢。

　　本教材力求更好地满足新形势下教学的需要，但编者水平有限，仍可能存在不足，希望同行专家和所有读者批评指正，以便后期重印或修订时改进。

贺文琦

2023 年 12 月于长春

目　　录

教学课件申请单

　　凡使用本书作为所授课程配套教材的高校主讲教师，可通过以下两种方式之一获赠教学课件一份。

1. 关注微信公众号"科学 EDU"申请教学课件

扫上方二维码关注公众号→"教学服务"→"课件申请"

2. 填写以下表格后扫描或拍照发送至联系人邮箱

姓名：	职称：	职务：
手机：	邮箱：	学校及院系：
本门课程名称：		本门课程选课人数：
开课时间： □春季　　　□秋季　　　□春秋两季		选课学生专业：
您对本书的评价及修改建议：		

联系人：刘丹 编辑　　　　电话：010-64004576　　　　邮箱：liudan@mail.sciencep.com

绪　　论

一、动物病理解剖学的性质与任务

动物病理解剖学是研究动物疾病病理形态学的一门学科，是兽医基础学科与临床学科衔接的一门桥梁课程，属于兽医基础理论学科，也是动物疾病的临床诊断学。其任务是用辩证唯物主义的观点，以观察、分析动物疾病过程中所发生的器官、组织形态结构变化为主，研究疾病的性质及其发生、发展和转归的一般规律，同时为诊断及治疗、预防动物疾病和保证畜牧业生产提供理论基础。

二、动物病理解剖学的研究方法与发展

动物病理解剖学运用尸体剖检、光学显微镜（简称光镜）、电子显微镜（简称电镜）等技术，观察动物疾病过程中各器官、组织所发生的一般形态和超微结构的改变。运用组织化学染色、免疫组织化学、原位杂交等技术，研究病理组织、细胞内物质代谢及结构改变的性质。动物病理解剖学者不但能从宏观、微观角度对疾病的本质进行研究，而且可从细胞、亚细胞及分子水平探讨疾病发生的机制。

随着自然科学的迅速发展，动物医学产生了日新月异的变化，动物病理学的分支学科——免疫病理学、细胞病理学、分子病理学等也快速发展，对动物病理解剖学的深入研究起到了积极的推动作用，使过去长期未被认识或发现的许多疾病和疾病现象的发生机制及其本质，逐渐得到阐明和解读。

三、动物病理解剖学的教学内容

本教材共20章，第1~6章重点叙述疾病过程中的基本病理变化及肿瘤病理。其中包括血液循环障碍、局部组织细胞的损伤、局部组织细胞的适应与修复、炎症、败血症和肿瘤各章节。第7~13章为各器官系统病理，即按器官系统阐明其病变的发生原因、机制和病理变化特征。第14~20章介绍动物疾病病理，包括常见的动物传染病、寄生虫病、代谢性疾病和中毒病，分别介绍了各类动物具体疾病的病理变化特征。

通过以上由简单到综合、由基本病理变化到疾病病理的学习，学生能从认识疾病、诊断疾病和防治疾病，循序渐进地掌握动物病理解剖学的系统知识，并能在临床实践中应用这些知识，拓宽临床知识面，为动物临床疾病的诊治打下扎实的理论和实践基础。

四、动物病理解剖学在兽医学科中的地位

动物病理解剖学是兽医学科的重要组成部分，它为人们认识疾病本质提供了物质基础，并为辩证地理解疾病的发生、发展积累了丰富的实际资料。动物病理解剖学除着重研究疾病的形态学变化外，也研究疾病的病因学、发病学及功能障碍与形态变化的关系。因此，动物病理解剖学与其他学科，如解剖学、组织胚胎学、生理学、生物化学、微生物学等有着密切的联系。

同时只有将动物病理解剖学与兽医临床密切结合，利用临床资料进行对照、分析、综合，才能更确切地认识疾病，使动物病理解剖学本身得到发展。

动物病理解剖学不仅是一门基础理论学科，也是一门应用学科，它提供了关于疾病的形态学与疾病本质的基本概念。因此，如果兽医临床工作者没有必需的动物病理解剖学知识，则将局限于认识疾病的现象，而不能深入地理解疾病本质。

五、学习动物病理解剖学的指导思想和方法

学习动物病理解剖学要运用辩证唯物主义的观点与方法去观察和分析疾病的病理变化。

在疾病的发生、发展过程中，机体的局部与整体、功能与结构、损伤与抗损伤、机体与环境、疾病的内因与外因等都处于对立统一的辩证关系中，因此我们观察疾病必须用辩证唯物主义的观点来分析研究。

任何疾病从开始到结局都有其发生、发展与结局的演变过程，并非一成不变的，因此疾病所表现的形态变化也有它固有的演变过程。我们肉眼观察标本或从组织切片所看到的病理变化，这只是短暂的一个阶段，而并非它的全貌。因此在动物病理解剖学学习中观察病变时，必须树立动态的、发展的观点，不能用静止的、固定的观点看问题。在观察任何病变时，既要充分研究病理变化的现状，也要分析、研究其过去及未来的发展趋势。这样才能掌握疾病的本质，为防治疾病确立可靠的理论基础。

动物病理解剖学是一门形态学学科，具有很强的直观性和实践性。在学习这门学科时既要重视理论知识的学习，也要重视眼观标本、病理组织标本和尸体剖检的观察，这样才能加深对理论知识的理解。把理论知识与实物标本密切结合起来学习，才能融会贯通，提高学习效果。

第一章　血液循环障碍

血液循环障碍是机体在各种疾病过程中经常发生的一种病理变化。当心血管系统受到损害或血液性状发生改变时，血液的运行会发生异常，并于机体的一定部位出现病理变化，称为血液循环障碍。血液循环障碍常影响组织和细胞的氧、营养物质和激素等的运送及代谢产物的排出，从而导致机体各器官、组织的物质代谢紊乱和正常生理功能障碍。

血液循环障碍有的以全身表现为主，有的以局部表现为主。但全身与局部两者关系密切，常常是局部血液循环障碍影响全身，而全身血液循环障碍又在局部表现。例如，机体某一局部发生创伤性大出血时，往往引起全身性贫血；心功能不全时的全身性淤血，可表现为可视黏膜发绀和四肢浮肿等。

本章着重讨论局部血液循环障碍。局部血液循环障碍的表现形式主要有充血、出血、水肿、血栓形成、栓塞和梗死。

第一节　充　　血

充血（hyperemia）可分为动脉性充血和静脉性充血两种。

一、动脉性充血

动脉性充血（arterial hyperemia）是指局部器官或组织的小动脉及毛细血管扩张、输入过多的动脉性血液的现象。动脉性充血简称充血。

（一）原因和类型

1. 生理性充血　　生理情况下，当器官、组织的功能活动增强时发生的充血，如妊娠时子宫充血、食后胃肠充血、运动时横纹肌充血。

2. 病理性充血　　见于各种病理过程中。

（1）炎性充血　　在炎症早期或炎性病灶边缘，由致炎因子刺激舒血管神经或麻痹缩血管神经及一些炎症介质作用引起的充血。炎性充血是最常见的一种病理性充血，几乎所有炎症都可看到充血现象，尤其是炎症早期或急性炎症，所以充血是炎症的标志之一。

（2）刺激性充血　　摩擦、温热、酸碱等物理或化学因素刺激引起的充血。这类充血的机制同炎性充血，只是其程度一般较轻。

（3）减压后充血（贫血后充血）　　长期受压而引起局部缺血的组织，其血管张力降低，一旦压力突然解除，小动脉反射性扩张而引起的充血。例如，胃肠臌气或腹水时，当迅速放气、放水，腹腔内的压力突然降低，腹腔内受压的动脉发生扩张充血。这种充血易造成其他器官（如脑）、组织的急性缺血，严重时会危及生命。故施行胃肠穿刺放气、放水时不要过于迅速。

（4）侧支性充血　　当某一动脉内腔受阻引起局部缺血时，缺血组织周围的动脉吻合支发生扩张充血，以建立侧支循环，补偿受阻血管的供血不足（图1-1）。

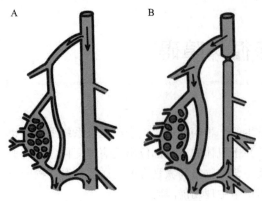

图 1-1　侧支性充血示意图

A. 正常血流和侧支；B. 动脉内腔血流
受阻后侧支动脉血管明显充血扩张

（二）病理变化

【剖检】发生充血的组织色泽鲜红、体积轻度增大、代谢旺盛、温度升高、功能增强（如腺体或黏膜的分泌增多等），位于体表时血管有明显的搏动感。

【镜检】小动脉和毛细血管扩张充满红细胞（图 1-2，图中 HE 为苏木精-伊红染色，下同），由于充血多半是炎性充血，故常伴有炎性渗出、出血及实质细胞变性坏死等病变。

值得注意的是，动物死后常受以下两个方面的影响，而使充血现象表现得很不明显：①动物死亡时动脉发生痉挛性收缩，使原来扩张充血的小动脉变为空虚状态；②动物死亡时心力衰竭导致的全身性淤血及死后的沉积性淤血，掩盖了生前的充血现象。

（三）结局和对机体的影响

充血是机体防御、适应性反应之一。充血时，血流量增加和血流速度加快，一方面可以输送更多的氧、营养物质和抗病因子等，从而增强局部组织的抗病能力；另一方面可将局部产生的代谢产物和致病因子及时排除，这对消除病因和修复组织损伤均有

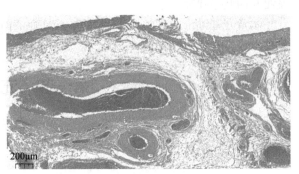

图 1-2　动脉性充血（HE 10×10）

子宫肌层动脉充血扩张，管腔内充满大量红细胞

积极作用。根据这一原理，临诊上常用理疗、热敷和涂擦刺激剂等方法治疗某些疾病。但充血对机体也有损伤，若病因作用较强或时间较长而引起持续性充血，可造成血管壁的紧张度下降或丧失，血流逐渐缓慢，进而发生淤血、水肿和出血等变化。此外，充血发生的部位不同，对机体的影响也有很大差异。例如，日射病时脑部发生严重充血，动物常可因颅内压升高、脑溢血而发生神经功能障碍，甚至昏迷死亡。

二、静脉性充血

静脉性充血（venous hyperemia）是指由于静脉血液回流受阻，血液淤积在小静脉及毛细血管内，局部器官或组织的血量增多的现象。静脉性充血简称淤血（congestion）。

（一）原因和类型

根据淤血的范围不同，分为全身性淤血和局部性淤血。

全身性淤血是因心脏功能衰竭及胸膜和肺的疾病，使静脉血液回流受阻而发生的。例如，肺源性的心脏疾病所致的右心衰竭，导致全身性淤血。

局部性淤血是由各种原因如静脉受压、管腔变窄、血栓、栓塞、静脉内膜炎等所致的局部静脉回流障碍。例如，左心衰竭导致肺静脉回流受阻，引起肺淤血发生；肠套叠和肠扭转压迫

肠系膜静脉而引起局部淤血。

（二）病理变化

【剖检】淤血的器官或组织眼观体积增大，颜色呈暗红色或紫红色，指压退色，切面富有暗红色的血液。若淤血发生在体表（皮肤与可视黏膜），这种颜色变化特别明显，称为发绀（cyanosis）。淤血组织代谢降低，产热减少，故温度降低。

【镜检】淤血组织的小静脉和毛细血管扩张，充满红细胞。慢性淤血常继发水肿、出血、实质细胞萎缩或变性坏死、纤维组织增生等变化。

在所有的器官组织中，肺与肝最易发生淤血，病变最为明显。

1. 肺淤血　　主要由左心功能不全，肺静脉血回流受阻所致。

【剖检】急性肺淤血时，肺呈紫红色，体积膨大，质地稍变韧，重量增加，被膜紧张而光滑，从切面上流出大量混有泡沫的血样液体（二维码 1-1）。

【镜检】肺内小静脉及肺泡壁毛细血管高度扩张，充满大量红细胞；部分肺泡腔内出现淡红色的浆液和数量不等的红细胞（图 1-3）。慢性肺淤血时，常在肺泡腔中见到吞噬红细胞或含铁血黄素的巨噬细胞，因为慢性肺淤血多见于心力衰竭，因而这些细胞又称为"心力衰竭细胞"（heart failure cell）（二维码 1-2）。肺长期淤血时，可引起肺间质结缔组织增生，同时常伴有大量含铁血黄素在肺泡腔和肺间质内沉积，使肺发生褐色硬变（brown induration）。

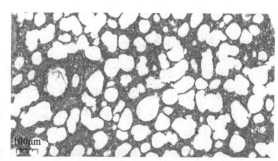

二维码 1-1

二维码 1-2

图 1-3　肺淤血（HE 10×20）

肺泡壁毛细血管高度扩张，充满大量红细胞

2. 肝淤血　　肝淤血多见于右心衰竭的病例。

【剖检】急性肝淤血时，肝稍肿大，被膜紧张，表面呈暗红色，质地较实。切开时，由切面流出大量暗红色血液。淤血较久时，由于淤血的肝组织伴发脂肪变性，故在切面可见红黄相间的网格状花纹，形似槟榔切面，故有"槟榔肝"（nutmeg liver）之称（二维码 1-3）。

二维码 1-3

图 1-4　肝淤血（HE 10×20）

肝组织中央静脉及窦状隙高度扩张，充满红细胞

【镜检】肝小叶中央静脉及肝窦扩张充满红细胞（图 1-4）。发生"槟榔肝"时，小叶中心部的肝窦及中央静脉显著充血，此处肝细胞受压迫而发生萎缩消失，而周边肝细胞因缺氧可发生脂肪变性。长期的肝淤血，在实质细胞萎缩消失过程中，局部网状纤维胶原化，间质结缔组织增生，发生淤血性肝硬化。

（三）充血与淤血的区别

充血一般范围局限、色鲜红、温度较高、血管搏动明显，常伴发于炎症。急性充血发生快、易消退，也可见于生理条件下。

淤血的范围一般较大，甚至波及全身。淤血组织体积增大明显，色暗红，位于体表时温度降低。淤血发展较缓慢，持续时间较长，多属慢性充血。淤血易继发水肿和出血，实质萎缩而间质增生。淤血均是病理现象，并且可发生于动物死后。

（四）结局和对机体的影响

静脉性充血对机体的影响取决于淤血的范围、时间、发生速度及侧支循环建立的状况。当原因消除后，急性局部淤血可以完全恢复。如果淤血持续时间过长，侧支循环又不能很好地建立，淤血局部除水肿与出血外，还可发生血栓形成、实质细胞变性坏死、间质增生和器官硬化等。另外，淤血的组织抵抗力降低，损伤不易修复，容易继发感染，导致炎症和坏死。

第二节　出　血

出血（hemorrhage）是指血液逸出心血管之外。根据出血的来源不同，其可分为动脉出血（arterial hemorrhage）、静脉出血（venous hemorrhage）、毛细血管出血（capillary hemorrhage）和心脏出血（heart hemorrhage）；根据出血的部位不同，其可分为外出血和内出血；根据出血的原因不同可分为破裂性出血和渗出性出血。

一、原因和类型

1. 破裂性出血　　破裂性出血是指心血管壁的完整性遭到破坏而引起的出血。心血管壁破裂的原因主要有：①外伤，由各种机械性损伤所致。②侵蚀，如血管壁周围因炎症、肿瘤等病变的侵蚀。③心血管壁本身的病变，如血压异常升高、动脉硬化、寄生虫性动脉瘤及其他心血管壁自身的病变。

破裂性出血根据发生部位不同可分为：①外出血，出血发生于体表，若发生在动脉，常呈喷射状。②内出血，出血发生于体内，有多种表现形式。血肿是指大量出血局限于组织内，呈肿块状隆起；积血是指出血积存于体腔内；溢血是指某些器官的浆膜或组织内常呈不规则的弥漫性出血，如脑出血。

二维码
1-4

2. 渗出性出血　　渗出性出血是指毛细血管和微静脉壁的通透性升高，导致红细胞漏出的现象。这是临诊上最常见的出血类型（二维码1-4、二维码1-5）。渗出性出血的原因有：①血管壁的损伤，这是最常见的原因。当患传染病（如鸡新城疫、猪瘟、兔病毒性出血症等）、寄生虫病（如球虫病）、中毒病（如霉菌毒素中毒）、淤血、炎症时，都有不同程度的微循环血管壁损伤从而发生渗出性出血。②血小板生成障碍或过度消耗，如弥漫性血管内凝血。③凝血因子缺乏，如维生素 K 缺乏、重症肝炎和肝硬化时发生的凝血因子合成障碍。

二维码
1-5

渗出性出血在病理形态上表现为：①瘀点（petechia），直径不大于 1mm 的出血点。②瘀斑（ecchymosis），直径为几毫米至 10mm 的出血。③出血性浸润（hemorrhagic infiltration）又称为紫癜，是指血液浸润于血管附近的组织内，呈大片暗红色。④出血性素质（hemorrhagic diathesis），即机体有全身性出血倾向。

二、出血与其他病变的鉴别

充血与出血在临诊上易混淆，应注意鉴别。动物生前或刚死时，充血指压退色，出血指压不退色，且出血灶边界一般较明显。鸡发生肺淤血时，从外表看常呈斑点状暗红色，易被误认为是出血；胃肠淤血在动物死后很易发生溶血，也易误认为是出血。实际上在某一病变组织内充血和出血往往同时存在，所以充血和出血的鉴别有时是很困难的。另外，淤血组织器官上的出血不易辨认，要仔细观察，确诊需进行病理组织学检查。

血肿很容易和肿瘤混淆，血肿早期呈暗红色，后因红细胞崩解，血红蛋白分解成含铁血黄素和橙色血质，颜色变为淡黄色，个体逐渐缩小。而肿瘤一般颜色不变，体积逐渐增大，必要时可穿刺检查。

三、结局和对机体的影响

出血时，机体发生一系列防御适应反应（如血管收缩、血小板黏附、血管内皮修复、血栓形成等）使出血得以停止。如组织内出血不多，红细胞可通过巨噬细胞的吞噬或崩解而被吸收；而血块常可发生机化或形成包囊。

出血对机体的影响取决于出血的部位、速度和数量。心脏和大血管破裂，如短时间内丧失大量血液（占全血量的 $1/3\sim1/2$），因机体难以代偿，可引起出血性休克和严重后果。慢性少量出血，机体虽能代偿适应性反应，但多带来全身性贫血。脑出血即使量不大，也常引起严重的神经功能障碍，甚至死亡。心包腔大量出血，导致心包内压升高，使心脏扩张受限，从而导致严重的血液循环障碍或心跳停止。

第三节　水　　肿

水肿（edema）是指组织间液在组织间隙中积聚过多。细胞内液增多称为细胞水肿；体腔内组织液积聚称为积水或积液（hydrop），如胸腔积液（hydrothorax）（也称胸水）、心包积液（hydropericardium）、腹腔积液（seroperitoneum）（也称腹水）等。水肿不是一种独立的疾病，而是多种疾病的共同病理过程。

水肿按其发生的部位不同分为全身性水肿和局部性水肿，后者常见于脑水肿、肺水肿等；按水肿发生的原因不同分为心性水肿、肾性水肿、肝性水肿、炎性水肿、淋巴性水肿等。

一、原因和发生机制

正常动物组织间液的容量是相对恒定的，主要依赖于血管内外和体内外液体交换的平衡，一旦这种平衡失调，就有可能导致水肿。

1. 血管内外液体交换失平衡　血管内外的液体不断进行着交换，血液中的液体成分通过动脉端毛细血管进入组织间隙，成为组织液。大部分组织液回流入静脉端毛细血管；少部分进入淋巴管成为淋巴液。生理条件下，组织液的生成与回流处于动态平衡，组织液量保持在相对恒定的水平。一旦这种平衡被破坏，组织液的生成量大于回流量，即组织液量增多，则发生水肿。

造成组织液生成量大于回流量的因素如下。

（1）毛细血管流体静压增高　见于各种原因引起的静脉阻塞或静脉回流障碍。局部静脉回流受阻引起相应部位的组织水肿或积水，如心力衰竭时腔静脉回流障碍引起全身性水肿，肝硬化时门静脉回流受阻引起胃肠壁水肿和腹水。

（2）毛细血管通透性增高　感染、中毒、缺氧、组织代谢紊乱等可使酸性代谢产物及血管活性物质积聚，破坏毛细血管内皮细胞间的黏合物质，引起血管壁通透性增高而发生水肿，如炎性水肿或变态反应引起的水肿。

（3）血浆胶体渗透压下降　维持血浆胶体渗透压的主要成分是白蛋白，当白蛋白含量显著降低时，血浆胶体渗透压不能有效地对抗流体静压，造成组织液的生成多于回流，结果引起水肿。血浆白蛋白减少的原因：一是摄入不足，如长期缺乏蛋白质食物或患有消化道疾病；二是合成不足，如严重的肝病，合成白蛋白的能力减弱；三是丧失过多，如肾疾病往往造成大量蛋白质随尿液流失。

（4）组织胶体渗透压增高 炎灶中组织细胞变性、坏死和崩解，使局部组织蛋白质分子及钾离子等浓度增高，造成局部组织液渗透压增高，组织间隙吸水力增强，组织液的回流减少，发生水肿。

（5）淋巴回流障碍 淋巴回流是抗水肿的一个重要因素，如淋巴回流障碍，则会直接引起组织液增加，导致水肿。淋巴回流障碍的原因很多，如淋巴管炎、淋巴管受肿瘤压迫、淋巴结炎及静脉压增高等。

2．体内外液体交换失平衡——钠、水潴留 正常动物的钠、水摄入量和排出量处于动态平衡，保持体液量的相对恒定。但当肾小球滤过减少或肾小管对钠、水重吸收增加时，便可导致钠、水在体内潴留。

（1）肾小球滤过率降低 急性肾小球肾炎、慢性肾炎肾单位严重破坏、滤过面积明显减少或充血性心力衰竭有效循环血量明显减少时，肾小球滤过减少，可导致钠、水潴留。

（2）肾小管重吸收增加 当有效循环血量减少时，醛固酮和抗利尿激素分泌增多，心房钠尿肽（atrial natriuretic peptide，ANP）分泌减少，肾血流重新分布，肾小管对钠、水重吸收增加。

无论是全身性水肿还是全身性水肿的局部表现，都与机体水盐代谢紊乱及钠、水潴留有关。心力衰竭、肝肾疾病及营养不良，都能造成体内钠、水的潴留，从而引起水肿。

二、病理变化

发生水肿的器官组织体积增大（但实质器官不明显）、色泽变淡、被膜紧张、切面有液体流出。水肿的病变表现因其发生的部位不同而有差异。

全身性水肿（anasarca）以皮下组织显著水肿增厚为特征，同时也见其他组织器官的水肿。

【剖检】皮下组织水肿时，皮肤肿胀、颜色苍白、弹性降低、指压留痕、切开时有水肿液溢出，皮下水肿组织呈胶冻样（二维码 1-6；Zachary，2022）。黏膜水肿呈现水肿部隆起，肠系膜水肿呈半透明胶冻状（二维码 1-7，二维码 1-8）。浆膜腔水肿表现为积液，即心包积液、胸水（二维码 1-9）和腹水。肺水肿时，水肿液聚积于肺泡腔内，使肺明显肿胀、质地变实、重量增加、被膜湿润光亮、小叶间质增宽呈半透明状，切开时，从切面和支气管流出泡沫样液体。切一小块放置水中，似载重船样。脑水肿时，脑回变宽而扁平，脑沟变浅并伴有脑脊液增加，脑室扩张。

其他实质器官如心脏、肝、肾等水肿时病变不明显，仅见稍肿胀，色变淡，切面较湿润。

【镜检】水肿器官的结缔组织因水肿液浸渍而肿胀，纤维束相互分离。HE 染色（苏木精-伊红染色）水肿液呈淡红色，颜色的深浅取决于其中蛋白质含量的多少。蛋白质含量多的炎性水肿液，呈深红色细颗粒状；反之，如肾性水肿，则水肿液的着色很淡或仅见分散的结缔组织纤维和怒张的淋巴管。实质器官因含疏松结缔组织甚少，实质细胞水肿常很轻微。心肌水肿表现为心肌纤维的间隙增宽，严重时，心肌纤维因水肿液压迫而萎缩变性（图1-5）。肝

图 1-5 肌肉水肿（HE 10×10）

肌纤维间有大量的水肿液渗出

水肿时迪塞间隙（Disse space）变得明显和增宽，严重时，肝细胞索萎缩，肝窦狭窄。肾水肿可见肾小管之间有水肿液蓄积，故间隙增宽，肾小管上皮与基膜可能分离。

根据发生的原因和机制不同，水肿液可区分为炎性水肿的渗出液（exudate）和非炎性水肿的漏出液（transudate），两者的区别见表 1-1。

表 1-1　渗出液与漏出液的区别

区别点	渗出液	漏出液	区别点	渗出液	漏出液
透明度	混浊	透明	细胞数	$>0.50\times10^9/L$	$<0.10\times10^9/L$
相对密度	>1.018	<1.018	凝固	常自行凝固	不能自凝
蛋白质含量	$>25g/L$	$<25g/L$	pH	小于 7.0（酸性）	大于 7.5（碱性）

三、结局和对机体的影响

水肿的结局与影响取决于发生的原因、部位及持续时间等因素。如果病因消除，循环功能恢复和改善，水肿液可被完全吸收，组织结构与功能恢复，对机体影响不大。但当水肿长期不消退时，因细胞与毛细血管间弥散距离扩大，毛细血管受到压迫，实质细胞可因缺氧和营养不良而发生变性，结缔组织增生硬化。此时病因即使消除，组织器官的结构与功能也难以完全恢复。组织发生水肿后，血液循环和营养代谢的改变，使局部防御能力降低，容易发生继发感染。生命重要器官的水肿更能造成严重的不良后果。例如，脑水肿时，因脑室积聚大量液体，颅内压升高，压迫脑组织，病畜出现一系列神经功能障碍，甚至昏迷死亡；肺水肿时，肺泡内积液妨碍气体交换，且因呼吸道与外界空气相通，这些水肿液又为细菌侵入滋生提供良好的条件，故易于继发肺炎；心包、胸腔与腹腔的积液，压迫体腔内相应的器官，影响这些器官的正常功能，可以导致循环、呼吸、消化等功能的障碍。

第四节　血栓形成

在活体的心血管系统内，由于某种病因作用，从流动的血液中析出固体物质的过程称为血栓形成（thrombosis）。所形成的固体物称为血栓（thrombus）。

一、原因和发生机制

血液中存在着凝血系统和溶血系统，在生理状态下这两个系统处于动态平衡，血流在心血管系统内保持流动状态。在某些因素影响下，这种平衡状态被打破，凝血系统活性居主导地位时，血液便可在活体的心脏或血管内形成固体物质，即血栓形成。血栓形成的条件与机制分述如下。

1. 心血管内膜损伤　　血栓形成是凝血系统被激活的结果，而心血管内膜损伤则有利于凝血系统的激活和血液凝固。

内膜受到损伤时，内皮细胞发生变性、坏死脱落，内皮下的胶原纤维裸露，从而激活内源性凝血系统的凝血因子Ⅻ，内源性凝血系统被激活。损伤的内膜可释放组织凝血因子，激活外源性凝血系统。同时，损伤的内膜变粗糙，使血小板易黏附于裸露的胶原纤维上。

心血管内膜损伤多见于炎症，如猪丹毒时的心内膜炎，也见于血管结扎、缝合等场合。

2. 血流状态改变　　主要是指血流缓慢、旋涡形成等。正常情况下，血液有形成分（如红细胞、白细胞、血小板）在血液的中轴流动（轴流），血浆在周边部流动（边流），边流的血浆带将血液有形成分与血管壁分隔开。当血流缓慢或有旋涡时，血小板便从轴流变为边流，增加了与血管内膜接触的机会，其黏附在内膜上的可能性也增加。此外，血流缓慢使被激活的凝血酶和其他凝血因子不易被稀释、冲走，局部浓度升高。

血流缓慢常见于心功能不全所致的静脉血回流受阻。据统计，人发生于静脉内的血栓高于动脉内的4倍，而下肢静脉血栓又比上肢静脉血栓多3倍。这些事实均表明血流缓慢是血栓形成的重要因素。

3. 血液性质改变　　主要是指血液凝固性增高，见于血小板和凝血因子增多。例如，在严重创伤、产后及大手术后，血栓形成较为常见，这是由于此时血液中血小板数目增多，黏性增高，血浆中凝血因子Ⅻ含量增加。

二、血栓的形成过程及病理变化

血栓的形成过程分以下几个阶段（图1-6）：首先是血小板从轴流分离出来，黏附于受损的血管内膜上，形成小丘，随着析出和黏附的血小板不断增加，小丘逐渐增大，并混入少量白细胞和纤维蛋白，这就形成了血栓的头部，即"白色血栓"；白色血栓突入血管腔内，使血流变慢并出现涡流，此时，血小板不断析出并凝集，形成许多与血管壁垂直且相互吻合的分枝状小梁，形似珊瑚，并在其表面附着许多白细胞；同时因凝血系统被激活，在小梁之间大量纤维蛋白凝集并形成网状结构，网罗大量红细胞和少量白细胞，于是形成红白相间的"混合血栓"，即血栓体；混合血栓增大并顺着血流方向延伸，最后完全阻塞血管腔，导致血流停止，血液迅速凝固，形成"红色血栓"，即血栓的尾部。

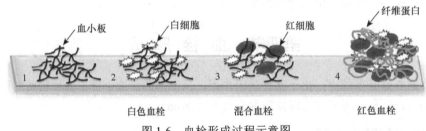

图1-6　血栓形成过程示意图

1. 血管内膜粗糙，血小板聚集成堆，使局部血液形成漩涡；2. 血小板继续聚集形成许多小梁，小梁周围有白细胞黏附；3. 小梁间形成纤维蛋白网，网眼中充满红细胞与白细胞混合物；4. 血管腔阻塞，发生凝固，局部血流停止

根据血栓的性状、成分，可将其分为以下几种。

（1）**白色血栓**（white thrombus）　　一般心脏和动脉内的血栓主要是白色血栓。白色血栓牢固地黏附于心瓣膜及血管壁上，呈疣状，不易被流速较快的血液冲走（二维码1-10；Zachary，2022）。

二维码1-10

（2）**混合血栓**（mixed thrombus）　　混合血栓是在白色血栓后，呈红白相间状的血栓。静脉内的血栓结构一般较为完整，具有白色、混合和红色血栓（二维码1-11）。

二维码1-11

（3）**红色血栓**（red thrombus）　　当血栓最后完全阻塞血管腔，血流停止时，其后部血管腔内的血液迅速凝固，形成红色血栓。这种血栓与生理性的凝血作用相同，首先是纤维蛋白析出，而后由红细胞、白细胞凝集形成血栓（二维码 1-12）。

二维码
1-12

（4）透明血栓（hyaline thrombus）　　发生于微循环的小静脉、微静脉和毛细血管内，是由纤维蛋白沉积和血小板凝集形成的均质透明的微小血栓，只能在显微镜下看到（二维码 1-13）。在一些败血性传染病（如兔病毒性出血症）、中毒病、药物过敏、创伤、休克、弥散性血管内凝血等病程中均可见到。

二维码
1-13

弥散性血管内凝血（disseminated intravascular coagulation，DIC）是指机体在某些致病因子作用下，凝血系统或血小板被激活而引起的以凝血功能失常为主要特征的病理过程。在此过程中，体内微循环中有血小板团块或纤维蛋白性血栓形成（二维码 1-14），并由此引起血浆中一系列凝血因子和血小板大量消耗和继发性纤维蛋白溶解，临诊上呈现广泛性出血、休克、器官功能障碍和溶血等表现。

二维码
1-14

三、结局和对机体的影响

血栓形成后，随着其在体内存在时间的延续，会发生一定的变化，其结局如下。

1．软化与溶解　　血栓形成后，由于某些被激活的凝血因子及受损细胞的产物激活纤溶酶降解血栓中的纤维蛋白，使其变为可溶性多肽而被溶解，即血栓软化。同时，血栓中的白细胞崩解后释放出蛋白水解酶，也可使血栓溶解软化，而后被吸收或被血流带走。较大血栓由于部分软化后易被血流冲击而脱落，形成栓子，顺血流运行可引起栓塞。

2．机化与再通　　血栓形成后数天内，肉芽组织就由管壁向血栓内生长，肉芽组织逐渐取代血栓，称为血栓机化（organization）。机化的血栓与血管壁紧密粘连，不再脱落。血栓机化过程中，血栓中的毛细血管改建、相互沟通、管腔扩张，使血栓两端之间的血管腔沟通，血流重新通过，或者血栓收缩，血栓与血管壁之间形成裂隙，裂隙上由内皮细胞增生覆盖，血流通过。这种被血栓闭塞的血管重新沟通，称为血栓的再通（recanalization）（二维码 1-15；Zachary，2022）。

二维码
1-15

3．钙化　　少数不能被软化或机化的血栓，可发生钙盐沉着。这种有钙盐沉着的静脉、动脉内血栓称为静脉石或动脉石。

血栓形成对机体的影响主要表现为：在血管破裂处形成血栓，有止血作用；炎灶周围血栓形成，可阻止病原扩散；在血管内形成血栓可堵塞血管，阻断血流，引起组织和器官缺血、梗死；心瓣膜上形成的血栓，可发生机化，使瓣膜肥厚或皱缩、变硬，引起瓣膜性心脏病。另外，血栓还可脱落并随血流运行，在某些部位形成栓塞，造成广泛性梗死。

四、血栓与凝血块的区别

血栓形成后，由于纤维蛋白收缩和水分逐渐被吸收，血栓表面粗糙不平，比较干燥，缺乏弹性，紧紧附着在心壁或血管壁上，不易剥离。因此，血栓与动物死后的凝血块是不同的，凝血块为暗红色，表面光滑，结构一致，柔软有弹性，与血管壁不粘连，容易剥离。如果动物的死亡过程较长，血凝过程较慢，由于红细胞相对密度较大，沉降于凝血块的下方，而相对密度较小的白细胞、血小板、纤维蛋白和血浆蛋白等，浮在凝血块的上部，呈淡黄色，很像鸡的脂肪，故称为鸡脂样凝血块，常出现在心脏和大血管内。血栓与凝血块的区别见表 1-2。

表 1-2　血栓与死后凝血块的主要区别

项目	血栓	死后凝血块
表面	粗糙不平	光滑
硬度	较硬，干燥	柔软有弹性，湿润
颜色	红色和灰白色呈层状交替	暗红色（鸡脂样凝血块为红白两层）
与血管壁的关系	与血管壁粘连	易与血管壁分离
组织结构	具有血栓结构	为凝血块结构

第五节　栓　　塞

正常血液中不存在的物质随血液运行堵塞血管的过程，称为栓塞（embolism）。引起栓塞的物质，称为栓子（embolus）。

一、栓塞的种类

常见的栓子为血栓，其他固体、液体和气体物质也可成为栓子而引起栓塞。

二维码
1-16

1. 血栓性栓塞　　较大的血栓在软化过程中，可部分脱落形成栓子，随血液循环堵塞其他血管（二维码 1-16）。

2. 空气性栓塞　　当大静脉损伤时，由于静脉的破裂口处于负压状态，可将空气吸入血流；静脉注射时误将空气注入血流，大量空气进入血流形成无数气泡，影响静脉血向心脏回流和血液向肺动脉的输送，造成严重的血液循环障碍，甚至导致动物急性死亡。

3. 脂肪性栓塞　　骨折或骨手术时，由于富有脂肪的骨髓组织被破坏，游离的脂滴可进入血液循环而引起栓塞。

二维码
1-17

4. 组织性栓塞　　组织外伤或坏死时，破损的组织碎片或细胞团块可进入血流引起栓塞。恶性肿瘤细胞形成的细胞性栓塞常可造成肿瘤的转移（二维码 1-17）。

5. 细菌性栓塞　　机体内感染灶中的病原菌，可能以菌团形式或与坏死组织块相混杂，进入血液循环引起细菌性栓塞。它除了具有一般栓塞的作用外，还可在局部形成新的感染灶，构成细菌感染的播散，甚至可引起脓毒败血症。

6. 寄生虫性栓塞　　某些寄生虫虫体或虫卵也可以成为栓子。例如，马圆虫的幼虫经门静脉进入肝、旋毛虫侵入肠壁淋巴管后经胸导管进入血流，均可构成寄生虫性栓塞。

二、栓子运行的途径

栓子在体内运行的途径与血流的方向一致：①肺静脉、左心或动脉系统的栓子，随动脉血流堵塞脑、肾、脾等器官的小动脉和毛细血管（大循环性栓塞）；②大循环静脉系统的栓子，经右心堵塞肺动脉及其分支（小循环性栓塞）；③门静脉系统的栓子，可随血液进入肝，在肝的门静脉分支形成栓塞（门脉循环性栓塞）。

三、对机体的影响

栓塞对机体的影响，主要取决于栓塞发生的部位，栓子的大小、数量及其性质。例如，脑和心脏发生栓塞，会造成严重后果，甚至导致动物急性死亡。小气泡、小脂滴易被吸收，对机体的影响较小。而由细菌团块或肿瘤细胞所造成的栓塞，除造成栓塞处的血管堵塞外，还会形成新病灶，使病变蔓延。

第六节　梗　　死

梗死（infarct）是指血流供应中断所致的局部组织坏死。这种坏死的形成过程，称为梗死形成（infarction）。

一、原因和发生机制

任何造成血管闭塞而导致组织缺血的原因均可引起梗死，其中最常见的有以下几个方面。

1. 血栓　　血栓在软化过程中，部分或全部脱落，形成栓子，随血液循环堵塞其他血管。

2. 栓塞　　各种栓子随血液循环运行堵塞血管，造成局部组织血流断绝而发生梗死。

3. 血管外部受压　　机械性外力（如肿瘤）压迫动脉血管，可引起局部贫血，甚至血流断绝。

4. 动脉持续性痉挛　　当某种刺激（低温、化学物质和创伤等）作用于缩血管神经，反射性引起动脉管壁的强烈收缩（痉挛），可造成局部血液流入减少或完全停止。

二、类型和病理变化

根据梗死灶的性质和特点，可将梗死分为贫血性梗死、出血性梗死和败血性梗死。

1. 贫血性梗死（anemic infarct）　　贫血性梗死多发生于肾、心脏、脑等组织结构致密、侧支循环不丰富的实质器官。

【剖检】这种梗死灶呈灰白色或黄白色，故又称为"白色梗死"（white infarct）。梗死灶的形态与阻塞动脉的分布区域一致。例如，肾贫血性梗死灶呈不规则形状，切面呈锥体状，锥底位于肾表面，尖端指向血管堵塞部位（二维码 1-18，二维码 1-19）；心脏的梗死灶呈不规则的地图状；肠管的梗死灶呈节段状。梗死一般为凝固性坏死，梗死灶稍隆起，略微干燥、硬固，周围有充血、出血带，而脑组织的梗死为液化性坏死。

二维码
1-18

二维码
1-19

【镜检】梗死组织的结构轮廓尚可辨认，但微细结构模糊不清，实质细胞变性、坏死、凝固（图 1-7）。

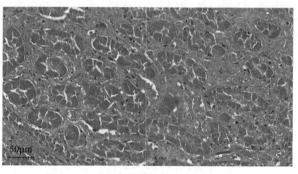

图 1-7　肾贫血性梗死灶（HE 10×40）

左侧肾小管上皮细胞坏死，细胞核消失，但肾小管形态尚可辨认，间质有炎症细胞浸润

2. 出血性梗死（hemorrhagic infarct）　　出血性梗死多见于组织疏松、血管吻合支丰富

的组织器官，如肺、脾、肠管等。

【剖检】在发生梗死之前这些器官就已处于高度淤血状态，梗死发生后，大量红细胞进入梗死区，使梗死区呈暗红色或紫色，所以称为"红色梗死"（red infarct）（图 1-8）。梗死灶切面湿润，呈黑红色，与周围组织界线清楚，梗死灶的形状也与血管的分布区域相同（二维码 1-20）。

图 1-8　脾出血性梗死灶

脾被膜下有大片呈黑色的出血性梗死灶，脾边缘部梗死灶呈锥形，稍隆突

【镜检】除有组织细胞坏死外，还有大量红细胞弥散性存在。

3. 败血性梗死（septic infarct）　　败血性梗死主要是指由化脓性细菌团块阻塞而引起的梗死，梗死灶迅速发生化脓腐败。

三、结局和对机体的影响

结局视梗死灶的部位、大小、栓子的性质及器官组织的解剖生理特点而定。一般小梗死灶，可自溶软化后吸收，稍大的梗死灶可被机化而形成瘢痕（scar），心脏、脑等重要器官的梗死灶，即便很小，也会引起严重的功能障碍，甚至危及机体的生命。

第二章 局部组织细胞的损伤

疾病过程中，动物各组织、细胞在致病因子的作用下发生物质代谢障碍，其形态结构出现一系列损伤性变化。根据细胞、组织损伤程度和形态特征，常见有变性、病理性色素沉着、钙化与结石形成等多种类型。其中，有的损伤是可逆性的，有的则不可逆。例如，变性大多是可逆性损伤过程，一旦病因消除，仍可恢复正常生命活动；而坏死则是细胞的死亡，是一种不可逆的损伤过程。近年来发现的自噬、细胞焦亡和铁死亡等新的细胞死亡方式，以及细胞超微结构基本病理变化，也将在本章做简单介绍。

第一节 变　　性

变性（degeneration）是指机体在物质代谢障碍的情况下，细胞或组织发生理化性质改变，在细胞或间质中出现了生理状态下看不到的异常物质，或者此物质正常时虽可见到，但其数量显著增多或位置改变。这些物质包括水、糖类、脂类及蛋白质等。

变性是一种可逆的病理过程，变性细胞仍保持着一定的生活力，但功能往往降低，只要除去病因，大多可恢复正常。严重的变性则可导致细胞和组织的坏死。

根据病理变化的不同，可将变性分为许多种类，常见的有以下几种。

一、颗粒变性

颗粒变性（granular degeneration）是一种最常见的轻度细胞变性，其特征为：变性细胞体积增大，细胞质中水分增多，出现许多微细蛋白质颗粒，因此称为颗粒变性。眼观颗粒变性的器官因体积增大、混浊，失去固有的光泽，故又称混浊肿胀（cloudy swelling），简称"浊肿"。又因这种变性主要发生在器官的实质细胞，因此也称为"实质变性"（parenchymatous degeneration）。

（一）原因和发生机制

颗粒变性最常见于缺氧、急性感染、发热、中毒和败血症等一些急性病理过程。其发生机制可能与细胞膜损伤、钠泵发生障碍有关。例如，当中毒和缺氧时，细胞内氧化酶系统受到破坏，三羧酸循环的氧化磷酸化过程障碍，ATP生成减少，钠泵因缺乏能量而失去主动泵出钠离子的能力，导致细胞内的钠离子增多，形成高渗状态，使细胞质中的线粒体因吸水增多而肿胀。

（二）病理变化

颗粒变性多发生于线粒体丰富和代谢活跃的肝细胞（图 2-1）、心肌（二维码 2-1）、肾小管上皮细胞和骨骼肌纤维等。

【剖检】病变轻时肉眼不易辨认，严重时变性器官体积增大、重量增加、被膜紧张、边缘钝圆、色泽变淡、混浊无光、质地脆弱；切面隆起，边缘外翻，结构模糊不清。

【镜检】变性细胞肿大，细胞质中出现大量微细颗粒，使细胞的微细结构模糊不清。

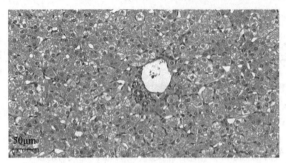

图 2-1 肝细胞颗粒变性（猪）（HE 10×40）

肝细胞肿胀，细胞质呈颗粒状

用新鲜的变性组织做细胞分离悬滴标本，细胞核常被颗粒掩盖而隐约不清；若滴加 2% 乙酸溶液，则颗粒先膨胀而后溶解，核又重新显现。病变严重时，细胞核崩解或溶解消失。

（三）对机体的影响

颗粒变性的组织器官功能降低，会给机体带来一定的不良影响。例如，心肌发生颗粒变性时，其收缩力减弱，进而引起全身性血液循环障碍，有时甚至造成急性心衰而死亡。轻度变性时，对机体影响不大。

颗粒变性是一种轻度变性，当致病因素消除后，便可恢复正常。如果病变继续发展，可引起细胞发生水泡变性或脂肪变性，甚至导致细胞坏死。

二、水泡变性

水泡变性是指变性细胞内水分增多，在细胞质和细胞核内形成大小不等的、含有微量蛋白质液体的水泡，使整个细胞呈蜂窝状结构。镜检时，由于细胞内的水泡呈空泡状，所以又称为"空泡变性"（vacuolar degeneration）。

（一）原因和发生机制

水泡变性多发于烧伤、冻伤、口蹄疫、痘症及中毒等急性病理过程，其多发部位一般在表皮和黏膜，也可见于肝细胞、肾小管上皮细胞、结缔组织细胞、白细胞及横纹肌纤维。水泡变性的发生机制与颗粒变性基本相同，只是程度较重。

（二）病理变化

【剖检】轻度的水泡变性，肉眼常常不易辨认，只有在严重水泡变性时，由于变性的细胞极度肿胀破裂，细胞质内的浆液性水滴积聚于上皮下，形成眼观可见的水疱。

二维码 2-2

【镜检】变性的细胞肿大，细胞质内含有大小不等的水泡，水泡之间有残留的细胞质分隔，外观呈蜂窝状或网状（图 2-2）。以后小水泡相互融合成大水泡，甚至充盈整个细胞，细胞质的原有结构完全被破坏，细胞核悬浮于中央或被挤压在一侧，以致细胞显著肿大，细胞质空白，形如气球，所以又称为"气球样变性"（ballooning degeneration）（二维码 2-2）。

图 2-2 肝细胞水泡变性（HE 10×40）

变性的肝细胞呈蜂窝状

（三）对机体的影响

水泡变性是细胞内物质代谢紊乱而导致细胞质水分增多所致，也是一种可逆性变性。当变性轻微时，若除去病因，变性的器官或组织便可恢复正常，对机体无明显影响；严重的水泡变性常可引起变性细胞死亡、崩解，导致器官和组织的功能降低。

三、脂肪变性

脂肪变性（fatty degeneration）是指除脂肪细胞外的实质细胞的细胞质内出现大小不等的脂滴，简称"脂变"。发生脂肪变性的细胞内脂滴主要为中性脂肪，也可有类脂质，或两者的混合物。脂肪变性和颗粒变性往往同时或先后发生于肝、肾和心脏等同一实质器官，故通常统称为实质变性。

（一）原因和发生机制

与颗粒变性的发生原因相似，脂肪变性也多见于各种急性和热性传染病、中毒、败血症，以及酸中毒和缺氧的病理过程。肝是脂肪代谢的中心场所，故易发生脂变。

脂肪变性是细胞内脂肪代谢紊乱所致。其发生机制有以下几个方面：①脂蛋白合成障碍、中性脂肪合成过多；②脂肪酸氧化受损，使脂肪在肝细胞内堆积；③脂肪显现，即脂蛋白在致病因素的作用下与蛋白质分离，细胞内出现脂滴；④细胞的脂肪供应、利用和合成之间不平衡。

（二）病理变化

【剖检】脂肪变性初期，病变常不明显，仅见器官色泽稍显黄色。严重脂变时，器官的体积增大，边缘钝圆，被膜紧张，质地脆弱易碎；切面微隆起，切缘外翻，结构模糊，触之有油腻感，表面与切面的色泽均呈灰黄色或土黄色。

【镜检】变性细胞的细胞质中出现大小不一的球形脂滴。随着病变发展，小脂滴互相融合为大脂滴，使细胞原有结构消失，细胞核常被挤压于一侧，严重时可发生核固缩、碎裂或消失（图 2-3）。

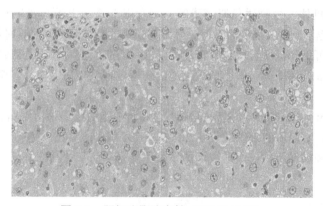

图 2-3　肝细胞脂肪变性（HE 10×40）
发生脂变的肝细胞胞质内含有大小不一的空泡

在石蜡切片上，变性细胞内的脂滴被乙醇、二甲苯等脂肪溶剂溶解，因此脂滴呈空泡状，易与水泡变性相混淆。其鉴别方法有：①用锇酸固定的组织，在石蜡切片中，细胞内的脂肪不溶解，呈黑色；②在冰冻切片中，用苏丹Ⅲ或油红 O 染色，脂肪呈红色（二维码 2-3）。

二维码
2-3

1. 肝脂变

【剖检】变性轻微时与颗粒变性相似，仅色泽较黄；脂变严重时，肝体积增大、边缘钝圆、被膜紧张、色泽变黄、质地脆弱易碎，切面上肝小叶结构模糊不清。如果脂变的同时伴有淤血，在肝切面上可见暗红色的淤血部分和黄褐色的脂变部分相互交织，形成类似槟榔切面的花纹，故称为"槟榔肝"（nutmeg liver）。

二维码
2-4

【镜检】肝细胞内有许多大小不等的脂滴。严重时，小脂滴可融合成大脂滴，细胞核被挤压于细胞边缘（二维码 2-4）。

肝细胞脂变出现的部位与引发原因有一定关系。脂变发生在肝小叶周边区时称为"周边脂肪化"，多见于中毒；脂变发生于肝小叶中央区时称为"中心脂肪化"，多见于缺氧；严重变性时，脂变发生于整个肝小叶，使肝小叶失去正常的结构，与一般的脂肪组织相似，称为"脂肪肝"，多见于重剧中毒和某些急性传染病。

2. 肾脂变

【剖检】眼观肾稍肿大，表面呈不均匀的淡黄色或土黄色，切面皮质部增宽，常有灰黄色的条纹或斑纹，质地脆弱易碎。

二维码
2-5

【镜检】脂变主要发生在肾小管上皮细胞，多见于近曲小管的上皮细胞肿大，脂滴常位于细胞的基底部（二维码 2-5）。

3. 心肌脂变

【剖检】心肌发生脂变时，常呈局灶性或弥漫性的灰黄色或土黄色，混浊而失去光泽，质地松软脆弱。此时心肌纤维弹性减退，心室特别是右心室扩张积血。

【镜检】心肌细胞内出现大小不一的脂滴，细胞核被挤压至一侧。

二维码
2-6

心肌发生脂变时，有时在左心室乳头肌处心内膜下出现黄色斑纹，并与未发生变性的红褐色心肌相间，形似虎皮样条纹，故称为"虎斑心"（tigroid heart）（二维码 2-6；Salim et al., 2019），多见于严重的贫血、中毒和恶性口蹄疫等传染性疾病。

（三）对机体的影响

脂肪变性也是机体发生物质代谢障碍的一种表现形式，由于其发生原因和变性的程度不同，故对机体影响也不一样。病变轻微时，只引起轻度的功能障碍，严重时则可导致细胞坏死。例如，肝细胞脂变可引起糖原合成和解毒功能降低；心肌脂变时，因心肌纤维松弛，收缩力减弱，可引起全身血液循环障碍。但脂变是可逆的病理过程，当病因消除，脂变细胞仍可恢复正常的结构和功能。

二维码
2-7

脂肪浸润（fatty infiltration）是指在正常不含脂肪细胞的组织中出现脂肪细胞。例如，心肌纤维萎缩和消失时，常由脂肪细胞取代（二维码 2-7）。脂肪浸润常发生于老龄和肥胖动物的心脏、胰腺、骨骼肌和结缔组织。脂肪浸润的发生可能是脂肪代谢功能降低所致，而与脂肪变性无关。

四、透明变性

透明变性（hyaline degeneration）是指细胞或间质内出现一种均质、半透明、无结构的蛋白样物质［透明蛋白（hyalin）］的现象，又称"玻璃样变"。

（一）原因和发生机制

按透明变性的发生部位和机制不同，可分为三种类型。

1. 血管壁透明变性　　血管壁的通透性增高，引起血浆蛋白大量渗出，浸润于血管壁内所致。病变特征是小动脉壁中膜的细胞结构被破坏，变性的平滑肌胶原纤维结构消失，变成致密无定形的透明蛋白（图2-4）。常发生于老龄动物的脾、心脏、肾、脑及其他器官的小动脉。例如，马病毒性动脉炎、牛恶性卡他热、非洲猪瘟、鸡新城疫和鸭瘟等病毒性疾病，病毒在血管壁内复制首先引起动脉炎，再导致透明变性。

2. 纤维组织透明变性　　胶原纤维之间胶状蛋白沉积，并相互黏着形成一片均质无结构的玻璃样物质（图2-5）。常见于慢性炎症（如慢性肾小球肾炎时，肾小球萎缩并发生透明变性）、瘢痕组织、增厚的器官被膜及含纤维较多的肿瘤（如硬性纤维瘤）。眼观，透明变性的组织呈灰白色、半透明，致密坚韧，无弹性。

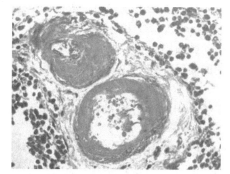

图2-4　脾动脉中膜透明变性（王选年供图）
（HE 10×40）
动脉壁增厚呈均质红染

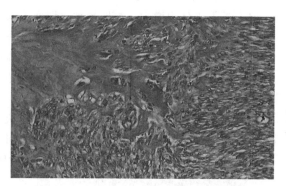

图2-5　纤维组织透明变性（HE 10×20）
纤维组织间充满均质无结构的玻璃样物质

3. 细胞内透明滴状变　　细胞内透明滴状变是指在某些器官实质细胞的细胞质内出现圆形、大小不等、均质无结构的嗜酸性物质的现象。例如，发生慢性肾小球肾炎时，肾小管上皮细胞的细胞质内常出现此变化（二维码2-8）。这可能是变性细胞本身所产生的，也可能是上皮细胞吸收了原尿中的蛋白质所形成的。

二维码
2-8

（二）对机体的影响

轻度变性时的透明蛋白可以被吸收而恢复正常，但变性组织易钙化。小动脉发生透明变性后管壁变厚，管腔缩小，甚至完全闭塞，导致局部组织缺血和坏死，可引起不良后果。

五、淀粉样变性

淀粉样变性（amyloidosis）简称淀粉样变，是指淀粉样物质沉着在某些器官的网状纤维、血管壁或组织间的病理过程。因其具有遇碘呈赤褐色，再加硫酸呈蓝色的淀粉染色反应特性，故称为淀粉样变。此时的淀粉样物质与淀粉无关，它是一种纤维性蛋白质，出现淀粉染色反应的主要原因是淀粉样物质中含有黏多糖。

（一）原因和发生机制

多见于鼻疽、结核等慢性消耗性疾病，以及用于制造免疫血清的动物和高蛋白饲料饲喂的动物。此外，鸭有一种自发性的全身性淀粉样变病。容易发生淀粉样变的器官有脾、肝、淋巴结、肾和血管壁。一般认为，淀粉样变的发生机制是机体免疫过程中所发生的抗原-抗体反应的结果，也有认为是免疫球蛋白与纤维母细胞、内皮细胞产生的黏多糖结合形成的复合物。

（二）病理变化

淀粉样物质在 HE 染色的切片上呈淡红色均质的索状或块状物，沿细胞之间的网状纤维支架沉着。轻度变性时，多无明显眼观变化，只有在光学显微镜下才能发现；严重变性时，则在不同的器官表现出不同的病理变化。

1. 脾淀粉样变　脾是最易发生淀粉样变的器官之一，根据病变形态不同可分为滤泡型（白髓型）和弥漫型两种。

（1）滤泡型（白髓型）

二维码 2-9

【剖检】脾体积增大，质地稍硬，切面干燥，脾白髓如高粱米至小豆大小，灰白色半透明颗粒状，外观与煮熟的西米相似，故称"西米脾"（sago spleen）（二维码 2-9）。

【镜检】淀粉样物质主要沉着于淋巴滤泡周边和中央动脉周围，量多时波及整个淋巴滤泡的网状组织。淋巴滤泡内的淋巴细胞被 HE 染色呈粉红色的淀粉样物质挤压而消失（图 2-6）。

（2）弥漫型

二维码 2-10

【剖检】脾肿大，切面呈红褐色的脾髓与灰白色的淀粉样物质相互交织，呈火腿样花纹，故又称为"火腿脾"（bacon spleen）（二维码 2-10）。

【镜检】淀粉样物质弥漫地沉着在红髓部分的脾窦和脾索的网状组织（图 2-7）。

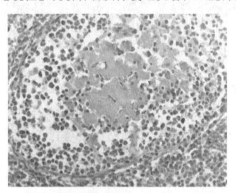
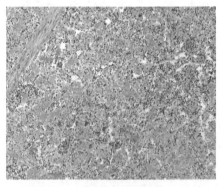

图 2-6　脾小体淀粉样变（HE 10×20）（王选年供图）　　　图 2-7　脾淀粉样变（HE 10×20）

脾小体网状纤维上沉积大量均质淀粉样物质　　　脾红髓部分的脾窦和脾索的网状组织内弥漫地沉着大量淀粉样物质

2. 肝淀粉样变

【剖检】轻度变性时眼观常无变化，若病变严重，则肝显著肿大，呈灰黄色或棕黄色，切面模糊不清。

二维码 2-11

【镜检】淀粉样物质主要沉着在肝细胞索和窦状隙之间的迪塞间隙，形成粗细不等的条索状（二维码 2-11）。

3. 肾淀粉样变

【剖检】肾体积增大，色泽淡黄，表面光滑，被膜易剥离，质地易碎。

【镜检】淀粉样物质主要沉积在肾小球毛细血管的基底膜上，呈现均质、红染的团块状，肾小球内皮细胞萎缩和消失（二维码 2-12）。

二维码 2-12

（三）对机体的影响

淀粉样变也是一种可逆的病理过程。少量淀粉样物质沉着时，只要除去病因，淀粉样物质可被吸收而消散，因而对机体的影响不大；若变性严重，特别是肝和肾沉着大量淀粉样物质时，可使细胞的物质代谢发生障碍，引起器官的功能障碍，严重时可致动物死亡。

六、黏液样变性

黏液样变性（mucoid degeneration）是指结缔组织中出现多量黏稠、灰白色、半透明黏液样物质的一种变性。

（一）原因和发生机制

黏液样物质或称类黏液，是由结缔组织产生的，其成分为蛋白质与黏多糖的复合物，呈弱酸性，HE 染色为淡蓝色，阿尔辛蓝（alcian blue）染色为蓝色，对甲苯胺蓝染色为红色。正常情况下见于关节囊、腱鞘的滑液囊和胎儿的脐带中，多见于纤维瘤的纤维组织、长期水肿的结缔组织、甲状腺功能减退时的皮下组织等。

黏液（mucus）是由上皮细胞分泌的，具有保护黏膜的功能。当消化道、呼吸道等黏膜受到刺激时，上皮细胞分泌亢进，产生大量黏液覆盖于黏膜表面，可以降低致病因素的刺激，是机体的一种抗损伤生理反应。黏液的外观形状与类黏液相同，但化学成分稍有不同。过碘酸希夫染色（periodic acid-Schiff staining，PAS）后，黏液为阳性（红色），类黏液为阴性。黏液遇乙酸产生沉淀，而类黏液不发生沉淀。

当黏膜受到刺激时，黏液分泌增多，但并不伴有上皮细胞形态上的损伤，这个过程称为黏液分泌亢进。当受到致病因素的强烈作用造成损伤时，不仅可引起黏膜大量分泌黏液，还会引起黏膜上皮细胞发生一定程度的变性、坏死和细胞崩解脱落。例如，消化道和呼吸道黏膜发生卡他性炎时，除黏膜的杯状细胞大量分泌黏液外，黏膜上皮细胞发生明显的退行性变化，习惯上称为"黏液变性"。

（二）病理变化

【剖检】黏液样变性的组织被覆大量混浊、黏稠、灰白色或黄白色黏液，结缔组织性黏液样变性的组织肿胀、柔软、半透明、呈灰白色（二维码 2-13）。

【镜检】黏液中混有大量坏死、脱落的上皮细胞和渗出的白细胞。黏液样变性的组织失去原有结缔组织的结构，变成同质的黏液样物质，细胞呈星芒状或纺锤状，稀疏排列细胞的突起互相联结成网状，网眼中有黏液样物质（图 2-8）。

二维码 2-13

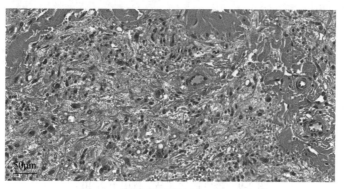

图 2-8　黏液样变性（HE 10×40）

结缔组织间充满嗜碱性黏液样物质，其中含有大量坏死、脱落的上皮细胞和渗出的白细胞

此外，在全身营养不良时，脂肪组织也常出现黏液样物质，呈黏液样变性。例如，骨髓中原有的脂肪组织被黏液样物质取代，此时黄骨髓变为灰白色、半透明的胶冻状；全身萎缩时，心脏冠状沟脂肪消失，被灰白色胶冻样物质取代。黏液样变性也见于关节炎时关节软骨和纤维性骨营养不良时的骨组织。

（三）对机体的影响

黏液样变性是一个可逆的病理过程，病因消除后，变性的组织可以恢复正常。结缔组织严重的黏液样变性可导致组织硬化。

七、纤维素样变

纤维素样变（fibrinoid change）是结缔组织中发生的一种病变，由于病变组织具有纤维素的染色反应，故称纤维素样变。纤维素样物质经 HE 染色呈深红色，苏木精-磷钨酸染色呈蓝色。

纤维素样变主要发生在病变器官的间质结缔组织中；初期病变表现为结缔组织基质增多，经PAS 证实，增加的基质成分为黏多糖；随后胶原纤维断裂、崩解，形成一种均质或颗粒状嗜酸性物质。这种物质可来自基质和胶原纤维本身的改变，也可来自血浆蛋白（其中也有纤维蛋白原）的渗出。此外，纤维素样变多见于过敏性炎症，但非过敏性炎症所独有，有时见于血管壁。

第二节　病理性色素沉着

由于疾病或其他原因，过多的色素在组织中沉着的现象，称为病理性色素沉着。病理性色素有体内产生的，如黑色素、脂褐素、含铁血黄素、胆红素等，也有从体外进入的，如炭末等。

一、黑色素

二维码
2-14

黑色素（melanin）在正常动物的皮肤、被毛、虹膜等均可见到，黑色素是酪氨酸在黑色素细胞中所含的酪氨酸酶的氧化下形成的，存在于细胞质中（二维码 2-14）。

生理性黑色素沉着见于经日光暴晒或紫外线、X 射线照射的皮肤。病理性黑色素沉着见于久不愈合的伤口周围；肾上腺皮质功能减退（如患结核或肿瘤）时，在皮肤和口黏膜可有大量黑色素沉着；维生素 A 缺乏时，眼结膜、第三眼睑也见有黑色素沉着；黑色素瘤的细胞内含有大量黑色素（图 2-9）。

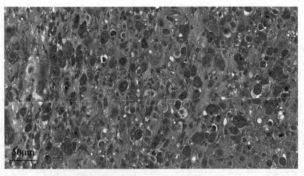

图 2-9　黑色素瘤（马）（HE 10×40）
肿瘤细胞胞质内含有大量黑色素

假性黑色素是大肠黏膜的一种类似黑色素的棕黄色色素，它并非黑色素，而是肠道内的蛋白质腐败后经肠黏膜中与酪氨酸酶相似的酶作用而变成的色素，被吞噬细胞吞噬后出现在肠黏膜中。这种病变多与肠道粪便滞留有关。

二、脂褐素

脂褐素（lipofuscin）多见于老龄动物和恶病质动物的肝细胞、心肌细胞、肾上腺皮质网状带细胞和精囊上皮细胞，光镜下脂褐素呈黄褐色、微细的颗粒状，多位于细胞核周围，在心肌细胞则位于细胞核的两端（图 2-10）。

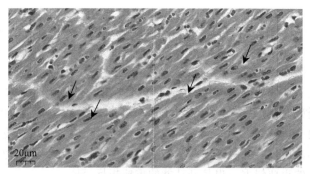

图 2-10 脂褐素（HE 10×40）

部分心肌细胞胞质内含有黄褐色的脂褐素（箭头示）

脂褐素经电镜观察和细胞化学证实为次级溶酶体（剩余小体）的一种，其内容物是经溶酶体消化后残留的物质。电镜下，脂褐素为成群不规则的小体，围以单层界膜，电子密度一般较高。根据超微结构形态和细胞化学分析，证明脂褐素并非均一物质，而是溶酶体内未经消化或不能消化的物质的混合物。由于溶酶体缺少某些脂类代谢必需的酶，对脂类的转化能力有限，因而形成脂褐素。

三、含铁血黄素

含铁血黄素（hemosiderin）是一种金黄色或棕黄色、大小不一的不定形颗粒（图 2-11）。红细胞或血红蛋白被网状内皮细胞吞噬后，血红蛋白被分解释放出铁蛋白，铁蛋白微粒形成含铁血黄素，经铁氰化钾和盐酸处理后呈蓝色，即普鲁士蓝染色呈阳性反应（二维码 2-15）。这种色素见于吞噬细胞内，当细胞崩解后出现于细胞外。

二维码 2-15

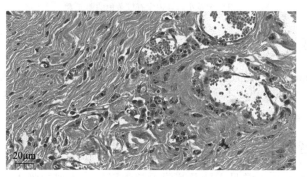

图 2-11 含铁血黄素（HE 10×40）

纤维组织间含有吞噬含铁血黄素的巨噬细胞

　　在生理情况下红细胞不断地衰老死亡，脾中可有少量含铁血黄素。在马传染性贫血、锥虫病、梨形虫病、附红细胞体病等溶血性疾病发生时，富含网状内皮细胞的组织中（肝、脾、肾、淋巴结和骨髓等）可见大量含铁血黄素。局灶性含铁血黄素沉着见于局部出血或出血性炎症。心力衰竭时，肺部淤血，漏出的红细胞被吞噬细胞吞噬，可在肺泡内见到大量吞噬含铁血黄素的巨噬细胞，称为"心力衰竭细胞"。

　　电镜下，含铁血黄素为单层界膜的含铁小体，其中充满电子密度很大的含铁颗粒，含铁小体内含酸性磷酸酶，故含铁小体属于溶酶体的一种。

四、胆红素

　　胆红素（bilirubin）是血红蛋白及血红素在巨噬细胞、网状内皮细胞及肝细胞中的代谢产物，呈橙黄色或棕黄色。胆红素具有毒性，可对大脑和神经系统产生不可逆的损害，但也有抗氧化功能，可以抑制亚油酸和磷脂的氧化。

　　哺乳类动物体内代谢产生的胆红素主要随胆汁排出。当胆汁的正常分泌和排泄发生障碍（如在某些肝病时胆管和胆道系统阻塞）或红细胞破坏过多（如各种溶血性疾病或内出血后）时，胆红素会滞留在体内一段时间。当血液中的胆红素含量过多时，可以在皮肤、黏膜、巩膜等多个组织器官和某些体液内沉着而呈现出发黄的症状和体征，这种现象称为黄疸（icterus）。胆红素是临床上判定黄疸的重要依据，也是肝功能的重要指标。

　　一般情况下，胆红素呈溶解状态，但有时可浓缩成颗粒或团块状。在阻塞性黄疸时，肝的小胆管和毛细胆管扩张，充满棕黄色的胆红素，肝细胞内也可见胆红素颗粒（图 2-12）。黄疸明显时，可在网状内皮细胞、肾小管上皮细胞内见有胆红素颗粒。

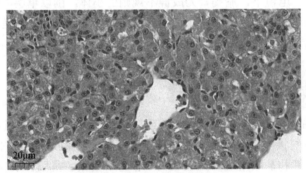

图 2-12　胆红素（HE 10×40）

肝细胞及小胆管内含有棕黄色的胆红素

五、橙色血质

　　橙色血质（hematoidin）是血红蛋白的分解产物，见于出血性梗死灶或陈旧性出血病灶和血肿内。橙色血质是一种金黄色小菱形、针状结晶或无定形的颗粒，它不在细胞内，不含铁，可溶于碱性溶液（二维码 2-16）。

二维码
2-16

六、炭末沉着

　　炭末沉着（anthracosis）常见于肺及其附近的淋巴结，主要由吸入大量的炭末引起。吸入肺内的炭末可被肺巨噬细胞吞噬并沉积在肺间质，或随淋巴液进入附近的淋巴结。炭末沉着的肺和淋巴结，眼观呈灰黑色，严重时呈黑色（二维码 2-17）。

第三节　钙化与结石形成

一、病理性钙化

病理性钙化（pathologica calcification）是指在病理条件下，固体钙盐沉着于正常时不出现钙盐的软组织内，简称钙化（calcification）。沉着的钙盐主要是磷酸钙，其次为碳酸钙。

（一）原因与类型

病理性钙化分为营养不良性钙化和转移性钙化。

1. 营养不良性钙化（dystrophic calcification）　营养不良性钙化是指在血液和组织间液中呈溶解状态的钙，以固体形式沉着于变性和坏死组织。钙盐最常沉着的组织包括结核性干酪样坏死灶、贫血性梗死灶、脂肪坏死及肌肉蜡样坏死组织。此外，死亡的寄生虫及虫卵、陈旧的血栓和其他异物也可见钙盐沉着。

此型钙化的特点为：机体无全身性的钙磷代谢障碍，血钙不升高。营养不良性钙化是机体在进化进程中获得的一种适应性反应。

2. 转移性钙化（metastatic calcification）　当机体发生全身性钙磷代谢障碍时，血钙含量不断升高，钙盐在未受损伤的组织中沉积，此称为转移性钙化。

转移性钙化主要发生于甲状旁腺功能亢进和维生素 D 摄入量过多时，促使骨质脱钙、肠道吸收钙增多及磷酸盐从尿中排出，从而引起血钙浓度增高和血磷降低。肾因钙盐沉着而受损，从而使大量磷酸钙在全身各处沉积。此外，各种可引起骨质破坏的疾病，如骨组织肿瘤在一定条件下也可引起骨质的严重破坏，进而引起转移性钙化。转移性钙化多见于肾小管、肺泡壁、胃黏膜和动脉中层等处，可能与这些组织分泌酸而使组织本身呈碱性状态而有利于钙盐沉着有关。

（二）病理变化

【剖检】钙盐在组织中沉着量多时，常呈灰白色颗粒状或结节状的砂粒样物，质地坚硬，不易用刀切开，切割时常可听到沙沙声（图 2-13）。

【镜检】可见组织内沉积的钙盐呈深紫色或蓝色闪光的团块或颗粒（图 2-14）。

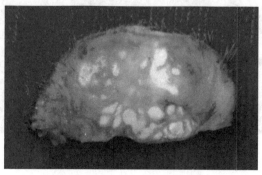

图 2-13　局限性钙盐沉着剖检

切面有许多大小不一、形状不规则砂砾样白色物质

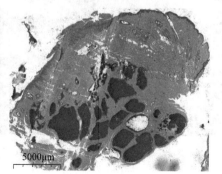

5000μm

图 2-14　局限性钙盐沉着镜检（HE 10×4）

皮肤真皮层及皮下组织中沉积的钙盐形成

许多独立或相互融合的深紫色团块

（三）对机体的影响

钙化也是一种可逆性变化，小的钙化灶可被溶解吸收；钙盐沉积较多时，则很难完全溶解吸收，在钙化灶周围就会形成结缔组织性包囊，把钙化灶局限在一定部位，有时钙化灶还可进一步发生骨化。

钙化对机体的影响常视具体情况而异。例如，血管壁发生钙化时血管失去弹性而变脆，容易造成破裂出血；结核灶发生钙化，可使其中的结核菌逐渐丧失活力，减少复发的危险性。另外，钙化灶对机体而言已成为异物，可以经常刺激机体，导致其他病变的发生。

二、结石形成

结石形成（calculogenesis）是指在组织、器官的排泄管或分泌管（如唾液腺、胰腺和胆管等）及腔形器官（如肠道、肾盂、膀胱和胆囊等）内形成硬固的石样物体的病理过程，在该过程中所形成的固体物称为结石（calculus）。

（一）原因与类型

结石形成一般都与局部炎症有关。首先以分泌管或排泄管中存在的病理产物（血凝块、细菌团块等）作为核心，它们刺激管壁引起炎症和分泌物增多，将核心包裹并有盐类结晶析出沉积。这种钙盐沉积物再刺激管壁，又有分泌物将之包裹和盐类析出沉积，这样循环往复，无机盐类一层层地沉积下来，逐渐增大而形成结石。结石的断面呈同心性轮层状结构。

（二）病理变化

二维码
2-18

二维码
2-19

结石的大小、数量、形态和成分因其形成部位不同而异（二维码 2-18，二维码 2-19）。结石大小可由砂粒大至几千克重；数量可由一个至几百个；形态也是多种多样的，单个结石多呈球形，肾结石呈肾盂形；结石的颜色一般呈灰白色或乳白色，胆结石呈黄褐色，假性肠结石多呈黑褐色；一般真性结石坚硬如石（图 2-15），但由植物纤维构成的假性结石则松软易碎（图 2-16）。

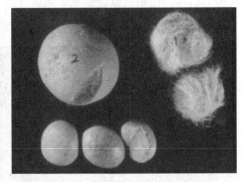

图 2-15　骆驼肠结石　　　　　　　　　图 2-16　假性结石（牛肠毛球）

（三）对机体的影响

结石对机体的影响常因其发生的部位、数量、大小和性质不同而异。一般来说，结石对机体可以造成机械刺激，引起所在部位发生炎症反应；还可以压迫组织，使之发生物质代谢障碍；另外，结石常常阻塞管腔，使之发生狭窄或闭锁，从而引起分泌物排出障碍。

第四节　组织细胞死亡

在动物体内，细胞死亡是一个不断发生的过程，根据细胞死亡机制的不同，可分为多种类型。细胞坏死是病理过程中发生的一种常见的细胞死亡类型；而细胞凋亡是由内在基因调控的一种生理性细胞死亡方式，属于细胞程序性死亡（programmed cell death，PCD）；此外，自噬、细胞焦亡、铁死亡等其他常见的细胞死亡方式也将在本节进行简要介绍。

一、坏死

坏死（necrosis）是指活体内局部组织或细胞发生病理性死亡。坏死组织或细胞的物质代谢完全停止，功能丧失，所以坏死是一种不可逆的病理过程。坏死的发生，除少数是由致病因子作用而造成组织、细胞急性死亡外，大多数坏死是在变性的基础上发展而来的，是一个由量变到质变的过程，所以又称为"渐进性坏死"。

（一）原因和发生机制

任何致病因素只要达到一定强度或持续一定时间，使细胞和组织的物质代谢发生严重障碍，均可引起组织或细胞坏死。常见的原因有以下几种。

1. 生物性因素　　各种病原微生物、寄生虫及其毒素，通过破坏细胞内酶系统或作用于小血管壁，引起血管痉挛或血栓形成，从而造成局部血液循环障碍，导致细胞组织坏死。例如，结核病的干酪样坏死、猪瘟的脾梗死等。

2. 理化性因素　　各种强烈的理化性因素均可引起细胞组织坏死。例如，高温能使细胞蛋白质凝固；低温可使细胞内水分冻结，破坏细胞的胶体性和物质代谢，造成细胞死亡；强酸、强碱均可使蛋白质（包括酶类）变性；氰化物能灭活细胞色素氧化酶，阻断生物氧化过程，导致细胞死亡。

3. 机械性因素　　各种强烈的或长期持续性的机械力作用于局部组织时，常可引起坏死。例如，病畜长时间躺卧，使前肢肩胛部和后肢髋关节等部位因受压血液循环不良，最终导致局部组织坏死，临床上称为"褥疮"。

4. 血管源性因素　　血管受压、痉挛、血栓形成和栓塞等可造成局部缺血，进而导致细胞缺氧，使细胞的有氧呼吸、氧化磷酸化和ATP酶合成障碍，引起细胞坏死。

5. 神经性因素　　中枢神经或外周神经系统损伤时，相应组织细胞因缺乏神经支配，可引起细胞发生萎缩、变性及坏死。

（二）病理变化

【剖检】坏死的病理变化多种多样，范围大小不一。一般来说，坏死组织缺乏光泽，色泽混浊，失去正常组织的弹性，组织切断后回缩不良，因局部缺血而温度降低，切割时无血液流出，感觉及运动功能消失等。早期坏死组织外观与坏死前相似，临床上称之为失活组织。经过一段时间后，眼观上才能识别出坏死灶，在坏死组织与活组织之间呈现一条明显的分界性炎症反应带，这是识别坏死组织最可靠的标志之一。

【镜检】坏死组织的镜下变化主要表现为细胞核、细胞质和间质的改变（二维码 2-20）。

细胞核的变化是坏死的主要标志，表现为：①核固缩（karyopyknosis），即核体积缩小，染色质浓缩深染；②核碎裂（karyorrhexis），即核膜破裂，核染色质凝集、崩解成大小不等的碎片状，分散于细胞质中；③核溶解（karyolysis），即核染色质在 DNA 酶的作用下分解、消失，失去对碱性染料的着色反应，染色变淡，仅见遗留的核影（图 2-17）。

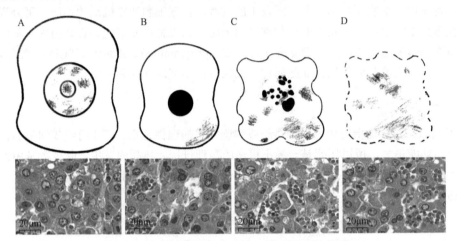

图 2-17　细胞核坏死形态变化模式图及实物图

A. 正常细胞；B. 核固缩；C. 核碎裂；D. 核溶解

上排为细胞坏死模式图，下排为肝细胞坏死实物图

细胞质的变化主要表现为坏死细胞的细胞质嗜酸性增强，细胞微细结构被破坏，呈红染的细颗粒状或均质状，最后细胞膜破裂，整个细胞轮廓消失。

当细胞坏死时，间质也发生明显变化，表现为基质解聚，结缔组织胶原纤维发生肿胀、崩解、断裂、液化，变成一片均质、无结构、红染的纤维素性物质，故又称为纤维素样变。最后，坏死的细胞和纤维素样变的胶原纤维融合在一起，形成一片颗粒状或均质无结构的红染物质。

【超微结构】电子显微镜下，坏死的细胞膜突起或塌陷，细胞之间失去连接；细胞质浓缩呈均质或空泡化，细胞器减少或消失，出现自噬空泡和细胞溶酶体，线粒体内出现绒毛样物质或钙盐沉着；细胞核染色质浓缩、碎裂或溶解消失。

（三）坏死的类型

根据坏死组织的形态特点和发生原因不同，可将其分为以下三种类型。

1. 凝固性坏死（coagulation necrosis）　　凝固性坏死是指组织坏死后，在蛋白质凝固酶的作用下，形成一种灰白色或灰黄色干燥而无光泽的凝固物。肾贫血性梗死即典型例子。早期的凝固性坏死组织肿胀，稍突起于器官表面，随后坏死组织因水分蒸发而质地干燥坚实，呈灰白色或黄白色，无光泽，坏死区周围有暗红色的充血和出血。光学显微镜下，坏死细胞的正常结构消失，仅存组织结构轮廓。不同组织的凝固性坏死表现形式不同，主要有以下几种。

（1）贫血性梗死（anemic infarction）　　贫血性梗死是一种典型的凝固性坏死。坏死区灰白色干燥，早期肿胀，稍突出于脏器的表面，坏死区切面呈楔形，边界清楚。

（2）干酪样坏死（caseous necrosis）　　干酪样坏死是由于坏死组织为灰白色或灰黄色、

松软易碎的无结构物质，外观似干酪样或豆腐渣而得名（图 2-18）。干酪样坏死常见于结核分枝杆菌感染。由于类脂质具有抑制中性粒细胞浸润的作用，故坏死组织不发生化脓液化。光学显微镜下，坏死组织的固有结构完全破坏消失，细胞彻底崩解，融合成为均质红染的颗粒状物质。

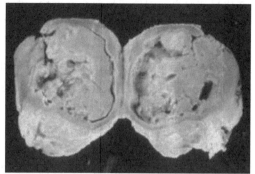

图 2-18　淋巴结干酪样坏死
（绵羊干酪性淋巴结炎）

（3）蜡样坏死（waxy necrosis）　　蜡样坏死是肌肉组织发生的凝固性坏死，外观呈灰黄色或灰白色，干燥、混浊、坚实，形如石蜡，故称为蜡样坏死。光学显微镜下可见肌纤维肿胀、崩解或断裂，横纹消失，肌质均质红染或呈着色不均的无结构状（二维码 2-21）。肌肉蜡样坏死常见于各种动物的白肌病、麻痹性肌红蛋白尿病和牛气肿疽等。

二维码 2-21

（4）脂肪坏死（fat necrosis）　　　脂肪坏死是一种比较特殊的凝固性坏死，常见于胰腺炎。胰腺被破坏时，胰液中的胰脂酶、蛋白酶从胰腺组织中逸出并被激活，使胰腺周围及腹腔中的脂肪组织发生坏死。眼观，脂肪坏死表现为不透明的白色斑块或结节状（二维码 2-22）。在石蜡切片中，坏死的脂肪细胞留下模糊的轮廓，内含细小颗粒。

二维码 2-22

2. 液化性坏死（liquefaction necrosis）　　　坏死组织中富含水分或蛋白质水解酶的活性增强，使坏死组织迅速溶解成液体状。例如，由细菌感染引起的化脓性炎症即一种最常见的液化性坏死。

液化性坏死常发生于中枢神经系统，因为脑和脊髓含水分和磷脂较多，蛋白质含量较少，并且磷脂对蛋白质凝固酶还有抑制作用，故脑组织坏死后很快发生液化，变成乳糜状的坏死灶。脑组织的液化性坏死通常称为"脑软化"，多见于马属动物的霉玉米中毒（镰刀菌毒素中毒）和雏鸡的维生素 E 与硒缺乏症。

3. 坏疽（gangrene）　　　坏疽是指组织坏死后受到外界环境影响和继发不同程度腐败菌的感染而形成一种特殊的病理学变化。坏疽常发生于易受腐败菌感染的部位，如四肢、尾根，以及与外界相通的肺、肠、子宫等内脏器官。坏疽的特征是：坏死组织常呈黑色，这是腐败菌分解坏死组织产生的硫化氢与血红蛋白分解出来的铁结合成硫化铁之故。按坏疽发生原因及病理变化可分为三种。

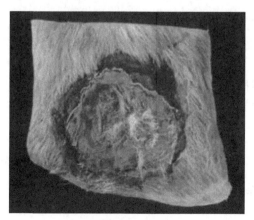

图 2-19　皮肤褥疮干性坏疽（猪）

（1）干性坏疽（dry gangrene）　　　一般是动脉阻塞或皮肤长期受压迫致使血液循环障碍而导致皮肤坏死，然后坏死区的水分蒸发，腐败过程微弱，病变部干固皱缩，呈黑褐色（图 2-19）。常见于体表四肢末梢部位如耳尖、尾尖等。慢性猪丹毒背部的皮肤坏死、四肢末梢皮肤冻伤形成的坏死、子宫内干尸（木乃伊）（二维码 2-23）和体表的褥疮都属于干性坏疽。

二维码 2-23

（2）湿性坏疽（wet gangrene）　　　湿性坏疽是由于坏死组织在腐败菌作用下发生液化。常见于与外界相通的内脏或皮肤。坏疽部位呈污灰色、绿色或黑色，腐败菌分解蛋白质产生吲哚、粪臭素等，造成局部恶臭。湿性坏疽病变发展快，向周围健康组织弥漫扩散，与健康组织之间的分界不明显，并易造成全身中毒。常见的湿性坏疽有牛、马发生肠变位（肠扭转、肠套叠等）及异物性肺炎、腐败性子宫内膜炎和乳腺炎等。

（3）气性坏疽（gas gangrene）　气性坏疽是湿性坏疽的一种特殊类型，其特征是坏疽部位的皮肤、肌肉中产生大量气体，形成气泡并造成组织肿胀。其主要是由深部的创伤（如阉割等）感染了厌氧性细菌（如恶性水肿杆菌、产氧荚膜杆菌等）所引起。这些细菌在分解坏死组织时产生大量气体，使坏死组织呈蜂窝状，污秽暗棕色，用手按压有捻发音。例如，牛气肿疽时，身体后部的骨骼肌也常发生气性坏疽。

最后还须指出，上述各种坏死的类型并不是固定不变的，由于机体抵抗力的强弱不同，以及坏死发生的原因和条件等的改变，坏死的病理变化在一定条件下也可互相转化。

（四）结局和对机体的影响

坏死组织为体内的异物，机体会通过各种方式将其清除，其结局如下。

（1）吸收再生　较小的坏死组织通过本身崩解或被中性粒细胞的蛋白溶解酶分解为小的碎片或完全液化，液化的坏死组织由淋巴管或小血管吸收，小碎片由巨噬细胞吞噬和消化，最后缺损的组织由同样的细胞或结缔组织进行再生和修复。

（2）腐离脱落　较大的坏死灶通过其周围的炎性界线，使坏死组织与周围健康组织逐渐分离脱落。皮肤和黏膜的坏死灶脱落后留下的浅的组织缺损称为"糜烂"（erosion），深达真皮以下的缺损而表面形成凹陷者称为"溃疡"（ulcer）。肺、肾的坏死组织，液化后可经气管或输尿管排出，在局部形成空腔，称为"空洞形成"。溃疡和空洞都可通过周围健康组织再生而修复。

（3）机化和包囊形成　较大的坏死组织，不能溶解吸收和分离脱落时，可逐渐被新生的肉芽组织生长替代，最后变为纤维性瘢痕（scar），这种由肉芽组织取代坏死组织的过程，称为机化（organization）。如不能完全机化，则由肉芽组织加以包裹而形成包囊（encapsulation），中间的坏死组织往往会发生钙化。

坏死组织的功能完全丧失，对机体的影响取决于坏死发生的部位、范围大小和机体的状态。当坏死发生于心肌和脑时，即使是很小的坏死灶也可造成严重的后果。一般器官的小范围组织坏死，可通过功能代偿而对机体无严重影响。若坏死灶继发感染，可使患病动物发生脓毒败血症而危及生命。因此，在临床上及时清除坏死组织和有效控制感染是重要的治疗措施。

二、凋亡

凋亡（apoptosis）是为维持细胞内环境的稳定，细胞接收某种信号或受到某些因素刺激后，由基因控制的细胞自主的有序性死亡。

凋亡可见于生理和一些病理过程中，是受基因调控的主动连续的程序化反应，是细胞对内、外信号刺激做出的应答反应。它与个体发育、正常生理活动的维持、某些疾病（自身免疫病）的发生及肿瘤的发生发展等过程有着十分密切的关系。

（一）原因和发生机制

凋亡是细胞生长发育过程中一个非常复杂的过程，多种因素都可影响细胞凋亡的发生，并受到分子遗传学因素的显著影响。常见的凋亡诱导因素包括糖皮质激素类、干扰素、白细胞介素、肿瘤坏死因子和神经生长因子等生理性因素，以及病毒感染、γ射线照射、休克、细菌毒素、氧化剂和自由基等一些诱导损伤的因素。

凋亡的发生机制非常复杂，其大致过程是：细胞接收多种外界因素诱导的凋亡信号后，通过不同的信号传递系统（如膜受体 Fas-FasL 信号通路）传递凋亡信号，通过凋亡调控分子间的相互作用，激活蛋白水解酶［如胱天蛋白酶（caspase）］的生物化学途径，进而进入连续反应过程，引起细胞凋亡。

（二）病理变化

二维码
2-24

凋亡细胞最主要的特征表现为细胞变圆，与周围组织脱离，失去微绒毛，细胞质浓缩，内质网扩张呈泡状并与细胞膜融合；核染色质浓缩并凝聚在核膜周围呈新月状，核碎裂，细胞膜内陷，形成膜性结构包裹浓缩核质的凋亡小体（apoptotic body），最后被邻近的细胞识别、吞噬（图 2-20，二维码 2-24）。

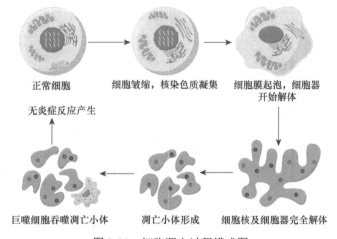

正常细胞　　　　细胞皱缩，核染色质凝集　　　细胞膜起泡，细胞器开始解体

无炎症反应产生

巨噬细胞吞噬凋亡小体　　　凋亡小体形成　　　细胞核及细胞器完全解体

图 2-20　细胞凋亡过程模式图

凋亡细胞在内源性核酸酶作用下，核 DNA 在核小体之间断裂成 180～200bp 不连续的核酸片段，在琼脂糖凝胶电泳中呈典型的梯状条带；细胞凋亡过程中线粒体没有水肿和破裂等病理变化，同时不伴有细胞膜和溶酶体的破裂及内容物外泄，因此没有炎症反应，这是其和细胞坏死的一个重要区别。

（三）生物学意义

凋亡是动物生命活动中为保证个体发育所必需的、细胞内在的、受基因控制的、旨在清除多余及无用细胞的生理现象。例如，只有轴突生长到骨骼肌运动终板的运动神经元，从骨骼肌细胞得到生存信息后才能保留下来，其他神经元（神经细胞）则发生凋亡；在变态发育过程中蝌蚪尾部细胞的凋亡脱落；在免疫系统中 95% 的胸腺细胞都要发生凋亡，只有 5% 变成成熟的 T 淋巴细胞；成熟白细胞和红细胞的正常生理性死亡等都属于凋亡。

凋亡和细胞增殖是正常细胞固有的正、反两方面的统一体，只有细胞增殖和凋亡处于平衡状态，才能使机体处于内环境稳定状态而不发生疾病。凋亡的抑制会导致细胞增生性疾病（如肿瘤）；相反，过度发生凋亡则会引起免疫缺陷病等疾病。

（四）细胞坏死和细胞凋亡的区别

细胞坏死和细胞凋亡是两种截然不同的过程和生物学现象，在形态学、代谢调节、发生机制、结局和意义等方面都有本质的区别（图2-21及表2-1）。

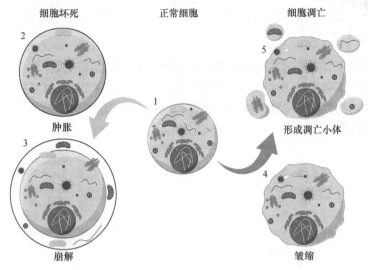

图2-21　细胞坏死和细胞凋亡的形态比较

1. 正常细胞。2，3. 细胞坏死：2. 细胞肿胀，核染色质凝集、边集、裂解成许多小团块，细胞器肿胀，线粒体基质絮状凝集；3. 细胞膜、细胞器膜、核膜崩解，进而自溶。4，5. 细胞凋亡：4. 细胞皱缩，核染色质凝集、边集、解离、细胞质致密；5. 细胞质呈分叶状突起形成多个凋亡小体，然后被巨噬细胞吞噬消化

表 2-1　细胞坏死和细胞凋亡的比较

项目	细胞坏死	细胞凋亡
形态	细胞溶解	细胞皱缩、碎裂
膜的完整性	不完整	完整
线粒体	肿胀、破裂	自身吞噬
染色质	分解	致密
自吞噬	缺少	常见
潜伏期	没有	数小时
蛋白质合成	无	有
始发因素	毒素、酸碱中毒	胚胎、变态发育
典型细胞	中毒肝细胞	胚胎神经元
控制因素	毒素	内分泌
细胞质生化改变	溶酶体解体	溶酶体酶增多
细胞核变化	DNA 弥漫性降解	DNA 梯状断裂

三、其他类型的细胞死亡

1. 自噬　　自噬（autophagy）是细胞膜包裹部分细胞质和细胞内需降解的细胞器、蛋白质

等形成自噬体，并与内体形成所谓的自噬内体，最后与溶酶体融合形成自噬溶酶体，降解其所包裹的内容物，以实现细胞稳态和细胞器的更新。自噬主要有三种途径：巨自噬（macroautophagy）、微自噬（microautophagy）和分子伴侣介导的自噬（chaperonemediated autophagy，CMA）。

自噬的超微结构特征如下：①高尔基体和内质网等细胞器膨胀；②细胞质无定形，核碎断、固缩；③由粗面内质网包围将要被吞噬的底物，随后与初级溶酶体结合形成大量双层膜结构的吞噬泡（二维码2-25）；④细胞膜失去特化，可能发生细胞膜出泡现象。

二维码 2-25

在营养缺乏、能量代谢异常、缺血、缺氧、病原体感染的情况下，自噬通常会被激活。此外，发育、分化、免疫、炎症、肿瘤、心血管病、神经退行性变性疾病等生理病理过程均可见细胞自噬现象。目前普遍认为自噬是一种防御和应激调控机制，细胞可以通过自噬和溶酶体，消除、降解和消化受损、变性、衰老和失去功能的细胞、细胞器及变性蛋白质与核酸等生物大分子，为细胞的重建、再生和修复提供必需原料，实现细胞的再循环和再利用。自噬既可以抵御病原体的入侵，又可保卫细胞免受细胞内毒物的损伤。

2. 细胞焦亡 细胞焦亡（pyroptosis）又称为细胞炎性坏死，是由炎症小体激活的一种细胞程序性死亡方式，主要通过炎症小体介导包含 caspase-1 在内的多种胱天蛋白酶的激活，使多种消皮素（gasdermin）家族成员发生剪切和多聚化，造成细胞穿孔，进而引起细胞死亡。

细胞焦亡的主要形态特征为细胞不断胀大至细胞膜破裂，在此过程中，也会出现 DNA 片段化、染色质固缩、细胞骨架破坏等现象（二维码2-26）。

二维码 2-26

细胞焦亡也广泛参与感染和神经系统疾病的发生与发展，其经典途径为炎症小体刺激细胞信号通路，并活化 caspase-1；caspase-1 激活白细胞介素（IL）-1β 等炎症因子，切割 gasdermin D 蛋白（GSDMD）的 N 端，使其激活并结合到细胞膜上产生膜孔，形成细胞焦亡。此外，在一些非典型途径中，部分 caspase-11 可直接与细菌的脂多糖接触激活，对 GSDMD 进行切割，并间接激活 caspase-1，诱发细胞焦亡。

3. 铁死亡 铁死亡（ferroptosis）是一种新型细胞死亡，与细胞凋亡不同，铁死亡是一种依赖铁及活性氧（ROS）的细胞死亡，可通过外源性途径（抑制细胞膜转运蛋白或激活铁转运蛋白）和内源性途径［阻断细胞内抗氧化酶，如谷胱甘肽过氧化物酶 4（glutathione peroxidase 4，GPX4）］激活。铁积累的增加、自由基的产生、脂肪酸供应和脂质过氧化增多，是诱导铁死亡的关键。

细胞发生铁死亡的主要形态特征体现在线粒体的形态变化上，细胞会出现线粒体外膜破裂、体积缩小、嵴减少或消失等现象，但在整个过程中，不会出现细胞膜的破裂等变化。

铁死亡的主要机制是：在二价铁或脂氧合酶的作用下，催化细胞膜上高表达的不饱和脂肪酸发生脂质过氧化，从而诱导细胞死亡；此外，还表现为抗氧化体系［谷胱甘肽（GSH）和 GPX4］表达量的降低。

第五节 细胞超微结构基本病理变化

细胞是构成动物机体的基本生命单位，由细胞膜、细胞质和细胞核三部分组成。细胞质中分布着由细胞膜内陷所形成的内膜系统（endomembrane system），即细胞器。细胞器是细胞代谢和细胞活力的形态支柱。细胞器的形态结构改变是各种细胞和组织损伤的超微形态学基础。

一、细胞膜的常见超微结构病变

广义的细胞膜是指细胞外表的膜和构成细胞器的各种膜，又称为单位膜或生物膜。细胞各部分的膜既有共同的基本结构，又各有特点。本部分所讲述的是狭义的细胞膜（cell membrane），即包裹在细胞外表的一层膜，又称为质膜。

1. 细胞膜形态结构的改变　　细胞膜形态结构的改变主要是细胞膜损伤。例如，血液原虫感染可导致血细胞膜破裂而引起溶血；某些脂溶性阴离子物质、蛋白酶和脂肪酶及毒素等能破坏细胞膜的完整性；串珠镰刀菌素可使小型猪的心肌纤维膜发生变性、混浊、膨胀，失去细胞膜的结构特点，严重时可造成心肌纤维膜溶解、断裂；缺氧、低温、铅中毒时可使细胞间连接破坏，导致细胞分离；恶性肿瘤时细胞间连接有减少趋势，如鳞状细胞癌时桥粒明显减少。

2. 细胞膜分子结构的改变　　细胞膜分子结构的改变主要是膜蛋白的结构异常或缺失。例如，膜受体异常引起的受体病，就是由结合激素、神经递质等生物活性分子的膜受体缺陷引起；细胞膜上的钠钾泵损伤可导致细胞内容物外溢或水分进入细胞，使细胞肿胀，甚至使细胞破裂崩解，同时引起细胞膜轮廓不规则或出现外突小泡。细胞膜严重损伤时可形成同心圆状卷曲，即髓鞘样结构。

3. 细胞膜特化结构（微绒毛、纤毛和糖萼）的超微病变　　主要表现为细胞游离面的微绒毛、纤毛和糖萼发生倒伏、粘连、断裂和缺失。例如，病毒性出血热时，气管黏膜上皮细胞的纤毛发生倒伏、粘连、断裂，严重时大片纤毛脱落缺损；肠道病毒感染时可使肠黏膜上皮细胞绒毛断裂缺失，造成上皮细胞吸收功能障碍；沙门菌感染时可使肠黏膜上皮细胞的糖萼变薄，甚至缺失；旋毛虫病时骨骼肌细胞的糖萼明显增厚。

二、细胞质的常见超微结构病变

真核细胞的细胞质中分布着复杂的内膜系统，其构成了各种细胞器，如内质网、高尔基体、溶酶体、过氧化物酶体等，它们是各自独立封闭的区室，各有专一的酶系统执行专一的功能。

（一）内质网的病变

内质网（endoplasmic reticulum，ER）是分布在细胞质中的膜性管道系统，呈小管、小泡或扁平囊状，因其管道纵横交织成网状，故称为内质网。内质网可分为粗面内质网（rough endoplasmic reticulum，RER）和滑面内质网（smooth endoplasmic reticulum，SER）两种类型。在病理情况下内质网可发生质和量的改变。

二维码 2-27

1. 内质网扩张和囊泡形成（dilatation and vesiculation of endoplasmic reticulum）　　内质网扩张是指内质网的口径增大，囊泡形成是指内质网扩张断裂成很多大小不等的空泡（二维码 2-27）。粗面内质网扩张和囊泡形成时，常发生脱颗粒，变成与滑面内质网一样的结构。内质网扩张和囊泡形成常伴有线粒体肿胀，因此在光镜下所见的颗粒变性和水泡变性即细胞质中肿胀的线粒体或内质网。内质网扩张和囊泡形成常见于营养不良、缺氧、感染和各种药物中毒等病理过程。

2. 粗面内质网脱颗粒（degranulation of rough endoplasmic reticulum）　　粗面内质网脱颗粒是指粗面内质网膜上附着的核糖体脱落、减少甚至消失，并伴有内质网扩张和囊泡形成及核糖体解聚等粗面内质网紊乱的变化。常见于四氯化碳及霉菌毒素中毒时的肝细胞。

3. 多聚核糖体解聚（disaggregation of polyribosome）　　多聚核糖体解聚是指多聚核糖

体断裂和形成障碍，是蛋白质合成障碍的形态学指征，常见于四氯化碳中毒时的肝细胞和维生素 C 缺乏时的成纤维细胞及创伤愈合过程中。

4. 内质网肥大和增生（hypertrophy and hyperplasia of endoplasmic reticulum）

（1）粗面内质网肥大和增生　粗面内质网体积增大、数目增多，表现为 RNA 合成增加及细胞质嗜碱性着色，反映细胞中蛋白质合成增强。例如，妊娠大鼠肝细胞可见到粗面内质网肥大和增生。

（2）滑面内质网肥大和增生　滑面内质网的小管、小泡或分支的管网数目增多，充满细胞质，同时伴有微体增大和药物代谢酶活性升高。典型变化见于苯巴比妥钠中毒的大鼠或仓鼠肝细胞。一般认为这是肝细胞对毒物耐受性的一种适应性反应。

5. 同心性板层小体（concentric laminar body）　同心性板层小体是指粗面内质网或滑面内质网做同心性排列的结构，其中心部常含有线粒体、脂滴或糖原颗粒等（二维码 2-28）。滑面内质网的同心性板层小体又称为髓鞘样小体。同心性板层小体常见于病毒感染、肝细胞肿瘤及药物和霉菌毒素中毒等。关于同心性板层小体的性质，有人认为是一种变性，也有人认为是一种再生性变化。

二维码 2-28

6. 内质网中的包含物（inclusion of endoplasmic reticulum）　内质网中常见的包含物有蛋白质颗粒和结晶、脂体、病毒颗粒、池内分离物及波状小管等。

（1）蛋白质颗粒和结晶　常见于粗面内质网分泌物生成过多或分泌障碍的情况下，分泌物集中于内质网池中，呈中到高电子密度的颗粒或结晶。其性质属于糖蛋白或黏蛋白，如浆细胞功能增强时细胞质内出现的球形嗜酸性的拉塞尔小体（Russell body）。

（2）脂体　脂体是指出现于内质网中有界膜包裹的脂质小体。常见于脂肪肝、四氯化碳中毒等。

（3）病毒颗粒　出现于内质网池或小泡中（二维码 2-29），常见于小鼠白血病细胞、仔猪轮状病毒感染时的肠上皮细胞。

二维码 2-29

（4）池内分离物　池内分离物是指扩张的内质网池中含有突入或游离的由内质网膜包裹的细胞质成分。常见于蛋白质缺乏引起细胞损伤的非特异性反应，如饥饿动物的肝细胞、衰老的细胞、蛋白质缺乏的细胞等，是细胞对衰退或细胞质过多的一种处理机制。

（5）波状小管　波状小管是一种呈波形弯曲、结晶状排列的细口径小管。常见于病毒病、白血病和自身免疫病。

另外，内质网是执行许多功能的高度特化结构，发育完善的内质网是细胞分化和功能活跃的表现。不成熟或未分化的细胞如干细胞、成血细胞及肿瘤细胞，粗面内质网少、游离的多聚核糖体增多。内质网的数量与肿瘤生长率和恶性程度成反比。

（二）高尔基复合体的病变

高尔基复合体（Golgi complex）又称为高尔基体（Golgi body），是由平行排列的扁平囊、小泡和大泡三部分组成的膜性囊泡状结构。在病理情况下，高尔基复合体会发生数量、形态和性质的变化。

1. 高尔基复合体肥大（hypertrophy of Golgi complex）　高尔基复合体肥大是指细胞内高尔基复合体数目增加、体积增大、扁平囊增多、成熟面分泌泡增多，细胞的大部分被高尔基复合体所占据。高尔基复合体肥大通常与分泌活性增强有关。例如，在大鼠实验性肾上腺皮质再生过程中，垂体前叶促肾上腺皮质激素分泌细胞高尔基复合体明显肥大。

2. 高尔基复合体萎缩（atrophy of Golgi complex） 高尔基复合体萎缩是指高尔基复合体体积缩小，扁平囊、大泡和小泡的数目和体积都减少。在饥饿、蛋白质缺乏和毒物中毒时可见高尔基复合体萎缩。

3. 高尔基复合体扩张和崩解（dilatation and disintegration of Golgi complex） 高尔基复合体扩张和崩解是指高尔基复合体扁平囊扩张，严重时扁平囊、大泡、小泡崩解和消失，常见于肝细胞的各种中毒性损伤。

此外，高尔基复合体与细胞分化有关。其与内质网一样是执行许多功能的高度特化结构，其发育状况可视为细胞分化和功能成熟程度的指征。在未分化、不成熟和快速生长与繁殖的细胞及恶性肿瘤细胞中高尔基复合体发育不好。

（三）溶酶体的病变

溶酶体（lysosome）是由一层脂蛋白单位膜围成的圆形小体，内含多种水解酶，能分解体内各种成分，被称为细胞内的消化装置。根据溶酶体是否含有底物，可将其分为初级溶酶体和次级溶酶体。

溶酶体在亚细胞病理学中具有重要的意义。当细胞吞噬某些有害的外源物质使溶酶体受到损害；或者在某些因素作用下，溶酶体膜发生破裂；或者相应的底物不能被分解时，均会影响细胞的正常生理功能而引起病变，导致机体发生疾病。在细胞病理学中，溶酶体的主要病变有以下几种。

1. 残体增多 残体（residual body）是指次级溶酶体内消化作用结束时，剩余一些不能再消化物质的末溶酶体。常见的残体有脂褐素（lipofuscin）和髓鞘样结构。脂褐素为一些不规则小体，周围有界膜，内含脂滴及小泡等。脂褐素的形成，与溶酶体中缺少某些脂类代谢所必需的酶有关。髓鞘样结构为外有界膜、内容物呈层状排列的膜样物。

2. 溶酶体贮积病（lysosomal storage disease） 某些溶酶体酶先天性缺乏引起相应物质在溶酶体内沉积，如Ⅱ型糖原沉积病（先天性缺乏 α-葡萄糖苷酶）和神经脂类沉积病（先天性缺乏 β-半乳糖苷酶）等。

3. 溶酶体过载 溶酶体过载是指由于进入细胞内的物质过多，超过了溶酶体所能处理的量，因而这些物质在溶酶体内贮积下来，致使溶酶体增大。例如，蛋白尿时，在光镜下可见肾近曲小管上皮细胞内玻璃样滴状蛋白的贮积（玻璃样变），这些玻璃样小滴实际上为增大的、载有蛋白质的溶酶体。

此外，化学因素（硅肺）、免疫因素（类风湿性关节炎）及药物因素（维生素 A、链球菌溶血素）等都对溶酶体有损害作用，破坏溶酶体膜的稳定性，促使其破裂，溶酶体酶进入细胞质，引起细胞损伤和组织病变。

（四）线粒体的超微结构病变

线粒体（mitochondrion）是细胞生物氧化的主要结构，是细胞中能量储存和供给的主要场所。哺乳动物体中除成熟的红细胞外，各种细胞都有线粒体。由于线粒体对各种病理性损伤极为敏感，因而是细胞损伤最灵敏的指示器。在电镜下，线粒体是由内膜和外膜组成的封闭性囊。内膜和外膜构成线粒体的支架，每个线粒体都由外膜、内膜、嵴或嵴突、外周间隙、嵴间隙和基质组成。其超微结构病变主要有以下几种。

1. 线粒体肿胀（mitochondrial swelling） 线粒体肿胀是细胞损伤时最常见的线粒体病

变。线粒体肿胀可分为基质型肿胀和嵴型肿胀两种类型。其中基质型肿胀较常见，表现为线粒体变大、变圆，基质变淡，嵴变短、减少或消失。极度肿胀时，线粒体可转变为小空泡状结构。在光学显微镜下，颗粒变性（浊肿）细胞中的微细颗粒即肿大的线粒体。嵴型肿胀较少见，表现为嵴内隙增宽，扁平的嵴变成烧瓶状甚至空泡状，基质更显致密。

2．线粒体固缩（mitochondrial pyknosis） 表现为线粒体体积缩小，基质的电子密度增加，嵴的排列紊乱、扭曲和粘连。常见于凝固性坏死组织和某些肿瘤细胞。

3．线粒体肥大与增生（mitochondrial hypertrophy and hyperplasia） 线粒体肥大是指线粒体体积增大，数目增多，嵴的大小和数目增加，而基质不扩张，电子密度不下降；增生是指细胞内线粒体数目增多（二维码 2-30）。线粒体肥大与增生常见于细胞功能增强和生物氧化加强时，如妊娠子宫平滑肌细胞和肥大的心肌细胞。

二维码 2-30

4．巨线粒体（megamitochondrion） 巨线粒体可由数个线粒体融合而成，或者由原来的线粒体发展而来，其体积比正常线粒体大几倍到十几倍，嵴的数目增多，排列异常，腔内颗粒增多，出现髓鞘样结构、脂滴和晶形包含物等。在恶性肿瘤、肾移植时可见巨线粒体，可能与维生素和蛋白质缺乏、内分泌失调有关。

5．线粒体的包含物（mitochondrial inclusions）

（1）糖原包含物 线粒体内糖原一般沉着于嵴的间隙和基质内，呈单颗粒状（β-糖原颗粒）或簇状（α-糖原颗粒）。由于糖原沉着，嵴被推到周围。常见于肿瘤和某些维生素缺乏症。

（2）脂质包含物 线粒体内脂滴呈圆形或不规则形，中到高电子密度，单个或多个存在，缺乏局限性膜。常存在于变性的巨线粒体或皮肤肿瘤细胞中。

（3）结晶包含物 结晶包含物的性质属于蛋白质，其在线粒体内排列有序，超薄切片中呈线条状（纵切面）、点阵状（横切面）、细格子状、蜂窝状或网状。常见于巨线粒体内和胆管细胞癌、阻塞性黄疸、病毒性肝炎等病变细胞内。

（4）卵合与髓鞘样小体 线粒体卵合是指线粒体表面形成指状或丘状突起并楔入相邻线粒体的表面凹陷内，使两个线粒体互相嵌合。在线粒体卵合过程中，线粒体之间的粗面内质网往往一并嵌入，因此，在线粒体内出现旋涡状的髓鞘样小体。

（5）铁包含物 常见于成红细胞和贫血时的网织红细胞，含铁的线粒体分布在核周围，铁沉着部位的致密颗粒是钙离子与有机磷酸的结合物。

三、细胞核的常见超微结构病变

细胞核是真核细胞内最大、最重要的细胞器，是细胞代谢、生长繁殖的控制枢纽，是蕴藏遗传信息的中心。在细胞分裂间期典型细胞核的结构包括：核膜、核仁、染色质（染色体）和核基质（核骨架）等。细胞核的变化是细胞存亡的重要标志，在致病因素作用下细胞核的超微结构将会出现不同的变化。

（一）细胞核形态的改变

正常细胞核由于种类不同而具有不同的形态，如圆形、椭圆形、杆状、梭形、肾形等，但是核的大小和形态均匀一致。在病理状态下，细胞核可能失去原有的形态变得大小不均、形态多样。例如，病毒感染时核染色质边集，核膜内陷，核膜变成特殊的夹层或核周间隙扩张，核孔增大、增多，核外膜空泡变性或核膜断裂核质外溢；恶性肿瘤时核分裂相增多，核膜异常突出或内陷。

（二）核仁的超微病变

核仁是核糖体前体合成的部位，在蛋白质合成中起重要作用。在病理情况下，核仁可发生体积、数量、形状的改变，以及核仁边移、解聚、碎裂、空泡变性等变化。例如，恶性肿瘤时核仁体积增大、数量增多、形状不规则。当蛋白质合成减少时核仁退化，体积缩小。干扰 DNA 合成的药物如放线菌素、黄曲霉毒素、某些生物碱或紫外线照射、支原体及某些病毒感染等均可导致核仁分离或碎裂病变，病毒感染可导致核仁空泡变性。

（三）核内包含物

某些细胞损伤时可出现核内包含物，核内包含物可分为细胞质包含物和非细胞质包含物。前者是指核内出现线粒体、内质网、溶酶体糖原颗粒等细胞质成分的现象。有真性和假性之分，由于致癌剂的作用，在细胞有丝分裂末期某些细胞质成分被包封在子细胞的细胞核中，分裂后子细胞中会出现真性核内包含物。假性包含物是细胞质成分隔着核膜向核内突起，其中细胞质成分常发生变性。

非细胞质包含物即异物性核内包含物，种类很多，如铅、铋、金等重金属中毒时，核内出现丝状或颗粒状含有相应重金属的包含物。糖尿病时肝细胞核内可见较多的糖原颗粒。某些病毒感染时，除了病毒粒子外，常见核内出现特殊的包涵体，其形状有滴状、线管状、团块状及奇形怪状等。

（四）坏死细胞的超微变化

在光学显微镜下，坏死细胞核表现为核固缩、核碎裂和核溶解，同时伴有核膜和其他成分的改变。在电镜下核固缩表现为染色质在核内聚集成致密浓染、大小不等的团块，细胞核体积缩小，或仅呈一个致密浓染的团块，而后团块崩解碎裂进而消失；核碎裂表现为染色质边集形成大小不等的团块，最后团块碎裂成碎片；核溶解表现为染色质在 DNA 酶的作用下完全溶解、消失，最后仅残留核的轮廓。

第三章　局部组织细胞的适应与修复

疾病过程中，损伤和抗损伤活动是机体内存在的普遍规律。在各种致病因素作用下发生损伤后，机体为了生存和维持生命的正常活动，做出一系列的抗损伤反应。本章所述的组织细胞的适应与修复就是机体在维护组织结构方面的抗损伤反应。掌握和运用抗损伤反应的客观规律，促使疾病向健康方向发展，这是动物医学工作者的任务之一。

第一节　适　　应

当机体所在的环境发生某种变化时，为适应新的环境，往往需要改变自身功能、代谢或结构的一些特性，使机体和环境之间达到新的平衡，机体对环境的这种反应称为适应（adaptation）。适应反应在机体生命活动过程中非常多见，主要包括萎缩、代偿和化生等变化。

一、萎缩

萎缩（atrophy）是指已经发育到正常大小的组织、器官或细胞，由于物质代谢障碍而导致的体积缩小及功能减退的过程。萎缩器官的实质是细胞体积缩小或数量减少。

萎缩与"发育不全"存在本质的区别。发育不全是指某一器官或组织的体积不能发育至正常大小，可能是血液供应不良、组织缺乏某种特殊营养物质或先天性缺陷等病理因素导致。

（一）原因与类型

根据萎缩的发生原因不同，可分为生理性萎缩和病理性萎缩两类。

1. 生理性萎缩　　生理性萎缩是指动物在生理状态下随着年龄的增长，某些组织或器官的生理功能自然减退和代谢过程逐渐降低而发生的一种萎缩。例如，当动物生长到一定年龄后，动物的胸腺、乳腺、卵巢、睾丸及禽类的法氏囊等器官即开始发生萎缩，因与年龄增长有关，故又称为年龄性萎缩。

2. 病理性萎缩　　病理性萎缩是指组织或器官在致病因素的作用下所发生的萎缩。在临床上，病理性萎缩可分为全身性萎缩和局部性萎缩两种。

（1）全身性萎缩　　全身性萎缩是在全身物质代谢障碍的基础上发展而来的。常见于长期的饲料不足、慢性消化道疾病，以及结核、鼻疽、恶性肿瘤、寄生虫病等一些慢性消耗性疾病。

（2）局部性萎缩　　局部性萎缩是指局部组织器官发生的萎缩，根据发生的原因可分为以下几种。

1）神经性萎缩：是指中枢神经或外周神经发生损伤时，其所支配的组织和器官因神经营养调节障碍而发生的萎缩。例如，鸡马立克病时，其外周神经因淋巴样细胞浸润，引起相应部位的肢体瘫痪和肌肉萎缩。

2）废用性萎缩：是指动物肢体、器官或组织因长期不活动或活动受限而功能减退所致的萎缩。例如，骨折后由于肢体被长期固定，活动受限而发生的患肢肌肉萎缩。

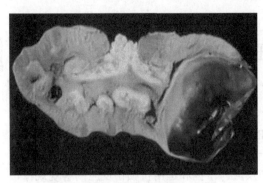

图 3-1　肾囊泡压迫性萎缩（猪）

图右侧为一囊泡，肾组织显著萎缩

二维码 3-1

3）压迫性萎缩：是指器官或组织受到机械性压迫而引起的萎缩。例如，肿瘤、寄生虫及其包囊、管腔阻塞等因素造成的压迫，导致相应器官的萎缩（图 3-1）。

4）激素性萎缩：是指因激素供应障碍或不足而引起相应组织器官的萎缩。例如，去势动物的前列腺因得不到雄性激素刺激而发生萎缩。

（二）病理变化

动物全身性萎缩常由全身性物质代谢障碍所致，因此动物常显示全身进行性消瘦、严重贫血及水肿等，呈全身恶病质状态，故又称为恶病质性萎缩。全身各组织器官发生萎缩的先后顺序呈一定的规律性，具有代偿适应意义。其中，脂肪组织的萎缩发生最早和最显著，其次是肌肉，再次为肝、肾、脾及淋巴结等器官（二维码 3-1），而心脏、脑、内分泌腺等生命重要器官则最晚发生萎缩且不明显。局部性萎缩的形态变化与全身性萎缩时相应器官的变化相似。

【剖检】可见皮下、腹膜下、网膜和肠系膜等处的脂肪完全消失，心脏冠状沟和肾周围的脂肪组织变成灰白色或淡灰色透明胶冻样，因此又称为脂肪胶样萎缩。实质器官（如肝、脾、肾等）发生萎缩时，常见器官体积缩小、质量减轻、边缘锐薄、质地坚实、被膜皱缩、色泽变深、腔壁变薄（图 3-2）。

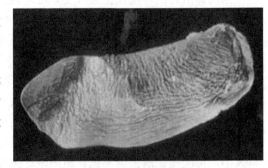

图 3-2　脾萎缩（牛）

脾体积缩小、被膜皱缩、边缘锐薄

二维码 3-2

【镜检】可见萎缩器官的实质细胞体积缩小或/和数量减少，细胞质减少，致密浓染，细胞核皱缩深染；间质却相对增多（图 3-3）。在心肌纤维、肝细胞胞质内常出现黄褐色、颗粒状的脂褐素，量多时使器官呈褐色，称为褐色萎缩（brown atrophy）（二维码 3-2）。

500μm

图 3-3　脾萎缩（猪）（HE 10×4）

脾被膜皱缩、白髓含量明显减少

（三）对机体的影响

萎缩实际上是细胞在一种特定的不良环境下，通过改变其形态、功能和代谢方式而呈现的一种适应现象，对机体来说是一种有益的适应性反应。一般来说，萎缩是一种可逆的病理过程，在消除病因后，萎缩的器官和组织可恢复形态、功能及代谢。但严重的萎缩，细胞体积缩小、数量减少，使器官或组织的功能降低，这对机体的生命活动是不利的，甚至还可加速病情的恶化。

二、代偿（肥大）

在疾病过程中，某些器官的结构遭到破坏，功能代谢发生障碍，严重时会引起器官间的相对平衡关系失调，使生命活动受到影响。但在多数情况下，机体能通过协调建立新的平衡关系。这种调整有关器官的功能、结构和代谢，来代替、补偿病变器官的过程称为代偿，它是机体的一种重要的抗病功能。

代偿可分为功能代偿、结构代偿和代谢代偿三种形式，但三者往往是互相联系的。本处仅就结构代偿——肥大叙述如下。

肥大（hypertrophy）是指机体的某一组织或器官的细胞体积变大和细胞数量增多，从而使该组织、器官的体积增大。

（一）原因与类型

肥大可分为生理性肥大及病理性肥大两种，病理性肥大又分为真性肥大及假性肥大。

1. 生理性肥大　　生理性肥大是指机体为适应生理功能需要所引起的组织、器官肥大。其特点是肥大的组织和器官不仅体积增大，功能增强，同时具有更大的贮备力。例如，经常锻炼和使役的马匹，其肌腱特别发达，哺乳动物的乳腺和妊娠母畜的子宫肥大，这些均属于生理性肥大。

2. 病理性肥大

（1）真性肥大（true hypertrophy）　　真性肥大是指组织、器官的实质细胞体积增大和数量增多，同时伴有功能增强。真性肥大多数是由代偿某部分组织和器官的功能障碍而引起，因此又称为代偿性肥大（compensatory hypertrophy）。例如，食管的某部发生狭窄时，为促使内容物通过狭窄部而不断加强其上部收缩，从而引起狭窄部上部的纤维肌层肥厚；在成对的器官，如肾一侧因慢性炎症或肾结石而发生萎缩，引起泌尿功能降低或丧失时，另一侧健康肾为代偿病侧肾所失去的泌尿功能，发生体积增大和功能增强（图3-4）。由此可见，代偿性肥大对机体在一定程度上来说是有利的。但是这种代偿是有一定限度的，超过了限度，由于肥大组织或器官的血液供应相对不足，营养物质和氧的供应不能满足肥大组织的需

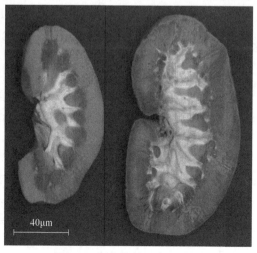

40μm

图3-4　肾代偿性肥大（猪）

左侧为正常肾，右侧肾肥大

要，因而出现代偿功能减退或衰竭。

（2）假性肥大（pseudo hypertrophy） 假性肥大是指组织或器官因间质增生所形成的肥大，此时其实质细胞因受增生的间质压迫反而萎缩。因此，发生假性肥大的组织或器官，虽外形呈肥大状态但其功能却表现降低。例如，一些长期休闲、缺乏锻炼而又饲喂多量精料的马匹，由于脂肪蓄积过多，不仅体现外形肥胖，心脏也因蓄积多量脂肪而发生假性肥大。此时，于心脏的纵沟和冠状沟部沉着多量脂肪，而且脂肪组织还逐渐沿心内膜和心外膜向心肌纤维间增生，眼观呈不规整的淡黄色条纹状。此种马匹如不加强锻炼而让其突然服重役，往往造成急性心脏衰竭。

（二）对机体的影响

肥大是机体的一种代偿性抗病手段，它是在机体某一器官遭受损伤的情况下，通过神经体液的调节作用，使局部组织发生充血、代谢亢进和同化作用加强，以致细胞的营养增加而使体积增大（容积性肥大）。肥大的组织往往同时伴有细胞数量增多（数量性肥大），但眼观二者通常不易区分，主要表现为肥大器官的体积增大和质量增加，故统称为肥大。

三、化生

化生（metaplasia）是指已分化成熟的组织，由于适应细胞生活环境的改变或理化因素的刺激，在形态和功能上完全变为另一种组织的过程。在正常状态下，成熟的组织各自保持一定的形态和功能特性；而新生的细胞则尚未获得相应的成熟组织的特点，在神经体液调节下，新生的细胞可转向不同的方向分化成熟，从而变为他种组织。

（一）原因与类型

化生分为直接化生和间接化生两种，最多见的为间接化生，即通过细胞新生，再由新生的细胞形成另外一种组织。化生常发生在上皮细胞之间或间叶细胞之间。化生大都在类型相近似的组织之间发生，如结缔组织可化生为黏液组织、软骨组织或骨组织，但不能化生为上皮组织；在上皮组织中，柱状上皮可化生为复层鳞状上皮，但不能化生为其他组织。

1．上皮细胞的化生 鳞状上皮化生是最常见的类型。例如，长期受到有害气体刺激或慢性损伤的支气管黏膜假复层纤毛柱状上皮可化生为复层鳞状上皮；鹦鹉等禽类常因维生素 A 缺乏引起食管黏膜腺体发生鳞状化生，肉眼可见食管黏膜有多量大小不等的白色隆起结节。此外，犬乳腺肿瘤内也常出现鳞状上皮的化生（图 3-5）。

2．间叶组织的化生 例如，在压力或骨化性肌炎等病因作用下，成纤维细胞可转变为骨或软骨细胞，犬乳腺肿瘤也常见骨或软骨的化生（图 3-6）。

（二）对机体的影响

化生对机体的影响表现为化生的局部对于刺激的抵抗力增强，具有积极的功能适应作用。但是有的部位发生化生可造成一定程度的功能障碍。例如，骨化性肌炎使病畜活动障碍；支气管黏膜的假复层纤毛柱状上皮化生为复层鳞状上皮后，失去纤毛的清扫、防卫作用，易诱发感染。

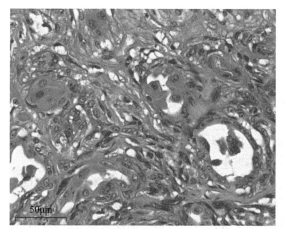 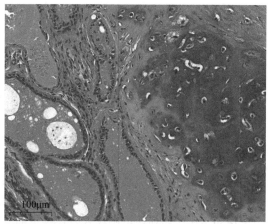

图 3-5　乳腺肿瘤细胞鳞状化生（犬）（HE 10×40）　　图 3-6　乳腺肿瘤细胞软骨化生（犬）（HE 10×40）

肿瘤内部腺上皮细胞化生为鳞状上皮　　　　　　　　　　肿瘤内部出现软骨化生

第二节　修　复

修复（repair）是指组织细胞损伤后的重建过程，包括机体对死亡的细胞、组织进行修补及对病理产物加以改造的过程，主要包括再生、肉芽组织形成、创伤愈合及机化等。

一、再生

当组织或器官的一部分遭受损伤后，由损伤部周围健康组织的细胞进行分裂、增生，来修复损伤组织的结构与功能，称为再生（regeneration）。

组织再生过程的强弱和完善程度，与机体的年龄大小、神经系统的功能状态、营养状态和受损组织的分化程度、损害程度、受损局部的血液循环情况具有密切关系。一般来说，畜龄小、机体营养好、组织分化程度低和组织受损比较轻时，组织再生能力较强；反之，畜龄大、营养差、组织分化程度高和组织结构复杂、受损严重时，则组织再生能力弱。有的组织甚至完全不能再生。

（一）再生的类型

1. 生理性再生　　有些组织在生理状态下经常发生生理性剥落和破坏，并不断地由新生的细胞和组织补充，新生的组织在形态和功能上与原来组织完全相同，称为生理性再生。例如，表皮、被毛、血液细胞、呼吸道和消化道等部位的黏膜上皮在不断地剥落和新生即生理性再生。

2. 病理性再生　　组织和器官因受致病因素作用所发生的缺损，经组织再生而修复的过程，称为病理性再生。病理性再生有以下三种表现形式。

（1）完全再生　　多见于组织轻微损伤，见于少数实质细胞的变性坏死、黏膜糜烂或浅表溃疡等。再生的细胞及组织在结构和功能上与原损伤组织完全相同，称为完全再生。

（2）不完全再生　　若缺损部面积较大或受损组织的再生能力较弱、损伤的细胞种类较多，则再生的细胞成分与原来的不完全相同，主要由结缔组织再生修补，因此不能完全恢复原来的组织结构和功能，称为不完全再生。

（3）过多再生　　过多再生是指再生的组织多于原损伤组织。例如，黏膜溃疡部高度再生形成的息肉、创伤愈合时形成的赘肉及皮肤过度的瘢痕生成而形成的瘢痕疙瘩等。

（二）各种组织的再生

1. 上皮组织的再生　　上皮细胞的再生能力很强，尤其是皮肤和黏膜等处的被覆上皮更易再生，现分述如下。

（1）被覆上皮的再生　　单纯的被覆上皮再生只见于生理状态及浅表的损伤。若损伤达到深部组织，除上皮外，尚有结缔组织、血管及神经的再生，这属于创伤愈合现象。

皮肤或黏膜表面的复层上皮受损，先由创缘及残存的上皮基底层细胞进行有丝分裂、增生来修补缺损；分裂增生的细胞首先形成单层的矮小细胞，然后逐渐分化为棘细胞层、颗粒层、透明层和角化层。损伤范围较大时，再生的细胞层不生成色素，故再生的皮肤呈白色。同时被毛和皮脂腺也多不能再生。

黏膜表面被覆的柱状上皮损伤后，主要由邻近部位正常的上皮细胞、残存的隐窝部上皮细胞或腺颈部上皮细胞再生。起初形成立方形细胞，然后逐渐增高，成为正常的柱状上皮细胞，并可向深部生长，构成腺体。

腹膜、胸膜和心包膜等处的间皮细胞损伤时，由缺损部边缘的间皮细胞分裂，初呈立方形，最后发展成扁平的正常间皮细胞，如损伤面积大且涉及深部组织，并且局部有纤维蛋白渗出，则不能完全由新生的间皮被覆，而由增生的结缔组织形成瘢痕愈合，以致相邻浆膜常互相粘连。

（2）腺上皮的再生　　腺上皮的再生较被覆上皮弱，再生的情况因腺体的种类、结构的繁简和损伤程度的轻重而不同。若腺体结构未完全破坏，仅腺细胞坏死，可以完全再生并恢复原状；如果损伤较重，腺体的间质及网织支架也完全破坏，则不能恢复原状，由增生的结缔组织形成瘢痕。

（3）肝的再生　　肝细胞具有很强的再生能力，切除部分肝组织后，正常肝小叶内的肝细胞可增生、肥大，使受损肝恢复到原来大小。在病理过程中，少量的肝细胞坏死，可以由相邻肝细胞分裂增生而达到完全再生（图3-7）。如果病变严重，整个肝小叶或其大部分受毁坏，则不能由正常结构的肝小叶再生出来，而由结缔组织增生及其他健在小叶内的肝细胞增生、肥大来进行修补代偿和恢复其部分功能。肝小叶一部分受到破坏时，虽见肝细胞再生，但常不能与正常血管连接，肝小叶往往发生改建、变形而形成假性肝小叶。肝小叶周边的小胆管上皮分化程度较低，再生能力强，故在肝组织受损较重时，可见许多小胆管新生。

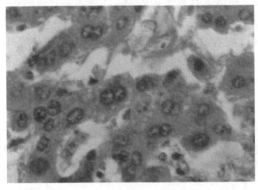

图3-7　肝细胞再生（HE 10×40）

细胞内有多个核，核大小、形状不一，明显处于分裂增殖期

2. 结缔组织的再生　　结缔组织的再生能力特别强，在病理变化中是一种最常见的现象。这种再生不仅见于结缔组织本身受损伤之后，同时也见于其他组织受损后发生不完全再生之处；它在炎症灶和坏死灶的修复、创伤愈合、机化和包围等病理过程中是不可缺少的。

结缔组织的再生，先由病变部周围的结缔组织细胞或未分化的间叶细胞生成幼稚型的成纤维细胞，即纤维母细胞。纤维母细胞呈椭圆形或星芒形，细胞质宽广，着色淡，细胞核也淡染；

然后细胞质及细胞核逐渐变为梭形，两端尖锐，转化为成纤维细胞。成纤维细胞再逐渐成熟衰老，细胞质延长变窄，细胞核也随之成狭长的梭形，染色质逐渐变粗大，着色也变浓，成为成熟的纤维细胞。在上述的成纤维细胞增生分化过程中，成纤维细胞分泌出一些物质，在一些酶的影响下开始形成较细的嗜银性网状纤维，也称为胶原纤维；其后随着细胞的分化成熟，部分胶原纤维增生，互相融合成束，失去嗜银性而成为红染的胶原纤维。最后由大量的胶原纤维及狭长的纤维细胞，共同构成纤维性结缔组织。

3. 血液细胞的再生　　血液细胞的再生多见于失血和血管内红细胞被严重破坏的情况。血液内细胞成分的病理再生，一般与正常的造血相似，红细胞和白细胞在海绵状的红骨髓内再生，血小板的再生发生于骨髓的多核巨细胞。当机体反复失血或红细胞遭到严重破坏时，造血不仅限于红骨髓，四肢管状骨内的脂肪髓也恢复其造血功能，脂肪髓内的小血管内皮细胞及间叶细胞新生血细胞，使黄骨髓变为红骨髓。另外，在脾、肾及肝小叶内的网状内皮组织等，也可出现造血现象，形成髓外造血灶。此时，在外周血液常见未成熟的红细胞——有核红细胞出现。

4. 血管的再生　　血管除其本身受损发生再生外，当其他组织受损而再生时也常伴发血管再生，借以供给营养，因此，血管再生特别是毛细血管再生是一种常见的现象。其新生方式有下列两种：一是由原有的血管以发芽的方式进行，即由原有的毛细血管内皮发生肿大并进行间接分裂，形成新生的血管母细胞。血管母细胞继续分裂增殖，血管幼芽增生延长呈实心的条索状，随后在条索中出现腔隙，并在原有血管内血液的冲击下，实心的条索中开通管腔，使血液通过，形成新生的毛细血管。许多新生的毛细血管芽枝互相联结构成毛细血管网。以后这种再生的毛细血管壁外的间叶细胞分化出平滑肌、胶原纤维、弹力纤维及血管外膜细胞等，终而发展成为小动脉和小静脉。血管的另一种再生方式是自生性生长，即在组织内直接形成新血管。它的发生与原有血管无关，是直接由组织内的间叶细胞增生分化，在细胞间出现裂隙，并逐渐与邻近的血管相通。当血液流入以后，被覆在裂隙两侧的细胞逐渐转变为内皮细胞，使裂隙具有血管性质。其后这种新生血管也可发育成为小动脉和小静脉。

5. 脂肪组织的再生　　脂肪组织的再生可由脂肪细胞或纤维细胞分裂新生为脂肪母细胞，新生的细胞呈圆形或不规整形，细胞质内逐渐产生小脂滴。随着细胞的成熟，小脂滴逐渐增多，并融合成为大脂滴，占据细胞质的绝大部分，使细胞呈球形，细胞质连同细胞核被压挤于一侧，呈半月状，成为成熟的脂肪细胞。间质结缔组织也随之新生，将新生的脂肪组织分割成大小不等的小叶。

6. 软骨组织的再生　　软骨组织再生能力弱，较大范围的软骨组织损伤一般呈不完全再生。软骨组织再生是由软骨膜或骨膜的成骨细胞新生为软骨细胞，并与新生的血管共同构成软骨性肉芽组织。随后在软骨细胞间产生软骨基质。以后软骨细胞逐渐萎缩减少，成为成熟的软骨组织。

7. 肌组织的再生　　肌组织再生能力弱，当轻微损伤时可以完全再生，若损伤严重，则由增生的结缔组织代替，形成瘢痕愈合。肌组织的再生根据肌纤维的连续性和肌纤维膜完整性的破坏程度不同而有所差异。当肌纤维因轻度损伤而发生变性、坏死时，由于肌纤维的连续性仍然保持，肌膜的完整性未被破坏，此时首先有白细胞和巨噬细胞侵入，将变性、崩解的物质吸收，残存的肌细胞核分裂并产生新的细胞质，包围于肌核周围，形成许多圆形、卵圆形、细胞质呈明显颗粒状的肌母细胞，后者沿肌纤维膜排列成行，继而肌母细胞互相融合呈带状，并由于功能性负重作用而分化出纵纹和横纹，遂恢复正常的肌纤维功能。

当肌纤维完全断裂时，则肌纤维断端的肌浆逐渐增多而呈梭形肿胀，肌细胞核进行直接分裂，形成多核的、呈花蕾状的原浆团块，称为肌芽。肌芽的横断面很像多核巨细胞，从纵切面观之则为中断肌纤维的延续。但因两断端距离较大，上述再生的肌芽不能使中断的肌纤维相接，一般以由增生的结缔组织形成瘢痕为结局。

心肌和平滑肌的再生能力较骨骼肌更弱，当其损伤时主要由结缔组织修补。

8. 神经组织的再生　　在中枢神经系统内，神经胶质细胞很容易再生。脑或脊髓发生缺损时，一般只由胶质细胞及其纤维再生填补，构成神经胶质性瘢痕，而神经细胞的再生能力极为微弱，通常不能再生。周围神经的神经纤维因病理性破坏断裂后，必须在与它联系的神经节细胞尚在的情况下，方可有再生现象发生。其再生过程是：首先远侧断端的髓鞘及神经轴突发生变性崩解，施万细胞（Schwann cell）仍可残留。近侧断端的一段（1～2 个郎飞结）也发生同样变化。变性和崩解的物质被吸收后，由两断端的施万细胞开始分裂增生，将断端连接，然后，近侧断端的神经轴突向远侧断端的神经膜内伸展，一直到达神经末梢，恢复正常的结构和传导功能。如果断离的两端相隔太远，并且其中有大量瘢痕组织相隔，则近端再生的轴突不能到达远端，再生的神经纤维常常卷曲成团，形成结节状肿瘤样的神经疙瘩，可引起顽固性疼痛。

二、肉芽组织形成

肉芽组织（granulation tissue）是由新生的成纤维细胞和毛细血管所组成的一种幼稚结缔组织，它在各种损伤的愈合过程中起着重要作用。

（一）肉芽组织的形成过程

当组织、器官遭受损伤后，通常见毛细血管由创缘和创底呈垂直方向由下而上伸展，当接近创面时，就彼此吻合形成弓状的血管网，同时在血管网的网眼内，存有多量新生的成纤维细胞、组织液和少量中性粒细胞，以溶解、吞噬和吸收创腔内的破损组织并填补创腔（图3-8）。一般情况下，渗出的中性粒细胞越接近肉芽组织表面其数量越多，因此肉芽组织对细菌具有

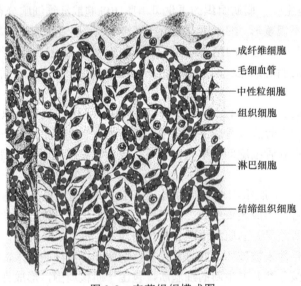

图 3-8　肉芽组织模式图

在新生的毛细血管网内含有大量成纤维细胞及少量中性粒细胞，肉芽组织表面呈颗粒状，由幼嫩的成纤维细胞覆盖，基部毛细血管呈垂直状，其间填充成熟的成纤维细胞

抵抗力，它对损伤局部的细菌、死亡的细胞和渗出的纤维蛋白等进行吞噬、分解和液化，为肉芽组织的生长及创伤修复创造有利条件。由于肉芽组织具有以上结构特点，所以生长正常的肉芽组织，其表面被覆有薄层黄红色黏稠分泌物，分泌物下的肉芽呈鲜红色颗粒状，湿润、幼嫩，易受损伤而出血，所以临床上进行创伤处理时要注意保护，以免损伤肉芽组织而造成创伤愈合困难。

　　肉芽组织随着创伤的修复而逐渐成熟，即由成纤维细胞形成的网状纤维转化为大量胶原纤维，成纤维细胞也由椭圆形逐渐变为细长的梭形，被压挤在胶原纤维之间；许多新生的毛细血管也逐渐闭合，这样肉芽组织就演变为血管少、纤维多的瘢痕组织。

（二）肉芽组织的形态特征

　　【眼观】肉芽组织呈鲜红色，表面颗粒状、湿润，易出血（二维码3-3）。
　　【镜检】肉芽组织主要由新生的毛细血管和成纤维细胞组成，毛细血管垂直于创缘或创面生长，此外可见数量不等的巨噬细胞和中性粒细胞浸润（图3-9，二维码3-4）。

二维码
3-3

二维码
3-4

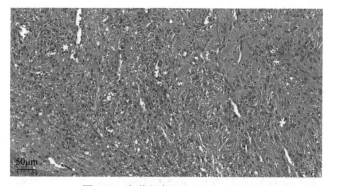

图 3-9　肉芽组织（HE 10×40）

肉芽组织内毛细血管与成纤维细胞呈垂直状，其间含有少量中性粒细胞

（三）肉芽组织与瘢痕组织的功能

　　肉芽组织在组织损伤修复的过程中具有重要的功能：①抗感染，保护创面；②填补创口及其他组织缺损；③机化或包裹坏死物、血栓、炎性渗出物或其他异物。
　　瘢痕组织是肉芽组织改建后形成的成熟纤维结缔组织。瘢痕组织可以修补及填充创口，保持组织器官的完整性，由于瘢痕组织含有更多的胶原纤维，其修补作用相对肉芽组织更为坚固牢靠。然而，发生于关节、肺等部位的瘢痕收缩或组织器官与体腔壁的瘢痕性粘连常影响正常的生理功能。

三、创伤愈合

　　组织、器官受机械性外力作用或病变的破坏造成组织损伤或断裂后，由其周围组织经再生而修复闭合的过程称为创伤愈合。
　　创伤愈合包括渗出、吸收、吞噬和搬运等创腔净化与组织新生修复两个过程，它是以再生为基础的修复性病变。现以皮肤创伤愈合和骨折创伤愈合过程为例进行阐述。

（一）皮肤创伤愈合

根据创伤的轻重、伤口的状态、愈合的难易和恢复的程度，将创伤愈合分为以下几种。

1. 直接愈合（又名一期愈合）　　该型愈合多见于创口较小、破坏的组织较少、创缘密接、经缝合后没有感染和炎症反应比较轻微的创口。外科无菌手术创多半呈直接愈合。

直接愈合的过程是：首先由伤口流出的血液与漏出液凝固，使两侧创缘黏合起来，随后，创壁在血凝块和坏死组织分解产物的刺激下，毛细血管扩张充血，渗出浆液，并有白细胞和组织细胞等游走细胞渐渐侵入黏合的创腔缝隙内，进行溶解、吞噬和搬运，以清除创腔内的凝血和坏死组织，使创腔净化；第 2 天即开始有结缔组织细胞及毛细血管内皮细胞分裂增殖；第 3 天便以新生的肉芽组织将创缘结合起来，同时自创缘表面新生的上皮细胞逐渐覆盖创口（图 3-10），此时愈合口呈淡红色，稍隆起。一般外科无菌性切口在一周左右，新生的肉芽组织便成为纤维性结缔组织，此时即可拆除缝合线。随后胶原纤维产生增多，愈合逐渐收缩变平，红色消退。经 2～3 周后，呈完全治愈状态。

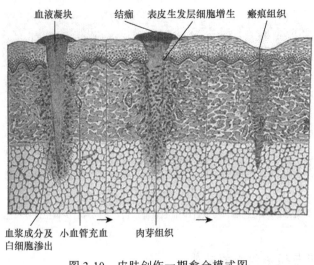

图 3-10　皮肤创伤一期愈合模式图

2. 间接愈合（又名二期愈合）　　该型愈合多见于开放性创伤。此时组织损伤严重，创口裂开大，创腔发生感染和存有较多的坏死组织、异物或脓液。

间接愈合的基本过程是：在创伤形成后的第 2～3 天，创腔在坏死组织、异物和微生物的作用下，出现明显的炎症反应，由血管内渗出大量浆液和各种游走细胞（主要是中性粒细胞），清洗创腔，稀释毒素，溶解和吞噬坏死组织与病原微生物，故此时创腔内见有多量淡黄红色、微混浊和富有蛋白质与混有纤维蛋白的黏稠分泌物，此种分泌物被覆于创面有防止再感染的作用。约经一周之后，自创底增生鲜红色、颗粒状的肉芽组织，后者不断增生成熟而形成大量结缔组织，逐渐填平创腔。在大量肉芽组织逐渐填平创伤的同时，创缘表皮生发层的柱状细胞也明显分裂增生，逐渐向创面中央伸展，但由于创面较大，仅以薄层的表皮被覆，且无真皮乳头、被毛及附件，故表面光滑（图 3-11）。当创腔内增生的肉芽组织逐渐成熟变为结缔组织时，由于形成多量结缔组织纤维，因而发生瘢痕收缩使创面呈现凸凹不平，影响创伤部的正常生理功能。

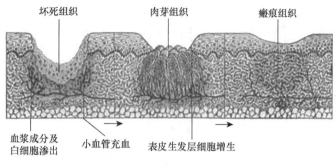

图 3-11 皮肤创伤二期愈合模式图

由此可见，以上两种愈合形式并无本质上的不同，同时两者也不是固定不变的。例如，具备直接愈合条件的创伤，如不及时处置而发生感染，可以转化为间接愈合；反之，有的创伤虽然创口较大，如果及时处理和治疗，用缝合方法使创口对合，就可缩短愈合时间，减少瘢痕形成。

3. 痂下愈合 此型愈合多见于皮肤发生挫伤的情况下。此时创伤渗出液与坏死组织凝固后，形成干燥的硬固褐色厚痂。在痂下同样进行直接或间接愈合。上皮再生完成后，厚痂即脱落。

（二）骨折创伤愈合

骨折后经过良好复位，可以完全恢复正常的结构和功能。骨折创伤愈合同样经历创腔净化和组织修复两个阶段。骨折创伤愈合的基础是骨膜细胞的再生。其具体愈合过程可分为以下几个阶段。

1. 血肿形成 骨折处血管破裂出血，在骨折断端间及其周围的软组织中形成血肿，随后凝固，使两骨端初步连接，为下一步肉芽组织生长提供一个支架。如果骨折后出血不凝，则将延迟愈合过程。

2. 纤维性骨痂形成 血肿形成及凝固后不久，骨折处在破损组织及分解产物作用下，局部呈现炎症反应；经 1～2d，开始从骨内膜和骨外膜处有肉芽组织增生并向血凝块中长入，其中掺杂有许多增生的骨膜细胞，后者分化为成骨细胞，因此称此肉芽组织为成骨性肉芽组织；成骨性肉芽组织将血凝块机化后，形成纤维性骨痂。后者将断端连接，局部呈梭形膨大。

3. 骨性骨痂形成 纤维性骨痂形成后，成骨细胞分泌骨基质，细胞本身则成熟为骨细胞而形成骨样组织；骨样组织钙化后便成为骨组织，称为骨性骨痂。骨性骨痂虽使断骨连接比较牢固，但由于结构不很致密，骨小梁排列比较紊乱，故比正常骨脆弱。

在管状骨的骨折创伤愈合过程中，有时还存在形成软骨性骨痂的阶段，即增生的骨膜细胞先分化为软骨细胞，并分泌软骨基质，变成软骨样组织，并有钙盐沉着。与骨发生时软骨化骨一样，钙化的软骨组织被破坏吸收，并被骨样组织取代，然后钙化为骨组织。此种骨折创伤愈合多见于骨折断端错位或两断端相距较远或骨折局部血液循环较差而缺氧的情况下。

4. 改建 骨折愈合后新形成的骨组织需进一步发生改建，以适应功能需要。改建是在破骨细胞吸收骨质及成骨细胞产生新骨质的协调作用下进行的，它使骨质变得更加致密，骨小梁排列逐渐适应于力学方向，并吸收多余的骨痂，于是就慢慢恢复正常骨的结构和功能。改建需时较长，一般要经数月乃至几年（图 3-12）。

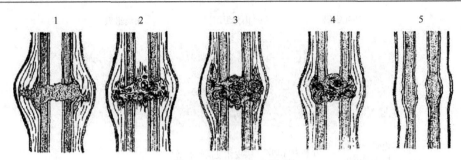

图 3-12　骨折愈合过程

1. 血肿形成；2. 纤维性骨痂形成；3. 骨性骨痂形成；4. 改建；5. 愈合

　　骨折后虽能完全再生，但如发生粉碎性骨折，尤其是骨膜破坏过多，或断端对位不好，或断端间有软组织嵌入，均可影响骨折创伤愈合，因此保护骨膜、正确而良好地复位与固定对促进骨折创伤愈合是十分必要的。

　　骨组织愈合的另一种方式是由结缔组织直接化生为骨组织，这多见于扁平头骨受伤后的修复过程中。此时由骨膜增生的纤维性结缔组织先变为均质致密的骨样组织，以后继发钙盐沉着而转变为骨组织。

四、机化

　　在疾病过程中，机体内出现的各种病理性产物（如组织坏死灶、渗出的纤维蛋白凝块、浓缩的脓液、出血灶内的血凝块及血栓等）或异物（如弹片、寄生虫等）等不能被游走细胞吞噬、吸收时，将被新生的结缔组织清除、取代或包围的过程，称为机化（organization）。对于不能机化的病理性产物或异物，则由肉芽组织将其包裹，称为包囊形成（encapsulation）。机化在本质上也属于抗损伤过程。

　　根据病变的性质和发生部位不同，机化的方式及后果也不一样，现分述如下。

（一）对少量渗出物和小坏死灶的机化

　　少量渗出物和小坏死灶的机化可由血液渗出的或局部增生的大吞噬细胞吞噬，或被中性粒细胞的蛋白溶解酶溶解后吸收。损伤的组织可由周围的健康组织再生而修复。

（二）对纤维素性渗出物的机化

　　当胸膜、心外膜或肺发生纤维素性炎时，由血管内渗出多量纤维蛋白原，后者转变为纤维蛋白后往往不易被溶解吸收，这时便由浆膜、肺泡壁新生肉芽组织伸入纤维素性渗出物中，借助肉芽组织中死亡的中性粒细胞释放出蛋白溶解酶，将纤维蛋白溶解，经毛细血管吸收。最后，新生的肉芽组织逐渐成熟变为结缔组织。因此，原先附着有纤维素性渗出物的浆膜呈现粗糙肥厚。在心外膜，由于心脏的跳动，增生的结缔组织不断地受摩擦牵引而呈绒毛样，故称"绒毛心"（二维码 3-5）。如果浆膜腔的两层浆膜同时发生机化，则常形成结缔组织性粘连。在纤维素性肺炎时，渗出于肺泡腔内的纤维蛋白被机化后，肺泡腔被增生的结缔组织充填，使该部位肺组织的呼吸功能丧失；由于被结缔组织充填的肺组织呈灰白色、致密、坚实的状态，故称"肺肉变"（图 3-13）。

二维码
3-5

（三）对异物的机化

当机体某组织存有弹片和缝线等异物时，通常于异物周围出现多核巨细胞积聚，外围包绕厚层结缔组织包膜；而在寄生虫虫卵周围包绕的结缔组织中，常有多量嗜酸性粒细胞浸润，而死亡的虫体上常沉积钙盐。

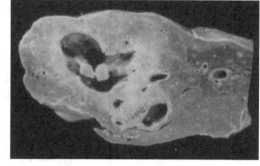

（四）对坏死组织的机化

当较大的坏死组织不能溶解吸收和分离脱落时，可逐渐被新生的肉芽组织长入替代而发生机化，最后变为纤维性瘢痕；如不能完全机化，则由肉芽组织加以包裹而形成包囊。随着时间的延续，中间的坏死组织往往会发生钙化。

图3-13　肺肉变

肺空洞周围大量结缔组织增生，使肺组织灰白色肉样

综上所述，机化可以消除体内某些有害物质，或使某些有害物质局限于机体的一定部位，以减轻其对机体的有害影响。但在纤维素性胸膜肺炎时，由于机化而形成肺胸膜和肋胸膜粘连，可造成持久性的呼吸障碍，故在评价机化对机体的意义时，应进行具体分析。

第四章 炎 症

炎症（inflammation）是动物疾病过程中最为常见的基本病理过程。许多疾病，如皮肤的疖肿、鞍伤、烧伤、肺炎、胃肠炎、关节炎、脑炎和肾炎等，都是以炎症过程为基础，即所谓"十病九炎"。因此，作为动物医学工作者，掌握炎症病变的发生发展规律，认识炎症病变的特征，对动物疾病的诊断、防治具有重要意义。

第一节 炎 症 概 述

一、炎症的本质

炎症是机体对各种致病因子的刺激及损害所产生的一种以防御适应为主的反应，这种反应属于机体的非特异性免疫反应。机体通过炎症反应清除病原刺激物、清除和限制病理产物对机体的进一步损伤，修复损伤组织，使机体在疾病过程中获得新的平衡。所以，炎症反应在总的来说是抗损伤的。但过度的炎症反应（如变态反应性炎症）常给机体造成更严重的损伤，因此，在临床上必须辩证地对待炎症反应及炎症病变。

临床上，体表局部炎症的主要表现为红、肿、热、痛和功能障碍；重度炎症出现全身性反应，如发热、白细胞增多、网状内皮系统细胞增生及有特异性抗体形成等。这些症候与炎症局部组织的崩解、微血管的充血、淤血、白细胞游出等过程相关，特别是组织的崩解产物及白细胞的许多产物（如炎症介质）与炎症的发生发展有密切关系。

二、炎症的原因

引起炎症的原因是多种多样的，概括有以下几类。

1. 生物性致炎因子 生物性致炎因子是最常见的致炎因素，如病毒、细菌、立克次氏体、螺旋体、真菌等。生物性致炎因子不仅使受侵害局部组织发生炎症反应，而且常因其不断产生毒素而引起邻近组织炎症,某些病原体还可侵入血液或淋巴循环而引起严重的全身性感染。

2. 物理性致炎因子 包括高温（灼伤）、低温（冻伤）、机械力（挤压伤、挫伤、扭伤等）和电离辐射性损伤等。

3. 化学性致炎因子 包括强酸、强碱、刺激性药物、外源性毒素及体内代谢产物（如尿素、胆酸盐等）。

4. 机体免疫反应 各种类型的变态反应、免疫复合物沉积等都可导致炎症的发生。

致炎因子作用于机体后，炎症是否发生、反应程度如何，除取决于致炎因子的种类、性质、数量、毒力及其作用的部位外，还与机体的功能状态有关。例如，在麻醉、衰竭等情况下，炎症反应往往减弱，尤其在机体免疫功能低下的情况下，机体对致炎刺激反应降低，引起弱反应性炎症，而且表现损伤部久治不愈；相反，当机体处于致敏状态时，常对一些通常不引起炎症的物质（花粉、某些药物、异体蛋白等）出现强烈的炎症反应，如支气管哮喘等，通常称为强反应性炎症或变态反应性炎症。

三、炎症介质

炎症介质（inflammatory mediator）是指一组在致炎因子作用下，由局部组织或血浆产生和释放的、参与炎症反应并具有致炎作用的化学活性物质，故也称为化学介质（chemical mediator）。一般来说，炎症介质应具有下列特征：①存在于炎症组织或渗出液中，在炎症发展过程中，其浓度（或活性）的变化与炎症的消长趋势一致；②将其分离纯化后，注入健康组织，能诱发炎症反应；③应用具有针对性的特异拮抗剂，可以减轻炎症反应或抑制炎症的发展；④清除组织内的炎症介质后，再给予致炎刺激，炎症反应则减轻。

按炎症介质的来源不同将它们分为细胞来源和血浆来源两大类（表4-1）。

表4-1 各种炎症介质的来源和致炎作用

来源		炎症介质	致炎作用				
			舒张 小血管	增强血管 通透性	白细胞趋化 游走、吞噬	组织坏死	致痛
细胞 来源	肥大细胞	组胺	+	+			
	嗜碱性粒细胞	5-羟色胺		+			+
	血小板	5-羟色胺		+			+
	体内大多数细胞	前列腺素	+	+	+		+
		白三烯		+	+		+
	吞噬细胞	溶酶体成分	+	+	+	+	
	淋巴细胞	淋巴因子		+	+	+	
血浆 来源	凝血系统	纤维蛋白肽A、纤维蛋白肽B		+	+		
	纤溶系统	纤维蛋白（原）及其降解产物		+	+		
	激肽系统	激肽	+	+			+
	补体系统	活化补体成分		+	+	+	

注："+"代表对应炎症介质所具有的作用；空白处的含义为不具有相应的作用

第二节　炎症局部的基本病理变化

炎症在临床上有多种多样的表现形式，但无论其发生在什么组织、由什么原因引起，其局部都有变质、渗出和增生三种基本病理变化，这三种变化是同时存在而又彼此密切相关的。一般来说，变质以损伤变化为主，而渗出和增生过程则以抗损伤性质为主。现着重从形态学变化方面简述如下。

一、变质

变质（alteration）是指炎区局部细胞、组织发生变性、坏死等损伤性病变。其常常是炎症发生的始动环节，它的发生，一方面是致炎因子对组织细胞的直接损伤，另一方面也可能是致炎因子造成局部组织循环障碍、代谢紊乱及理化性质改变或阻碍局部组织神经营养功能的结果；而损伤组织细胞释放溶酶体酶类、钾离子等各种生物活性物质，又可促进炎区组织溶解坏死，从而造成恶性循环，使炎区组织细胞的损伤不断扩展。变质组织的主要特征如下。

（一）变质组织物质代谢及理化性质特征

（1）炎区组织的分解代谢旺盛，氧化不全产物堆积　　由于炎区组织内糖、脂肪、蛋白质的分解代谢加强，乳酸、丙酮酸、脂肪酸和酮体、游离氨基酸、核苷酸及腺苷等酸性代谢产物在炎区内堆积，故炎区局部发生酸中毒。炎症越急剧，炎区 pH 下降越明显。例如，急性化脓性炎症时，炎区中心 pH 可降至 5.6 左右。但在某些渗出性炎症过程中，由于组织自溶及蛋白质碱性分解产物（如 NH_4^+）在炎区内堆积，炎区也可能发生碱中毒。

（2）炎区组织的渗透压升高　　由于炎区内氢离子浓度增高，盐类解离加强；组织细胞崩解，细胞内 K^+ 和蛋白质释放；炎区内分解代谢亢进，糖、蛋白质、脂肪分解成小分子微粒；加之血管通透性增高、血浆蛋白渗出等因素，都能使炎区组织渗透压显著升高，从而使血管内血浆成分大量渗出引起炎性水肿。

炎区组织物质代谢障碍及理化性质的改变，促使炎区局部的血液循环及神经营养功能障碍，从而使炎区组织变质不断扩展。然而，细胞崩解释放的三磷酸腺苷、肽类、钾离子等及蓄积在炎区内的酸性代谢产物，又都具有促进炎区周围细胞增生的作用。另外，炎区周围增殖细胞内某些合成代谢的酶（如酸性磷酸酶、氨基肽酶等）活性增高，细胞内合成代谢增强，也有利于细胞的分裂增殖以修复损伤。

（二）形态学特征

变质组织细胞呈现颗粒变性、脂肪变性、水泡变性和细胞崩解坏死等变化，间质常呈现水肿、黏液样变、纤维素样坏死等。

二、渗出

渗出（exudation）主要是指炎区局部炎性充血、血浆成分渗出及白细胞游出。

（一）炎性充血

在致炎因子刺激下，炎区组织首先出现短暂的（数秒至数分钟）微动脉挛缩，致使局部组织缺血，外观苍白。在短暂的血管收缩之后，炎区毛细血管发生扩张，血流量增加，流速加快，呈现动脉性充血，即炎性充血（inflammatory hyperemia），局部组织变红、发热。

由于致炎刺激物的持续作用，炎区毛细血管出现淤血，局部缺氧，酸性产物堆积，使毛细血管内皮细胞肿胀及血管壁通透性升高，血浆外渗。

（二）血浆成分渗出

渗出是炎症的主要变化，也是炎区局部肿胀的主要原因。血浆成分渗出与微血管通透性升高、血管内流体静压升高及炎区组织渗透压升高有关。

（1）微血管通透性升高　　各种致炎因子作用于血管内皮细胞使其变性、肿胀、坏死、脱落或基膜纤维液化、断裂等。例如，链球菌毒素、蛇毒等含透明质酸酶，能分解血管基膜及内皮细胞连接处的透明质酸，使血管通透性升高。电镜观察可见：①血管内皮裂隙形成；②基底膜受损；③内皮细胞吞饮活跃，内皮细胞质中吞饮小泡增多、变大，甚至多数小泡融合，形成贯穿细胞质的孔道，大分子物质即可通过此孔道渗出至血管外。

（2）血管内流体静压升高　由致炎因子引起微血管括约肌麻痹，血管扩张淤血所致。

（3）炎区组织渗透压升高　炎区组织细胞崩解，组织蛋白释放及血浆蛋白渗出使炎区胶体渗透压升高；细胞内钾钠离子释放和血浆各种离子渗出，所以炎区组织渗透压也升高。

血浆液体成分渗出主要引起炎性水肿，表现为皮下浮肿，各体腔积水。其水肿液含蛋白质成分高，混浊不清，在体外易凝固。血浆成分渗出后，导致血液浓缩、黏稠，红细胞聚集，进而出现白细胞边集、黏附和血栓形成。

（三）白细胞游出

大量白细胞穿过血管壁，向炎区移行并聚集，此过程称为白细胞游出（leucocytic emigration）。在血浆液体成分渗出的同时白细胞游出已经开始，随着炎症发展，白细胞游出增多，游出细胞的类型随致炎因子的不同而异（图4-1）。例如，急性化脓性炎症时，以中性粒细胞游出为主；在变态反应性炎症时，单核细胞或嗜酸性粒细胞等占优势。

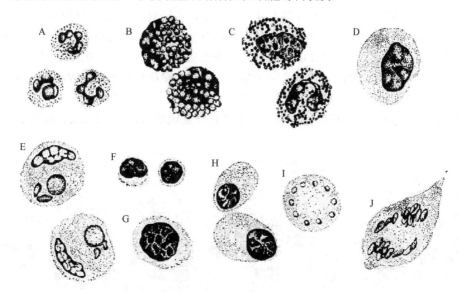

图4-1　炎症过程中主要的炎症细胞成分

A. 中性粒细胞；B. 嗜酸性粒细胞；C. 嗜碱性粒细胞；D. 单核细胞；E. 吞食异物的单核细胞；
F. 小淋巴细胞；G. 大淋巴细胞；H. 浆细胞；I. 血小板；J. 多核巨细胞

（1）白细胞游出的过程　在炎症局部血管扩张、血液浓缩、血流变慢的同时，微静脉内的白细胞开始从轴流转入边流，贴近血管壁滚动，并不时地靠自身的阿米巴运动向血管壁黏附，由于黏附不牢，故仅做数秒钟停留后又被血流冲走，加之炎症介质的存在，逐渐使白细胞与血管内皮细胞紧密连接，称为白细胞贴壁（stick to endothelium）。贴壁的白细胞，将胞体的一部分（伪足）伸向血管内皮细胞的紧密连接部，继之穿出血管内皮，越过周细胞（pericyte）和基底膜而离开血管，即白细胞穿壁（migration through endothelium）。白细胞穿出血管后，血管内皮间隙闭合，紧密连接部及基底膜也随之复原，不残留任何痕迹。几乎所有具有游走功能的白细胞均以同一方式向血管外游出，游出的白细胞进一步向炎区中心集聚，并执行各种功能，称为炎症细胞浸润（inflammatory cell infiltration）。

（2）白细胞游出的机制　白细胞游出并向炎区中心浸润，主要是化学激动作用和趋化性两种功能的结果。化学激动作用是指白细胞在化学激动因子作用下，产生一种无一定方向的随机运动性增强。趋化性（chemotaxis）是指白细胞能够向着趋化因子浓度逐渐升高的方向前进的特性。使白细胞发生趋化的因子称为趋化因子（chemotactic factor）。趋化因子分为内源性和外源性两类。细菌性趋化因子属于外源性的，其对中性粒细胞和单核细胞具有较强的趋化活性和化学激动作用。多数趋化因子是在炎症时体内生成的，即内源性的。

炎性渗出及白细胞游出具有清洗炎灶的作用，但渗出及游出过多，又可造成炎灶血液循环障碍及促进炎性组织溶解坏死。

（3）游出的白细胞成分及其主要功能　　炎症过程中主要的炎症细胞成分见图4-1。

1）中性粒细胞（neutrophil）：来自血液，细胞质中含有丰富的嗜天青颗粒和特殊颗粒。嗜天青颗粒实质上是溶酶体，含有多种酶类，其中最主要的是碱性磷酸酶、胰蛋白酶、组织蛋白酶、去氧核糖核酸酶、脂酶、过氧化酶和溶菌酶等，能消化吞噬的细菌和异物。成熟的中性粒细胞细胞核呈分叶状（2～5个分叶），叶间由染色质细丝相连（图4-2）；幼稚不成熟的细胞核呈弯曲的带状、杆状或深锯齿状而不分叶。

中性粒细胞常见于急性炎症的早期和化脓性炎症，该细胞具有活跃的运动能力和较强的吞噬作用，主要吞噬细菌、坏死组织碎片和抗原抗体复合物等较小的物质，故称为小吞噬细胞。

2）嗜酸性粒细胞（eosinophil）：来自血液，细胞质内含有许多较大的球形嗜酸性颗粒，颗粒内含有蛋白酶、过氧化物酶，但不含溶菌酶（图4-3）。嗜酸性粒细胞的运动能力较弱，能吞噬抗原抗体复合物。抗原抗体复合物、补体成分、过敏反应性嗜酸性粒细胞趋化因子（ECF-A）及组胺等对嗜酸性粒细胞都有趋化作用。嗜酸性粒细胞能够释放5-羟色胺、缓激肽、组胺等物质。

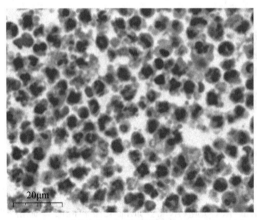
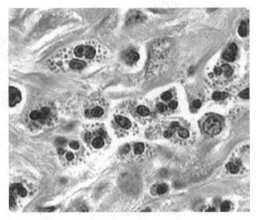

图4-2　中性粒细胞　　　　　　　　图4-3　嗜酸性粒细胞（Zachary，2022）

嗜酸性粒细胞增多主要见于寄生虫病和某些变态反应性疾病。此外，在一般非特异性的炎灶内，嗜酸性粒细胞的出现较中性粒细胞晚，在炎灶内出现嗜酸性粒细胞一般是炎症消退和病灶痊愈的标志。肾上腺皮质激素能阻止骨髓释放嗜酸性粒细胞入血，并加速其在末梢血液中消失，说明炎症时嗜酸性粒细胞渗出还与激素有关。

3）嗜碱性粒细胞（basophil）和肥大细胞（mast cell）：这两种细胞的形态与功能很相似，其细胞质中均含嗜碱性的较大颗粒，颗粒内含有肝素、组胺和5-羟色胺。嗜碱性粒细胞来自血液，其核常不规则，有的呈2或3叶；肥大细胞主要分布在全身结缔组织和血管周围，细胞呈"煎荷包蛋"样外观（图4-4）。

这两种细胞在某些类型的变态反应中起重要作用。例如，人和动物初次接触某种抗原物质

（如青霉素、花粉、皮毛等）后，浆细胞产生相应的 IgE 抗体，IgE 抗体即与嗜碱性粒细胞膜表面的特异受体结合，使机体处于过敏状态。当同类抗原第二次进入机体时，此抗原即与嗜碱性粒细胞表面的 IgE 结合，激起细胞脱颗粒而释放出组胺、5-羟色胺等活性物质而使机体发生变态反应。

4）单核细胞（monocyte）和巨噬细胞（macrophage）：单核细胞体积大，细胞质丰富，并存有微细颗粒，核呈肾形或椭圆形。胚胎发育过程中，单核细胞由血液进入特定组织后即成为组织定居巨噬细胞（resident macrophage），

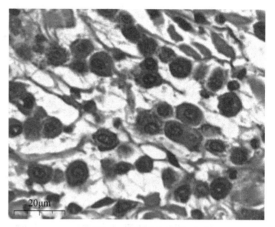

图 4-4 肥大细胞

其体积更大，直径可达 15～25μm，如肝的星形细胞（肝巨噬细胞）、肺泡巨噬细胞（尘细胞）、淋巴样组织中游离的和固定的网状细胞或浆膜的巨噬细胞等。

炎症过程中，单核细胞可由血液进入炎症区域。单核细胞常出现于急性炎症的后期、慢性炎症、非化脓性炎症（如结核）、病毒性疾病（如马传染性贫血）、原虫感染（如弓形体病）等，能吞噬非化脓菌、原虫、组织碎片等较大的异物，故又称为大吞噬细胞。

单核细胞含有较多的脂酶，当吞噬、消化含蜡质膜的细菌如结核分枝杆菌时，其细胞质增多，染色变浅，整个细胞变得大而扁平，与上皮细胞相似，故称为"上皮样细胞"（epithelioid cell）（图 4-5）。单核细胞吞噬含脂质较为丰富的坏死组织碎片后，其细胞质内因含许多小的脂滴，细胞质呈空泡状，称为"泡沫细胞"（foamy cell）（图 4-6）。

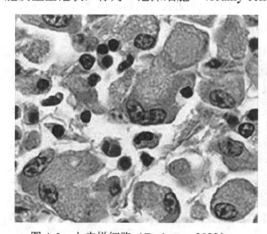

图 4-5 上皮样细胞（Zachary，2022）

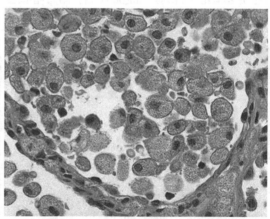

图 4-6 泡沫细胞

单核细胞在对较大的异物进行吞噬时，常能形成多核巨细胞。多核巨细胞可由几个单核细胞互相融合而成，也可由一个单核细胞经反复核分裂但细胞质不分裂而形成。多核巨细胞主要有两型，即异物巨细胞（foreign body giant cell，FBGC）和朗汉斯巨细胞（Langhans giant cell，LGC）。异物巨细胞的核不规则地散在于细胞质中（图 4-7）；而朗汉斯巨细胞的核一般分布在细胞质的周边，呈环形或马蹄形，或密集在细胞的一端（图 4-8）。异物巨细胞则主要出现在残留于体内的外科缝线、寄生虫或虫卵、化学物质的结晶等异物引起的异物性肉芽肿之中；朗汉斯巨细胞主要出现在结核、鼻疽等感染性肉芽肿。

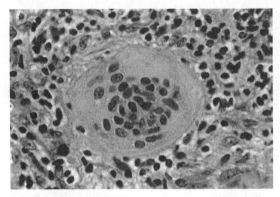

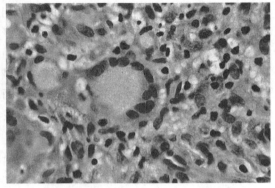

图 4-7　异物巨细胞（Zachary，2022）　　　　　图 4-8　朗汉斯巨细胞（Zachary，2022）

　　单核细胞还参与特异性免疫反应。当病原进入机体后，单核细胞对之进行吞噬和处理，在消化过程中分离出病原体化学结构中的抗原决定簇，这种抗原部分与巨噬细胞胞质内的核糖核酸结合，形成抗原信息，通过巨噬细胞突起传递给免疫活性细胞（受抗原刺激后能参与免疫反应的 T 淋巴细胞和 B 淋巴细胞），后者在抗原信息的刺激下进行分化和繁殖，当再遇到相应的抗原时，则产生淋巴因子和抗体，而呈特异的免疫作用。

　　5）淋巴细胞（lymphocyte）：体积小，核呈圆形，浓染，细胞质较少（图 4-9）。淋巴细胞分为 T 淋巴细胞和 B 淋巴细胞两大类。被抗原致敏的 T 淋巴细胞再次与相应的抗原接触时，可释放多种淋巴因子，发挥特异的免疫作用；B 淋巴细胞在抗原的刺激下，能分化繁殖原浆细胞，产生各种类型的免疫球蛋白。

　　6）浆细胞（plasma cell）：主要来自 B 淋巴细胞，其形状特殊，核呈圆形位于细胞的一端，染色质呈车轮状排列，细胞质丰富，略带嗜碱性（图 4-10）。浆细胞的细胞质内含有发育良好的粗面内质网，具有制造和分泌蛋白质的能力。浆细胞是产生抗体的重要场所。

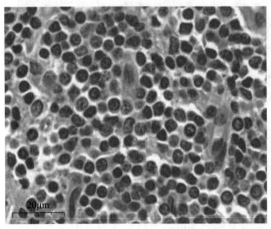

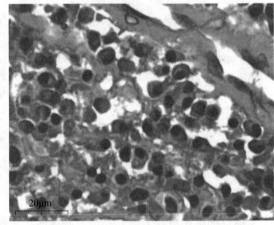

图 4-9　淋巴细胞　　　　　　　　　　　　　图 4-10　浆细胞

　　浆细胞和淋巴细胞多见于慢性炎症，两者均无吞噬作用，运动能力微弱，主要参与细胞免疫和体液免疫过程。

三、增生

　　增生（proliferation）是炎症后期的主要变化，是通过巨噬细胞、血管内皮及外膜细胞，以及炎区周围成纤维细胞的增生，使炎症局限化，并使损伤组织得到修复的过程。

在炎症过程中，最早参与增生的细胞有血管外膜细胞、血窦和淋巴窦内皮细胞、神经胶质细胞等，这些细胞在致炎因子刺激下，肿大变圆，并与血液单核细胞一起参与吞噬活动。而在炎症晚期，增生细胞以成纤维细胞为主，与毛细血管内皮增生一起，形成肉芽组织，最后转变成瘢痕组织。

炎症过程中，细胞增生的机制十分复杂。一般认为，在炎症早期许多组织崩解产物及某些炎症介质，具有刺激细胞增殖的作用。例如，细胞崩解释放的腺嘌呤核苷、钾离子、氢离子及白细胞释放的白细胞介素，都有刺激各种细胞增殖的作用。炎症后期，有许多白细胞因子具有促进成纤维细胞分裂增殖的作用，如中性粒细胞溶酶体酶分解的组织细胞产物、淋巴细胞释放的促分裂因子等，都能促进血管内皮细胞的增殖及肉芽组织的生成。

四、变质、渗出、增生的关系及对机体的影响

炎症过程中，局部组织的变质、渗出和增生变化通常同时存在，但一般急性炎症早期以变质、渗出为主，而随着病程的发展，增生变化渐趋明显。后期，尤其当机体抵抗力增强时，炎症处于修复阶段或转变为慢性炎症时，则增生成为主要变化。

炎症局部变质、渗出、增生变化，彼此间相互依存、互为制约，但又是相互转化的，充分反映了机体以防御适应为主的损伤、抗损伤斗争过程（图 4-11）。例如，致炎因子引起局部组

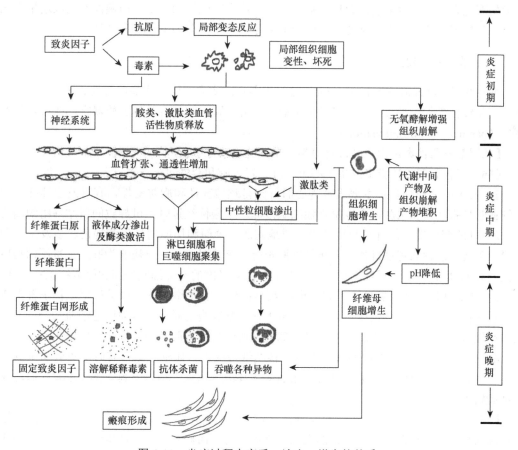

图 4-11　炎症过程中变质、渗出、增生的关系

织变质，其一方面是组织细胞的损伤性变化；另一方面变质组织释放的崩解产物又可促使血浆成分渗出和白细胞游出，并具有刺激组织细胞增殖的作用。血浆成分渗出可以稀释和冲洗炎区有害物质，并向炎区输送抗体及药物；渗出的纤维蛋白则有利于局限炎区，阻止病原体扩散；白细胞游出则进一步对炎区病原物及异物进行清除，以上这些都有利于局部组织的抗损伤和修复过程。但渗出过多可压迫组织，造成组织缺血、缺氧而促进变质；体腔内渗出过多，则影响脏器的功能活动；白细胞游出过多，崩解释放大量蛋白酶，对正常组织具有溶解破坏作用。此外，肉芽组织可以在炎区周围与健康组织之间筑成一道防线，防止炎症的扩散，而到后期起着明显的修复损伤的作用。但是过度增生，又常影响组织器官的功能，甚至妨碍修复。例如，皮下肉芽组织增生过多、过快，形成赘肉，则阻碍上皮的覆盖，影响愈合；关节周围肉芽组织过多增生，瘢痕化后则引起关节强直；鼻疽、结核引起大面积肺泡被肉芽组织填塞而丧失呼吸功能等。总之，炎症过程的各项基本病变，对机体的影响是一分为二的，应辩证地看待。

第三节　炎症的类型

　　炎症是一个复杂的病理过程，根据其临床经过的急缓，分为急性、亚急性和慢性三种类型，无论哪一类型炎症，均包含变质、渗出和增生三项基本病变。但由于炎症的原因、发炎器官组织的结构和功能特点、机体的免疫状态及病程的长短不同，有的炎症以变质为主，有的以渗出或增生变化为主。一般来说，急性炎症以变质及渗出变化较为突出，而慢性炎症以增生变化占优势。现根据炎症过程中三种变化发展程度的不同，将其分为下述三种类型。

一、变质性炎

　　变质性炎（alterative inflammation）是组织器官的实质细胞呈明显的变性、坏死，而渗出和增生变化较轻微的一种炎症。它多发生于心脏、肝、肾、脑和脊髓等实质器官，故又称为实质性炎（parenchymal inflammation）。

　　【病因】变质性炎常由各种毒物中毒、重症感染或过敏反应等所引起。

　　【病理变化】变质性炎多发生于心脏、肝、肾、脑和脊髓等实质器官。

　　1）心脏的变质性炎：主要表现为心肌纤维呈颗粒变性和脂肪变性，有时发生坏死；肌间毛细血管扩张充血和水肿，有少量炎症细胞浸润。呈慢性经过时，可导致间质结缔组织增生。

　　2）肝的变质性炎：肝呈急性肿胀，质地脆弱，表面和切面均呈淡黄褐色。多发生于急性中毒性疾病、急性病毒性肝炎（犬传染性肝炎等）等情况下。主要病变为肝细胞呈不同程度的变性及坏死（灶状乃至广泛性坏死），同时在汇管区有轻度的炎症细胞浸润和巨噬细胞轻度增生。

　　3）肾的变质性炎：肾肿大，肾表面呈灰黄褐色，实质脆弱。组织学观察见肾小管上皮细胞呈现颗粒变性、脂肪变性或坏死，肾小管上皮从基底膜上脱落。肾间质毛细血管轻度充血，间质有轻微的水肿和炎症细胞浸润。肾小球毛细血管内皮细胞及间质细胞轻度增生。

　　4）脑、脊髓等神经组织的变质性炎：神经细胞变性，血管充血，有时可见胶质细胞轻度增生。外周神经发炎时，常见轴突与髓鞘崩解。渗出变化见于神经内膜与神经束膜；有时见施万细胞增生。

　　【结局】变质性炎在临床上常呈急性经过，但有时也可长期迁延，经久不愈。其结局视不同情况而异。轻者转向痊愈，损伤的组织细胞可经再生而修复；损伤严重时可造成不良后果，甚至威胁病畜生命（如中毒性肝营养不良）。

二、渗出性炎

渗出性炎（exudative inflammation）是以渗出变化占优势，并以在炎症灶内形成大量渗出液为特征，而组织细胞的变性、坏死及增生性变化较轻微的炎症过程。

由于致炎因子和机体组织反应性不同，血管壁的受损程度也不一样，因而炎性渗出液的成分和性状各异。根据渗出液和病变的特点，可将渗出性炎分为浆液性炎、纤维素性炎、卡他性炎、化脓性炎、非化脓性炎、出血性炎和坏疽性炎等，现分述如下。

（一）浆液性炎

浆液性炎（serous inflammation）是以渗出浆液为主的炎症。渗出液中含一定量的蛋白质（主要为白蛋白和少量的纤维蛋白）、白细胞和脱落的上皮细胞或间皮细胞。

【病因】浆液性炎除有原发者外，还常常是纤维素性炎和化脓性炎的初期变化。

【病理变化】这种炎症常发生于皮下疏松结缔组织、黏膜、浆膜和肺等处。

1）胸腔、腹腔、心包腔、黏液囊及睾丸的鞘膜腔发生浆液性炎时，发炎部位的浆膜血管充血、粗糙，失去固有光泽，在浆膜腔内积留多量淡黄色透明或稍混浊的液体。

2）皮肤发生浆液性炎时，如浆液蓄积于表皮棘细胞之间或真皮的乳头层，则于皮肤局部形成丘疹样结节或水疱，隆突于皮肤表面，这多见于口蹄疫、猪水疱病、痘症、烧伤、冻伤及湿疹等（二维码4-1）。

3）黏膜表层发生浆液性炎时，表现黏膜充血、肿胀，渗出的浆液常混同黏液从黏膜表面流出，如禽流感时流鼻液（二维码4-2）。

4）皮下、肌间及黏膜下层等疏松结缔组织发生浆液性炎时，表现炎性水肿。发炎部位肿胀，切开流出多量淡黄色液体，剥去发炎部皮肤，见皮下结缔组织呈淡黄色胶冻样，此称"胶样浸润"。

5）肺发生浆液性炎时，眼观肺膨大，回缩不良，表面和切面湿润，切面有液体流出；光学显微镜下可见肺泡壁毛细血管扩张、充血，肺泡腔内有红染的浆液、少量中性粒细胞和脱落的上皮细胞。肺的浆液性炎有时是小叶性的，有时是支气管性的。

【结局】浆液性炎多为急性经过，随着致炎因子的消除，浆液性渗出物可被吸收消散，局部变性、坏死组织可通过再生完全修复。若病程持久，常引起结缔组织增生，器官和组织发生纤维化导致功能障碍。

（二）纤维素性炎

纤维素性炎（fibrinous inflammation）是指以渗出物中含有大量纤维蛋白（fibrin）为特征的渗出性炎症。纤维蛋白来自血浆中的纤维蛋白原，当血管壁发生损伤时纤维蛋白原从血管中渗出，在酶的作用下转变为不溶性的纤维蛋白，纤维蛋白呈细网状交织缠绕，网眼内常有较多的炎症细胞和红细胞。

【病因】多见于一些传染性疾病，如猪瘟、猪副伤寒和鸡新城疫等。

【病理变化】纤维素性炎常发生于浆膜（胸膜、腹膜和心包膜）、黏膜（喉、气管和胃肠）和肺等部位。

浆膜发生纤维素性炎时，浆膜上被覆一层灰白色或灰黄色的纤维蛋白膜样物（二维码4-3），剥离膜样物后见浆膜肿胀、粗糙、充血和出血。浆膜腔内积有多量混有淡黄色网状的纤维蛋白

二维码
4-4

凝块和渗出液。心外膜发生纤维素性炎时，由于心脏的搏动，渗出在心外膜的纤维蛋白形成无数绒毛样物，故有"绒毛心"之称（二维码 4-4）。

黏膜发生纤维素性炎时，渗出的纤维蛋白与白细胞、坏死的黏膜上皮混在一起，形成一种灰白色的膜样物，称为"假膜"。因此，黏膜的纤维素性炎又称为假膜性炎。由于各黏膜组织的结构特点不同，有的假膜固着于黏膜而不易剥离，强行剥离时于黏膜可残留糜烂和溃疡（如猪瘟、猪副伤寒和鸡新城疫等时的肠黏膜）；有的假膜则附于黏膜表面，容易脱落，脱落的假膜常随粪便排出（如急性纤维素性胃肠炎）或堵塞于支气管而引起窒息（如鸡传染性喉气管炎、鸡痘）。

【结局】纤维素性炎时的纤维蛋白渗出物，可以通过变性、坏死的白细胞释放出蛋白酶将其分解液化。例如，纤维素性肺炎时，堵塞于肺泡内的纤维蛋白可发生液化而变为液状物，进而被咳出或经淋巴管吸收消散；浆膜发生纤维素性炎时，由于浆膜存有抗蛋白酶，故在一定程度上起着拮抗中性粒细胞释放蛋白酶的作用，所以其纤维蛋白常通过肉芽组织的长入而机化，结果可能引起浆膜腔的粘连。

（三）卡他性炎

卡他性炎（catarrhal inflammation）是黏膜的一种渗出性炎症。由于渗出物性质不同，卡他性炎又分为浆液性卡他、黏液性卡他和脓性卡他等多种类型。

浆液性卡他即黏膜的浆液性炎，如禽流感早期的鼻黏膜浆液性炎。黏液性卡他是黏膜黏液分泌亢进的炎症，如支气管卡他和胃肠卡他等。脓性卡他是黏膜的化脓性炎，如化脓性颌窦炎和化脓性尿道炎等。

卡他性炎的分类是相对的，实际上往往是同一炎症过程的不同发展阶段，有时也可几种类型同时混合发生，如浆液黏液性卡他。

（四）化脓性炎

化脓性炎（suppurative inflammation）是渗出液中含有大量中性粒细胞，并伴有不同程度的组织坏死和脓液形成的炎症。它是渗出性炎中较为常见的一种，全身各处都可发生。

化脓性炎病灶中的坏死组织被中性粒细胞或坏死组织产生的蛋白酶所液化的过程称为化脓，所形成的液体称为脓液（pus）。脓液内含大量白细胞、溶解的坏死组织和少量浆液，在白细胞中多数为中性粒细胞，其次为淋巴细胞和单核细胞。在慢性化脓性炎症过程中，脓液内的淋巴细胞和单核细胞增多。在脓液内除少数白细胞还保有吞噬能力外，其余大多数细胞均呈脂肪变性、空泡变性、核固缩进而细胞崩解。通常把脓液中呈变性和坏死的中性粒细胞称为"脓细胞"。

【病因】化脓性炎通常由葡萄球菌、链球菌、大肠杆菌、棒状杆菌和绿脓杆菌等所引起。

【病理变化】由于炎性渗出物中的纤维蛋白原被白细胞产生的蛋白酶降解，所以脓液不会凝固。脓液的性状，通常因化脓菌的种类不同而不一样，一般为黄白色或黄绿色的混浊乳状液；如果脓液中混有腐败菌，则带有恶臭。必须指出，化脓一般不同于急性炎症组织内的白细胞浸润，因为后者仅有白细胞浸润，没有脓液形成，也没有组织坏死和溶解。

化脓性炎因发生部位的不同，表现为以下几种形式。

1）脓性卡他（suppurative catarrh）：为黏膜的化脓性炎，多发生于鼻腔、鼻旁窦和子宫内膜等部位，多半是由急性卡他性炎发展而来。其病变特点是发炎黏膜充血、出血和肿胀，并被覆多量黄白色脓性分泌物。

2）积脓（empyema）：在浆膜腔或黏膜腔内发生的化脓性炎。此时，在腔内蓄积多量脓液，称为积脓或蓄脓，如鼻旁窦积脓、喉囊积脓和胸腔积脓等。

3）脓肿（abscess）：在组织内发生的局限性化脓性炎，主要表现为组织溶解液化，形成充满脓液的腔。脓肿主要由金黄色葡萄球菌引起，多发生于皮肤和内脏，如肺、肝、肾、心壁和脑等（二维码4-5）。由于金黄色葡萄球菌毒力强，组织坏死明显，同时又能产生血浆凝固酶，使渗出的纤维蛋白原转变为纤维蛋白，能阻止病原菌的蔓延，故脓肿灶较为局限。

二维码
4-5

脓肿的形成过程：首先局部组织内有大量中性粒细胞浸润，以后浸润的白细胞及该处的组织发生坏死、溶解和液化，形成一个含脓的囊腔，如肺脓肿、肝脓肿、皮肤脓肿和心壁脓肿等。在脓肿急性期，其周围组织有明显充血、水肿和大量炎症细胞浸润，故临床上表现重剧的红、肿、热、痛，并常有波动感。经过一段时间后，脓肿周围有肉芽组织形成，包围脓肿，此即脓肿膜。脓肿转为慢性时，脓肿膜增生有多量结缔组织。脓肿膜具有吸收脓液、限制炎症扩散的作用。如果病原体被消灭，则渗出停止，脓肿内容物逐渐被吸收而愈合；若不能被完全吸收，则内容物干固，并常有钙盐沉着。反之，如果病原体继续存在，病变发展，则不断地有白细胞从脓肿膜渗入脓腔内，使组织进一步坏死，脓液增多，脓肿则逐渐扩大。

在化脓性炎的发展过程中，脓肿可穿破皮肤、黏膜表面而形成缺损。机体深部脓肿如果向体表或自然管道穿破，这个穿经组织的通道称为"窦道"。如果排脓的通道由增生的肉芽组织形成细小管道，它既通体表不断排脓，又通组织深部或体腔，则称为"瘘管"。例如，马鬐甲部脓肿，它既向体表穿破，又向鬐甲深部组织发展而形成鬐甲瘘。

4）蜂窝织炎（phlegmon）：皮下和肌间等处的疏松结缔组织所发生的一种弥漫性化脓性炎症。发炎组织内有大量中性粒细胞弥漫地浸润，含有大量浆液，使结缔组织坏死溶解。蜂窝织炎发展迅速，与周围正常组织无明显界线。临床上表现重剧的红、肿、热、痛。蜂窝织炎的这些特点与结缔组织疏松和病原菌特性有关，因引起蜂窝织炎的病原菌主要是溶血性链球菌，它能产生透明质酸酶和链激酶，前者能降解结缔组织基质的黏多糖和透明质酸；后者能激活从血管中渗出的不活动的溶纤维蛋白酶原，使之转变为溶纤维蛋白酶，此酶能溶解纤维蛋白，从而有利于细菌通过组织间隙和淋巴管蔓延。严重时可引起脓毒败血症。

【结局】化脓性炎多为急性经过，轻症时随着病原的清除，及时清除脓液，可以逐渐痊愈；重症时需通过自然破溃或外科手术干预使脓液排出，较大的组织缺损常由新生肉芽组织填充并导致瘢痕形成。若机体抵抗力降低，化脓菌侵入血液或淋巴液，并向全身播散，甚至导致脓毒败血症。

（五）非化脓性炎

非化脓性炎（nonsuppurative inflammation）是指炎性渗出物中以大量淋巴细胞为主，很少或几乎没有中性粒细胞的一类炎症。

【病因】主要由病毒感染引起，如狂犬病毒、乙型脑炎病毒、猪瘟病毒、鸡新城疫病毒等。

【病理变化】血管周围出现大量淋巴细胞及少量单核细胞，实质细胞有不同程度的变性、坏死变化。

【结局】非化脓性炎一般呈亚急性或慢性经过，轻症可随病原的清除而痊愈，重症特别是非化脓性脑炎常导致动物发生死亡。

（六）出血性炎

出血性炎（hemorrhagic inflammation）是以炎灶渗出物中含有大量红细胞为特征的一种炎症，它多半与其他类型炎症混合存在，如浆液性出血性炎、纤维素性出血性炎、化脓性出血性炎等。

【病因】出血的原因是炎灶内的血管壁受损伤，多见于犬瘟热、出血性败血症、饲料中毒、马血斑病和猪瘟等急性疾病。

【病理变化】大量红细胞出现在渗出液内，使渗出液和发炎组织呈现红色。例如，胃肠道的出血性炎，眼观黏膜显著充血、出血，呈暗红色，胃肠内容物混杂血液。光学显微镜下可见炎性渗出物中有大量红细胞和一定数量的中性粒细胞，黏膜上皮细胞变性、坏死及脱落，固有层及黏膜下层充血、出血及白细胞浸润。

【结局】出血性炎一般呈急性经过，其结局取决于原发性疾病和出血的严重程度。

（七）坏疽性炎

坏疽性炎（gangrenous inflammation）又称为腐败性炎，是指机体感染腐败菌后，炎灶组织和炎性渗出物腐败分解的炎症。

【原因】腐败性炎可能一开始即由腐败菌引起，但也常并发于卡他性炎、纤维素性炎和化脓性炎，多发生于肺、肠管和子宫。

【病理变化】发炎组织坏死、溶解和腐败，呈灰绿色、恶臭。

上述各种类型的渗出性炎，是根据病变特点和炎性渗出物的性质划分的。但从各型渗出性炎的发生、发展来看，它们之间既有区别，又有联系，并且多半是同一炎症过程的不同发展阶段。例如，浆液性炎常常是卡他性炎、纤维素性炎和化脓性炎的初期变化，出血性炎常伴发于各型渗出性炎的经过中。另外，即使是同一个炎症病灶，往往病灶中心为化脓或坏死性炎，其外周为纤维素性炎，再外围为浆液性炎。因此，在剖检时应特别注意观察，才能做出正确的病理学诊断。

三、增生性炎

增生性炎（proliferative inflammation）是以细胞或结缔组织大量增生为特征，而变质和渗出变化表现轻微的一种炎症。根据增生的病变特征，可区分为以下两种。

（一）非特异性增生性炎

非特异性增生性炎（nonspecific proliferative inflammation）是指无特异病原而引起相同组织增生的一种病变。根据增生组织的成分，分为急性和慢性两种。

1. 急性增生性炎（acute proliferative inflammation）　　急性增生性炎是以细胞增生为主、渗出和变质变化为次的炎症。例如，急性和亚急性肾小球肾炎时，肾小球毛细血管内皮细胞与球囊上皮显著增生，肾小球体积增大；猪副伤寒时，肝小叶内因网状细胞大量增生，形成灰白色针尖大的细胞性结节。

2. 慢性增生性炎（chronic proliferative inflammation）　　慢性增生性炎是以结缔组织的成纤维细胞、血管内皮细胞和组织细胞增生形成非特异性肉芽组织为特征的炎症，这是一般增生性炎的共同表现。慢性增生性炎多半从间质开始，故又称为间质性炎，如慢性间质性肾炎、慢性间质性肝炎等。外科临床上多见的慢性关节周围炎，也属于慢性增生性炎。发生慢性增生性炎的器官多半体积缩小、质地变硬，表面因增生的结缔组织衰老、收缩而呈现凹凸不平。

（二）特异性增生性炎

特异性增生性炎（specific proliferative inflammation）是指由某些特异病原微生物感染或异物刺激引起的特异性肉芽组织增生，又称为肉芽肿性炎（granulomatous inflammation），形成的增生物称为肉芽肿（granuloma）。根据致炎因子不同，可将肉芽肿分为感染性肉芽肿和异物性肉芽肿。

1. 感染性肉芽肿（infectious granuloma）　　感染性肉芽肿是指由病原微生物所引起的肉芽肿。常见的有结核性肉芽肿（结核结节）、鼻疽性肉芽肿和放线菌性肉芽肿。布鲁氏菌、大肠杆菌及曲霉菌等也可引起类似的病理变化。

【剖检】特异性增生性炎所形成的肉芽肿结节可见于淋巴结、脾、肝、肾、心脏、肺等多种器官。结节呈粟粒大至豌豆大，灰白色半透明状，如果结节中心发生干酪样坏死或钙化，眼观灰白色变为灰黄色混浊，质地坚实；有的结节孤立散在；有的密发；也有的几个结节相互融合，形成比较大的集合性结节（二维码4-6）。

二维码4-6

【镜检】结节的中心有中性粒细胞聚集，同时有病原菌、局部组织的实质细胞变性和坏死，时间较久者发生干酪样坏死或钙化；周围有单核巨噬细胞增生，这些细胞一部分来自血液，更主要的是由局部组织的间叶细胞（如网状细胞、成纤维细胞、血管外膜细胞和血管内皮细胞）增生而来。随着炎症的持续，增生的单核巨噬细胞转变为胞体大、细胞质淡染较透明、细胞之间分界不清而细胞核呈近似椭圆形的上皮样细胞（epithelioid cell），有些上皮样细胞分裂增生或融合为多核巨细胞（multinucleated giant cell）。多核巨细胞的细胞体特别大，常在细胞内有几个或几十个细胞核，具有强大的吞噬力。在结核结节中的多核巨细胞又称为朗汉斯巨细胞，其细胞核呈马蹄形或环形排列在细胞质周边，细胞质丰富。周边由结缔组织增生和淋巴细胞浸润形成包膜。因此，典型的感染性肉芽肿结节在镜下有三层结构，中心为干酪样坏死与钙化，中间层为上皮样细胞和多核巨细胞构成的特异性肉芽组织，外层为由成纤维细胞和淋巴细胞等构成的普通肉芽组织（图4-12）。

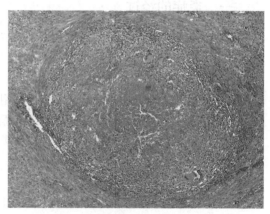

图 4-12　感染性肉芽肿（HE 10×20）

肿物中心为干酪样坏死及感染的病原微生物，周围有上皮样细胞和多核巨细胞，最外层为淋巴细胞及纤维组织包囊

2. 异物性肉芽肿（foreign body granuloma）　　异物性肉芽肿是指由进入组织内不易被消化的异物引起的肉芽肿。常见的异物有外科手术缝线、木片、石棉、植物芒刺及难溶解的代谢产物（如尿酸盐结晶）等。

【病理变化】异物性肉芽肿的中心为异物成分，周围有上皮样细胞和多核巨细胞构成的特异性肉芽组织，最外围由成纤维细胞增生形成包囊，很少见有淋巴细胞浸润（图 4-13）。与感染性肉芽肿不同的是，此处的多核巨细胞称为异物巨细胞（foreignbody giant cell），其细胞质内有几个或几十个细胞核杂乱无章地聚集于细胞的中央区。

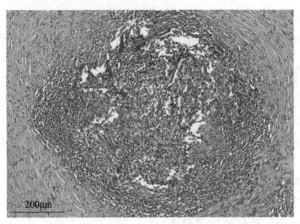

图 4-13 异物性肉芽肿（HE 10×40）

肿物中心为外科缝线及坏死的细胞碎片，周围有上皮样细胞，最外层为纤维组织包囊

第四节 炎症的经过和结局

在炎症过程中，由于致炎因子引起的损伤与机体抗损伤反应之间的力量对比不同，炎症的经过和结局也不一样。

一、炎症的经过

现按炎症的经过长短，把炎症分为以下三种。

（一）急性炎症

急性炎症（acute inflammation）多由作用较强的致病因素所引起。其特点是：发病急剧，病程短（从几小时到几天），症状明显。局部病变以变质、渗出变化为主，炎灶中浸润的细胞主要以中性粒细胞为主。例如，上述的变质性炎和渗出性炎多数属于急性炎症。

（二）慢性炎症

慢性炎症（chronic inflammation）的经过长，往往为几个月到几年。慢性炎症可由急性炎症转化而来，或因致炎因子的刺激轻缓并长期起作用所致。慢性炎症症状不明显，局部以增生性变化为主，变质和渗出变化轻微，常有较多的淋巴细胞和浆细胞浸润，并伴有肉芽组织增生和瘢痕形成，故功能障碍明显。有些慢性炎症，在机体免疫力降低的情况下，可转化为急性发作，这是局部潜在的病原微生物大量增殖或局部再感染的结果。例如，一些慢性结核、鼻疽病变可转变为急性经过。

（三）亚急性炎

亚急性炎（subacute inflammation）的经过介于急性和慢性炎症之间，多半由急性炎症转来；在少数情况下，因炎症的急性阶段不明显，故一开始就以亚急性形式表现出来。其主要特点是发病较缓和，病程较急性长，充血、水肿等渗出变化较轻；炎灶中浸润的细胞除中性粒细胞外，还有多量组织细胞、淋巴细胞及嗜酸性粒细胞，并有一定量结缔组织增生。亚急性炎如不及时治疗则转为慢性炎症。

二、炎症的结局

1. 痊愈 痊愈包括完全痊愈和不完全痊愈两种情况。

1）完全痊愈：是指在炎症过程中组织损伤较轻，机体抵抗力较强，治疗又及时、恰当，故致病因素被迅速消灭，炎性渗出物被溶解、吸收，发炎组织可恢复原有的结构和功能，这是炎症最好而又最常见的结局。

2）不完全痊愈：是指炎症病灶较大，组织损伤较严重，或渗出物过多而不能被完全溶解吸收，此时由炎灶周围增生成纤维细胞和毛细血管形成肉芽组织，后者长入坏死灶内。溶解吸收坏死物质以后，逐渐变为纤维组织，最后坏死的组织被新生的纤维组织取代而得到修复，这个过程称为"纤维化或机化"。在浆膜发生纤维素性炎时，也可由肉芽组织长入炎性渗出物中而引起浆膜纤维化，形成肺、肋胸膜粘连和心包粘连等永久性病变，造成长期功能障碍。

2. 迁延不愈 如果机体抵抗力低下或治疗不彻底，致炎因子持续存在，则急性炎症可转变为慢性炎症，如慢性关节炎、慢性心肌炎等。此时，机体的损伤与抗损伤斗争此起彼伏，持续不断，以致炎症反应时轻时重，长期迁延，甚至多年不愈。

3. 蔓延播散 病畜抵抗力下降、病原微生物大量繁殖而体内炎灶损伤过程占优势的情况下，炎症可向周围扩散，病原微生物可经血管、淋巴管播散到全身。播散的形式有以下几种。

1）局部蔓延：炎灶内的病原微生物可经组织间隙或器官的自然管道向周围组织、器官扩散。例如，化脓性尿道炎时，病原微生物可向肾扩散而引起肾盂肾炎。

2）淋巴管播散：病原微生物进入淋巴管内，随淋巴流到达局部淋巴结，引起局部淋巴结炎；严重时可扩散到全身。

3）血管播散：炎灶内的病原微生物或某些毒性产物，引起机体菌血症、毒血症、败血症和脓毒败血症等全身性扩散，严重时可导致机体死亡。

第五章 败 血 症

败血症（septicemia）是指病原体侵入机体后，机体抵抗力降低，不能抑制或清除入侵的病原体，使病原体迅速突破机体的防御机构而进入血液，并在血液内大量繁殖增生和产生毒素，造成机体严重的全身性中毒并产生一系列病理变化的过程。许多病原体都可能引起受感染动物败血症，败血症也常常是引起动物死亡的一个重要原因。本章就败血症的基本病理变化进行简要阐述。

一、原因和发生机制

根据败血症的发生发展，常见以下两种类型。

（一）感染创型败血症

在局部炎症的基础上发展而来的败血症，其特点是不传染其他动物。例如，机体的局部发生创伤，继发感染了葡萄球菌、链球菌、铜绿假单胞菌或腐败梭菌等非特异性传染病的病原菌，在机体抵抗力降低又未合理医治的情况下，局部病原菌得以大量繁殖并侵入血液而引起败血症。这种败血症的发生，实际上是由局部病灶转化为全身化的过程。

此型败血症多见于动物免疫功能降低，加上局部病灶得不到及时正确的处理（如脓肿未及时切开、引流不畅、过度挤压排脓、开放创扩创不彻底等），使细菌容易繁殖并乘虚进入血液。所以，临床上对任何外科疾病或内脏炎症，都应采取积极而又合理的治疗措施，切不可疏忽大意。

（二）传染病型败血症

由一些特异传染性病原体所引起的败血症。例如，某些细菌性传染病（如炭疽、巴氏杆菌病、猪丹毒等）经常以败血症的形式表现出来，所以常称之为败血性传染病。这类病原菌在侵入机体之后，往往无局部炎症经过，而是直接表现为全身性败血症过程。其与各种典型传染病的不同之处是其经过特别迅速，当机体尚未形成该种传染病的特异性病变时，动物已呈败血症而死亡。

严格来讲，败血症专门是指由细菌引起的全身性疾病。但是有一些急性病毒性传染病（如马传染性贫血、猪瘟、鸡新城疫、牛瘟、鸭瘟等）及少数原虫性疾病（如牛泰勒原虫病和弓形体病等），由于它们的表现形式也具有一般败血症的共同特点，所以临床上也习惯地把它们归属于败血性疾病。

此外，一些慢性细菌性传染病，如鼻疽和结核，虽然通常以慢性局部性炎症为主要表现形式，但当机体抵抗力降低时，可以引起急性变化，病原菌从局部病灶大量进入血液，并在机体全身各个器官内形成大量转移病灶（全身化），这种病理过程的本质也是一种败血症。

败血症常伴发菌血症、病毒血症、虫血症、毒血症等的发生，它们之间既有区别又有联系。

1. 菌血症　　菌血症（bacteremia）是指病原体不断从感染灶或创伤病灶进入血液，当机体抵抗力较强，出现于血液内的细菌能被网状内皮细胞不断吞噬，因此细菌不能在血液中大量增生繁殖，临床上也不出现明显症状的病理过程。一些传染病的初期阶段多伴有菌血症，一旦机体抵抗力下降，侵入血液的细菌大量增生繁殖并产生毒素，即发生败血症。所以菌血症和败血症既有区别，又有联系。

2．病毒血症 病毒血症（viremia）是指病毒粒子在血液中持续存在的现象，病毒性败血症是指病毒大量复制释放入血，同时伴有明显的全身性病理过程。

3．虫血症 虫血症（parasitemia）是指寄生原虫大量进入血液的现象，而败血性原虫病是指原虫大量繁殖后进入血液，伴有全身性反应的病理过程。

4．毒血症 毒血症（toxemia）是指病原微生物侵入机体后在局部增殖，并不断产生毒素（特别是外毒素）和形成大量组织崩解产物，两者均被吸收入血液而导致机体出现中毒性病理变化的过程。在败血症时，常有毒血症病变。

5．脓毒败血症 化脓菌引起的败血症称为脓毒败血症。除具有败血症的一般病理变化外，突出的病变特点为器官的多发性脓肿，脓肿常均匀地散布在器官中。

二、基本病理变化

死于败血症的动物，由于机体的防御机构被严重破坏，并伴有毒血症，因而常出现严重的全身中毒、缺氧及各组织器官发生严重变性、坏死和炎症（特别是脾和全身淋巴结）等病理变化。主要可见病变如下。

1．尸体极易腐败，尸僵不全 发生败血症的动物由于体内存在大量的病原微生物和毒素，尸体易发生腐败和肌肉变性，导致尸僵不全，严重者不出现尸僵现象。

2．血液凝固不良，常发生溶血现象 全身血液凝固不良，呈紫黑色黏稠状态（二维码5-1）。大血管内膜、心内膜和气管黏膜等，常由于溶血而被血红蛋白染成污红色，可视黏膜和皮下组织黄染。

3．出血和渗出 在四肢、背腰和腹部皮下，以及浆膜和黏膜下结缔组织，常呈出血性胶样浸润。在心包、心外膜、胸膜、腹膜、肠浆膜，以及一些实质器官的被膜上见有散在性的出血斑点（图5-1）。在胸腔、腹腔和心包腔内有数

图5-1 肾被膜出血
肾被膜上见有散在性的、大小不一的出血斑点

量不等的积液，其中常混有纤维蛋白凝块；严重时，可见浆液性纤维素性心包炎、胸膜炎及腹膜炎。

4．急性炎性脾肿 脾急性肿大，有时达正常的2～3倍（二维码5-2）。脾肿大特别严重时，往往发生脾破裂而引起急性内出血。脾的肿大和软化，一部分原因是脾髓的轻度增生，但更主要的是由于脾小梁和被膜内的平滑肌发生变性，收缩力减退，因而脾呈现高度淤血，脾的这种变化，通常称为"急性炎性脾肿"。

【剖检】脾表面呈青紫褐色，因脾髓极度软化，故有波动感；脾切面隆突，呈紫红色或黑紫色，脾小体和脾小梁不明显，切面附有多量黑紫色的血粥样物，有时因脾髓高度软化而从切面自动流出（图5-2）。

【镜检】光学显微镜下可见脾静脉窦高度充血和出血，有时脾组织呈一片血海，脾髓组织被血液压挤而呈稀疏的岛屿状散在，在破坏的脾髓组织内有大量白细胞浸润和网状内皮细胞增生，脾小体（白髓）受压挤而萎缩（图5-3）。脾小梁和被膜内的平滑肌变性，常有浆液和白细

胞浸润。在脾髓内常常发现有病原微生物。

图 5-2　急性炎性脾肿剖检

脾肿大，切面隆突，呈紫红色

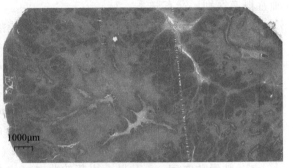

图 5-3　急性炎性脾肿镜检（HE 10×4）

脾高度充血及出血，白髓被挤压呈岛屿状

　　脾肿大为败血症最常出现的特征变化，但是在一些经过特别急速的病例（如牛炭疽、羊炭疽、猪瘟和巴氏杆菌病等）和极度衰弱的病畜，脾肿大往往不显著。

　　5. 全身淋巴结炎

　　【剖检】全身淋巴结肿大，呈急性浆液性和出血性淋巴结炎变化（图 5-4）。

　　【镜检】光学显微镜下见淋巴组织充血、出血和坏死，窦腔和小梁被渗出的浆液浸润，呈严重的充血和水肿状态，并有多量白细胞浸润且往往见有病原微生物（图 5-5）。

图 5-4　出血性淋巴结炎剖检

淋巴结肿大、出血，呈紫红色

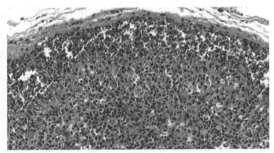

图 5-5　出血性淋巴结炎镜检（HE 10×40）

被膜下及副皮质区有大量红细胞，淋巴小结发生坏死

　　6. 全身各实质器官细胞变性　　心肌因发生变性而呈淡黄色或灰黄色，心室腔（特别是右心室）显著扩张，心腔内积留多量暗紫色凝固不良的血液，这是病畜发生急性心脏衰弱的表现。肝肿大，实质脆弱而呈淡黄红色；切面多血，并呈现槟榔样花纹。肾肿大，包膜易剥离，肾表面呈灰黄色；切面皮层增厚，呈淡红黄色，皮层和髓层交界处因严重淤血而呈紫红褐色。

　　7. 其他组织器官的变化　　肺淤血、水肿，有时伴发出血性支气管炎。光学显微镜下可见软脑膜和脑实质充血、水肿，毛细血管透明血栓形成，神经细胞不同程度变性等。

三、感染创型败血症的原发病灶病变

　　上述基本病理变化是两种类型败血症共有的病理变化特点，尤以传染病型败血症时上述变化表现得尤为突出。在感染创型败血症时，除具有上述变化外，还有原发病灶病变，而且根据原发病灶的部位与病变特点，还可以判断败血症的来源、病原特性，以及疾病发生、发展过程。现将常见的几种原发病灶的病变特点分述如下。

（1）创伤性败血症的原发病灶　　当动物发生鞍伤、切割伤、烧伤或化脓病灶时，如果因此而引起败血症，则该病灶即成为创伤性败血症的原发病灶。其病变特点是：除局部呈浆液性化脓性炎或蜂窝织炎外，由于病原菌沿淋巴管扩散，可见创伤附近的淋巴管和淋巴结发炎。此时，淋巴管肿胀、变粗而呈索状，管壁增厚，管腔狭窄，管腔内积有脓液或纤维蛋白凝块。淋巴结肿大，呈浆液性或化脓性淋巴结炎。如果病原菌侵入病灶周围的静脉，也可引起血栓性化脓性静脉炎，眼观静脉管壁肿胀，内膜坏死脱落，管腔内有血凝块或脓液。如果病原菌经淋巴管和静脉扩散到机体其他器官，形成大小不等的转移性化脓灶时，则称为脓毒败血症。

（2）脐败血症的原发病灶　　幼龄动物断脐时，如果消毒不严，可因感染病原菌而发生败血症。此时，脐带根部发生出血性化脓性炎病灶。该病灶可蔓延到腹膜，引起纤维素性化脓性腹膜炎；如病原菌经血液转移到肺和四肢关节，则形成化脓性肺炎或化脓性关节炎。

（3）产后败血症的原发病灶　　母畜分娩后，若子宫内膜伴有大面积损伤，同时在子宫内还积留有胎盘碎片和血液凝块，如护理不当，感染了化脓菌或坏死杆菌，就容易引起化脓性子宫炎，常常由此发生败血症而死亡。剖检时，见子宫肿大，按压有波动感，浆膜混浊无光泽，子宫内蓄积多量污秽不洁的带臭味的脓液（二维码5-3）。子宫内膜肿胀、充血、出血和坏死剥脱，于黏膜上形成大片糜烂和溃疡。

二维码
5-3

四、结局和对机体的影响

发生败血症时，由于机体抵抗力降低，病原菌在体内大量繁殖及其毒素的作用，损害机体的各个组织器官，造成生命重要器官功能不全，往往引起休克导致动物死亡。败血症是病原菌感染造成动物死亡的一个主要原因，发生败血症后，如果能够及时抢救、积极治疗，有可能治愈。

第六章　肿　　瘤

　　肿瘤（tumor）是严重威胁人类和动物健康的一类疾病，在医学研究领域备受关注。动物与人类肿瘤在流行病学和病理形态学特点上相似，且具有相似的发生发展特征（如犬黑色素瘤、肥大细胞瘤等），突显小动物作为肿瘤动物模型的优越性。因此，对动物肿瘤的研究已逐渐受到整个生命科学领域的普遍重视。

第一节　肿瘤发生的原因和机制

　　肿瘤是机体正常细胞在体内、外某些致病因素的综合作用下，发生基因结构改变或基因表达调控机制失常，并逃脱机体排斥而在体内呈异常无限制地分裂增殖的细胞群。

一、肿瘤发生的原因

　　肿瘤发生的原因可概括为内因与外因，动物在患肿瘤前的一段时期内，可能同时或先后接受了多种内外因素的作用。因此，在探讨肿瘤病因时应注意多种病因的综合作用。

　　（一）肿瘤发生的内因

　　1. 遗传因素　　遗传损伤（genetic damage）是导致肿瘤发生的最普遍因素。超过90%的肿瘤病例中发生了体细胞突变（somatic mutation）。例如，日本曾用引进的汉普夏猪和杜洛克猪与本地猪杂交，导致黑色素瘤的发生率显著升高，说明遗传因素对肿瘤的发生有一定影响。

　　2. 动物种类、品系和品种　　动物的种类、品系和品种对肿瘤的发生具有显著影响。例如，大象的肿瘤发生率显著低于其他动物；中国本地鸡比来亨鸡患白血病概率更低；条纹芦花鸡比白色芦花鸡易患白血病。

　　3. 年龄与性别因素　　年龄是影响肿瘤的发生与生长的重要因素。例如，多数肿瘤常发生在老龄动物，而组织细胞瘤、横纹肌肉瘤等容易发生于幼龄或低龄动物。性别对部分肿瘤的发生也存在显著影响，如雌性动物中乳腺肿瘤发生概率最高，可能与性激素刺激有关。

　　4. 激素因素　　大量实验证明，内分泌的功能失调在肿瘤的发生上具有一定的意义。雌激素、促性腺激素、促甲状腺激素、催乳素等均有致癌作用。切除幼年的高癌族雌鼠的卵巢，能防止乳腺癌的发生；而长期给予雌激素刺激，则促进乳腺癌的发生。例如，在犬第一个发情周期前进行绝育，能够将乳腺肿瘤发生率降低99%以上。

　　5. 胎生胚芽的残留和移植　　在胚胎生长期，某种组织的胚芽残留隐匿或被移植（迷入）于他部，而没有参与组织或器官正常发育与分化，残留或迷入的组织（迷芽）可生成肿瘤。例如，肾皮质内有肾上腺皮质的迷芽，可生成肾上腺瘤。

　　（二）肿瘤发生的外因

　　1. 物理性因素　　机械性刺激、炎性刺激、电离辐射等物理性因素，可引起肿瘤发生。

例如，牛鼻环长期刺激可生成鼻纤维瘤；耳标刺激可生成皮角；胃、前列腺的慢性炎刺激导致胃癌、前列腺肿瘤；大剂量 X 射线照射可导致大鼠在不同部位形成不同肿瘤。

2. 化学性因素　　目前已知上千种化学物质具有致瘤作用。例如，多环、碳氢化合物中的 3,4-苯并芘、20-甲基胆蒽和偶氮化合物中的二甲基氨基偶氮苯等均能引起肿瘤的发生。在自然界分布极为广泛的亚硝胺类化合物，具有很强的致癌作用。此外，机体本身也可产生致癌化学物质，如胆固醇的代谢产物脱氧胆酸能在体内转变为甲基胆蒽。

3. 生物性因素　　病毒、霉菌、寄生虫等在肿瘤的发生上具有重要意义。

有些动物的肿瘤已经证实由病毒所引起。例如，鸡的马立克病由马立克病毒诱发；仓鼠多瘤病毒可导致仓鼠多种肿瘤的发生；而多数犬乳头状瘤由犬乳头瘤病毒感染所致。某些霉菌通过其产生的毒素导致动物发生肿瘤。例如，黄曲霉毒素（aflatoxin）是黄曲霉菌、寄生曲霉菌所产生的毒素，黄曲霉毒素 B 可导致大鼠、火鸡、鸭肿瘤的发生，猪的敏感度中等，羊有一定的抵抗力。寄生虫的致瘤作用主要是通过虫体移行的慢性机械性刺激及虫体毒素的化学刺激。例如，肝片吸虫的寄生可导致肝肿瘤发生概率上升。

二、肿瘤发生的机制

在大多数情况下，肿瘤的发生是一个多步骤的过程。例如，在肠腺癌的发展过程中有几个表型步骤，包括增生、腺瘤、癌。不同表型的分布并不均匀，因此同一肿瘤内可以看到具有不同表型的区域。肿瘤可能会发生自发的生长停滞或消退，包括多数的良性肿瘤、组织细胞瘤等；肿瘤也可能进一步恶性转化，甚至转移，涉及增生过度、凋亡抑制、细胞信号转导障碍等多个环节。研究显示，肿瘤尤其是恶性肿瘤发生的机制主要包括以下几个方面：持续的信号转导、逃逸生长抑制信号、抑制细胞死亡、肿瘤细胞持续复制、血管生成。

（一）持续的信号转导

细胞增殖由生长因子驱动，通过结合特定的细胞受体激活并介导细胞内信号级联反应，最终导致有丝分裂。正常情况下，增殖受到严格调控，以维持正常的结构与功能。在肿瘤中，细胞增殖是持续且不受调控的。

（二）逃逸生长抑制信号

体细胞的生长抑制作用主要依赖于肿瘤抑制基因（tumor suppressor gene），肿瘤抑制基因是一大类可抑制细胞生长并能潜在抑制癌变作用的基因，是一类生长控制基因或负调控基因。肿瘤抑制基因的产物能抑制细胞的生长，其功能的丧失可能促进细胞的肿瘤性转化。因此，肿瘤的发生可能是癌基因的激活与肿瘤抑制基因的失活共同作用的结果。

（三）抑制细胞死亡

细胞程序性死亡是调控体细胞命运的重要信号。而调控细胞程序性死亡基因的功能异常在肿瘤发生过程中发挥重要作用。例如，肿瘤中 Bcl-2（B 淋巴细胞中染色体易位激活的原癌基因）的表达上调通过抑制肿瘤细胞凋亡促进肿瘤的进展。此外，逃逸细胞凋亡的肿瘤细胞更容易积累基因损伤，促进恶性肿瘤的发生。

（四）肿瘤细胞持续复制

恶性肿瘤细胞能够摆脱生长限制持续复制而不进入衰老阶段，主要机制涉及端粒酶。端粒酶在体细胞中通常不活跃，但在干细胞、生殖细胞和癌细胞中很活跃。在大多数人类肿瘤中已发现端粒酶的激活，但端粒酶的活性在动物肿瘤中尚未得到广泛的研究。一项针对犬淋巴瘤的研究显示，几乎所有经组织学确诊为淋巴瘤的淋巴结（97%）均可检测到显著大于正常淋巴结的端粒酶活性。

（五）血管生成

血管生成是原发性肿瘤和转移性肿瘤生长的关键步骤。肿瘤细胞释放血管生成因子，刺激新血管芽生成，向肿瘤细胞输送氧气和营养物质，并提供静脉血流以清除代谢废物。血管的生成也为血管转移提供了一条途径。如果肿瘤缺乏血管的支撑，其大小往往被限制在 1mm 左右。

尽管对肿瘤病因与发病机制的研究有了很大程度的进展，但是肿瘤的发生、发展是非常复杂的，仍然有许多未知领域等待研究人员去探索。

第二节　肿瘤的特性

一、肿瘤的一般形态与结构

（一）肿瘤的外观

肿瘤的外观复杂多样，与肿瘤的发生部位、组织来源、生长方式和肿瘤的性质密切相关。在皮肤和浆膜面呈局限性增生的肿瘤，其形态为结节状、息肉状、乳头状和分叶状等，有时也呈弥漫性增生。在表面生长的肿瘤，因磨损、组织坏死可形成溃疡；在组织深部的肿瘤可形成结节状或囊腔状。良性肿瘤和周围的正常组织之间往往界线清晰，肿瘤多呈结节状生长；而恶性肿瘤和周围正常组织的界线不明显，主要呈浸润性生长，如同树根样向周围组织伸展。然而，恶性肿瘤的转移灶，常呈界线清晰的结节状生长方式（图6-1）。

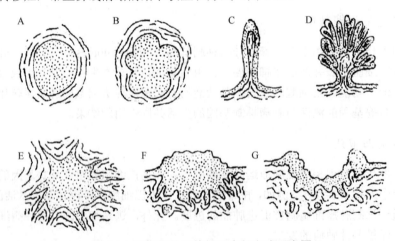

图 6-1　肿瘤的外形特征及生长方式示意图

A. 结节状膨胀性生长；B. 分叶状膨胀性生长；C. 外生性息肉状生长；D. 外生性菜花样生长；
E. 内生性浸润性生长；F. 外生性浸润性生长；G. 溃疡性浸润性生长

（二）肿瘤的大小和数目

肿瘤的体积相差悬殊，主要取决于肿瘤的性质、生长时间和发生部位。一般良性肿瘤生长速度缓慢，患病动物生存时间较长，如肿瘤生长于体表或体腔内，可达数斤[①]甚至数十斤；而恶性肿瘤，由于其生长迅速并对机体有明显的破坏作用，常可导致动物死亡，故巨大的恶性肿瘤较为少见。此外，生长在紧密狭小腔道（如脊椎管内或脑室内）内的肿瘤，因其生长受限，故体积也较小。

肿瘤生长的数目与肿瘤的性质密切相关，如果机体只发生单个肿瘤，称为单发肿瘤；如果机体的不同部位先后或同时发生多个肿瘤，称为多发肿瘤。

（三）肿瘤的颜色

肿瘤因组织的成分不同具有特殊的颜色。例如，淋巴瘤呈灰白色；黑色素瘤多呈黑色；脂肪瘤、肾上腺瘤呈淡黄色；血管瘤呈红色至黑红色。此外，肿瘤组织内的变性、坏死、出血，以及囊腔的形成、液体的蓄积等，可导致相应不同的颜色，呈条纹状或云雾状分布。

（四）肿瘤的质地

肿瘤的质地取决于肿瘤组织的构成成分，由骨、软骨组织形成的肿瘤质地坚硬；而脂肪瘤和黏液瘤质地柔软；上皮来源肿瘤往往质地较硬，而软组织肉瘤质地较软。富含间质结缔组织的肿瘤坚硬，称为硬性瘤；相反，柔软的肿瘤称为软性瘤或髓样瘤。肿瘤组织发生变性、坏死时，可使肿瘤质地变软、易碎，而当坏死肿瘤部分有钙盐沉着时则质地变硬。

（五）肿瘤的结构

肿瘤的结构一般可分为实质与间质两部分。

1. 肿瘤实质 肿瘤实质是肿瘤细胞的总称，是肿瘤的主要成分，一般由一种肿瘤细胞构成，有些肿瘤也可由两种或多种肿瘤细胞构成。对肿瘤的分类及恶性程度的判断，主要依赖于肿瘤实质部分，即肿瘤细胞。

2. 肿瘤间质 肿瘤间质主要由血管、淋巴管、神经纤维和结缔组织构成，起支持和营养肿瘤实质细胞的作用。肿瘤间质多数在肿瘤生长过程中生成。间质内往往伴有淋巴细胞浸润，这是机体对肿瘤组织的免疫反应。肿瘤间质中有时可见神经纤维，多为原有组织神经的残存部分。一般认为肿瘤无神经支配，仅通过血管与动物机体发生联系。

肿瘤的实质与间质之间有着密切联系。肿瘤细胞的营养和生长依赖于间质的血液供应和结缔组织的支持。肿瘤细胞能够刺激间质中的血管生成。一般生长迅速的肿瘤，尤其是软组织肉瘤，其肿瘤间质血管丰富，血管壁薄且腔隙较大，且纤维组织较少，容易导致出血；有时肿瘤生长迅速可导致其中心部分缺乏营养而发生坏死。生长缓慢的肿瘤，往往间质的纤维组织较多，而血管稀少。

二、肿瘤的异型性

肿瘤组织和细胞，一般与原发组织和细胞特征相类似，但在组织结构和细胞形态上存在一

---

① 1斤＝0.5kg

定程度的差异，称为异型性（atypia）。

（一）肿瘤组织结构的异型性

间叶组织肿瘤，由于其间质也由间叶组织构成，所以肿瘤实质和间质互相交错，不易区分，这种构造类似正常的组织称为"类组织性肿瘤"。反之，实质由上皮性组织构成的肿瘤，肿瘤间质结构清晰，肿瘤细胞集聚形成细胞巢（cell nest），周围由间质包裹或围绕，这种构造类似脏器的肿瘤称为"类脏器性肿瘤"。

良性肿瘤组织结构的异型性不明显，一般与其原发组织相似。恶性肿瘤的组织结构异型性明显，肿瘤细胞排列紊乱，往往失去正常排列方式或结构。例如，纤维肉瘤中的肿瘤细胞丰富，胶原纤维减少，胶原纤维与肿瘤细胞排列散乱；腺癌中，腺体形成的数量不同、腺体的大小和形状不规则、肿瘤细胞排列杂乱，腺上皮细胞排列紧密、重叠或多层，提示较高的肿瘤组织异型性。

（二）肿瘤细胞形态的异型性

肿瘤细胞的异型性常代表肿瘤的恶性程度，异型性越高，分化成熟度越低，恶性程度越高，对机体的危害也就越大。良性肿瘤的异型性低，一般与其来源的正常细胞相似。恶性肿瘤细胞常具有高度的异型性，主要有以下特点。

1. 肿瘤细胞的形态　　肿瘤细胞大小往往与其起源细胞差异较大，如弥漫大 B 细胞淋巴瘤中肿瘤细胞的细胞质增加导致肿瘤细胞变大，在很多肿瘤中可见巨细胞型肿瘤细胞形成。肿瘤细胞的异型性也体现在细胞形态异常，如乳腺癌中腺上皮来源肿瘤细胞胞核的极性消失。

2. 肿瘤细胞核的形状及染色质形态　　细胞核异型性主要体现在细胞核大小变化、形态异常和染色质分布异常。肿瘤细胞中常见细胞核体积增大，染色质减少，恶性肿瘤可见泡状核的形成。部分肿瘤中可见巨核、双核、多核或异形核的出现。有些肿瘤细胞核内 DNA 增多，导致染色质呈块粒状，分布不均匀，堆积在核膜下方，致使核膜增厚。核仁肥大，数目增多，可达 3~5 个。

3. 核分裂象　　肿瘤细胞常见核分裂象增加及异常核分裂象出现，特别是不对称性、多极性等病理性核分裂象（图 6-2），这种核异常改变多与染色体呈多倍体或非整倍体有关，对于诊断恶性肿瘤具有重要的意义。

三、肿瘤的生长方式

肿瘤生长方式可分为 4 种，包括膨胀性生长、浸润性生长、外生性生长和内生性生长。肿瘤的生长方式与肿瘤细胞的起源、良恶性密切相关。

（一）膨胀性生长

有些肿瘤生长缓慢，并且不向周围组织内伸展，对周围组织形成挤压，称为肿瘤的膨胀性生长。此类肿瘤多为良性，往往由一层纤维性被膜包裹，与周围正常组织界线清晰，易于手术摘除，且不易复发。膨胀性生长多为成熟型良性肿瘤的生长方式。

（二）浸润性生长

肿瘤细胞向周围组织内延伸生长，称为肿瘤的浸润性生长。该部分肿瘤同周围组织往往界线不明，且缺乏游动性，手术时难以完全摘除肿瘤组织，故易复发。浸润性生长是恶性肿瘤的主要生长方式，由于这种方式破坏周围健康组织，所以又称为破坏性生长。

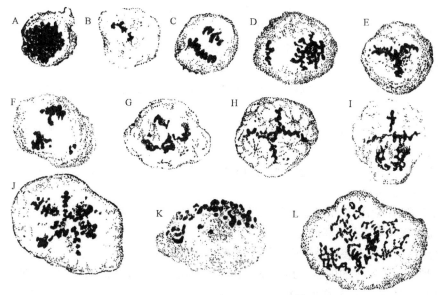

图 6-2　恶性肿瘤细胞病理性核分裂象模式

A. 染色体过多型核分裂；B. 染色体过少型核分裂；C，D. 不对称型核分裂；E，F. 三极型核分裂；
G，H. 四极型核分裂；I. 五极型核分裂；J. 六极型核分裂；K. 流产型核分裂；L. 巨大型核分裂

（三）外生性生长

体表、体腔、脏器腔等处发生的上皮性肿瘤，常常突出于表面或腔内，形成息肉状、乳头状和菜花状等，称为外生性生长。囊瘤的上皮过度增生，也可形成乳头状而伸入囊腔，构成外生性生长。良性肿瘤和恶性肿瘤都具有外生性生长的特征。

（四）内生性生长

上皮性肿瘤不向体表、体腔及脏器腔内生长，而向真皮或黏膜下层生长，称为内生性生长。例如，鼻黏膜的乳头状瘤即具此种生长方式，称为反向乳头状瘤（inverted papilloma）。

四、肿瘤的扩散

恶性肿瘤不仅可以在原发部位生长，还可以从原发部位向机体其他部位生长，称为肿瘤的扩散。肿瘤的扩散有下述两种方式。

（一）直接蔓延

呈浸润性生长的恶性肿瘤，由原发部位连续蔓延、侵入邻近组织或器官，称为肿瘤的直接蔓延。例如，人的乳腺癌通过胸壁蔓延至胸膜，甚至到肺。

（二）转移

肿瘤细胞由原发组织被运送到机体的其他部位，并形成与原发肿瘤性质相同的新肿瘤，这种运转过程称为肿瘤的转移。转移是恶性肿瘤的特性之一。

1. 转移类型

（1）局部性转移　　例如，肝的原发性肿瘤转移到肝的其他部位。

（2）所属性转移　　向所属引流淋巴结的转移。

（3）远距离转移　　从原发肿瘤部位转移至远距离部位的组织或器官内。

2. 转移途径

（1）淋巴管转移　　肿瘤细胞经淋巴管沿淋巴流转移到引流淋巴结，或经淋巴流再入血流转移，生成新肿瘤。

（2）血管转移　　肿瘤细胞经血流转移到其他部位后，首先形成肿瘤细胞性栓塞，并在此生长、增殖生成新肿瘤。

（3）移植性转移　　除淋巴管、血管以外的转移称为移植性转移，包括系统移植、接触移植、播种和接种性转移。

1）系统移植：沿消化系统或泌尿系统的转移，如十二指肠癌沿空肠、回肠、大肠逐次转移；肾肿瘤沿输尿管转移至膀胱等。

2）接触移植：经直接接触转移，如上唇癌移植于下唇等。

3）播种：内脏发生的肿瘤，其一部分脱落到体腔内，并在体腔浆膜面如同播下种子，生成很多肿瘤，称为播种，又称为移植。

4）接种性转移：如手术时附在外科刀上的癌细胞，可误植在机体其他部位，称为移植瘤。

由转移所生成的肿瘤称为继发性肿瘤或转移性肿瘤，其原发肿瘤称为原发性肿瘤。原发性肿瘤同时发生两个以上时，称为原发性多发肿瘤；而经转移同时或逐渐发生多个肿瘤时，称为继发性多发肿瘤。

五、肿瘤对机体的影响

（一）局部性影响

肿瘤组织增生、膨大，可使周围组织受到机械性压迫，特别是压迫血管、神经、管道和器官等，可导致营养障碍、变性乃至坏死。良性或恶性肿瘤都有此种作用，但呈浸润性生长的恶性肿瘤影响更大。肿瘤组织侵入器官可损害其功能，压迫神经可引起神经痛或神经麻痹；压迫或侵入血管及淋巴管可引起局部淤血、贫血和水肿。肿瘤位于支气管或胃肠管道，可形成堵塞乃至闭锁。

（二）全身性影响

恶性肿瘤生成的代谢产物可使机体发生自体中毒。肿瘤的过度生长和蔓延，可夺取大量营养物质，致使病畜极度衰弱、消瘦和贫血，呈恶病质状态。内分泌器官如果发生肿瘤，可出现特殊的症状。例如，甲状旁腺肿瘤可出现纤维性骨营养不良症状。良性肿瘤如果发生在中枢神经系统和心脏等部位，也可造成生命危险。

六、副肿瘤综合征

副肿瘤综合征（paraneoplastic syndrome）是指远离原发肿瘤的系统性肿瘤并发症。通常，副肿瘤综合征的影响可能比相关的恶性肿瘤更容易被发现，甚至对动物机体的危害更大。例如，淋巴瘤、肛囊腺癌、胸腺瘤能够引起犬血钙显著升高，胰岛素瘤可引起外周神经疼痛，肺腺癌能够引起肥厚性骨病等。副肿瘤综合征也可作为诊断或治疗反应的特异性判断指标。

第三节　肿瘤的命名与分类

一、肿瘤的命名

肿瘤一般是按其组织来源而命名，同时也按肿瘤组织的分化程度及其对机体的影响而分为良性肿瘤与恶性肿瘤。

良性肿瘤一般是在发生组织名称之后加"瘤"字，如脂肪组织来源的肿瘤称为脂肪瘤，软骨组织来源的肿瘤称为软骨瘤，腺上皮来源的肿瘤称为腺瘤等。但也有根据形态命名的，如皮肤或黏膜发生的类似乳头的上皮瘤称为乳头状瘤。

恶性肿瘤如果来源于上皮组织称为"癌"（carcinoma），如腺癌等。起源于间叶组织的恶性肿瘤，在其发生组织的名称后加"肉瘤"（sarcoma），即起源于该组织或细胞的恶性肿瘤，如软骨肉瘤、纤维肉瘤等。

由未成熟的胚胎组织和神经组织发生的肿瘤，一般在发生器官或组织的名称之后加"母细胞瘤"，如肾母细胞瘤、神经母细胞瘤等。

二、肿瘤的分类与分型

动物机体的各器官、组织、细胞均可发生肿瘤。肿瘤细胞往往具有与其来源组织和细胞接近或相似的组织学结构和细胞特征。而肿瘤细胞与其来源组织和细胞的相似或接近程度，是肿瘤细胞分类和分型的重要判断依据。例如，鳞状细胞癌发生不同程度的角化、腺癌具有分泌功能、黑色素瘤可生成黑色素等。因此，不同组织或细胞来源的肿瘤具有不同的生物学行为和形态学特征，进一步决定肿瘤的预后表现，如侵袭能力、转移能力等。常见肿瘤的分类和分型见表 6-1。

表 6-1　常见肿瘤的分类和分型

组织来源	良性肿瘤	恶性肿瘤
上皮组织		
表皮组织	乳头状瘤	鳞状细胞癌
	基底细胞瘤	基底细胞癌
毛囊组织	漏斗状角化棘皮瘤	—
	毛根鞘瘤	—
	毛母细胞瘤	—
	毛囊瘤	—
	毛发上皮瘤	恶性毛发上皮瘤
	毛母质瘤	恶性毛母质瘤
腺上皮细胞	腺瘤	腺癌
变移上皮细胞	乳头状瘤	移行细胞癌
肝组织	肝细胞腺瘤、胆管腺瘤	肝细胞癌、胆管细胞癌

续表

组织来源	良性肿瘤	恶性肿瘤
卵巢组织	颗粒细胞瘤	—
	无性细胞瘤	—
睾丸组织	精原细胞瘤	恶性精原细胞瘤
	间质细胞瘤	—
	支持细胞瘤	恶性支持细胞瘤
间叶组织		
纤维组织	纤维瘤	纤维肉瘤
脂肪组织	脂肪瘤	脂肪肉瘤
骨组织	骨瘤	骨肉瘤
软骨组织	软骨瘤	软骨肉瘤
肌肉组织	平滑肌瘤	平滑肌肉瘤
	横纹肌瘤	横纹肌肉瘤
造血淋巴组织		
淋巴细胞	—	淋巴瘤、淋巴细胞白血病
白细胞	—	白血病
组织细胞	组织细胞瘤	组织细胞肉瘤
肥大细胞	肥大细胞瘤	肥大细胞瘤
脉管组织		
血管	血管瘤	血管肉瘤
淋巴管	淋巴管瘤	淋巴管肉瘤
神经组织		
脑膜	—	脑膜瘤
星形胶质细胞	—	星形细胞瘤、胶质母细胞瘤
少突胶质细胞	—	少突胶质细胞瘤
中枢神经细胞	—	原始神经外胚叶肿瘤
神经节细胞	神经节瘤	—
脉络丛细胞	—	脉络丛乳头状瘤
室管膜细胞	室管膜瘤	室管膜母细胞瘤
施万细胞	外周神经鞘瘤	恶性外周神经鞘瘤
其他肿瘤		
黑色素细胞	黑色素瘤	恶性黑色素瘤
卵巢、睾丸组织	畸胎瘤	畸胎癌

注："—"表示无对应的分类

三、良性肿瘤与恶性肿瘤的区别

一般来说，良性肿瘤的生长、发育较为缓慢，不易转移和复发，往往呈膨胀性生长或外生性生长，组织结构和原发组织相类似，异型性不显著，肿瘤细胞的分化程度高，核分裂象较为少见，所以又称为成熟型肿瘤。

恶性肿瘤则生长迅速，常呈浸润性生长，容易发生血管入侵（vascular invasion）和转移（metastasis），肿瘤细胞分化程度低，组织结构异型性较高，核分裂象多见，所以称为未成熟型肿瘤。

良性肿瘤和恶性肿瘤主要依据肿瘤的组织构造和肿瘤细胞特征加以鉴别（表6-2）。

表6-2　良性肿瘤和恶性肿瘤的区别

生物学特性	良性肿瘤	恶性肿瘤
生长方式	膨胀性生长	浸润性生长、膨胀性生长
生长速度	缓慢	迅速
转移	无转移发生	容易发生转移
复发	很少复发	容易复发
细胞分化程度	分化程度高	分化程度较低
核分裂象	较少	较多
核染色质	较少或接近正常	增多
异型性	较低，成熟型	较高，未成熟型
对机体影响	无严重影响	显著影响，甚至引起恶病质

第四节　上皮组织肿瘤

上皮组织肿瘤起源于表皮组织、腺体组织、皮肤附属器结构等。常见和具有代表性的上皮组织肿瘤，包括表皮、乳腺、毛囊、皮脂腺、肝、变移上皮等来源的肿瘤。

一、表皮来源肿瘤

起源于表皮棘细胞的良性肿瘤称为乳头状瘤（papilloma），恶性肿瘤称为鳞状细胞癌（squamous cell carcinoma，SCC）。

（一）乳头状瘤

乳头状瘤是一种良性的棘细胞增生性病变，在犬、马、牛比较常见。乳头状瘤好发于颜面部、磨损皮肤部位及口腔黏膜，且大部分由乳头瘤病毒（papillomavirus）引起。

【剖检】通常呈外生性的结节样或菜花样生长，与周围组织界线清晰。肿物外观呈灰白色或淡红色，质地较硬、表面粗糙，肿物切面通常为均质的灰白色至黄白色（图6-3）。当伴有其他病变，如出血、溃破等，肿瘤可呈多种颜色特征。

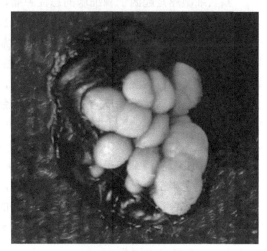

图6-3　乳头状瘤
肿瘤呈突起多结节状生长，外观呈白色至灰白色

二维码
6-1

【镜检】乳头状瘤最常见的特征为多乳头状突起，每个突起由真皮纤维组织支撑。增生的表皮伴有角化过度或角化不全。在增生的表皮浅层，棘细胞的细胞核发生固缩、偏向一边，核周有透明光晕，称为"挖空细胞"（koilocyte）（二维码 6-1）。由乳头瘤病毒感染引起的乳头状瘤，增生的棘细胞胞质由正常的嗜酸性转变为嗜碱性，细胞核内可见病毒包涵体，呈病毒性细胞病变效应（viral cytopathic effect）（图 6-4）。

视频解说

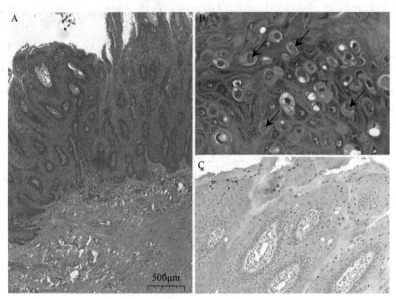

图 6-4　乳头状瘤

A．乳头状瘤突起呈多结节状生长，棘细胞层增厚，表面可见角化不全（HE 10×20）；B．肿瘤细胞核内可见灰蓝色的病毒包涵体，核仁消失（箭头所示）（HE 10×63）；C．人乳头瘤病毒（human papilloma virus，HPV）抗体免疫组织化学染色显示犬乳头状瘤病毒阳性（IHC 10×63）

（二）鳞状细胞癌

鳞状细胞癌是起源于棘细胞的恶性肿瘤，是几乎所有家畜中最常见的恶性皮肤肿瘤之一。长期紫外线刺激、少毛、无色素沉积的皮肤部位最为高发。鳞状细胞癌常发生于头部、四肢及会阴部皮肤。部分鳞状细胞癌的发生与乳头瘤病毒感染存在一定关联。

【剖检】肿瘤呈外生性菜花样、常多灶性或多中心性生长，好发于皮肤与黏膜交界。早期病变主要累及无色素沉着、毛发稀疏的皮肤，呈粉白色至粉红色。晚期病变常造成皮肤或黏膜破溃、出血、活动性炎症反应，故多呈暗红色至黑红色。

【镜检】鳞状细胞癌与被覆表皮相连，可原位生长，更多地向真皮层内浸润性生长。肿瘤细胞通常呈岛状、索状或小梁状排列。分化良好的鳞状细胞癌，会形成明显的角蛋白珠或癌珠（keratin pearl）。肿瘤细胞呈卵圆形至多边形，通常有泡状核，有明显的、单一的、位于中心的核仁，细胞质丰富，呈苍白至明亮的嗜酸性，细胞边界清晰，在分化程度高的肿瘤中，甚至可见细胞间桥粒。有丝分裂象在分化程度较差的肿瘤中更为常见。肿瘤内往往伴有明显的粒细胞性炎症反应（图 6-5），由产生的角化物质刺激机体免疫反应所致。

二、乳腺来源肿瘤

乳腺肿瘤（mammary tumor，MGT）是动物最常见的肿瘤之一，犬乳腺肿瘤的发生率超过

40%，在母犬肿瘤中占比高达 50%～70%；猫乳腺肿瘤发生率在 10%～20%，且大部分为恶性。

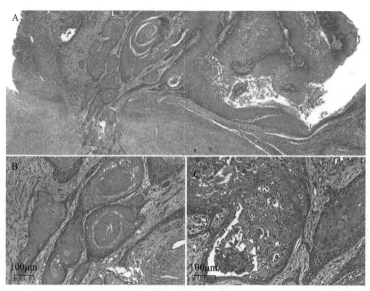

图 6-5　鳞状细胞癌

A．肿物突出皮肤表面生长，同时向组织内浸润性生长（HE 10×3）；B．肿瘤细胞形成细胞巢，
中心有角质分化，形成角蛋白珠（HE 10×10）；C．肿瘤细胞巢内和肿瘤基质内伴有
中性粒细胞为主的炎症细胞浸润，巢内可见肿瘤细胞坏死（HE 10×63）

　　乳腺肿瘤发生概率与地域、是否绝育及年龄密切相关。早期进行绝育可大幅降低乳腺肿瘤的发生率，根据统计，犬在第一次发情前绝育，MGT 发生率为 0.05%，第一次发情后施行绝育发生率提高为 8%，而第二次发情后施行绝育，MGT 发生概率则高达 26%。

　　乳腺肿瘤的转移方面，恶性乳腺肿瘤的转移大多经淋巴管或血管，常以淋巴管为主。通常第 1、2 对乳腺的肿瘤大部分转移至腋下淋巴结，第 4、5 对乳腺的肿瘤则转移至腹股沟淋巴结，之后再继续往远处器官或淋巴结转移，最常发生转移的部位是区域淋巴结和肺，其他较少见的部位有肝、肾、心脏、骨、皮肤和脑。

　　动物常见的乳腺良性肿瘤包括单纯腺瘤（simple adenoma）、乳头导管腺瘤（nipple ductal adenoma）、导管内乳头状瘤（intraductal papillary tumor）、纤维腺瘤（fibroadenoma）、复合腺瘤（complex adenoma）、良性混合瘤（benign mixed tumor）；恶性肿瘤包括单纯癌（carcinoma simplex）、起源于良性肿瘤的腺癌（carcinoma arising in benign mammary tumor）、导管内乳头状癌（intraductal papillary carcinoma）、复合癌（complex carcinoma）、梭形细胞癌（spindle cell carcinoma）、恶性肌上皮瘤（malignant myoepithelioma）、粉刺癌（comedocarcinoma）、炎性癌（inflammatory carcinoma）、未分化癌（undifferentiated carcinoma）等。以下选取常见的乳腺肿瘤进行介绍。

二维码
6-2

（一）单纯腺瘤

　　单纯腺瘤以在乳腺组织中形成界线清晰的结节性病变为特征，肿瘤细胞呈腺管样排列，肌上皮细胞增生不明显（图 6-6）。单纯腺瘤须与更频繁发生的乳腺小叶性增生、管状癌进行鉴别诊断。单纯腺瘤通常为包裹良好、边界清晰的单一结节样病变；小叶性增生具有相似的组织学特征，但通常波及乳区内多数小叶（二维码 6-2）；管状癌则有更多有丝分裂象及恶性肿瘤组织学特征，包括肿瘤细胞排列紊乱、细胞极性消失和更明显的细胞核异型性（二维码 6-3）。

二维码
6-3

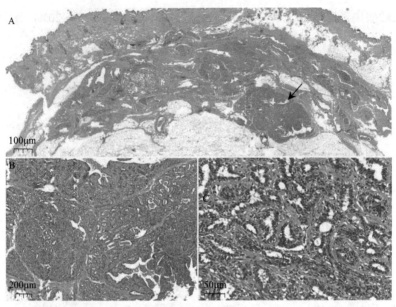

图 6-6　单纯腺瘤

A．乳区内可见单一的乳腺结节，与周围界线清晰（箭头所示，HE 10×0.9）；B．肿瘤由细纤维组织包被及分隔，内有大量腺
管结构及导管扩张（HE 10×4）；C．肿瘤细胞单层排列，形成轻微不规则腺管状，间质伴少量结缔组织增生（HE 10×20）

（二）乳头导管腺瘤

乳头导管腺瘤通常有完整被膜，肿瘤细胞双层排列形成管状，管腔呈裂隙状，可伴有肿瘤
间质内的肌上皮细胞增生，形成实性区域，有时可见单中心或多中心的鳞状分化（squamous
differentiation）或角化（keratinization）（图 6-7）。

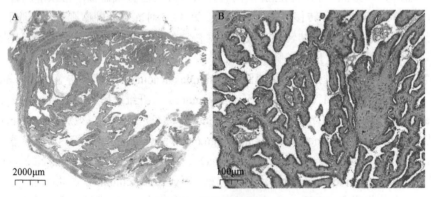

图 6-7　乳头导管腺瘤

A．肿瘤呈膨胀性生长，与周围界线清晰，内有大量管腔形成（HE 10×0.7）；B．肿瘤导管细胞
呈双层排列，形成大量不规则形状导管腔，导管旁伴肌上皮细胞增生（HE 10×10）

（三）导管内乳头状瘤

导管内乳头状瘤以乳头状、指突状生长方式为特征，肿瘤细胞由富含血管的纤维组织支撑，
向管腔内生长，可发生于单个或多个导管中。导管通常因肿物挤压出现扩张，导管内可见分泌
物。肿瘤上皮细胞排列成单层或双层结构，细胞异型性较低，有丝分裂象少见（图 6-8）。支持

性间质可出现不同程度的淋巴细胞或浆细胞浸润，肿瘤间质可发生硬化（sclerosis），硬化区域内也可见肿瘤细胞出现。

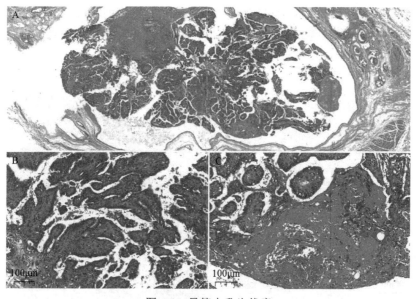

视频解说

图6-8　导管内乳头状瘤

A. 肿瘤突出于导管壁，向扩张的导管腔内生长（HE 10×2）；B. 肿瘤导管上皮细胞呈单层排列，内有较细的纤维组织支撑，呈指突样（HE 10×10）；C. 肿瘤内部可见硬化，内有散在肿瘤细胞分布（HE 10×10）

（四）复合腺瘤

二维码
6-4

复合腺瘤以腺上皮细胞和肌上皮细胞两相性增生为特征。复合腺瘤通常有良好的结缔组织包被，立方状或柱状的腺上皮来源肿瘤细胞单层或双层排列，呈规则的腺管状或管状乳头状，梭形或星形的肌上皮来源肿瘤细胞呈束状或旋涡状排列，围绕腺上皮肿瘤细胞分布或位于肿瘤间质中（图6-9）（二维码6-4，二维码6-5）。

二维码
6-5

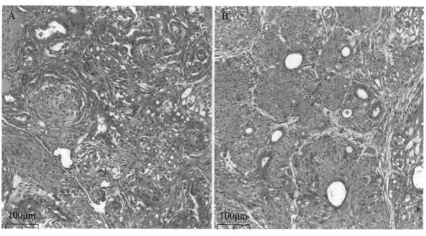

图6-9　复合腺瘤

A. 腺上皮细胞单层排列呈腺管状，增生的肌上皮细胞呈片状或旋涡状排列，将腺管挤压呈不规则形态（HE 10×15）；
B. 增生的肌上皮细胞围绕腺管分布，由细的纤维组织分隔呈小叶状（HE 10×15）

（五）良性混合瘤

良性混合瘤以上皮来源细胞、间叶来源细胞的两相性增生为特征。上皮来源于腺上皮细胞和肌上皮细胞，两种细胞的增生可单独发生，也可能同时发生。常见的间质来源包括软骨、骨、脂肪细胞。在少数病例中，也可见骨髓的形成（图 6-10）。

视频解说

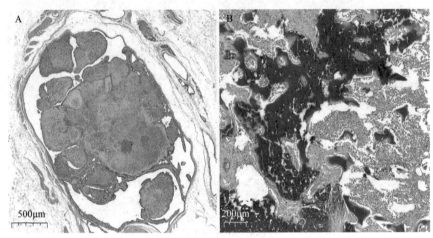

图 6-10　良性混合瘤

A. 肿瘤腺上皮细胞形成管腔并扩张，间质内有大量的软骨化生（HE 10×3）；
B. 乳腺肿瘤内部的骨化生及骨髓的形成，结构紊乱（HE 10×5）

（六）单纯癌

单纯癌是犬常见的乳腺恶性肿瘤之一，以形成腺管样结构为主要特征。管壁通常由 1～2 层细胞排列组成，肿瘤细胞具一定的异型性和异质性（图 6-11）。肿瘤间质由血管和成纤维细胞组成，在某些情况下，有浆细胞、淋巴细胞和巨噬细胞等浸润。当肿瘤细胞侵犯周围的乳腺组织时，可以引起基质反应，包括广泛的肌成纤维细胞增殖。

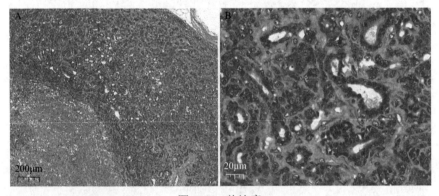

图 6-11　单纯癌

A. 肿瘤具有包膜结构，肿瘤细胞排列成小管状，肿瘤内部有坏死及出血（HE 10×5）；
B. 部分肿瘤细胞突破基底膜进入肿瘤基质，有丝分裂活性高（HE 10×40）

（七）起源于良性肿瘤的腺癌

起源于良性肿瘤的腺癌常见于犬，因具有腺癌特征的肿瘤部分生长于良性乳腺肿瘤内而得名。腺癌部分往往与良性肿瘤界线清晰，呈单一结节样或多灶性生长，通常占肿瘤部分的一半以下（图6-12）。

（八）复合癌

复合癌由恶性腺上皮成分和良性肌上皮成分组成。复合癌与复合腺瘤的区别在于其具有更高的细胞密度、肿瘤细胞异型性、有丝分裂

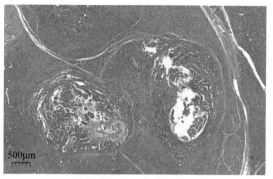

图6-12 起源于良性肿瘤的腺癌（HE 10×5）
腺癌特征的肿瘤部分生长于良性的乳腺肿瘤内，
肿瘤内部有坏死及出血

视频解说

活性增加和浸润性生长模式（图6-13）。

（九）恶性肌上皮瘤

恶性肌上皮瘤是起源于乳腺腺管周的肌上皮细胞，较为少见。恶性肌上皮瘤往往具有完整的结缔组织被膜，并向肿物内部延伸，将肿瘤细胞分隔成小叶状。肿瘤细胞呈片状、小叶状或巢状排列特征，具有圆形或卵圆形细胞核，细胞质可见空泡，细胞往往呈梭形，界线不清晰（图 6-14）。恶性肌上皮瘤呈典型的实性癌及梭形细胞癌特征，须通过免疫组织化学染色进行鉴别诊断，免疫标记物呈CK5（细胞角蛋白5，cytokeratin 5）、p63、calponin（钙调理蛋白）、α-SMA（α-平滑肌肌动蛋白，α-smooth muscle actin）阳性（图6-14）。

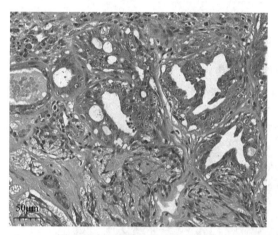

图6-13 复合癌（HE 10×20）
肿瘤细胞呈两相性增生，肿瘤腺上皮细胞形成不规则腺管状或
裂隙状，细胞异型性高，呈恶性肿瘤特征；肿瘤肌上皮细胞
呈梭形旋涡状排列，形成富含黏液的肿瘤基质

（十）未分化癌

未分化癌是最恶性的乳腺肿瘤之一，以肿瘤细胞对肿瘤间质的弥漫性浸润和淋巴管的入侵为特征。肿瘤细胞通常没有排列规律，单独存在或形成巢状，细胞间界线清晰，呈圆形、卵圆形、多边形，有丰富的嗜酸性细胞质。细胞核为圆形到椭圆形，有丝分裂象常见（图6-15）。侵袭的肿瘤细胞经常引起明显的纤维组织增生，伴有淋巴细胞、浆细胞、肥大细胞，偶尔伴有中性粒细胞和/或嗜酸性粒细胞和巨噬细胞的浸润。

三、毛囊来源肿瘤

毛囊来源肿瘤是最常见的皮肤肿瘤之一，尤其在犬。根据其起源位置不同分为6种：漏斗状角化棘皮瘤（infundibular keratinizing acanthoma，IKA）起源于毛囊漏斗部或峡部的鳞状上皮；毛根鞘瘤（tricholemmoma）起源于毛囊峡部或下部的外根鞘；毛母细胞瘤（trichoblastoma）起源于毛囊毛球的胚芽部位；毛囊瘤（trichofolliculoma）显示毛囊皮脂腺单位分化特征；毛发上

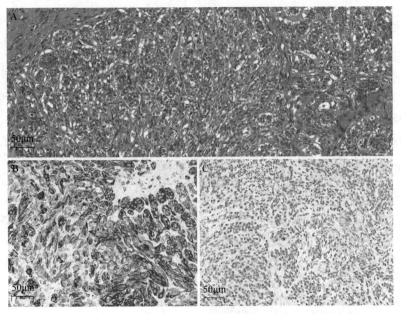

图 6-14　恶性肌上皮瘤

A. 肿瘤细胞呈巢状分布，由纤维组织分隔，肿瘤细胞呈短梭状，细胞质内有空泡（HE 10×20）；
B. 肿瘤细胞呈 CK5 阳性（IHC 10×20）；C. 肿瘤细胞呈 p63 阳性（IHC 10×20）

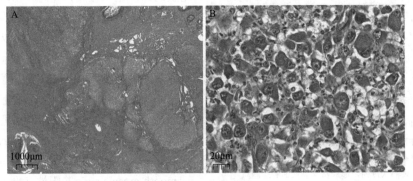

图 6-15　未分化癌

A. 肿瘤细胞呈片状无规则排列，间质内有明显的结缔组织增生（HE 10×1）；B. 肿瘤细胞体积巨大，
呈不规则多边形，细胞界线清晰，细胞核具有高异型性，基质内可见中性粒细胞浸润（HE 10×40）

皮瘤（trichoepithelioma）则同时显示出毛囊各部分分化特征，包括漏斗部（infundibulum）、峡部（isthmus）、下部（inferior）及毛发的形成；毛母质瘤（pilomatricoma）显示毛囊基质分化特征。下面主要介绍漏斗状角化棘皮瘤、毛母细胞瘤、毛发上皮瘤、毛母质瘤。

（一）漏斗状角化棘皮瘤

漏斗状角化棘皮瘤是一种鳞状上皮分化的良性上皮性角质化肿瘤，又称皮内角化上皮瘤（intracutaneous keratinizing epithelioma）、角化棘皮瘤（keratoacanthoma）。犬是唯一发现此种肿瘤的物种，好发于背部、颈部、头部和肩部。

漏斗状角化棘皮瘤以形成充满角质物质的囊腔为特征，往往位于真皮层或皮下；囊壁由复层鳞状角化上皮构成，细胞质内可见清晰的角质颗粒；角质蛋白在囊腔中心聚集，形成分层的同心圆结构；可见鬼影细胞（ghost cell）（图 6-16）（二维码 6-6）。有些囊腔有表皮开口，施加外力可见白色或淡黄色的角质物质被挤出；有些囊腔则为皮下封闭囊腔，当角质物质膨胀导致囊壁破裂，可引起炎症反应。

二维码
6-6

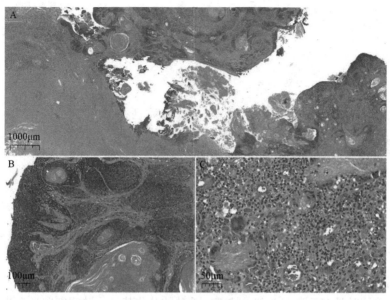

图 6-16　漏斗状角化棘皮瘤

A. 肿物内形成通往表皮的瘘口，内含角质化物质排出（HE 10×1.5）；B. 嗜碱性染色的肿瘤细胞呈巢状排列，中心有角质分化及鬼影细胞（HE 10×40）；C. 角化物质及鬼影细胞进入真皮层引起活动性炎症反应、中性粒细胞浸润（HE 10×20）

（二）毛母细胞瘤

毛母细胞瘤在犬、猫是一种常见肿瘤，在其他物种罕见，头颈部是其发生的主要部位。毛母细胞瘤通常为结节状肿物，隆起突出皮肤生长，被覆表皮少毛或无毛，有时继发形成溃疡。切面多呈粉白色至灰白色，与周围组织界线清晰。

由于肿瘤细胞排列方式的不同，可将毛母细胞瘤分为 8 个组织学亚型（图 6-17）：①囊腔型（cystic type），肿瘤细胞排列致密，中心有囊腔形成；②彩带型（ribbon type），肿瘤细胞呈带状、索状排列方式，这些条索状结构通常由 2～3 层细胞构成，呈栅栏状外观；③水母型（medusoid type），与彩带型排列相似，但肿瘤细胞形成的条索状结构呈辐射状，中央为巢状排列的肿瘤细胞；④致密型（solid type），肿瘤细胞呈大小不一的岛状，排列致密，周围见中度到广泛的结缔组织间质分隔；⑤梭形细胞型（spindle type），梭形的肿瘤细胞呈束状或稻草状排列；⑥颗粒细胞型（granular cell type），肿瘤细胞呈岛状、片状排列，肿瘤细胞细胞膜清楚，细胞间界线清晰，细胞质丰富，呈淡嗜酸性，有时可见细胞质颗粒形成；⑦小梁型（trabecular type），肿瘤细胞被胶原间质分隔成小梁状，肿瘤细胞有卵圆形至细长的细胞核及丰富的嗜酸性细胞质，这种亚型在猫中最常见；⑧混合型（mixed type），由上述多种组织学类型混合在一起。

（三）毛发上皮瘤

毛发上皮瘤好发于犬，其他物种不常见。主要影响老年犬，好发于背部、颈部、胸部皮肤，肿物位于真皮层中，呈单发或多中心性生长，常伴有肿物被覆皮肤溃疡、脱落及继发感染。多

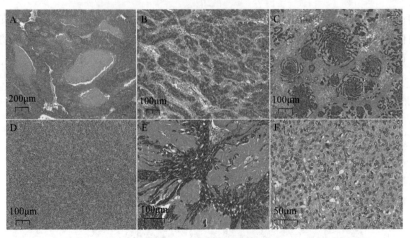

图 6-17　毛母细胞瘤

A. 囊腔型，肿物内有囊腔形成，内含蛋白样分泌物（HE 10×5）；B. 彩带型，肿瘤细胞呈双层排列，由纤维组织分隔呈条索状（HE 10×10）；C. 水母型，肿瘤细胞形成中心细胞巢，向外辐射出"触手样"单层排列的肿瘤细胞索（HE 10×10）；D. 致密型，肿瘤细胞呈密集的巢状排列，其间由细的纤维组织分隔（HE 10×10）；E. 梭形细胞型，梭形肿瘤细胞呈片状分布，肿瘤间质伴有大量硬化纤维组织（HE 10×15）；F. 颗粒细胞型，肿瘤细胞呈片状排列，细胞界线清晰，细胞质淡染，可见嗜酸性颗粒（HE 10×36）

数肿物与周围组织有良好的边界，但也可侵袭更深部位，呈恶性肿瘤特征。

毛发上皮瘤同时具有毛囊漏斗部、峡部、毛球的分化特征。肿瘤细胞呈岛状排列，岛状结构之间形成胶原性或黏液性的肿瘤基质。肿瘤细胞岛中心可见角蛋白的积累和鬼影细胞的形成。细胞岛外周细胞多数情况下呈嗜碱性、染色质深染、细胞质较少的毛母细胞分化特征，有时也呈淡嗜酸性颗粒样胞质、细胞界线清晰的毛外根鞘分化特征（图 6-18）。部分岛状结构中心形成囊腔，除包含角质物质、鬼影细胞外，还有大量液体蓄积和胆固醇裂隙（cholesterol cleft）的形成。

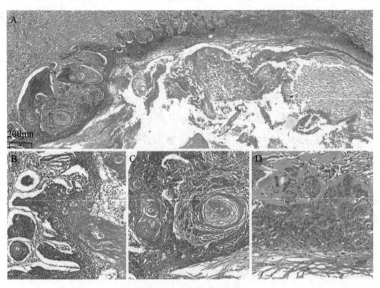

图 6-18　毛发上皮瘤

A. 肿瘤细胞构成囊壁，囊腔内可见大量角化物质和血影细胞（HE 10×6）；B～D. 囊壁肿瘤细胞分化为毛球部（B）、毛囊漏斗部（C）、毛囊下部外根鞘（D）等毛囊全层分化特征（HE 10×20）

（四）毛母质瘤

毛母质瘤常见于犬，主要发生在背部、颈部、胸部、尾部皮肤，肿瘤通常发生在真皮至皮下，质地坚硬，肿物被覆皮肤脱毛，由于肿瘤内有骨化生或骨片的形成，难以横切。肿物切面常由一个或几个较大的灰白色小叶组成，可能会发现黑化区域，肿瘤有明显的边界。

肿瘤细胞常排列成岛状结构，外周的肿瘤细胞呈嗜碱性、染色质深染、细胞质较少的毛母细胞分化特征，嗜碱性致密排列的肿瘤细胞内层，可见细胞体积增大，细胞质呈嗜酸性，细胞核染色消失形成圆形空隙，细胞边界清晰，称为鬼影细胞。在岛状结构的中心，鬼影细胞聚集和退化，在退化细胞内可能发现硬化的纤维组织、营养不良钙化（二维码 6-7）和板状骨形成，并伴有多核巨细胞和成纤维细胞的浸润（图 6-19）。有时可见淀粉样蛋白和黑色素的沉积。

二维码
6-7

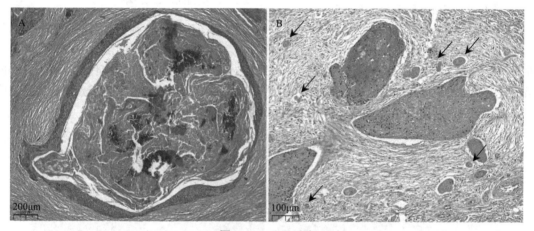

图 6-19　毛母质瘤

A. 肿瘤细胞形成细胞岛，中心见鬼影细胞聚集，并可见硬化的纤维组织及钙化（HE 10×4.5）；
B. 恶性毛母质瘤可见肿瘤细胞脱离并形成小的细胞岛（箭头所示），对周围组织表现出更高的侵袭性（HE 10×10）

四、皮脂腺来源肿瘤

皮脂腺来源肿瘤是起源于皮肤附属结构——皮脂腺的肿瘤，皮脂腺来源肿瘤好发于头颈部、颜面部，临床表现为无痛性肿物、结节，生长缓慢。根据肿瘤细胞的起源可分为皮脂腺腺瘤（sebaceous adenoma）、皮脂腺导管瘤（sebaceous ductal adenoma）、皮脂腺上皮瘤（sebaceous epithelioma）和皮脂腺癌（sebaceous gland carcinoma）。其他肿瘤，如围肛腺肿瘤、睑板腺癌，均起源于特化的皮脂腺结构，也具有与皮脂腺肿瘤相同的肿瘤分类。

（一）皮脂腺腺瘤

皮脂腺腺瘤在犬好发于头颈部，在猫则容易发生在背部、尾部及头部。皮脂腺腺瘤通常突出于皮肤呈结节状生长，主要发生在真皮层，有时可累及皮下组织。肿物的切面呈黄白色至淡黄色。

皮脂腺腺瘤通常从表皮-真皮交界延伸至真皮层，被纤维组织分割成小叶状。肿物内主要由大量分化较好的皮脂腺小叶构成，周围有一至多层储备细胞，小叶中央为分化成熟的皮脂腺细胞，细胞质内含有丰富的脂滴（图 6-20）。肿物内可见导管形成。皮脂腺细胞是皮脂腺腺瘤的主要细

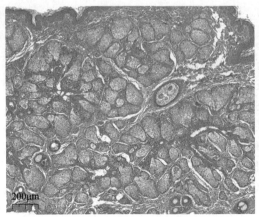

图 6-20　皮脂腺腺瘤（HE 10×5）
肿物内可见大量分化成熟的皮脂腺小叶结构，
无大导管形成

胞类型。皮脂腺腺瘤需要与皮脂腺增生（sebaceous hyperplasia）进行鉴别诊断，皮脂腺增生通常会在增生的皮脂腺小叶结构中央形成大导管并连通表皮（二维码 6-8）。

（二）皮脂腺导管瘤

皮脂腺导管瘤不常见，以形成大量不同大小的导管为特征，占整个肿物区域的 50% 以上，其中含有角蛋白及皮脂成分。肿瘤内储备细胞和皮脂腺细胞含量较少。

（三）皮脂腺上皮瘤

皮脂腺上皮瘤是一种低级别的皮脂腺来源恶性肿瘤，多数发生在真皮的浅表部位，具有侵袭性的肿瘤细胞可累及皮下组织。肿瘤切面多呈现黄白色，部分可呈棕色或黑色，取决于肿物内黑色素细胞的出现。皮脂腺上皮瘤以嗜碱性储备细胞为主要肿瘤细胞类型，成熟的皮脂腺细胞和导管形成较少（图 6-21）。储备细胞有可能表现出非常高的有丝分裂活性。

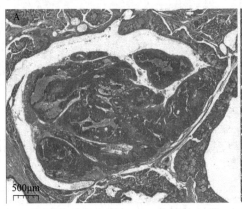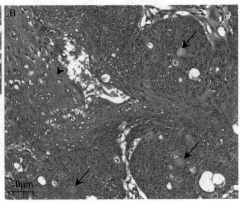

图 6-21　皮脂腺上皮瘤
A. 肿物细胞排列密集，由结缔组织分隔，形成小叶状结构（HE 10×2）；B. 肿瘤细胞以嗜碱性的储备细胞为主，偶见呈皮脂腺分化的肿瘤细胞（箭头所示）及鳞状上皮化（箭号所示）（HE 10×20）

（四）皮脂腺癌

皮脂腺癌主要发生在犬头部和颈部，以及猫的头部、胸部和会阴部。肿瘤在大体检查和切面上均与皮脂腺瘤和上皮瘤相似，但有更多的坏死、出血及空腔出现。皮脂腺癌多为分叶状皮内肿物，有纤维组织包被。肿瘤细胞胞质可见脂滴，但肿瘤细胞的异型性导致细胞的脂化程度不一致（图 6-22）。肿瘤细胞胞核呈中度多形性，核仁明显，有丝分裂多变，同时出现在储备细胞样肿瘤细胞和皮脂腺样肿瘤细胞中（二维码 6-9），该特征区别于皮脂腺上皮瘤中有丝分裂象，仅出现在储备细胞。

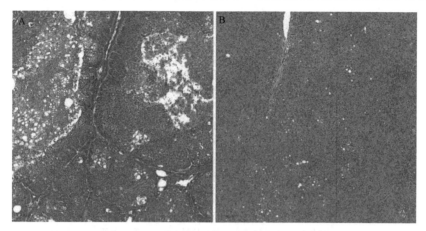

图 6-22 皮脂腺癌

A. 高分化的皮脂腺癌，大部分肿瘤细胞呈储备细胞样特征，其间有不同程度皮脂腺分化样的肿瘤细胞，小叶中央有大面积坏死、出血（HE 10×10）；B. 低分化的皮脂腺癌，肿瘤细胞片状排列，小叶结构模糊，细胞脂化程度差异大（HE 10×10）

五、肝来源肿瘤

肝肿瘤在动物中发生率较低，原发性肝肿瘤主要起源于肝细胞和胆管上皮细胞，包括肝细胞腺瘤（hepatocellular adenoma）、肝母细胞瘤（hepatoblastoma）、肝细胞癌（hepatocellular carcinoma）、胆管腺瘤（cholangio adenoma）、胆管细胞癌（cholangiocellular carcinoma）、混合肝细胞-胆管细胞癌（mixed hepatocellular and cholangiocellular carcinoma）。肝良性肿瘤较为罕见，在很多物种中，如牛、羊、犬、猫，肝细胞癌和胆管细胞癌均是高发的原发性肝肿瘤。

（一）肝细胞癌

肝细胞癌有结节性和弥漫性生长两种方式，弥漫性生长较为罕见，多数肝细胞癌呈单一的结节状生长的肿物，累及一个或邻近肝叶，切面上通常在较大的肿块内有多个较小的结节。弥漫性肝细胞癌则以微小的肿物遍布肝为特征，通常影响多个肝叶。患肝细胞癌动物肝的颜色与正常肝相近，质地软或易碎，切面常呈现浅灰色至棕褐色，此外，肿瘤的脂肪变性、出血、坏死均会显著影响颜色变化。

根据肿瘤细胞的排列方式可以分为 4 个组织学亚型。

1. 小梁型（trabecular pattern）　　肿瘤肝细胞形成不同厚度的小梁结构，其间由不同宽度的血窦分隔，小梁的厚度为两层至十几层（图 6-23）。小梁型是最常见的组织学分型。

2. 假腺型（pseudoglandular pattern）　　肿瘤肝细胞形成腺泡样结构，管腔大小不一，有些可能含有蛋白质性物质。

3. 致密型（solid pattern）　　肿瘤肝细胞致密排列，缺乏明显的血窦形成，肝细胞具多形性的特征。

4. 硬癌型（scirrhous pattern）　　肿瘤肝细胞间有明显的致密结缔组织，肿瘤病灶内可见导管形成，免疫组织化学显示导管非肝细胞分化形成。

肝细胞癌中肿瘤细胞特征多种多样。分化良好癌的肝细胞与正常肝细胞相似，细胞质丰富，中度嗜酸性。当细胞质充满糖原或脂质时，细胞质可能嫌性染色（chromophobe staining），甚至呈空泡化。一些肝细胞癌可能完全由空泡性细胞组成，称为透明细胞型肝细胞癌。低分化癌的

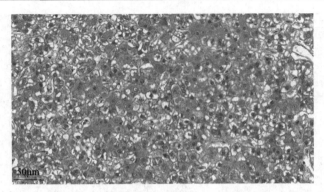

图 6-23　肝细胞癌（小梁型）（HE 10×40）

肝细胞呈索状排列，形成不规则厚度的小梁。肝细胞体积较大，近似圆形，细胞质内有细小颗粒；
细胞核常见有 1～2 个，核仁明显。有丝分裂象少见

肝细胞具有很高的异型性和异质性，可能伴有肿瘤巨细胞的出现。

（二）胆管细胞癌

胆管细胞癌是一种恶性程度很高的肿瘤，可生长至巨大尺寸，在犬、猫以多结节生长方式最为常见。它们很少只局限于单一肝叶，通常延伸到相邻的肝叶。肿瘤通常有脐状外观，特别是当其突破肝包膜向外生长时更为明显。肿瘤的切面从白色到灰白色再到黄棕色。病变的边界通常与相邻的肝实质相似，但边界通常不规则。大多数肿瘤质地坚实。

不同物种动物的胆管细胞癌组织学特征相似。分化良好的胆管细胞癌由保留胆道上皮特征的细胞组成，立方到柱状的肿瘤细胞染色呈适度透明到微嗜酸性，细胞核从圆形到椭圆形，可见网状分布的染色质，部分肿瘤细胞核仁突出、明显（图 6-24）。

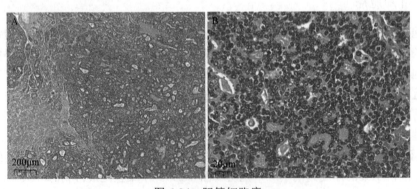

视频解说

图 6-24　胆管细胞癌

A. 嗜碱性的肿瘤细胞呈片状分布，向正常组织内浸润性生长（HE 10×5）；
B. 片状分布的肿瘤细胞中有腺管形成，有丝分裂象常见（HE 10×40）

六、变移上皮来源肿瘤

变移上皮又称为移行上皮，主要分布于肾盂、输尿管、膀胱部位。泌尿系统中上皮来源肿瘤主要为变移上皮来源肿瘤，其中，超过 95% 的肿瘤为恶性肿瘤，称为移行细胞癌（transitional cell carcinoma，TCC），又称为尿路上皮细胞癌（urothelial cell carcinoma，UCC）。膀胱是移行细胞癌的第一好发部位，且主要发生在膀胱三角区。移行细胞癌是家畜最好发的肿瘤之一，绝

大多数移行细胞癌属于高级别恶性肿瘤。

典型的移行细胞癌外观常呈乳头状，常突破基底膜向黏膜下层和肌层生长。肿瘤细胞有丰富的嗜酸性细胞质，细胞核大而不成熟，有丝分裂活性显著增加。肿瘤细胞中可见嗜酸性颗粒样物质聚集，称为梅拉梅德-沃林斯卡小体（Melamed-Wolinska body），是移行细胞癌的重要组织学特征。印戒细胞及细胞质空泡化肿瘤细胞，同样是移行细胞癌的重要诊断依据（图6-25）。

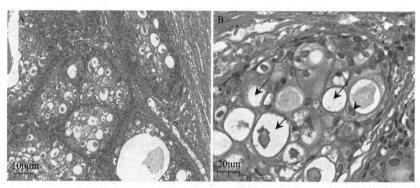

图 6-25　移行细胞癌

A. 肿物向黏膜下侵袭性生长，固有层内出血（HE 10×10）；B. 肿瘤细胞体积大小不一，细胞质内有大的空泡及淡粉色物质，称为梅拉梅德-沃林斯卡小体（箭头所示），同时可见印戒细胞（箭号所示）形成（HE 10×40）

第五节　间叶组织肿瘤

间叶组织是在胚胎发育期，由中胚层间充质发育而来的组织的统称，主要包括纤维组织、脂肪组织、骨和软骨组织、肌肉组织、造血淋巴组织、脉管组织等。上述组织发生的肿瘤统称为间叶组织肿瘤。常见和具有代表性的间叶组织肿瘤包括纤维来源肿瘤、脂肪来源肿瘤、骨组织来源肿瘤、肌肉来源肿瘤、血管来源肿瘤、淋巴瘤、肥大细胞瘤、组织细胞肿瘤、浆细胞肿瘤等。

一、纤维来源肿瘤

纤维来源肿瘤是一类起源于纤维细胞的肿瘤，主要包括纤维瘤（fibroma）、纤维肉瘤（fibrosarcoma）、骨化性纤维瘤（ossifying fibroma）、瘢痕疙瘩样纤维瘤（keloidal fibroma）。

（一）纤维瘤

良性的纤维肿瘤可发生在皮肤、皮下、口腔、颌骨等部位。在皮肤，纤维瘤通常较小，表现为圆形至卵圆形的真皮或皮下肿物，质地坚韧、富有弹性，切面呈均匀的灰白色。纤维瘤以形成丰富的胶原纤维基质为特征，由成熟的纤维细胞组成，基质内见大量胶原纤维，通常呈交织的束状排列（图 6-26）。在纤维瘤中很少观察到有丝分裂象。

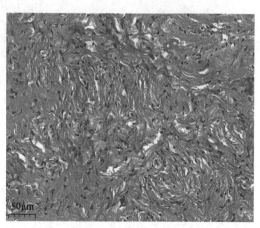

图 6-26　纤维瘤（HE 10×20）

肿物内胶原纤维丰富，呈不同方向交织排列

（二）纤维肉瘤

纤维肉瘤最常见于成年或老年的犬、猫。猫的纤维肉瘤已知与疫苗注射、猫肉瘤病毒感染存在关联。纤维肉瘤外观多变，可表现为小肿物，或巨大、不规则肿物。切面呈灰白色，常带有明显的束状交织图案。多数纤维肉瘤具有明显的细胞和细胞核的多形性，细胞呈卵圆形、多边形，常伴有大的圆形到椭圆形的细胞核和突出的核仁。在猫纤维肉瘤中，多核细胞是其重要特征。有丝分裂象数量多变，且与肿瘤的侵袭性相关。纤维肉瘤也可表现出分化良好的特征，但边缘肿瘤细胞呈浸润性生长。

二、脂肪来源肿瘤

（一）脂肪瘤

脂肪瘤起源于脂肪细胞，是一种常见的分化良好的良性肿瘤，见于大多数家养动物。脂肪瘤主要发生在皮下，最常见部位包括躯干和近端肢体。

【剖检】脂肪瘤外观呈柔软的白色到黄色肿物，通常边界清晰，无包膜，与正常脂肪难以区分，可生长至非常巨大（图 6-27）。大多数脂肪瘤具有游离性，并且很容易剥离。脂肪瘤有一种独特的油腻感，可以漂浮在水中或甲醛溶液中。

【镜检】脂肪瘤细胞与正常脂肪组织中的细胞相同，具有大的透明空泡细胞质，细胞核被挤压至细胞边缘（图 6-28）。部分肿瘤内可见坏死、炎症和/或纤维化的区域。有些脂肪瘤细胞可呈浸润性生长，如浸润肌肉组织，称为浸润性脂肪瘤（infiltrative lipoma）。其他少见的脂肪瘤还包括纤维脂肪瘤（fibrolipoma）、血管脂肪瘤（angiolipoma）。

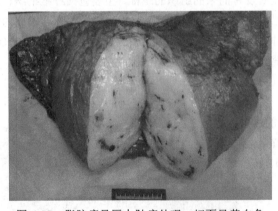

图 6-27　脂肪瘤呈巨大肿瘤外观，切面呈黄白色

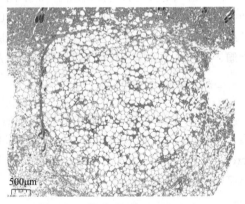

图 6-28　脂肪瘤（HE 10×1.6）

位于皮下的脂肪瘤与周围组织界线清晰
并形成压迫，内部由大量分化成熟的脂肪细胞填充

（二）脂肪肉瘤

脂肪肉瘤的外观取决于肿瘤内脂肪的含量，脂肪含量高的肿物类似于脂肪瘤外观，脂肪含量较低的肿物则质地坚硬，表现为灰色或白色的皮下肿块，并浸润邻近的软组织和肌肉。根据组织学特征可将脂肪肉瘤分为分化良好型（well-differentiated variant）、间变型（pleomorphic variant）和黏液型（myxoid variant）。在分化良好型脂肪肉瘤中，大多数细胞类似于正常的脂肪

细胞，与脂肪瘤相比，脂肪肉瘤的细胞核通常较大，并具有不同程度的多形性。间变型脂肪肉瘤中肿瘤细胞具有高度异型性，细胞核大小不一（二维码 6-10），并可见多核肿瘤巨细胞出现。细胞质内脂肪空泡的存在是脂肪肉瘤的重要诊断依据（图6-29）。黏液型脂肪肉瘤中，可见散在的梭形细胞、脂肪细胞、成脂细胞广泛地分布于嗜碱性"起泡状"黏液肿瘤基质当中。

二维码
6-10

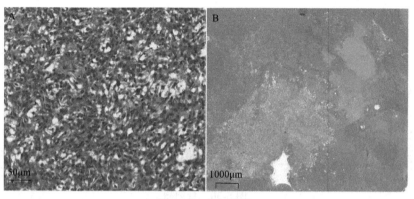

图 6-29　脂肪肉瘤

A. 肿瘤细胞呈梭形，部分细胞胞质内有脂滴，伴嗜碱性黏液基质形成（HE 10×20）；
B. 肿瘤内可见不同分化程度肿瘤区域，并伴有明显的坏死、出血（HE 10×1）

三、骨组织来源肿瘤

骨的原发肿瘤可能来源于骨、软骨、纤维组织、脂肪组织或脉管系统。其中，骨和软骨来源的肿瘤最为常见，包括骨瘤（osteoma）、骨肉瘤（osteosarcoma）、软骨肉瘤（chondrosarcoma）、骨多小叶性肿瘤（multilobular tumor of bone）。

（一）骨瘤

良性的骨肿瘤在动物并不多见，主要为骨瘤、骨化纤维瘤。骨瘤在动物主要发生在颌面骨，尤其是鼻旁窦和下颌骨。根据部位不同可分为起源于骨外膜的外周性骨瘤和起源于骨内膜的中心性骨瘤。骨瘤生长缓慢，往往在几个月内渐进性生长，也可能停止生长并保持静止数年。骨瘤质地非常坚硬，无痛感。

骨瘤在组织学上以骨小梁或致密骨增生为特征。在分化成熟的骨瘤中，可见肿物内外周的骨小梁挤压形成致密的骨皮质边界。骨瘤与其他颅骨肿瘤（如骨化纤维瘤、骨多小叶性肿瘤、骨软骨瘤和纤维异常增生等）较难鉴别。此外，由创伤继发的反应性骨增生在组织学上也易与骨瘤混淆。故在骨组织肿瘤诊断中，应结合临床病史和影像学表现进行综合分析。

（二）骨肉瘤

骨肉瘤是骨恶性肿瘤中最常见的肿瘤，具有明显的部位偏好性，例如，在犬，好发于长骨的远端干骺端（桡骨、肱骨、胫骨、股骨），也可发生在无规则骨。骨肉瘤具有显著的大体及影像学特征，可见不同程度的骨溶解，并在骨内和骨膜形成非骨质肿瘤区域，以及产生反应性骨、肿瘤骨。许多骨肉瘤也包含广泛的出血和/或坏死区域。在肿瘤边缘，反应性骨在升高的骨膜下形成扁平的楔形结构，称为科德曼三角（Codman's triangle），是骨肉瘤在影像学上的重要诊断依据。

　　骨肉瘤多为单发性的干骺端恶性病变，极少呈多灶性。肿瘤细胞充满骨小梁间隙，无肿瘤基质形成。肿瘤细胞往往分化程度低，具有很高的异型性、异质性。不同于良性骨肿瘤，骨肉瘤中肿瘤细胞的比例明显高于类骨质，低分化的肿瘤细胞常围绕类骨质，不具有成熟骨组织结构特征（图6-30）。

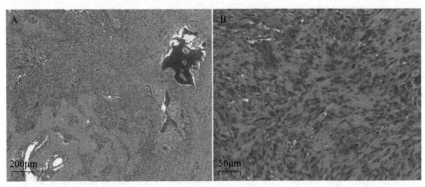

图 6-30　骨肉瘤

A. 肿瘤内肿瘤细胞呈片状密集排列，肿瘤基质内有不同分化程度的骨组织，包括编织骨、成熟骨，局部可见嗜碱性黏液基质形成（HE 10×5）；B. 肿瘤细胞具有多形性，肿瘤内部见多核细胞，有丝分裂象常见（HE 10×20）

四、肌肉来源肿瘤

　　肌肉来源肿瘤分为平滑肌来源和横纹肌来源，主要包括平滑肌瘤（leiomyoma）、平滑肌肉瘤（leiomyosarcoma）、横纹肌瘤（rhabdomyoma）、横纹肌肉瘤（rhabdomyosarcoma）。其中平滑肌瘤、平滑肌肉瘤、横纹肌肉瘤为动物常见肿瘤。

（一）平滑肌瘤

　　平滑肌瘤好发于消化道、泌尿生殖道，如胃、食管、大肠、阴道、子宫、膀胱等部位。平滑肌瘤通常单发、膨胀性生长，质地坚实，呈粉白色至棕褐色，颜色均一。平滑肌瘤不具有包膜结构，与周围组织界线清晰，梭形的肿瘤细胞呈束状或鱼骨状排列方式，细胞核为两端钝圆的"雪茄"状（二维码6-11）。α-平滑肌肌动蛋白（α-smooth muscle actin，α-SMA）是平滑肌来源肿瘤的重要免疫标记物（图6-31）。

二维码
6-11

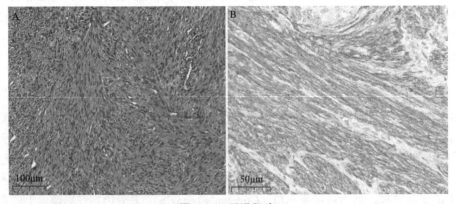

图 6-31　平滑肌瘤

A. 梭形肿瘤细胞呈束状或稻草状交织排列（HE 10×14）；B. 肿瘤细胞 α-SMA 染色阳性（IHC 10×34）

（二）平滑肌肉瘤

平滑肌肉瘤好发于消化道、泌尿生殖道及脾，主要发生在小肠、盲肠、脾、膀胱等部位。肿物通常生长比较迅速，质地坚实，常伴有坏死、出血，形成囊状结构或多囊性外观。肿瘤细胞具有明显的多形性，可呈梭形、圆形或混合在一起。细胞核大小不一，具较高的异型性。肿瘤细胞界线不清，有时可见颗粒样细胞质。有丝分裂活性较高（图6-32）。

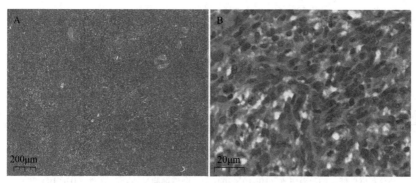

图 6-32　平滑肌肉瘤

A. 肿瘤细胞呈片状分布，排列密集，肿瘤内伴有明显的坏死及出血（HE 10×5）；B. 肿瘤细胞大小不一，界线模糊，细胞核具有多形性，具有高异型性，有丝分裂象多见（HE 10×63）

（三）横纹肌肉瘤

横纹肌肿瘤主要起源于成肌细胞或卫星细胞，可以发生在机体的任意部位，甚至是缺乏骨骼肌的位置。横纹肌肿瘤中以横纹肌肉瘤为主，横纹肌瘤非常罕见。横纹肌肉瘤根据肿瘤的形态、肿瘤细胞的分化程度及排列方式，可以分为 4 种：胚胎型（embryonal type）横纹肌肉瘤、葡萄型（botryoid type）横纹肌肉瘤、肺泡型（alveolar type）横纹肌肉瘤和多形型（pleomorphic type）横纹肌肉瘤。

1）胚胎型横纹肌肉瘤：肿瘤细胞呈相对原始的肌源性细胞特征，有两种常见的组织学形式。在第一种变体中，肿瘤细胞小而圆，有数量不等的大横纹肌母细胞，具有丰富的嗜酸性细胞质（图6-33）。在第二种变体中，肿瘤细胞被拉长，可能存在交叉条纹，其中一些肿瘤细胞具有多形性，与多形型横纹肌肉瘤较难区分。有效的免疫标记物包括结蛋白（desmin）（二维码 6-12）、原肌球蛋白调节蛋白 1（myoD1）、肌红蛋白（myoglobin）和肌细胞生成蛋白（myogenin）。

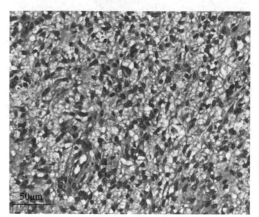

二维码
6-12

图 6-33　胚胎型横纹肌肉瘤（HE 10×30）

肿瘤细胞呈小圆形，细胞界线模糊，肿瘤基质内有黏液生成

2）葡萄型横纹肌肉瘤：由于其葡萄样的生长外观而得名，相当于胚胎型横纹肌肉瘤的一种变体，具有相似的组织学特征。有时肿瘤细胞可能分布于嗜碱性的黏液基质中，呈疏松排列。

3）肺泡型横纹肌肉瘤：由纤维血管间质上的低分化细胞聚集组成，中心的肿瘤细胞由于黏结性较差彼此分离，外周的肿瘤细胞通常排列在纤维基质上从而产生肺泡样的结构特征（图6-34）。肿瘤内部常见多核巨细胞。另外一种肺泡型横纹肌肉瘤变体，称为实性肺泡型横纹肌肉瘤，致密的小圆形肿瘤细胞呈片状分布，仅伴有局灶性纤维化区域。

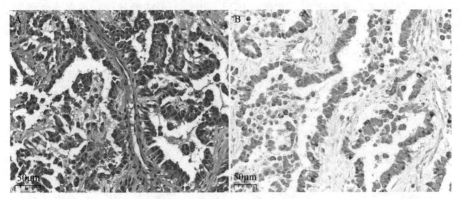

图6-34　肺泡型横纹肌肉瘤

A. 肿瘤细胞呈腺泡样排列，但不具有基底膜结构，部分肿瘤细胞脱落进入管腔，肿瘤细胞
分化程度较低，细胞质丰富（HE 10×20）；B. 肿瘤细胞呈 desmin 阳性（IHC 10×20）

4）多形型横纹肌肉瘤：组织学上以肿瘤细胞的多形性为特征，具有丰富的嗜酸性细胞质，通常缺乏交叉条纹的骨骼肌细胞特征。多形型横纹肌肉瘤的细胞通常富含糖原。

五、血管来源肿瘤

血管来源肿瘤包括血管瘤（hemangioma）和血管肉瘤（hemangiosarcoma）。

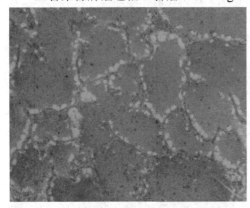

图6-35　海绵型血管瘤（HE 10×40）

薄层内皮构成窦腔，窦腔内充满红细胞

（一）血管瘤

血管瘤是源于血管内皮细胞的良性肿瘤，在犬中较为常见，可发生在任意部位的皮肤部位或皮下，以及口腔、骨组织等部位。血管瘤主要由大量分化良好的血管构成，根据血管管径的大小，分为海绵型（cavernous type）血管瘤和毛细血管型（capillary type）血管瘤。海绵型血管瘤中，血管腔由纤维组织分隔开，肿瘤基质中可见淋巴细胞或其他炎症细胞浸润（图6-35）。毛细血管型血管瘤则形成较小的血管腔，肿瘤基质较少，有丝分裂象少见。

（二）血管肉瘤

血管肉瘤是常见的动物恶性肿瘤，在犬常见于脾、肝、肺、右心耳，特别是德国牧羊犬和金毛猎犬品种，在猫中较少见，在大型家畜中也很少见。单发的血管肉瘤主要发生在膀胱浆膜、肾包膜及皮肤。皮肤或皮下血管肉瘤通常是界线清晰的肿块，呈红棕色到黑色，质地柔软到坚硬，切面渗出血液。在内脏器官，血管肉瘤表现为一个或多个的实质肿物，质地较软；切面呈斑驳的深红色，有时可见血管腔及大量出血形成的蜂窝状结构。

血管肉瘤表现出正常血管内皮的一些功能
和形态学特征。肿瘤细胞表现出高度异型性和异
质性，可呈纺锤形、多边形、上皮样等多种形态
特征，并倾向于形成大小不一、形状不规则的浸
润性血管通道，肿瘤细胞核多形性明显，可见
大的、深染的核及突出的核仁，有丝分裂活跃
（图 6-36）。肿瘤细胞通常沿着血管腔堆积，多数
血管肉瘤会形成大片的低分化、高异质性的实性
肿瘤细胞群，仅可见局灶性的血管形成。在脾，
血管肉瘤常伴有大面积血肿形成。

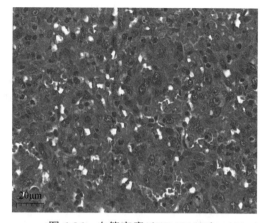

图 6-36　血管肉瘤（HE 10×40）

肿瘤细胞形成不规则管腔，管腔内充满红细胞，
肿瘤细胞异型性高，细胞质丰富，细胞核大小不一

六、淋巴瘤

淋巴瘤起源于骨髓外的淋巴组织，是犬最常
见的恶性肿瘤之一，其他家养动物中也较为常
见。动物淋巴瘤的分类非常复杂，通常参考人淋巴瘤的分类标准进行分型。绝大多数淋巴瘤属
于 5 种亚型：弥漫大 B 细胞淋巴瘤（diffuse large B-cell lymphoma，DLBCL）、边缘区 B 细胞淋
巴瘤（marginal zone B cell lymphoma，MZL）、外周 T 细胞淋巴瘤（peripheral T-cell lymphoma，
PTCL）、淋巴结 T 区淋巴瘤（TZL）、T 淋巴母细胞淋巴瘤（T-lymphoblastic lymphoma，T-LBL）。
利用免疫表型来确定肿瘤细胞是 B 细胞或 T 细胞来源是淋巴瘤分类的核心。B 细胞的主要免疫
标记物包括 CD20、CD21、CD79a 和 PAX5，T 细胞的主要免疫标记物包括 CD3、CD4、CD8。
常用的 B 细胞、T 细胞免疫标记物是 CD3、CD79a 和 CD20。

（一）弥漫大 B 细胞淋巴瘤

弥漫大 B 细胞淋巴瘤（DLBCL）的典型特征是肿瘤 B 细胞呈片状排列，核质比较高，细
胞核通常为圆形，可见核仁，有丝分裂活性差异较大（图 6-37）。DLBCL 可根据其核仁的数量
和位置进行分型：当肿瘤细胞具有多个核仁，通常位于核周围，称为中心母细胞型弥漫大 B 细
胞淋巴瘤（DLBCL-CB）；当肿瘤细胞具有单一中央突出核仁的细胞，称为免疫母细胞型弥漫大
B 细胞淋巴瘤（DLBCL-IB）。许多病例兼具两种类型的核仁排列，只有 90% 以上的核呈免疫母
细胞特征，才被归类为 DLBCL-IB。弥漫大 B 细胞淋巴瘤呈 CD20、CD79a 强阳性。

图 6-37　弥漫大 B 细胞淋巴瘤（HE 10×40）

肿瘤性淋巴细胞呈片状排列，形成纤细的纤维组织基质。肿瘤细胞异型性较高，
细胞界线模糊，核质比高，细胞核大小不一，核仁清晰，有丝分裂象常见

（二）边缘区 B 细胞淋巴瘤

边缘区 B 细胞淋巴瘤（MZL）是具有独特结构的 B 淋巴细胞的惰性克隆性增殖的肿瘤，肿瘤 B 细胞围绕生发中心的暗区聚集，相当于淋巴滤泡的边缘区。MZL 具有独特的细胞形态学特征：中等大小的细胞核，具有明显的单个中心核仁及丰富的细胞质，有丝分裂活性较低。MZL 肿瘤细胞高表达 CD79 和 CD20，而缺乏 CD3 的表达。

（三）外周 T 细胞淋巴瘤

外周 T 细胞淋巴瘤（PTCL）以 T 细胞的片状克隆性增殖为特征。淋巴结的 PTCL 最为常见，发生在淋巴结副皮质区。淋巴结被膜变薄，髓窦受到挤压，肿瘤 T 细胞可扩散至淋巴结周围邻近组织内。肿瘤细胞通常很大（2~3 个红细胞大小）或大小不等，异质性高，在不同病例中，细胞核的大小、核仁的数量、有丝分裂活性均差异较大。肿瘤内有时可见嗜酸性粒细胞和吞噬细胞等免疫细胞。PTCL 肿瘤细胞呈 CD3 阳性。

（四）淋巴结 T 区淋巴瘤

淋巴结 T 区淋巴瘤（TZL）具有独特的组织学特点。增殖的肿瘤细胞扩张副皮质区，在副皮质区中间区域充满较小或中等大小的肿瘤性 T 淋巴细胞，压迫髓索。TZL 在淋巴结中保留淋巴结的结构，可见萎缩的生发中心被挤压至外皮质区。肿瘤细胞体积小或中等，异型性和异质性均较低，缺乏清晰的核细节，有丝分裂象少见。TZL 肿瘤细胞高表达 CD3，而缺乏 CD79 和 CD20 的表达。

（五）T 淋巴母细胞淋巴瘤

T 淋巴母细胞淋巴瘤（T-LBL）起源于外周淋巴组织，通常累及淋巴结，临床上往往可见一个或多个外周淋巴结迅速肿大，是最具侵袭性的淋巴瘤之一。与 TZL 不同的是，T-LBL 肿瘤细胞可见明显核仁及更高的有丝分裂活性。组织学结构上，肿瘤性 T 细胞呈多中心样克隆性增殖，中等大小，弥漫性分布、填满淋巴结的皮质和髓质，肿瘤内缺少可染体巨噬细胞（tingible body macrophage），故不呈现"星空样"组织学特征。

七、肥大细胞瘤

肥大细胞瘤（mast cell tumor，MCT）起源于肥大细胞，在犬、猫是常见的肿瘤之一。MCT 按发生部位可分为皮肤肥大细胞瘤（cutaneous MCT）、皮下肥大细胞瘤（subcutaneous MCT）、皮外肥大细胞瘤（extracutaneous MCT）。

皮肤肥大细胞瘤的大体外观变化很大，从结节样、皮疹样肿物到弥漫性肿胀，或表现为无毛、隆起的红斑性肿块，大小为几毫米到大尺寸。边界清楚、单发的肥大细胞瘤通常生长迟缓，而溃疡性和瘙痒性肥大细胞瘤通常边界不清晰，生长迅速，并且周围有额外的、较小的卫星肿瘤出现。皮肤肥大细胞瘤的切面主要呈白色或粉红色，有时伴有出血灶。

皮下肥大细胞瘤可发生在体表任何部位的皮下组织中，腿部、背部和胸部是最常见的部位，多发性肿瘤不常见。它们可导致皮肤肿胀，但不累及真皮层，很少引起皮肤溃疡。肿瘤边界不清，很难根据触诊或眼观准确地确定肿瘤边缘。

皮肤肥大细胞瘤和皮下肥大细胞瘤具有相似的组织学特征。肿物通常无包膜，肿瘤肥大细胞可疏松排列呈条索状，细胞边界清晰，或者紧密排列呈片状，细胞界线模糊不清。细胞为圆形或多边形，细胞核位于中心，细胞质丰富，呈"煎蛋样"外观。细胞质多为淡粉色，多数肿瘤细胞内可见粗大的灰蓝色颗粒，甲苯胺蓝染色呈蓝紫色（图 6-38）。肥大细胞瘤内常伴有嗜酸性粒细胞浸润，甚至成为肿瘤内的主要细胞成分，是肥大细胞瘤的重要诊断依据之一。此外，还可见血管壁的透明变性、胶原纤维坏死崩解、硬化、水肿、炎症细胞浸润等。

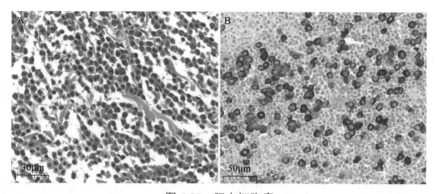

图 6-38 肥大细胞瘤
A. 肿瘤细胞片状排列，呈"煎蛋样"外观（HE 10×30）；
B. 肿瘤细胞的甲苯胺蓝染色呈蓝紫色颗粒样着色（T blue 10×30）

KIT（又称 CD117，是酪氨酸激酶受体蛋白家族的重要成员之一）免疫组织化学染色可用于鉴定肥大细胞瘤及判定预后。KIT 蛋白的突变可导致 KIT 信号异常持续和失控，引起肥大细胞瘤的发生。当 KIT 蛋白呈膜周表达（KIT I）时，通常预后较好，复发或转移可能性较低；KIT 蛋白呈胞质点状和斑块状表达（KIT II）或弥漫性表达（KIT III）时，一般预后较差，术后存活时间较短，复发及转移的可能性较大（图 6-39）。同时，鉴定 *c-kit* 基因突变的肥大细胞瘤，可以选择特异性的靶向药物治疗。

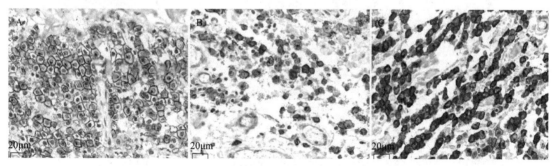

图 6-39 肥大细胞瘤
A. KIT 蛋白呈膜周表达（10×40）；B. KIT 蛋白呈胞质点状和斑块状表达（10×40）；C. KIT 蛋白呈弥漫性表达（10×40）

八、组织细胞肿瘤

组织细胞是由 CD34[+]干细胞前体分化而来，包括多种巨噬细胞和树突状细胞谱系。组织细胞疾病在犬尤为多见，绝大多数组织细胞来源肿瘤主要起源于各谱系的树突状细胞的异常增殖。

其中，组织细胞瘤（cutaneous histiocytoma）和朗格汉斯细胞组织细胞增生症（Langerhans cell histiocytosis，LCH）起源于表皮和毛囊根鞘内定植的树突细胞，又称为朗格汉斯细胞（Langerhans cell，LC）；而组织细胞肉瘤则主要起源于间质树突状细胞（interstitial DC，iDC），iDC 主要分布于除大脑外的其他器官的血管周围。此外，反应性组织细胞增多（reactive histiocytosis）包括皮肤组织细胞增多和全身性组织细胞增多，起源于活化的间质树突状细胞。

（一）组织细胞瘤

组织细胞瘤是一种常见的良性皮肤肿瘤。大多数组织细胞瘤为单发性皮肤结节，呈明显的圆顶状突起。组织细胞瘤具"头重脚轻"（top heavy）的表皮病灶特征。肿瘤组织细胞的浸润往往局限于真皮层，有时可延伸到皮下，肿瘤细胞核呈圆形至椭圆形或具有多形性，细胞质含量丰富，呈嗜酸性。多数肿瘤组织细胞具有侵犯表皮特性，在表皮内形成单个组织细胞或细胞群构成的肿瘤细胞巢，也可发生对毛囊上皮的侵犯。e-钙黏合素（e-cadherin）的免疫组织化学染色可用于鉴别残余的肿瘤细胞（图 6-40）。

（二）组织细胞肉瘤

多数组织细胞肉瘤起源于间质树突状细胞，其他罕见的组织细胞肉瘤可起源于骨髓的巨噬细胞，称为噬血细胞型组织细胞肉瘤（hemophagocytic histiocytic sarcoma）。由间质树突状细胞引起的组织细胞肉瘤切面均匀、光滑，颜色为白色/奶油色到棕褐色，局部可呈黄色，为肿瘤内坏死区域。组织细胞肉瘤可以是单发性肿瘤，也可能是一个器官内的多发性肿瘤。组织细胞性肉瘤病变以多形性的大肿瘤细胞和多核巨细胞为特征，通常具有明显的细胞异型性和病理性异常有丝分裂象。有时肿瘤细胞可呈梭形，类似于不同细胞谱系（成纤维细胞、肌成纤维细胞和平滑肌来源）的梭形细胞肉瘤。在这些情况下，只有通过免疫组织化学染色才能确认组织细胞谱系。肿瘤细胞可发生红细胞、白细胞的吞噬作用，而且在噬血细胞型组织细胞肉瘤中，这种现象更为常见。

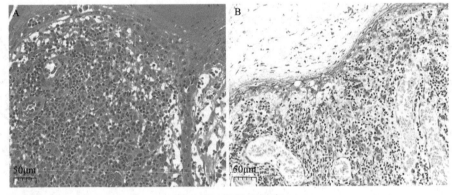

视频解说

图 6-40　组织细胞瘤

A. 肿瘤细胞具有侵犯表皮的特征，肿瘤细胞胞质丰富呈嗜酸性（HE 10×20）；B. 肿瘤细胞胞膜呈 e-钙黏合素阳性（10×20）

九、浆细胞肿瘤

浆细胞肿瘤按肿瘤细胞来源分两种：髓外浆细胞瘤（extramedullary plasmacytoma，EMP）

和多发性骨髓瘤（multiple myeloma，MM）。两种浆细胞来源肿瘤表现出完全不同的临床和预后表现。髓外浆细胞瘤起源于外周组织定植的浆细胞或 B 细胞分化，多为良性肿瘤；多发性骨髓瘤由骨髓中浆细胞的克隆性增殖所致，在犬中属于高恶性程度肿瘤。

（一）髓外浆细胞瘤

髓外浆细胞瘤在动物中较为高发，尤其是在老年犬中，最常发生在皮肤、口腔黏膜，还可发生在骨、咽喉、肾等部位，常表现为孤立的结节样肿物，突出于皮肤或黏膜生长，肿物往往与周围组织界线清晰，不形成包膜结构，肿物被覆皮肤通常少毛、无毛，或发生溃疡。

肿瘤细胞呈片状分布，形成胶原纤维或网状纤维构成的肿瘤基质；肿瘤细胞表现出浆细胞样特征，包括核偏位、细胞质嗜碱性染色（免疫球蛋白的异常累积）、钟面样的细胞核特征；可见双核或多核肿瘤细胞。有时肿瘤细胞表现出较高异型性，可见异形核的出现。少数病例中可出现淀粉样沉积（图 6-41）、莫特细胞（Mott cell）（二维码 6-13），它们也是髓外浆细胞瘤的有力诊断依据。

二维码 6-13

（二）多发性骨髓瘤

多发性骨髓瘤具有特征性的肿瘤旁属症候群，总结为"CRAB"特征："C"代表高钙血症（hypercalcemia）；"R"代表肾功能不全（renal insufficiency）；"A"代表贫血（anemia）；"B"代表骨病变（bone lesion）。

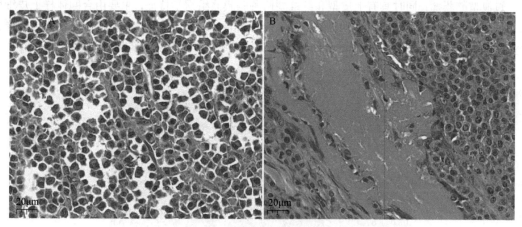

图 6-41 髓外浆细胞瘤

A. 肿瘤细胞呈片状排列，细胞核偏移，细胞质突出于一侧，细胞质远端可见嗜碱性细小颗粒积累（HE 10×40）；
B. 髓外浆细胞瘤内部形成淀粉样沉积（HE 10×40）

多发性骨髓瘤形成局灶性到广泛的实体肿瘤细胞群，取代正常的骨髓造血细胞和脂肪细胞。肿瘤内通常可见大量分化良好的肿瘤细胞，这些细胞的细胞质体积更大，尽管其形态分化良好，但仍会表现出恶性的生物学行为特征。肿瘤细胞排列紧密，细胞边缘清晰。肿瘤细胞具有均匀致密的双嗜性细胞质染色，在细胞质外缘可见浓密的紫色或嗜酸性染色，称为焰细胞（flame cell）。肿瘤细胞的细胞核呈圆形，染色质聚集，可见一个或多个突出的核仁。低分化肿瘤有明显的细胞核大小不一，以及双核和多核肿瘤细胞出现。

第六节　神经组织肿瘤

神经系统起源于原肠胚背部外胚层神经胚形成（neurulation）的组织，故神经组织具有其独有的特征及免疫标记物。神经系统肿瘤高发于老年动物，在除犬、猫以外的家养动物中比较罕见。常见且具有代表性的神经组织肿瘤包括脑膜瘤、胶质细胞瘤、室管膜瘤、脉络丛肿瘤、周围神经肿瘤等。

一、脑膜瘤

脑膜瘤是犬、猫中枢神经系统中最常见肿瘤。脑膜瘤通常为生长界线清楚、呈分叶状、质地较坚硬的肿物，通过蒂或者柄附着于脑膜，也可以在脑膜上形成斑块状肿块。在犬中，脑膜瘤常见于嗅球和额叶区域，但也可以发生在大脑半球表面的任何部位。

脑膜瘤的组织学分型复杂，且与分级相关。通常分为Ⅰ级、Ⅱ级和Ⅲ级脑膜瘤。

以犬为例，Ⅰ级脑膜瘤包括以下分型：上皮型（meningothelial type）、过渡型（transitional type）、砂粒型（psammomatous type）、微囊型（microcystic type）、纤维型（fibrous type）、血管型（angiomatous type）、分泌型（secretory type），前四种最为常见。

上皮型脑膜瘤：肿瘤细胞呈片状排列。细胞有拉长或卵圆形的核，通常有一个单独、突出的核仁和纤细的异染色质。细胞边界不清楚，但细胞质丰富而均匀。

过渡型脑膜瘤：同时具有上皮型和纤维型两种脑膜瘤组织学特征，主要由合胞体样上皮细胞聚集形成同心圆、旋涡状结构，偶见砂粒体（psammoma body）形成，在旋涡中心发生透明样变（hyalinization）、坏死或矿化（mineralization）。过渡型脑膜瘤是最常见的脑膜瘤类型（图 6-42）。

图 6-42　过渡型脑膜瘤（HE 10×20）
肿瘤内可见两种不同特征的肿瘤细胞，上皮样的肿瘤细胞呈同心圆样或旋涡状排列，
形成岛状，中心孔内可见坏死、矿化，岛状结构间可见纤维样肿瘤细胞

砂粒型脑膜瘤：以过渡型脑膜瘤为组织学背景，整个肿瘤内有大量的旋涡状结构形成，并伴有数量较多的砂粒体。

微囊型脑膜瘤：肿瘤细胞呈梭形细胞特征，排列松散，在细胞内或细胞间形成空泡或小的囊腔，有时形成大的囊腔。偶尔可见过渡型或纤维型肿瘤特征区域。

Ⅱ级脑膜瘤则多呈透明细胞样、脊索细胞样细胞特点，按组织学特征可分为非典型（atypical type）、脊索型（chordoid type）、透明细胞型（clear cell type）。Ⅱ级脑膜瘤往往具有以下特征中的至少 3 个：①细胞失去正常排列结构，呈片状分布；②肿瘤细胞核质比高；③细胞核形态异常或形成大核（macronucleus）；④细胞成分增多（hypercellularity）；⑤坏死。

　　Ⅲ级脑膜瘤包括两个组织学亚型：乳突状（papillary type）和横纹肌样（rhabdoid type），肿瘤细胞呈间变（anaplasia）样特征，并具有很高的有丝分裂活性，往往每 10 个高倍视野或 2.37mm^2 视野内可见超过 20 个有丝分裂，并伴有明显的异常有丝分裂象、坏死、脑实质侵犯。

二、星形细胞瘤

　　星形细胞瘤是犬、猫第二常见的神经组织肿瘤，仅次于脑膜瘤。星形细胞瘤根据其典型的浸润性和边界良好的两种生长模式，进一步细分为两个不同的形态学亚群。浸润性肿瘤分为：①弥漫性星形细胞瘤（diffuse astrocytoma）；②间变性星形细胞瘤（anaplastic astrocytoma）；③胶质母细胞瘤（glioblastoma）；④大脑胶质瘤病（gliomatosis cerebri）。而边界良好的肿瘤为：①室管膜下巨细胞型星形细胞瘤（subependymal giant cell astrocytoma，SEGA）；②毛细胞型星形细胞瘤（pilocytic astrocytoma）；③肥胖型星形细胞瘤（gemistocytic astrocytoma）；④多形性黄色瘤型星形细胞瘤（pleomorphic xanthoastrocytoma）。

　　肿瘤细胞类似星形，常见明显的两端突起，多数可见卵圆形至梭形细胞核，细胞边界模糊，肥胖型星形细胞瘤是一个例外，肿瘤细胞含丰富的嗜酸性细胞质，与反应性星形细胞相似。根据肿瘤细胞密度、有丝分裂活性、核异型性、肿瘤坏死比例、微血管增生对星形细胞瘤进行分级。

三、少突胶质细胞瘤

　　少突胶质细胞瘤在犬、猫中较为高发，在犬中枢神经系统肿瘤中占比 15%。少突胶质细胞瘤发生于大脑半球的白质或灰质，发生概率从嗅球和额叶、颞叶和梨状叶到顶叶和枕叶依次降低，很少发生在脑干和脊髓。

　　少突胶质细胞瘤通常呈片状，往往排列成长直或弯曲的索状或细胞簇，有时可形成黏液基质，细胞形态呈一致性特征。肿瘤基质内形成明显的毛细血管床（capillary bed），同时肿瘤基质内常见嗜碱性黏液样物质。少突胶质细胞瘤需与神经细胞、星形细胞瘤鉴别诊断，免疫标记物为 Oligo 2（少突胶质细胞转录因子 2），呈细胞核表达（图 6-43）。少突胶质细胞瘤可与星形细胞瘤混合在一起，形成混合胶质瘤（mixed glioma）。

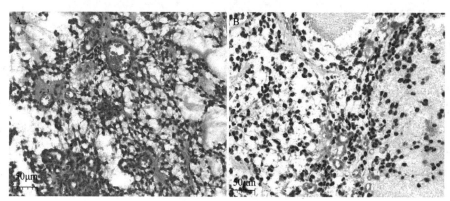

图 6-43　少突胶质细胞瘤
A. 肿瘤细胞呈片状排列，形成黏液基质，疏松排列，肿瘤细胞胞核呈圆形（HE 10×20）；
B. 肿瘤细胞呈 Oligo 2 细胞核阳性染色（IHC 10×20）

四、室管膜瘤

室管膜瘤是一种相对罕见的肿瘤，起源于室管膜细胞，位于脑、脊髓的脑室系统的表面。在犬，室管膜瘤生长缓慢，主要位于侧脑室内或第三和第四脑室，极少情况可发生在脊髓中央管。室管膜瘤通常为大的、脑室内的、界线清楚的肿块，肿瘤部位边缘可见梗阻性脑积水。肿瘤质地柔软，颜色呈棕褐色到红色。肿瘤内可能有囊性区域、坏死和局灶性出血。虽然生长通常局限于脑室系统内，但室管膜瘤也可浸润邻近的神经鞘膜或脑膜。

按组织学特征，室管膜瘤可分为三个亚型：细胞型室管膜瘤（cellular ependymomas）、乳突型室管膜瘤（papillary ependymomas）和透明细胞型室管膜瘤（clear cell ependymomas）。其中，细胞型室管膜瘤和乳突型室管膜瘤常见。细胞型室管膜瘤肿瘤细胞排列致密，呈良好的脉管分化特征（well vascularized），柱状肿瘤细胞呈栅栏状围绕血管腔，细胞核整齐排列于管腔远端，形成血管周假菊团样（perivascular pseudorosette）结构。

五、脉络丛肿瘤

脉络丛肿瘤起源于脉络膜上皮细胞，在犬中约占全部中枢神经系统肿瘤的10%，最常见的好发部位依次为第四脑室（46%）、第三脑室（36%）及侧脑室（18%）。脉络丛肿瘤可导致脑室周的局部压迫和侵袭。部分脉络丛肿瘤可能导致梗阻性脑积水。犬脉络丛肿瘤组织学分为三级：脉络丛乳头状瘤（choroid plexus papilloma，CPP）、非典型脉络丛乳头状瘤（atypical choroid plexus papilloma，ACPP）、脉络丛癌（choroid plexus carcinoma，CPCA）。

脉络丛肿瘤呈界线清晰的无包膜、灰白色或红色、乳头状的脑室内肿物。脉络丛癌则可以看到肿物突破室管膜向脑实质侵犯，脉络丛癌可通过脑脊液广泛转移，主要发生在小脑和脊髓的蛛网膜下腔。

组织学呈乳突状排列特征，立方状至柱状肿瘤细胞单层排列，由纤维血管结构支撑。肿瘤细胞也可呈多层、密集排列，表现出一定的异型性。肿瘤内有时伴有矿化。Ⅲ级脉络丛肿瘤即脉络丛癌，至少表现出以下特征中的4种：常见的有丝分裂（每10个高倍视野超过5个有丝分裂）、细胞核具有异型性、肿瘤上皮细胞呈多层排列、细胞密度增加、片状排列的肿瘤细胞取代乳突状结构特征、多灶性坏死。

六、周围神经肿瘤

周围神经肿瘤根据其起源的周围神经细胞类型不同，分为神经鞘瘤（schwannoma）、神经纤维瘤（neurofibroma）、神经束膜瘤（perineurioma）、恶性周围神经鞘瘤（malignant peripheral nerve sheath tumor，MPNST）。

神经鞘瘤起源于施万细胞，主要发生于神经内或神经根，呈结节状或弥漫性生长特征。神经鞘瘤好发于脑神经、臂神经丛，以及皮肤、胃、肠、脾、肝、横膈膜等部位。神经鞘瘤通常由紧密排列的梭形肿瘤细胞构成，呈鱼骨状或旋涡状排列（图6-44）。

神经纤维瘤是起源于施万细胞及位于神经内膜或神经束膜内的纤维母细胞的混合型肿瘤，神经纤维瘤主要发生在神经内，呈结节状、丛状或弥漫性生长特征，外观光滑，具有包膜结构。脑神经、脊神经、皮肤、舌、小肠是神经纤维瘤的主要发生部位。神经纤维瘤肿瘤细胞为梭形，往往呈疏松排列特征，具有丰富的胶原纤维基质。

　　神经束膜瘤起源于神经束膜内的神经束膜细胞（特化的施万细胞），主要发生于神经内，呈单个结节或多结节特征，好发部位包括颈神经根、腰神经根、正中神经。神经束膜瘤呈独特组织学特征，可见梭形的肿瘤细胞围绕有髓神经纤维排列呈同心圆。

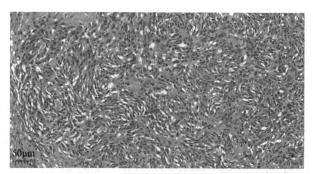

图 6-44　神经鞘瘤（HE 10×20）

梭形的肿瘤细胞呈鱼骨状或旋涡状排列

　　恶性周围神经鞘瘤主要起源于施万细胞，或位于神经内膜或神经束膜内的纤维母细胞，是一种罕见的恶性肿瘤，往往与脊神经密切相关。眼观，恶性周围神经鞘瘤细胞通常体积较大，生长迅速，对邻近结缔组织和肌肉组织具有侵袭性，肿瘤内部常伴有出血与坏死。在犬，恶性周围神经鞘瘤细胞大多发生在椎管旁周围神经，在脊神经是常见的恶性肿瘤。大多数恶性周围神经鞘瘤细胞具有广泛的恶性细胞学特征，包括多形性的致密梭形细胞、细胞核显著异型性。肿瘤细胞呈交错或旋涡状排列，有丝分裂象常见。坏死区域周围有时可见假栅栏状结构。它们可能局限于神经外膜，或在神经外膜外有播散性生长，甚至转移。

第七节　其他组织肿瘤

　　其他常见和具有代表性的肿瘤包括黑色素瘤，起源于睾丸的精原细胞瘤、支持细胞瘤、间质细胞瘤，起源于卵巢的畸胎瘤和无性细胞瘤，以及起源于神经内分泌系统的神经内分泌肿瘤。

一、黑色素瘤

　　黑色素瘤起源于皮肤或黏膜的黑色素细胞，在各物种中均为常见肿瘤，在犬、马中尤其常见。黑色素瘤好发于口腔、皮肤部位，以及甲床、足垫、眼、胃、肠、中枢神经系统、黏膜-皮肤连接处。黑色素瘤主要危害老年动物，无性别偏好，但犬、马中的有些品种更易发生黑色素瘤。

　　【剖检】黑色素瘤的眼观病变差异很大，从小的棕黑色肿块至大的扁平或表面褶皱的肿块，肿瘤的颜色取决于肿瘤内黑色素含量。

　　【镜检】肿瘤细胞形态多变，可分为圆形细胞黑色素瘤（round cell melanoma）、梭形细胞黑色素瘤（spindle cell melanoma）、上皮样细胞黑色素瘤（epithelioid or polygonal melanoma）、树突样细胞黑色素瘤（dendritic melanoma）、气球样细胞黑色素瘤（balloon cell melanoma）等（图 6-45）。

　　当肿瘤细胞内没有发现黑色素，应进行免疫组织化学染色鉴定。黑色素瘤抗原（melanoma antigen，Melan-A）、黑色素瘤抗体（PNL2）、酪氨酸酶相关蛋白-1（TRP-1）和酪氨酸酶相关蛋白-2（TRP-2），可作为有效的恶性黑色素瘤诊断标志物。

二、睾丸肿瘤

睾丸肿瘤在家养动物中非常常见，如犬、公牛、种马等；在野生动物，如大熊猫，同样是常见肿瘤。睾丸肿瘤根据细胞起源，分为生殖细胞肿瘤（germ cell tumor）和性索间质肿瘤（sex cord stromal tumor）。生殖细胞肿瘤主要是精原细胞瘤（seminoma），性索间质肿瘤包括间质细胞瘤（interstitial cell tumor）和支持细胞瘤（sertoli cell tumor）。

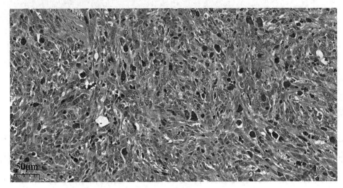

图 6-45　恶性黑色素瘤（HE 10×30）

肿瘤细胞具有显著的多形性，部分肿瘤细胞内可见数量不等的黑色素颗粒

（一）精原细胞瘤

精原细胞瘤起源于生精小管内的精原细胞。精原细胞瘤好发于犬，同时也报道发生于种马、公羊、公牛等家养动物。隐睾症是精原细胞瘤发生的重要影响因素。

【剖检】精原细胞瘤可单侧发生或双侧同时发生。肿瘤的大小往往差异较大，质地较软或稍硬（硬度低于支持细胞瘤），颜色呈均匀的灰白色至白色，部分精原细胞瘤内部包括明显的变色区域，通常由出血和坏死所致。

【镜检】根据组织学特征可分为生精小管内精原细胞瘤（intratubular seminoma）和弥漫型精原细胞瘤（diffuse seminoma）。生精小管内精原细胞瘤是精原细胞瘤的早期形式，肿瘤细胞聚集呈片状，位于生精小管中，取代正常的精原细胞及支持细胞，肿瘤细胞往往体积很大，呈多边形，肿瘤细胞核仁明显，呈泡状核特征，细胞质丰富，通常呈嗜酸性染色，肿瘤内可见大量的异常有丝分裂象。在弥漫型精原细胞瘤中，肿瘤细胞并不局限于生精小管中，而是呈弥漫型的片状排列，可见单独的坏死肿瘤细胞，在肿瘤内形成"星空样"组织学特征（图 6-46）。

（二）支持细胞瘤

支持细胞瘤起源于生精小管内支持细胞。隐睾和老龄是支持细胞瘤的重要风险因素。其中，隐睾犬支持细胞瘤发生概率是正常犬的 20 倍。支持细胞瘤可单侧发生或双侧同时发生。

【剖检】支持细胞瘤呈单个结节或多结节生长，与周围组织界线清晰，往往质地坚实，颜色呈白色或灰色，很少有棕褐色或黄色的出血区域。

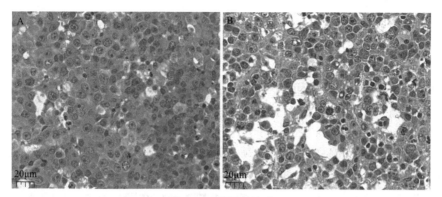

图 6-46　精原细胞瘤

A. 精原细胞瘤，肿瘤细胞具有中等异型性，细胞质丰富，细胞核大小不一，核仁清晰（HE 10×40）；

B. 恶性精原细胞瘤，肿瘤细胞异型性高，片状分布的肿瘤细胞内可见细胞坏死后残留的孔洞，

呈"星空样"外观，有丝分裂活性增加，可见大量异常有丝分裂象（HE 10×40）

【镜检】根据组织学特征，支持细胞瘤分为管内型（intratubular form）和弥漫型（diffuse form）。管内型支持细胞瘤填充于精小管，排列呈岛状或管状结构，由丰富的致密成熟的纤维组织间质分隔，梭形的肿瘤细胞垂直于基底膜呈栅栏样排列，肿瘤细胞胞核圆形至卵圆形，细胞质呈嗜酸性，细胞质内可见空泡，常含有脂质色素颗粒（图 6-47）。与管内型支持细胞瘤相反，弥漫型支持细胞瘤形态缺乏有序的管状结构和栅栏样排列方式，肿瘤支持细胞呈片状或岛状，由致密的纤维间质分隔。弥漫型支持细胞瘤的肿瘤细胞大小和形状均不规则，恶性肿瘤可侵犯睾丸附近的组织或血管。

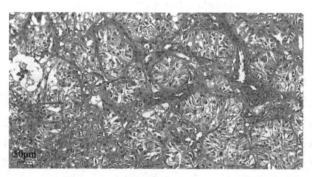

图 6-47　支持细胞瘤（HE 10×40）

梭形的肿瘤细胞垂直于基底膜呈栅栏样排列，细胞界线模糊，细胞质淡染

（三）间质细胞瘤

间质细胞瘤起源于生精小管间的睾丸间质细胞，通常发生于老年动物。间质细胞瘤可单侧发生或双侧睾丸同时发生。

【剖检】间质细胞瘤的大体外观特征明显，通常很小，颜色呈黄色至棕色，质地柔软，与邻近组织边界清晰。肿物切开后往往突出于切面，常伴有出血或囊肿。

【镜检】肿瘤细胞可呈片状排列或不规则腺泡样排列，由血管纤维组织作为肿瘤间质。部分肿瘤中形成由肿瘤细胞构成的囊肿。肿瘤细胞类似于正常的间质细胞，呈圆形至多边形，有丰富的嗜酸性细胞质，内含细颗粒状物质，并含有明显的脂质堆积，细胞核通常呈小、圆形特

征，染色质丰富，有丝分裂象罕见（图6-48）。

三、卵巢来源肿瘤

卵巢来源肿瘤按肿瘤的主要细胞成分的胚胎学来源分为三种：起源于卵巢上皮的卵巢上皮肿瘤，包括卵巢腺瘤和卵巢腺癌；起源于性索间质的肿瘤，包括颗粒细胞瘤（granular cell tumor）、颗粒膜细胞瘤（granulosa-theca cell tumor）、黄体瘤（luteoma）、卵泡膜细胞瘤（thecoma）、支持细胞瘤（sertoli cell tumor）和脂肪瘤等；起源于生殖细胞的生殖细胞肿瘤，包括畸胎瘤（teratoma）和无性细胞瘤（dysgerminoma）。

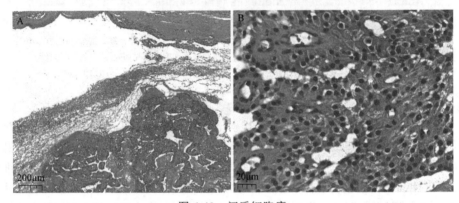

图6-48　间质细胞瘤

A. 肿物内伴有明显出血及囊腔形成（HE 10×5）；B. 肿瘤细胞胞质内可见大小不一的脂滴，
细胞核圆形，染色质丰富（HE 10×40）

（一）畸胎瘤

畸胎瘤是由两个或所有三个胚层来源的细胞构成的混合细胞性肿瘤。它们可能来自于经历了不同分化的多潜能生殖细胞。畸胎瘤在家畜中并不常见，但在母犬中常见。畸胎瘤可生长至巨大尺寸，切面往往可见多种不同质地或颜色，以及同时出现实性和囊性区域，后者可能含有腺体成分（如皮脂腺）和毛发（二维码6-14），也可能存在多种其他组织，包括骨、软骨和牙齿等。大多数畸胎瘤是良性的，由分化良好的成熟组织组成，但构成畸胎瘤的任何组织都可能是恶性的，恶性畸胎瘤非常罕见。

二维码
6-14

（二）无性细胞瘤

无性细胞瘤在动物中较为罕见。肿瘤呈白色或灰色、质地坚硬，切面可见出血和/或坏死导致的变色区域及囊肿的形成。无性细胞瘤是一种高度细胞性肿瘤，肿瘤细胞密集排列呈片状、索状或巢状，偶尔见纤细的结缔组织间隔。肿瘤细胞类似原始生殖细胞，体积很大且呈多角形，可见囊泡状核，核仁清晰，缺乏嗜中性或嗜碱性的细胞质，呈"母细胞"样外观。

四、神经内分泌肿瘤

神经内分泌肿瘤（neuroendocrine tumor）起源于机体内的神经内分泌细胞。神经内分泌细胞广泛分布于神经系统及其周围血管，故神经内分泌肿瘤可发生在机体的许多部位，包括表皮、胃、肠、肺、肝、胰腺等。表皮的神经内分泌肿瘤起源于梅克尔细胞（Merkel cell），又称梅克尔细胞肿瘤。胃、肠的神经内分泌肿瘤（gastric/intestinal neuroendocrine tumor）起源于胃肠血管周末梢的神经内分泌细胞。肺、肝的神经内分泌肿瘤是发生在肺、肝的，具有神经内分泌细胞特征的神经内分泌肿瘤，往往为恶性肿瘤，又称类癌（carcinoid）。胰腺的神经内分泌肿瘤起源于胰腺中的胰岛细胞，又称胰岛素瘤（insulinoma）。

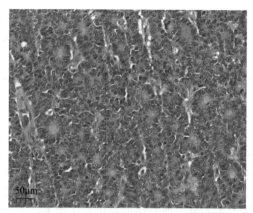

图6-49　恶性神经内分泌肿瘤（HE 10×20）
肿瘤细胞呈片状分布，部分细胞排列呈菊团状

二维码 6-15

二维码 6-16

　　发生在不同部位的神经内分泌肿瘤具有相似的组织学特征：肿瘤细胞通常呈小、圆形特征，往往排列紧密；肿瘤细胞可排列成内分泌样巢状（endocrine-type packeting），或是菊团样、玫瑰花环状（circular rosette structure）的组织学特征（图6-49）。神经内分泌肿瘤通常呈嗜铬粒蛋白A（chromogranin A，CgA）、突触生长蛋白（synaptophysin）（二维码 6-15）、神经元特异性烯醇化酶（NSE）阳性（二维码 6-16）。

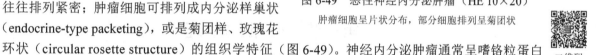

第七章　心血管系统病理

心血管系统是一个闭锁的血液循环网。心脏是血液循环的动力器官，血管是血液运行的经路。在神经和体液的调节下，血液从心脏出来，经动脉到毛细血管，然后沿静脉返回心脏。如此川流不息地进行血液循环，以保证机体各器官、系统的正常生命活动。因此，当心血管系统在结构与功能上发生改变时，必将引起全身性血液循环障碍和其他器官的功能障碍。现将临床常见的心脏、血管病理变化叙述如下。

第一节　心　脏　病　理

一、心包炎

心包炎（pericarditis）是指心包的壁层和脏层的炎症。当这两层浆膜发生炎症时，心包腔内蓄积大量的炎性渗出物。一般来说，心包炎是其他疾病过程中所伴发的病理变化，但有时也可以表现为独立的疾病（如牛创伤性心包炎）。

心包炎可根据心包腔内蓄积或心包膜上沉积的炎性渗出物性质不同，分为浆液性、纤维素性、化脓性、腐败性和混合性等多种类型。浆液性、纤维素性或浆液纤维素性心包炎多见于猪、牛、羊、马和禽类。

（一）原因和发生机制

1. 传染性因素　　多种病原微生物，如猪瘟病毒、猪脑心肌炎病毒、猪丹毒杆菌、链球菌、大肠杆菌、结核分枝杆菌、巴氏杆菌、胸膜肺炎支原体、猪浆膜丝虫等都可引起猪的心包炎。病原体经过血液或由邻近器官的直接蔓延（从心肌和胸膜）侵入心包，引起炎症。另外，饲养不当、应激、过劳等使机体抵抗力降低的因素，在心包炎的发生过程中也起着重要的作用。

2. 创伤性因素　　创伤性因素是指心包受到机械性损伤，主要见于牛创伤性心包炎。因为牛在采食时咀嚼不充分而又快速咽下，加上口腔黏膜上分布着许多角质乳头，对硬性刺激感觉比较迟钝，因而易将混入饲料中的尖锐异物（如铁钉、铁丝、玻片等）吞咽入网胃内。而网胃和心包间仅隔一层膈肌，两者几乎是紧紧相依，所以当网胃收缩时，异物往往刺穿网胃壁、膈肌，进而刺到心包。这时，心包不但受到异物的机械损伤，而且胃内的微生物也随着异物侵入心包，从而引起炎症。

（二）病理变化

1. 浆液性、浆液纤维素性和纤维素性心包炎

【剖检】心包表面血管充血，心包腔充填多量浆液性、浆液纤维素性或纤维素性渗出液而使心包高度紧张，心包壁因炎性水肿而增厚。心外膜小血管充血，散发点状出血，失去固有光泽，常被覆薄层黄白色纤维蛋白，容易剥离，如果经时较久，被覆于心外膜上的纤维蛋白因心脏跳动摩擦牵引而呈绒毛状，称为"纤维素性绒毛心"（图 7-1）。炎症呈慢性经过时，纤维蛋白发生机化，形成灰白色纤维性绒毛，称为"纤维性绒毛心"。有时心包膜和心外膜发生纤维性粘连。在结核性心包炎时，浆膜上形成肉芽肿，有厚层的干酪样坏死物质附着，有时达数厘米，成为盔甲状，故称"盔甲心"。

【镜检】　初期在心外膜上有少量浆液纤维素性渗出物，在渗出物内可见一定数量的细胞（图 7-2）。心外膜下表现充血和白细胞浸润，心外膜的间皮细胞肿胀呈立方形，但仍完整。以后间皮细胞发生变性和坏死脱落。与心外膜相邻接的心肌可发生颗粒变性和脂肪变性，心肌间质也有充血、水肿和白细胞浸润等炎症反应。

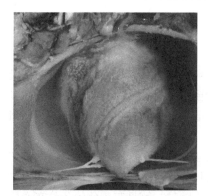

图 7-1　纤维素性绒毛心

心外膜附有一层易剥离的网状纤维蛋白

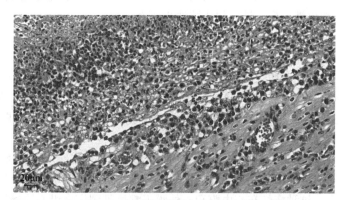

图 7-2　纤维素性绒毛心（HE 10×40）

心外膜有大量渗出的白细胞及纤维蛋白，心肌间质充血

2. 创伤性心包炎　　炎症多半呈浆液纤维素性，但常因细菌和异物侵入心包而伴发化脓，呈现浆液纤维素性化脓性炎。

【剖检】心包壁显著增厚，心包腔扩张，心包腔内蓄积大量污秽的纤维素性化脓性渗出物，内含气泡，并散发恶臭。心包脏面和心外膜表面有污绿色的纤维素性化脓性渗出物附着，剥离后，心外膜混浊粗糙，并显示充血和点状出血，大部分病例的心包和心外膜发生粘连。由于解剖学上的特点，异物刺入的部位通常在心尖和心脏的后缘，同时伴发创伤性网胃炎和膈肌炎，并且常可找到引起创伤的异物，以及异物刺穿所形成的瘘管。

【镜检】见渗出物由纤维蛋白、白细胞、红细胞及脱落上皮等组成。

在病程慢性经过时，渗出物浓缩而变成干酪样，并可发生机化，使心包和心外膜显著增厚，心外膜表面呈粗糙不平的颗粒状。创伤损及心肌时，还可引起化脓性心肌炎。

（三）结局和对机体的影响

病情轻的病例，纤维素性渗出物可以液化吸收而痊愈，但如渗出物不能完全被吸收，则发生机化。轻微的机化灶，在心外膜上仅留下小块的白斑，称为"乳斑"。如果机化灶范围很大，往往引起心外膜和心包膜发生粘连，影响心脏的活动。严重的心包炎，特别是创伤性心包炎，由于心包腔内蓄积大量渗出液，进而压迫心脏，阻碍血液循环，并可引起心力衰竭；若渗出物发生腐败溶解，微生物毒素被吸收，则可引起机体中毒；炎症蔓延至邻近器官可伴发肺炎和胸膜炎。

心包积液时，心包内压增高，压迫心脏，使心腔的舒张受到限制，心腔内的压力因而增高。右心房压力增高可使静脉回流受阻。心包内压增高还限制腔静脉血液回流入心脏，即增加了回流阻力，减少静脉回流。但是，在心包炎初期，血液循环障碍通常不明显，只有心包液突然增多，心包内压迅速增高，因大量血液淤积于大循环，左心输出量才会显著减少，使动脉压急剧下降，出现严重脑贫血和全身严重淤血症状，进而危及生命。

二、心肌炎

心肌炎（myocarditis）是指心脏肌肉的炎症。原发性心肌炎极少见，通常都为各种全身性疾病的并发症。例如，传染、中毒，特别是变态反应性因素作用都可能引起心肌炎。

根据心肌炎的发生部位和炎症的性质，一般分为实质性心肌炎（变质性）、间质性心肌炎（渗出性、增生性）和化脓性心肌炎三种。

（一）病理变化

1. 实质性心肌炎（parenchymatous myocarditis）　　实质性心肌炎是心肌的一种急性炎症，以心肌纤维严重变质性变化为特征，渗出和增生变化较轻微，故又称为变质性心肌炎。多见于急性败血症、代谢性疾病（如马肌红蛋白尿病、绵羊白肌病）、病毒性疾病（如犊牛和仔猪口蹄疫）和中毒性疾病等过程中。

【剖检】心肌呈灰黄色，似经沸水烫过状，无光泽，质地松软。心腔呈扩张状态，尤以右心室更为明显。炎症若为局灶状，则呈灰黄色或灰白色斑块和条纹，散布在黄红色心肌的背景上。这种病灶在心内膜和心外膜下都可见到。当沿心冠横切心脏时，可见灰黄色的条纹在心肌内围绕心腔呈环形分布，形似虎皮的斑纹，所以俗称"虎斑心"。

【镜检】轻症心肌炎的心肌纤维仅发生颗粒变性或轻度脂肪变性。在重症病例，心肌纤维还可出现水肿变性和蜡样坏死，甚至出现肌纤维的崩解，偶尔可见坏死肌纤维的钙化现象。在间质和心肌纤维发生坏死的部位，可见到渗出和增生性变化。轻症表现为浆液性水肿和中性粒细胞渗出；重症表现为淋巴细胞、组织细胞、浆细胞、嗜酸性粒细胞浸润，而成纤维细胞增生比较轻微。

2. 间质性心肌炎（interstitial myocarditis）　　间质性心肌炎是以心肌间质浆液渗出及炎症细胞浸润为主的心肌炎症，而心肌的变质变化较轻微。常见于传染性、中毒性和一些代谢性疾病，间质性心肌炎和实质性心肌炎在病原上具有同一性，并且两者的间质和实质都发生性质相似的病变。

【剖检】间质性心肌炎的变化与实质性心肌炎基本相似。

【镜检】心肌最初表现为变质变化，后转变为以间质增生为主。心肌实质常有局灶性的变性和坏死，往往发生崩解和溶解吸收。间质有极显著的细胞浸润和增生，主要是单核细胞、淋巴细胞、浆细胞和成纤维细胞（图7-3）。结缔组织基质呈嗜碱性，胶原纤维肿胀、疏松，嗜银纤维液化。间质内的病灶呈弥漫性或局灶性，沿着大血管或间质分布或与心肌纤维相交织，且往往将心肌纤维分开。

间质性心肌炎呈慢性经过时，心肌纤维发生萎缩、变性和坏死，甚至消失，而间质结缔组织明显增生，并有不同程度的炎症细胞浸润（图7-4）。

由于结缔组织的明显增生，心脏体积正常或稍缩小，硬度增加，常见心肌表面有灰白色的斑块凹陷区。如果结缔组织增生的范围很大，由于结缔组织缺乏弹性，在心腔内压很高的情况下，可以使病变部的心壁向外侧突出，形成心脏动脉瘤。

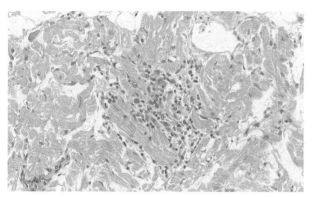

图 7-3　间质性心肌炎（HE 10×40）

心肌纤维变性坏死，心肌间有多量炎症细胞浸润

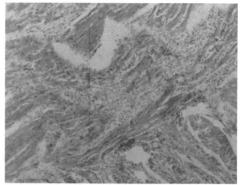

图 7-4　慢性间质性心肌炎（HE 10×20）

心肌间多量结缔组织增生

此外，在动物中还可见到由于喂服过量的磺胺类药物而引起一种以嗜酸性粒细胞浸润为主的间质性心肌炎（图 7-5）。而且在发生心肌炎的同时，其他器官（肺、肝、肾、骨髓、脾和淋巴结）也可出现此种细胞浸润现象。这种病变偶然也可见于青霉素过敏病例，但心肌间质中嗜酸性粒细胞数量很少。

3. 化脓性心肌炎（suppurative myocarditis）　多由子宫、乳房、关节、肺脏等处化脓灶的化脓性细菌栓子经血流转运到心肌而引起，或因异物损伤心肌后继发感染，或因邻近部位的化脓性炎直接蔓延所致。

【剖检】在心肌内散在有大小不等的化脓

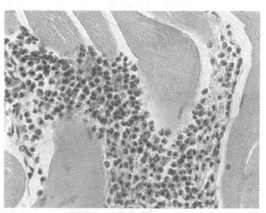

图 7-5　嗜酸性粒细胞性心肌炎（HE 10×20）

心肌间大量嗜酸性粒细胞浸润

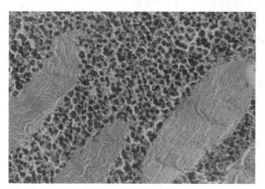

图 7-6　化脓性心肌炎（马）（HE 10×20）

心肌纤维间大量中性粒细胞浸润

灶。慢性过程时，在化脓灶周围有包囊形成。化脓灶内的脓液性状因细菌种类而不同。例如，由化脓棒状杆菌所致的脓液为灰绿黄色，由化脓性链球菌引起的脓液为灰白色或黄白色，而坏死杆菌则多引起凝固性坏死。

【镜检】初期在血管栓塞部有出血性浸润，以后有中性粒细胞和纤维蛋白渗出，周围有炎症反应带，即表现充血、出血和白细胞浸润（图 7-6）。慢性化脓时，脓肿周围有结缔组织性包囊。脓肿周围的心肌组织呈实质性和间质性心肌炎变化。

（二）结局和对机体的影响

非化脓性心肌炎常以局部机化或间质增生为结局，化脓性心肌炎常以钙化、包囊形成和机化为结局。心肌炎时，可使心脏的自动性、兴奋性、传导性和收缩性发生障碍，出现心跳节律紊乱。炎症初期，由于心脏窦房结的兴奋性增高，常发生心动加速，心肌收缩力增强，具一定的代偿意义。以后因窦房结的功能障碍，出现窦性心律不齐。此外，由于心肌纤维变性和大量的炎性渗出物积聚，多数心肌纤维不能参加收缩或收缩力减弱，导致心脏功能减弱，严重时出现心力衰竭，患病动物因心肌麻痹而死亡。

三、心内膜炎

心内膜炎（endocarditis）是指心脏内膜的炎症。按照炎症的发生部位不同，可分为瓣膜性、心壁性、腱索性和乳头肌性心内膜炎。其中以瓣膜性心内膜炎为最主要。按照炎症侵害心内膜部位的病变外观特征不同，可分为疣状（单纯性）心内膜炎和急性感染性心内膜炎。

（一）原因和发生机制

心内膜炎常见于慢性猪丹毒和化脓性细菌（如链球菌、葡萄球菌、化脓棒状杆菌等）的感染过程。其发病机制可能是与自身变态反应有关。实验证明，将链球菌与家兔的心肌或结缔组织混悬液反复注入家兔体内，可使部分动物发生心肌炎或心内膜炎。这可能是机体遭受细菌毒素的反复作用，心内膜胶原受损，形成自身抗原，并产生相应的自身抗体，从而激发自身变态反应性炎症。

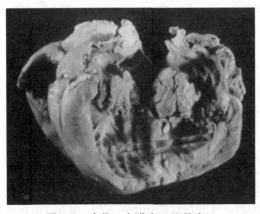

图 7-7　疣状心内膜炎（猪丹毒）
心腔房室瓣处有一菜花样疣状物

（二）病理变化

1. 疣性（单纯性）心内膜炎（verrucose or simple endocarditis）　疣性（单纯性）心内膜炎是以心瓣膜发生疣状血栓为特征的炎症。

【剖检】疣状物常见于二尖瓣的心房面和主动脉半月瓣的心室面，瓣膜附近的心内膜上有时也可见到。疣状物最初呈黄白色小结节状，随着瓣膜的炎症不断加剧，结果可在瓣膜面形成较大的菜花样疣状物（图 7-7）。

【镜检】炎症初期可见心内膜肿胀，内皮下水肿，内皮细胞发生变性、坏死和脱落，内膜的结缔组织纤维肿胀，原纤维结构消失，变成一片均质的粉红色物质（纤维素样坏死）。心内膜上的初期疣状物是由纤维蛋白、白细胞和血小板构成的白色血栓，其中常混有细菌团块。病程较久的病例血栓（二维码 7-1）发生机化和钙盐沉着。

二维码 7-1

2. 急性感染性心内膜炎（ulcerative endocarditis）　急性感染性心内膜炎也叫作溃疡性心内膜炎，其特征是心瓣膜严重损伤，炎症直达瓣膜的深层，有明显的坏死变化。常见于二尖瓣，有时也发生在右心的三尖瓣和肺动脉瓣。

【剖检】初期在瓣膜上出现淡黄色混浊的小斑点，继而融合成干燥、表面粗糙的坏死灶，并常发生脓性分解而形成溃疡。另外，疣状心内膜炎的疣状物破溃、脱落后也可形成溃疡。溃疡周围常有出血和炎症反应，并有肉芽组织增生，使溃疡的边缘隆起。溃疡面附有灰黄色凝结物。病变严重时可发生瓣膜穿孔、破裂，并损及腱索和乳头肌。从心瓣膜的溃疡面崩解、脱落的组织碎片中含有化脓菌，可成为败血性栓子，随血流运行至其他器官形成转移性脓肿。

【镜检】病变部位的心瓣膜坏死变化最为突出，苏木精-伊红染色呈均匀的粉红色。在坏死组织边缘常有多量中性粒细胞浸润和肉芽组织形成，其表面有纤维蛋白、崩解的白细胞和大量菌落所构成的血栓凝块。

（三）结局和对机体的影响

在心内膜炎过程中形成的血栓可发生溶解、脱落，随血液循环转移到其他部位（如肾、脾等器官）引起梗死或脓肿（化脓性栓塞）。病程稍久，则血栓性疣状物与瓣膜的缺损，往往为肉芽组织所修复，最后发生纤维化，导致瓣膜皱缩或彼此粘连。瓣膜皱缩可引起瓣口闭锁不全，瓣膜粘连可造成瓣口狭窄。有时在瓣膜发生皱缩的同时，瓣膜的边缘还互相粘连，此时瓣膜的功能障碍具有闭锁不全和瓣口狭窄的双重性质。

第二节　血管病理

一、血管炎

血管炎（vasculitis）是指血管壁受到致病因子的作用所发生的炎症，可分为动脉炎和静脉炎两种。二者的病变特点相同，表现为血管内皮肿胀脱落、血管壁纤维素样变、炎症细胞浸润和结缔组织增生。慢性炎症时，血管壁明显增厚。

（一）动脉炎

动脉炎（arteritis）可由细菌、病毒、寄生虫，或由机械、化学和物理等因素引起。致病因素侵害动脉，一般通过三个途径：①通过血管外周蔓延而来；②从血管壁本身的滋养血管侵入；③经血流侵入。

1. 急性动脉炎（acute arteritis） 常由其他部位化脓性病灶转移而来（如新生幼畜的脐脓肿），肺部动脉常易发生此种炎症，因为细菌性栓子容易在动脉分支中形成栓塞。急性动脉炎也见于马的病毒性动脉炎和猪丹毒的皮肤小动脉炎。

【镜检】可见血管中膜和内膜炎性浸润、纤维素样变和管腔内血栓形成（图7-8，二维码7-2）。

2. 慢性动脉炎（chronic arteritis） 是由急性动脉炎转化而来。常见有寄生虫性动脉内膜炎。例如，马圆虫（普通圆虫）的幼虫寄生于前肠系膜动脉根或回盲结肠动脉，不断分泌毒素和机械性损害，使血管的内膜和中膜发生变性、

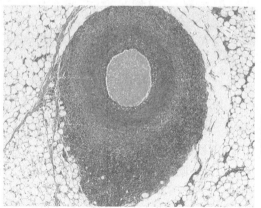

二维码
7-2

图7-8　动脉炎（犬）（HE 10×20）
血管中膜和内膜有大量淋巴细胞等炎症细胞浸润

坏死，继而增生结缔组织，导致管壁增厚，缺乏弹性，在血流的冲击下逐渐向外呈梭形或球形扩张。其大小由拇指大、鸡蛋大以至拳头大，外形似肿瘤样，因此称为动脉瘤。切开后，见管壁增厚，内膜粗糙不平，附着黄白色或红色血栓团块，后者常被机化而与内膜牢固粘连。血栓团块内含有马圆虫的幼虫。动脉瘤破裂，可发生致死性内出血。

（二）静脉炎

静脉炎（phlebitis）分急性和慢性两种，病因主要是感染和中毒。例如，病变由周围组织扩展而来，则引起静脉周围炎，病原经血流扩散则引起静脉内膜炎。

1. 急性静脉炎（acute phlebitis） 脐静脉炎是较常见的急性静脉炎，由脐带感染所致。

【眼观】脐静脉肿胀、变硬，管腔内充满浓稠的化脓性坏死性物质，剥离后，管腔面显示粗糙、发红。

【镜检】静脉壁内有大量白细胞浸润，主要是中性粒细胞，静脉壁外层细胞浸润逐渐减轻，滋养血管扩张并充满白细胞。化脓性渗出物中常含有大量细菌。

2. 慢性静脉炎（chronic phlebitis） 慢性静脉炎多由急性静脉炎发展而来。

【眼观】慢性静脉炎时，静脉呈结节状或索状增厚，管腔狭窄。

【镜检】血管壁呈慢性炎性增生，并见肌层肥厚。

静脉炎在败血病的发生上有着重要的意义。在各种败血病的原发性炎症病灶中，炎症过程（常为化脓性炎）可波及静脉，由静脉周围炎发展为静脉炎，最后引起静脉内膜炎和血栓形成。此种静脉炎见于败血性子宫炎（产后败血病）、皮下和肌间蜂窝织炎（创伤性败血病）等情况下。在猪瘟、牛肺疫和化脓性支气管肺炎时，炎症过程也常侵犯肺静脉，由支气管炎波及静脉周围的淋巴管，然后引起静脉炎和血栓形成。

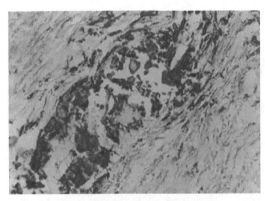

图 7-9　动脉粥样硬化（HE 10×20）

动脉壁结缔组织增生内膜、中膜有钙盐沉积

二、动脉硬化

动脉硬化（arteriosclerosis）是指动脉壁呈弥漫性或局限性变厚、变硬并失去弹性的一种病变。如果动脉内膜或中膜既有脂质浸润，纤维组织增生，又有坏死及钙盐沉着，则称为动脉粥样硬化（图 7-9）。动脉硬化，尤其是动脉粥样硬化，见于鸡、犬、猪和马等动物中，其表现形式主要是硬化和钙化。

（一）鸡的动脉硬化

多见于 12 月龄以上的鸡。

【剖检】病变主要见于冠状动脉、主动脉及其较大的分支。动脉内膜首先出现光亮的小圆点，以后小圆点肿大变成黄白色圆形斑块，有时变成沿动脉纵行发展的狭长的斑块，并向管腔突出。

【镜检】初期见动脉中膜出现水肿变性，并在病灶内见有泡沫细胞（充满脂质的巨噬细胞）浸润。以后出现游离脂肪和胆固醇结晶沉着，同时还有细胞坏死和钙盐沉着。在外膜内有淋巴细胞浸润，有时其数量很多，以致血管壁呈结节状向外突出。内弹力膜常见部分破坏和凝结。内皮细胞肿胀、增生、水肿变性。

（二）犬的动脉硬化

主要见于老龄犬的主动脉和冠状动脉。

【剖检】见主动脉内膜上有黄白色和圆形至椭圆形稍隆突的斑块。冠状动脉的初期病变，可因血栓形成而发生心肌梗死，如果是陈旧病变，则有心肌瘢痕（纤维化）区。

【镜检】见内弹力膜破坏，发生凝结、分裂或断成碎片。内膜表层成纤维细胞增生。其中有黏液样物质沉着，继而形成胶原纤维，最后胶原纤维发生透明变性。硬化斑在末期可能有轻度脂质浸润。动脉中膜的变化基本同于内膜。最初中膜有黏液样物质沉着，继而形成胶原纤维，同时有弹性纤维的灶状变性或消失；平滑肌细胞呈灶状增生。

（三）兔的动脉硬化

病变始于中膜，表现为肌细胞坏死、消失，弹力纤维由波浪状变为平行排列的杆状。病变区常继发钙化。变性的肌细胞轻度脂变，然后波及内膜，但内皮细胞变化轻微。

（四）猪的动脉硬化

多见于 3 年以上的猪，在主动脉或胸主动脉的内膜上出现淡黄色狭长的硬固斑块，主要是结缔组织增生所致。腹主动脉出现的斑块和犬的主动脉斑块相似。

马和牛的动脉硬化见于主动脉及其分支，常呈弥漫型。

第八章 呼吸系统病理

数字资源

呼吸系统包括鼻、咽、喉、气管、支气管和肺等器官，它们与外界环境直接相通，易受空气中病原微生物、尘埃或有毒气体的侵害。呼吸系统疾病绝大多数是由传染性和非传染性致病因子经气源性或血源性途径所致。损伤的部位主要取决于致病因素、致病因子的性质和数量，以及组织对致病因子的敏感性。一般而言，气源性致病因子易侵犯肺内细支气管或肺泡上皮细胞，而血源性致病因子通常损伤肺泡中隔和肺间质。

在临床实践中，肺的原发性疾病主要包括感染（如支气管炎、支气管肺炎及其他类型的肺炎）、阻塞性或气道性疾病（如肺气肿、肺萎陷、慢性支气管炎及哮喘）、限制性疾病（如呼吸困难综合征、胸膜疾病）及由上述病因所致的肺功能障碍（如呼吸功能不全、急性和慢性呼吸功能衰竭）。然而，许多肺部疾病同时具有感染、阻塞、限制等多种因素，在学习过程中应注意原发病因、因果关系的分析。本章重点论述肺及胸膜常见的病理变化。

第一节　肺萎陷与先天性肺膨胀不全

一、肺萎陷

肺萎陷又称为肺泡塌陷（alveolar collapse of lung），是指曾充过气的肺组织的塌陷，使肺实质出现相对无空气的区域。根据病因和发生机制不同，可分为阻塞型、压迫型和坠积型 3 种类型。

（一）原因和发生机制

1. 阻塞型　　阻塞型是肺萎陷最常见的一种类型，主要是由较小的支气管分泌过多或小支气管内炎性渗出物引起。常见于病原微生物感染（如呼吸道合胞病毒）、有害气体与异物的吸入、慢性支气管炎、支气管肺炎等。绝大多数病例可引起末梢气道完全阻塞，肺塌陷，导致大叶性肺萎陷。

2. 压迫型　　压迫型多由肺胸膜和肺内的占位性病变及气胸所引起。常见于胸腔积液、胸腔积血、渗出性胸膜炎、气胸、纵隔与肺肿瘤等。气胸时几乎发生全肺性萎陷，多见于犬、猫等动物。

3. 坠积型　　坠积型主要见于身体虚弱的大动物长期躺卧一侧的肺下部。

（二）病理变化

【剖检】由阻塞引起的肺萎陷，其萎陷区呈均匀的暗红色，质地柔软（图 8-1）；病变区域的小块肺组织在水中易沉没，如肺内仍保留一定量的气体，投入水中也可不下沉。小支气管可见被渗出物、寄生虫、吸入的异物或肿瘤细胞所阻塞。

【镜检】单纯肺萎陷可见肺泡壁轻度充血，肺泡壁呈紧密的平行状排列，残留的肺泡腔呈缝隙样，两端呈锐角（图 8-2）。萎陷的肺泡腔内可见脱落的肺泡上皮细胞。病程较长时，病变部可因结缔组织增生而发生纤维化。

图 8-1　肺萎陷区域呈暗红色
（简子健供图）

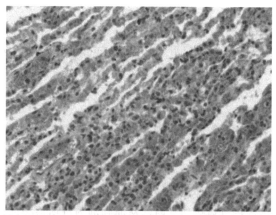

图 8-2　肺泡壁紧密排列，肺泡腔呈缝隙样
（HE 10×20）（简子健供图）

（三）结局和对机体的影响

肺萎陷是一种可逆的病理过程，特别是阻塞性肺萎陷。除去病因后，病变部肺组织可恢复通气。但持续性肺萎陷可引起肺通气障碍、肺泡表面活性物质活性丧失及下呼吸道分泌物淤积，甚至危及生命。长期肺萎陷可引起肺纤维化，当有感染性因素存在时还可引发萎陷性肺炎。

二、先天性肺膨胀不全

先天性肺膨胀不全又称为先天性肺萎陷、肺不张（atelectasis）或胎儿肺萎陷，见于从未呼吸过的死产动物和不完全充气的动物肺。

（一）原因和发生机制

先天性肺膨胀不全主要是因为胎儿生前全身虚弱、营养不良、脑干呼吸中枢受损或喉部功能紊乱、气道阻塞、肺和胸结构异常，造成呼吸无力或呼吸受阻。如果在肺泡液中见到从口鼻处脱落的上皮细胞鳞屑、羊水、亮黄色的胎粪颗粒，表明胎儿在子宫内窒息前曾有过呼吸。

（二）病理变化

【剖检】胎儿肺不张时，因肺泡壁毛细血管扩张，肺呈紫红色，肉质样，肺重量增加，常有水肿。切面常流出奶酪色或血样泡沫，大气道内也有类似的泡沫。在水中，肺组织下沉或半沉状态。

【镜检】肺泡壁毛细血管扩张，肺泡中隔充血，有不同程度的肺泡塌陷或肺泡内含有水肿液，肺泡管和终末细支气管表面附着有嗜酸性透明膜，常见局灶性出血和间质性水肿。

第二节　肺　气　肿

肺气肿（pulmonary emphysema）是指肺组织内空气含量过多，导致肺体积膨大。依据发生部位和发生机制不同，可将肺气肿分为肺泡性肺气肿和间质性肺气肿两种类型。

一、肺泡性肺气肿

肺泡性肺气肿（alveolar pulmonary emphysema）是指肺泡管或肺泡异常扩张，气体含量过多，并伴发肺泡管壁破坏的病理过程。

（一）原因和发生机制

大多数肺泡性肺气肿是由支气管阻塞或痉挛所致的空气郁积，多见于马慢性细支气管炎-肺气肿综合征、犬的先天性大叶性或大泡性肺气肿、肺炎、支气管炎、支气管痉挛、肺丝虫病及老龄动物（犬、猫和马）。当小气道发生阻塞或狭窄时，吸气时由于肺被动性扩张，小气道随之扩张，气体可以被吸入；而呼气时，肺被动回缩，小气道阻塞，气体排出不畅或受阻，使肺泡腔内气体排出受阻，从而肺泡内气体蓄积而扩张。

根据扩张肺泡腔的分布，可分为局灶性肺泡性肺气肿和弥漫性肺泡性肺气肿。局灶性肺泡性肺气肿多发生于支气管肺炎病灶的周围肺泡，是健康肺泡呼吸功能加强的形态表现，属于代偿性的肺泡扩张；弥漫性肺泡性肺气肿多见于摄入外源性蛋白酶、化学药物（如氯化镉）、氧化剂（如空气污染物中的二氧化氮、二氧化硫、臭氧）等情况，此型肺气肿主要与肺内蛋白酶与抗蛋白酶失衡（protease-antiprotease imbalance）造成肺内蛋白质过度溶解有关。

（二）病理变化

1. 局灶性肺泡性肺气肿

【剖检】肺表面不平整，气肿部位膨大，高出肺表面，色泽不均，呈淡红黄色或灰白色，弹性减弱，触摸或刀刮时常发生捻发音，切面稍干燥，病变周围常有萎陷区（图 8-3）。

【镜检】气肿区域肺泡增大，肺泡壁毛细血管闭锁，严重的病例可见肺泡明显扩张、肺泡壁变薄甚至破损，并相互融合成大气泡（图 8-4）。肺内的呼吸性细支气管和血管可能受到压迫变形。

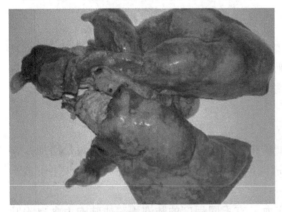 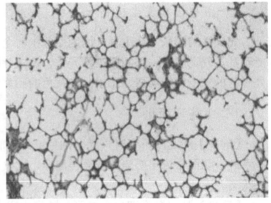

图 8-3　肺的两膈叶背部高度膨隆　　　　　图 8-4　肺泡扩张、破裂融合，肺泡壁毛细血管
　　　　　（简子健供图）　　　　　　　　　　　　闭锁（HE 10×10）（简子健供图）

2. 弥漫性肺泡性肺气肿

【剖检】肺体积显著膨大，充满整个胸腔，有时肺表面遗留肋骨压迹。肺边缘钝圆，质地柔软而缺乏弹性，肺组织相对密度减小。肺组织受气体的压迫而相对贫血，呈苍白色，用刀刮

肺表面时常可听到捻发音，肺组织切面呈海绵状，经常可见到扩张的小肺泡腔，如针头大小。在一些严重的病例，肺泡融合成直径达数厘米的充满空气的大空泡。

【镜检】中度至重度病例可见扩张、融合的肺泡腔。

（三）结局和对机体的影响

轻微的局灶性肺泡性肺气肿一般不引起明显的肺功能改变，在病因消除后，肺内过多的气体随着肺泡功能的恢复而逐渐排出或吸收，继而痊愈。发生急性弥漫性肺泡性肺气肿的病畜可死于急性呼吸窘迫综合征。发生慢性肺泡性肺气肿的患畜仅在重剧运动时，才能表现出呼吸窘迫等症状。严重时，病畜因呼吸性酸中毒、右心衰竭而死亡。

二、间质性肺气肿

间质性肺气肿（interstitial pulmonary emphysema）是指肺小叶间、肺胸膜下及肺其他的间质区内出现气体，多见于牛。

（一）原因和发生机制

凡能引起强力呼气行为的病因均可以引起肺泡内压力剧增，肺泡破裂，导致间质性肺气肿的发生。此病常见于剧烈而持久深呼吸、胸部外伤、濒死期呼吸、硫磷等农药中毒、牛黑斑病甘薯中毒和牛急性间质性肺炎等疾病过程。

（二）病理变化

【剖检】胸膜下和小叶间的结缔组织内有多量大小不等、呈串珠样气泡（二维码 8-1），有时可波及全肺叶的间质（图8-5），或者在肺表面形成大量气泡。牛和猪的肺间质较宽而疏松，故上述病变甚为明显（二维码 8-2）。严重病例可见肺重度膨胀呈球形，肺间质充满气体。

（三）结局和对机体的影响

严重时，肺间质中的小气泡可汇集成直径 $1\sim2cm$ 的大气泡，并直接压迫周围的肺组织而引起肺萎缩。如果肺胸膜下和肺间质中的大气泡发生破裂，则可导致气胸。胸腔中的气体有时可沿纵隔浆膜下到达颈部、肩部或背部皮下，常引起纵隔和皮下气肿。

二维码
8-1

二维码
8-2

图 8-5　间质性肺气肿（简子健供图）

肺间质明显增宽，充满气泡的间质呈透明状

第三节　肺　水　肿

肺水肿（pulmonary edema）是指支气管、肺间质和肺泡内蓄积过量液体的病理过程，是许多疾病常见的一种并发症。

一、原因和发生机制

根据肺水肿的病因可分为心源性肺水肿和微循环损伤性肺水肿。

（一）心源性肺水肿

心源性肺水肿主要由肺毛细血管流体静压升高和/或血-气屏障的渗透压升高及胶体渗透压降低所致。肺毛细血管流体静压升高多见于左心和/或右心衰竭、血容量过多及肺静脉阻塞；胶体渗透压降低多见于低白蛋白血症和淋巴管阻塞；肺毛细血管流体静压升高和血-气屏障的渗透压同时升高偶见继发于脑外伤，又称为神经源性肺水肿。

（二）微循环损伤性肺水肿

微循环损伤性肺水肿是指肺毛细血管渗透压升高，主要由传染性病因（病毒、细菌、支原体等）、吸入有害气体（80%～100%的氧气、二氧化硫、光气等）、胃内容物吸入（手术后或灌药后食物反流）、毒素、农药和化药中毒（魏氏梭菌D型毒素、农用杀虫剂等），以及休克、过敏、外伤、败血症引起。这些致病因子可通过损伤 I 型肺上皮细胞和毛细血管内皮细胞引起毛细血管渗透压增高，从而导致肺水肿。这种肺水肿比心源性肺水肿发生得快，且水肿液中的蛋白质含量较高。

此外，肺泡壁内层富含磷脂质的表面活性剂丢失或抑制时，在气-液界面上的高表面张力易使液体流入肺泡，促进水肿形成。在兽医临床上偶见于新生畜透明膜疾病（呼吸困难综合征）。

二、病理变化

【剖检】肺水肿的剖检变化因病因不同而存在差异。通常，打开胸腔后肺不完全塌陷，胸腔内有过量的胸水。肺表面湿润，富有光泽，呈鲜红色、半透明或暗红色，质量增加，胸膜下和肺间质水肿（图 8-6）。肺小叶间隔增宽明

图 8-6　肺小叶间隔明显增宽，充满淡黄色液体

显，淋巴管显著扩张、呈弯曲状或串珠状。在严重的病例，鼻腔、气管和支气管内含有白色、淡黄色或血染的泡沫状液体。切开肺时，切面有液体溢出。

二维码
8-3

【镜检】肺胸膜下组织、肺间质、血管和气道周围有不同程度的水肿，淋巴管扩张，充满水肿液体（二维码8-3）。肺毛细血管扩张、充血，肺泡内有均质、嗜酸性的液体聚集，偶尔有散在的空泡（图8-7）。心源性肺水肿液中的蛋白质很少，尤其是犬和猫，经福尔马林固定后，蛋白质着色较浅；而微循环损伤性肺水肿的液体因蛋白质含量高，嗜酸性较强。当肺淤血时，毛细血管扩张，肺泡内有数量不等的红

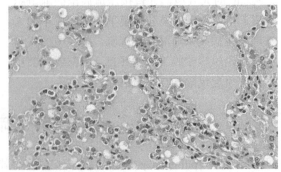

图 8-7　肺泡壁毛细血管充血，肺泡腔内充满
均质状水肿液（HE 10×40）

细胞，随着病程的延长，肺泡中会出现含有红细胞或含铁血黄素的肺泡巨噬细胞，这些细胞被称为"心力衰竭细胞"。

三、结局和对机体的影响

有临床表现的肺水肿是一种症状严重而危险的疾病，其预后取决于这种危险疾病的发病速度、严重程度及水肿程度。轻度肺水肿影响肺泡的换气，中度肺水肿可引起胸水形成和临诊性呼吸困难，急性重度肺水肿可以使肺的呼吸功能丧失而导致死亡。

在肺水肿的诊断中，应注意与死后肺泡积液、浆液性肺炎的区别：生前发生的肺水肿常常伴发淋巴管扩张；死后肺泡积液缺乏间质淋巴管扩张等病变；浆液性肺炎时，肺泡内除了有浆液渗出外，还有不同数量的中性粒细胞浸润。

第四节　肺　　炎

肺炎（pneumonia）是指细支气管、肺泡和肺间质的炎症。肺炎的分类不尽相同，根据发病机制和病变特点，主要分为支气管肺炎、大叶性肺炎、间质性肺炎和肉芽肿性肺炎等。

一、支气管肺炎

支气管肺炎（bronchopneumonia）是指肺小叶范围内的支气管及其肺泡的急性、浆液性、细胞渗出性炎症，其病变发生过程一般由支气管开始，继而蔓延到细支气管，再沿管腔直达肺泡；或者是向细支气管周围发展，引起细支气管周围炎及其邻近肺泡的炎症。由于这种炎症多半局限于小叶内，故又称为小叶性肺炎（lobular pneumonia）。

支气管肺炎是家畜肺炎的一种基本形式，多见于马、牛、羊、猪，尤其是幼年动物。在机体抵抗力继续下降时，小叶性病变可相互融合形成融合性支气管肺炎。

（一）原因和发生机制

动物支气管肺炎的发生原因主要是病原微生物。常见的有多杀性巴氏杆菌、猪霍乱沙门菌、胸膜肺炎放线杆菌、嗜血杆菌、链球菌、葡萄球菌、大肠杆菌等，当肺的防御功能低下或受损时，其大量繁殖而引发炎症。

环境变化和其他因素引起的应激反应是主要诱因。例如，密集饲养、微量元素和维生素缺乏、长途运输、脱水、受寒、饥饿、病毒感染、有毒气体和颗粒吸入、代谢紊乱（尿毒症与酸中毒等）都可导致动物抵抗力下降而有利于病菌增殖，引发支气管肺炎。

因为呼吸性细支气管上皮细胞缺乏黏液保护层和肺泡巨噬细胞系统的有效保护，所以是最易受吸入病菌损害的部位；同时，从受损肺泡中被清除的大量细胞性（主要是巨噬细胞）和非细胞性物质，在通过呼吸性细支气管时，极易堵塞该处呈漏斗状或瓶颈状的管腔，妨碍渗出物的进一步排出。

动物绝大多数呼吸性细支气管的原发性感染，都是由气道播散引起的。在少数情况下，病原菌可从血液到达支气管周围的血管引起支气管肺炎。动物支气管肺炎多发生在肺叶前下部，这与传染性颗粒在此容易沉积及该区域的血液循环和通气不良有关。

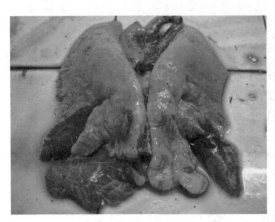

图 8-8　小叶性肺炎（羊）

左肺尖叶、心叶有大面积暗红色实变区

（二）病理变化

【剖检】可见肺尖叶、心叶和膈叶前下部有不规则的实变区（图 8-8）。常累及一侧肺或局限于一个肺叶，有时也呈局灶性地分布于两肺各叶。病变区的颜色从暗红色、粉红灰色到灰白色。触摸肺组织坚实。病变区中央部位呈灰白色到黄色，周围为暗红色，外为正常颜色，有时甚至呈苍白色。其中灰白色病灶是以细支气管为中心的渗出区，呈岛屿状或三叶草样分布，用手压之，从支气管断端可流出灰白色混浊的黏液-脓性或脓性分泌物，有时支气管可被栓子样渗出物堵塞；病灶周围暗红色的区域，是充血、水肿和肺萎陷区；苍白色的部位是肺气肿区。有时几个病灶发生融合，形成融合性支气管肺炎，甚至侵犯整个大叶。病变较轻的病例，胸膜面正常，富有光泽；而病变严重并继发胸膜炎的病例，可见胸膜潮红、粗糙，表面有灰黄色纤维素性或纤维素-化脓性渗出物沉积。

【镜检】在支气管肺炎初期，常见细支气管管壁充血、水肿及中性粒细胞浸润，支气管管腔内充满不等量的细胞碎屑、黏液、纤维蛋白、脱落的上皮细胞和大量中性粒细胞，细支气管上皮细胞出现从坏死至增生的病变；支气管、细支气管周围结缔组织也有轻度的急性炎症；肺泡壁充血，部分肺泡腔内也充满浆液和中性粒细胞，严重者肺泡壁可发生坏死（图 8-9）。病灶周边肺组织常出现代偿性肺气肿和肺萎陷，在萎陷的肺泡内含有水肿液或浆液-纤维素性渗出物、红细胞、巨噬细胞及少量脱落的上皮细胞。急性炎症初期时，炎症细胞以中性粒细胞占优势，随着病程的发展，单核细胞不断增多，中性粒细胞减少，并发生变性、坏死和崩解。

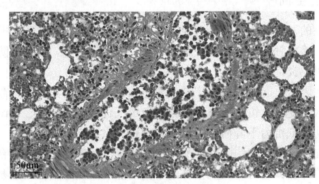

50μm

图 8-9　支气管肺炎（HE 10×20）

支气管腔中有较多淋巴细胞、浆细胞及脱落的上皮细胞，支气管上皮细胞变性，

肺泡壁充血，附近的部分肺泡中有浆液和炎症细胞

（三）结局和对机体的影响

1. 完全康复　　如果采用合理疗法使机体抵抗力增强，肺泡巨噬细胞则成为优势细胞，它们可吞噬病原菌、细胞碎屑，并借助于咳嗽，经气道清除各种病理产物。巨噬细胞分泌的细

胞因子、肺泡表面体液中 IgG 等免疫球蛋白，也有重要的抗菌作用。随着炎性渗出物被清除，炎症开始消退，病畜逐渐康复。

2. 死亡　严重的支气管肺炎可导致动物死亡。这是由肺泡基底膜的破坏、渗出物不能被迅速清除及不能迅速杀死传染性病原从而引起低氧血症和毒血症所致。

3. 转为慢性　急性支气管肺炎可转为慢性，最常见于牛，绵羊和猪少见。慢性支气管肺炎的进一步发展病变是肺萎陷、慢性化脓与纤维化。反刍动物和猪的化脓性病变似乎波及整个气道，尤其是牛还可见支气管扩张与脓肿形成。

二、大叶性肺炎

大叶性肺炎（lobar pneumonia）是指整个或大部分肺叶发生的以纤维蛋白渗出为特征的一种肺炎，故又称为纤维素性肺炎（fibrinous pneumonia）。

大叶性肺炎多见于牛传染性胸膜肺炎、猪巴氏杆菌病、马传染性胸膜肺炎，或继发于马腺疫、山羊传染性胸膜肺炎、鸡和兔的出血性败血症等疾病（二维码 8-4）。

二维码
8-4

（一）原因和发生机制

大叶性肺炎主要由病原微生物引起。常见的病原有支原体、嗜血杆菌、胸膜肺炎放线杆菌、多杀性巴氏杆菌、链球菌、红球菌等。目前认为，引起动物大叶性肺炎的病原多属于动物鼻咽部正常微生物系的共生菌。

应激因子是动物大叶性肺炎发生的重要诱因。例如，长途运输、呼吸道病毒感染、其他细菌的协同作用、空气污染、受寒受潮、过劳、微量元素与维生素缺乏等因素，可使机体反应性改变，免疫应答能力降低，损伤正常呼吸道黏膜的防御功能，尤其是纤毛运动及其分泌物的清除作用，从而有利于病原的侵入并引发疾病。

致病因子在上述应激条件下易侵入下呼吸道，并在短时间内通过直接蔓延和淋巴流、血流途径扩散，迅速波及至整个或大部分肺叶，引起大叶性肺炎。

（二）病理变化

大叶性肺炎是一个复杂的病理过程，根据其发生发展，一般可区分为 4 个互相联系的发展阶段，现分述如下。

1. 充血水肿期（congestion and edema）　特征为肺泡壁毛细血管充血与浆液性水肿。病畜大多不在此期内死亡，故此期病变不常见到。但在一些很急性的猪肺疫病例，死亡极快，剖检时往往见整个肺发生充血水肿，引起病畜窒息死亡。

【剖检】肺组织充血、水肿，呈暗红色，质地稍变实；切面呈红色，按压时流出大量血样泡沫液体。

【镜检】见肺泡壁毛细血管扩张充血，肺泡腔内有大量浆液性渗出物、红细胞和少数白细胞（图 8-10）。

2. 红色肝变期（red hepatization）

【剖检】肺明显膨大，肺组织致密、坚实，表面和切面都呈紫红色，切面稍干燥而呈细颗粒状突出。由于此时肺的色泽和硬度与肝相似，故称为红色肝变。肝变部的间质增宽，充积有半透明胶样渗出物，外观呈灰白色条索状，间质内淋巴管扩张，其中常含有纤维蛋白凝栓，切面呈圆形或椭圆形的薄壁管腔状。切一小块病变组织投入水中，则下沉至底。

【镜检】肺泡壁毛细血管高度扩张充血，在肺泡腔内有多量红细胞、少量中性粒细胞和凝结成网状的纤维蛋白（图 8-11），肺组织被渗出的浆液浸润而呈疏松细网状，间质内淋巴管扩张，含有多量细网状的纤维蛋白，有时纤维蛋白形成栓子而堵塞淋巴管。

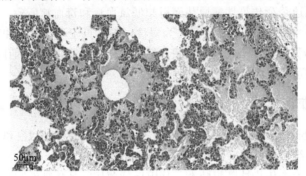

图 8-10　充血水肿期（HE 10×40）

肺泡壁毛细血管扩张充血，肺泡腔内充满渗出的浆液

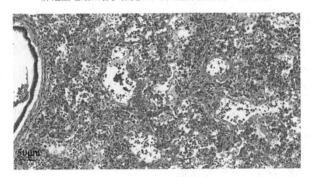

图 8-11　红色肝变期（HE 10×40）

肺泡壁毛细血管扩张充血，肺泡腔内有纤维蛋白、炎症细胞和大量红细胞

在红色肝变期，胸膜也常伴发纤维素性炎。眼观肺胸膜和肋胸膜均增厚，被覆有黄白色网状纤维蛋白假膜。如果炎症重剧而渗出的纤维蛋白多，则被覆于胸膜的纤维蛋白呈黄白色厚层的凝卵样膜状物。剥离膜样渗出物后，胸膜显示肿胀、粗糙而无光泽，小血管充血或出血。胸膜腔内含有多量混有淡黄色蛋花样纤维蛋白凝块的渗出液，有时肺、肋胸膜发生粘连。

3. 灰白色肝变期（grey hepatization）　　　灰白色肝变期是红色肝变期的进一步发展。

【剖检】发炎肺组织由紫红色转变为灰白色，质地坚实，切面干燥，呈细颗粒状。此时，间质和胸膜变化与红色肝变期相似。

【镜检】肺泡内渗出的红细胞逐渐溶解消失，而渗出的纤维蛋白和中性粒细胞增多，肺泡壁毛细血管因受炎性渗出物压迫而充血减退（图 8-12）。

由于以上各期病变在同一病例的肺内呈交叉性发展，因此有的病畜肺会同时存在以上各期病变，所以大叶性肺炎的肺断面呈现色泽不一的大理石样花纹（图 8-13）。

4. 结局期（completion）　　　大叶性肺炎的结局因原发疾病的种类、机体抵抗力的强弱、治疗是否及时和护理是否精心而不同，其结局有以下几种。

（1）溶解消散　　多见于机体抵抗力较强和由一般原因（如感染肺炎双球菌等）引起的纤维素性肺炎病例。其特点为肺泡内渗出的中性粒细胞崩解，释放出蛋白溶解酶，使纤维蛋白被溶解、液化和吸收，损伤的肺组织经再生而修复。此时，肺组织逐渐恢复正常大小，色泽变淡

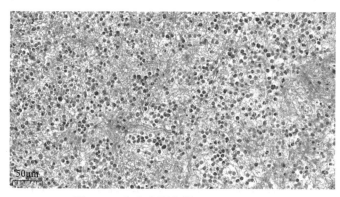

图 8-12　灰白色肝变期（HE 10×40）

肺泡壁毛细血管充血消退，肺泡腔内充满纤维蛋白和崩解的细胞

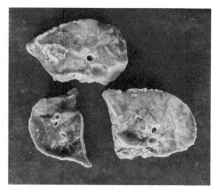

图 8-13　大叶性肺炎

病肺切面呈大理石样

红色，质地变软，肺泡壁毛细血管重新扩张，肺泡腔重新进入空气。

（2）机化　　有些病例因机体反应性较弱，在灰白色肝变期白细胞渗出的数量较少，纤维素性渗出物未被完全溶解吸收，或者因肺间质内的淋巴管和血管受损比较严重，常常造成淋巴管和血管栓塞，因此肺泡内渗出的纤维蛋白虽被溶解但难以达到完全吸收，结果由间质、肺泡壁、血管和支气管周围增生大量肉芽组织伸入肺泡而将渗出物机化，形成纤维组织。此时，肺组织变得致密、坚实，其色泽呈"肉"样，故称此为"肺肉变"（二维码 8-5）。

二维码
8-5

（3）肺梗死与包裹　　在发生大叶性肺炎的同时，若伴发支气管动脉发炎而引起血管内血栓形成，则在血栓部下游所属的肺炎组织发生局灶性坏死（梗死），坏死灶周边增生大量肉芽组织而将其包围。

（4）肺脓肿与肺坏疽　　若机体抵抗力低下或炎症未能及时治疗，则炎灶常继发化脓菌或腐败菌而形成大小不等的脓肿，或使炎灶组织腐败分解，形成坏疽性肺炎，此时病畜往往因继发脓毒败血症而危及生命（二维码 8-6）。

二维码
8-6

但是应该指出，大叶性肺炎的上述 4 期变化不是在每个病例都可以看到，在一些病程较急的病例，通常病变在水肿期或发展到红色肝变期就因缺氧窒息而死亡。也有的病例常在同一肺切面上存有几个不同时期的变化，因此病灶部色彩不一，形成大理石样外观，这在牛肺疫时表现得最为明显。

三、间质性肺炎

间质性肺炎（interstitial pneumonia）是以肺间质结缔组织呈局灶性或弥漫性增生为特征的一种肺炎，多半由慢性支气管肺炎和大叶性肺炎转化而来。其主要病理学特征为：在支气管周围、血管周围、肺小叶间和肺泡壁的结缔组织显著增生，并有较多的组织细胞、淋巴细胞、浆细胞或酸性粒细胞（如肺丝虫、酵母样真菌感染时）浸润，常伴有代偿性肺气肿。病变严重时，因大量增生的结缔组织可使肺组织纤维化。在较大的支气管周围增生的结缔组织发生瘢痕收缩，可引起支气管扩张。

（一）原因和发生机制

许多病因可引起间质性肺炎，常见的有：①全身性的病毒、细菌、支原体、衣原体、立克次氏体、真菌或寄生虫感染。例如，猪蓝耳病、绵羊进行性肺炎、犬瘟热、犊牛与仔猪的败血性沙门菌病、弓形体病，以及由肺蠕虫或移行蛔虫幼虫所致的急性寄生虫感染。②继发于支气管肺炎、大叶性肺炎、慢性支气管炎、肺慢性淤血及胸膜炎等疾病。③摄入毒素或毒素前体，如双苄基异喹啉类生物碱等。④吸入化学剂或无机尘埃，如二氧化氮、工业粉尘。⑤药物异常反应，如过敏性肺炎等。

　　病原可通过气源性或血源性途径引发肺的感染。由气源性进入的病原主要引起肺泡管的中心性损伤，而血源性传播的刺激物引起弥漫性或随机性损伤。在大多数情况下，肺泡中隔损伤是血源性的。无论是血源性还是气源性感染，引起肺损伤之后出现的形态学变化具有许多共同的特征，主要是造成肺泡毛细血管内皮细胞和 I 型肺泡上皮细胞的损伤。 I 型肺泡上皮细胞损伤时，如果基底膜完好，可通过 II 型肺泡上皮细胞增生并转化成 I 型肺泡上皮细胞，使肺泡壁完全修复。如果基底膜受损且出现纤维增生，则会导致肺泡和肺间质不可逆的纤维化。当间质出现明显水肿和浆液纤维素性渗出时，间质纤维化发展迅速。肺泡与间质纤维化的发生机制可能与胶原蛋白结构变化和影响胶原蛋白合成与降解等因素有关。

　　（二）病理变化

　　【剖检】间质性肺炎可以是弥漫性的，也可以是局灶性的，病变部位呈灰红色（急性）或黄白色、灰白色（慢性），病变区质地较实，切面致密、湿润、平整（图 8-14）。在病灶周围肺组织常见肺气肿，有的病灶可发生纤维化或继发化脓细菌感染而有包囊形成。胸膜光滑，胸膜炎并不常见。

　　【镜检】急性间质性肺炎初期，肺泡内充满浆液-纤维素性渗出物，肺泡壁充血、水肿。纤维蛋白、其他血浆蛋白及细胞碎屑凝结成透明膜，附着在肺泡腔的表面。肺泡渗出物内混有白细胞和红细胞，肺泡中隔变宽、水肿，通常有以淋巴细胞和巨噬细胞为主、间杂少量浆细胞的炎症细胞浸润（图 8-15）。支气管周围、血管周围、小叶间质及胸膜下有淋巴细胞、单核细胞等炎症细胞浸润和轻度结缔组织增生。

图 8-14　肺呈灰红色，
小叶间隔增宽

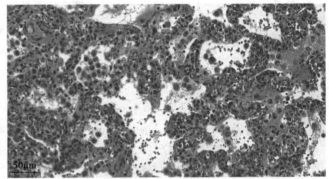

图 8-15　肺泡中隔变宽，有淋巴细胞、巨噬细胞等炎症
细胞浸润，肺泡腔内有红细胞、纤维蛋白
（HE 10×40）

　　亚急性至慢性间质性肺炎的一个共同特征是肺泡上皮细胞增生，呈立方形排列，有时向肺泡腔突起形成乳头状或腺瘤样结构。慢性间质性肺炎表现为肺泡腔内有以巨噬细胞为主的单核细胞积聚、 II 型肺泡上皮细胞持续增生，以及间质因淋巴样细胞积聚和纤维组织增生而增厚，肺泡腔变形呈蜂窝状（图 8-16）。在猪气喘病和绵羊进行性肺炎时，常见支气管和血管

周围有增生浸润的淋巴细胞及单核细胞围绕形成管套状，有时形成淋巴滤泡结构，生发中心明显（二维码8-7）。

二维码
8-7

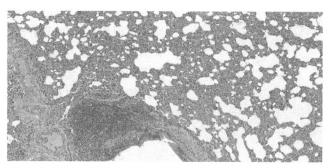

图8-16　肺泡上皮细胞增生使肺泡中隔变宽，肺泡腔变形呈蜂窝状（HE 10×20）

（三）结局和对机体的影响

急性间质性肺炎如未破坏肺泡基底膜和肺泡中隔，可以消散；但大多数急性间质性肺炎消散不完全，病变部发生不同程度的纤维化。慢性间质性肺炎很难消散，病变部发生纤维化，呈橡皮样，切面可见纤维束的走向。有些急性间质性肺炎发展很快，几周就能引起纤维化，导致呼吸衰竭而死亡。伴发纤维化的存活病例，常显示轻重不一的呼吸功能障碍的症状。

四、肉芽肿性肺炎

肉芽肿性肺炎（granulomatous pneumonia）即在肺中形成结节状特异性肉芽肿。其界线明显、大小不等、质地硬实。肺的这种肉芽肿，剖检时可能和肿瘤混淆。

（一）原因和发生机制

引起肉芽肿性肺炎的原因很多。真菌感染，如禽霉菌性肺炎（曲霉菌等）、芽生菌病（皮肤芽生菌）、隐球菌病（新生隐球菌）、球孢子菌病（粗球孢子菌）、组织胞浆菌病（荚膜组织胞浆菌）；细菌病，如结核病（分枝杆菌）、鼻疽（鼻疽杆菌）、放线菌病等；寄生虫（如牛、羊肝片形吸虫）和异物的吸入偶尔也可引起肉芽肿性肺炎；猫传染性腹膜炎病毒也能引起猫肉芽肿性肺炎。

肉芽肿性肺炎的病原常由气源性或血源性途径入侵肺，由于这种肺炎在病理发生的某些方面与间质性或栓塞性肺炎相似，因此有学者将肉芽肿性肺炎与上述某种肺炎合在一起描述（如肉芽肿性间质性肺炎）。一般来说，引起肉芽肿性肺炎的致病因子能抵抗细胞吞噬作用和急性炎症反应，并可在受害组织中长期存活。

（二）病理变化

【剖检】肺形成大小不等的肉芽肿结节，色灰白或灰黄，质地坚实或较软，如发生钙化则坚硬。结节中心常发生坏死或化脓，如干酪样坏死，外围多有包囊，因此切面可见分层结构。

【镜检】各种疾病的肺肉芽肿有一定程度的不同，但一般来说，其中心多为坏死组织或病原菌（如结核结节为干酪样坏死、鼻疽结节为核碎片、放线菌结节为放线菌和脓细胞等），其外是上皮样细胞和多核巨细胞，最外则被浸润淋巴细胞和浆细胞的结缔组织所包裹（图8-17）。

二维码
8-8

二维码
8-9

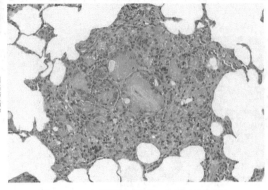

图 8-17 肉芽肿性肺炎（HE 10×20）

肉芽肿的中心为吸入的异物，外周可见大量上皮样
细胞和多核巨细胞

有时，肉芽肿结节中心没有坏死物，但上皮样细胞和成纤维细胞增生比较明显（二维码 8-8）。

与其他类型的肺炎不同，肉芽肿性肺炎的病原在组织切片上常可用一定的方法加以证明，如真菌用 PAS 或六胺银染色法染色、结核分枝杆菌用抗酸染色。若是因为吸入异物引起，也称之为异物性肺炎；此时，除肺组织内形成局灶性的肉芽肿结节外，还可见支气管管腔和肺泡内有异物存在，并见有多量的巨噬细胞、中性粒细胞等浸润（二维码 8-9）。

（三）结局和对机体的影响

肉芽肿结节如个体很小，有可能吸收消散，但最常见的结局是包囊形成或纤维化，进而变为瘢痕组织。肉芽肿中心部的坏死组织可发生钙化。如继发细菌感染，则肉芽肿可发生化脓。肉芽肿性肺炎对机体的影响不尽相同，主要取决于肉芽肿的数量、机体状况和疾病的发展变化等。例如，牛结核病时表现的肉芽肿性肺炎，当发生广泛干酪样坏死并伴有全身化时，会消耗机体营养，最终多导致动物死亡。

五、化脓性肺炎

化脓性肺炎（suppurative pneumonia）是由化脓性病原微生物经呼吸道或血流侵入肺引起的化脓性炎症，多发生在幼畜，也可以是支气管肺炎、纤维素性坏死性肺炎、出血性肺炎及间质性肺炎的一个不良结局。

（一）原因和发生机制

大多数化脓性肺炎首先是在病毒和支原体感染肺后或肺的防御体系受到破坏之后，再由不同的化脓性细菌单独或混合感染引起，有些病例由毒力较强的或能严重损害机体防御体系的病原微生物直接导致。虽然在不同的动物中存在着不同细菌的交叉感染，但是被感染的动物和地理位置不同，侵入的细菌及其相对重要性也有差异。化脓性细菌，尤其是链球菌、葡萄球菌、化脓性放线杆菌（*Actinomyces pyogenes*）、铜绿假单胞菌（*Pseudomonas aeruginosa*）、肺炎克雷伯菌（*Klebsiella pneumoniae*）及大肠杆菌等，通常与幼畜的化脓性支气管肺炎和肺脓肿及间质性肺炎败血症或脓毒血症（pyemia）有关。

（二）病理变化

二维码
8-10

二维码
8-11

【剖检】化脓性肺炎的肺质地变实，呈灰黄色，病灶以细支气管为中心，呈岛屿状或三叶草状散在分布于肺组织中。化脓性坏死灶数量不一，呈结节状散在分布于肺实质中。切面可见散在的灰黄色、粗糙的病灶，微突出于切面，用手挤压可从细支气管断面流出灰白色或灰黄色脓性渗出物（二维码 8-10）。随后，肺出现面积大小不等的融合性奶油样实变区或易碎的多发性化脓性坏死灶（图 8-18）。

当肺脓肿发生时，在肺表面和切面有粟粒大至核桃大散在的脓肿（图 8-19）。新鲜脓肿周围常常有一薄层脓肿膜，并有红晕包绕，脓肿内则有灰白色、灰黄色、灰绿色的脓液（二维码

8-11）。陈旧的脓肿有较厚的结缔组织包囊。位于肺胸膜下的脓肿往往突出于肺表面，破溃时可引起化脓性胸膜炎和脓胸。

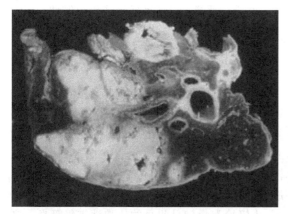

图 8-18 肺组织被大量黄白色脓液所取代

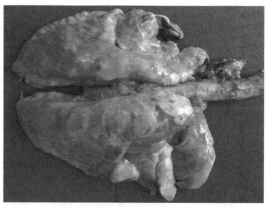

图 8-19 肺组织表面散在分布大小不一的脓肿

【镜检】化脓性肺炎的支气管水肿，支气管壁和支气管腔内可见大量中性粒细胞核破碎，支气管周围也有大量中性粒细胞浸润，支气管周围的肺泡腔周界不清，融合成片，有大量核破碎的中性粒细胞（图 8-20）。病变后期有大量巨噬细胞和淋巴细胞浸润（二维码 8-12）。急性弥漫性原发性间质性肺炎的病灶多侵犯小血管，表现为血管内白细胞集聚、肺泡壁坏死灶，以及肺泡腔内弥漫性的纤维素性出血性渗出和中性粒细胞浸润，继发性化脓性病变时有大量变性中性粒细胞、单核细胞及巨噬细胞聚集，肺泡结构消失，内含大量散在分布的细菌菌落（二维码 8-13）。

二维码 8-12

二维码 8-13

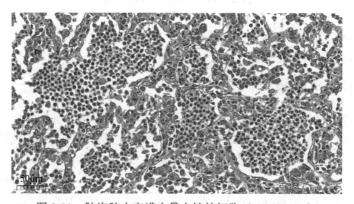

图 8-20 肺泡腔内充满大量中性粒细胞（HE 10×40）

六、坏疽性肺炎

坏疽性肺炎（gangrenous pneumonia）是指在肺实质发生广泛性坏死后，由腐败菌和化脓菌感染，引起肺组织渐进性溶解的一种特殊的肺炎，也是其他类型肺炎的一种并发症，偶见于牛、马、猪和羊。

（一）原因和发生机制

引起坏疽性肺炎的腐败和化脓菌可经气道和血液到达肺，但在兽医临床上常见的病例是由

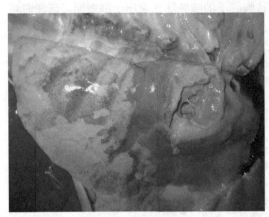

图 8-21　坏疽性肺炎
肺坏死灶内含有黄绿色液化的腐败内容物

网胃异物穿透、灌药不当、手术麻醉后护理不当所致。坏疽性肺炎的特征是肺组织浅黄色至黑灰色，并带有恶臭，可迅速发展成为泛发性、边缘不齐的空洞。

（二）病理变化

【剖检】 坏疽性肺炎的基本变化为纤维素性或卡他性肺炎，肝变区内出现腐败分解的变化，呈灰绿色粟粒大或互相融合的结节性病灶，内含有绿色腐败内容物，即液化区（图 8-21）。这些液化区可侵害整个肺叶或部分小叶，液化区的轮廓不整，有恶臭气味。

【镜检】 最初呈明显的化脓性支气管炎，之后这种炎性病灶由支气管向肺实质呈放射状蔓延，产生很多相似的炎性病灶，后者互相融合而发生液化。

（三）结局和对机体的影响

如果坏疽腔扩散到胸膜，会引起带有恶臭的脓胸和腐败性气胸（putrefactive pneumothorax），导致动物死亡。若动物没有死亡，则小叶间和大支气管周围发生机化而可能被治愈。

第五节　胸　膜　炎

胸膜炎（pleuritis）是指胸膜腔脏层和壁层的炎症，是临床上最常见的病变之一，主要见于马、牛、羊、猪、犬，其次是猫。

一、原因和发生机制

根据病因可将胸膜炎分为原发性和继发性；根据病程可分为急性和慢性。引起胸膜炎的病因通常是病原微生物，主要包括细菌、病毒、衣原体、支原体，但在不同种属的动物中，存在着病原上的差异，也存在单一病原感染和多病原混合感染致病的区别。这些致病因子侵入胸膜的主要途径有：①继发于肺炎；②通过血液、淋巴液渗透；③相邻器官的外伤性渗透和病原的直接扩散，如胸腔、腹腔脏器等的外伤（肋骨骨折，牛网胃创伤）和纵隔脓肿与食道炎症的直接扩散。

二、病理变化

1. 急性胸膜炎　　根据渗出物的性质不同，急性胸膜炎（acute pleuritis）可分为浆液性、纤维素性、出血性和化脓性，其中以浆液性、浆液纤维素性最为常见，其次是纤维素性化脓性，出血性较少发生。

（1）浆液性胸膜炎　　病初胸膜潮红，胸膜血管和淋巴管扩张、充血，间皮细胞肿胀、变性，故胸膜失去固有光泽，胸膜腔蓄积多量淡黄色渗出液，称为浆液性胸膜炎。如果此时病因消除，渗出较少的浆液会被吸收，则称为"干性胸膜炎"。

（2）纤维素性胸膜炎　　随着炎症的发展，胸膜血管损伤加重，纤维蛋白渗出。渗出的纤维蛋白通常为灰白色，当间杂少量血液或渗出物中有大量白细胞时则呈黄色。此时，胸膜混浊，表面被覆一层疏松、容易被撕碎的淡黄色网状假膜，胸膜腔内有大量浆液纤维蛋白聚集，称为纤维素性胸膜炎（图8-22）。如果此时病情向良性发展，就会出现纤维素溶解、消散或机化和间皮细胞的再生，在胸膜最深部形成完好的纤维组织，其上为幼稚的肉芽组织和混有白细胞的成纤维细胞层，表层为有白细胞浸润的纤维蛋白凝块。

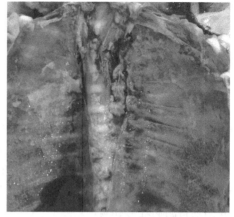

图8-22　纤维素性胸膜炎

胸膜上有大量纤维蛋白凝块

（3）化脓性胸膜炎　　当有化脓菌存在时，炎性渗出物很快就会从浆液纤维素性转为化脓性，使大量的胸汁蓄积在胸膜腔，又称为"脓胸"（pyothorax）。由于动物的种属和侵入的细菌不同，脓胸的好发部位、脓液的颜色和性质也不同。马脓胸的渗出液通常稀薄、呈污浊的黄色，见于单侧或双侧，多由链球菌引起；犬的脓胸多为双侧，脓液通常被血染，黏稠，并带有絮状物，致病菌多为放线菌、诺卡氏菌和类杆菌；猫的脓胸少见，脓液通常是奶油黄色或棕灰色，双侧脓胸多于单侧，常为多种不同细菌的混合感染。

2. 慢性胸膜炎　　动物大多数的慢性胸膜炎（chronic pleuritis）由急性胸膜炎转变而来，少数病例一开始就取慢性经过，如牛结核性胸膜炎和放线菌性胸膜炎。

（1）增生性胸膜炎　　慢性胸膜炎以胸膜增生变化为特征，主要表现为胸膜呈局灶性或弥漫性的结缔组织增生，胸膜增厚，肺胸膜与肋胸膜的粘连或胸膜表面的局灶性和弥漫性纤维性粘连，使胸膜腔部分或完全闭塞。

增生性胸膜炎的特征性病变是结节状，经常融合形成菜花样团块。有的病例可出现瘢痕形成和特殊肉芽肿形成，如牛结核性胸膜炎。在初期阶段，结核结节由柔软、红色的肉芽组织所组成，此后重度钙化，又称为"珍珠病"（图8-23）。

（2）干酪性渗出性胸膜炎　　胸膜增厚，表面覆盖着大片的干酪性渗出，在片状干酪性渗出之间有纤维蛋白沉着。如放线菌性胸膜炎的表面呈弥漫性增厚，并可见到大小不等的结节状病灶，结节中心可见黏稠的脓性内容物和淡黄色的硫黄颗粒。

图8-23　胸膜珍珠病（牛）

肺胸膜上有多量球形钙化结核结节，状如珍珠

第九章 消化系统病理

消化系统包括消化管和消化腺，消化管由口腔、食道、胃、肠等组成，消化腺包括唾液腺、肝、胰腺等器官。它们在神经-内分泌系统的调控下，以消化腺的分泌和消化管的运动完成对食物消化、吸收和转化等过程，为机体提供营养物质并排出废物。在动物疾病中，消化系统疾病是最常见的疾病之一，尤其是胃、肠及肝的疾病，其病理变化常影响动物的生命活动。本章主要阐述胃肠病理与肝病理。

第一节 胃肠病理

一、胃扩张

胃扩张（gastrectasis）是由某些原因导致食物在胃内停滞过久并发酵、腐败，使胃壁紧张性降低而发生弛缓、胃体膨大的病理过程。按其病因可将胃扩张分为原发性和继发性，前者又分为食滞性及气胀性。在临床上以食滞性胃扩张最为常见，其临床特点是食后突然发病，腹部剧痛，呼吸促迫，常有犬坐姿势，插入胃管后可排出不同数量的胃内容物。急性胃扩张多发生于马、骡、牛、羊及犬。

（一）原因和发生机制

犬的原发性胃扩张通常见于过度饮食或过度饮水后剧烈运动、突然改变饲养方式和改变饲料、应激状态、遗传因素等。马、骡的原发性胃扩张主要是食入过量容易膨胀且难以消化的饲料。牛的原发性胃扩张主要是食入过量的谷物，或者是饲喂发霉变质的饲料和过食易于发酵的碳水化合物，如青草等。

动物的继发性胃扩张主要见于食道狭窄、网胃粘连、肠道结石性梗阻与异物阻塞、蠕虫堵塞、肠变位及腹膜炎等情况下，导致胃以积聚液体为主要内容物的扩张。慢性胃扩张少见，一般不是死亡的直接原因。

动物过食使胃的运动、分泌功能增强，食糜经细菌发酵产生的气体和乳酸等物质在胃内积聚，使胃内酸度突然升高，消化酶活性锐减，胃的排空功能降低，胃腔膨胀，反射性地引起胃蠕动功能增强，甚至痉挛。动物因疼痛致交感神经兴奋，幽门痉挛闭锁，会加速急性食滞性胃扩张的发生。

（二）临床症状

1. 急性脱水 胃内发酵、腐败的食糜产生大量 CO_2、CH_4、胺和酚等有毒物质，经肾排出时携带大量水分排出体外，导致机体脱水。

2. 自体中毒 胃内大量毒性产物吸收入血，从而引起急性自体中毒。特别是继发胃破裂时，大量毒性产物进入腹腔，一方面可引起急性腹膜炎，另一方面毒性产物得以迅速吸收入血，致病畜急性自体中毒而死亡。

3. 循环障碍　　急性胃扩张可引起腹内压急速升高，并压迫膈前移，胸腔内压增高，致使心脏舒张受阻，从而使回心血量和心输出量降低，加之机体严重脱水、血液浓稠，因而加重了循环障碍。临床上病畜心跳加快，脉搏微弱，可视黏膜发绀。

4. 呼吸障碍　　胃扩张导致胸内压增高，还可明显地影响呼吸运动。临床上病畜常出现呼吸浅表等症状。部分病畜为了缓解呼吸困难而呈犬坐姿势。

（三）病理变化

【剖检】死于急性胃扩张的动物，腹围膨大，背部呈滚筒状，可视黏膜蓝紫色，肛门突出，皮下小静脉扩张充血，切开皮肤从皮下小血管中流出大量凝固不全的暗紫红色血液。胃体特别膨大，为正常胃的 2～3 倍。胃内充满酸臭食物、液体和气体。胃壁常因过度伸展而变薄，胃黏膜贫血和出血，被覆多量黏液。有时胃黏膜发生坏死和脱落。食道胸腔段苍白，有明显的膨胀线。过度扩张的胃壁极易发生胃破裂甚至膈破裂。犬急性胃扩张扭转（gastric dilatation volvulus，GDV）时，胃内充满大量内容物，常导致胃扭转并伴有十二指肠部分或完全阻塞，严重时诱发肠梗阻导致整个肠道出血（图 9-1）。

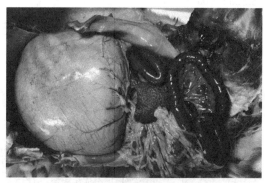

图 9-1　急性胃扩张扭转综合征（犬）
胃高度扩张，胃内充满内容物，胃扭转导致整个肠道出血

高度的胃扩张可能导致胃破裂，胃破裂多发生于胃大弯部，一般先从肌层开始，继之浆膜和黏膜发生破裂（二维码 9-1）。胃破裂后，胃内容物从破裂口进入网膜囊或腹腔（二维码 9-2）。此时胃多呈空虚状，黏膜贫血，裂缘呈撕裂状、肿胀、出血，附着黑色血液凝块和食糜。如果膈肌发生破裂，腹腔脏器则可进入胸腔。

二维码 9-1

二维码 9-2

需要注意的是，动物死后常常因胃壁平滑肌变性，胃内容物继续发酵产气，故而引起死后胃破裂。但这种胃破裂口的边缘，缺乏出血和血凝块，仅有少量胃内容物进入腹腔，而胃内含有大量食物，不伴发腹膜炎。因此，应注意生前胃破裂与死后胃破裂相区别。同时也要注意犬单纯性胃扩张和胃扩张合并胃扭转的区别。

二、胃炎

胃炎（gastritis）是指胃壁的炎症，几乎发生于所有的动物，尤其是幼畜多见。按动物不同可分为复胃动物前胃炎症（瘤胃炎、网胃炎、皱胃炎）和单胃动物的胃炎；按发生机制可分为原发性和继发性；按病因可分为过食性、刺激性、腐蚀性、创伤性和感染性；按病程可分为急性和慢性；按炎性渗出物性质分为浆液性、卡他性、纤维素性、出血性及化脓性数种。

（一）复胃动物的胃炎

1. 瘤胃炎（rumenitis）　　瘤胃炎是指发生于瘤胃的炎症，多呈急性，牛、绵羊、山羊等反刍动物多见。

（1）原因和发生机制　　主要如下：①过食稻谷、甜菜、糟粕、玉米等富含碳水化合物的饲料，其迅速发酵分解产生大量乳酸、挥发性脂肪酸等，瘤胃内渗透压升高，体液大量进入瘤胃内引起酸中毒而致动物死亡；②添加过多的尿素，引起中毒，尿素在瘤胃内胺酶的作用下被分解，形成的氨具有强刺激性，同时还可产生毒性很强的氨甲酰胺；③病毒感染，如牛瘟、口蹄疫、小反刍兽疫、痘病、恶性卡他热等。

（2）病理变化

【剖检】过食性瘤胃炎的动物尸体眼球凹陷，血液浓稠。瘤胃、网胃、瓣胃浆膜呈蓝紫色，瘤胃黏膜上皮脱落，固有层斑块状充血。尿素中毒性瘤胃炎主要表现为瘤胃内散发出氨的气味，胃内容物呈碱性，胃壁充血及凝固性坏死。病毒性瘤胃炎常见瘤胃黏膜糜烂、水疱、痘疹（二维码9-3）、溃疡（二维码9-4）等特征。慢性瘤胃炎可见黏膜不同程度的增生（图9-2）。

【镜检】瘤胃乳头肿大，黏膜上皮细胞发生空泡变性，黏膜与浆膜见中性粒细胞等炎症细胞浸润（图9-3）。

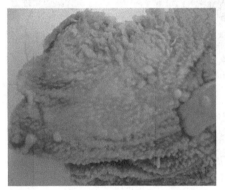

图9-2　牛慢性瘤胃炎（简子健供图）

黏膜增厚及结节状增生

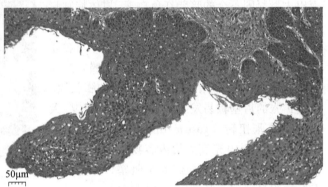

50μm

图9-3　病毒性瘤胃炎（羊）（HE 10×20）

瘤胃乳头肿大，上皮细胞空泡变性，固有层有炎症细胞浸润

2. 网胃炎（reticulitis）

（1）原因和发生机制　　网胃炎多见于牛，尤其是怀孕后期的母牛。因牛采食时很少咀嚼，常误食锐利的金属物（钉子、铁片、钢丝或铁丝、缝针、发夹）等。这些锐性金属异物进入网胃后，经胃蠕动、分娩及瘤胃臌气等可刺入网胃，引起网胃的损伤和炎症。同时，还损伤心包、心肌、肺、肝、脾等其他内脏器官。

（2）病理变化

【剖检】胃壁浅表损伤，愈合后只留下白色瘢痕；胃壁深层组织损伤，可导致局部出血、化脓、溃疡甚至形成瘘管。锐性异物易于穿过网胃刺伤膈，伤及心包和心肌，或刺入肝引起创伤性心包炎或肝脓肿（图9-4）、心肌炎、胸膜炎、腹膜炎等，有时造成相邻脏器粘连和瘘管形成。异物刺入心腔或冠状动脉，动物常由于大失血和心包堵塞而死亡。

3. 皱胃炎（abomasitis）　　皱胃炎是反刍动物第四胃的炎症，又称为真胃炎，以原发性炎症多见，也可继发于前胃其他疾病、口腔病及某些传染病。

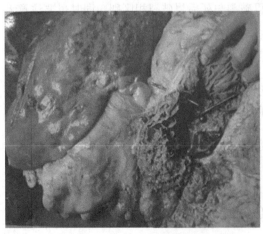

图9-4　牛网胃炎继发肝脓肿

右下侧为出血的网胃，左上方为有许多脓肿的肝

（1）原因和发生机制　　主要病因见于饲料霉变、饲料单一、缺乏蛋白质和维生素，以及过劳、长途运输等应激作用，也可见于病原微生物和寄生虫感染（二维码 9-5）。

（2）病理变化

【剖检】急性皱胃炎时，胃内容物多少不定，可有较多带血色的黏液。黏膜充血潮红、出血、肿胀，表面有一层黏稠的液体，黏膜皱襞宽厚。慢性皱胃炎时，黏膜呈青灰色或灰褐色，覆盖一层透明而黏稠的黏液，可有糜烂或溃疡及出血点，黏膜组织可有萎缩性或肥厚性炎症变化（图 9-5）。皱胃炎时，其他胃室也有变化，瘤胃内容物多为液状或半固体，散发出特殊的腐败臭

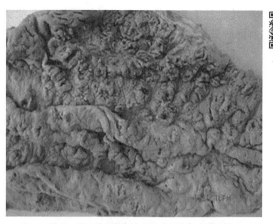

图 9-5　牛皱胃炎（简子健供图）
黏膜糜烂、溃疡

味，黏膜有出血及炎症表现；网胃较空虚，有的牛有金属异物或化脓；瓣胃有的体积增大，内容物积滞、坚实，瓣叶坏死；肝变性肿大，呈土黄色；胆囊有出血点。

（二）单胃动物的胃炎

单胃动物的胃炎多为原发性胃炎，主要见于采食过量易于分解或发酵的饲料；摄取过量粗纤维性饲料和有毒性或刺激性的物质，如砷（三氧化二砷）、铊、甲醛、阿司匹林、磷肥、尿素及植物毒素；应激反应，即突然更换饲料、外伤、烧伤、外科手术、机械性损伤等；胃黏膜防御屏障受损（药物、寄生虫、误食强酸或强碱）。

单胃动物的继发性胃炎见于许多疾病，如尿毒症、全身感染、局部缺血及休克等。其主要的发病机制为：胃正常微生物区系和 pH 改变；胃液分泌功能障碍；胃血液、淋巴循环系统障碍；胃黏膜受损。

1. 急性胃炎（acute gastritis）　　急性胃炎是以胃黏膜上皮细胞不同程度变性、坏死、脱落和炎性渗出为主的炎症。依据渗出物的不同，可分为 5 种类型。

（1）急性卡他性胃炎（acute catarrhal gastritis）　　一种比较轻微的黏膜表层炎症，主要见于温热、毒物、外伤、细菌、寄生虫、霉败饲料或污染水等对胃黏膜的直接刺激。

【剖检】胃黏膜尤其是胃底腺体部黏膜呈现弥漫性肿胀、充血与点状出血，黏膜面被覆多量灰白色黏稠的液体（图 9-6）。

【镜检】黏膜上皮通常完好无损，上皮细胞间有散在的中性粒细胞，黏膜固有层有中度水肿和轻度充血。随着病程的发展，黏膜上皮或许出现轻度变性、脱落、缺损和出血。如果黏膜基底部以上都有中性粒细胞浸润，则表示有"活动性"炎症。

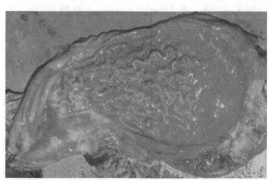

图 9-6　犬胃急性卡他性胃炎（简子健供图）
黏膜充血、出血

（2）出血性胃炎（hemorrhagic gastritis）某些急性传染病。

多见于霉败饲料和化学物质的中毒，也见于

【剖检】胃黏膜肿胀，呈弥漫性或点状、斑状出血，黏膜表面被覆红褐色黏液，严重时整个胃底部黏膜被血液浸染。

【镜检】黏膜上皮严重变性、坏死和脱落，伴发大量的炎症细胞浸润，黏膜固有层和黏膜下层炎性水肿与出血。弥漫性的胃黏膜裸露。

（3）纤维素性胃炎（fibrinous gastritis）　　一般由误食腐蚀性药物、烈性泻剂或由微生物感染所致。

【剖检】胃黏膜表面被覆灰黄色纤维素性假膜，假膜脱落后黏膜呈肿胀、充血、出血、糜烂。

【镜检】黏膜上皮不同程度受损，表面被覆黏液-纤维素性渗出物，间杂不等量的中性粒细胞，黏膜下层水肿与炎症细胞浸润。

图 9-7　胃壁脓肿

胃底腺部有一隆起的脓肿

（4）急性化脓性胃炎（acute suppurative gastritis）　　多见于牛、羊采食尖锐的异物、饲料，刺伤胃黏膜而感染化脓性细菌所致，也可见于马胃内大口胃虫寄生和马腺疫、马鼻疽感染。

【剖检】胃黏膜表面被覆黄白色黏液脓性分泌物，黏膜肿胀、充血及出血。病情严重时，胃黏膜表层严重受损，化脓性病变可深至黏膜下组织，有时出现脓肿（图9-7）。

【镜检】黏膜上皮的完整性被破坏，变性、坏死的上皮细胞脱落，有大量中性粒细胞浸润，黏膜固有层毛细血管扩张、水肿，有多量中性粒细胞和少量游离的红细胞。

（5）坏死性胃炎（necrotic gastritis）　　是指胃壁的局灶性坏死性炎症，又称胃溃疡（gastric ulcer）。可以单发和多发，有时累及食道与十二指肠，也可以作为单独的一种疾病或其他疾病的并发症。在家畜中以犬、猫、猪、牛和马多见。根据病因可以分为消化性、应激性和生物性；根据病程可分为急性、亚急性和慢性复发性。各种动物胃溃疡的共同临床特征为食欲异常、腹痛、呕吐（单胃动物）、排出黑粪，严重时出现贫血。

二维码
9-6

二维码
9-7

【剖检】犬的胃溃疡主要发生在幽门窦或十二指肠近端，直径为 3～4cm，数量较少；牛的皱胃溃疡常发生在幽门区，为多发性，绝大多数直径为2～4cm，多为圆形（图9-8）；猪的胃溃疡通常局限在胃的食管区，可蔓延至相连的食道，偶尔可见于胃底区和幽门区，后者有较大的临床意义（二维码9-6）；马的胃溃疡常为多灶性，大多位于食管区，但也可同时累及胃的黏膜区和十二指肠（二维码9-7）。

患胃溃疡病例的胃中往往充满液体状胃内容物。患有出血性胃溃疡时，胃内容物呈棕红色，严重胃出血病例胃内可见较大凝血块。处于活动期的胃溃疡灶多为垂直凿孔样黏膜缺陷，溃疡的深度从侵犯固有膜到黏膜下层、肌层甚至整个胃

图 9-8　牛皱胃溃疡（简子健供图）

胃黏膜上有大量大小不等的溃疡

壁。溃疡的底部有一层棕色或污秽褐色的基底板，其上有被胃液消化而软化的坏死组织和纤维蛋白。在出血病变的基部可见一些小动脉。溃疡边缘有黏膜残迹悬垂于溃疡基底，通常略高于周围黏膜。当整个胃壁穿孔时，黏着的网膜、胰或肝构成了溃疡的底部或胃壁穿孔直通腹腔引起化学性腹膜炎。愈合的溃疡呈渐圆的黏膜缺损，通常低于正常黏膜的表面，瘢痕表面粗糙。

【镜检】可见胃壁呈进行性凝固性坏死。急性病例表现胃黏膜浅表性缺损，表面有嗜酸性的坏死碎屑，胃小凹深部的黏膜结构消失；或黏膜表面凹陷，基底部有坏死性碎屑。坏死可迅速蔓延至黏膜肌层。溃疡基底和边缘有纤维素性坏死性碎屑，周围有中性粒细胞为主的炎性浸润区，溃疡基部有单核细胞浸润的肉芽组织，瘢痕形成区内的血管壁因血管周围炎呈明显增厚，偶见栓塞。亚急性至慢性胃溃疡病灶由不同厚度和不同成熟期的肉芽组织、混合性炎症细胞浸润组成，通常有一薄层坏死性碎屑覆盖。在溃疡周围有黏膜化生和腺体增生。

2. 慢性胃炎（chronic gastritis）　　慢性胃炎是指缺乏胃黏膜糜烂的慢性黏膜炎症，最终能引起胃黏膜萎缩与黏膜上皮化生。后者为胃癌的发生奠定了病理学基础。

（1）原因和发生机制　　慢性胃炎多由急性胃炎转化而来，也与其他病因有关，如恶性贫血所致的特应性炎症、马胃蝇幼虫所致的肉芽肿性病变、长期的毒性物质刺激、胃运动功能障碍等。

（2）病理变化

【剖检】胃黏膜往往被覆多量灰白色黏稠渗出物，黏膜表面呈沼泽样凹凸不平、潮红，称为慢性浅表性胃炎（chronic superficial gastritis）。如果胃黏膜皱褶增厚，肥厚的胃黏膜呈脑回样外观，称为慢性肥厚性胃炎（chronic hypertrophic gastritis）（图9-9）。如果胃壁虽然增厚，但黏膜表面呈现高低不平的颗粒状，称为颗粒性胃炎（granular gastritis）（二维码9-8）。随着病程发展，黏膜明显变薄、平坦，皱褶减少，此时称为萎缩性胃炎（atrophic gastritis），这也是犬慢性胃炎的一个结局。

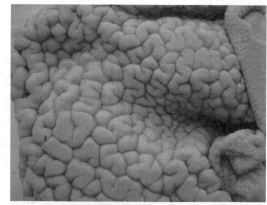

图9-9　慢性肥厚性胃炎（简子健供图）
胃黏膜褶皱增厚呈脑回样外观

二维码
9-8

【镜检】黏膜固有层内有淋巴细胞、浆细胞浸润。初期炎症浸润通常局限于胃黏膜的浅1/3处，形成浅表性胃炎。严重时，炎症反应累及整个黏膜，黏膜内淋巴组织增生，生发中心明显。胃腺颈部区上皮细胞分裂增生，黏膜内出现不成熟的上皮细胞，表现为体积较大，核浓染及黏蛋白小泡数量减少或消失。有时增生的杯状细胞和化生的柱状上皮细胞取代局部胃黏膜，并伴发轻度结缔组织增生，形成慢性肥厚性胃炎。如果黏膜固有层的腺体与固有层内和黏膜下层的结缔组织呈不均匀的增生，则形成颗粒性胃炎。随着胃腺体积变小，上皮化生，胃壁细胞与腺体结构明显丧失，整个黏膜内炎症细胞弥漫性浸润及增生的结缔组织瘢痕形成，萎缩变得越发明显。

三、肠炎

肠炎（enteritis）泛指肠壁黏膜的炎症。如果炎症只发生在肠的局部，分别称为十二指肠炎（duodenitis）、空肠炎（jejunitis）、回肠炎（ileitis）、结肠炎（colitis）、盲肠炎（cecitis）及直肠炎（rectitis）。肠壁的弥漫性炎症被称为小肠结肠炎（enterocolitis）。

（一）原因和发生机制

常见的肠炎致病因素有肠道内正常微生物区系失调，盐酸分泌不足，肠液、胰液、胆汁分泌排泄障碍，营养过剩或缺乏，肠内容物滞留，条件致病菌的增殖，外源性消化道病原侵袭，有害物质损害等，其中致病菌感染及其毒素介导的肠道病变尤为常见。

由病原感染引起肠道炎症的机制如下。

（1）损伤肠上皮细胞微绒毛　　例如，轮状病毒、冠状病毒、腺病毒可直接损伤肠上皮微绒毛，使肠上皮细胞纹状缘变钝，影响肠上皮的吸收功能，引起病毒性腹泻。

（2）损伤肠上皮细胞　　有些病原微生物依靠其表面的抗原（如菌毛抗原等）黏附于肠上皮细胞，通过各种酶、调节蛋白等生物活性物质干扰和破坏肠上皮细胞的正常生理代谢或直接溶解细胞膜或寄生于肠上皮细胞内，导致肠上皮细胞变性、坏死、脱落或肠绒毛萎缩。

（3）毒素介导作用　　产气荚膜梭菌、霍乱弧菌、大肠杆菌、志贺菌等可在肠道内寄生并分泌毒素，引起肠黏膜的急性炎症，导致黏膜弥漫性受损及其他系统的病变。

（4）易位性侵犯　　有些寄生虫、细菌（弯曲菌、红球菌）可直接穿透小肠黏膜上皮，在黏膜固有层、肌层、浆膜层甚至肠系膜淋巴小结内繁殖引起肠炎和肠系膜淋巴结炎。

（二）病理变化

根据肠炎的病程不同，可将其分为急性肠炎和慢性肠炎两种。

1. 急性肠炎（acute enteritis）　　根据炎性渗出物的性质和病变特点，常可分为以下 4 种。

（1）急性卡他性肠炎（acute catarrhal enteritis）　　急性卡他性肠炎是指以肠黏膜急性充血和浆液-黏液渗出为特征的肠炎，可呈局部节段性或弥漫性。通常是其他肠炎的早期发展阶段。

二维码
9-9

【剖检】发炎肠段松弛、塌陷，透过肠浆膜可见肠壁内淋巴小结呈半球状或球状隆起，直径 2～3cm，呈灰白色，周边有界线清晰的红晕。有时可见肠内充满气体，肠壁变薄呈半透明状（二维码 9-9）。剖开肠管，炎区黏膜面被覆稀薄、半透明或黏稠灰白色渗出物，不含血液，黏膜有轻度至明显的肿胀，弥漫性或沿皱襞呈条纹状潮红，有散在点状或斑状出血（图 9-10）。

【镜检】肠绒毛通常变短，上皮细胞纹状缘微绒毛有明显的空泡形成和缺损，肠腺腺体增生，杯状细胞增多，黏膜固有层血管扩张、充血、水肿，或轻度出血，黏膜上皮层和黏膜固有层有不等量中性粒细胞（细菌感染）或淋巴细胞（病毒感染）或嗜酸性粒细胞（寄生虫感染）浸润，黏膜下层有时可见充血、水肿及少量的炎症细胞浸润。

图 9-10　急性卡他性肠炎（简子健供图）
黏膜肿胀，有半透明渗出物

（2）出血性肠炎（hemorrhagic enteritis）　　出血性肠炎是指伴有明显出血特征的肠炎，是一种较严重的肠炎类型。为强烈的化学毒物（如砷）、微生物及其毒素或寄生虫侵袭所致。例如，鸡和牛的球虫病、炭疽、沙门菌病，仔猪弧菌性痢疾，以及仔猪和羔羊的产气荚膜梭菌感染、犬细小病毒病等引起的肠炎，大多属于出血性肠炎。

【剖检】肠壁水肿、增厚，有时延伸至附属的肠系膜。出血严重时，可见肠壁呈节段状或弥漫性紫红色或暗红色（二维码 9-10）。剖开肠管，黏膜表面出血，呈斑块状和弥漫性分布，肠内容物常与血液混杂。但有的肠壁出血（如犬细小病毒感染）始发于浆膜下出血（图 9-11），可扩散至黏膜肌层与黏膜下层，黏膜上皮受损较轻，肠内容物稀薄，呈番茄汁色。

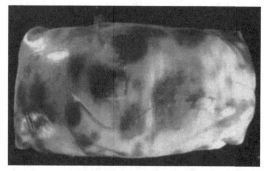

二维码
9-10

图 9-11　出血性肠炎

肠浆膜下斑块状出血

【镜检】肠绒毛不同程度的破坏、脱落，黏膜层血管明显扩张，有黏膜上皮的碎屑、纤维素性渗出物，黏膜固有层及黏膜下层有许多游离的红细胞。在肠腺之间的黏膜固有层中有中性粒细胞、淋巴细胞浸润，也可扩散至肠腺腔内。有时黏膜肌层水肿，有红细胞、炎症细胞浸润。

（3）纤维素性肠炎（fibrinous enteritis）　纤维素性肠炎又称为浮膜性炎，是以纤维蛋白渗出物为主的炎症，常见于猪、牛、鹅及猫。

【剖检】肠淋巴结肿大，呈结节状突起，肠黏膜充血、水肿，表面被覆局灶性或弥漫性纤维蛋白薄膜，呈灰白色或棕黄色，被称为纤维素性假膜（图 9-12）。此层假膜容易从黏膜表面脱离，常以肠管形状或絮状碎片的形式混于水样粪便内，被排出体外，俗称"拉肠子"。假膜脱离后，肠黏膜会出现明显的充血、水肿、点状出血及糜烂。

【镜检】黏膜表层覆盖着黏液-纤维素性渗出物，间杂脱落的上皮细胞和中性粒细胞，固有层及黏膜下层充血、水肿及单核细胞为主的炎症细胞浸润。黏膜本身破坏不太严重。

（4）纤维素性坏死性肠炎（fibrino-necrotic enteritis）　纤维素性坏死性肠炎又称为固膜性炎，是以黏膜受损严重，伴发纤维素性渗出物为特征的炎症，是纤维素性肠炎进一步的发展阶段。由于黏膜表面或深层组织发生凝固性坏死，渗出的纤维蛋白与其形成牢固结合，不易从肠黏膜上脱离。如强行剥脱，黏膜除充血、水肿外，出血和溃疡尤为突出。纤维素性坏死性肠炎多发生于回肠末段、盲肠和结肠。

【剖检】黏膜出现致密、增厚的麸皮样棕黄色薄膜。病变范围大小不同，可呈弥漫性和局灶性，或以淋巴集结为中心（图 9-13）。

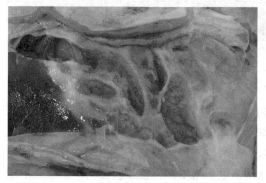

图 9-12　纤维素性肠炎

肠黏膜覆盖一层黄色纤维蛋白

图 9-13　纤维素性坏死性肠炎（简子健供图）

【镜检】黏膜表层呈颗粒样无结构的嗜酸性团块，内含细菌，其下有浸润的炎症细胞将其与活组织隔离，主要为中性粒细胞、浆细胞与淋巴细胞，还有红细胞。有时炎症反应深达肌层，常见小血管栓塞。弥漫性固膜性肠炎多以死亡为转归，局灶性的固膜炎症则随着病程发展，坏死的边缘出现具有活力的肉芽组织，并伴随着肠蠕动进行修复，最终形成具有轮层状结构的"扣状肿"。此型肠炎多发于猪沙门菌病、小鹅瘟及牛双口吸虫的童虫急性感染。

2. 慢性肠炎（chronic enteritis）　　在家畜、家禽中，慢性肠炎可分为两种类型。

（1）慢性卡他性肠炎（chronic catarrhal enteritis）　　主要由急性卡他性肠炎转变而来。这是病因刺激较轻、持续时间较长的缘故，多见于长期饲喂不当、寄生虫和微生物的慢性感染及慢性心脏病与肝病。

【剖检】肠管积气，内容物稀少，黏膜被覆多量灰白色的黏稠黏液，黏膜平滑呈灰白色，或因结缔组织不均匀增生而呈颗粒状（图 9-14）。如病程经过较久，黏膜因营养障碍而萎缩，使肠壁变得菲薄，此时称为慢性萎缩性肠炎（chronic atrophic enteritis）。

【镜检】肠绒毛变平坦或消失，绒毛变短，肠上皮细胞不同程度变性、萎缩或脱落。肠腺体积减小、数量减少、间距增宽，有时有腺体囊肿形成。黏膜固有层、黏膜下层有淋巴细胞、浆细胞、嗜酸性粒细胞浸润，有时可见结缔组织增生。

（2）慢性增生性肠炎（chronic proliferative enteritis）　　常见于副结核分枝杆菌、结核分枝杆菌、劳森菌、荚膜组织胞浆菌及一些未知病原的消化道感染。

二维码
9-11

【剖检】肠管粗细不均，肠壁明显增厚，肠腔变小、缺乏内容物，肠皱褶减少、肥厚，弹性减退，如同脑回样外观（图 9-15），黏膜表面常被覆多量呈黄白色或橙黄色黏稠渗出物，有时可见黏膜点状和斑状出血，肠管壁明显增厚（二维码 9-11）。此型肠炎多呈节段性，一般见于小肠后段和结肠。

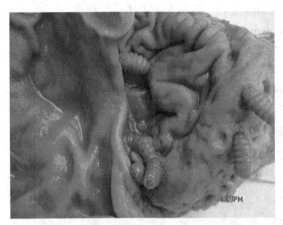

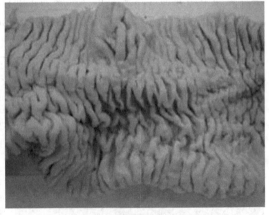

图 9-14　慢性卡他性肠炎（简子健供图）　　　　　　　　图 9-15　慢性增生性肠炎
黏膜表面有透明黏液，黏膜因增生呈颗粒状　　　　　　　　　　　肠黏膜呈脑回样

【镜检】肠绒毛变短，呈各种弯曲状，肠黏膜上皮细胞变性、脱落，杯状细胞肿大、增生、分泌亢进。由于病因不同，肠壁增厚的组织结构有所差异，一般可分为三类：①黏膜固有层、黏膜肌层有大量上皮样细胞、巨噬细胞、淋巴细胞、浆细胞浸润，多见于结核分枝杆菌、副结核分枝杆菌感染。②黏膜固有层和黏膜下层有多量结缔组织增生和炎症细胞浸润，黏膜肌层增厚，见于马肥厚性肠炎。③黏膜层腺体细胞增生，导致腺体数量增加，引起肠壁增厚，见于猪等动物的增生性肠炎（劳森菌感染）。此型肠炎常因肠黏膜过度增生，引起黏膜表层的凝固性坏死和肠道内出血。

四、肠阻塞

肠壁的固有病变致狭窄肠道内异物团块阻塞和肠外的压迫都可使肠腔完全或不完全阻塞，称为肠阻塞（impaction of the intestine tract）。病畜临床特征为口干舌燥，可视黏膜发绀，肠音初期频繁而偏强，尤其肠腔不完全阻塞的病畜，此现象持续时间较长。病畜排粪次数增多，甚至出现排软粪、稀粪现象，后则肠音变弱。有时可继发胃扩张和肠膨气。病程较长时出现脱水、循环衰竭，乃至休克。现重点叙述动物常见的肠阻塞病变。

（一）肠扭转

肠扭转（volvulus）是指不同肠段绕其系膜或肠袢旋转 180°以上，造成扭转肠道的血液循环障碍和肠道机械性闭塞的一种肠道疾病，多见于马、牛、犬。临床特征是发病急、病程短、死亡快，伴发不同程度的腹痛和腹胀。肠扭转有三种常见类型。

1. 肠系膜长轴扭转（torsion of long axis of the mesentery）　　常发生在哺乳期的反刍动物和猪、犬。主要病因是过食发酵性饲料和食后过度运动，个别的犬病例与胰腺外分泌不足有关。猪肠系膜长轴扭转是小肠系膜，有时还有大肠肠系膜被逆时针 180°旋转，使盲肠尖指向左侧的前腹部。

2. 小肠扭转（volvulus of small intestine）　　主要见于空肠，也与剧烈运动、暴饮暴食或外伤病史有关，是肠绞痛性阻塞的一个常见病因。牛最常见的临床症状是腹痛、厌食、昏睡、腹胀及脱水。犬多发于中等至大型品种的年轻公犬，症状包括急性呕吐、便血、腹部中度膨胀，常伴发腹痛、休克和死亡。病理变化为腹腔腹水增多，扭转部位前段肠道气性扩张，扭转部肠道淤血、水肿，严重处肠黏膜变性、出血。

3. 大结肠扭转（volvulus of the large colon）　　主要见于马，左结肠袢沿其长轴向背中和背侧旋转常常发展成为肠扭转。右结肠在背中旋转，向前到达盲肠褶，部分盲肠也被缠绕到肠扭转中。右结肠和盲肠在盲肠褶可到达的地方旋转或几乎整个大结肠和盲肠在盲肠基部及横结肠处扭转在一起。右结肠最常见的扭转部位是右结肠中段。扭转的部位和方向提示病变可能始于左结肠膨胀与背中部扭转，随着扭转程度的加剧，左结肠的扭转带动了右结肠。盲肠基部的扭转通常至少旋转 360°。

在外科和尸体剖检时，肠道位置异常，扭转前段的肠道积气，扭转部的肠袢可呈暗红色至黑色，有不同程度的淤血、水肿、出血、梗死或湿性坏疽，有时出现坏死性化脓性炎症、血栓形成及腹膜炎。腹腔内有不等量的血样腹水。腹腔壁和膈膜可能由于膨胀而出现死后破裂。

（二）肠套叠

肠套叠（intussusception）是一段肠管及其肠系膜套入与其相连接的另一段肠腔形成的外鞘中，并长时间停留的病变，主要发生于犬，其次是羔羊、犊牛、马驹。犬的肠套叠最常见，常发部位为回结肠。羔羊、犊牛、马驹的好发部位是小肠、盲肠和结肠。临床表现为突然不食，急性腹绞痛，拱背收腹，前肢爬行或侧卧，严重者突然倒地，四肢呈游泳状，不断呻吟。初期频频排出稀粪，量少而黏稠，以后可混有黏液和血液。触诊时可触到套叠肠管如香肠状，压迫时痛感明显。

【剖检】套叠肠段及其肠系膜长短不一，一般小动物为 10～12cm，大动物为 20～30cm。套

图 9-16 肠套叠
套叠部肠管明显增粗

叠的肠段外观呈深紫红色或淡蓝色，弓形或螺旋状。其质地类似香肠或外有波动感，但内部可摸到香肠状的套叠部。在形状似颈样套叠处，卷起的肠壁形成一个肉样环，将缩小并有褶皱的条索状的套入部连同其肠系膜卷入（图 9-16）。套叠的肠壁分三层，最内层为套入肠壁进入层，中间为套入肠管的返回肠段，外层是接受肠段肠壁。套叠的肠段最初发生充血、肿胀，浆膜面有浆液-出血性或纤维素性出血性渗出及粘连。随着病程的进展，套叠的肠段出现坏死、静脉性梗死和坏疽，常伴有腹膜炎与全身性感染。阻塞性肠套叠前段的肠道可能扩张，而阻塞后段的肠道皱缩，缺乏肠内容物。如果是慢性或部分阻塞，肠套叠近端肠道的平滑肌肥大。濒死与死后的肠套叠因没有淤血、肿胀、出血及套叠部的肠管粘连变化可以鉴别。

（三）肠嵌闭

肠嵌闭（intestinal incarceration）是指一段肠管进入腹腔内或与腹腔相通的自然孔或破裂孔后，在此受到挤压而发生闭塞的病理过程。肠嵌闭多发生在马和犬，主要由内疝引起，外疝性肠嵌闭并不常见。

1. 内疝性肠嵌闭　　内疝是指一段肠道进入腹腔内正常的和病理性的孔，但缺乏疝囊，主要发生在马。在网膜疝形成过程中，一部分小肠，常是远端的十二指肠和回肠从腹右侧向左侧移动，并进入了网膜囊，形成肠嵌闭。手术过程中，过度牵引精索可以撕裂固定输精管的腹膜襞（peritoneal fold），因此在输精管和腹腔侧壁或骨盆侧壁之间形成一个裂孔。当一段肠祥进入此孔时就会引起肠嵌闭。在马属动物中，常见一段肠管分别进入膀胱侧韧带、胃脾韧带等韧带的裂孔引起肠嵌闭。

2. 外疝性肠嵌闭　　外疝通常由疝环（孔）、疝内容物（指肠管及肠系膜等）和疝囊所构成。临床上能引起肠嵌闭的外疝主要有脐疝和腹壁疝。先天性和遗传缺陷所致的脐疝（umbilical hernia）最常见于猪、马驹、犊牛和幼犬。偶尔可见到由疝内脱出的肠段所引起的肠嵌闭。肠壁疝（parietal hernia）可以嵌闭肠管周围的肠系膜游离部分或肠段，如果嵌闭的肠壁发生坏死，还可演变为脐脓肿或肠外瘘。

肠嵌闭主要是由内、外疝的疝环狭窄或受压所致。被嵌闭的肠段发生扩张、静脉回流受阻、水肿。随着病程的发展，嵌闭的肠段出血、局部缺血性坏死和穿孔，引起继发性腹膜炎，但也可在嵌闭肠段的固定处发生肠扭转。

（四）便秘及异物性肠阻塞

1. 便秘（constipation）　　便秘是指胃肠运动功能紊乱时，粪便停滞而使某段肠管发生完全或不完全阻塞的一种急腹症。几乎见于所有的家畜和野生动物，多发生于猫、犬、猴、马、骡。根据病因可分为原发性便秘和继发性便秘；根据临床特征又可分为急性便秘、慢性便秘、复发性便秘、顽固性便秘及胎粪性顽固性便秘；根据发病机制又分为功能性便秘和器质性便秘；根据发生部位可分为小肠便秘、大肠便秘、小结肠便秘和直肠便秘。其中以小肠便秘和大肠便秘较为多见。

病因主要有：①饲养管理因素（如饮食不当、饲料配置不当等）；②骨盆和尾骨疾病（骨盆骨折和骨盆骨折愈合不良、盆骨炎、骶髂骨脱臼、骨盆腔狭窄、猫尾椎骨分离），尤其小动物常见；③使用药物不当，如镇痛药（吗啡、阿片样物质等）、抗狂躁抑郁症药/抗抑郁症药（阿米替林）、钙离道阻滞药（奥索地平）、止吐药（谷尼色创、托烷司琼）不合理的使用；④动物特发性和遗传性因素，如猫和犬的家族性自主神经功能异常［赖利-戴综合征（Riley-Day syndrome）］、猫特发性巨结肠病、犬的慢性进行性自主性功能障碍、猫的凯-加氏综合征（Key-Gaskell syndrome）、猫家族性先天性甲状腺功能减退症；⑤继发于消化道和其他系统的疾病，如象出牙延迟病、犬肛门直肠疾病、犬结肠移位、犬前列腺囊性钙化性增大、猴子宫内膜异位症、驼羊肾畸胎瘤、绵羊羽扇豆中毒、绵羊杆菌性血红蛋白尿、马驹和成年马肉毒杆菌中毒、牛光过敏症、牛铜中毒、牛铅中毒、牛橡树叶与芽中毒、牛苦槛蓝树（*Myoporum* tree）和干梅枝（pruned branch）中毒；⑥手术后并发症。

小肠便秘多发生于十二指肠。剖腹探查手术或剖检时可见阻塞部肠管扩张，充满多量干固性内容物，肠管呈香肠状。肠壁淤血、水肿或轻度出血。严重时，肠壁可出现淤血及坏死。患畜表现为食欲废绝、疼痛剧烈、乱冲乱撞、卧地蹴滚。由于此时胃的排空受阻，而且小肠内容物发酵产生的气体和小肠受刺激而分泌的液体，随小肠的逆蠕动增强而反流入胃，易导致继发性胃扩张。大肠便秘多发生于右上大结肠（胃状膨大部）、骨盆区、盲肠及小结肠。剖检时可见上述部位的肠道内积蓄有大量干硬的粪球，便秘部肠黏膜因受压而贫血，但多半呈潮红、肿胀并伴有出血，被覆有厚层黏液。病程较久的病例，黏膜常发生坏死。猫的特发性巨结肠的主要症状是复发性、顽固性便秘，有严重的结肠扩张，充满粪便，骨盆通道狭窄。

2. 异物性肠阻塞（intestinal impaction of foreign body）　　异物性肠阻塞是典型的肠内阻塞的一种常见形式，主要病因是：①饲养管理不当，如摄入难以消化的粗纤维和小骨头，以及食入的泥沙未及时清除等；②微量元素缺乏，引起动物的异食癖，如摄入布条、绳节、塑料布、毛团等；③寄生虫感染，引起消化道蛔虫、绦虫等缠结，使肠管发生机械性阻塞；④全身钙磷代谢失调，引起肠的真性结石或假性结石的形成（二维码 9-12）。

二维码
9-12

异物性肠阻塞的病理变化取决于动物的种属、阻塞的部位与长度及阻塞的程度。一般来说，当动物发生不完全肠阻塞时，会出现严重的消化不良，便秘和腹泻相交替，患畜进行性消瘦。触诊腹部时肠道内有可触及的硬物。当肠道完全阻塞时，阻塞处前方的肠段和胃因排空受阻，蓄积大量的肠内容物，停滞并腐败发酵，同时大量分泌胃肠液，引起肠膨胀。在马肠结石病例中，结石一般阻塞在乙状弯曲，阻塞处前端肠管极度扩张，肠内容物充盈，并有数量不等、大小不一的真性结石，阻塞部的结石有时可重达 8kg。当肠道继续膨胀时，可影响肠的静脉回流，黏膜和黏膜下层充血、出血及渗出。肠腔内异物停留处的黏膜变性和压迫性坏死，引发坏疽、穿孔及腹膜炎。患畜可因全身脱水、自体中毒而发生死亡。

第二节　肝病理

肝炎（hepatitis）即肝的炎症，是动物的一种常见的肝病变。根据炎症的病程，可将肝炎分为急性肝炎和慢性肝炎；根据炎症出现的部位，又可分为实质性肝炎和间质性肝炎；根据发生原因不同，又可分为传染性肝炎和中毒性肝炎。

一、急性实质性肝炎

急性实质性肝炎（acute parenchymatous hepatitis）是指以肝细胞严重变性、坏死为主的肝炎，又称为坏死性肝炎（necrotic hepatitis），可分为传染性及非传染性两大类。传染性肝炎主要由病毒、非化脓性细菌、螺旋体、真菌等引起。它们可通过门静脉和脐静脉、肝动脉、胆道逆行感染，或直接由邻近病灶蔓延及肝外伤等途径侵袭肝。非传染性肝炎主要由植物毒素、农药与化学毒物及药源性代谢毒素引起。

急性实质性肝炎又可分为弥漫性和局灶性。

1. 弥漫性实质性肝炎　　在动物中，该型肝炎最为常见，肉眼上难以识别出坏死灶，如犬的传染性肝炎和弓形体病，新生犊牛、马驹的疱疹病毒感染，羔羊的裂谷热等。

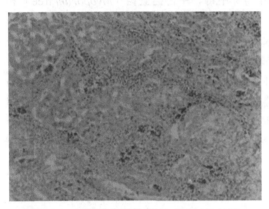

图 9-17　弥漫性实质性肝炎（HE 10×20）

肝细胞变性、坏死及炎症细胞浸润

【剖检】肝轻度肿大，有不同程度的黄染，质地易脆。严重的病例，肝各叶明显变小，几天内出现皱缩，呈浅红色，柔软，被膜出现皱褶，有胆汁浸染；肝切面坏死区潮红、软化与局部胆汁浸润。

【镜检】见肝细胞弥漫性变性，肝小叶排列紊乱，小叶内胆汁滞留；肝细胞呈单个或不规则的岛屿状或团块状坏死，坏死的肝细胞呈嗜酸性毛玻璃样小体。融合性坏死如同桥梁样连接邻近的肝小叶（图 9-17）；肝巨噬细胞、肝窦内皮细胞肥大、增生，含有脂褐素，汇管区巨噬细胞和淋巴细胞浸润并向坏死区扩散；肝细胞再生明显，常有 2~3 个核，大小不一致，着色较浅。

坏死可累及整个肝小叶或大部分肝小叶，多见于中央带和中间带，周边带坏死较为少见。由于邻近肝小叶的完全破坏与肝细胞崩解，只留下塌陷的网状结构支架与门脉系统，汇管区的间距变小，有淋巴细胞、巨噬细胞和偶见中性粒细胞浸润。存活一周以上的病畜可出现肝细胞再生、肝巨噬细胞增生。增生的肝巨噬细胞内含有脂褐素和细胞碎屑。若为肝小叶带状坏死，固有的肝结构可以保存下来，继而转为慢性肝炎，即肝硬化。

2. 局灶性实质性肝炎　　局灶性实质性肝炎可以呈急性或慢性经过。

【剖检】见肝不同程度肿大、质地变脆，有时会有胆汁浸染。肝受损的部位、分布、数量及大小都没有规律性，从针尖、针帽、粟粒大小的坏死点至融合性或直径 2~3cm 的黄白色或灰白色坏死区（图 9-18，二维码 9-13），严重时可累及肝深部。有时有肉芽肿形成。

【镜检】病灶中肝细胞呈单个、岛屿状、团块状乃至较大的局灶性凝固性坏死，周围有炎症细胞浸润（图 9-19）；坏死区周围肝细胞有不同程

二维码
9-13

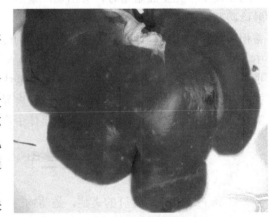

图 9-18　肝表面可见多个大小不一的白色坏死灶

度的变性，肝血窦扩张，有时充血，肝血窦内皮细胞和肝巨噬细胞肥大、增生，汇管区也有不同程度的炎症细胞浸润。小的坏死灶可被炎症细胞完全取代或作为肉芽肿的形成基础。

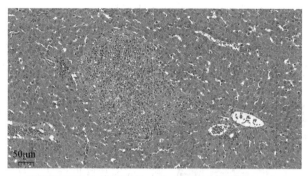

图 9-19　肝组织有局灶性坏死灶，并有炎症细胞浸润（HE 10×20）

二、化脓性肝炎

化脓性肝炎（suppurative hepatitis）又称为肝脓肿（liver abscess），在家畜中常见，尤其是牛。常见的病因有化脓棒状杆菌、大肠杆菌、链球菌、葡萄球菌等的感染。它们可通过血源或局部蔓延进入肝，引起肝脓肿。

【剖检】肝脓肿可呈单灶性或多灶性，直径为几毫米至数厘米（图 9-20）。细菌通过肝动脉或门静脉扩散时，能引起多发性小脓肿，直接蔓延或肝外伤常引起单个较大的脓肿。脓液的颜色因侵入细菌的种类不同而有差异。刚形成的脓肿周围有明显的红晕，脓肿的表面常有纤维素性化脓性渗出物，常与邻近内脏组织粘连。陈旧的脓肿则有较厚的结缔组织包囊。

【镜检】脓肿中心呈液化性坏死，间杂变性、坏死的中性粒细胞，有时可见菌落。脓肿周围有大量中性粒细胞和巨噬细胞聚集，结缔组织包囊内也有淋巴细胞、巨噬细胞浸润（图 9-21）。

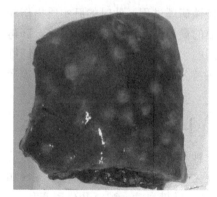

图 9-20　肝脓肿（牛）

肝表面布满大小不等的圆形红白色结节

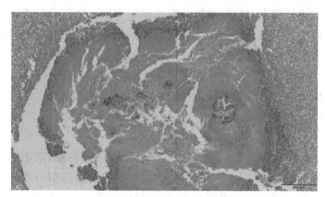

图 9-21　肝脓肿（牛）镜检（HE 10×10）

脓肿中心为液化性坏死灶，周围有大量中性粒细胞和巨噬细胞聚集，最外层为结缔组织包囊

三、寄生虫性肝炎

寄生虫性肝炎（parasitic hepatitis）是指各种蠕虫（绦虫、线虫、吸虫）、鼻腔舌形虫及原虫引起的肝与胆道的局灶性炎症，是畜禽最常见的一种以侵犯肝间质为主的炎症，因此，又有

间质性肝炎（interstitial hepatitis）之称。由于寄生虫的种类、发育史、侵入门户及致病机制不同，其表现形式各异。

由于引起肝炎症的虫体不同，其病变特征有所差异。

1. 多发性坏死　　早期急性寄生虫性肝炎，可见大小不等、形状各异的虫道、溃疡和凝固性坏死灶，坏死灶的中心或边缘有虫卵或虫体及组织碎屑，周围为凝固性坏死和嗜酸性粒细胞浸润为主的炎症反应。多见于细颈囊尾蚴、蛔虫、线虫的幼虫移行、弓形虫及原虫感染等。

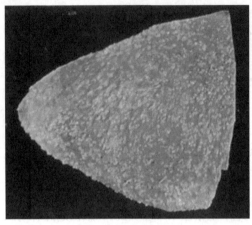

图 9-22　肝砂粒症

肝坚硬如石，表面和实质内布满灰白色砂粒样结节

2. 结节与囊泡形成　　在肝表面出现数量不等、大小不一、形状不定的淡黄色或灰白色结节，常为脓性，随后干酪化，形似结核样结节，有的则形成肉芽肿性结节。有些寄生虫，如发育至中期的棘球蚴可在肝内形成囊泡。随着囊泡不断长大，肝实质受到严重破坏。

3. 钙化与瘢痕化　　钙化与瘢痕化是慢性寄生虫性肝炎的后期主要表现，由于寄生虫结节或坏死灶钙盐沉着，纤维性结缔组织增生，轻者导致肝表面粗糙、高低不平与瘢痕形成；重者导致肝体积变小，质地坚硬，表面和切面有密集的灰白色钙化结节，形成所谓的"砂粒肝"或称肝砂粒症（图 9-22）。

四、肝硬化

肝硬化（cirrhosis）是指严重的肝细胞变性、坏死之后，残存肝细胞结节性再生，结缔组织与胆管增生，使肝结构改建，逐渐变形、变硬及纤维化的慢性病理过程。此时的肝实质损伤和随后发生的纤维化是弥漫性的，往往波及整个肝，带有瘢痕的局部损伤不能构成肝硬化。肝再生性结节是诊断肝硬化的依据，是再生作用与收缩愈合之间的一种平衡反应；一旦肝发生纤维化则是不可逆转的病理过程，故称为"末期肝"。肝血管的正常分布和构型被实质损伤和瘢痕形成所改建，血管动脉-静脉吻合形成异常互通。

（一）原因和发生机制

肝硬化不是一种独立的疾病，而是多种疾病遗留下的一种不可逆的晚期肝病。凡是能致肝细胞进行性坏死且超过肝细胞再生能力的病因都可引起肝硬化。常见的病因有肝急性中毒（如农药、重金属、除草剂）、药源性肝损伤、肝细胞代谢紊乱（半乳糖血症、酪氨酸代谢紊乱）、慢性肝炎、慢性胆囊炎、肝外胆道阻塞、心源性肝淤血、生物性致病因素感染、肿瘤性病变及一些不能界定的疾病［隐源性肝硬化（cryptogenic cirrhosis）］等。因此，依其病因可将肝硬化分为门脉性、坏死性、淤血性、胆汁性及寄生虫性等类型。

肝进行性纤维化是肝硬化发生的关键环节。在正常肝内，Ⅰ型和Ⅱ型间质胶原主要集中于门脉区，偶见于迪塞间隙（Disse space）和中央静脉周围。迪塞间隙内的Ⅳ型胶原微丝构成了肝细胞之间的胶原网状支架。肝细胞与窦内皮细胞之间有透明膜相隔。当肝轻度受损而恢复时，不成熟的胶原可以被酶降解、清除。虽然肝细胞有合成胶原的能力，但在肝硬化发生时，过多的胶原是由一种存在于迪塞间隙内的贮脂细胞产生的。细胞外正常基质的异变、炎症细胞释放的细胞因子（如 TNF-α、TNF-β、IL-1 等）、代谢毒物及其产物的直接刺激，激活贮脂细胞，使其失去原有的贮存维生素 A 的功能而变为成纤维细胞样的细胞，分泌Ⅰ型和Ⅱ型胶原。与此同时，贮脂细胞也获得了与肌细胞相似的、具有收缩功能的特性。随着Ⅰ型和Ⅱ型胶原不断在迪塞间隙内沉着与胶原化形成，引起肝血流紊乱和肝细胞与血浆之间溶质弥散作用受阻（如白蛋白、凝血因子、脂蛋白的转运），最终导致肝纤维化与肝功能衰竭。

（二）病理变化

尽管肝硬化有着不同的类型，但它们之间存在着一些共同的基本病变。因此，无论从剖检还是镜检上都有相似的病理特征。

【剖检】肝被膜增厚、体积缩小、质地变硬、表面粗糙，常出现不同程度的颗粒状至结节状隆起（图 9-23）。切面肝小叶结构破坏，常见不同走向的纤维束，胆管显露，呈索状突起。如有胆汁淤滞，肝表面和切面呈绿褐色或深绿色外观。

【镜检】间质明显增宽，间质内纤维性结缔组织广泛增生、网状纤维胶原化及相当数量的淋巴细胞和单核细胞浸润。纤维束呈桥梁式排列，将肝小叶分割成大小不等、形状不规则的岛屿状结构，即假小叶形成，或称为假性肝小叶（图 9-24）。假小叶内肝细胞肥大，着色较深，多数无中央静脉或中央静脉偏位或有两个中央静脉并存。假小叶边缘可见聚积成堆或呈条索状的新生胆管上皮，很少能见到胆管腔。假小叶形成是肝硬化的特征性病变之一。随着病程的进一步发展，大瘢痕可取代邻近多个小叶或互相连接的纤维性瘢痕取代大部分的肝实质。寄生虫感染时，可见寄生虫结节的中心发生钙化，周边有透明变性的结缔组织和嗜酸性粒细胞、淋巴细胞浸润。在胆汁性肝硬化发生时，除上述肝硬化的特征性镜检病变外，还能见到肝小叶内毛细胆管扩张，胆汁淤积，胆栓形成，肝细胞和间质内均有胆汁浸染，呈棕绿色外观。

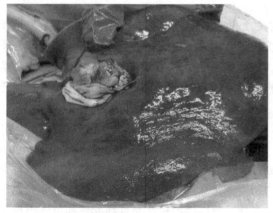

图 9-23　肝硬化

肝表面有灰黄色灶状区域，质地变硬

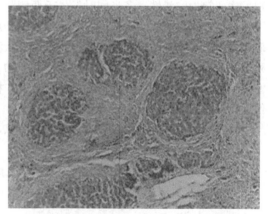

图 9-24　肝硬化假小叶形成（HE 10×20）

肝细胞被增生的间质结缔组织分割成小岛状的假小叶

（三）结局

在家畜中，肝硬化可能属于亚临床诊断。一旦出现症状则表现为非特异性临床诊断表现，即食欲不振、消瘦、虚弱。随着病情发展会出现症状明显的衰弱、进行性肝功能衰竭、门脉高压症及其相关的并发症或诱发肝细胞性癌变。

第十章 泌尿生殖系统病理

泌尿系统器官包括肾、输尿管、膀胱和尿道。其中以肾的疾病比较多发。生殖系统包括雌性和雄性生殖系统。在雌性生殖系统器官中以卵巢、子宫和乳腺的疾病较为多发，而在雄性生殖系统中则以睾丸的疾病最为多见。

第一节 肾 病 理

肾在维持机体的酸碱平衡、水盐平衡及排泄有害物质等功能中占有重要地位，因此肾的病变对于动物的生命活动产生重要影响。肾的病变很多，其中以肾炎最为常见。

一、肾炎

肾炎（nephritis）是指肾单位（包括肾小体与肾小管）和肾间质的炎症过程，常见的有肾小球肾炎、间质性肾炎和化脓性肾炎三种。肾炎多伴发于中毒、感染及一些传染病的经过中，原发性肾炎比较少见。

（一）肾小球肾炎

肾小球肾炎（glomerulonephritis）主要是指肾小球（血管球）和肾小囊（球囊）的炎症过程，病变常为弥漫性，多半同时发生于两侧肾。

肾小球肾炎多并发于猪瘟、猪丹毒等传染病的过程中，目前普遍认为是一种变态反应性疾病，是疾病过程中的抗原抗体复合物呈颗粒状沉积于肾小球的毛细血管基膜上，从而引起一系列炎症反应。此外，病原微生物或其毒性产物（如化脓性葡萄球菌等）也可经血液进入肾，堵塞或损害肾小球毛细血管而诱发肾小球肾炎；机体受寒、感冒或过劳，也对该病发生具有促进作用。

肾小球肾炎按病程经过和病理形态学特点，也可区分为急性、亚急性和慢性三种。

1. 急性肾小球肾炎（acute glomerulone-phritis） 急性肾小球肾炎多半是肾小球肾炎的初期变化。根据其主要形态特点，可分为急性增生性、急性渗出性、急性坏死性和急性出血性肾小球肾炎等几种类型。

【剖检】在病变轻微时，通常缺乏眼观变化；但在病情较重的病例，见肾稍肿大，被膜紧张，容易剥离，剥离后肾表面平滑，呈淡黄褐色，切面皮层稍增厚（二维码10-1）。急性出血性肾小球肾炎时，肾表面可见明显的出血点，大量的出血点在肾表面呈现时形似雀斑，俗称"雀斑肾"或

图10-1 急性出血性肾小球肾炎

肾表面遍布大小不一的出血点，呈雀斑样或麻雀卵样外观

"麻雀卵肾"（图 10-1）。

【镜检】可见肾小球毛细血管壁坏死、中性粒细胞浸润和少量纤维蛋白渗出及肾小球血管间质细胞和内皮细胞增生等变化。

急性增生性肾小球肾炎最常见的变化是：肾小球内的细胞数目明显增多，增多的细胞主要是肾小球血管的间质细胞和内皮细胞，因而表现肾小球肿大，充满肾小囊而使囊腔变窄，肾小球毛细血管管腔也变窄而呈空虚状态（图 10-2）。在毛细血管腔或血管间质内，出现数量不等的中性粒细胞、单核细胞或嗜酸性粒细胞。

急性渗出性肾小球肾炎最常见的变化是：肾小球充血或出血，肾小囊内蓄积有多量浆液、纤维蛋白和红细胞，因而球囊呈现显著扩张（图 10-3）。

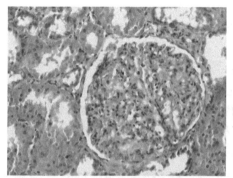

图 10-2　急性增生性肾小球肾炎
（王凤龙供图）（HE 10×20）

肾小球内皮细胞和间质细胞增生，
肾小球体积增大，肾小球囊狭窄

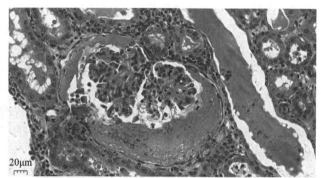

图 10-3　急性渗出性肾小球肾炎（HE 10×40）

肾小球囊扩张，囊内蓄积大量浆液、纤维蛋白及红细胞

急性出血性肾小球肾炎最常见的变化是：肾小球毛细血管呈高度充血、出血，毛细血管腔内有透明血栓形成，最终导致肾小体坏死（图 10-4）。

【电镜观察】常见基底膜和脏层上皮细胞间有高电子密度沉积物，这些沉积物有时也出现在内皮细胞下或基底膜内。免疫荧光检查显示，沿肾小球毛细血管基底膜和系膜区有颗粒状荧光，其成分主要是 IgG 和补体 C3。

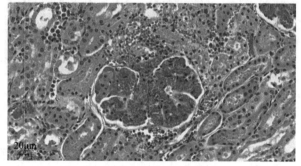

图 10-4　急性出血性肾小球肾炎（HE 10×40）

肾小球毛细血管高度充血、出血

2. 亚急性肾小球肾炎（subacute glomerulonephritis）　本型肾炎有的继发于急性肾小球肾炎，有的可独立发生。

【剖检】一般表现肾稍肿大，切面皮质色泽变淡并偶尔见有点状出血；切面用放大镜检查见皮质内肾小体呈灰白色小斑状突出。

【镜检】该型肾炎可见部分肾小体呈上述急性肾小球肾炎变化，表现肾小球毛细血管内皮及间质细胞增生，致使毛细血管管腔狭窄且在毛细血管祥内有中性粒细胞浸润。但绝大多数亚急性肾小球肾炎的特征变化为：肾小球球囊的脏层和壁层细胞增生，尤以壁层细胞的增生更为显著。增生的细胞重叠，被覆于肾小球的球囊壁层尿极（即近曲小管开口处）侧，呈新月形，称为"上皮性新月体"（epithelial crescent）（图 10-5）；若呈环状包绕整个球囊壁层，则称"环状体"。在病程经久的病例，于新月体的上皮细胞之间可见有新生的胶原纤维，此时变为"纤维性新月体"（fibrous crescent）。在有新月体的肾小球毛细血管丛，可见灶性坏死，以后萎缩塌陷，并与新月体粘连，使球囊腔闭锁，最后整个肾小体呈纤维化或玻璃样变。

在肾小体发生上述变化的同时，肾小管可能发生扩张，肾小管上皮明显脂变，管腔内含有透明管型和细胞管型。肾小球的毛细血管发生贫血，结果导致肾小管萎缩、灶状坏死及间质结缔组织增生。

3. 慢性肾小球肾炎（chronic glomerulonephritis）　　　多半由急性及亚急性肾小球肾炎延续发生，有的也可成为一种独立的肾炎。可分为膜性肾小球肾炎、膜性增生性肾小球肾炎、慢性硬化性肾小球肾炎几种类型。

（1）膜性肾小球肾炎（membranous glomerulonephritis）　　　为慢性免疫复合物肾炎，主要表现为肾小球毛细血管基底膜弥漫性增厚。

【剖检】早期变化不明显，后期肾体积增大，色苍白。

【镜检】见肾小球毛细血管壁呈弥漫性均匀增厚，毛细血管管腔狭窄甚至闭塞（图 10-6）。免疫荧光检查发现在肾小球毛细血管周围见均匀一致的颗粒状荧光，表明有免疫复合物的沉积。肾小球内通常缺乏炎症细胞，但有 IgG 和补体 C3 的沉积。肾小球毛细血管壁损伤，通透性增高，蛋白尿渗出。有时，在近曲小管上皮细胞内可见到类似脂质的小泡。

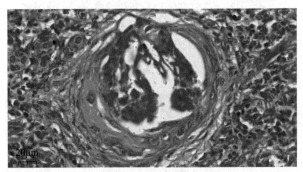

图 10-5　亚急性肾小球肾炎（HE 10×40）
肾小球囊壁细胞增生呈新月状

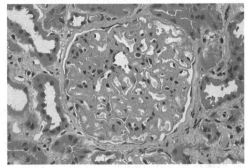

图 10-6　膜性肾小球肾炎（HE 10×20）
肾小球毛细血管壁呈弥漫性均匀增厚但细胞数量
未明显增加，部分毛细血管管腔狭窄甚至闭塞

【电镜观察】足细胞肿胀，足突消失，在足细胞下有大量电子致密物沉积，沉积物之间基底膜物质形成钉状突起，钉状突起可向致密物表面延伸，覆盖沉积物使基底膜增厚，在基底膜内的沉积物逐渐溶解后局部呈虫蚀状，虫蚀状空隙由基底膜物质填充后，肾小球逐渐发生透明样变。

（2）膜性增生性肾小球肾炎（membrane proliferative glomerulonephritis）　　　病变主要表现为肾小球毛细血管系膜细胞增生和基底膜增厚。

【剖检】早期肾无明显改变，肾发生纤维化时体积缩小且表面呈细颗粒状。

【镜检】见肾小球间质内系膜细胞增生，系膜基质增多，系膜区增宽，肾小球增大，血管球呈分叶状，肾球囊狭窄。免疫荧光检测，可见沿肾小球毛细血管呈不连续的颗粒状荧光，系膜内出现团块状或环形荧光，沉积物主要为 C3。

【电镜观察】基底膜致密层内出现不规则带状电子致密极高的物质沉积。特殊染色见电子

二维码10-2

致密物 PAS 阳性（二维码 10-2）。

（3）慢性硬化性肾小球肾炎（chronic sclerosing glomerulonephritis）　各类肾小球肾炎发展到晚期均可转变为慢性硬化性肾小球肾炎。病理特征为大部分肾单位纤维化，少量残留肾单位代偿性肥大，肾变小变硬，表面凹凸不平。

【剖检】肾体积缩小，质地变硬，表面呈细颗粒状，被膜不易剥离，呈固缩肾现象。切面皮质薄厚不均，并见结缔组织增生形成的纹理或结节，有时见小的囊肿。

【镜检】见多数肾单位发生纤维化，残留肾单位出现代偿性肥大。发生纤维化过程中的肾小球呈纤维性新月体、环形体或完全纤维化（图 10-7），并进一步发展出现透明变性，其所属的肾小管萎缩甚至消失，间质结缔组织增生，并见淋巴细胞、巨噬细胞等炎症细胞浸润和增生。残存的代偿性肥大的肾单位表现为肾小球体积增大，肾球囊扩张，肾小管变粗。

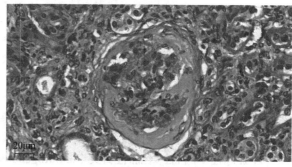

图 10-7　慢性硬化性肾小球肾炎（HE 10×40）
肾小球纤维化成结缔组织团块

（二）间质性肾炎

间质性肾炎（interstitial nephritis）是指在肾间质以淋巴细胞、单核细胞浸润及结缔组织增生为特征的肾炎。常见于牛、马、羊、猪等动物，偶见于禽类。

布鲁氏菌病、钩端螺旋体病、牛恶性卡他热、水貂阿留申病、马传染性贫血等可引起感染性间质性肾炎。二甲氧苯青霉素、氨苄青霉素、青霉素、先锋霉素、噻嗪类及磺胺类等药物中毒，可引起药源性间质性肾炎。

根据病变波及的范围，可分为弥漫性间质性肾炎和局灶性间质性肾炎。

1. 弥漫性间质性肾炎（diffuse interstitial nephritis）

【剖检】急性病例见肾稍肿大，被膜易剥离，表面和切面分布弥漫的灰白色斑纹，病灶与周围无明显分界。慢性病例的肾表面皱缩，体积缩小，质地较硬，呈淡灰色或黄褐色，被膜增厚与皮质粘连不易剥离，切面可见皮质部变窄，皮质与髓质的界线不清，在皮质和髓质内有时可见小的囊肿形成。

【镜检】初期见肾间质有淋巴细胞、浆细胞、单核细胞的浸润和增生，在血管和肾小管周围尤为明显。有时，同时见肾小管上皮细胞发生变性，甚至坏死、消失，肾小球变化不明显。病程呈慢性经过时，肾间质内增生的炎症细胞逐渐被增生的结缔组织取代，病变部位的肾单位萎缩，甚至被增生的结缔组织所取代，残存的肾小管管腔扩张，管壁变薄，上皮细胞呈扁平状，有些管腔内含有透明或细胞性管型，也有的肾小管上皮细胞呈代偿性肥大。

2. 局灶性间质性肾炎（local interstitial nephritis）

【剖检】肾稍肿大，表面和切面分布灰白色、大小不等的斑点状病灶，俗称"白斑肾"（二维码 10-3）。

二维码10-3

【镜检】肾间质淋巴细胞、单核细胞局灶性浸润和增生，形成炎症细胞结节（图 10-8）。随着病情的发展，也可出现结缔组织的增生，部分肾小管被压迫萎缩，甚至由结缔组织取代而消失。肾小球一般病变不明显。

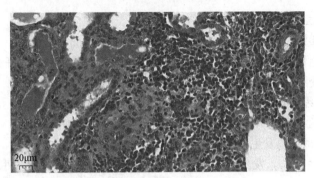

图 10-8　局灶性间质性肾炎（HE 10×40）

肾间质内有大量淋巴细胞、浆细胞等炎症细胞积聚

（三）化脓性肾炎

化脓性肾炎（suppurative nephritis）是指肾感染化脓性病原体所发生的化脓性炎症。按病原菌的感染路径不同，可分为血源性（下行性）和尿源性（上行性）化脓性肾炎。

1. 血源性（下行性）化脓性肾炎（hematogenous or descending suppurative nephritis）　化脓菌经血源移至肾，首先在肾小球血管网形成细菌栓塞，随后在肾小球部位形成化脓灶，并逐渐向肾小球四周扩大，即以肾小球为中心形成化脓病灶。

【剖检】见肾有粟粒大、米粒大或更大一些的化脓灶，病灶主要见于皮质，并同时发生于两侧肾（图 10-9）。病灶可逐渐融合、扩大或沿血管形成密发的化脓灶。如果化脓菌经肾小球血管网进入肾小管乃至集合管，可在肾小管腔内形成细菌性管型，并引起周围组织化脓。此时病灶由皮质扩至髓质乃至肾乳头，形成线条状的化脓灶。

【镜检】在化脓灶形成初期，在肾小球血管网内见有化脓菌的团块和白细胞浸润；进而使血管网破坏，化脓扩散到整个肾小体（图 10-10）。此外，化脓菌可经肾小球下行到肾小管，由肾近曲小管下降到肾袢乃至集合管，首先在肾小管内形成细菌性管型，继而有中性粒细胞浸润而化脓。化脓灶由皮质向髓质并扩展到肾乳头，形成条索状化脓灶。

图 10-9　肾实质布满大小不一的脓肿，使表面
凹凸不平

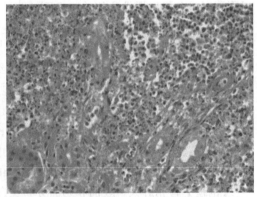

图 10-10　肾小管间质内有大量中性粒细胞浸润
（HE 10×20）（王凤龙供图）

2. 尿源性（上行性）化脓性肾炎（urogen or ascending suppurative nephritis）　化脓菌经由尿道、膀胱、输尿管进入肾盂，在此首先形成肾盂肾炎（pyelonephritis），进而由肾乳头集合管进入肾实质形成化脓性肾炎。尿源性化脓性肾炎多继发于膀胱炎、膀胱结石、肿瘤或妊

娠子宫，压迫输尿管后使其发生狭窄或闭塞，尿液排出受阻，结果细菌可繁殖并经尿道上行到肾而形成肾炎（图10-11）。

产后的母牛常见有肾盂肾炎的发生，其病原菌主要是肾炎棒状杆菌（*Corynebacterium remale*），侵入膀胱后形成膀胱炎，继而引起肾盂肾炎。

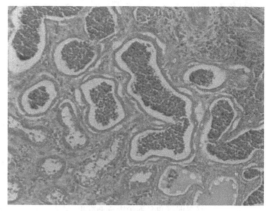

图 10-11　尿源性化脓性肾炎（HE 10×20）
肾小管内充满中性粒细胞细菌性栓塞

二、肾病

肾病（nephrosis）是指以肾小管上皮细胞发生变性、坏死为主要病变而无炎症变化的疾病，同时伴发一定的临床症状，即尿量减少、尿内含有蛋白质与管型、水肿及体内氯化物的蓄积等。肾小管如单纯发生变性而不伴发上述临床症状，则不称为肾病。

肾病可见于多种传染病（如结核、鼻疽等，中、小型动物还常因许多抗生素使用不当而发生肾病）和中毒性疾病（如升汞、磷、砷和氯仿中毒）等过程中。

肾病有以下几种表现形式。

1. 类脂质性肾病　类脂质性肾病在牛一般见于妊娠时期。

【剖检】表现肾体积增大，质地柔软，皮质增厚呈污灰色。

【镜检】肾小管上皮细胞出现颗粒变性、水泡变性和脂肪变性（其中含有类脂质）。

2. 淀粉样肾病　淀粉样肾病是指动物肾见有淀粉样物沉积。各种动物都可见到肾的淀粉样变，其中尤以马、牛、犬、鸡和野兔最多见，牛的淀粉样肾病多见于结核病。

【剖检】淀粉样肾病的变化轻微时肾稍肿大，肾小球有淀粉样物沉积；变化特别明显时，眼观肾肿大，质地坚硬。肾被膜易剥离，肾表面光滑。肾颜色变淡，一部分呈淡褐色，一部分呈黄色。肾表面可见有黄褐色的斑点，切面皮质增宽，也见有和表面相同的黄褐色斑点和条纹，髓质一般无变化。

【镜检】见淀粉样物沉着于肾小管基膜附近，沉积的淀粉样物多时，肾小管呈均质状，其中只有少量细胞保留有细胞核。病程经过特别长时，在肾小管内有多量不规整的透明样管型的形成，肾结构大部分被破坏。肾小球沉积大量淀粉样物，可引起肾组织发生萎缩，肾小管上皮发生脂肪变性和间质结缔组织增生，最终导致肾硬化。

3. 坏死性肾病　多见于犬，主要表现肾小管上皮坏死，而炎症反应轻微或完全缺乏，此种坏死性肾病在多数情况下与急性中毒和传染病有关。

【剖检】见肾肿大和混浊，皮质呈污秽的黄灰色。

【镜检】肾小管上皮呈灶状或大范围的坏死。

三、肾囊肿

肾囊肿（cyst of kidney）是指于肾形成许多大小不等的囊泡，可发生于一侧或两侧肾。在一个肾内所生成的囊泡，数量多少不一，有一个至几十个。发生一个或几个囊泡时称为肾囊泡（图10-12）。相反，肾生成多数囊泡时称为囊泡肾（二维码10-4）。

二维码
10-4

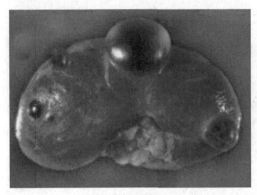

图 10-12　肾囊泡

肾表面散布有大小不等的囊泡

囊泡内含有水样的透明液体，但有时因含有分解的尿液成分、细胞和脂肪等物质而混浊；有时囊液呈胶样。无论是单发还是多发的囊泡，其大小极不一致，囊泡壁光滑，由单层或多层的上皮构成。囊泡可压迫肾组织而发生萎缩。

肾的囊泡属于先天性的发育障碍，其生成是在后肾胚芽的发育过程中有某一阶段发育停止的结果；有的与集合管和后肾肾小管未能沟通有关，致使分泌的尿液不能排出而生成囊泡。肾囊肿见于各种动物，但以猪最为多发，马、牛次之，羊、犬较少见。

第二节　生殖系统病理

生殖器官包括雌性生殖器官和雄性生殖器官。雌性生殖器官中，以卵巢、子宫及乳腺较易发生疾病；而雄性生殖器官中，以睾丸的疾病较多。生殖器官疾病，有的是全身性疾病的局部表现，有的是独立的疾病。现就生殖器官几种较常见的疾病分别叙述如下。

一、雌性生殖器官病理

（一）卵巢炎

1. 急性卵巢炎（acute oophoritis）　　常于产后继发于输卵管炎，或者由腹膜炎波及而来，初期为浆液性卵巢炎，继而伴发化脓，生成浆液性化脓性卵巢炎。卵巢形成水肿性肿大，在卵巢滤泡部生成脓肿。

2. 慢性卵巢炎（chronic oophoritis）　　多半继发于急性卵巢炎，也有一开始即呈慢性经过。卵巢呈间质结缔组织增生，其中有淋巴细胞及浆细胞浸润，卵巢变小、变硬。卵巢被膜增厚，卵泡崩解形成囊泡，终而不能正常排卵。

3. 卵巢结核（ovarian tuberculosis）　　偶尔发生于牛，多继发于腹膜结核。卵巢表面形成蕈状结核结节。

（二）卵巢囊肿

常发生于牛、马、鸡等动物，在卵巢生成一个或多个囊肿。

1. 卵泡囊肿（follicular cyst）　　一般由成熟的卵泡没有破裂而生成囊肿。

【剖检】囊肿呈单发或多发，可见于一侧或两侧卵巢。囊肿有核桃大到拳头大；卵泡壁薄而致密，内含透明液体，其中含有少量白蛋白（图 10-13）。

【镜检】见卵泡内已无卵细胞，卵泡膜萎缩，囊肿内壁为扁平细胞，有时囊壁细胞完全消失（图 10-14）。

乳牛卵巢的囊肿变性可影响脑垂体的构造和功能及妊娠和泌乳。患卵泡囊肿的动物，卵泡虽发育但不破裂，结果不能形成黄体，此种母牛仅表现发情而不能繁殖。在发生卵巢囊肿变性的一些病例中，子宫颈和子宫的黏膜腺增生而肥大，增生的腺组织分泌多量黏液，蓄留在腺腔

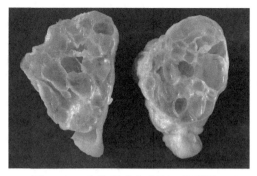

图 10-13　卵泡形成大小不一的囊肿，
内含透明液体

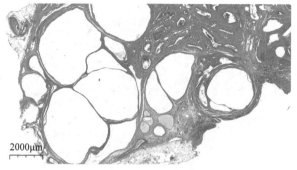

图 10-14　卵泡内卵细胞消失
（HE 10×10）

内，在子宫黏膜所集聚的黏液内混有破碎的细胞而呈脓样，触摸子宫肿大、柔软，易误诊为子宫内膜炎。

2．黄体囊肿（luteal cyst）　　黄体内积液，也可能残留一部分黄体，常伴发出血。囊肿有核桃大到拳头大。黄体囊肿和前述的卵泡囊肿一样，在牛都常伴发于子宫疾病，特别是子宫内膜炎。囊肿可压迫卵巢而发生萎缩，并可阻止排卵。

3．小囊肿性变性（small cystic degeneration）　　卵巢皮质部的泡状卵泡，变成大豆大的多数囊肿。囊肿内含有卵泡液，小囊肿内虽含有卵，但由于压迫而萎缩消失。囊肿壁有柱状或纤毛上皮。

（三）子宫内膜炎

子宫内膜炎（endometritis）可分为急性子宫内膜炎和慢性子宫内膜炎。

1．急性子宫内膜炎（acute endometritis）　　这是比较多发的一种子宫内膜炎，多由产后产道上行性感染而发病。病菌有链球菌、葡萄球菌、化脓杆菌、大肠杆菌、坏死杆菌等，形成黏液性及化脓性的炎症。

【剖检】子宫浆膜面无明显变化，剖开子宫后，见子宫腔内有多量炎性渗出物，根据炎症种类不同，有浆液性、黏液性或脓性渗出物（二维码 10-5）。子宫黏膜充血、肿胀，常伴发点状出血。黏膜粗糙并覆有坏死片，坏死片脱落后则形成组织缺损，坏死片可积存于子宫腔内。炎症变化如果发生于一侧子宫角，则病侧子宫角膨大，两子宫角的大小极不对称。在发生浆液性或黏液性急性子宫内膜炎时，应和发情期和分娩后的子宫黏膜变化相区别。

二维码
10-5

【镜检】子宫黏膜的毛细血管和小动脉扩张充血，黏膜常伴有出血。在黏膜表层子宫腺周围有白细胞浸润，在腺腔内也有白细胞集聚（图 10-15）。黏膜小血管常有血栓形成，黏膜上皮常见有坏死。

2．慢性子宫内膜炎（chronic endometritis）　　多继发于急性子宫内膜炎，或发炎初期即呈慢性经过。

【剖检】子宫内膜肥厚，呈息肉状。随着时间的经过，子宫黏膜部形成许多针头大

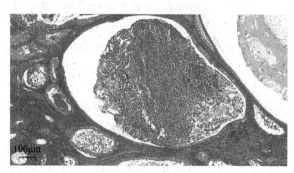

图 10-15　急性子宫内膜炎（犬）（HE 10×10）
子宫内膜腺体内及周围间质有大量中性粒细胞聚集

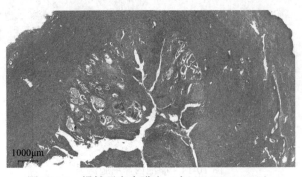

1000μm

图 10-16　慢性子宫内膜炎（犬）（HE 10×1.3）
子宫内膜增生、肥厚，呈息肉样，部分子宫内膜腺体扩张

到豌豆大的囊腔（二维码 10-6）。尤其多见于犬。

【镜检】子宫黏膜结缔组织增生和浆细胞浸润，使子宫内膜肥厚（图 10-16）。由于部分子宫黏膜腺管被增生组织堵塞，发生不均匀性腺管扩张，所以黏膜厚度不均，常常呈现息肉状肥厚，称为慢性息肉状子宫内膜炎（chronic polypoid endometritis）。随着时间的推移，黏膜基层增生多量结缔组织，使子宫腺管受压而完全被堵塞，分泌物集聚于腺腔内，结果在子宫黏膜部形成许多囊腔，称为慢性囊状子宫内膜炎（chronic cystic endometritis）。也有的病例随着病程延长，黏膜腺及增生的结缔组织萎缩，黏膜变薄，称为慢性萎缩性子宫内膜炎（chronic atrophic endometritis）。

（四）子宫炎

子宫炎（metritis）是指子宫全壁组织发生的炎症。子宫炎是由病菌侵入子宫内引起的，其中比较多见的病菌有链球菌、葡萄球菌和化脓杆菌等，此外还可感染大肠杆菌、破伤风杆菌、恶性水肿杆菌和坏死杆菌等。

【剖检】感染上述病菌常常引起败血性子宫炎（septic metritis），多数可导致动物死亡。其特点是子宫全壁发生炎性变化，但以子宫内膜的变化最为明显。子宫内膜浸润多量浆液样物质使内膜增厚。黏膜出血，表面粗糙，缺乏光泽，并覆有组织碎片。子宫腔内蓄积多量污秽不洁的灰绿色或灰褐色浆液样脓液。黏膜下层增厚，子宫肌组织易被撕裂，并呈不洁的灰色。子宫浆膜无光泽，被覆有纤维蛋白，浆膜下呈现浆液性水肿。

【镜检】见子宫壁各层有浆液性和脓性渗出物的浸润，在急性病例尤为明显。子宫壁血管有血栓形成。如果子宫炎的发病时间长，则在子宫壁见有多数淋巴细胞浸润，黏膜上皮剥脱和灶状坏死。子宫腺腔内充满黏液，子宫壁肌纤维变性。浆膜有明显的水肿及白细胞浸润。

（五）乳腺炎

乳腺炎（mastitis）可见于各种动物，其中以牛、羊最为多发。在牛可由感染链球菌、葡萄球菌、大肠杆菌、副伤寒杆菌和坏死杆菌等引起。病菌可经乳腺腺管、乳头部创伤或由其他部位的病变经血源感染等几种不同感染路径侵入。

动物乳腺炎有下述几种不同的炎症分类：①按乳腺的发炎组织，区分为实质性乳腺炎和间质性乳腺炎。但常见实质与间质的病变互相波及，很难将两者截然分开。②按炎性渗出物性质，区分为浆液性乳腺炎、卡他性乳腺炎、化脓性乳腺炎和坏死性乳腺炎。③根据病因学与发病机制，可分为下述几种不同类型的乳腺炎。

1. 急性弥漫性乳腺炎　　急性弥漫性乳腺炎是由葡萄球菌、大肠杆菌感染或由链球菌、葡萄球菌、大肠杆菌混合感染所致。由于无固定特异性病原，而且发病后容易波及大部分乳腺，又称之为非特异性弥漫性乳腺炎。发炎的乳腺肿大、坚硬，用刀易于切开，因炎性渗出物、病程经过等不同，其病理变化各异。

（1）浆液性乳腺炎

【剖检】见乳腺湿润，有光泽，颜色稍苍白，乳腺小叶呈灰黄色。

【镜检】见乳腺腔内有少量白细胞和剥脱的腺上皮，小叶及腺泡间结缔组织呈现明显的水肿。

（2）卡他性乳腺炎

【剖检】乳腺切面稍干燥，乳腺小叶肿大，呈淡黄色颗粒状，压之流出混浊的液体。

【镜检】腺泡内有多数白细胞和剥脱的腺上皮，间质明显水肿，并有白细胞及巨噬细胞浸润（图10-17）。

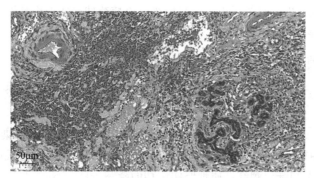

图 10-17 卡他性乳腺炎（HE 10×20）

乳腺腺泡腔周围有多量炎症细胞浸润

（3）出血性乳腺炎

【剖检】乳腺切面光滑、暗红色。

【镜检】腺泡上皮剥脱、间质小血管淤血、血栓形成，间质内和部分腺泡内有红细胞集聚，个别的腺泡群内有纤维蛋白（图10-18）。

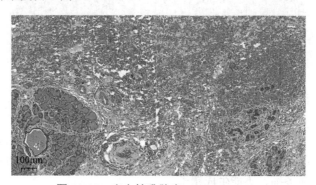

图 10-18 出血性乳腺炎（HE 10×10）

乳腺小叶间质内有多量红细胞

上述几种炎症，在乳管内都可见到白色的或黄白色的栓子样物。乳池黏膜充血、肿胀并有出血，黏膜上皮变性、坏死、脱落，乳池有纤维蛋白及脓液蓄积。重症病例可见乳腺淋巴结（腹股沟浅淋巴结）髓样肿胀，切面呈灰白色脑髓样。

2. 慢性乳腺炎（chronic mastitis） 慢性乳腺炎时，乳腺的炎性充血及间质水肿逐渐消散，而间质结缔组织增生，乳腺实质萎缩而坚实。

【剖检】乳腺切面呈白色或灰白色，乳管内充满由剥脱的上皮、炎症细胞及乳汁凝结而形成的栓子。

【镜检】乳腺腺泡缩小，腺腔空虚，有的部位见有初乳球和乳石；腺上皮呈立方形或柱状，乳管周围结缔组织的增生最为明显。

3. 坏疽性乳腺炎（gangrenous mastitis）　　急性炎症的发展过程中，乳腺血管因血栓形成而生成梗死，在此基础上可继发坏疽性炎。

【剖检】病变部变凉、变紫而无感觉，皮下有明显的水肿；三四天内即可导致动物死亡。病灶若为湿性坏疽，则从乳管排出混浊的红色并带有恶臭的渗出物。乳腺组织呈污秽绿色或黑褐色，有时生成空洞。

此种乳腺炎可见于牛、绵羊、山羊，是感染强毒葡萄球菌或混合感染葡萄球菌与产气荚膜杆菌（*Clostridium welchii*）所致。

二、雄性生殖器官病理

睾丸炎（orchitis）是羊、牛、猪和马等睾丸多发的一种炎症。根据发生原因和病程经过可将其分为下述两种类型。

1. 急性睾丸炎（acute orchitis）　　急性睾丸炎由外伤或经血源感染（败血症、脓毒症）引起，或由尿道经输精管感染发病。病原菌有化脓菌、坏死杆菌、布鲁氏菌和马流产菌等。

【剖检】发炎睾丸肿胀、潮红，质地坚实，切面隆突。

【镜检】在腺管或间质内有浆液渗出和白细胞浸润（图 10-19）。重症病例可见睾丸脓肿和睾丸实质坏死。

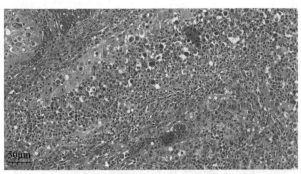

图 10-19　急性睾丸炎（HE 10×30）

曲细精管内有大量的炎症细胞浸润，其中以中性粒细胞为主

2. 慢性睾丸炎（chronic orchitis）　　继发于急性睾丸炎，睾丸间质结缔组织呈局限性或弥漫性增生，睾丸实质萎缩，不能生成精子。

此外，结核、鼻疽、马传染性贫血、媾疫等都可发生睾丸炎。

第十一章 造血和免疫系统病理

造血和免疫器官主要包括骨髓、淋巴结和脾。它们除制造血液的有形成分（血细胞、血小板）以外，淋巴结和脾还是机体的重要防御器官。在疾病过程中，造血器官最常见的病理过程有骨髓炎、淋巴结炎和脾炎。

第一节 骨 髓 炎

骨髓炎（osteomyelitis）是指发生在骨髓腔的炎症。骨髓炎也可蔓延到哈氏系统（Haversian system）、福尔克曼管（Volkmann's canal）和骨膜。骨的钙化部分虽不直接参与炎性改变，但由于血液循环障碍，也可以发生坏死。骨髓炎按炎症经过可分为急性骨髓炎和慢性骨髓炎。

一、急性骨髓炎

急性骨髓炎（acute osteomyelitis）是骨髓的一种弥漫性炎症，有浆液性、纤维素性、出血性和化脓性等类型，但以急性化脓性骨髓炎最为重要。

1. 急性化脓性骨髓炎

【发生原因】主要由化脓性细菌感染所引起。细菌多由身体某处的病灶（如化脓性子宫炎、脐静脉炎和败血症病灶）经血流转移到骨组织。此外，复合骨折、弹伤可导致骨髓直接感染；也有先发生化脓性骨膜炎，然后再波及骨髓的。急性化脓性骨髓炎多发生于管状骨，特别是富有血管的海绵骨或骨骺端。

【病理变化】急性化脓性骨髓炎初期，在骨骺端或骨干的骨髓中形成灶性脓肿（二维码 11-1），脓液逐渐增多，向上下蔓延，侵蚀哈氏系统和福尔克曼管，并流至骨皮质与骨膜之间，发展成为骨膜下脓肿。继而骨质与骨膜分离，遂使骨质失去从骨膜来的血液供给而坏死。有时由于感染及脓液压迫滋养动脉而有血栓形成，以至整个骨干在短时间内可能发生坏死。坏死的骨组织从周围组织脱离后，称为死骨片（sequestrum）。死骨片大小不等，从小碎片到很大，表面光滑，或呈虫蚀状并表现疏松。小的死骨片往往由瘘管排出，若死骨片较大不能排出，则在死骨片与被剥离的骨膜处，自骨膜新生粗糙的骨质，将死骨片包绕，称为包壳（involucrum）。包壳常有小孔，称为骨漏孔，由此孔向外排脓。

二维码
11-1

2. 急性非化脓性骨髓炎

【发生原因】急性非化脓性骨髓炎主要由病毒、中毒和辐射性损伤等引起。

【病理变化】剖检可见长骨红髓区质地稀软、污浊。镜检可见细胞成分减少，各系血细胞明显变性、坏死、崩解，小血管内皮细胞肿胀、变性，可见不同程度的浆液、纤维蛋白渗出和出血。

二、慢性骨髓炎

慢性骨髓炎（chronic osteomyelitis）通常是由难治愈的急性骨髓炎转来。慢性骨髓炎由于长时间不易治愈，海绵骨常增殖成为致密骨。

1. 慢性化脓性骨髓炎

【发生原因】急性化脓性骨髓炎治疗不当多发展为慢性化脓性骨髓炎。另外，猪感染布鲁氏菌、牛感染化脓棒状杆菌时，常可引起慢性化脓性骨髓炎，此时虽然全身骨骼均遭受侵害，但以腰椎的病变最为严重。

【病理变化】病变特征是形成脓肿，脓肿壁的肉芽组织发生纤维化，其周围骨质常硬化成壳状，故而变成封闭性脓肿，常不向外破坏。骨膜下形成的脓肿常导致病理性骨折、骨坏死甚至骨缺损。慢性化脓性骨髓炎蔓延到椎间联结或侵入椎管，可导致椎骨体破坏、骨折、腰椎脱位、椎管内脓肿形成及局部性增生而压迫骨髓。

2. 慢性非化脓性骨髓炎

【发生原因】慢性马传染性贫血、J-亚型白血病、慢性中毒等可见慢性非化脓性骨髓炎的发生。

【病理变化】剖检可见红骨髓逐渐变成黄骨髓，甚至变成灰白色，质地变硬。镜检可见红细胞、粒细胞等均有不同程度的坏死、消失，淋巴细胞、单核细胞、成纤维细胞增生，实质细胞被脂肪组织取代。

三、结局和对机体的影响

骨髓炎可有多种不同结局，如病变范围小和机体抵抗力强，则死骨游离后可经瘘管排出；经及时治疗而使感染被控制时，可逐渐痊愈，否则转为慢性。另外，急性骨髓炎常可蔓延到关节，引起化脓性关节炎。如有大量细菌入血，可导致脓毒败血症。

第二节　淋巴结炎

淋巴结炎（lymphadenitis）是指发生于淋巴结的炎症，是淋巴结在滞留和消灭病原体过程中的一种病理反应，可分为局部性和全身性两种。局部性的淋巴结炎见于皮肤、黏膜或其他器官发生病变时，相应部位的淋巴结呈现肿胀发炎，将致病因子阻留在淋巴结内，由网状内皮细胞吞噬消灭，以阻止病原扩散。如果局部淋巴结不能完全阻留致病因子，则引起全身性疾病而发生全身性淋巴结炎，主要见于急性败血性传染病，如炭疽、猪瘟和出血性败血症等。

淋巴结的防御功能表现为网状内皮细胞的吞噬灭菌和淋巴细胞的免疫反应。因此，淋巴结还是外周免疫器官之一。淋巴结中的淋巴细胞约70%为T淋巴细胞，其余为B淋巴细胞。前者分布于淋巴小结外围区和副皮质区，后者则分布于淋巴小结的生发中心和髓索。因此细胞免疫反应和体液免疫反应在淋巴结引起的结构改变是不同的。例如，由异体植皮引起的细胞免疫反应，于2～4d可见到副皮质区的淋巴细胞发生母细胞化和分裂增殖，至5～7d可见副皮质区迅速扩大，而生发中心及髓索相对变小而不明显。反之，由肺炎双球菌多糖类抗原引起的体液免疫反应，主要是生发中心及髓索的迅速增大，而副皮质区相对缩小，随后浆细胞大量增多。如果是一般感染，则往往是两种免疫反应同时存在，即生发中心、副皮质区和髓索均相应增大。因此，根据淋巴结炎的组织学变化可以判知机体与致病因素做斗争的免疫反应状态。

淋巴结炎按其经过可分为急性淋巴结炎和慢性淋巴结炎。

一、急性淋巴结炎

急性淋巴结炎（acute lymphadenitis）多伴发于炭疽、猪丹毒、出血性败血症等急性传染病。此时全身淋巴结均可发生急性炎症。当机体的个别器官发生急性炎症时，相应的淋巴结也可以出现同样的变化。根据急性淋巴结炎的病变特点可区分为以下类型。

（一）浆液性（或单纯性）淋巴结炎

1. 原因和发生机制　浆液性（或单纯性）淋巴结炎（serous or simple lymphadenitis）多发生于某些急性传染病的初期，尤其是某一器官或身体的某部位发生急性炎症时，其附近的淋巴结常发生浆液性淋巴结炎。

2. 病理变化

【剖检】淋巴结肿大，质地柔软，切面隆突，湿润多汁，呈淡红黄色。

【镜检】淋巴组织内的血管扩张充血，淋巴窦扩张，内含多量浆液，并混有多量单核细胞、淋巴细胞、中性粒细胞和数量不等的红细胞。如果淋巴窦内的网状内皮细胞显著增生、剥脱，则在淋巴窦内出现大量单核细胞，通常称此为卡他性淋巴结炎或"窦卡他"（图 11-1）。

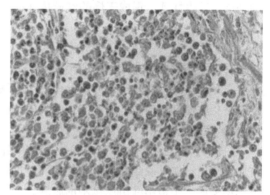

图 11-1　卡他性淋巴结炎（猪）（HE 10×20）

在皮质淋巴窦内充满大量单核细胞、脱落上皮和渗出物

在淋巴窦出现上述变化的早期，淋巴小结和髓索的变化通常不明显；但随着炎症的发展，可见淋巴组织的增生性变化，即淋巴小结的生发中心明显增大，常见有分裂象，其外周淋巴细胞密集，副皮质区与髓索也因淋巴细胞的增殖而扩大。此时淋巴结的充血和水肿均较前一阶段减轻，故眼观淋巴结的切面均匀一致，呈淡灰红色。

3. 结局和对机体的影响　浆液性淋巴结炎通常在致病因素消除后，充血就逐渐减弱以至消失，渗出液被吸收，增殖的细胞部分变性、坏死，部分被淋巴带走，淋巴结经完全再生而恢复其正常状态。如果致病因素长期作用，则可转变为慢性淋巴结炎。若致病因素的破坏作用进一步加强，将发展成出血性淋巴结炎或化脓性淋巴结炎。

（二）出血性淋巴结炎

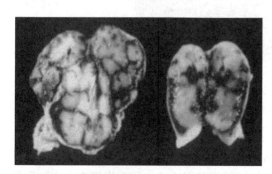

图 11-2　淋巴结断面呈大理石样花纹状

1. 原因和发生机制　出血性淋巴结炎（hemorrhagic lymphadenitis）多半是由浆液性淋巴结炎进一步发展而来，见于炭疽、出血性败血症、猪丹毒、猪瘟等急性传染病。

2. 病理变化

【剖检】淋巴结肿大，呈暗红色或黑红色，切面湿润、隆突，呈弥漫性青红色，或暗红色的出血部与灰黄色的淋巴组织相互混杂而呈大理石样花纹（图 11-2，二维码 11-2）。

二维码
11-2

二维码
11-3

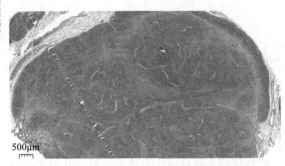

500μm

图 11-3　淋巴窦内蓄积大量红细胞（HE 10×1.9）

【镜检】除见有一般急性炎症反应外，淋巴组织显著充血和出血，特别是输入淋巴管和淋巴窦内聚集大量红细胞（图 11-3，二维码 11-3）。若出血过程十分严重，则淋巴结几乎全部被血液所占据，淋巴组织残缺不全，外观似血肿一样。

3. 结局和对机体的影响　　出血性淋巴结炎时就其血液来源，一方面是淋巴结内毛细血管受损害引起的出血，另一方面可能在发生出血性淋巴结炎的同时，相应组织器官也发生出血，造成血液成分经淋巴管进入淋巴结。出血性淋巴结炎的经过，取决于原发疾病的性质和机体状态。如果疾病转向痊愈，则渗出的血液可被溶解、吸收而消散，或淋巴结在出血的基础上发生坏死，形成干燥的红砖色坏死灶。

（三）化脓性淋巴结炎

1. 原因和发生机制　　化脓性淋巴结炎（suppurative lymphadenitis）是淋巴结的化脓过程，其特点是有大量中性粒细胞渗出并伴发组织脓性溶解。它多继发于所属组织、器官的化脓性炎症，是化脓性细菌经淋巴或血液进入淋巴结的结果。

2. 病理变化

【剖检】淋巴结肿大，当有脓肿形成时则透过被膜或在切面上即可见到黄白色病灶，压之有脓液流出。在马腺疫和鼻疽等疾病的经过中，有时淋巴结的全部组织均被脓液所取代，整个淋巴结变成一个被结缔组织包围的脓肿。

【镜检】初期仅见淋巴窦内充满大量中性粒细胞（图 11-4）；以后，白细胞浸润增多并部分发生死亡、崩解。此时局部组织细胞也发生坏死溶解，因而形成脓性溶解的病灶（脓肿）；各小脓肿可相互融合形成大脓肿，甚至整个淋巴结被脓液所取代。在脓性溶解时，网状内皮细胞和淋巴细胞均发生变性、坏死，但网状纤维尚能保留。

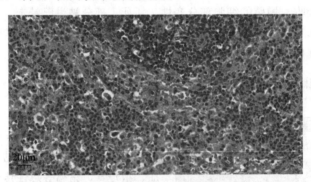

20μm

图 11-4　化脓性淋巴结炎（HE 10×40）
淋巴窦内充满大量中性粒细胞

3. 结局和对机体的影响　　化脓性淋巴结炎的结局取决于病原因子的性质、强度和机体状态。当炎症在脓性浸润期即停止发展时，则渗出物被吸收，淋巴结可恢复正常状态。小脓肿常被增生的肉芽组织所吸收而痊愈。大脓肿通常由结缔组织包围，其中脓液逐渐浓缩成干酪样物质，进而发生钙化。当脓液浸润波及淋巴结的周围组织时，则可引起化脓性淋巴结周围炎。当淋巴结的脓肿破溃向体表排脓时，可形成脓性溃疡或瘘管。此外，淋巴结的化脓过程也可经血流或淋巴转移，引起其他器官或淋巴结的化脓性炎或形成脓毒败血症。

二、慢性淋巴结炎

慢性淋巴结炎（chronic lymphadenitis）多半是由急性淋巴结炎转来，也可由致病因素反复持续的作用而引起，见于某些慢性经过的疾病，如结核、鼻疽、布鲁氏菌病、马传染性贫血等。慢性淋巴结炎可分为细胞增生性淋巴结炎和纤维性淋巴结炎两种类型。

（一）细胞增生性淋巴结炎

细胞增生性淋巴结炎（productive lymphadenitis）的特征是淋巴组织显著增生，而变质和渗出过程轻微。

【剖检】淋巴结肿大、质地变硬，切面呈灰白色脑髓样，常因淋巴小结增生而呈黄白色颗粒状隆突。

【镜检】可见淋巴结内淋巴细胞和网状细胞显著增生，淋巴小结增大，并具有明显的生发中心（图 11-5）。淋巴小结与髓索及淋巴窦之间的界线消失，仅见淋巴细胞弥漫性地分布于整个淋巴结内，增生的网状细胞散在于增生的淋巴细胞之间。髓索的浆细胞也往往增量或成群集结。淋巴结内的充血现象一般不明显，有时见少量白细胞浸润和个别细胞的变性、坏死。

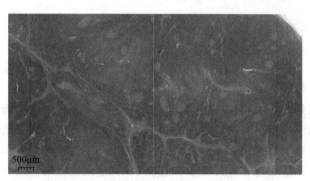

图 11-5　细胞增生性淋巴结炎（HE 10×2）

淋巴结内淋巴细胞和网状细胞显著增生，淋巴小结增大，生发中心明显

某些传染病呈慢性经过时，淋巴结即呈现此种增生性炎症，实质上是机体抗御病原因素所激发的积极的免疫性反应。这种以慢性增生为主的淋巴结炎可以保持很长时间，最后将以淋巴结纤维性硬化而告终。

在慢性结核、副结核、鼻疽和布鲁氏菌病时，增生性淋巴结炎有特殊表现，即见有特殊肉芽组织增生。

【剖检】淋巴结在外观上体积增大，质硬，切面呈灰白色、油脂样。

【镜检】淋巴结内除网状内皮细胞和淋巴细胞增生外，还见上皮样细胞大量增殖。上皮样细胞为具有淡染空泡状核、体积较大而呈椭圆形或不规则形的细胞。在炎症初期，上皮样细胞以散在的细胞集团与增生的网状内皮细胞一起分布于淋巴窦内。随着疾病的发展，上皮样细胞逐渐增多，充积于淋巴窦和淋巴组织中。因此，淋巴结的固有组织减少，往往失去其正常结构。

严重时，整个淋巴结内几乎全是上皮样细胞。

以特殊肉芽组织增生为主的增生性淋巴结炎的转归，因原发疾病的经过不同而异。当疾病加剧而继续发展时，上皮样细胞往往发生坏死、崩解，淋巴结内可出现坏死灶，最后发生钙化。如果疾病向痊愈方向发展，则上皮样细胞逐渐消失，成纤维细胞增生而使淋巴结发生纤维性硬化。

（二）纤维性淋巴结炎

纤维性淋巴结炎（fibrous lymphadenitis）的特征是淋巴结内结缔组织增生和网状纤维胶原化。它多半是浆液性淋巴结炎或化脓性淋巴结炎的转归，但也可能见于某些非病原因子（如尘埃）长期作用的结果。

【剖检】淋巴结不肿大，且往往较正常的小，质地坚硬，切面见结缔组织增生，不规则地在淋巴结内交错存在，淋巴结的固有结构消失。

【镜检】见被膜、小梁和血管外膜的结缔组织显著增生，网状纤维变粗进而转变为胶原纤维，血管壁也因结缔组织增生而硬化，最后整个淋巴结可变成纤维性结缔组织（原发性纤维性硬化）。在淋巴结纤维化的基础上还可发生玻璃样变，此时淋巴结变得更加坚硬，血管壁和结缔组织的胶原纤维变为均质无构造的玻璃样物质。

第三节　脾　　炎

脾是体内最大的淋巴器官，除具有造血、储血、破血、滤血，以及参与铁、胆红素、胆固醇、蛋白质、糖等代谢外，同时也是外周免疫器官之一。脾中的 T 淋巴细胞占 35%～50%，B 淋巴细胞占 50%～65%，前者定居于脾小体生发中心的周边和中央动脉的周围，后者定居于脾小体生发中心和红髓。

脾在机体发生疾病时，特别是传染病时，往往发生炎症变化，称为脾炎（splenitis）。在传染病或某些寄生虫病时，如发现脾小体生发中心增大的同时在红髓有多量浆细胞或嗜派洛宁细胞出现，则是体液免疫增强的表现。如果脾小体生发中心增大，其周边和中央动脉周围有多量淋巴细胞聚集，同时在红髓内还有大量浆细胞或嗜派洛宁细胞出现，则表明体液免疫与细胞免疫均增强。

脾炎按其病理变化特点，可分为急性炎性脾肿、坏死性脾炎、化脓性脾炎和慢性脾炎 4 种类型。

一、急性炎性脾肿

（1）原因和发生机制　　急性炎性脾肿（acute inflammatory splenomegaly）即脾急性肿大，多见于炭疽、急性猪丹毒、急性猪副伤寒、急性马传染性贫血、锥虫病、焦虫病和一些败血性疾病等。

造成脾急性肿大的主要原因是脾多血和炎性渗出，但脾多血也见于动物临死前心脏衰弱所致的脾内血液淤滞，这在脾支持组织发生变质的情况下尤为明显。另外，脾组织细胞的变性、坏死，一方面可使脾质地变软，另一方面它们也是促成脾肿大的辅助因素。

（2）病理变化

【剖检】脾体积增大（较正常大 1～3 倍）、质地柔软、边缘钝圆、被膜紧张，切面隆突并富有血液，呈暗红色或黑红色（二维码 11-4）；脾小梁和脾小体不明显，用刀轻刮切面时，附有多量呈血粥样的软化脾髓。

【镜检】见脾静脉窦扩张，内含多量血液；严重时，脾犹如血肿，脾小体几乎完全消失，有时仅在小梁或被膜附近见有少量被血液排挤而残留的淋巴组织（图 11-6，二维码 11-5）。与此同时，还见中性粒细胞浸润和浆液性水肿，脾实质细胞（网状内皮细胞、淋巴细胞）、血管和支持组织发生变性或坏死，并见有病原微生物，增殖过程一般不明显。

二维码 11-4

二维码 11-5

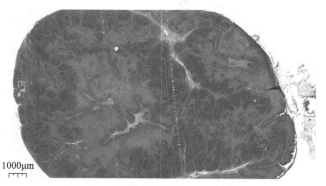

图 11-6　急性炎性脾肿（HE 10×1）

脾含有大量血液，白髓淋巴组织明显减少

（3）结局和对机体的影响　当一些急性传染病呈痊愈经过时，脾的充血现象随即消失，变性的细胞有的恢复正常，有的发生崩解，并随同已坏死液化的物质和渗出物逐渐吸收。此时脾的体积逐渐缩小，但支持组织通常恢复较慢，故体积缩小的脾表面常留下褶皱，以后这种脾可完全恢复至正常的形态。

二、坏死性脾炎

坏死性脾炎（necrotic splenitis）是指脾实质坏死明显而体积不肿大的急性脾炎。

（1）发生原因　坏死性脾炎多见于出血性败血症、鸡新城疫、鸡霍乱、鸡结核、禽网状内皮增生病和马传染性鼻肺炎等。

（2）病理变化

【剖检】脾不肿大或轻度肿大，在表面或切面可见针尖大至粟粒大的灰白色坏死灶（二维码 11-6），或在脾边缘出现大小不等、不规则的暗红色梗死灶，有时数个相邻的梗死灶互相连接成条索状（二维码 11-7）。

二维码 11-6

【镜检】除充血现象不甚明显外，白细胞浸润、浆液渗出、脾髓细胞变性和坏死等变化均可见到。在这些变化中，炎症细胞浸润与变性、坏死更为突出。

二维码 11-7

例如，在出血性败血症时，在脾小体和红髓内均可见到散在性的小坏死灶和中性粒细胞浸润，坏死区域内的网状细胞与淋巴细胞除少数尚具有肿胀而淡染的细胞核外，其大多数细胞核溶解消失；细胞质肿胀、崩解。在患鸡新城疫和鸡霍乱的脾内，坏死灶主要发生于鞘动脉周围的网状细胞。镜检见该部网状细胞肿胀、崩解严重时，坏死细胞与渗出的浆液相互融合为均质一片。除鞘动脉周围的网状细胞坏死外，在其他部位的网状细胞也可发生变性和坏死。脾内的血管、被膜与小梁均见有营养不良性变化；由于血管的破坏，有时发生较显著的出血。鸡结核时脾 80%区域受侵害，镜检脾常见有干酪样坏死。

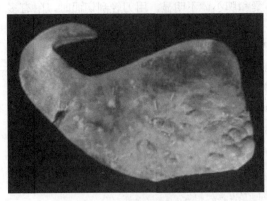

图 11-7　脾脓肿（马）

脾肿大，表面和切面可见大小不一的黄白色脓肿

（3）结局　　若病因消除、炎症消散，随着坏死物和渗出物的吸收，淋巴细胞和网状细胞的再生，脾的结构和功能一般可以完全恢复。当脾发生严重损伤时，其实质细胞减少，间质中的结缔组织增生，导致小梁变粗、被膜增厚，发生纤维化。

三、化脓性脾炎

化脓性脾炎（suppurative splenitis）主要由机体其他部位化脓灶内的化脓性细菌经血源转移而引起，也有因直接感染而化脓。血源性转移多为细菌栓子移行至脾动脉分支处栓塞，继而形成脓肿（如腺疫、鼻疽、肺脓肿等转移）（图 11-7）。直接感染多发生于外伤或由脾周围的组织、器官化脓而波及。

四、慢性脾炎

慢性脾炎（chronic splenitis）是指伴有脾肿大的慢性增生性脾炎。

（1）发生原因　　慢性脾炎见于马亚急性和慢性传染性贫血、血孢子虫病、结核、鼻疽和布鲁氏菌病等传染病的经过中。

（2）病理变化

【剖检】脾肿大 1～2 倍或不肿大，质地坚实，边缘稍钝圆，切面稍隆突，在深红色背景上可见灰白色或灰黄色增大的脾小体，呈颗粒状向外突出，此称细胞增生性脾炎。但有时这种现象也不明显。若有较大的结核病灶或鼻疽病灶发生于脾，肉眼即可见到结核结节或鼻疽结节。

【镜检】上述各种疾病的脾增殖过程特别明显，此时网状内皮细胞和淋巴细胞均增殖。网状细胞分裂、增殖，形成大量圆形细胞，充满于脾索，部分位于静脉窦和脾小体内；淋巴细胞增殖使脾小体扩大并有明显的生发中心。

在发生鼻疽、结核和布鲁氏菌病动物的脾内，除了上述增殖过程外，由于病原微生物的特异性作用，还见有特殊性肉芽组织的增殖，即出现上皮样细胞和多核巨细胞。增生的上皮样细胞和多核巨细胞随着整个疾病经过的不同可有不同的转归。当原发疾病进一步发展时，这些细胞发生变性、坏死而在局部形成特异性鼻疽结节或结核结节；若原发疾病向痊愈方向发展，则渐次地有成纤维细胞增生，使脾发生硬化。

在一些慢性经过的传染病中，还常见脾的骨髓化生灶，这是因为固有的骨髓造血功能因传染、中毒而发生障碍后，在脾（或淋巴结）内发生代偿现象。一些病程很长的病例，见有结缔组织增生，因而其被膜增厚和小梁变粗。在慢性肿大的脾内，除增殖过程外，还可见数量不等的白细胞浸润和脾髓细胞变性、坏死及大量含铁血黄素沉着，充血现象一般不明显。

（3）结局和对机体的影响　　在某些传染病呈慢性经过时，基于被膜、小梁和血管外膜的结缔组织增生，以及在炎症过程中增生的细胞成分（网状内皮细胞、上皮样细胞）转变为成纤维细胞，使脾内的结缔组织成分增多，被膜增厚，小梁变粗，网状纤维胶原化，脾体积因而缩小，质地变硬，即发生纤维性脾炎过程。

第十二章　神经系统病理

神经系统是调节机体各器官系统功能活动、代谢过程等重要生命机制的中枢。机体发生各种疾病，往往与神经系统的调节功能改变有关。本章主要叙述神经系统本身的常见病变。

第一节　神经组织的基本病理变化

神经组织是由神经细胞、神经胶质细胞和间叶组织（包括脑膜、血管、结缔组织等）构成。现将其常见的基本病理变化简述如下。

一、神经细胞的变化

神经细胞由神经细胞胞体及其伸展的神经纤维组成，在病理过程中两部分的变化常各有特征。

（一）神经细胞胞体的变化

1. 尼氏体溶解（chromatolysis）　　主要是指神经细胞胞质内粗面内质网〔又称尼氏体（Nissl's body）〕的溶解。尼氏体溶解发生在细胞核附近称为中央尼氏体溶解（central chromatolysis），多见于中毒和病毒感染，如铊中毒、禽脑脊髓炎病毒感染（图 12-1）；发生在细胞周边称为周围尼氏体溶解（peripheral chromatolysis），常见于进行性肌麻痹中的脊髓腹角运动神经元和病毒感染，如鸡新城疫（图 12-2）。

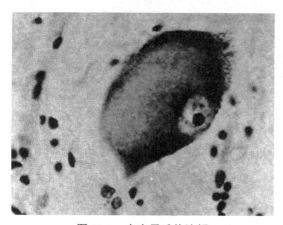

图 12-1　中央尼氏体溶解

细胞胞体肿大，核偏位，核附近的尼氏体溶解呈空白区，
而细胞周围的尼氏体仍存在

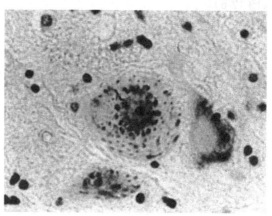

图 12-2　周围尼氏体溶解

胞体常缩小变圆，周围尼氏体溶解呈空白区，
其中央聚集较多的尼氏体

2. 神经细胞急性肿胀　　多见于中毒和感染的情况。此时细胞胞体和突起肿大，尼氏体溶解，核多偏位，树突和轴突易于着色，细胞体内的原纤维变化不明显。这种变化与其他器官

的颗粒变性相似，是一种可逆的病变（图 12-3）。

3. 神经细胞凝固（缺血性细胞变化）　　多见于缺氧、贫血等情况。初期胞体膨大，在胞体周边见有尼氏体染色的阳性颗粒或尘埃样物质。继而胞体变得细长、浓缩，嗜酸性，尼氏体不着染。细胞核形态不整、缩小、浓染，以至完全消失（图 12-4），最后细胞凝固。

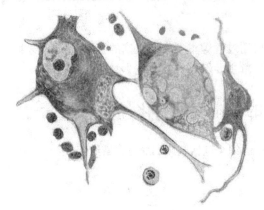

图 12-3　神经细胞急性肿胀模式图

胞体和突起肿胀，尼氏体溶解，核偏位

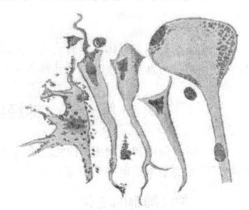

图 12-4　神经细胞凝固模式图

初期胞体肿大，继而胞体缩小，变得细长

4. 神经细胞液化（严重的细胞变化）　　多为急性肿胀的进一步发展。初期表现胞体肿大，尼氏体大部分溶解，剩余的尼氏体颗粒凝结成不规则的团块。细胞核失去原来的嗜碱性而呈异染性，核仁偏位；最后核固缩、崩解，胞体及突起变成空泡状或蜂窝状，胞体失去明显界线，常可见到神经细胞被吞噬的现象（图 12-5），这是一种不可逆的变化。

5. 神经细胞皱缩　　见于急性和慢性感染、中毒，表现为胞体和突起皱缩，无液化倾向。原纤维变粗，突起细长，细胞核呈菱角形，核仁常膨大。极度皱缩时，整个神经细胞如同干树根样，胞体缩小，突起细长而弯曲，细胞质深染，细胞核浓缩不清，从而导致细胞硬化（sclerosis）（图 12-6）。

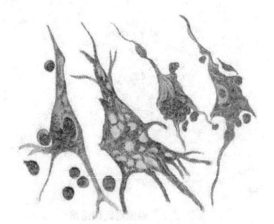

图 12-5　神经细胞液化模式图

尼氏体溶解，细胞界线不清，细胞质
呈空泡状，有被吞噬现象

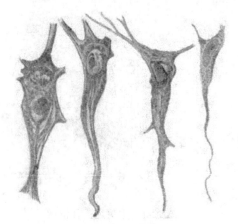

图 12-6　神经细胞皱缩模式图

胞体和突起皱缩，原纤维变粗，
细胞核呈菱角形，核仁膨大

6. 包涵体形成　　神经细胞的包涵体（inclusion body）多见于某些病毒性疾病，如发生狂犬病时，大脑皮质、海马的锥体神经元及小脑浦肯野细胞胞质内出现嗜酸性包涵体，也称为内氏小体（Negri body）（二维码12-1）。

二维码
12-1

此外，尚有神经细胞水肿，表现为细胞核皱缩、深染，尼氏体失去染色性，其所在处留有阴影或亮区，即核周围显示一空环，多见于脑积水和缺血的情况下。神经细胞发生脂肪变性时，见细胞质内有脂肪空泡。在老龄动物和患慢性疾病的患畜，神经细胞内可见有脂褐素沉着（二维码12-2）。

二维码
12-2

（二）神经纤维的变化

在病理情况下，神经纤维变化最常见的是脱髓鞘（demyelination）或称髓鞘脱失。

【发生原因】脱髓鞘时首先呈髓鞘变性，进而崩解、消失，这是一种非特异性变化，多发生于外伤（如脑挫伤、外周神经切断等）、血液循环障碍（如淤血、贫血）、缺氧、感染（如病毒性肝炎）、维生素 B_1 或维生素 B_6 缺乏等。

【病理变化】早期见脱髓鞘处着色很浅，用苏木精-伊红染色或髓鞘染色都表现为白色斑块。进而组成髓鞘的类脂质（髓磷脂）分解为中性脂肪。此时，施万细胞（Schwann cell）或小胶质细胞游离转变为吞噬细胞，吞噬脂类变成泡沫状或格子状，称为泡沫细胞或格子细胞。此后，周围的星形胶质细胞增生，形成瘢痕。

二、神经胶质细胞的变化

神经胶质细胞在脑组织内起支持、营养和保护作用。用苏木精-伊红染色法只能染出胶质细胞的核，用特殊染色方法可染出整个细胞。神经胶质细胞有星形胶质细胞、小胶质细胞和少突胶质细胞。现就三种胶质细胞的病理变化，分别简述如下。

（一）星形胶质细胞（astrocyte）

分为纤维型星形胶质细胞（fibrous astrocyte）和原浆型星形胶质细胞（protoplasmic astrocyte）两种。前者位于白质，后者位于灰质。星形胶质细胞有变形、肥大、增生和变性等不同的变化。

1. 变形　　大脑灰质的结构损伤可引起星形胶质细胞变形，由原浆型转变为纤维型，在损伤处集聚形成胶质痂。

2. 肥大　　脑组织血液供应不足而影响营养和呼吸时可引起星形胶质细胞的肥大，表现为胞体肿大，细胞质增多且染色加深，核偏位。

3. 增生　　脑组织的任何局灶性病变、全身性缺氧、营养障碍和中毒，都可导致星形胶质细胞的增生，特称之为"胶质增生病"（gliosis）。在脑组织的局灶性病变部形成局限性的胶质细胞增生，称之为胶质细胞结节（glial nodule）；在脑缺氧、循环障碍（动脉硬化）或发生全身性麻痹时，神经胶质细胞呈弥漫性增生。星形胶质细胞的增生并不像结缔组织那样能完全填充缺损。必须指出，中枢神经系统的损伤很少由结缔组织修复，如果有则是由血管外膜细胞增生而来的。脑脓肿周边可增生薄层结缔组织，而星形胶质细胞则在脓肿膜的外侧。由于星形胶质细胞不能填充脑组织的缺损，所以由增生的星形胶质细胞形成囊壁以包裹脑的坏死组织。

4. 变性　　星形胶质细胞的变性是指细胞肿胀、核固缩和碎裂及形成空泡等变化。有时星形胶质细胞可生成变性小体——淀粉样小体（corpora amylacea），当星形胶质细胞死亡和消失时，淀粉小体仍可残留在脑组织。

（二）少突胶质细胞（oligodendroglia）

常发生急性肿胀、增生和形成肿瘤样等变化。

1. 急性肿胀　　急性肿胀是指细胞质内因液体集聚而形成大小不等的空泡，细胞体显著肿大，细胞突也可变成空泡而常常断裂分离。核固缩，位于细胞质中央或偏位。液体过多时可使细胞破裂。但当病因（如水肿）消除后细胞仍可恢复正常。

2. 增生　　见于一些急性或慢性的疾病过程中，特别是在慢性过程中，少突胶质细胞的增生尤为明显。在急性疾病过程中（如脑水肿），少突胶质细胞在发生急性肿胀的同时，伴发该细胞的迅速增生。在慢性疾病过程中，少突胶质细胞在神经细胞周围增生最为明显，形成所谓的"卫星现象"（satellitosis），见于狂犬病和日本乙型脑炎等疾病。

（三）小胶质细胞（microglia）

小胶质细胞主要位于脑灰质中，属于多核-巨噬细胞系统的脑内巨噬细胞。小胶质细胞对损伤的反应常表现为肥大、急性肿胀、增生与吞噬。

1. 肥大　　常出现在神经损伤的早期，表现为胞体肿胀，核变圆而深染。

2. 急性肿胀　　见于某些中毒和急性感染。细胞表现轻度肿胀、空泡形成和树突消失等，但此变化比较少见。

二维码
12-3

二维码
12-4

3. 增生与吞噬　　在神经细胞发生变性和坏死的部位，小胶质细胞增生并呈现明显的阿米巴样运动和吞噬作用。如果神经细胞发生变性，小胶质细胞和少突胶质细胞移至变性细胞周围积聚，形成所谓的"卫星现象"（二维码12-3）。如果神经细胞死亡，上述细胞在死亡的神经细胞周围积聚并将其吞噬，称此为"噬神经细胞现象"（neuronophagia）（二维码12-4）。但应指出，在脑组织病变中出现的吞噬细胞，也可来自血液及血管外膜等部位。

小胶质细胞吞噬出血灶内的红细胞和坏死的神经组织崩解后所生成的类脂质，特别是吞噬崩解的髓鞘。但小胶质细胞不能很好地将其消化，所以其细胞质呈泡沫状，故称为泡沫细胞

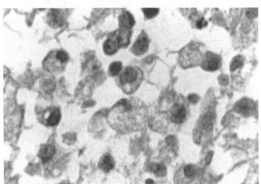

图 12-7　泡沫细胞（格子细胞）（HE 10×40）
胞体大，细胞质内充满空泡的胶质细胞

（foam cell）或格子细胞（图 12-7）。

三、间叶组织反应

（一）脑膜的变化

脑组织的外面有硬膜、蛛网膜和软膜。在不同疾病过程中脑膜见有不同的病理变化。

1. 硬脑膜炎（pachymeningitis）

（1）急性硬脑膜炎（acute pachymeningitis）

【发生原因】发生于头骨的外伤、中耳炎及合并于脑及软脑膜的炎症，其中多数继发于软脑膜炎或脑脓肿。此外，也可由肺或其他脏器病变转移而形成转移性脓肿。

【病理变化】硬脑膜充血肿胀，硬膜内外有脓液附着，硬膜极度混浊。

（2）慢性硬脑膜炎（chronic pachymeningitis）

【发生原因】多继发于急性硬脑膜炎，如老龄犬的额叶、枕叶、大脑镰部的硬脑膜常常发生肥厚硬结，甚至有钙沉着而骨化。

【病理变化】硬脑膜呈纤维性增生肥厚，常和头骨与软脑膜粘连。

2. 软脑膜炎（leptomeningitis）

（1）急性浆液性软脑膜炎（acute serous leptomeningitis）

【发生原因】常并发于肺炎、炭疽、犬瘟热等急性传染病，也见于日射病和热射病。

【病理变化】软脑膜血管扩张充血，软膜混浊。蛛网膜腔充满浆液，并有少量白细胞渗出。侧脑室内脉络丛充血，蓄积混浊浆液性液体。病变有的为局限性，有的为弥漫性。

（2）急性化脓性软脑膜炎（acute suppurative leptomeningitis）

【发生原因】多发生于头骨骨折感染，也有由鼻腔、中耳、额窦化脓而直接蔓延；或者由脓毒血症经血源转移后生成。

【病理变化】在蛛网膜腔和软膜有浆液性、浆液脓性的渗出物蓄积，继而渗出纤维素性脓性或纯脓性的渗出物。脑皮质呈水肿状，伴发脑出血。

（3）出血性软脑膜炎（hemorrhagic leptomeningitis）

【发生原因】多伴发于炭疽和猪瘟等急性传染病的经过中。

【病理变化】软脑膜有出血性浸润。

（4）结核性软脑膜炎（tuberculous leptomeningitis）　　在牛、猪发生全身性结核病时，常伴发软脑膜结核。

（二）脑血管的变化（循环障碍）

脑组织的循环障碍变化常见的有下述几种。

1. 充血　　有动脉性充血和静脉性充血两种。按病程经过和充血范围，可区分为急性和慢性及泛发性和灶状性充血。

1）急性泛发性脑动脉充血：在某些病毒性和细菌性疾病、日射病和热射病及麻醉中毒等时，都能引起整个脑组织充血，并可伴有点状出血。

2）急性灶状动脉性充血：在脑脓肿、肿瘤和梗死灶等病变周围或脑组织损伤病灶发生修复时见有灶状充血。

3）慢性泛发性淤血：泛发性脑淤血是全身性淤血的局部表现，见于心脏和肺的疾病。当脑组织血液回流发生障碍，如肿瘤、肿大的淋巴结、颈环等压迫颈静脉时可发生脑淤血。在慢性淤血过程中，脑脊髓呈现泛发性的胶质细胞增生。

2. 贫血　　脑组织和脊髓的泛发性贫血是全身性贫血的局部表现。

【发生原因】在马传染性贫血、寄生虫所致的寄生性贫血、进行性出血，以及铁、铜和维生素 B 缺乏伴发贫血时，均可引起脑贫血。此外，动脉受压或堵塞，以及反射或代偿也可引起一时性的脑贫血。例如，胸水或腹水排出过速、瘤胃臌胀时排气过快，均可引起一时性的反射性或代偿性脑贫血。脑、脊髓的局部贫血，可见于脑动脉的血栓形成和栓塞。

【病理变化】脑组织发生贫血时，表现色泽苍白，血管内血液量减少；如果贫血时间较长，镜检时可看到液化坏死、胶质细胞增生和神经元变性。这些变化由缺氧所致。

3. 血栓形成　　血管内皮受损易发生血栓形成。见于猪瘟、头骨外伤、脓肿或肿瘤细胞

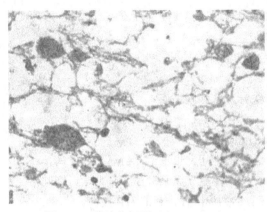

图 12-8　脑液化坏死（HE 10×40）
脑组织变性坏死结构呈稀疏网状

进入血管而损伤血管内皮及动脉硬化症等疾病。

4. 栓塞　　常可引起脑组织局部贫血。

【发生原因】细菌团块、血栓、寄生虫、肿瘤细胞或集聚的红细胞，都可形成栓子。栓子多起源于肺、左心房或左心室的病灶，也可起源于颈动脉及其分支。

【病理变化】脑组织发生栓塞后，由于血液供给不足，不能获得营养和氧气，所以脑内发生局灶性梗死。梗死灶内根据存在的红细胞和血红蛋白量的多少而呈淡红色或红色。梗死灶最终液化坏死（图 12-8）。

5. 出血　　脑出血有外伤性出血、传染病及中毒引起的出血和特发性出血。

1）外伤性出血：是指跌倒、击打等引起头骨骨折时所发生的出血。出血一般发生在受击打部位的脑膜，但也常常看到在受击打部位的对侧出现。冬季马匹在冰道上行走滑倒后，可引起脑骨损伤而脑出血。此外，受撞击或枪伤等事故都可引起脑出血。

二维码
12-5

2）传染病及中毒引起的出血：炭疽、猪瘟、恶性水肿、巴氏杆菌病及进入脑内的各种化脓菌等和麻醉药的中毒都可引起脑出血，一般形成多发性的出血斑点（二维码 12-5）。

6. 血管周围炎症细胞浸润　　在脑组织受到损伤时，血管周围间隙中出现炎症细胞浸润，环绕血管如袖套状，称为血管套（perivascular cuffing）。管套的厚度与浸润细胞的数量有关，细胞成分与病因有关。例如，链球菌感染以中性粒细胞为主，李氏杆菌感染以单核细胞为主，病毒性感染以淋巴细胞和浆细胞为主，食盐中毒以嗜酸性粒细胞为主。

四、脑脊液循环障碍

在生理状态下，脑室、脊髓中央管和蛛网膜腔内含有透明脑脊液，具有物质交换和润滑中枢神经系统的作用。脑脊液大部分是由侧脑室的脉络丛生成，脑脊液从侧脑室经室间孔进入第三脑室，再经大脑导水管进入第四脑室，然后经外侧孔和中央孔进入蛛网膜下腔，然后脑脊液经蛛网膜绒毛突起（蛛网膜粒）流入硬脑膜静脉窦（主要为矢状窦），因此脑脊液总量始终保持动态平衡。

紧贴于脑组织表面的软脑膜的血管伸入脑内时，软脑膜和蛛网膜也随之伸入脑内，蛛网膜紧附血管，软脑膜与脑组织密接，因此在脑血管周围通常存有与蛛网膜下腔连通的腔隙，称为血管周围腔。当脑组织发生感染或脑脊液循环障碍时，血管周围腔可见有炎症细胞浸润或渗出液集聚。脑脊液的循环障碍常可导致下列病变。

（一）脑水肿

脑水肿是指脑组织的血管周围腔、蛛网膜下腔和神经元周围腔广泛地集聚液体。脑水肿多半发生于局部或全身性淤血，也见于休克时的血管渗透性增高。眼观见脑回肿胀，脑沟变平，切面湿润、发亮，脑实质柔软。镜检见血管周围的淋巴腔扩张，积有粉红色浆液样渗出物，神经细胞周围的间隙也扩大。

（二）脑积水

脑积水是中枢神经系统特殊形式的水肿。脑脊液集聚于硬脑膜下或蛛网膜下腔时称为外脑积水；集聚于脑室时称为内脑积水。在多数情况下，此液体是分泌物而不是漏出液。脑水肿有先天性和后天性之分。先天性脑水肿多与胚胎发育阶段生成畸形有关，可见于牛、马、犬等初生动物。后天性脑水肿是脑膜的炎症和大脑导水管受肿瘤、寄生虫等的压迫，致使大脑导水管闭塞的结果。

第二节　脑　　炎

脑炎（encephalitis）是指脑实质的炎症，按病程经过可区分为急性脑炎和慢性脑炎。按炎症性质可区分为非化脓性脑炎、化脓性脑炎和嗜酸性粒细胞性脑炎，此三种脑炎多属急性炎症。

一、非化脓性脑炎

非化脓性脑炎（nonsuppurative encephalitis）是指炎性渗出物中以淋巴细胞、浆细胞和单核细胞为主，而缺少中性粒细胞或虽有少量中性粒细胞却不引起脑组织的分解和破坏的病理过程。其特征是脑组织的血管周围有大量的炎症细胞聚集形成血管套和胶质细胞增生等变化。非化脓性脑炎伴随脊髓炎同时发生时称为脑脊髓炎（encephalomyelitis）；有时软脑膜中也见淋巴细胞浸润，又称为脑膜脑脊髓炎（meningoencephalomyelitis）。

1. 原因和发生机制　　该病多伴发于猪瘟、非洲猪瘟、猪传染性水疱病、乙型脑炎、狂犬病、伪狂犬病、马传染性贫血和弓形虫病等疾病。

2. 病理变化

【剖检】软脑膜充血，脑实质有轻微的水肿和小出血点（二维码 12-6）。

【镜检】基本病理变化包括神经细胞变性坏死、血管反应和胶质细胞增生。

1）神经细胞变性坏死：神经细胞的变性表现为肿胀或皱缩。肿胀的神经细胞胞体肿大，染色变淡，核肿大或消失；皱缩的神经细胞胞体缩小，细胞质凝固，伊红深染，核固缩或消失，在变性的神经细胞胞体周围常可见卫星现象和噬神经细胞现象（图 12-9）。变性的神经细胞可进一步发生坏死，并溶解液化，在局部形成软化灶。

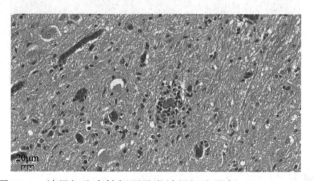

图 12-9　神经细胞变性坏死及噬神经细胞现象（HE 10×40）

神经细胞皱缩、细胞质深染、细胞核消失，小胶质细胞围绕变性坏死的神经细胞进行吞噬

2）血管反应：在血管周围间隙中聚集着大量的炎症细胞包围血管呈袖套状，形成血管套（图 12-10）。非化脓性脑炎时，形成血管套的炎症细胞以淋巴细胞、浆细胞和单核细胞为主。这些

炎症细胞，有的来自血液，有的则由局部增生而来。许多单核细胞、巨噬细胞往往是由局部血管外膜所产生。因血管周围腔的宽窄不一，血管套的厚度也不一样，最小的静脉周围只有 1 层细胞，较大的血管周围可达 10 层以上。在血管套中，血管壁本身并不一定有损伤，如发生病变，通常为透明变性和纤维素样变，有的血管壁的损伤可导致血栓形成，这样就易引起神经细胞变性和缺血性脑软化。

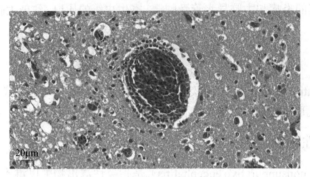

图 12-10　血管套（HE 10×40）

脑血管周围水肿并有大量的炎症细胞围绕成套

值得注意的是，组成血管套的炎症细胞成分在各种疾病过程中是不一样的。例如，细菌感染时，一般是中性粒细胞占优势；病毒感染时，以淋巴细胞或网状细胞较多；变态反应性脑炎时则以巨噬细胞、淋巴细胞、浆细胞和嗜酸性粒细胞多见，有时这些细胞还可越过间隙进入邻近的脑实质中。

3）胶质细胞增生：多是以小胶质细胞和星形胶质细胞为主进行弥漫性或局灶性增生形成胶质细胞结节（图 12-11）。增生灶中可混杂有淋巴细胞及少数浆细胞。严重的增生可形成神经胶质细胞增生病。在一些病毒性非化脓性脑炎中，可在神经细胞、星形胶质细胞、小胶质细胞和其他间叶细胞中发现包涵体。这种包涵体可以是胞质性、胞核性或胞质与胞核性，以酸性反应多见。

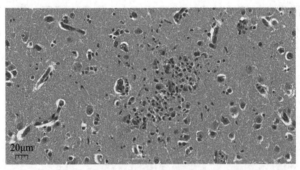

图 12-11　胶质细胞结节（HE 10×40）

脑组织内大量胶质细胞增生呈结节状

二、化脓性脑炎

化脓性脑炎（suppurative encephalitis）是指在脑组织中有脓肿的存在。脑组织脓肿的特点是病灶小，很少出现大范围的化脓性浸润，脓肿可由粟粒大至核桃大。

1. 原因和发生机制　　其病原菌主要是葡萄球菌、链球菌、棒状杆菌和巴氏杆菌等。化脓性感染可经血液循环或直接蔓延而来。血源性感染虽可发生在脑组织的任何部位，但下丘脑、灰质白质交接处的大脑皮质最易发生。直接蔓延感染的途径多来自筛窦和内耳的化脓性感染，因为此处是神经和血管出入的通道，没有硬膜外腔保护，容易引起脑脓肿。

2．病理变化

【剖检】在脑组织中有较多小化脓灶，大的化脓灶少见。脓肿常被一薄层囊壁包围，内部多为液化性坏死物。

【镜检】若脓肿始于败血性血栓，则在血管周围或化脓灶中常有多量中性粒细胞浸润（图 12-12）。化脓初期，其病灶的边缘多不清楚，周围脑组织常发生水肿并有中性粒细胞浸润。此后，巨噬细胞和小胶质细胞增生，将病灶予以包裹，使其局限化，最外层是由结缔组织增生而构成的薄壁。脓肿周围的神经组织常出现严重水肿，髓鞘与神经纤维变性，星形胶质细胞肿胀和发生反应性肥大、增生。

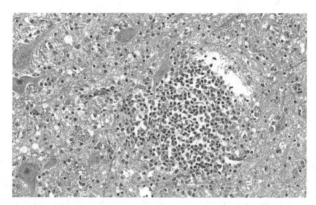

图 12-12　化脓性脑炎（HE 10×40）

脑组织内形成化脓灶，化脓灶内含有大量中性粒细胞

3．结局和对机体的影响　化脓性脑炎的结局，常与脓肿的量及发生的部位有关。如果脑组织有大量化脓灶时，动物可在短期内迅速死亡；如为孤立性化脓灶，动物可能存活较久。延脑发生脓肿时，其病程往往短暂，因脓肿本身或脓肿所引起的水肿常可干扰重要的生命活动中枢，导致动物死亡。下丘脑或大脑内脓肿可通过白质扩展到脑室，引起脑室积脓，从而使动物迅速死亡。脑内的脓肿可直接扩延至脑膜，进而引起化脓性脑膜炎。

三、嗜酸性粒细胞性脑炎

嗜酸性粒细胞性脑炎（eosinophilic encephalitis）是指因食盐中毒而发生的一种特殊类型的脑炎。其病变的主要特点是在血管周围、脑膜及脑实质中有多量的嗜酸性粒细胞浸润，脑组织发生急性层状坏死和液化。

1．原因和发生机制　其病因主要是饲喂含食盐过量的饲料。若饲料中各种营养物质如维生素 E 和含硫氨基酸缺乏，则可增加动物对食盐中毒的易感性。病猪初期食欲废绝、口渴、沉郁和呆立；继而逐渐发展到行走摇摆，阵发性痉挛，视力减退和狂暴；以后卧地不起，呈现癫痫发作。

2．病理变化

【剖检】往往难以在脑组织中发现特异性变化，只见软脑膜显著充血，脑回变平，脑实质偶有出血。此外，胃底部和小肠有轻度卡他性炎症。

【镜检】病变主要集中在中枢神经系统。大脑软膜充血、水肿，有时可见到轻度出血。脑膜中大的血管壁及其周围有许多幼稚型嗜酸性粒细胞浸润，尤以脑沟深部最为显著（图 12-13）。脑组织毛细血管淤血，并有透明血栓形成。血管内皮细胞增生，细胞核肿大，细胞质增多，血管周围常因水肿而明显增宽，并有大量幼稚型嗜酸性粒细胞浸润，形成嗜酸性粒细胞血管套，其包绕的细胞少则几层，多达十几层，嗜酸性粒细胞还可能从血管周围腔隙蔓延至脑实质、软脑膜及脑的表面。

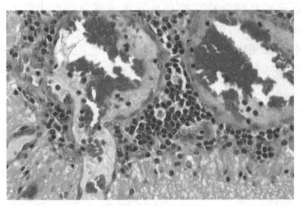

图 12-13　嗜酸性粒细胞性脑炎（猪食盐中毒，JPC）（HE 10×40）
脑组织血管周围有大量嗜酸性粒细胞

3. 结局和对机体的影响　　病情较轻或者耐过的病例，嗜酸性粒细胞逐渐减少，小胶质细胞在脑组织内浸润的同时，大脑灰质可见有急性层状或假层状的坏死和液化，表现为神经细胞变性、坏死，细胞崩解后形成海绵状空腔。此外，延髓也可见到相似的变化，大脑白质的变化一般较为轻微，而间脑、中脑、小脑和脊髓则未见到此种变化。坏死的空腔化区可被大量星形胶质细胞增生所修复，有时可形成肉芽组织包裹。

第十三章 运动器官病理

运动器官病理包括肌肉、骨、关节、腱鞘及蹄等部位的病理变化。本章仅就其中部分主要病变加以叙述。

第一节 肌 炎

肌炎（myositis）是指肌纤维及肌纤维之间结缔组织发生的炎症。常因外伤（锐器刺伤、滑倒、咬斗等）或病原微生物的感染所致。根据肌炎发生的性质不同，可分为风湿性肌炎、化脓性肌炎、坏死性肌炎等。

一、风湿性肌炎

风湿性肌炎（rheumatic myositis）又称为肌肉风湿病（muscular rheumatism），见于马、犬、牛，偶尔见于绵羊和猪。

1. 原因和发生机制 病变的发生与 A 组溶血性链球菌的灶状感染（咽峡炎、鼻窦炎、扁桃体炎等）有关，是溶血性链球菌引起机体的一种变态反应。A 组溶血性链球菌使机体产生与肌肉组织呈交叉反应的抗体，此抗体不仅作用于链球菌，还可作用于心肌等肌肉组织，引起风湿性病变。也可能是链球菌的菌体蛋白质与机体的胶原纤维多糖相结合，生成复合抗原，机体对此产生特异性抗体，作用于胶原纤维，引起风湿性病变。但是受链球菌感染，并不一定发生风湿病，说明风湿病的发生不仅与链球菌有关，更重要的是机体的内因。

2. 病理变化 患部肌肉肿胀，有时见有水肿。但轻度的肌肉风湿病，眼观病变不明显。重症病例见有明显的肌炎，表现为肌肉充血及出血，肌间结缔组织有浆液性渗出，肌肉柔软。慢性病例见肌间结缔组织增生。

二、化脓性肌炎

1. 原因和发生机制 化脓性肌炎（suppurative myositis）是因葡萄球菌、链球菌、大肠杆菌等化脓菌侵入肌肉组织而引起，常见于开放性损伤发生感染、蜂窝织炎、肌肉注射消毒不严或注射刺激性药物，也可由邻近的骨或软组织感染扩展所致，或形成菌血症后经血液循环播散引起。

2. 病理变化 化脓性肌炎如果源于开放性损伤，则形成化脓性感染创；如果是源于非开放性的，则逐渐形成脓肿，多发于横纹肌内深部。严重的病例可形成多发性脓肿，炎症部位肿胀，切开后可见脓液（图 13-1）。

三、坏死性肌炎

1. 原因和发生机制 坏死性肌炎（necrotizing myositis）常见于气肿疽梭菌感染引起的牛气肿疽，其病理特征是在患牛股部、臀部、肩部等肌肉丰满部位发生出血性坏死性肌炎，皮下和肌间结缔组织呈弥漫性浆液性出血性炎，并于患部皮下与肌间产生气体。

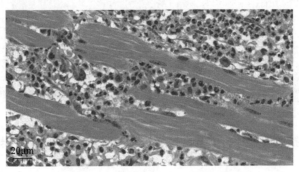

图 13-1　化脓性肌炎（HE 10×40）

肌纤维断裂，大量脓液蓄积

2．病理变化

【剖检】典型病变发生于颈、肩、胸、腰，特别是臀股部肌肉丰满之处，有时病变也见于咬肌、咽肌和舌肌。病变部皮肤干燥呈黑褐色，肿胀，按压有气体的捻发音。切开病变部皮肤和肌肉，见有多量暗红色的浆液性液体流出，皮下结缔组织和肌膜布满黑红色的出血斑点。肌肉肿胀，呈黑褐色，触之易破碎断裂，肌纤维间充满含气泡的暗红色酸臭液体，故肌肉断面呈多孔的海绵状，具典型的气性坏疽和出血性炎特点。

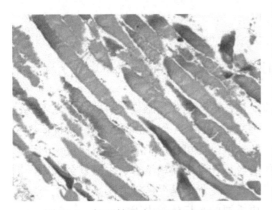

图 13-2　坏死性肌炎（HE 10×40）

肌纤维间水肿，肌肉蜡样坏死

【镜检】见肌纤维呈典型的蜡样坏死，表现肌纤维膨胀、崩解和分离，肌浆凝固呈均质、红染，肌纤维的结构消失，肌间间质组织也表现水肿和出血，并有炎症细胞浸润和见有气肿疽梭菌（图 13-2）。

此外，经长途运输后的屠宰猪也可见到急性浆液性坏死性肌炎，肌肉呈坏死、自溶及炎症变化；眼观肌肉色泽苍白，切面多水，但质地较硬。旋毛虫、肉孢子虫等感染后寄生在肌肉组织也可引起肌炎的发生。

第二节　骨的炎症

骨和骨膜组织两者紧密相接，其中一个组织发炎，必然蔓延到相邻组织。最易发炎的组织是骨膜，骨炎多伴发于骨髓炎。

一、骨膜炎

骨膜炎（periostitis）可由创伤、败血症、慢性机械性刺激等原因引起。由于致病原因不同，可分为急性骨膜炎和慢性骨膜炎。

1．急性骨膜炎（acute periostitis）

（1）浆液性、纤维素性和出血性骨膜炎

【发生原因】一般由创伤或附近的炎症波及骨膜，形成骨膜的局部炎症，有时在小的骨头可使全骨膜发炎。此炎症多见于易遭受损伤的末端腿骨，马匹用铁嚼紧勒时可引起下颚骨发生该病。

【病理变化】骨膜充血并有浆液性、细胞性、纤维素性及出血等炎性渗出物，使骨膜呈现红润及水肿样肿胀。

（2）化脓性骨膜炎

【发生原因】多由化脓性病原菌引起，病菌由创伤直接进入骨膜或由邻近器官或骨髓而波及骨膜，少数可由血源转移而发生。

【病理变化】初期病变呈浆液性或浆液出血性炎症，病变不久即变成脓性，脓液呈弥漫性浸润或蓄积于骨膜，因而骨膜可被剥离。在骨膜下形成的脓肿可向外破裂，生成瘘管和使附近组织生成蜂窝织炎。此外，脓液可以通过营养孔而进入骨髓。

【结局】化脓的结局有治愈、生成脓毒败血症或变成慢性化脓性炎症。化脓性骨膜炎进一步发展，表面的骨质可被吸收而生成空隙，骨质变粗糙疏松，哈氏管被侵蚀，结果由于营养障碍而发生表层骨坏死。

2. 慢性骨膜炎（chronic periostitis）

【发生原因】①动物的慢性骨膜炎较为多发，并且多见于马的腿部，多半是由于外伤（挫伤、扭伤、脱臼、骨折）；②在骨发生营养缺乏病时，由于降低了对外伤的抵抗力也易发生骨膜炎；③当腱和韧带受到牵引时，其与骨连接部位的骨组织可发生轻微的折断或者分离，结果在该部位因受刺激引起骨组织的增生；④动物日粮中缺少磷时，可见成群的动物发生明显的骨膜炎；⑤慢性骨膜炎可继发于浆液性或化脓性的炎症，慢性化脓性骨膜炎则由化脓菌经外伤或复合骨折进入骨膜而发生。

【病理变化】发生慢性浆液性骨膜炎时见骨膜被浆液性渗出物浸润。此外，在该部位有结缔组织和骨组织的增生。如果新生长的组织是由纤维性结缔组织组成，称为纤维性骨膜炎（fibrous periostitis），此时见白色纤维性结缔组织和邻近组织相互交错而突出于骨的表面，并紧密地附着于骨组织。化骨性骨膜炎是由骨膜内层的成骨细胞受刺激而增生形成新生的骨组织，新生骨的表面呈颗粒状、斑块状、疣块状的突起，称此为骨疣（exostosis）或骨瘤。

二、骨炎

骨炎（osteitis）有急性和慢性骨炎之分，一般由骨膜炎或骨髓炎蔓延而发生。在炎灶的骨组织内矿物质脱失，矿物质脱失的范围根据炎灶的大小而不同，有的呈灶状炎症，而有的范围较大。脱失矿物质的骨质常形成空洞，称此为疏松骨炎（rarefying ostitis）。

如果由于炎症而使骨质变得非常坚硬和致密，则称此为骨硬化（osteosclerosis）或象牙质变（ivory-like alteration）。由于炎症而增生的骨组织突出于骨髓腔内时，称此为内骨赘。

三、骨髓炎

骨髓炎（osteomyelitis）有急性和慢性两种（详见第十一章造血器官病理）。

第三节　关　节　炎

关节炎（arthritis）是指关节部位发生炎症，可能是一个或几个关节患病。如果几个关节患病则称为多关节炎（polyarthritis）。关节炎有急性和慢性两种。根据病程经过和炎性渗出物性质，关节炎可分为下列几种。

一、急性关节炎

1. 浆液性关节炎（serous arthritis）

（1）发生原因　关节炎多由受轻微的刺激或外伤引起。一般发生于一个关节，但有时也可能发生于几个关节。浆液性关节炎也可发生于长时间在混凝土或石子地上奔驰的马匹。

（2）病理变化

【剖检】关节囊充满大量稀薄的黏滑液，因而关节囊扩张，关节滑液膜充血，有时有少量出血点，并且有轻微滑液膜炎的变化。

【镜检】见关节囊因炎症而呈现血管充血及细胞变性，并见有少量中性粒细胞渗出。

2. 纤维素性关节炎（fibrinous arthritis）

（1）发生原因　此种炎症多发生于细菌感染，新生幼畜可由化脓杆菌、巴氏杆菌、大肠杆菌等经脐带或肠道感染而引起多关节炎。纤维素性关节炎还多见于牛，这是由产后子宫、乳腺或肠等部位受感染所致。在家畜较少发生的所谓风湿性多关节炎即属于纤维素性关节炎，同时侵害多数关节，多为链球菌所致的变应性炎。

（2）病理变化

【剖检】关节腔内有多量浆液性渗出物，其中含有黄白色纤维蛋白。纤维蛋白常常被压扁而浮于关节渗出液内，或于关节内面形成纤维素性假膜。

【镜检】见渗出液内除有纤维蛋白外，并有较多的中性粒细胞，后者混在渗出液内或浸润于关节囊。

3. 化脓性关节炎（suppurative arthritis）

（1）发生原因　化脓性关节炎由感染各种细菌，如链球菌、葡萄球菌、棒状杆菌、丹毒杆菌等而引起。病菌可由创伤感染，也可由关节周围的皮肤、皮下结缔组织及关节软骨下的骨骼化脓灶而侵入。机体在败血症时，病菌可经血流而进入关节部形成化脓性关节炎，其中最多见的是新生幼畜经脐带感染后生成的脓毒败血症。病菌侵入关节后，可生成多关节炎，但有时只有一个关节发炎。

（2）病理变化

二维码
13-1

【剖检】关节肿胀，在肿胀的关节囊内见有白色、黄色或绿色的脓液（二维码 13-1）。感染副猪嗜血杆菌时脓液多呈稀薄水样、无色；感染链球菌或葡萄球菌时脓液为白色或黄色，呈稀薄乳状或者浓稠；感染棒状杆菌时脓液为黏稠的黄绿色。

【镜检】见关节滑液膜及关节周围的组织有多量中性粒细胞浸润，并能见感染的化脓性细菌。

（3）结局　化脓性关节炎常常破坏关节软骨，特别是化脓时间较长时，由于关节软骨破坏而生成溃疡，有时波及骨骺部而破坏骨组织。化脓波及关节周围组织并穿透关节囊而形成瘘管时，则脓液不断外流。如果化脓时间长，关节周围结缔组织明显增生，则生成慢性化脓性关节炎。

4. 出血性关节炎（hemorrhagic arthritis）

此种炎症发生于严重的关节外伤或脱臼。牛关节感染气肿疽杆菌或腐败梭状芽孢杆菌时可发生出血性关节炎。关节腔的渗出液内有红细胞和大量白细胞。

5. 坏疽性关节炎（gangrenous arthritis）

由创伤感染腐物寄生菌可生成坏疽性关节炎，此时病菌寄生在坏死组织内而引起腐败。此外，坏疽性关节炎也可发生于栓塞、血栓形成、冻伤及麦角中毒等。

二、慢性关节炎

1. 干性关节炎（siccative arthritis）

【发生原因】此种关节炎多见于老龄动物（马及犬），实际上只表现软骨及骨组织发生变性，一般缺乏炎症反应。可能与营养障碍有关。

【病理变化】其病变特征是软骨基质呈现纤维样，软骨细胞发生脂肪变性，软骨溶解生成溃疡。关节软骨如果全部破坏则露出骨面，骨组织变成多孔性，一部分也可能发生硬化。

2. 愈着性关节炎（adhesive arthritis）

【发生原因】主要见于病程较长的慢性关节炎，后期可生成此种愈着性关节炎。

【病理变化】关节周围软组织，如滑液膜、关节囊及关节周围组织发生增生、软骨组织破坏，关节端发生纤维性愈着。

3. 畸形性关节炎（deforming arthritis）　　由慢性关节炎所致的关节明显变形，称为畸形性关节炎。

【发生原因】畸形性关节炎并不是由单一原因引起的，原发性的畸形性关节炎多可作为独立性疾病而缓慢发生；继发性的则由各种外伤引起，此时多为关节软骨弹性减弱的结果。

【病理变化】初期关节软骨变性、萎缩，表面粗糙。关节软骨溶解后生成溃疡，露出的骨组织因直接受到机械性刺激而发生硬变。此外，关节的运动，可引起骨质的磨灭和消耗。在关节面，既有软骨的破坏也有软骨的再生，因而骨膜肥厚并向侧面突出。从关节囊的结缔组织及脂肪组织增生出长而大的滑液膜绒毛，其中有许多血管，称为绒毛关节。一部分绒毛可折断而脱落到关节腔内，或在关节腔内见有软骨或骨碎片。畸形性关节炎多发于膝关节、肩胛关节和胫跗关节部，多见于马，有时可见于犬。

第四节　腱　鞘　炎

腱鞘炎（tenosynovitis）多见于成马，也见于刚出生的动物，多由外伤引起，但也能由附近的皮肤、关节和骨的炎症而波及。刚出生的幼畜患败血症或脓毒败血症时可经血源感染，此时常和关节同时发病。在成年动物，腱鞘炎多继发于各种传染病，如腺疫、副伤寒、败血症、子宫内膜炎等。

一、急性腱鞘炎

皮肤外伤可诱发浆液性及浆液性纤维素性腱鞘炎，腱鞘内腔蓄积浆液性或浆液性纤维素性渗出物，腱鞘壁内侧肿胀充血，有时见有出血点。渗出物经吸收后可完全治愈或者愈着于腱部。

化脓性腱鞘炎可因外伤感染或由腱鞘周围的炎症波及，也可由血源转移而生成。腱鞘内充满的脓液沿鞘蔓延时，腱常常发生坏死。

二、慢性腱鞘炎

慢性腱鞘炎多数由急性腱鞘炎转变而来，腱鞘腔壁肥厚、愈着。炎性渗出物长期蓄积在腱鞘内，称为腱鞘水肿。

第五节 蹄 炎

蹄炎（inflammation of hoof）是指有蹄动物蹄部所发生的各种炎症。

一、蹄叶炎

蹄叶炎（laminitis）多发生于马，并多发生于两前蹄，但有时也可发生于全四蹄。

1. 发生原因　　蹄叶炎的发生原因多种多样，例如：①长途运输、骑乘和在不平坦的砂石多的硬地上剧烈使役时，可引起负重性蹄叶炎；②给予过多的浓厚饲料，如燕麦、玉米、大豆等，可引起饲料性蹄叶炎，其中也有由饲料中毒及变态反应而发病；③多数可继发于胸疫、流感等传染病的经过中，生成转移性蹄叶炎。

2. 病理变化　　病变发生于蹄皮膜（角小叶、肉小叶部），呈弥漫性的无菌性炎症。炎症主要发生于蹄尖壁、蹄侧壁及蹄底。在蹄的肉小叶和角小叶间蓄积浆液性渗出物和出血，结果使两者的连接弛缓、分离，蹄骨向下方转移，蹄骨的尖端下沉，后方因受深屈腱的牵引而不是全部下沉，故蹄底往下方隆突。蹄冠部凹陷，蹄变形。蹄壁生成不正的蹄轮，各蹄轮不相平行。蹄底白线明显开张、弛缓、脆弱。蹄尖壁呈块状肥厚，蹄踵高立，蹄叶炎常常生成芜蹄。

与马相反，牛患蹄叶炎时多发生于后蹄，尤其多发生于偶蹄的内侧蹄。患蹄的蹄冠部特别是趾间严重肿胀，患部增温、疼痛而常伏卧。重症病例和马一样可变为芜蹄。

二、蹄皮炎

1. 化脓性蹄皮炎　　由于钉伤、裂蹄、白线裂、过削蹄等侵入化脓菌而生成的急性炎症。炎症可发生于蹄皮的各个部位，但多发生于后部。由蹄皮炎引起弥漫性化脓时称为蹄皮的"脓性浸润"，局限性的积脓称为"蹄脓肿"，生成恶性肉芽肿的慢性病例称为"蹄溃疡"，化脓呈管状空洞，排出灰白色脓性渗出物时称"蹄瘘"。

2. 坏疽性蹄皮炎　　蹄皮局部发生坏死，生成腐败性渗出物。蹄皮的坏疽一般由化脓菌、坏死杆菌等引起。此病易发生于不洁、潮湿的厩舍或泥泞潮湿的牧地。

第十四章　病毒性疾病病理

病毒性疾病是造成畜禽养殖业损失的一大类疾病，特别是一些人兽共患传染病，对人类健康也存在不同程度的威胁。学习和掌握病毒性疾病的病理变化和发病机制等知识对于解决生产实践问题尤为重要。本章将对禽类、猪、反刍动物、犬、猫及马常见的病毒性疾病病理进行介绍。

第一节　禽病毒性疾病病理

一、禽流感

禽流感（avian influenza）是由禽流感病毒（avian influenza virus，AIV）感染引起的一种人兽共患传染病。该病可见于鸡、火鸡、鸭、鹅、鹌鹑、鸽及多种野生鸟类，也有人感染禽流感而致死的报道。根据 AIV 致病性的不同，可以将其分为高致病性、低致病性和无致病性禽流感病毒。对禽类危害较大的高致病性 AIV 主要有 H5 和 H7 亚型。

（一）主要临床症状

病禽多数有发热、咳嗽、喷嚏、流泪、黏液性鼻漏、窦炎、呼吸道啰音等呼吸道疾病症状，伴发腹泻或神经功能障碍等。高致病性禽流感的病鸡表现头、颈部水肿、发绀、失明、惊厥、瘫痪，病死率接近 100%。

（二）发病机制

AIV 感染后，首先在呼吸道或消化道黏膜上皮细胞内复制并破坏黏膜上皮，引起卡他性炎。强毒株可引起病毒血症，病毒随血流侵犯脑、肝、肾、脾等器官，引起组织损伤。

（三）病理变化

【剖检】高致病性禽流感病例常表现为严重的出血性病变。全身多处皮肤出血（图 14-1），皮下有黄色胶样浸润、出血，胸、腹部脂肪有紫红色出血斑。头部和颜面浮肿，鸡冠、肉髯出血、肿大达 3 倍以上（图 14-2）。病鸡腿部肌肉有出血点或出血斑，脚趾鳞片出血。心包积液，心外膜有点状或条纹状坏死，心肌软化。腺胃乳头水肿、出血，肌胃角质层下出血，肌胃与腺胃交界处呈带状或环状出血。浆膜出血，十二指肠、盲肠扁桃体、泄殖腔黏膜充血、出血；肝、脾、肾淤血肿大，有白色小块坏死；胸腺萎缩，有程度不同的斑点状出血；法氏囊萎缩或呈黄色水肿并伴有充血、出血。呼吸道有大量的炎性分泌物或黄

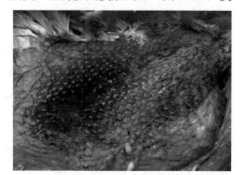

图 14-1　病鸡皮肤严重出血
（王选年供图）

图 14-2　病鸡头部明显肿胀
（王选年供图）

白色干酪样坏死。母鸡卵泡充血、出血，卵黄液稀薄；严重者卵泡破裂，卵黄散落到腹腔中，形成卵黄性腹膜炎，腹腔中充满稀薄的卵黄。输卵管水肿、充血，内有浆液性、黏液性或干酪样物质。公鸡睾丸变性坏死。

低致病性禽流感发病率高，死亡率低。以呼吸道症状为主，多数病禽的病变特点为气管、窦、气囊和结膜的轻度到中度的炎症。

无致病性禽流感（隐性感染）一般无临床症状，偶尔可见局限于上呼吸道的轻微病变。

【镜检】高致病性禽流感病例可见各组织器官（心肌、脾、肺、脑、肉垂、肝和肾）充血、出血。肝、脾、肾有实质变性与坏死。脑组织呈现非化脓性脑炎病变，可见血管周围细胞套、神经细胞变性、神经胶质细胞增生等现象。肺通常为间质性肺炎，继发细菌感染时，呈支气管肺炎病变。由于毒株的不同，除共性病变外，还有各自的特征：有的毒株引起多发性坏死灶，有的毒株引起明显的胰腺坏死，有的毒株引起心肌炎。低致病性禽流感呼吸系统呈现轻微的浆液性、纤维素性炎，肺可见轻度间质性肺炎变化。

（四）病理诊断要点

病禽出现各种呼吸道疾病症状，伴发腹泻或神经功能障碍等临床症状，剖检有明显的呼吸道病变，可见颜面部水肿和脚趾鳞片、鸡冠肉髯、浆膜、黏膜等部位出血等。

二、鸡新城疫

鸡新城疫（newcastle disease）是由鸡新城疫病毒（newcastle disease virus，NDV）引起鸡和火鸡的一种接触性传染病。该病于 1926 年发现于南亚地区，同年传入英国新城而得名，又名鸡瘟（fowl pest）、伪鸡瘟。鸡、火鸡、野鸡、乌鸦、麻雀等鸟类都能感染发病，水禽和鸽对该病有较强的抵抗力。人偶有感染，表现为结膜炎、腮腺炎及类似流感症状。

（一）主要临床症状

二维码
14-1

感染强毒的禽类可能无任何症状而突然死亡。多数病禽表现为精神沉郁、鸡冠和肉髯发紫、头颈和翅翼下垂、从嘴角流出黏稠的酸臭味黏液、呼吸困难、下痢、头颈后仰（二维码 14-1）。有的病例眼结膜肿胀、流泪等。

（二）发病机制

病毒经消化道、呼吸道、眼结膜、破损的皮肤或泄殖腔黏膜侵入机体，病原增殖并进入血液形成病毒血症。此后，病毒吸附于红细胞膜上，使红细胞凝集而溶血。病毒主要集聚在血管内皮细胞内，引起血管壁结构改变，导致广泛出血、红细胞溶解并被吞噬。

（三）病理变化

【剖检】内脏器官的败血性出血性素质和消化道、呼吸道病变对该病有诊断意义。内脏器官和组织的出血性素质表现为：胸、腹腔浆膜、呼吸道黏膜、脑膜和心外膜斑点状出血，其中以腺胃黏膜及肠黏膜出血更具特征性。有些病例皮肤有出血斑点，皮下呈胶样浸润。

消化道病变：口腔和咽部存有黏液，病变严重病例，在咽部和食道有芝麻粒大至米粒大呈黄白色隆起的坏死性炎症病灶。嗉囊内充满酸臭的混浊液体和气体，嗉囊壁水肿。腺胃黏膜肿胀，黏膜腺体呈丘状隆突，在突起顶端有出血斑点（图 14-3）或灰白色坏死点。在腺胃与肌胃交界处常见出血带，这被认为是该病的特征性病变。此外，在肌胃的角质膜下，也常见有斑状出血灶。另外，小肠黏膜有充血、局灶性出血和纤维素性坏死性炎病变。肠淋巴小结呈急剧肿胀和坏死，形成小纽扣状的凝乳样突起（图 14-4）。盲肠常被覆有出血或凝乳样痂皮。在急性和亚急性经过的病例，以上病变表现轻微；病程较长的病例，肠道病变则特别明显，胰腺也可见点状出血和粟粒大的灰白色坏死灶。

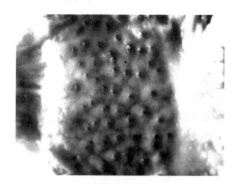

图 14-3　病鸡腺胃乳头尖部出血
（王选年供图）

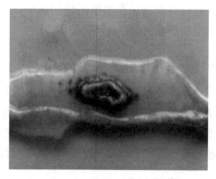

图 14-4　病鸡小肠黏膜坏死，呈凝乳样突起
（王选年供图）

呼吸道病变：鼻腔、喉头、气管和支气管常积有黏液，黏膜充血并常散布小点状出血。肺充血、水肿，有时可见小而坚实的结节性病灶。

实质器官：肝肿胀变性，其变性程度取决于肠道病变的轻重，偶见肝实质散有细小的黄白色坏死灶。脾稍肿大，被膜下常散在针头大至粟粒大灰白色病灶。脑和脊髓充血。

【镜检】呼吸道黏液腺内可见网状内皮细胞增生积聚，在其细胞质内偶可见到包涵体。

淋巴组织：脾、法氏囊、胸腺和肠壁的淋巴样组织内的网状细胞、大吞噬细胞和淋巴细胞常发生弥漫性坏死。脾鞘动脉外围的网状组织及其附近的淋巴组织坏死，伴有浆液和纤维蛋白渗出。坏死灶中的鞘动脉内皮肿胀变圆，其外壁的细胞排列疏松而膨大，变化严重时部分或全部管壁呈纤维素样坏死。

消化道：腺胃除见坏死和出血变化外，其黏膜和肌层还呈浆液性水肿、网状内皮细胞和淋巴细胞增生积聚。肠道黏膜呈明显的卡他性炎，肠壁淋巴小结增生部位发生水肿、充血、出血和坏死。

实质器官：肝组织的血管和胆管周围见有淋巴细胞和异嗜性粒细胞浸润，血管壁肿胀、坏死，肝细胞呈颗粒变性。肺组织支气管腔内积有黏液和剥脱上皮，肺泡壁毛细血管充血，淋巴细胞和网状内皮细胞呈灶状增生，并有出血、坏死和浆液性水肿病灶。肾可见肾小管上皮变性，间质充血与淋巴细胞浸润，偶见肾小球肾炎。

神经系统：脑髓组织的神经细胞见有不同程度的变性乃至坏死变化。在大脑半球、小脑、延脑及其他一些部位，经常见神经细胞的细胞质内有空泡形成，有时见脑组织广范围的水肿，水肿区的神经细胞皱缩。脑实质血管充血，血管周围有淋巴细胞、组织细胞和浆细胞积聚而形成非化脓性脑炎的血管套变化，此种病变以慢性经过病例明显。脊髓也常见有类似变化。外周神经常表现神经束肿胀、水肿，在小血管周围和神经纤维之间见有淋巴细胞浸润，同时存有灶状神经束膜炎和小出血灶。轴突变粗，呈颗粒状和小块状变性变化。

（四）病理诊断要点

病鸡呈现出血性纤维素性坏死性肠炎，肠黏膜有时可见枣核样坏死灶，腺胃乳头出血，脾、胸腺、法氏囊及肠壁等淋巴组织坏死，并出现非化脓性脑膜脑炎和脑脊髓炎等病变。

三、禽传染性支气管炎

禽传染性支气管炎（avian infectious bronchitis）是由禽传染性支气管炎病毒（avian infectious bronchitis virus，AIBV）引起禽类的一种急性、高度接触传染的呼吸道疾病。主要侵害鸡的呼吸系统，还可引起泌尿和生殖系统的病变。鸡是 AIBV 的唯一自然宿主，各种日龄的鸡均可感染，但幼雏发病严重并常引起死亡。

（一）主要临床症状

二维码
14-2

病鸡早期出现咳嗽和喷嚏，随后出现呼吸困难、气管啰音，当支气管炎性渗出物形成干酪样栓子堵塞管腔时，病鸡可窒息死亡。肾毒株主要引起幼雏传染性支气管炎和肾炎综合征，幼雏可流鼻液、腹泻和脱水，死于肾功能衰竭。输卵管上皮受侵害时病鸡产出异常或畸形蛋、产蛋量下降，输卵管狭窄、阻塞、破裂，造成继发性卵黄性腹膜炎等（二维码 14-2）。

（二）发病机制

经呼吸道感染时，病毒首先感染气管黏膜上皮细胞，并在其中迅速增殖，导致黏膜上皮细胞损伤和脱落，残留的上皮细胞增殖形成复层上皮，出现气管炎及支气管炎；肾型毒株可在肾中繁殖，使肾小管上皮细胞发生变性坏死，引起肾损伤，导致中毒、脱水和尿酸盐沉积。

（三）病理变化

【剖检】病鸡尸体的鼻道、气管中有浆液性、卡他性或干酪性渗出物，气囊壁混浊或附有干酪样物，病死鸡支气管内常见有干酪性栓子，较大的支气管周围见小区域肺炎灶。产蛋鸡的卵巢卵泡充血、变形，输卵管短缩，黏膜增厚，管腔呈局部性狭窄和膨大，有时因输卵管破裂或卵逆行进入腹腔。肾毒株可引起肾肿大，呈灰褐色或苍白色，有光泽，濒死期或自然病亡鸡的肾和输尿管内有大量尿酸盐沉积，病程后期雏鸡肾整体或局部体积缩小。法氏囊、泄殖腔黏膜充血，并充积胶样物质。肠黏膜充血，呈卡他性炎。全身血液循环障碍而使肌肉发绀，皮下组织因脱水而干燥。

【镜检】见呼吸道黏膜上皮细胞肿大增生，纤毛脱失，细胞质内空泡形成。黏膜固有层水肿增厚，结构稀疏，伴有淋巴细胞浸润。黏膜下层轻度充血或出血。各级支气管腔内有嗜酸性均染的炎性渗出物。荧光抗体检查病变上皮细胞内可见病毒抗原。输卵管黏膜上皮变成矮柱状，分泌细胞明显减少。子宫部壳腺细胞变形，固有层腺体灶性增生使局部黏膜增厚，有多量淋巴细胞浸润。肾毒株感染主要表现肾病变，即间质性肾炎。感染早期远曲肾小管和集合尿管扩张，间质有灶状淋巴细胞浸润。中期在肾间质中可见淋巴细胞、浆细胞和巨噬细胞广泛浸润及少量成纤维细胞增生，肾小管上皮细胞变性脱落，尿酸盐沉积，管腔中可见由变性上皮细胞和异染细胞组成的管型。后期肾间质见淋巴小结形成，其他炎症细胞成分减少，部分肾小叶皱缩。偶见肾小管上皮再生或完全恢复。

【电镜观察】肾毒株感染第 7～20 天，在肾小管上皮细胞胞质内有直径 0.7～1.7μm 病毒包涵体。

（四）病理诊断要点

主要病变特征为浆液性、卡他性、纤维素性支气管炎。肾型传染性支气管炎可见肾肿大呈斑驳状，肾小管和输尿管内有大量的尿酸盐沉积。应注意与鸡新城疫、鸡传染性喉气管炎及传染性鼻炎鉴别。鸡新城疫死亡率较高，雏鸡多见神经症状；鸡传染性喉气管炎病变严重，气管部黏膜出血、坏死，流行过程较缓慢，很少见于雏鸡；鸡传染性鼻炎常有面部肿胀。

四、鸡传染性喉气管炎

鸡传染性喉气管炎（avian infectious laryngotracheitis）是由传染性喉气管炎病毒（infectious laryngotracheitis virus，ILTV）引起鸡的一种急性、接触性传染病。

（一）主要临床症状

病鸡高度呼吸困难、咳嗽和咳出含有血液的渗出物。

（二）发病机制

病毒主要侵害上呼吸道，特别是喉和气管，并常常侵害眼结膜。侵入上呼吸道的病毒，主要在喉和气管黏膜的上皮细胞内生长繁殖，受侵的上皮细胞核迅速分裂而胞质不分裂，之后受损的上皮细胞大量脱落，喉气管内出现大量的炎性渗出物和坏死细胞碎片。

（三）病理变化

【剖检】鸡传染性喉气管炎呈喉气管型和结膜型两种形式。

喉气管型：喉和气管腔内存有卡他性或卡他性出血性渗出物，渗出物呈血凝块状堵塞喉和气管；在一些病例，喉和气管内可见有纤维素性的干酪样物质。后者呈灰黄色栓子状，很容易从黏膜剥脱，堵塞喉腔，特别是堵塞喉裂部。干酪样渗出物从黏膜脱落后，黏膜急剧充血，轻度增厚，存有许多点状和斑状出血灶。这些变化多见于气管的上 1/3 部位。鼻腔和眶下窦黏膜也发生卡他性或纤维素性炎。黏膜充血、肿胀，有时有斑点状出血（图 14-5）。有些病禽的鼻腔渗出物中带有血液凝块或呈灰黄色的纤维素性干酪样物。在口腔黏膜可形成易剥脱

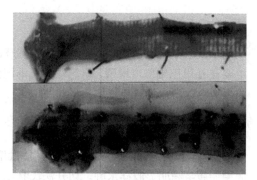

图 14-5　病鸡气管及喉头黏膜斑块状出血
（王选年供图）

的白色薄膜，薄膜通常位于舌根、口角、口盖裂隙周围和咽喉出口处，这种变化是在口黏膜卡他性炎的基础上发展而来。传染性喉气管炎的肺病变比较少见，往往在支气管内见有血液凝块或纤维素性干酪样渗出物。

结膜型：有的病例单独侵害结膜，而一些与喉气管病变结合发生。结膜病变主要呈浆液性结膜炎，表现结膜充血、水肿，有时可见点状出血。有些病禽的眼睑，特别是下眼睑发生水肿，而有的发生纤维素性结膜炎，在结膜囊内沉着有纤维素性干酪样物质而使上下眼睑黏着，角膜混浊，有时发生全眼球炎。

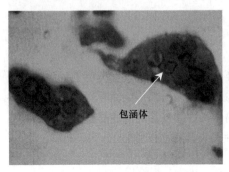

图 14-6　病鸡气管上皮细胞脱落，
细胞核内可见包涵体（王选年供图）

【镜检】在喉气管见有特征性的重度卡他性炎和纤维素性出血性炎。呼吸道黏膜上皮剧烈剥脱，导致黏膜固有层变秃而显露，充血的毛细血管显露呈球状结构突出于喉和气管腔表面。黏膜固有层水肿，并有许多假性嗜酸性粒细胞浸润。有些病禽的喉气管黏膜坏死，有时坏死达到软骨环。在与黏膜固有层连接的上皮细胞内，特别是在脱落的上皮细胞内发现有核内包涵体（图 14-6），该包涵体在感染后 2～4d 数量最多，呈圆形、卵圆形、椭圆形和棒状形。核内包涵体同时也存于支气管、前庭和气囊的上皮细胞内。

（四）病理诊断要点

病鸡出现喉和气管黏膜肿胀、出血，形成糜烂，喉气管内见有炎性渗出物，并常见结膜炎等病变。

五、鸡传染性法氏囊病

鸡传染性法氏囊病（avian infectious bursal disease）是由传染性法氏囊病病毒（infectious bursal disease virus，IBDV）引起的一种急性接触性传染病。IBDV 以侵害雏鸡及幼龄鸡的法氏囊为特征。该病于 1957 年在美国首次报道，1979 年首次在我国发现。

（一）主要临床症状

3～6 周龄的病鸡症状比较明显，表现间歇性腹泻，排白色黏稠稀便，恢复期排绿色粪便。成年鸡因法氏囊萎缩而不易感染发病。重症鸡常因脱水发生血液循环障碍，逐渐衰竭死亡。

（二）发病机制

IBDV 可经呼吸道和黏膜侵入机体，潜伏期通常为 1～3d。病毒首先侵害易感鸡的法氏囊，主要在 B 淋巴细胞内增殖，引起法氏囊淋巴组织及其细胞变性、坏死，从而引起免疫抑制或不能产生免疫球蛋白导致免疫应答反应降低。

（三）病理变化

【剖检】病死鸡法氏囊体积增大，重量增加，极期时（3～4d）其重量可达 6g 左右，法氏囊周围脂肪组织明显胶样水肿。切开法氏囊，黏膜潮红肿胀，散在点状出血，皱褶趋于平坦。严重病例整个法氏囊呈紫红色，有时黏膜呈弥漫性出血（图 14-7）。有的病例在法氏囊黏膜皱褶表面见粟粒大、黄白色圆形坏死灶；囊腔内有多量黄白色奶油状物或黄白色干酪样栓子。病程较长病例，法氏囊体积缩小，重量减轻，呈灰白色。轻症病鸡，经 4～10 周后法氏囊本身可再生新的淋巴滤泡而恢复其功能。

胸部、腹部、腿部等部位肌肉出血（图 14-8）。胸肌顺肌纤维走向呈条纹状或斑状出血（二维码 14-3，二维码 14-4），腹部及腿部呈点状或斑状出血。

胸腺偶见点状出血。腺胃和肌胃交界处常见不规则的暗红色淤血或出血。早期感染病例，在泄殖腔黏膜表面可见有不同程度和大小不等的出血斑点。有时见盲肠扁桃体肿大并突出于表面，并有点状出血。

二维码
14-3

二维码
14-4

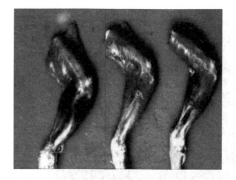

图 14-7 病鸡法氏囊出血、肿胀，呈暗红色
（王选年供图）

图 14-8 病鸡腿部肌肉出现暗紫色血斑
（王选年供图）

【镜检】法氏囊黏膜上皮变性。发病初期病例，浆膜下及淋巴滤泡之间发生水肿，间质增宽并有少量异嗜性粒细胞及淋巴细胞浸润（图 14-9），并伴发出血。最有特征性的病变是法氏囊滤泡髓质及皮质的淋巴细胞几乎完全坏死（图 14-10），严重时淋巴细胞坏死崩解而使淋巴滤泡呈空腔化或呈红色均质团块状，有时坏死区域被异嗜性粒细胞、巨噬细胞及网状细胞所代替。经过 5～8d，淋巴滤泡数量减少或萎缩，部分淋巴滤泡髓质区由于网状细胞和未分化上皮细胞增生，形成腺管状结构，并可见法氏囊黏膜上皮细胞增生扩展到固有层，积聚于腺管状结构周围。重症病例的淋巴滤泡因坏死或空腔化而不能恢复；轻症病例的淋巴滤泡可以恢复，新形成的淋巴滤泡体积增大，淋巴细胞密集在滤泡边缘。胸腺实质部的淋巴细胞也发生坏死或消失。脾淋巴滤泡数量减少或萎缩，滤泡内淋巴细胞发生坏死或消失，还见滤泡内网状细胞活化。

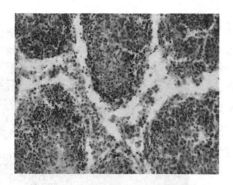

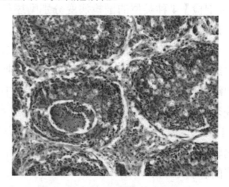

图 14-9 法氏囊淋巴滤泡间水肿
（HE 10×10）（王选年供图）

图 14-10 法氏囊淋巴滤泡坏死
（HE 10×10）（王选年供图）

（四）病理诊断要点

以法氏囊肿大、出血、坏死为特点，常见有肌肉出血。

六、鸡马立克病

鸡马立克病（avian Marek's disease）是由马立克病毒（Marek's disease virus，MDV）引起的鸡的一种淋巴组织增生性疾病。该病的发病率和死亡率高，对养鸡业的危害大。

（一）主要临床症状

根据病变部位和临床症状，分为神经型、内脏型、皮肤型和眼型，有时各型可混合发生。

图 14-11　病鸡呈劈叉姿势
（王选年供图）

1. 神经型　病鸡运动障碍，表现一肢或两肢呈不全麻痹，后期变为完全麻痹；如果病变侵及翅部或颈部神经，则病鸡还表现一翼或两翼下垂，头、颈歪斜，病肢常呈劈叉姿势瘫痪在地（图 14-11）；当迷走神经受侵时，则见嗉囊扩张和呼吸困难。

2. 内脏型　一般无特异症状，严重病例呈现消瘦、贫血、食欲减退、下痢等症状。

3. 皮肤型　多半在屠宰去毛后发现，表现皮肤毛根周围呈结节状隆起。

4. 眼型　病鸡视力下降，一侧或两侧虹膜呈灰白色，俗称"鸡白眼病"。

（二）发病机制

MDV 主要通过呼吸道传播。病毒进入鸡体内后首先侵害脾、法氏囊和胸腺等淋巴器官后大量繁殖，导致淋巴细胞和网状细胞变性、坏死和崩解，被感染组织内有异嗜性粒细胞浸润和网状细胞、巨噬细胞的增生。病毒感染后的 8～14d 出现持续的病毒血症，继而扩散并侵害全身各组织器官导致实质细胞变性、坏死和淋巴细胞增生，进而发展为淋巴细胞肿瘤。

（三）病理变化

【剖检】4 种类型的剖检病变分别阐述如下。

1. 神经型　常见病变为一处或多处外周神经和脊神经根、脊神经节受损害。其中最常发生病变的是腹腔神经丛、臂神经丛、坐骨神经及内脏大神经等。受侵的神经变粗，有时比正常增粗几倍，呈灰白色或黄色，神经表面偶见大小不等的结节，使神经变得粗细不均（图 14-12）。病变神经多数为一侧性，所以容易与对侧变化轻微的神经相对比。脊神经节增大，病变常蔓延至相连的脊髓组织中。

2. 内脏型　常见于一种器官或多种器官发生淋巴瘤病灶。增生的淋巴组织呈结节状或弥漫性地浸润在器官的实质内。结节状病变多发生于肝、脾、肾、

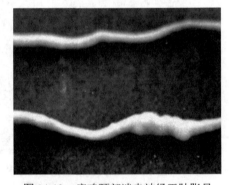

图 14-12　病鸡颈部迷走神经干肿胀呈
结节状（王选年供图）

性腺、肠道、肾上腺、骨骼肌及皮肤等部位。结节发生于器官表面或实质内呈灰白色的肿瘤样，数量不一、大小不等，小的如粟粒大，大者达黄豆大乃至栗子大（二维码 14-5）。结节切面灰白色、平滑，很难与淋巴细胞白血病相区别（图 14-13）。弥漫型表现病变器官弥漫性增大，有时比正常增大数倍，色泽变淡。其中，母鸡的卵巢肿大最为常见，表面形成很厚的皱褶，外观呈脑回样。腺胃和肠管表现管壁增厚，从浆膜面或切面均可见到肿瘤样的硬结病灶。肌肉形成灰白色纤细条纹至肿瘤样结节。法氏囊常发生萎缩，无肿瘤样结节，这是和淋巴细胞白血病不同的地方。

二维码
14-5

3. 皮肤型　病变主要发生在毛囊部分，主要由淋巴样细胞增生而形成大小不等的结节。结节呈扁平的荨麻疹样隆起（图 14-14），有时结节表面有褐色结痂形成。

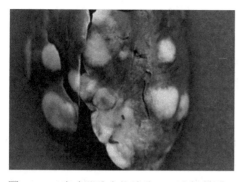

图 14-13　病鸡肝肿瘤状结节（王选年供图）

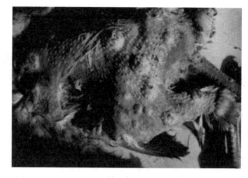

图 14-14　病鸡皮肤肿瘤状结节（王选年供图）

4. 眼型　病鸡的一侧或两侧虹膜出现环状或斑点状灰白色病灶。同时，瞳孔明显缩小，边缘不整齐。

【镜检】各组织器官的血管周围有淋巴细胞、浆细胞、网状细胞、淋巴母细胞及少量巨细胞等多形态的淋巴样细胞增生浸润。

1. 神经型　呈现轻度和重度的炎症细胞浸润，有时伴有水肿、髓鞘变性。病变部浸润的细胞有小淋巴细胞、中淋巴细胞、浆细胞及淋巴母细胞等，有时还可见到一种形体很大、细胞质嗜派洛宁染色的"马立克病细胞"（图 14-15）。一般把神经的病变分成三种类型。第Ⅰ型的特征是以小淋巴细胞和浆细胞的炎症浸润为主，并有轻微水肿；第Ⅱ型的特征为明显水肿，仅有少量的炎症细胞浸润，偶尔还见神经纤维变性；第Ⅲ型的病变是肿瘤性的，有大量淋巴母细胞和小淋巴细胞浸润，有些增生的淋巴细胞聚集区域中还可形成生发中心。上述三种变化是同一病理过程的不同发展阶段，肿瘤性变化是继发在炎症性病变之后。脑和脊髓病变可见有小淋巴细胞形成的套管和浸润灶，脊根神经节有重度的细胞浸润。

2. 内脏型　各个器官的肿瘤性病灶在外观上虽有不同，但其构成成分基本相同。增生的细胞成分与神经纤维第Ⅰ型变化相同（图 14-16）。

图 14-15　坐骨神经纤维间有大量的
淋巴样细胞浸润（HE 10×40）

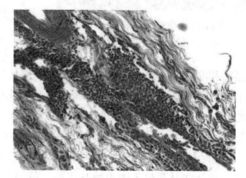

图 14-16　肝组织中可见大小不等的
淋巴细胞浸润（HE 10×10）

3. 皮肤型　皮肤病变除毛囊周围有多量淋巴样细胞浸润外，血管周围也有细胞增生浸润，大的病灶表面破损及形成溃疡。

4. 眼型　眼球的病变为虹膜被大量淋巴样细胞浸润，少数病例增生的细胞可蔓延到角膜、眼球结膜和眼神经。法氏囊的皮质和髓质发生萎缩、坏死，形成囊肿，以及淋巴小结间有淋巴样细胞浸润，胸腺萎缩。

（四）病理诊断要点

马立克病可以根据病鸡的特征性麻痹症状、全身进行性消瘦，以及发病鸡呈现的外周神经、性腺、虹膜、内脏器官和皮肤发生淋巴样细胞浸润和形成肿瘤性病灶进行诊断。

七、鸡白血病

鸡白血病（avian leukosis）是由一群具有若干共同特性的反转录病毒感染所引起的肿瘤性疾病群，又称为"鸡白血病复合症"（avian leukosis complex）。根据其病理形态学特点，这一疾病群可分为：淋巴细胞白血病、成红细胞性白血病、成髓细胞性白血病、骨髓细胞瘤病，也有血管瘤性白血病的病例报道。其中，淋巴细胞白血病最为多见。

（一）淋巴细胞白血病

淋巴细胞白血病（lymphocytic leukemia，LL）主要发生于 14 周龄以上的鸡群，性成熟鸡的发病率最高。一般认为，病毒可经种蛋垂直传播。病毒首先侵害受感染鸡的法氏囊细胞，后期在病毒刺激下转化为肿瘤性细胞，随着病鸡年龄增长，瘤细胞离开法氏囊，而在全身许多器官形成肿瘤样病灶。

二维码
14-6

二维码
14-7

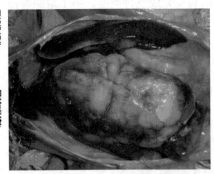

图 14-17　病鸡肝显著肿大，
见有大量油脂状肿瘤结节

【剖检】患淋巴细胞白血病的病鸡，表现全身消瘦，鸡冠和肉髯苍白、皱缩，偶见青紫色（二维码 14-6）。病鸡腹部膨大，用手按压时，可以触摸到肿大的肝。内脏器官的变化主要发生在肝、脾和法氏囊。肝、脾显著肿大，密布黄白色油脂状肿瘤结节（图 14-17，二维码 14-7）。法氏囊肿大，不呈现性成熟后的生理性萎缩。其他器官如肾、肺、性腺、心脏、骨髓、肠系膜等也可发生肿瘤样病变，但病变的程度不同。肿瘤病变外观柔软、平滑而有光泽，呈灰白色或淡灰黄色。切面均匀如脂肪样，很少有坏死灶。

根据肿瘤病变的形态和分布，可分为结节型、粟粒型、弥漫型和混合型 4 种。结节型的淋巴瘤病变从针帽头大到鸡蛋大，呈单个存在或大量分布，结节呈球形或扁平状。粟粒型的淋巴瘤病变多为直径不到 2mm 的小结节，均匀分布于整个器官的实质中。弥漫型的淋巴瘤病变表现为器官体积弥漫性增大，如肝可比正常增大几倍到十几倍，呈淡黄红色，质脆弱（二维码 14-8）。肝变化是淋巴细胞白血病的一个主要特征，过去称之为"大肝病"。

二维码
14-8

【镜检】淋巴样肿瘤细胞呈多中心的结节状膨胀性生长，并互相融合而成融合性结节。这种结节样病灶在肝多位于中央静脉周围、肝细胞索间和汇管区，肝细胞受压迫而萎缩或消失，肝内的结节病灶周围常围绕有成纤维细胞样组织，这些成纤维样细胞实际上多半是残存的肝窦状隙内皮细胞。网状纤维染色，病灶周围可见有嗜银纤维包绕。肿瘤结节由成淋巴细胞构成，细胞的形态和大小比较一致，呈单个存在或大量分布。肿瘤细胞膜模糊，细胞质嗜碱性，核呈空泡状，染色质紧靠核膜并集聚成块，核内有嗜酸性着染的核仁。瘤细胞用甲基绿-派洛宁染色呈红色，故可能是淋巴细胞前身或正在发育中的淋巴细胞系细胞。瘤细胞在脾呈结节状增生，在肾被膜下、肾小体周围和中、小血管的外膜周围呈结节状增生。

法氏囊的淋巴小结由于成淋巴细胞大量增生而显著增大，淋巴小结间界线消失。这与马立克病时法氏囊间质内淋巴样细胞增生而造成淋巴小结萎缩显著不同。

（二）成红细胞性白血病

成红细胞性白血病（erythroblastosis，EB）分为增生型和贫血型两种类型。前者特征是血液中出现许多幼稚的成红细胞；后者特征是发生严重贫血，但该型少见。

【剖检】两型病鸡都见有全身性贫血变化，血液色泽变淡而呈血水样。鸡冠苍白或青紫色；贫血型时鸡冠呈淡黄色甚至白色。皮肤毛囊出血。皮下脂肪、肌肉和内脏器官常有出血点，肝、脾有时见血栓形成、梗死和破裂。增生型的肝、脾显著增大，肾肿大程度较轻。器官呈樱桃红色，质地变脆弱，骨髓增生，质地柔软或变成水样，并常出血。贫血型病鸡内脏器官（特别是肝和脾）发生萎缩，骨髓苍白呈胶冻样，骨髓间隙大部分被海绵骨质所代替。

【镜检】见肝、肾、脾和骨髓的毛细血管内，充满成红细胞系中各个阶段的细胞。

（三）成髓细胞性白血病

成髓细胞性白血病（myeloblastosis，MB）的临床症状和病理变化与成红细胞性白血病相似。

【剖检】贫血，各实质器官增大，在肝可能出现弥漫性的灰白色肿瘤小结节。骨髓常变坚实，呈灰红色或灰白色。严重的病例在肝、脾、肾中常见有弥漫性灰白色肿瘤组织浸润，使器官外观呈斑纹状或颗粒状。

【镜检】实质器官的血管内外聚集成髓细胞和数量不等的早幼髓细胞。肝小叶及汇管区静脉血管外见成髓细胞广泛增生及浸润灶，实质细胞被瘤细胞取代。在血液涂片中，见成髓细胞大量增加，血液中含量可高达 2×10^6 个/mm³。

（四）骨髓细胞瘤病

骨髓细胞瘤病（myelocytomatosis，MCT）的病鸡生前无明显症状，仅在骨骼上见由骨髓细胞增生形成的肿瘤，因而病鸡头部出现异常的突起，胸部和跗骨部有时也见有类似的肿瘤突起。肿瘤病变还常发生于肋骨和肋软骨连接部、下颌骨、鼻孔的软骨和颅骨扁平骨等部位。骨髓细胞瘤呈黄白色、柔软、质脆或呈干酪样，呈弥漫状或结节状，而且往往两侧对称。在实质器官中，呈恶性增生的骨髓细胞常大量浸润，破坏正常组织结构，形成肿瘤性生长物。

鸡马立克病与鸡白血病的鉴别诊断要点见表 14-1。

表 14-1　鸡马立克病与鸡白血病的鉴别诊断要点

要点	鸡马立克病	鸡白血病
发病年龄		
最早发病年龄	3 周龄	5～6 月龄
多发年龄	2～5 周龄	12 月龄
临床症状		
贫血	无	有
瘫痪	有	无
剖检病变		
周围神经病变	有	无
法氏囊病变	萎缩	有肿瘤
皮肤肿瘤	可能有	无
腺胃肿胀胃壁增厚	可能有	无

续表

要点	鸡马立克病	鸡白血病
组织学病变		
肿瘤细胞	多型性淋巴样细胞	主要为成淋巴细胞
周围神经病变	有	无
脑血管套	有	无
法氏囊肿瘤	无	有
血清学诊断琼扩试验	阳性	阴性

八、禽网状内皮组织增生病

禽网状内皮组织增生病（avian reticuloendotheliosis）是由网状内皮组织增生病病毒（reticul-oendotheliosis virus，REV）引起的多种禽类的一组症状不同的综合征。REV 可分为复制缺陷型（代表毒株为分离于火鸡的 REV-T 株）和完全复制型。前者需要辅助病毒 REV-A 的参与才能进行复制，是引起急性网状细胞瘤的病原；完全复制型病毒能够引起矮小综合征和慢性淋巴瘤。

（一）主要临床症状

REV 主要感染火鸡、鸡、日本鹌鹑和鸭等。REV 接种新生鸡或火鸡，因发病急，很少见到临床症状，死亡率可达 100%。急性型表现为死前嗜睡；慢性型表现为矮小综合征，生长发育停滞，羽毛生长不良，冠髯苍白。

（二）发病机制

REV 主要以网状内皮组织细胞和淋巴细胞为靶细胞，引起细胞肿瘤性转化。病毒进入细胞后，在自身编码的反转录酶作用下形成前体 DNA，随机整合到宿主细胞基因组中，以前病毒 DNA 的形式暂时或长期存在于宿主细胞染色体中。REV 感染鸡可见免疫器官的萎缩，如胸腺、法氏囊等，机体免疫功能下降，易继发感染其他病原菌造成死亡。

（三）病理变化

根据不同毒株所致的病变特点不同，可分为以下几种类型。

1. 急性网状细胞瘤

二维码
14-9

【剖检】感染鸡可见肝、脾肿大，胰腺和性腺等处发生纤维素性腹膜炎，肾也常见肿大。肝、脾、肾均见有小点状或弥漫性浸润的白色肿瘤状病灶（二维码 14-9）。有些病灶发生坏死，尤其是在肝。

【镜检】上述白色病灶是由组织间的大空泡状原始网状细胞增生形成。增生细胞的轮廓不清，细胞质呈轻度嗜酸性，细胞核较大，呈多形性；有的近似球形，有的近似长方形或锯齿形，淡染的核质内有染色质颗粒或染色质块，许多细胞核内有一个大的明显嗜酸性的核仁。细胞多见有丝分裂象。这些肿瘤细胞可在肝、脾、肾、肺、心、胰腺、性腺等器官呈结节状增殖。在肝，肿瘤细胞多围绕汇管区的血管和胆管增殖形成结节，同时也浸润性地生长到窦状隙内，有时在窦状隙内形成小结节。瘤组织及其生长压迫的相邻组织常发生坏死。关于靶细胞的特征尚有争论，肿瘤细胞系由 B 淋巴细胞或者带有 B 和 T 两种细胞标记的原始细胞建立。

2. 矮小综合征

【剖检】病死鸡胸腺和法氏囊萎缩、末梢神经肿大、羽毛异常，发生腺胃炎、肠炎、贫血、肝和脾坏死，以及细胞和体液免疫反应降低。

【镜检】早期感染 REV 鸡可见羽毛形成细胞坏死。神经纤维间有成熟的和未成熟的淋巴细胞及浆细胞浸润。

3. 慢性肿瘤形成

慢性肿瘤形成有两种类型：一是肿瘤形成的潜伏期长，在鸡和火鸡感染后经 17～43 周的潜伏期才出现淋巴肉瘤；二是肿瘤形成的潜伏期较短，一般在非缺陷 REV 株感染后 3～10 周，在各脏器及外周神经出现淋巴肉瘤，但法氏囊变化不明显。

【剖检】多数病例在肝和法氏囊，其次在脾、性腺、肾、肠道、肠系膜和胸腺可见淋巴肉瘤。

【镜检】淋巴肉瘤由成熟型淋巴细胞组成，法氏囊的肿瘤结节由转化的法氏囊滤泡形成。淋巴肉瘤细胞表面有特定的 B 细胞抗原而无 T 细胞抗原，说明淋巴肉瘤是法氏囊依赖的 B 细胞淋巴肉瘤。此外，非缺陷 REV 的感染经长的潜伏期后有时还可导致黏液肉瘤、纤维肉瘤、肾腺癌及神经肿胀病变。

（四）病理诊断要点

通过感染鸡发育受阻、网状内皮系统的单核细胞或原始间质细胞的浸润和增生等症状及肝脾肿大、急慢性肿瘤等病理变化可做出初步诊断。

九、禽痘

禽痘（fowl pox）是由禽痘病毒（fowl pox virus，FPV）引起的禽接触性传染病。该病的特征是在皮肤发生痘疹和/或在口、咽喉部黏膜出现固膜性炎。

（一）主要临床症状

禽痘中最常见的是鸡痘，各种年龄和品种的鸡都可感染，但以雏鸡和中鸡最易感。按病毒侵犯的部位不同分为皮肤型、黏膜型和混合型。

1）皮肤型：痘疹多见于鸡冠、面部和肉髯（二维码 14-10，二维码 14-11），通常持续 2～4 周后结痂脱落，死亡率低。但变异的高致病性鸡痘毒株引发的皮肤型鸡痘死亡率可达 100%。

2）黏膜型：常引起呼吸困难、流鼻液、流眼泪、脸部肿胀、口腔及舌有黄白色溃疮，病鸡会因窒息死亡。

3）混合型：上述两种症状同时存在，死亡率偏高。

（二）发病机制

病原通过破损的皮肤或黏膜感染健康鸡，感染后在皮肤或黏膜的上皮细胞复制，引起细胞发生水泡变性，继而发生崩解、融合，局部形成小水疱及痘疹。

（三）病理变化

1. 皮肤型（痘疹型）

【剖检】皮肤出现痘疹。初期痘疹为灰白色稍隆起的小结节，随病程延长，结节增大，有的发生融合，形成表面粗糙、暗褐色、隆起于皮肤表面的结节，结节不易剥离，约经两周结节发生

二维码 14-10

二维码 14-11

坏死，进而形成结痂。痂皮脱落后局部皮肤出现瘢痕。皮肤痘疹主要见于皮肤的无羽毛或少羽毛部位，特别是鸡冠、肉髯和眼睑，也可见于喙角、颈部、翼下、头后和肛门周围的皮肤（图 14-18 和图 14-19）。

 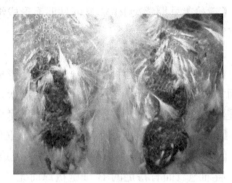

图 14-18　病鸡鸡冠部布满大小不一的痘疹（王选年供图）　　图 14-19　病死鸡的背部皮肤可见大量的痘斑结痂

【镜检】早期病变为表皮细胞增生和水泡变性，表皮层明显增厚并有过度角化，变性表皮细胞的细胞质内可见包涵体。部分水泡变性的细胞可发生崩解，局部形成小水泡，部分则发生坏死；真皮血管充血，其周围有淋巴细胞、巨噬细胞和异嗜性细胞浸润。痘疹发生坏死后，坏死物脱落后，皮肤缺损部由其周围组织再生而修复。

二维码
14-12

图 14-20　鸽口腔、食道黏膜痘疹（王选年供图）

2．黏膜型（白喉型）

【剖检】主要是口腔、咽、喉等部位黏膜发生固膜性炎，重症病例也可见于食管、嗉囊、气管和眶下窦黏膜。初期病变是在黏膜面形成隆起的灰白色结节（图 14-20），以后结节增大或融合、坏死，形成一层灰黄色假膜，隆起于黏膜表面，不易剥离，剥离后局部黏膜留下出血性溃疡。

【镜检】初期，黏膜上皮增生和水泡变性，上皮细胞的细胞质内可见包涵体（二维码 14-12）。以后病变部因继发感染而出现炎症反应和凝固性坏死，炎性渗出物和坏死组织融合成一层假膜。假膜下病变组织明显充血、出血和异嗜性粒细胞浸润。

3．混合型　兼有皮肤型和黏膜型鸡痘的病变特征。

（四）病理诊断要点

根据剖检时心包腔严重积液和肝多灶性坏死的病变特点可做出初步诊断。

十、鸡心包积液-肝炎综合征

心包积液-肝炎综合征（hydropericardium hepatitis syndrome）是由Ⅰ群禽腺病毒血清 4 型（FAdV-4）感染家禽引起的一种严重的禽类传染性疾病，临床上以患病鸡心包积液和肝炎为典型病理变化。该病于 1987 年在巴基斯坦的安卡拉地区首次暴发流行，又名"安卡拉病"。

（一）主要临床症状

精神不振，食欲减退，侧卧，口流黏液，呼吸困难，原地转圈摇颈，腹腔肿胀，有波动音，突然死亡。

（二）发病机制

FAdV-4 对肝细胞、内皮细胞及淋巴细胞具有特殊的亲嗜性。病毒感染肝导致肝细胞弥漫性变性及坏死，肝肿大。病毒感染内皮细胞导致血管通透性变化，引起大量浆液渗出及心包腔积液。此外，FAdV-4 常与鸡传染性贫血病毒、传染性法氏囊病病毒混合感染引起免疫抑制，导致继发感染的发生。

（三）病理变化

【剖检】心包囊充满整个体腔，挤压其他器官，心包内有大量淡黄色液体，心脏壁薄、扩张，呈暗红色（图 14-21）；肝肿大、质脆，色变淡或呈土黄色，常见黄白色坏死灶或斑点状出血；肺淤血、水肿或出血；脾和肾萎缩，呈暗红色；法氏囊萎缩，有淡白色黏液；腺胃内有黏液，肌胃萎缩（图 14-22）；肠管管腔狭小，充斥黄灰色稀黏状物；有的胰腺表面布有大小不一针尖状坏死点。

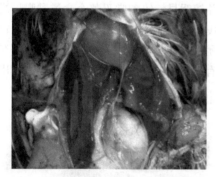 

图 14-21　病鸡心包内有大量淡黄色液体，肝肿大　　　　图 14-22　病鸡腺胃乳头出血，肌胃萎缩

【镜检】心肌纤维颗粒变性或水泡变性，间质充血或出血，心肌纤维溶解断裂、纤维间有淋巴细胞浸润。肝出现局灶性坏死灶，坏死灶内部肝细胞变性坏死，部分肝细胞内可见病毒包涵体。肾小管上皮细胞变性坏死，管腔内可见蛋白管型，肾间质淤血、出血及淋巴细胞浸润。肺静脉与毛细血管严重淤血，小叶间质与肺房内浆液渗出。胸腺、脾及法氏囊的淋巴细胞可见不同程度坏死。

（四）病理诊断要点

心包腔严重积液和肝多灶性坏死。

十一、鸭病毒性肠炎

鸭病毒性肠炎（duck virus enteritis）是由鸭疱疹病毒Ⅰ型（anatid herpesvirus）引起鸭、鹅、天鹅、雁等禽类的一种急性传染病，民间称为鸭瘟（duck plague），因病鸭头颈肿大，故又俗称"大头瘟"。

（一）主要临床症状

病鸭的临床特征为发热，头部肿大，双脚软弱无力，眼睛羞明流泪，拉黄绿色或灰绿色稀粪，产蛋量显著下降，死亡率高。

（二）发病机制

病毒主要经消化道感染，首先在消化道黏膜上皮细胞内增殖，然后进入血流引起病毒血症而扩散至全身，随即进入血管内皮细胞及网状内皮细胞中继续增殖，损伤血管壁，从而导致各组织器官的出血、变性及坏死。

（三）病理变化

【剖检】各组织器官呈广泛性出血，伴有食道伪膜性坏死性炎、肝灶状坏死及泄殖腔炎，尤以泄殖腔的病变具有证病意义。

外观：头部常见肿大，特别是在两侧面颊处及头顶部最为明显（图 14-23）。眼结膜充血水肿，分泌物增多，结膜周围羽毛湿润、黏结，严重者上下眼睑也黏合，切开肿胀的头顶部皮肤，见皮下组织呈明显的淡黄色胶样浸润。在颈部或腹部的皮下组织有时也见有相似的浸润物。泄殖腔常呈红肿突出，其周围羽毛常被绿色或灰绿色粪便污染。

消化道：在口腔上颌部及喉头附近，常见有黄绿色渗出物所被覆的黏膜固膜性炎。食道黏膜播散有多量芝麻至绿豆大的出血斑或同样发生固膜性炎。食道的病变程度常随病鸭的年龄而异：成年鸭病变轻微；7 周龄左右的病鸭，病灶均匀播散并较明显；雏鸭常见整个食道黏膜形成一层容易剥离的坏死性假膜。小肠的前段充血和出血，后段及大肠黏膜常存有针帽头大至小粟粒大的坏死灶（图 14-24）；盲肠黏膜也见有小点状出血；泄殖腔黏膜呈弥漫性充血、出血，并散在有大小不等、表面附有灰绿色鳞片状物的坏死灶，其中并有砂粒样矿物质沉着，用刀尖触之发出金属音响。直肠和泄殖腔周围的组织常表现水肿。

图 14-23　病鸭头部肿大、有出血斑点，
鼻孔流出血样黏液（王选年供图）

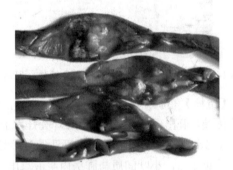
图 14-24　肠黏膜坏死灶呈凝固状隆突于
黏膜表面（王选年供图）

肝：肝肿大、质脆，包膜上存有弥漫性细小出血斑。在肝表面有一些针帽大到粟粒大的灰黄色坏死灶，有些坏死灶中央有出血斑点，有些坏死灶外围形成一条出血带。

淋巴器官：胸腺有多量小出血点，小肠黏膜上的淋巴小结向表面突起，呈显著充血、出血，其中散在有针尖大的黄色坏死灶。食道与腺胃交界处的淋巴组织也常形成灰黄色坏死带，有时并发出血。法氏囊呈深红色，黏膜表面有大量出血斑点和针尖大灰黄色坏死灶，随着病情发展，囊壁萎缩，内腔表面被覆有假膜和腔内充满白色凝固的渗出物。脾轻度肿大，表面见有粟粒大的灰白色斑点或灰黄色坏死灶。

产卵期病鸭，卵巢均存有程度不等的病变，卵黄囊充血、出血，有时则萎缩变形，有些发生破裂而引起卵黄性腹膜炎。

其他，如脑、肺、肾等脏器，眼观无显著的改变。

【镜检】在消化道、肝、脾、心肌、肾及脑等器官有广泛性的变性与坏死，同时在食道、腺胃、小肠、大肠、盲肠、泄殖腔及肝等器官的病变组织切片中，在坏死灶边缘的细胞内可观察到核内包涵体。在血管内皮细胞及肝小叶窦壁的肝巨噬细胞胞质中，也可见嗜碱性的病毒包涵体。

（四）病理诊断要点

剖检特征为广泛性出血，食道黏膜和泄殖腔黏膜的固膜性炎症及肝局灶性坏死。注意与鸭巴氏杆菌病相区别。

十二、鸭病毒性肝炎

鸭病毒性肝炎（duck viral hepatitis）是由鸭肝炎病毒（duck hepatitis virus，DHV）引起雏鸭的一种高度致死性传染病。3 周龄以内的雏鸭发病率最高，以肝炎为主要特征，病鸭由于脑炎而出现神经症状，运动失调、腿肌痉挛、角弓反张，俗称"翻船病"。

（一）主要临床症状

发病迅速，雏鸭死亡率高达 90%，中成鸭一般不发病。病鸭初期精神萎靡、离群，眼半闭似睡。随后出现不安、运动失调、腿向后伸，头颈举向背侧，呈角弓反张状（图 14-25），常在神经症状出现后几小时死亡。死后常仍保持角弓反张状，这一特征具有证病意义。

（二）发病机制

病毒经咽及上呼吸道进入体内后，首先在组织细胞内增殖，很快分布至全身器官，引起出血性坏死性肝炎、胰腺局灶性坏死、坏死性脾炎及肾小管上皮细胞变性坏死，最终导致患鸭死亡。神经症状可能是病毒直接感染脑组织的结果，也可能是肝代谢障碍、氨成分增多引起的肝脑综合征。

（三）病理变化

【剖检】肝病变具有证病意义，表现为肝肿大、质软、极脆，呈灰红色或灰黄色，表面因有出血斑点和坏死灶而呈斑驳状（图 14-26）。胆囊肿大，充满胆汁。脾淤血、出血、肿大，表面因有坏死灶而呈斑驳状。肾肿大、淤血，有时皮质有小点出血。心肌柔软，呈半煮样。胃肠黏膜呈卡他性炎。胰腺有散在性灰白色坏死灶，偶见出血点。

图 14-25　病鸭呈角弓反张姿势（王选年供图）　　　图 14-26　肝肿大，布满出血斑点（王选年供图）

【镜检】肝组织广泛出血，肝细胞颗粒变性和脂肪变性，甚至发生弥漫性和局部灶性坏死，坏死灶周围和肝细胞之间有淋巴细胞浸润。血管内有微血栓形成。肝糖原减少，网状纤维断裂或崩解。肝细胞及肝巨噬细胞内可见包涵体。小叶间胆管增生，局部呈腺样结构。汇管区淋巴细胞浸润，有结缔组织增生。脾淋巴滤泡坏死、网状细胞增生，并伴明显淤血、出血。肾间质血管充血，其中有微血栓形成，肾小管上皮细胞颗粒变性、空泡变性或脂肪变性，有的细胞坏死。心肌纤维颗粒变性、肿胀。脑膜及脑实质血管扩张、充血，血管壁疏松，血管周围水肿并有淋巴细胞性管套形成。神经细胞变性，并有卫星现象、噬神经细胞现象和胶质细胞增生。法氏囊上皮皱缩与脱落，淋巴滤泡萎缩，滤泡髓质坏死、空泡化、间质出血。胰腺灶状坏死与出血，胰管扩张，内有多量蛋白性物质。胆囊肿大，充满黏稠绿色胆汁。

（四）病理诊断要点

应注意与鸭瘟及黄曲霉毒素中毒相区别。

鸭病毒性肝炎：主要发生于 3 周龄以下的雏鸭，成年鸭具有一定的抵抗力；发病急，传播快，死亡率高；有角弓反张和其他神经症状；特征病变为坏死性肝炎。

鸭瘟：主要发生于成年鸭，2 周龄以内的雏鸭不发病，有红色下痢、头颈肿胀和流泪症状；特征病变为食管和泄殖腔黏膜的纤维素性坏死性炎症，出血性素质。

黄曲霉毒素中毒：虽有步态不稳、角弓反张等神经症状，但肝内主要为胆管增生，而且增生的胆管向小叶内生长。

十三、鸭短喙长舌综合征

鸭短喙长舌综合征（duck beak atrophy and dwarfish syndrome）是由细小病毒（parvovirus）感染引起鸭的一种传染性疾病，临床上以鸭喙发育不良、舌头外伸为特征。该病于 2015 年 3 月以来在我国山东、江苏和安徽等地陆续出现，可造成鸭采食困难，导致料肉比增高、肉鸭出栏合格率下降，造成较大的经济损失。

（一）主要临床症状

该病主要引起雏鸭发育迟缓、上下喙萎缩、舌头外伸、肿胀，部分患鸭出现单侧行走困难、瘫痪等症状，感染后期胫骨和翅骨易发生骨折（图 14-27）。

（二）发病机制

细小病毒会影响肉鸭肠道和肝的消化和吸收功能，致钙磷比例失调、破坏内分泌平衡，肉鸭出现断翅、断腿现象。病鸭各组织以胸腺、法氏囊、心脏、脾、胰腺中病毒含量最高，肝、肺、脑、小肠次之，肾最低，推测大量病毒入侵脾、胸腺和法氏囊等免疫器官可能是鸭生长不良、短喙的主要原因，其相关致病机制有待进一步研究。

（三）病理变化

【剖检】病死鸭机体干瘦，舌短小、肿胀，舌尖部分弯曲、变形；胸腺肿大、出血。此外，有不同程度的骨骼

图 14-27　病鸭上下喙萎缩，舌头外伸

发育不良、全身骨质疏松，内脏器官萎缩等症状。

【镜检】患鸭舌呈间质性炎症，结缔组织基质疏松、水肿；胸腺髓质淋巴细胞与网状细胞呈散在性坏死，组织间质明显出血、水肿；肾小管间质出血，并有大量炎症细胞浸润，肾小管上皮细胞崩解凋亡，肾小管管腔狭窄水肿。

（四）病理诊断要点

根据鸭喙发育不良，舌头外伸的临床症状并结合剖检病变可做出初步诊断。

十四、鸭坦布苏病毒病

鸭坦布苏病毒病是由鸭坦布苏病毒（duck Tembusu virus，DTMUV）感染引起鸭的一种急性、高度接触性传染病。该病于 2010 年 4 月在我国东南沿海省份首次暴发，给养禽业造成巨大的经济损失，严重威胁养禽业的健康发展。

（一）主要临床症状

产蛋鸭临床症状表现为产蛋率可能会从 70%～90% 下降到 10% 左右，雏鸭主要出现神经系统症状，如脑炎、行动困难或运动不平衡、共济失调和瘫痪等（图 14-28）。

（二）发病机制

鸭坦布苏病毒可在脑微血管内皮细胞增殖，导致感染鸭的血脑屏障通透性增强，病毒侵入中枢神经系统并诱发脑炎。此外，该病毒也可侵害生殖系统，造成产蛋量下降。

（三）病理变化

【剖检】心脏肿大、出血；肺肿大；肝呈土黄色，表面有点状坏死灶或块状出血；脾肿大、出血、淤血，甚至破裂，呈斑驳样大理石纹；肾肿大、有坏死点，偶尔有出血点；脑有不同程度的水肿或呈树枝状充血；卵巢出血性坏死，卵泡变性、萎缩、破裂，卵泡膜出血（图 14-29）；公鸭睾丸、输精管萎缩。

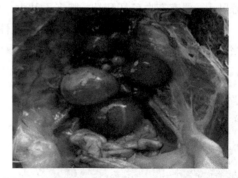

图 14-28　患病雏鸭头颈后仰、共济失调　　　图 14-29　病鸭卵泡大面积出血（Cao，2011）
（Cao，2011）

【镜检】感染器官呈现多种微观变化，表现为出血、炎症、增生及巨噬细胞和淋巴细胞浸润。其中卵巢病变最为明显，主要表现为广泛出血，卵巢表面生殖上皮细胞增生，卵泡颗粒细胞凋亡、坏死或增生；卵泡周围出现大量的空泡状细胞，部分卵泡柄动脉增生，增生动脉的平滑肌细胞坏死并见炎症细胞浸润。

（四）病理诊断要点

蛋鸭产蛋量急剧下降、卵巢出血性坏死，雏鸭或育成鸭出现腹泻及头颈震颤、站立不稳、共济失调等神经症状。

十五、小鹅瘟

小鹅瘟（gosling plague）是鹅细小病毒（goose parvovirus，GPV）引起的一种急性或亚急性败血性传染病。我国于 1956 年首次发现该病，并用鹅胚分离到病毒，以后又成功地用人工被动免疫和天然免疫，有效地控制了该病在我国流行。

（一）主要临床症状

初孵雏鹅感染后，经 4～5d 多发生急性败血症死亡。最早发病的雏鹅一般在 3～5 日龄开始，数天内波及全群，死亡率可达 70%～100%。成年鹅常呈现隐性感染，通常无症状，但可能经卵将疾病传至下一代。

（二）发病机制

病鹅和带毒鹅排出病原后，污染环境，导致雏鹅发病，雏鹅被病毒感染后，主要侵袭脑、肠道、脾、肝等重要器官和循环系统。该病毒是一种泛嗜性病毒，可在各器官内大量繁殖，造成广泛的组织损伤，引起病毒血症和败血症，尤以消化系统和神经系统受害最明显。

（三）病理变化

【剖检】最急性病例：由于死亡快，除肠道有急性卡他性炎症外，其他器官病变一般不明显。

急性病例：15 日龄左右的急性病例，病变最典型，表现全身败血症变化。尸体泄殖腔扩张松弛，可视黏膜呈棕褐色，结膜干燥，全身脱水，皮下组织充血呈紫红色。心脏有明显的急性心力衰竭变化：心脏变圆，心房扩张，心壁松弛，心肌晦暗无光泽。肝、肾稍肿大，呈暗红色或紫红色。胰腺肿大，偶有灰白色坏死灶。脾多不肿大，呈暗红色，少数病例脾切面见有少量灰白色坏死点。

病程长的病例：空肠和回肠的急性卡他性纤维素坏死性炎是该病的特征性病变。小肠中下段整片肠黏膜坏死脱落，与渗出的纤维蛋白凝固形成栓子或包裹在肠内容物表面形成假膜，堵塞肠腔（二维码 14-13）。小肠后段出现肠黏膜上皮脱落、渗出物混合凝血块而形成条状栓子物。靠近卵黄柄和回盲部的肠段，外观极度膨大，质地坚实，状如香肠（图 14-30），剖开后可见淡灰白色或淡黄色的栓子将肠管完全堵满，栓子中心为深褐色干燥的肠内容物，外面包有灰白色纤维素性渗出物。有的病例则在小肠内形成扁平长带状的纤维素性凝固物，肠壁变薄，内壁平整，呈淡红或苍白色，不形成溃疡；有的肠黏膜表面附着散在的纤维蛋白凝块，而不形成栓子或长带状凝固物。十二指肠和大肠仅呈现急性卡他性炎症。

二维码
14-13

图 14-30　肠腔栓子形成，肠管呈香肠状，
肠黏膜充血、出血（王选年供图）

【镜检】实质器官：心肌纤维颗粒变性与脂肪变性，很多肌纤维断裂，肌间血管充血并有小出血区，肌纤维间有淋巴细胞和单核细胞弥漫性浸润。肝淤血、肿大，质脆易碎；肝细胞严重颗粒变性和程度不同的脂肪变性，有时见有水泡变性；也有的肝实质中出现针头大至粟粒大坏死灶，并有淋巴细胞和单核细胞广泛浸润。肾见肾小球充血、肿胀，内皮增生；肾小管上皮细胞颗粒变性，有的肾实质中有小坏死灶；间质有炎症细胞呈弥漫性浸润。

脑组织：脑膜和脑实质内小血管充血并有小出血灶，神经细胞变性。严重病例有脑软化灶和神经胶质细胞增生，部分病例血管周围形成"袖套"现象，呈非化脓性脑炎变化。

消化道：空肠和回肠的肠黏膜绒毛上皮肿胀、细胞崩解呈凝固性坏死。渗出的纤维蛋白与坏死的黏膜凝固在一起，脱落入肠腔中，肠壁仅残留薄层黏膜固有层组织，正常的绒毛和肠腺均已破坏消失，固有层水肿，有多量淋巴细胞、单核细胞及少量异嗜性细胞浸润。肠壁平滑肌纤维水泡变性或蜡样坏死。

（四）病理诊断要点

空肠和回肠的急性卡他性纤维素性坏死性炎是该病的特征性病变。

十六、鹅痛风型星状病毒感染

鹅痛风型星状病毒感染是由鹅星状病毒（goose astrovirus，GAstV）引起的以内脏和关节出现尿酸盐沉积为主要临床特征的新发疾病，主要感染 3 周龄以内的雏鹅，死亡率可达 50%，是威胁我国养鹅业的重要病原之一。

（一）主要临床症状

患病雏鹅羽毛稀疏、精神沉郁、采食量减少、生长发育迟缓；关节（跗、趾、指）肿大，有白色游离尿酸盐沉积，卧地不起、跛行或瘫痪；腹泻、排白色或黄绿色稀便；随着病情发展，病鹅体重减轻、死亡数量逐渐增加。

（二）发病机制

氨基甲酰磷酸酯合成酶和精氨酸酶是参与尿素循环的酶。由于家禽缺乏精氨酸酶，代谢产生的氨不能合成为尿素，而是用于合成嘌呤、黄嘌呤、次黄嘌呤，最后形成尿酸。由于尿酸难以溶于水，易与钙和钠反应，形成尿酸钙和尿酸钠，沉积在内脏、肾小管和关节腔的表面，因此，家禽更容易发生高尿酸血症和痛风。鹅痛风型星状病毒诱导雏鹅痛风的发病机制是尿酸生成过多、尿酸排泄减少及肾损伤。

（三）病理变化

【剖检】心脏、肝、肺、肾、胸腹膜、输尿管、关节腔、腿肌、胸肌、腺胃等部位有尿酸盐沉积（图 14-31 和图 14-32）。肾苍白肿胀呈花斑状；脾肿大有白色坏死灶；心包增厚，有白色结晶物附着或包被；肝肿大、出血；肺淤血、水肿、呈暗红色；肠壁稀薄、内含水样粪便。

【镜检】心肌细胞变性坏死；肺间质充血、出血，局部有针状结晶结构及巨噬细胞和淋巴细胞浸润；脾部分淋巴细胞坏死、淋巴细胞数量减少，部分区域含有大量模糊的针状或梭形结晶结构；肝细胞变性坏死，有尿酸盐沉积；肾小管上皮细胞变性、坏死、脱落，管腔内有尿酸盐沉积及大量均质红染的蛋白尿，肾小球肿胀，间质出血，部分肾组织间质中有淋巴细胞和单核细胞浸润。

图 14-31　病鹅心脏及肝浆膜有尿酸盐沉积
（Zhang，2018）

图 14-32　病鹅肾肿大、表面有尿酸盐沉积
（Zhang，2018）

（四）病理诊断要点

关节及内脏器官表面出现尿酸盐沉积。

第二节　猪病毒性疾病病理

一、猪瘟

猪瘟（classical swine fever）又名猪霍乱（hog cholera），是由猪瘟病毒（classical swine fever virus，CSFV）引起的一种热性接触性传染病。在疾病经过中，随病毒毒力和机体抵抗力的强弱不同，以及有无其他病菌伴发感染，其病理变化不完全一样。

（一）主要临床症状

该病分为最急性型、急性型、亚急性型和慢性型 4 型，近年又表现出温和型及迟发型。

1. 最急性型　　发病突然，高热稽留，皮肤和黏膜发绀，有出血点，具有急性败血症的病理特点。

2. 急性型　　该型最为常见，病猪突然体温升高至 40.5～41℃，减食或停食，眼结膜潮红。四肢、腹下、会阴等处皮肤有小出血点。粪便干硬呈小球状，带黏液或血液，后期拉稀。仔猪可出现磨牙等神经症状，后期常并发肺炎或坏死性肠炎。

3. 亚急性型　　与急性型相似，但较缓和，一般在该病流行的中后期或老疫区发生。

4. 慢性型　　该型的病程在 1 个月以上，表现为消瘦、贫血、衰弱、轻度发热、便秘和腹泻交替出现，皮肤有紫斑或坏死，耐过病猪多成为僵猪。

5. 温和型　　症状轻，体温一般略高，皮肤很少有出血点，部分病猪耳、尾、四肢末端皮肤有坏死。后期行走不稳，后肢瘫痪，部分关节肿大。

6. 迟发型　　迟发型猪瘟是先天性猪瘟病毒感染的结果。感染猪出生后几个月可表现正常，随后发生轻度食欲不振、精神沉郁、结膜炎、皮炎、下痢和运动失调，病猪体温正常，大多数存活 6 个月以上。妊娠猪感染可导致流产、木乃伊胎、畸形、死胎、产出有颤抖症状的弱仔或外表健康的感染仔猪。

（二）发病机制

猪瘟病毒通常最先侵害病猪的扁桃体，经淋巴循环传播到周围淋巴组织中，产生强烈的免疫抑制作用。感染早期，猪瘟病毒在淋巴组织基质的单个或成团细胞中复制增殖。随着被感染细胞的增多，通过外周血液循环，进一步在脾、骨髓、内脏淋巴结等组织的全部基质细胞中定植、增殖，导致高水平病毒血症的发生。病毒感染过程中还会过度激活巨噬细胞，分泌各种诱导细胞凋亡的细胞因子。除此之外，病猪内皮细胞会对各种促炎因子、促凝血因子产生强烈的免疫应答，导致凝血系统失常，血管通透性改变，皮肤内出血变色，严重者全身各处均可见出血灶，最后导致病猪死亡。

（三）病理变化

根据临床剖检特点，通常把该病分为败血型、胸型、肠型和混合型4种。

1. 败血型（急性型）猪瘟　　败血型猪瘟又名单纯型猪瘟，是指单纯由病毒引起，不伴有其他病菌感染。病毒通过消化道侵入机体后进入血液，在白细胞和血管内皮细胞中繁殖，小血管和毛细血管内皮受病毒损害，因而通透性增高，引起全身性出血。此外，小血管内皮发生坏死、剥脱后，血管内膜粗糙，血管内常常形成血栓，导致管腔狭窄或闭塞。因此在猪瘟时，常在某些组织和器官，特别是在脾，发生出血性梗死灶。

【剖检】皮肤：颈部、腹部和四肢内外侧经常发生明显的斑点状出血，若病程经过稍长，则出血斑点可互相融合而形成暗紫色出血斑，有时在皮肤出血的基础上继发坏死，形成黑褐色干固痂皮。

淋巴结：全身淋巴结呈出血性炎，其中尤以颌下、咽背、颈下、肾门和肠系膜淋巴结的出血变化最常见（图14-33）。淋巴结肿大，表面呈暗红色，切面边缘的髓质（猪淋巴结的髓质位于边缘、皮质位于中央）呈暗红色或紫红色，围绕淋巴结中央的皮质并向皮质内伸展，故出血的髓质与未出血的皮质镶嵌，形成大理石样花纹，此病变对猪瘟有一定的证病意义，但猪瘟的淋巴结出血，还必须结合其他病变进行综合诊断才有意义。

肾：稍肿大，被膜易剥离，肾表面及切面皮质部散发点状出血。如果出血点特别多，肾表面会形成麻雀蛋样外观，故又称"麻雀卵肾"（图14-34）。出血有时也见于肾盂、输尿管和膀胱黏膜。

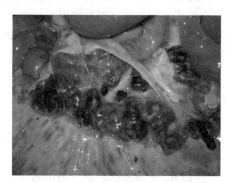

图14-33　病猪肠系膜淋巴结出血

图14-34　病猪肾布满大小不一出血点（麻雀卵肾）

脾：稍肿大，35%～40%病例在脾边缘的被膜下发生黄豆大至蚕豆大的暗红色不正圆形出血性梗死灶。梗死灶隆突于脾被膜表面，质地稍坚硬（图14-35）。切面呈暗红色，致密而较干燥，失去脾组织的正常结构。梗死灶的发生主要是由于小动脉管壁发生变性、坏死，使管腔内形成血栓而导致闭锁所致。

消化道：口腔黏膜有出血点，有时见口角、齿龈和颊部黏膜发生有坏死灶；扁桃体充血、肿胀，有时因发生坏死而形成小溃疡。胃肠黏膜呈出血性卡他性炎，有时发生小坏死灶。其中以大肠上的坏死灶出现最早，也较显著。大肠病变发生于出血灶或肿胀的淋巴小结的基础上，呈半球形隆起，不久其中心发生坏死，所以形成中心稍凹陷、被覆有黄白色纤维蛋白伪膜的小灶状溃疡。

心肌呈实质变性，心外膜和心内膜见有出血点（图 14-36）。肺变化不明显，有时伴发出血性肺炎或出血性纤维素性肺炎。另外，在喉头和会厌软骨黏膜也常见斑点状出血。

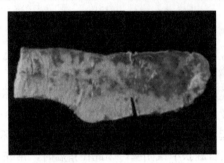

图 14-35　病猪示脾出血性梗死

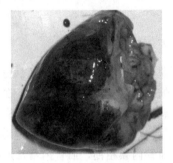

图 14-36　病猪心外膜广泛出血

慢性猪瘟病例的肋软骨，特别是第 5～9 肋软骨与肋骨结合处的骨骺线呈不规则并稍增宽，亚急性病例的骨骺线增宽为正常的 3～9 倍，增宽出现率达 87.5%，该部软骨细胞数目增加，空隙增大。慢性病例见骨骺线下 1～4mm 处有一条致密而呈部分或完全钙化的横线，此变化在慢性病例出现率很高。有学者建议将以上变化作为猪瘟诊断的一个依据。

【镜检】淋巴结：淋巴窦及髓质内存有大量红细胞、炎性渗出液和少量的中性粒细胞；淋巴组织呈不同程度的萎缩现象；毛细血管内皮高度肿大、变圆，管壁肿胀或坏死。

肾：肾小球肿大，毛细血管及其内皮细胞肿胀、变性，毛细血管内有均质红染的透明血栓，肾小球球囊内积有多量红细胞。肾小管间的间质中散在不同大小的出血灶，出血部的肾小管上皮变性（颗粒变性、脂肪变性或透明滴状变性）、坏死，坏死的肾小管管腔消失，管壁呈均质红染，失去固有的结构。间质内的毛细血管内皮也发生不同程度的肿胀和变性。

脑组织：约有 75%的病例出现非化脓性脑炎病变，该病变以丘脑、中脑、脑桥和延脑最常见。

2．胸型猪瘟　　胸型猪瘟的临床经过较败血型长，并多半是由败血型发展而来。由于机体抵抗力逐渐减弱，寄居于呼吸道内的猪巴氏杆菌大量繁殖，毒力增强而引起并发感染。病猪除具有程度不同的单纯型猪瘟病变外，还见典型的出血性纤维素性胸膜炎、胸膜肺炎及纤维素性心外膜炎等巴氏杆菌病病变。

3．肠型猪瘟　　由于病程较长，故尸体消瘦，可视黏膜苍白。

二维码
14-14

图 14-37　病猪肠黏膜扣状肿

【剖检】有不同程度的单纯型猪瘟病变，伴发肠道沙门菌合并感染，故在盲肠、结肠及回盲瓣处，形成灶状的纤维素性坏死性肠炎。该病变的形成过程是：首先在肠管壁的淋巴小结发生出血、坏死而呈中心凹陷的黄白色坏死灶；以后随着病程的继续发展和病毒血症的反复发生，故病灶处也间歇性地有浆液和纤维蛋白的渗出与凝固，因而导致肠壁坏死逐渐扩大，并呈轮层状，因其形似纽扣样，故称之为扣状肿或扣状坏死（图 14-37，二维码 14-14）。在抵抗力增强的情况下，可以发生愈合。反之，在病情恶化时，则坏死灶不仅向周围扩展并向深部肌层发展而导致肠穿孔，引起继发性腹膜炎。

4. 混合型猪瘟　慢性经过的病例多半呈该型症状，其特点是同时有猪巴氏杆菌和沙门杆菌的合并感染，因此在剖检中同时可见败血型、胸型和肠型病变。

（四）病理诊断要点

对猪瘟具有诊断价值的病变特征是全身性出血、纤维性肺炎和纤维性坏死性肠炎。猪瘟病毒主要损伤小血管内皮细胞，引起各组织器官的出血。且淋巴结肿大，切面呈大理石样花纹，肾表面出血呈"麻雀卵肾"，脾边缘有出血性梗死灶都是猪瘟典型的病变特征。纤维素性肺炎是胸型猪瘟的病变特征，纤维素性坏死性肠炎是肠型猪瘟的病变特征。

二、非洲猪瘟

非洲猪瘟（African swine fever）是由非洲猪瘟病毒（ASFV）引起的一种急性热性高度接触性传染病，2018年以来该病传入我国。已鉴定的ASFV至少有24种基因型，我国流行的病毒主要为基因Ⅱ型，也有基因Ⅰ型病毒入侵我国田间猪群，并引起慢性感染发病的报道。此外，国内有报道基因Ⅰ型与Ⅱ型ASFV发生自然重组导致毒力增强。

（一）主要临床症状

非洲猪瘟在临床症状上可分为最急性型、急性型、亚急性型和慢性型。

1. 最急性型　常常未出现临床症状即突然死亡。

2. 急性型　体温高达42℃，可视黏膜潮红、发绀，眼、鼻有黏液脓性分泌物；耳、四肢、腹部等部位皮肤出现紫绀，甚至有出血点或出血斑；呕吐、便秘或腹泻，粪便带血；共济失调、步态僵直、呼吸困难，病程延长则出现其他神经症状；妊娠母猪可引起流产。

3. 亚急性型　临床症状与急性型相同，但症状较轻，病死率较低，持续时间较长（约21d），小猪病死率相对较高。

4. 慢性型　体温呈现波状热，毛色暗淡，体弱消瘦，皮肤溃疡，关节肿胀，发育迟缓，并伴有呼吸道及肺炎症状。

（二）发病机制

其主要传染途径是通过污染的饲料、饮水、用具及经消化道或呼吸道感染。病毒侵入机体后，首先在扁桃体中增殖，随后病毒进入血液引起病毒血症。然后在血管内皮细胞或巨噬细胞系统中复制，致使毛细血管、静脉、动脉和淋巴管的内皮细胞及网状内皮细胞受损伤，出现组织和器官出血、浆液渗出、血栓形成及梗死等病变。

（三）病理变化

非洲猪瘟的特征性病理变化是全身各脏器有严重的出血，特别是淋巴结出血最为明显。

【剖检】病猪眼结膜充血发绀，并有少数小出血点。耳、鼻盘、四肢末端、会阴、胸腹侧及腋窝的皮肤发斑，该部皮肤水肿而失去弹性。皮肤见小出血点，出血点中央暗红，边缘色淡，尤以腿腹部更为明显。皮下组织血管充血，肩前、腹股沟浅淋巴结中度肿大，轻度出血。颊及咽喉头黏膜发绀，会厌见有出血斑点，偶见水肿。

　　胸腔积有多量的清亮液体，有时也混有血液，纵隔见浆液性浸润及小出血点，支气管、纵隔淋巴结肿大，部分出血。胸膜的壁面和脏面散在小出血点。气管、支气管腔中积有泡沫，气管前部的黏膜散在小出血点。急性死亡病例呈现肺充血、膨胀、水肿，有些出现肺叶间水肿，肺叶间结缔组织充满淋巴液，偶见出血。心包腔积有大量液体。少数病例心包液中混有血液而混浊，并含有纤维蛋白。心肌柔软，心内、外膜下散在小出血点，有时见广泛出血。心肌常见充血、出血似桑葚状。腹腔积液，腹膜及网膜出血。肠系膜、肾、脾及骨盆腔淋巴结肿大，部分或全部出血，肠系膜血管充血。肝肿大、淤血，实质变性。胆囊充盈胆汁，其浆膜与黏膜出血，胆囊壁水肿，呈胶冻样增厚。肝、胃淋巴结肿大、出血。

　　肾脂肪囊浆膜小出血点，多数病例肾的出血斑点不如猪瘟多。极少数病例肾乳头弥漫性出血，肾盂充满血液。膀胱有时见黏膜呈弥漫性潮红及数量不等的小出血点。肾上腺的皮质和髓质见少量出血点。附睾有时呈严重充血及水肿。用南非毒株感染猪，其脾严重充血、肿大，脾髓质软，呈黑紫色，脾小梁模糊，脾白髓明显。东非毒株感染猪只有部分病例脾呈局限性充血。

　　急性病例胃淋巴结肿大，严重出血呈血块状。胃浆膜呈出血状，胃底部黏膜呈弥漫性红色或呈严重出血和溃疡。小肠黏膜有时呈现大片炎灶与出血斑点。回盲瓣肿胀、充血、出血及水肿。极少数病例盲结肠有时见充血、水肿、出血和黏膜溃疡。扣状肿只见于少数慢性病例。胰腺间质及小叶间充血，并伴有坏死。脑膜充血、出血。脑实质一般没有肉眼可见病变。

　　慢性病例极度消瘦，较明显的病变是浆液性纤维素性心外膜炎。心包膜增厚，与心外膜及邻近肺脏粘连。心包腔内积有污灰色液体，其中混有纤维蛋白团块。胸腔有大量黄褐色液体。肺呈支气管肺炎，病灶常限于尖叶及心叶。腕、跗、趾、膝关节肿胀，关节囊积有灰黄色液体，囊壁呈纤维性增厚。

　　【镜检】皮肤小血管和毛细血管淤血，血管内皮细胞肿胀、变性，血管壁玻璃样变及血栓形成，血管周围有少量嗜酸性粒细胞浸润。冰冻切片做荧光抗体染色，在真皮的巨噬细胞内见有荧光。

　　心肌变性，间质出血，血管壁玻璃样变伴有血栓形成。肺出血，间质水肿，肺静脉内有血栓形成，并伴发支气管炎、支气管肺炎和胸膜炎。

　　肝呈局灶性或弥漫性坏死，窦状隙扩张充血和嗜酸性粒细胞浸润，肝巨噬细胞肿胀、坏死，荧光抗体染色显示强荧光。汇管区和小叶间质有多量淋巴细胞、嗜酸性粒细胞、少量浆细胞与巨噬细胞浸润，淋巴细胞核破碎。胰出血和实质坏死，血管内有血栓形成。

　　肾皮质与髓质出血，皮质间质的毛细血管内有血栓形成。肾小管上皮细胞变性，集合管中可见透明蛋白质性物质或红细胞性管型。

　　淋巴结以肠系膜淋巴结的病变最为明显，表现明显的出血和坏死，小动脉与毛细血管内皮细胞肿胀，管壁玻璃样变或纤维素样变，伴有血栓形成。

　　脾见脾白髓坏死，体积减小。红髓积聚大量红细胞，淋巴细胞明显减少，网状细胞核碎裂。鞘动脉管壁坏死或变为嗜酸性颗粒状。小梁动脉和中央动脉管壁玻璃样变或纤维素样坏死，内皮细胞肿胀、破碎，脾静脉窦常见血栓形成。

　　胃肠黏膜上皮细胞呈不同程度的变性、坏死与脱落，固有层和黏膜下层的小血管与毛细血管有血栓形成，伴发出血和水肿，肠壁淋巴组织坏死，有数量不等的嗜酸性粒细胞浸润。

　　软脑膜充血，血管周围出血，并有淋巴细胞浸润和核碎裂。脑实质小血管和毛细血管呈玻璃样变，内皮细胞破碎，伴发血栓形成。有的血管周围见淋巴细胞呈围管性浸润，脉络丛也常见淋巴细胞浸润。神经细胞变性。

（四）病理诊断要点

无论从症状表现，还是从病理变化上猪瘟与非洲猪瘟这两个病都非常相似。非洲猪瘟先体温升高，并不呈现明显的症状，只在温度下降期或死前 1～2d 才出现厌食、精神沉郁等症状；而猪瘟病猪体温上升时，症状明显，甚至濒死。非洲猪瘟各组织器官出血变化比猪瘟更严重，如淋巴结出血，状如血瘤；而猪瘟的淋巴结呈大理石样变。非洲猪瘟耳部发绀区常有肿胀，四肢、腹壁等处的皮肤有出血块，中央黑，四周干枯；猪瘟只是在两耳、下颌、四肢和腹下皮肤呈发绀和出血点，但不肿胀。

三、猪繁殖与呼吸综合征

猪繁殖与呼吸综合征（porcine reproductive and respiratory syndrome，PRRS）是由猪繁殖与呼吸综合征病毒（porcine reproductive and respiratory syndrome virus，PRRSV）引起的以患猪体温升高、繁殖障碍和呼吸道症状为主要特征的病征，部分病猪耳部发绀，呈蓝紫色，故又称"蓝耳病"（blue-eared disease）。

（一）主要临床症状

体温短时升高，呼吸困难，步态不稳，食欲不振，精神沉郁，前肢屈曲，后肢麻痹，四肢外张，呈蛙式卧地式卧睡而死；部分猪呕吐，两耳发绀，呈蓝紫色（图 14-38，二维码 14-15）。妊娠母猪早产、流产，产弱仔、死胎及木乃伊胎等。公猪常无明显症状，但精子活力下降，死精数增多。

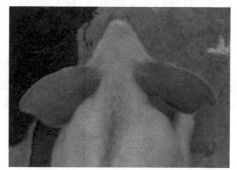

二维码
14-15

（二）发病机制

图 14-38　病猪两耳呈蓝紫色

该病可经呼吸道感染，也可通过胎盘感染。感染后首先与猪肺泡巨噬细胞的特异性受体结合，通过胞吞作用进入细胞，并在细胞内的低 pH 环境中进行复制。随着病毒的不断复制，大量的肺泡巨噬细胞裂解，导致超氧负离子的释放能力逐渐降低，进而引起肺泡的防御能力降低。当巨噬细胞大量崩解后，PRRSV 随着血液及淋巴循环，造成全身淋巴结感染及毒血症。病毒进入各级血管后，能够造成广泛性血管炎症。进入脑部后能够引起神经细胞变性、坏死及胶质细胞增生。其对巨噬细胞的破坏能够造成脾坏死及淋巴结的严重破坏，导致免疫系统严重损伤，最终因心肺功能衰竭、免疫功能丧失而死亡。

（三）病理变化

【剖检】病死猪主要表现有鼻炎、间质性肺炎和化脓性卡他性肺炎。一般都有脏器和淋巴结出血、水肿、气肿、坏死及气管、支气管内充满泡沫的情况。胸腔、腹腔有积液，大、小肠胀气，母猪子宫内积脓。皮肤色淡似蜡黄，鼻孔有泡沫；气管、支气管充满泡沫，胸腹腔积液较多；肺部大理石样变；肝肿大，充血、出血；胃有出血水肿；心内膜充血；肾包膜易剥离，表面有针尖大出血点。仔猪、育成猪常见眼睑水肿。仔猪皮下水肿，体表淋巴结肿大（图 14-39），胸腔、腹腔有暗红色积液，心包积液。肺尖叶有大面积界线清晰的肉变区，肺淤血、肺间隔增宽（图 14-40）。死胎及弱仔，可见颌下、颈下、腋下皮肤水肿呈胶冻状。

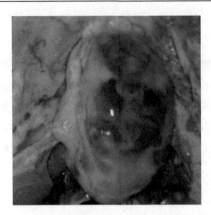

图 14-39　病猪腹股沟淋巴结明显肿大出血

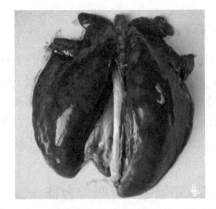

图 14-40　病猪肺严重淤血呈暗紫色，间质增宽
（韩红卫供图）

【镜检】鼻甲骨的纤毛脱落，上皮细胞变性，淋巴细胞和浆细胞积聚。肺血管周围轻度水肿，有大量淋巴细胞及巨噬细胞浸润。肝组织充血、出血，肝细胞脂变及少量坏死。脾小体淋巴细胞缺失、红髓网状细胞增生、肿大、空泡形成。

（四）病理诊断要点

该病主要发生于妊娠母猪和仔猪。母猪表现流产、产弱仔、死胎、木乃伊胎，胎衣难剥离；四肢末端、尾、乳头、耳尖发绀。仔猪出现体温升高，呼吸急促、咳嗽，运动失调，关节肿胀，耳尖至耳根发绀。病理变化主要是肺部和淋巴结的病变，肺部以间质性肺炎为特征，肉样、间质增宽、肿胀；淋巴结肿大。

四、猪伪狂犬病

猪伪狂犬病（pseudorabies of pig）又称为阿奇申氏病（Aujeszky's disease）或传染性延髓性麻痹（infectious bulbar paralysis），是由伪狂犬病毒（pseudorabies virus，PRV）引起的多种家畜和野生动物的一种急性传染病，其主要特征是发热、脑膜脑脊髓炎和神经节炎。母猪发生流产、死胎及木乃伊胎等。家畜中以猪和牛最易感染，野生动物也易感染发病，死亡率可达 80%～100%。

（一）主要临床症状

15 日龄以内仔猪常表现为最急性型，病程不超过 72h，死亡率为 100%，病猪主要表现为体温突然升高（41～42℃），废食，常于昏睡状态下死亡，部分病猪可出现后躯瘫痪症状。成年猪感染后常常无明显临床症状或仅有轻微体温升高，一般不发生死亡。妊娠母猪，尤其是处于妊娠初期，可于感染后 20d 左右发生流产；妊娠后期的母猪流产和死产率可达 50%左右。病畜常发生不同程度的神经综合症状，发生脑脊髓炎后，可引起舌、咽神经的麻痹，如病程较长，则可能继发呼吸、消化器官的病变。

（二）发病机制

PRV 是一种高度嗜神经性病毒，其主要感染方式为呼吸道感染。PRV 对猪的呼吸系统和神经系统具有泛嗜性。在感染宿主初期，PRV 在口腔、鼻腔黏膜大量繁殖，经过第一轮的病毒复制形成病原感染灶，再经三叉神经、嗅觉神经和舌咽神经的神经末梢，进入嗅球和三叉神经节，出现神经症状。该病还可经呼吸道（飞沫传染）、黏膜和皮肤的伤口，以及配种、授乳等途径感染。妊娠母猪感染该病时，常可侵及子宫内的胎儿，引起流产。

（三）病理变化

【剖检】死于该病的猪，病变差异很大。一般可见鼻腔黏膜呈卡他性或化脓性出血性炎，上呼吸道内含有大量泡沫样水肿液；肺淤血、水肿。如病程稍长，可见咽炎和喉头水肿，在后鼻孔和咽喉部有类似白喉的被覆物。仔猪，在脾、肝、肾及肺中可能有渐进性坏死灶（图14-41，二维码14-16），肺还见支气管肺炎。心包积液，心内膜偶见斑块状出血。淋巴结，特别是支气管淋巴结肿大、多汁，少数伴发出血。胃黏膜呈卡他性炎或出血性炎，尤以胃底部出血明显。小肠黏膜充血、水肿，大肠黏膜呈斑块状出血，严重病例在回肠可见成片出血。脑膜充血、水肿，脑脊液增量，脑灰质与白质有小点状出血。

图14-41 病猪肝表面可见大量灰白色坏死灶

二维码14-16

【镜检】各种动物的病理组织学变化基本相同。

中枢神经系统主要表现为弥漫性非化脓性脑膜脑脊髓炎，即有显著的血管周围"袖套"现象，弥漫性与局灶性胶质细胞增生，并伴发神经元和胶质细胞的变性及坏死。损害最严重的部位是脊神经节、大脑皮质的额叶和颞叶及脑的基底神经节。大脑和脊髓的灰质和白质及脑干各神经节均有明显的炎症变化，尤以小脑的脑膜炎最为严重，脊髓膜受损时细胞多聚集于脊神经根处。神经元变性、坏死，胶质细胞局灶性和散播性增生。有些病例呈弥漫性神经元坏死、神经元外周和血管周围水肿，以及弥漫性胶质细胞增生、变性和坏死。血管周围"袖套"状浸润的细胞主要为淋巴细胞，有少量中性粒细胞、嗜酸性粒细胞和巨噬细胞。脑膜所浸润的细胞成分与脑实质血管"袖套"相同；这些浸润的细胞可由大脑或小脑皮层或由血管周围直接扩散到脑膜。半月神经节和脊神经节的变化与脑和脊髓所见相同。脑膜炎尚可沿视神经扩展到巩膜，但眼内变化通常轻微。在视网膜静脉外膜有轻度淋巴网状细胞和胶质细胞增生，伴发神经节细胞层的神经元变性。另外，在大脑皮层和皮层下白质内的神经细胞、神经胶质细胞（星形胶质细胞和少突胶质细胞）、毛细血管内皮细胞、肌纤维膜细胞（sarcolemma cell）和施万细胞均可见核内嗜酸性包涵体。

除中枢神经系统的变化外，淋巴结的镜下变化也较为常见，在猪表现其周边有程度不同的出血和淋巴细胞增生，有些淋巴结还伴发凝固性坏死和中性粒细胞浸润。在邻近生发中心和淋巴窦内的网状细胞可见有核内包涵体；包涵体大而不规则，轻度嗜酸性着染，具明晕或泡状晕，与核膜分离。

各年龄患猪的鼻腔与咽部黏膜病变都很严重，其表层与深层黏膜上皮呈小灶状或大区域坏死，许多细胞内都存在有核内包涵体。

肺充血，肺泡腔内充满水肿，肺泡隔内见网状细胞增生；有些病例，在支气管、小支气管和肺泡发生广泛的坏死。

（四）病理诊断要点

脑组织呈现广泛的非化脓性脑膜脑脊髓炎和神经炎，以及在脑神经节、延髓、脑桥、大脑、小脑、脊髓神经节、鼻咽黏膜、淋巴结和脾等见有核内包涵体可以进行诊断。

五、猪细小病毒病

猪细小病毒病（porcine parvovirus disease）是由猪细小病毒（porcine parvovirus，PPV）引起胚胎和胎儿感染及死亡而母体本身不显症状的一种传染病。世界各地均有该病分布，且猪群感染后很难净化，在某些地区的猪群中常呈地方性流行。

（一）主要临床症状

怀孕母猪无明显临床症状，主要见死胎和胎儿畸形、胎儿木乃伊化及不孕等。

（二）发病机制

妊娠母猪感染后，病毒在体内大量复制，可损害胚胎的各个组织器官，如血管上皮、肝、脑组织等，还可损害胎盘，造成胚胎死亡。由于该病毒适宜在处于有丝分裂且增殖能力旺盛的细胞内增殖，因此妊娠初期是病毒增殖的高发阶段。

（三）病理变化

【剖检】怀孕母猪感染后很少见有肉眼病变，但在其腹中死亡后的胚胎液体被吸收，随后组织软化。受感染的胎儿表现不同程度的发育障碍和生长不良，胎儿可见充血、水肿、出血、体腔积液、脱水（木乃伊化）等病变。

【镜检】母猪的子宫内膜和固有层有局灶性单核细胞增多，此外，在脑、脊髓和眼脉络膜的血管周围有浆细胞和淋巴细胞形成的管套。另外，多种组织器官的细胞呈广泛性坏死、发炎和见有核内包涵体。受感染的死产仔猪可见大脑灰质、白质和软脑膜有以增生的外膜细胞、组织细胞和浆细胞形成的血管套为特征的脑膜脑炎，一般认为这是该病特征性病变。

（四）病理诊断要点

若怀孕母猪发生流产、死胎、胎儿发育异常等情况而又不表现出明显临床症状，同时被认为是一种传染病时，应考虑到猪细小病毒感染。

六、猪圆环病毒病

猪圆环病毒病（porcine circovirus disease，PCVD）又称为仔猪断奶后多系统衰竭综合征（post-weaning multisystemic wasting syndrome，PMWS），可引起断奶仔猪多系统衰竭。该病自 1991 年在加拿大首次报道以来，已经在世界主要养猪国家广泛流行。

PCV 包括 PCV-1、PCV-2、PCV-3 和 PCV-4 4 种基因型。其中源自污染猪源细胞 PK-15 的称为 PCV-1，对猪无致病性，但广泛存在猪体内及猪源细胞系。PCV-2 具有致病性，是 PMWS 的主要病原。PCV-3 作为一种较新出现的猪圆环病毒，被认为与猪皮炎肾病综合征（PDNS）、繁殖障碍、新生仔猪先天性震颤和多系统炎症相关。PCV-4 自 2019 年首次在中国发现以来，其流行情况和致病性目前还不确定。

（一）主要临床症状

病初数天体温高至 40~41℃，精神委顿、减食、大便干燥、喜睡、堆叠；病中期普遍出现咳嗽或气喘症状，精神食欲更差，少数病猪耳、颈、胸腹及会阴部呈红紫色或显皮炎症状；有的病猪出现肠炎下痢，最后绝食、皮色苍白或黄色、衰竭而死，少数耐过性病猪变成僵猪。

（二）发病机制

PCV-2 可经口腔、呼吸道感染或经胎盘垂直传播给仔猪，感染后病毒能够进入猪体巨噬细胞内而不被破坏，并能干扰猪噬细胞，改变或抑制其免疫系统，使猪对感染十分敏感而直接引起仔猪的多系统衰竭综合征。目前有关 PCV-3 及 PCV-4 致病机制的研究相对较少，尚不清楚。

（三）病理变化

【剖检】全身淋巴结有不同程度的肿胀，出血，呈灰色或暗紫色，其中以肺门、胃门、肠系膜及后肢腋下等淋巴结的病变较明显。肺有不同程度的炎症，部分病死猪呈胸膜肺炎病灶。肺肿胀并伴有不同程度的萎陷。肝色泽变暗、萎缩，肝小叶间结缔组织增生明显。脾轻度肿大、颜色变淡似肌肉色泽。有些病猪肠系膜淋巴结高度肿胀，呈灰黄白色（图 14-42）。肾稍肿胀、苍白、湿润，被膜下有灰白色坏死灶。盲肠和结肠黏膜充血或淤血。

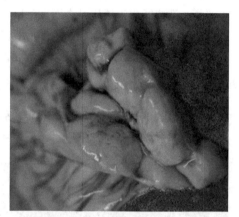

图 14-42　病猪肠系膜淋巴结高度肿胀呈灰黄色（韩红卫供图）

【镜检】淋巴结的皮质及副皮质区显著扩张，有单核细胞或巨噬细胞、组织细胞浸润，有时还存在大量的多核巨细胞。淋巴细胞减少，淋巴结基质常增生或有嗜酸性粒细胞浸润。淋巴滤泡有由组织细胞、上皮样细胞、巨噬细胞、多核巨细胞、嗜酸性粒细胞、淋巴细胞聚集形成的肉芽肿。其他组织有广泛的淋巴细胞、单核细胞、组织细胞浸润。

（四）病理诊断要点

临床上病猪腹泻、消瘦，与猪瘟等易混淆，病理学检查在病猪死后具有诊断价值：①临床症状。断奶后仔猪患病后表现为肌肉衰弱无力、下痢、呼吸困难、黄疸、贫血、腹股沟淋巴结肿胀明显；母猪繁殖障碍，流产、死胎、木乃伊胎；有的仔猪可发生先天性震颤。②剖检变化。脾、肾等肿大，呈土黄色，并散在有红色坏死斑点。肺质地较硬，肺表面呈灰色至褐色的斑驳状外观。腹股沟、肠系膜、支气管及纵隔等部位淋巴结明显增生肿胀，切面水肿呈均质白色。胃肠道有不同程度的炎症及溃疡，盲肠壁增厚，小肠黏膜充血、出血。

七、猪传染性胃肠炎

猪传染性胃肠炎（transmissible gastroenteritis of pig）又称为仔猪胃肠炎，是由冠状病毒科的传染性胃肠炎病毒（transmissible gastroenteritis virus，TGEV）引起的一种高度接触性传染病，10 日龄以内仔猪对其特别敏感，死亡率接近 100%，较大的仔猪感染后通常可以康复，成年猪发病轻微或不明显。

（一）主要临床症状

感染猪主要出现腹泻、呕吐和脱水。机体电解质失衡，很快发生酸中毒，造成心脏和肾功能衰竭而死亡。

（二）发病机制

TGEV 主要是通过环境污染物经消化道感染，病毒主要存在于病猪的小肠黏膜、肠内容物和肠系膜淋巴结中；也可由含病毒的空气飞沫通过呼吸道感染，并在鼻腔黏膜和肺组织中复制到很高滴度。TGEV 能抵抗低 pH 和蛋白水解酶而保持活性，到达肠内的病毒在小肠上皮细胞内及结肠的某些部位增殖，引起小肠黏膜上皮细胞变性、坏死、脱落和小肠绒毛萎缩，使小肠黏膜的分泌与蠕动性能破坏、酶活性下降，使肠壁通透性异常，致使电解质和营养成分分解与吸收异常和不平衡，造成肠内渗透压升高而发生脱水和腹泻。同时，由于小肠绒毛缩短，肠隐窝细胞分裂活跃，分泌亢进，使腹泻加剧。此外，消化吸收失衡而肠内容物异常发酵，产生大量酸性产物与毒素，使肠蠕动进一步增强也是腹泻的原因。

（三）病理变化

【剖检】病死仔猪呈现脱水，全身循环障碍，胃内积存凝乳块，黏膜充血和淤血。肠腔积液，明显扩张，肠壁菲薄，几乎透明（图 14-43），肠系膜淋巴结肿胀。特征性的病变是肠系膜淋巴管内缺少乳糜，用放大镜检查可见空肠绒毛短缩。

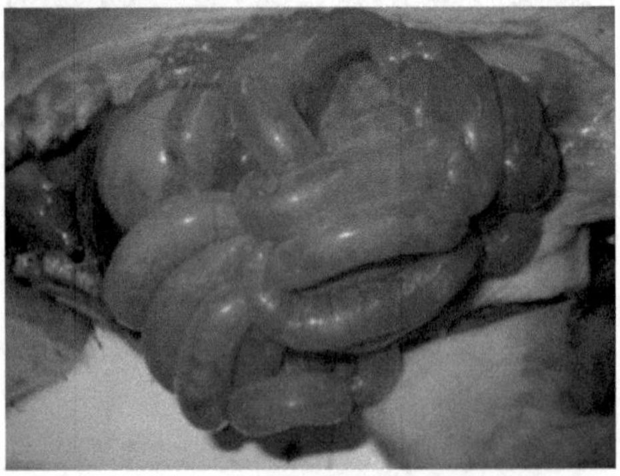

图 14-43　病猪肠壁菲薄呈半透明状

【镜检】有证病意义的病变是空肠绒毛萎缩，肠黏膜皱褶减少，黏膜柱状上皮被扁平或立方上皮代替，受害上皮细胞纹状缘不规则地缺损，细胞质空泡化，核固缩坏死。组织化学染色显示碱性和酸性磷酸酶、三磷酸腺苷酶、琥珀酸脱氢酶和非特异性酯酶在这些细胞里明显减少。在萎缩的肠绒毛中缺乏乳糖活性。病程稍长的病例，有时可见肾病和肝实质细胞变性，胃肠有严重的炎症。肾呈现近曲小管扩张、管腔充填蛋白管型和上皮细胞玻璃滴状变性。胃肠黏膜水肿、充血和白细胞浸润。

（四）病理诊断要点

病变主要发生在胃部和小肠，胃部有未消化的乳块，胃黏膜充血，可见针状出血点。小肠绒毛萎缩，肠壁变薄无弹性，肠道内容物为黄绿色且散发恶臭味，肠系淋巴结肿大，肠道肿大出血，有明显的炎症反应。

八、猪流行性腹泻

猪流行性腹泻（porcine epidemic diarrhea，PED）是由流行性腹泻病毒（porcine epidemic diarrhea virus，PEDV）引起的一种猪胃肠道传染病。PEDV 属于 α 冠状病毒属成员，研究表明该病毒来源于蝙蝠冠状病毒。PEDV 可感染所有年龄段猪，但仔猪最易感，其死亡率高达 100%，感染仔猪肠道发生肠绒毛萎缩、脱落等病变，导致急性胃肠炎，引起水泻、呕吐和脱水等临床症状。

（一）主要临床症状

病猪出现水泻、呕吐和脱水。

（二）发病机制

病毒经口、鼻途径进入消化道，直接侵入小肠绒毛上皮细胞内复制，上皮细胞变性、坏死、脱落，导致肠绒毛破坏和萎缩，大量肠细胞受到破坏导致营养吸收不良进而使仔猪腹泻。此外，PEDV感染仔猪的十二指肠、空肠中部、回肠和结肠中分泌血清素的细胞含量下降，导致仔猪呕吐。机体离子平衡失调，呈现代谢性酸中毒，最后死于实质器官功能衰竭。

（三）病理变化

【剖检】见胃内积有黄白色凝乳块，小肠扩张，肠内充满黄色液体、肠壁菲薄呈透明状。肠系膜充血，肠系膜淋巴结肿胀。

【镜检】在接种病毒后18～24h，可见肠绒毛上皮细胞胞质内有空泡形成并散在脱落。这与临床腹泻症状出现相一致。以后，肠绒毛开始短缩、融合，上皮细胞变性、坏死。在短缩的肠绒毛表面被覆一层鳞状上皮细胞，其纹状缘发育不全，部分绒毛端上皮细胞脱落，基底膜裸露，固有层水肿。组织化学研究证明，小肠黏膜上皮细胞的酶活性大幅度降低，病变部位以空肠中部最显著，所有这些，都与猪传染性胃肠炎的病变相似。小肠绒毛短缩情况，其绒毛长与肠腺的比例从正常的7:1下降到约3:1。

【电镜观察】主要是细胞质中细胞器减少，产生电子半透明区。微绒毛脱落，病毒粒子随脱落的微绒毛排出细胞外；部分细胞质外突。细胞呈扁平状，紧密连接消失，内质网膜上可见病毒粒子。结肠黏膜上皮细胞内也见有病毒颗粒和细胞器损伤变化。

（四）病理诊断要点

主要根据病猪发病年龄、腹泻等临床症状程度鉴定。

该病病变与流行病学特点易与猪传染性胃肠炎相混淆，但该病死亡率较猪传染性胃肠炎稍低，传播速度稍慢，不同年龄猪均易感。在种猪场，断乳猪和成年猪发生急性腹泻，而哺乳仔猪没有或只有轻微的临床表现，则为猪流行性腹泻，因为成年猪发生腹泻可以排除轮状病毒和大肠杆菌感染。此外，该病与猪传染性胃肠炎的区别主要在于：①该病毒可感染少量结肠黏膜上皮细胞；②对小肠隐窝上皮细胞感染呈区域性分布，对其再生力影响较轻；③病毒感染小肠黏膜上皮细胞后的发展速度慢；④小肠黏膜上皮细胞的感染率高；⑤病毒仅在肠道黏膜上皮细胞复制。

九、猪血凝性脑脊髓炎

猪血凝性脑脊髓炎（porcine hemagglutinating encephalomyelitis）是由猪血凝性脑脊髓炎病毒（porcine hemagglutinating encephalomyelitis virus，PHEV）引起仔猪的一种急性、高度传染性疾病。PHEV属于β冠状病毒属成员，自然感染动物为猪，因其能够凝集鸡、小鼠、大鼠等多种动物的红细胞，故而得名。PHEV主要侵害3周龄以内的乳猪，断奶后的仔猪和成年猪也可感染该病原发病。发病猪的临床症状主要表现为脑脊髓炎型、呕吐-衰竭型和流感型三种类型，死亡率高达20%～100%。该病在全球范围内广泛分布，自1958年加拿大首次暴发该病以来，许多国家均有报道。

（一）主要临床症状

1. 脑脊髓炎型　病猪全身肌肉颤动呈神经质，步态蹒跚，向后退行，后期呈犬坐姿势、

图 14-44　病猪面颊部沾染呕吐物

虚弱、不能站立。有的出现失明、角弓反张及眼球颤动现象，最后呼吸困难、衰竭、昏迷而死。3 周龄内抗体阴性的仔猪死亡率可达 100%。较大的猪最常见的症状是后身麻痹，常常是发病轻而短暂。少数病例伴随失明和表现迟钝，在 3～5d 后能够完全恢复。一窝猪从开始发病到停止发病或看不到病症一般要经 2～3 周。

2. 呕吐-衰竭型　　常见反复呕吐或干呕（图 14-44）。4 周龄以下的仔猪刚吃奶不久停止吸吮，将吃下的奶又吐出来。开始发病时体温升高，但 1～2d 内恢复正常。较小的仔猪几天后会严重脱水，表现呼吸困难，发绀，陷入昏迷状态而死亡。较大的猪食欲减退，很快消瘦，猪的这种消耗状态可能持续数周直至饿死。同窝猪病死率近乎 100%，而幸存者成为永久性僵猪。

3. 流感型　　通常认为 4 周龄以上的猪感染后多无明显的临床症状，但也有成年猪感染发病的报道，发病猪表现为咳嗽、打喷嚏等急性流感样症状。

（二）发病机制

自然情况下，易感动物通过呼吸道和消化道途径感染 PHEV，无病毒血症，病毒在呼吸道及消化道黏膜上皮细胞复制后沿外周神经末梢以不同的移行路径到达中枢神经系统（central nervous system，CNS），引起神经损伤。动物实验结果表明，经滴鼻方式接种 PHEV 后，病毒在鼻黏膜上皮细胞复制后沿嗅神经及三叉神经侵入 CNS，病毒在体内主要定位于嗅球、大脑、脊髓的神经元胞体及突起，引起神经损伤。

（三）病理变化

1. 以神经症状为主的病例

【剖检】急性感染病死猪，仅部分病例可见轻度的鼻黏膜和气管黏膜卡他，脑脊液稍增多，软脑膜充血或出血，脑脊髓血管充血，灰质有少量出血点（图 14-45）。心脏、肝、肾实质变性，肾点状出血，肺和脾充血、淤血。肠浆膜充血，有的猪结肠间膜下及肠壁水肿。膀胱积尿，黏膜偶见少量点状出血。慢性感染的病死猪，其尸体呈现恶病质，腹围常常因胃充气而膨胀。眼结膜黄白，皮下、肌间结缔组织水肿。肝淤血、实质变性，肾实质变性，心脏扩展，腔积血，肺淤血，小肠和结肠呈卡他性出血性炎。

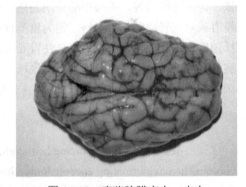

图 14-45　病猪脑膜充血、出血

【镜检】临床有神经功能紊乱者，有 70%～100%病例呈现非化脓性脑脊髓炎病变，主要表现为神经细胞变性、脑膜炎、脑和脊髓小静脉及毛细血管充血、血管周围以淋巴细胞浸润为主的血管套形成（图 14-46），有的病例在半月状神经节的感觉根和胃壁肌间神经节也发现血管套现象。部分病例可见数量不等的少突胶质细胞、小胶质细胞、巨噬细胞和少量淋巴细胞组成的胶质细胞增生性结节。病变严重的部位是延髓、脑桥、间脑、脊髓前段的背角，有的病变扩延到小脑白质，白质的小静脉及毛细血管充血、血管数目增多。白质中散在神经元呈急性肿胀。脊髓各段的灰质神经元，包括背角感觉神经元、中间联络神经元和腹角运动神经元呈急性液化，并有小胶质细胞包围和吞噬而呈噬神经细胞现象（图14-47）。尚可见三叉神经节和脊神经节炎症。肺泡壁毛细血管扩张充血、淤血，呈现间质性肺炎变化。肝细胞颗粒变性，部分肝细胞发生脂肪变性。窦状隙高度扩张，淤积大量的红细胞。肾小管上皮细胞肿胀、颗粒变性，肾小管间毛细血管扩张充血。脾小体淋巴细胞疏松，核固缩，部分淋巴细胞溶解消失。

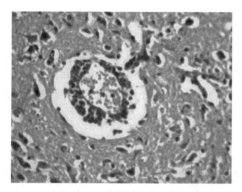

图14-46　脑组织的血管周围有炎症细胞浸润
形成血管套（HE 10×40）

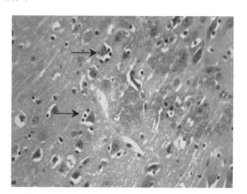

图14-47　胶质细胞包围噬变性神经细胞
（箭头所示）（HE 10×40）

2. 以呕吐-衰竭为主的病例

【剖检】脑膜充血，肾有点状出血，胃底部黏膜充血，黏液分泌增多，黏膜形成皱褶，肠黏膜脱落。其他病变不明显。

【镜检】脑实质内血管充血扩张，神经细胞变性、坏死，神经细胞和血管周围水肿，神经纤维脱髓鞘。有的病例也可见到噬神经细胞现象，但未见有血管套现象。鼻黏膜下和气管黏膜下见淋巴细胞、浆细胞浸润。扁桃体变化以隐窝上皮变性和淋巴细胞浸润为特征。15%～85%病例的胃壁神经节变性和血管周围炎，尤以幽门区明显。胃底腺腺上皮细胞变性、肿胀、萎缩，黏膜肌层下层有小灶状淋巴细胞浸润。肾呈肾小球肾炎变化，肾小囊消失。大部分病例可见到整个肾组织内大量的局灶性出血，部分肾小球呈"指状"萎缩。肝窦状隙高度扩张充血，肝细胞肿胀，毛细胆管管腔内均质红染的微细颗粒，周围的结缔组织水肿。约有20%自然感染病猪，可见支气管周围炎，呈现淋巴细胞、巨噬细胞和中性粒细胞围管性浸润。肺泡上皮肿胀和间隔增宽，巨噬细胞和中性粒细胞浸润。

（四）病理诊断要点

主要根据病猪出现神经症状、呕吐衰竭及流感样特征等临床症状，大体剖检无明显病变，组织学以中枢神经系统出现非化脓性脑炎为特征，免疫组织化学或荧光染色可以检测到PHEV特异性抗原。

十、猪丁型冠状病毒感染

猪丁型冠状病毒病（porcine deltacoronavirus disease）是由猪丁型冠状病毒（porcine deltacoronavirus，PDCoV）引起仔猪等的一种高度接触性传染病，主要感染小肠，临床上以水泻、呕吐、脱水等胃肠道症状为特征。该病病原为δ冠状病毒属成员，自2012年首次在香港猪群被发现，目前在世界各地流行广泛。

（一）主要临床症状

哺乳仔猪感染引起的临床症状最为严重，出现严重水泻、不同程度呕吐等胃肠道症状，在治疗不及时的情况下，部分仔猪出现严重脱水而死亡。成年猪感染后通常不出现特征性的临床症状或仅出现一过性腹泻，无明显脱水现象，死亡率较低。

（二）发病机制

PDCoV 的致病机制尚未明确，现有研究表明，PDCoV 可通过粪-口途径传播，并在小肠绒毛上皮细胞的胞质中复制，被感染的小肠肠道上皮细胞发生广泛的空泡化并与绒毛上皮分离，导致绒毛萎缩，进而阻碍小肠对营养物质和电解质的吸收和消化，引起仔猪严重的水样腹泻，出现严重的脱水，甚至死亡。

（三）病理变化

【剖检】病变部位主要在小肠，尤其是空肠和回肠，肠壁变薄呈透明状，肠管内充满气体和大量黄色液体，肠黏膜充血，肠绒毛萎缩甚至消失，小肠和胃内可见有未消化的凝乳块，有的胃底可见出血。

【镜检】组织病理学观察可见小肠肠道上皮细胞肿胀，形成空泡，小肠绒毛出现不同程度萎缩，甚至坏死、脱落，黏膜固有层严重充血出血，可见炎症细胞（巨噬细胞、淋巴细胞和中性粒细胞）浸润；胃黏膜上皮细胞坏死脱落，绒毛长度缩短等病变。

（四）病理诊断要点

猪丁型冠状病毒感染与猪流行性腹泻和猪传染性胃肠炎的临床症状难以区分，但症状相对较轻，确诊需借助实验室诊断加以鉴别。

十一、猪流感

猪流感（porcine swine influenza）是由 A 型流感病毒（swine influenza virus，SIV）引起猪的群发性、急性、高度接触性呼吸道传染病，其特征为突发、咳嗽、呼吸困难、发热及迅速转归。猪流感可传染人和其他畜、禽，具有重要的公共卫生学意义。2009 年首发于墨西哥的人甲型 H1N1 流感案例即由变异的猪流感病毒感染所致。

（一）主要临床症状

该病潜伏期较短，1 周左右全群猪几乎同时感染发病，病猪体温升高至 40～42℃，食欲减退或废绝，精神沉郁，肌肉僵直和疼痛、关节疼痛，常卧地不起，不愿走动，强迫其行走往往跛行，捕捉时发出尖叫声。病猪呼吸急促，呈腹式呼吸，伴有阵发性、痉挛性咳嗽。眼、鼻流出黏液性或脓性分泌物，眼结膜充血发红，便秘，尿黄。母猪流产、死产和生殖力下降。地方流行性暴发多见于寒冷季节，与人流感盛行趋于一致。

（二）发病机制

病毒主要经呼吸道感染，与猪呼吸道上皮细胞受体发生特异性结合，侵入宿主细胞后可激活 caspase 途径及诱导细胞氧化应激，最终引起细胞凋亡。病毒 NS1 蛋白可以抑制宿主细胞自身蛋白的合成，刺激宿主细胞分泌促凋亡因子和拮抗干扰素的产生，进而对宿主细胞产生免疫抑制。

（三）病理变化

【剖检】病变主要集中于病死猪的呼吸道。咽喉、气管、支气管黏膜充血，被覆大量浓稠的泡沫状黏液，有时间杂血液。小支气管和细支气管充满黏液性渗出物。颈部、支气管和纵隔淋巴结肿大、充血、水肿。脾呈轻度至中度肿大，胃、肠黏膜潮红，被覆黏稠的渗出物。肺病变具有特征性：肺炎区呈暗紫红色周界明显，感染初期最常累及尖叶、心叶前部，随后病变侵犯膈叶下部、后部。以后炎症逐渐消失而病猪恢复，或炎症进一步发展而病情恶化。无肺炎区出现肺气肿和小叶间中度水肿。纵隔、肠系膜淋巴结极度增大、水肿。在有严重病变的死亡病例中，支气管渗出液中含有较多的纤维蛋白，肺胸膜表面被覆纤维蛋白。肺炎一般为小叶性，侵犯肺表面积的60%。胸、腹水中含有纤维蛋白。病程经 3～4 周时，支气管内含有黏液脓性渗出物，肺炎区凹陷，呈灰白色，质地变硬。

【镜检】初期病变表现鼻道呼吸区黏膜上皮细胞纤毛消失，部分上皮细胞变性、脱落，使黏膜表面残缺不全。肺实质充血，由于毛细血管扩张和炎症细胞浸润，肺泡中隔增厚。细支气管黏膜上皮细胞变性，局灶性扩张不全和坏死，并伴发肺气肿。随着病程的发展，支气管腔内充满中性粒细胞占优势的渗出物。肺泡中隔增厚，支气管黏膜上皮细胞增生。肺泡中隔、支气管周围、血管周围出现混合性细胞反应，表现为典型的间质性肺炎。

（四）病理诊断要点

主要根据病猪鼻腔、喉头或气管内出现大量的泡沫状黏液，部分猪肺出现牛肉样实质变化等临床症状进行判断。

十二、猪流行性乙型脑炎

流行性乙型脑炎（swine epidemic encephalitis type B）又称为日本乙型脑炎（Japanese B encephalitis），是由日本脑炎病毒（Japanese encephalitis virus，JEV）引起的一种人兽共患的急性传染病，最初发生于日本，为了与当地冬季流行性甲型脑炎（epidemic encephalitis type A）相区别定名为流行性乙型脑炎。

（一）主要临床症状

通常发生在 4～6 月龄仔猪，发病率、死亡率高。仔猪发病突然，高热，稽留数天至十几天，精神萎靡，嗜睡，不愿活动。有的病猪出现后肢麻痹。怀孕母猪流产率高，呈早产、死产或多为弱胎。公猪睾丸呈一侧性肿大，有时为对称性睾丸炎。

（二）发病机制

JEV 经蚊虫叮咬，进入动物体的血液循环，并在肝、脾、淋巴结、肾、心脏等组织中增殖，引起病毒血症，然后通过血脑屏障，在神经细胞中复制，引起中枢神经系统的炎性病理变化和症状；由于炎性产物刺激丘脑下部，使体温调节中枢失去正常调节功能，产热量增加，散热减少，引起发热反应；脑组织发生炎症，引起脑水肿和颅内压增高，临床上表现出兴奋或抑制症状；脊髓受损害时，可出现运动失常，发生麻痹或瘫痪；有的病例，由于延髓呼吸中枢麻痹，循环衰竭而死亡。

（三）病理变化

【剖检】公猪：自然发病公猪的睾丸鞘膜腔内积聚大量黏液性渗出物，附睾边缘、鞘膜脏层出现结缔组织性增厚，睾丸实质潮红，质地变硬，切面出现大小不等的坏死灶，其周围有红晕。慢性者睾丸萎缩、变小和变硬，切开时阴囊与睾丸粘连，睾丸实质大部分纤维化。

流产母猪：子宫内膜附有黏稠的分泌物，黏膜显著充血、水肿，并有散在性出血点。

死胎：死胎大小不均，呈黑褐色或木乃伊化；弱产仔猪因脑水肿而头面部肿大，皮下弥漫性水肿或胶样浸润。胸腔、腹腔积液，浆膜点状出血，肝、脾出现局灶性坏死。淋巴结肿大、充血。蛛网膜、软脑膜及脊髓硬膜均见充血，并有点状出血且散在分布，中枢神经系统内某些区域发育不全，尤其是在脑积水的仔猪，其大脑皮质变薄，小脑发育不全，脊髓髓鞘生成不足。

【镜检】公猪：病变最初表现为曲细精管上皮细胞肿胀、脱落、溶解，间质充血、出血、水肿及单核细胞浸润。病程稍长时，变性、坏死变化加重，曲细精管缺乏上皮细胞或管腔被细胞碎屑堵塞。有些曲细精管失去其管状结构而彼此融合为片状坏死。慢性病变的睾丸坏死区被纤维组织替代，形成大小不等的瘢痕，使睾丸硬化。

流产母猪：子宫黏膜因充血、水肿而增厚，上皮排列紊乱、残缺不全，子宫腺腔充满脱落的上皮细胞，间质内有单核细胞浸润。

死胎：无脑水肿病变的中枢神经系统内，在血管周围有大单核细胞、淋巴细胞、浆细胞浸润形成血管套，神经元变性，有噬神经细胞现象，胶质细胞增生等非化脓性脑炎病变。成年猪虽无脑炎症状，但脑组织仍有非化脓性脑炎病变。

（四）病理学诊断要点

猪流行性乙型脑炎可依据临床症状、流行病学、病理变化做出初步诊断，确诊必须进行病原分离鉴定。成年猪还应与能导致母猪流产、死产和公猪睾丸炎（如布鲁氏菌病）的其他疾病相区别。

十三、猪传染性水疱病

猪传染性水疱病（swine infectious vesicular disease）又称为猪水疱病（swine vesicular disease，SVD），是由猪水泡病病毒（swine vesicular disease virus，SVDV）引起的急性传染病。该病以蹄部皮肤发生水疱为主要特征，口部、鼻端和腹部乳头周围也偶见水疱发生。

（一）主要临床症状

患病猪乳头、鼻盘、舌唇和附趾蹄冠等部位都可能出现水疱。水疱破裂会发生溃疡并导致真皮暴露，此部位一般会表现为鲜红状态。病变情况如果比较严重还可能发生蹄壳脱落，当蹄部遭受损害后会产生明显痛感，此状态下生猪行走时跛行明显。

（二）发病机制

该病在猪群中主要是直接接触传播，也可通过呼吸道、消化道、皮肤和黏膜（眼、口腔）伤口感染。猪蹄部皮肤是病毒繁殖的主要部位，病毒在皮肤表皮细胞胞质内快速繁殖，使细胞物质代谢障碍并导致细胞质内细胞器和微细结构被破坏，导致细胞内液积留和外液渗入，形成镜下可见的水疱。溶酶体的破坏和水解酶的释放造成胞质蛋白溶解使整个细胞变成一个水疱，许多水泡变性的细胞融合在一起形成了肉眼可见的大水疱。

（三）病理变化

【剖检】病变部皮肤最初为苍白色，在蹄冠上则呈白色带状，随后逐渐蔓延并形成隆起的水疱，蹄踵部形成大水疱并可以扩展到整个蹄底和副蹄。在皮薄处形成的水疱呈清亮半透明，皮厚处水疱则呈白色。随病情发展，水疱逐渐扩大，充满半透明的液体，随病程延长水疱液变成混浊淡黄色。以后易受摩擦部位的水疱破裂，形成浅在溃疡，溃疡底面呈红色，边缘不整，溃疡边缘连接的剥脱的上皮多半原样长时间残留（图14-48）。此时病猪疼痛增剧，发生跛行。严重病例，常常见环绕蹄冠的皮肤与蹄壳之间裂开，致使蹄壳脱落。溃疡面经数日形成痂皮而趋向恢复，蹄病变较口部病变恢复慢。口部水疱通常比蹄部出现晚，鼻端、鼻盘上可见大小约1cm的水疱，少数也在鼻腔内出现，唇及齿龈水疱较少见，且多半是小水疱，舌面水疱极少见，有些病例出现舌系部糜烂（图14-49）。皮肤伤口一般经10～15d愈合而康复，如无其他并发感染，并不引起死亡。内脏器官除局部淋巴结有出血和偶见心内膜有条纹状出血外，通常无明显可见病变。

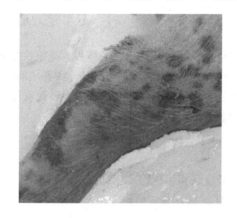

图14-48　病猪后肢皮肤水疱破溃形成浅在溃疡
（韩红卫供图）

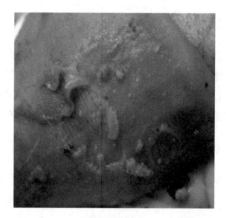

图14-49　病猪舌系部糜烂，有水疱产生
（韩红卫供图）

【镜检】蹄部皮肤开始表现为表皮鳞状上皮（包括毛囊上皮）发生空泡变性、坏死和形成小水疱。小水疱进一步融合成大水疱。棘细胞层的细胞排列松散，细胞间桥比正常清晰，以后细胞相互分离，并发生浓缩和坏死。真皮乳头层小血管充血、出血、水肿，血管周围有淋巴细胞、单核细胞、浆细胞及少数嗜酸性粒细胞浸润，炎症逐渐向表皮层扩展。表皮层的水疱内也充满同样炎性渗出物及少量红细胞，上皮细胞坏死、消失。以后水疱破裂形成浅溃疡，表面棘细胞及颗粒层细胞发生凝固性坏死，变成均质无结构物质，附在溃疡表面，溃疡底部有炎症反应。表皮细胞水泡变性常在变性部附近的上皮细胞中发现核内和细胞质内包含物。

有的病猪的肾盂及膀胱黏膜上皮发生水泡变性。膀胱黏膜下水肿，小血管充血。胆囊黏膜可见炎症变化，病变严重时黏膜浅层发生凝固性坏死和形成溃疡，表面有少量纤维素性渗出物覆盖，坏死区下方固有层炎性水肿，有多量淋巴细胞、单核细胞及浆细胞浸润。病变较轻的则见胆囊黏膜固有层水肿，浅层有炎症细胞浸润，肌层水肿，平滑肌纤维显著萎缩变细，肌间有液体浸润。

心脏、肝、肾等实质器官发生程度不等的实质变性。心肌纤维间有时有少数小出血灶，血管内皮细胞肿胀、增生。肾小管上皮细胞的颗粒变性和空泡变性较明显，有的病例髓质可见小出血灶。腹股沟淋巴结肿胀，被膜下有浆液浸润和散在的出血区。

（四）病理诊断要点

猪水疱病以猪蹄部出现水疱为主要特征，水疱一般较大，破溃后剥脱的上皮可原样保留很久。如水疱小，破溃前很难看到，对可疑猪需仰卧保定，蹄部用水洗后检查。

猪水疱病病理变化虽然明显，但与口蹄疫、猪水疱性口炎、猪塞内卡病毒感染及水疱疹病毒感染都有许多相似之处，故对疾病确诊有一定困难。所以发生该病时，应根据流行病学、临床症状、病理变化、宿主范围、血清学及病毒检测等进行综合诊断。

十四、猪塞内卡病毒病

猪塞内卡病毒病是由 A 型塞内卡病毒（Senecavirus A，SVA）引起的一种以在猪口鼻部、蹄冠部出现水疱性损伤为特征的传染性疾病。近年来，美国、加拿大、巴西、中国、泰国等多个国家均有该病的发生，目前正在成为一种具有全球流行趋势的疾病。

（一）主要临床症状

病猪感染后出现发热、厌食、精神萎靡、嗜睡等症状，随后在其口腔、唇舌、鼻镜及蹄冠等部位形成水疱，继而水疱破溃、糜烂，形成破损；严重时病猪蹄冠部溃疡可延伸至蹄垫、蹄底部，蹄壳松动甚至脱落，出现跛行现象。新生仔猪，尤其是 7 日龄以内仔猪，尽管口鼻和蹄部较少出现水疱等，但常出现急性死亡，部分会伴有腹泻和神经症状。

（二）发病机制

病毒主要通过皮肤或黏膜的损伤处侵入体内，侵害皮肤和黏膜的上皮细胞，导致病猪唇、鼻、舌头、蹄等易感组织出现水疱，水疱内聚集大量的病毒。

（三）病理变化

【剖检】病死猪尤其是新生仔猪小脑出血，全身多处淋巴结充血、出血、水肿；心脏出血，心包常可见黄色或淡褐色积液；肺气肿；肾被膜增厚，表面可见出血斑点或坏死灶；可见浆液性纤维素性腹膜炎、局灶性胃溃疡及空肠局部性出血坏死性炎症等。

【镜检】组织病理学观察可见损伤部位皮肤表皮角化、增生，甚至出现化脓性炎症；脑组织呈非化脓性脑炎和脑水肿变化，神经细胞变性坏死、呈现卫星现象和噬神经细胞现象；肾可见淋巴细胞和单核细胞灶状浸润；肠黏膜坏死、脱落，萎缩性肠炎等变化。

（四）病理诊断要点

SVA 感染引发的塞内卡病毒病与口蹄疫（FMD）、猪水疱病（SVD）、猪水疱疹（VES）和水疱性口炎（VS）引起的病变极为类似，临床上根据临床症状、病理变化很难对上述 5 种水疱性疾病进行鉴别诊断和确诊。需要采集水疱液、痂皮、血液等样品进行病原学和血清学诊断，对临床类症疾病进行鉴别诊断。

十五、猪痘

猪痘（swinepox）是由猪痘病毒（swinepox virus，SPV）引起的一种猪急性、发热性、接触性传染病。SPV 可感染各年龄段猪只，发病猪的临床特征主要是在猪皮肤和黏膜上发生特殊的红斑、丘疹和结痂。

（一）主要临床症状

病猪先有 1～2d 减食、喜卧，体温升高，寒战，不爱活动，黏膜潮红、肿胀，有黏性分泌物，很像猪感冒。2～3d 后即见背、下腹部、四肢及身躯两侧有隆起的痘疹（二维码 14-17）。

二维码
14-17

（二）发病机制

病毒主要通过皮肤或黏膜的损伤处侵入体内，侵害皮肤和黏膜的上皮细胞，病变开始为丘疹，然后发展成水疱，水疱容易破裂，若继发感染会形成脓疱。

（三）病理变化

【剖检】见腹下、腹侧、胸侧、四肢内侧和背部皮肤有深红色小硬结节，突出皮肤表面，结节顶尖部平整（图 14-50），重症者全身皮肤疙瘩连片，临床上一般看不到水疱期，只能见到结节破溃后呈黄色结痂，痂皮脱落后变成无色的小白斑后痊愈。重症例痘疹可能波及全身皮肤，但很少见于口腔、咽、食管、胃和气管。痘疹最初为红色斑疹，2d 后转变为圆形灰白色丘疹，扁平隆起，1～3mm 大小，周围有一红晕；之后丘疹坏死，逐渐干燥，形成一深褐色的痂；最后痂可脱落，局部皮肤留下一个白斑，全过程需 15～20d。

【镜检】见表皮细胞大量增生并发生水泡变性，使表皮显著增厚，向表面隆突，有时伴发角化不全或过度角化，真皮充血、水肿和白细胞浸润，血管有炎症

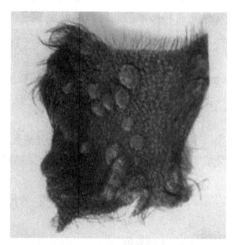

图 14-50　病猪皮肤结节状扁平痘疹

病变。在表皮的变性上皮细胞胞质内可见嗜酸性胞质包涵体，但出现的时间十分短暂。猪痘感染早期可见棘细胞层细胞的细胞核内发生空泡，这种核内空泡病变对猪痘病毒感染诊断具有证病意义。

（四）病理诊断要点

主要根据病猪出现斑疹、丘疹等临床症状判断。

十六、猪脑心肌炎

猪脑心肌炎（encephalomyocarditis in swine）是由脑心肌炎病毒（encephalomyocarditis virus，EMCV）引起的一种传播广泛、侵犯多系统的猪病毒病。该病在世界范围内分布广泛，给养猪业造成了极大的损失，同时近些年在与人类关系密切的宠物内相继发现 EMCV，提示该病毒存在公共卫生安全隐患。

（一）主要临床症状

自然感染仔猪一般无明显临床症状，但有时急性感染可引发感染仔猪的突发性死亡。怀孕母猪感染时，会于近分娩期时发生流产、产木乃伊胎和仔猪离乳前的死亡，此现象可持续 2～3 个

月，并可波及每胎怀孕母猪。

（二）发病机制

EMCV 感染细胞发生裂解，从而释放病毒粒子，同时细胞成分和促炎分子也被释放出来，破坏组织并引起炎症反应，如心肌炎、脑炎、生殖系统和神经系统疾病。

（三）病理变化

【剖检】胸、腹部皮肤发绀。胸、腹腔和心包内积有深黄色液体，并含有少量纤维蛋白。心脏肿大、松弛，呈苍白色，心腔轻度扩大，心肌有不连续的白色或灰黄白色斑点，在病灶区域可见白垩色的中心，或在弥散区域有白垩斑点，并有黄白色坏死灶。心包膜下有点状出血，心房及心室表面有出血点、出血斑。肾皱缩，被膜有出血点。肝和脾萎缩，肝淤血及轻度肿胀。肺常见充血和肺水肿。胃和膀胱黏膜充血，仔猪胃内有凝乳块。胸腺可见小出血点。脑膜轻度充血或正常。

【镜检】可见局灶性或弥漫性心肌炎，心肌纤维呈退行性或坏死性病变，有时甚至有矿化（mineralization）现象。脑膜充血和轻度炎症细胞浸润，脑可见散在性神经元变性。

（四）病理诊断要点

猪自然感染 EMCV 可发生突然死亡和出现以脑炎、心肌炎为特征的病理损伤，仔猪感染后死亡率高达 100%，母猪感染出现繁殖障碍。

第三节　反刍动物病毒性疾病病理

一、口蹄疫

口蹄疫（foot and mouth disease）是由口蹄疫病毒（foot and mouth disease virus，FMDV）引起的偶蹄动物的急性、热性、接触性传染病。已报道的易感动物包括牛、水牛、绵羊、山羊、骆驼和猪等 20 科 70 多种家养和野生哺乳动物，以偶蹄动物最易感，也可感染人。病理特征是：在皮肤与皮肤型黏膜上形成大小不同的水疱或烂斑，尤其在牛的口腔黏膜及蹄部常见，因此称之为口蹄疫，或称"口疮"或"脱靴症"。

（一）主要临床症状

1. 良性口蹄疫　患良性口蹄疫的病畜很少死亡。其主要病理变化是在皮肤型黏膜和皮肤上发生水疱乃至烂斑等口蹄疮病变。

2. 恶性口蹄疫　大多是由机体抵抗力弱而病毒致病力强所发生的特急性病例，有的是在疾病恢复期中突然病势恶化，导致心脏衰弱乃至麻痹而突然死亡。该型病例的死亡率一般可达 25%以上，幼犊死亡率可达 75%～100%。

（二）发病机制

FMDV 主要经受损的消化道黏膜和皮肤侵入机体，首先在入侵处的表皮和真皮间繁殖，使上皮细胞逐渐肿大、变圆，发生水泡变性和坏死；以后于细胞间隙出现炎性渗出物，从而形成一个或多个小水疱，称为原发性水疱或第一期水疱，病毒在原发性水疱的上皮细胞内大量复制繁殖。若机体抵抗力下降，病毒便由原发性水疱进入血液，并随血液迅速遍布全身，使病畜呈现病毒血症而体温急剧升高，脉搏加快，食欲减损。此时除病畜的唾液、尿、粪便、乳汁、精液等分泌物和排泄物内存有病毒外，在口黏膜、瘤胃、蹄部和乳房的皮肤上皮细胞中也有病毒，使这些部位的上皮细胞发生肿大、变性和溶解，并形成大小不等的空腔，随后这些空腔互相融合，便形成新的继发性水疱。病毒在侵害皮肤和黏膜的同时，还侵害心肌和骨骼肌，发生变性、坏死和炎症反应性变化。

（三）病理变化

1. 良性口蹄疫

【剖检】口蹄疮多发生于口腔的唇、齿龈、舌面等部位，蹄冠、蹄踵和趾间及乳房的乳头，形成黄豆大、蚕豆大至核桃大的水疱。水疱内的液体开始呈淡黄色透明，如混有红细胞，则呈粉红色，若水疱液内含有白细胞则变混浊。水疱破裂后，通常形成鲜红色或暗红色烂斑；有的烂斑被覆一层淡黄色渗出物，渗出物干燥后，形成黄褐色痂皮，水疱破溃后如果继发细菌感染，则病变向深层组织发展，便形成溃疡；特别是蹄部发生细菌感染后，可使邻近组织发生化脓性炎或腐败性炎，严重者造成蹄壳脱落。口蹄疫的特征性水疱也见于瘤胃的黏膜上，当胃蠕动时，水疱受胃内容物的压迫而破溃，形成四周隆起、边缘不齐、中央凹陷、呈黄色或暗红色的烂斑或溃疡。在溃疡面上有黄色黏液物覆盖，有的形成黑褐色痂皮。在真胃和肠道黏膜上，通常仅见充血和出血点。严重病例，在真胃黏膜上也可见到烂斑或溃疡。

除上述病变外，通常还可见到吸入性支气管肺炎，严重的化脓性病变或各组织、器官的转移性脓肿。

【镜检】表皮棘细胞肿大，细胞间有浆液渗出物积聚，使其排列疏松，间隙明显。随后棘细胞继续肿大，并发生变性坏死，变性细胞间的浆液进一步增多，并有中性粒细胞游出，于是棘细胞相互间联系消失，形成小泡状体（胞状溶解）。颗粒细胞层及角质层由于相互间联系紧密，尽管也发生变性乃至溶解，但仍保持着相互间的联系，形成细网状，称为网状变性。因此，口蹄疫的水疱膜由颗粒细胞层和角质层所构成，底部为真皮的乳头层，内容物为混有坏死的上皮细胞、白细胞和少数红细胞的浆液，浆液内偶尔可见折光性强的嗜酸性小颗粒。若水疱液不断增多，疱膜渐趋紧张而变薄，小疱常互相融合形成大水疱，此时水疱会因为摄食、反刍等机械作用而破裂。

2. 恶性口蹄疫

【剖检】特征是在败血症的基础上，心肌和骨骼肌呈中毒性营养不良及坏死，而典型的口腔和蹄部病变不如良性型病例明显。有学者称此为心肌变性性口蹄疫。

心包内含有较多透明或稍混浊的浆液。心脏外形正常，但质地柔软，色彩变淡，心内、外膜上有出血点。心肌纤维在病毒作用下，发生局限性颗粒变性、脂肪变性、蜡样坏死和间质的炎症反应，所以在心室中隔及心壁上，散在有灰白色和灰黄色的斑点及条纹状病灶，因其色彩形似虎皮斑纹，故称"虎斑心"。病程较长的病例，上述变性、坏死的肌纤维被增生的结缔组织取代而形成硬结。这时，由于血液循环发生障碍，故常在纵隔和胸前皮下组织出现水肿，有些病例还伴发肺水肿和肺气肿。

有的病例在股部、肩胛部、臀部、颈部的骨骼肌和舌肌，也可出现与心肌相似的病变，即于其切面上出现灰黄色斑点或条纹，使肌肉呈斑纹状。有的坏死灶见有钙盐沉着。脑膜充血、水肿；脑实质水肿、多汁；脑干和脊髓灰质内见有出血点。

【镜检】心肌纤维多呈颗粒变性、脂肪变性和蜡样坏死，变性坏死的肌纤维肿胀、均质化，继之断裂、崩解。间质初期多无细胞反应，病程稍长的病例，见有组织细胞、淋巴细胞增生浸润，并有中性粒细胞参与。病程长的病例见有浆细胞和增生的成纤维细胞；偶见有局灶性纤维性硬化和变性肌纤维的钙盐沉着。心壁血管周围都见有圆形细胞和少量中性粒细胞浸润，血管内皮增生与脱落，管腔内有透明血栓形成。

骨骼肌的组织学变化与心肌纤维相同，肌纤维变性、坏死，有时也见有钙盐沉着，但细胞浸润一般不明显。脑组织具有非化脓性脑炎变化，神经细胞尼氏体溶解，细胞周围水肿，血管周围有淋巴细胞和胶质细胞增生。肾上腺的皮质和髓质细胞萎缩、变性，髓质嗜铬细胞消失，有淋巴细胞浸润和结缔组织增生。乳腺有浆液性炎变化。

（四）病理诊断要点

该病应与牛恶性卡他热、猪水疱病等相鉴别。

牛恶性卡他热：散发，高热，可在口腔黏膜形成烂斑，但一般无水疱；除发生于牛外，猪等其他动物不易感；有鼻镜、乳头等部位发生坏死与眼角膜混浊等特征病变；其传播速度和范围远不如口蹄疫。

猪水疱病：猪水疱病的口、蹄病变与口蹄疫极相似，但猪水疱病病毒仅感染猪而不感染牛、羊等动物，同时看不到"虎斑心"样的心肌病变。必要时需做病毒检测。

二、小反刍兽疫

小反刍兽疫（peste des petits ruminants，PPR）又称为伪牛瘟，是由小反刍兽疫病毒（PPRV）引起的一种严重的烈性、接触性传染病，主要感染小反刍动物，特别是山羊高度易感。该病于1942 年在西非科特迪瓦首次发现，随后证实存在于非洲、亚洲、欧洲的多个国家，2007 年我国西藏日土县首次报道发生 PPR 疫情。

（一）主要临床症状

发病急，高热达 41℃，病畜精神沉郁，食欲减退，鼻镜干燥，口腔分泌物逐步变成脓性黏液，齿龈充血，进一步发展到口腔黏膜弥漫性溃疡和大量流涎。发病后期常出现出血性腹泻，随之动物脱水、衰弱、呼吸困难、体温下降，常在发病后 5～10d 死亡。

（二）发病机制

PPRV 对胃肠道淋巴细胞及上皮细胞具有特殊的亲和力，能引起特征性的病变。因此，在动物体的淋巴组织和上皮组织中最容易复制，对这些组织的伤害也最为严重，而呼吸道可能是病毒进入机体的门户。病毒通过呼吸道进入机体后，首先在咽喉、下颌淋巴结及扁桃体复制，2～3d形成病毒血症，4～6d 首次出现临床症状。病毒血症导致病毒到达全身的淋巴器官，导致脾、骨髓和胃肠道及呼吸道黏膜继发感染。

（三）病理变化

【剖检】自然感染羊可见结膜炎（二维码 14-18）、坏死性口炎（二维码 14-19），严重病例可蔓延至硬腭部。鼻甲、喉、气管等黏膜有淤血斑。肺呈支气管肺炎病变（二维码 14-20）。从口腔至瘤胃、网胃口均有病变，真胃病变明显，常为有规则的糜烂，创面出血。肠道可见糜烂或溃疡出血，盲肠和结肠结合处呈特征性线状出血或斑马样条纹。淋巴结肿大，脾坏死。

【镜检】在舌、唇、软腭、支气管等的上皮细胞和形成的多核巨细胞中可见特征性的嗜酸性胞质包涵体，淋巴细胞和上皮细胞大量坏死，在肺泡腔内出现合胞体细胞。

（四）病理诊断要点

该病以突然发热、精神沉郁、眼和鼻排出分泌物、口腔溃疡、呼吸失调、咳嗽、腹泻、排出恶臭的稀便和死亡为特征。但须与牛瘟、蓝舌病、口蹄疫等做鉴别诊断。

三、蓝舌病

蓝舌病（bluetongue）是由蓝舌病病毒（bluetongue virus，BTV）引起反刍动物的一种以昆虫为传播媒介的病毒性传染病，主要发生于绵羊，有时也发生于牛，呈急性或亚急性经过。

（一）主要临床症状

发病绵羊主要表现为发热，精神委顿，食欲丧失，大量流涎，口腔黏膜、咽、唇及舌水肿呈紫色，有时水肿可一直延伸至颈部及胸部，蹄冠淤血，肿胀部疼痛致使跛行，并常因胃肠道病变而引起血痢。牛和山羊多呈隐性感染，极少见明显的临床症状。

（二）发病机制

该病的传播媒介主要是蠓类、羊虱、羊蜱蝇、虻属等，叮咬昆虫也可起到传播媒介的作用。动物被蚊虫叮咬之后，病毒首先在局部淋巴结中增殖，随后扩散到肺、脾等部位，在内皮细胞和巨噬细胞内复制，启动内皮细胞凋亡程序或引起内皮细胞坏死，导致局部微血管通透性改变，小血管内皮细胞肿胀，血管周围组织水肿与出血，管腔内纤维蛋白和血小板性血栓形成等病变，尤其是出现特征性的肺显著水肿和微血栓形成（休克肺）。

（三）病理变化

【剖检】皮肤潮红，常见不规则的皮疹或硬斑。四肢和其他暴露部分的表皮脱落，皮下组织水肿。蹄冠常见大量出血点，这些出血点互相融合，在角质组织中形成垂直的红色条纹，劈开蹄壳，见蹄叶严重充血。骨骼肌常见点状或斑状出血和玻璃样变性，这些变化多出现在股、肩、背和颈部肌肉。

最明显的病变见于消化系统。口腔黏膜水肿、充血、发绀、出血，尤以舌、颊乳头尖端明显。唇、上齿垫、舌，以及与臼齿相对的颊部黏膜常见糜烂和溃疡。重症羊的舌体因严重淤血而呈蓝紫色，故称之为"蓝舌病"。食管黏膜也见有出血、糜烂和溃疡，但较口腔病变轻。胃浆膜下有散在的出血点。瘤胃黏膜的出血以乳头尖部最为明显，糜烂和溃疡多发于食管沟处。网胃和瓣胃的出血、糜烂、溃疡主要在黏膜皱褶的尖端。皱胃常见斑点状出血，有时可见黏膜脱落。小肠黏膜常见斑点状出血。肝淤血、肿大，胆囊膨满，充满胆汁，有的病例可见胆囊黏膜出血、糜烂和溃疡。

鼻腔被脱落的黏膜上皮及干固的渗出物形成的痂所阻塞。咽黏膜充血，并见少量出血点，咽喉黏膜及周围肌肉均见有水肿。气管和支气管腔内充满白色或血液样泡沫，有的含有瘤胃内容物。肺体积增大，见有淤血和水肿，呈不同程度的小叶性肺炎变化。心外膜下常见有稀疏的出血点，在房室孔周围的心内膜下见有出血斑，心冠脂肪发生胶样萎缩。心包散在出血点，心包积液，有时胸腔也见有积液。一些毒株常可导致肺动脉基部出血，有人认为这是该病的证病性变化。头部淋巴结肿大、水肿、出血。脾轻度肿大。胸腺被膜下有点状出血。肾充血，膀胱、输尿管、阴唇或包皮黏膜常见出血。

BTV 感染的怀孕母羊常引起胎盘炎而使胎儿急性感染，导致胎儿死亡或发生大脑发育不全、脑积水和骨骼变短等先天性畸形。

【镜检】口、鼻腔及覆有复层鳞状上皮的消化道黏膜，首先是黏膜乳头层毛细血管充血和出血，血管内皮细胞肿胀，细胞核淡染，有的浓缩或崩解，毛细血管的完整性被破坏。血管周围见有淋巴细胞浸润。黏膜上皮的基底层和棘细胞层细胞肿胀，细胞核周围的细胞质出现一圈淡染的空晕，核固缩或溶解消失，细胞间隙增宽，黏膜上皮的嗜酸性层增厚，角化层脱落。病程进一步发展，黏膜上皮细胞广泛性坏死、脱落，暴露出黏膜固有层；固有层结缔组织的胶原纤维肿胀，并融合在一起，呈深红色着染；成纤维细胞坏死崩解，常遗留深蓝色的核碎屑，坏死灶伴有中性粒细胞和淋巴细胞浸润。耐过动物的溃疡面愈合较快，可见肉芽组织增生。

淋巴结呈现充血、水肿，淋巴小结肿大或坏死，淋巴窦内皮和窦内网状细胞肿胀，窦腔内含有多量巨噬细胞和中性粒细胞，髓索浆细胞增量。脾白髓增大，中央动脉内皮细胞肿胀，在白髓周围的边缘区有较多的中性粒细胞浸润。红髓网状细胞肿胀，脾静脉窦充血，伴有含铁血黄素沉着。肺泡壁毛细血管充血和肺泡水肿，水肿液被染成均匀的红色。在这些肺泡中还可见到少量中性粒细胞。严重的病例则见中性粒细胞充满肺泡。小气管管腔内有时含水肿液和中性粒细胞。肺动脉血管壁的中层发生出血，出血周围组织水肿，伴有淋巴细胞浸润。平滑肌细胞和弹性纤维变性，严重病例可见平滑肌细胞坏死，其核固缩或崩解。心肌显示肌纤维玻璃样变、溶解及空泡化，罕见中性粒细胞浸润，但肌间常见充血、出血和水肿。

骨骼肌常发生一条肌纤维或多条肌纤维变性。变性肌纤维横纹消失，肿大变形，嗜酸性，呈玻璃样变。有的则呈现肌浆溶解形成空泡，最后断裂，偶尔可见变性肌纤维周围有少数中性粒细胞浸润，在坏死的肌纤维周围可见巨噬细胞、淋巴细胞浸润并伴有成纤维细胞增生。肌膜尚完整的变性肌纤维还见肌纤维再生，在变性肌纤维之间还常见充血、出血和水肿。

（四）病理诊断要点

发热、消瘦、口鼻和胃肠道黏膜形成溃疡及跛行为该病的主要特征。

四、绵羊痘和山羊痘

绵羊痘和山羊痘分别是由痘病毒科羊痘病毒属的绵羊痘病毒（sheep pox virus）、山羊痘病毒（goat pox virus）引起羊的一种急性、热性传染性疾病，主要是接触传染。羊痘的死亡率很高，羔羊的发病致死率甚至高达 100%，妊娠母羊常发生流产，多数羊在发生严重的羊痘以后即丧失生产力，使养羊业遭受巨大的损失。

（一）主要临床症状

1. 绵羊痘　　轻症病例仅在皮肤、黏膜出现少量痘疹并迅速愈合。重症病例体温升高，皮肤和黏膜出现大量痘疹，在羔羊可见全身皮肤密布大量痘疹，痘疹可彼此融合，且因局部血管炎症、血栓形成而导致缺血、坏死。

2. 山羊痘　　皮肤特别尾内侧皮肤可见直径 2～3cm 的红斑及丘疹。在全身症状中，丘疹可见于全身皮肤。耐过急性期的患病山羊，丘疹可坏死而形成痂皮。

（二）发病机制

病毒通过侵入羊的呼吸道和破损的皮肤而发病。侵入机体的痘病毒首先经淋巴到达局部淋巴结，在网状细胞和内皮细胞胞质内复制，然后释放痘病毒进入血液引起病毒血症。无论经哪种途径感染该病的病毒侵入机体后，先在网状内皮中增殖，经血液到达皮肤及黏膜上皮细胞并在其内繁殖，引发一系列的炎症过程和发生特异性痘疹。

（三）病理变化

1. 绵羊痘　　绵羊痘是各种家畜痘病中最为典型和最为严重的一种，在养羊地区广泛流行，传染快，死亡率高。细毛羊特别是细毛绵羊最易感染，粗毛绵羊和土种绵羊具有一定的抵抗力，并且症状也轻，有时呈顿挫型经过。

【剖检】皮肤：病变主要表现于体躯无毛部和被毛少的部位，有时在黏膜也形成痘疹病变。死于羊痘的病羊，多半营养不良，被毛无光泽，眼黏膜呈暗红色，眼角处附有黑褐色干固分泌物，鼻孔周围附有脓性分泌物或脓性干痂。在口、鼻、眼周围和颊、唇、阴唇、乳房、四肢内侧及阴囊等处，有的在胸部和腹部，均散在有黄豆大至榛子大的扁平丘疹结节（图14-51）。结节呈圆形或椭圆形，隆突于皮肤，质地坚硬，与周围组织界线明显，有的丘疹结节互相融合成片，使皮肤失去弹性和柔性；有的丘疹结节形成水疱，疱内充满透明黄色液；水疱破溃后形成黑褐色痂皮。切开结节部，见皮肤增厚，切面呈灰白色，组织致密。

图14-51　发病绵羊的肛门周围及外阴唇可见大量的痘疹

丘疹结节的形成过程是：最初痘疹呈圆形红斑状，周围有少量渗出物，称为玫瑰疹或蔷薇疹。经1～2d，于红斑中心形成红色结节，结节压之退色，这说明病变部是充血而非出血。不久蔷薇疹变为圆而坚硬的圆锥形结节，其周围有红晕，此即称为痘疹的丘疹期。丘疹经一定阶段，有的形成水疱，有的发生坏死变化，有的始终不发生坏死。有人把坏死性丘疹又分为表皮性、压缩性和小疱性丘疹，而没有坏死的丘疹又分为疣状和荨麻疹状两种。上述分类是根据丘疹的形态特征而进行相对区分，实际上，上述各种丘疹病变往往是同一病变的不同发展阶段，或由于病毒毒力强弱不同、机体抵抗力不同而出现不同的表现形式。在临床上最多见的为表皮性丘疹病变，它占羊痘疹的90%左右。上面叙述的羊痘皮肤病变即属于表皮性痘疹变化。

内脏器官：约有80%病例肺发生痘疹（二维码14-21）。初期于肺胸膜下的肺组织内，形成灰白圆形结节病灶，结节有豌豆大至榛子大或更大，有时呈半球形隆突于肺表面，呈灰白色瘤块状，结节切面也呈灰白色，其质地如淋巴组织（图14-52）。其他器官，如肾也可发现痘疹（二维码14-22）。

黏膜：痘疹性病变多见于皮肤型黏膜。口黏膜，特别是唇和舌黏膜上，可看到灰白色或灰红色、半球形或乳头状的扁平隆起结节。在鼻黏膜上可形成大小不一的痘疹病灶，呈灰白色扁平圆形，隆突于黏膜，如病变特别小，则称痘斑。在喉和气管黏膜可形成同样病变，痘斑可形成糜烂。胃黏膜上，尤其是瘤胃（二维码14-23，二维码14-24），见有豌豆大小、圆形坚实的痘疹结节，其中心发生坏死，变为痘疹性溃疡（图14-53）。在网胃（二维码14-25）、皱胃黏膜、十二指肠起始部黏膜，同样见有半球形豌豆大的痘疹结节。

二维码
14-21～
二维码
14-25

图 14-52　发病绵羊的肺组织可见大量的
灰白色痘疹

图 14-53　发病绵羊的瘤胃黏膜见有大量的
痘疹性溃疡

【镜检】皮肤：表皮性痘疹表现为表皮增生肥厚，呈完全角化或不完全角化，生发层特别是棘细胞层的细胞呈水泡变性，细胞肿大而呈海绵状，细胞内含多量液体，有时使细胞变为一个大空泡，或形成扩大的液化性多室的空腔。痘疹部细胞间充满浆液、游走细胞和崩解的细胞碎屑，也有的上皮细胞坏死崩解或液化溶解，细胞核内有空泡形成，在变性、坏死的基底细胞层细胞和棘细胞层细胞的细胞质内，可见到大小不等的嗜酸性包涵体。在真皮层内含有浆液和细胞性渗出物，主要为淋巴细胞和巨噬细胞，也见有中性粒细胞。在扩张的血管内，也含有多量淋巴细胞，有时还发生出血。若真皮乳头层存有急性炎症，则有多量中性粒细胞浸润，使真皮和表皮难以辨认。在真皮层的巨噬细胞内，同样可见有典型的嗜酸性包涵体。

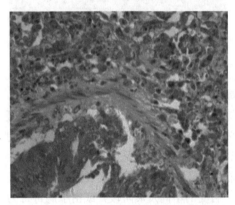

图 14-54　肺泡上皮细胞化生为立方形，支气
管黏膜上皮细胞增生（HE 10×40）

内脏器官：肺泡间质及支气管周围的结缔组织内有间叶成分增生，并有淋巴样细胞浸润和肺泡上皮的增生和化生。痘疹病灶内的肺泡上皮呈立方形或菱形向肺泡腔内突出，使肺泡腔呈腺瘤样结构。在病灶部的支气管和小支气管黏膜上皮增生，呈乳头状向管腔内突出（图 14-54）。在增生的上皮细胞之间，出现巨噬细胞，在巨噬细胞胞质内见有圆形的嗜酸性包涵体。肝可见肝被膜下散在有灰白色病灶，病变部为淋巴细胞和巨噬细胞增生、浸润，其中某些巨噬细胞内含包涵体。肾被膜下见有微白色圆形小点，皮质部存有灰白色条纹状病灶，镜检见白色小点由淋巴样细胞和巨噬细胞等组成。横膈膜也常见扁平的痘疹病变，

镜检见痘疹部的巨噬细胞内含有包涵体。

黏膜：出现痘疹的黏膜，其固有层和黏膜下层有巨噬细胞、淋巴细胞和中性粒细胞浸润。黏膜上皮呈明显增生性肥厚和退行性病变。

2. 山羊痘　　山羊痘和绵羊痘在许多方面是相似的，虽然临床有发生全身性痘疹而死亡的情况，但一般都较轻微，死亡率只有 5%。

【剖检】山羊痘痘疹最好发的部位是皮肤，特别是眼睑、鼻翼、下颌、乳房、包皮、阴门和肛门周围的皮肤，但在头、颈、胸、腹、臀等有毛的皮肤也可发生多量痘疹；其次是口腔黏膜，包括唇和舌；再次是其他器官、组织，依次是肺、气管、鼻前庭、咽、瘤胃、皱胃的黏膜（图 14-55），以及巩膜、结膜、瞬膜、骨骼肌、子宫和乳腺。

皮肤痘疹的眼观变化与绵羊痘相同，初为红色斑疹，接着转为丘疹，后者为不正圆形、黄豆大至蚕豆大的扁平隆起，通常呈灰白色，如发生出血则呈紫红色；以后痘疹发生坏死、结痂。黏膜（口腔、鼻前庭和气管等）的痘疹多为粟粒大至黄豆大的灰白色结节，微隆起于黏膜面（图 14-56），有些痘疹出血时则呈暗红色。肺痘疹为暗红色绿豆大至黄豆大的结节，散在或密集分布于各肺叶上。眼的痘疹可发生于瞬膜、结膜和巩膜，痘疹为一绿豆大暗红色斑，与巩膜痘斑相邻的角膜混浊。有些病例在骨骼肌、子宫黏膜和乳腺出现痘疹性结节。

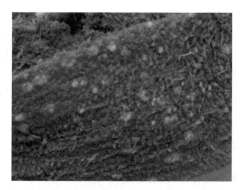

图 14-55　病羊瘤胃黏膜大小不一的痘疹
（韩红卫供图）

图 14-56　病羊鼻唇黏膜灰白色结节状痘疹
（韩红卫供图）

【镜检】皮肤痘疹部表皮细胞增生、水泡变性及气球样变，表皮层明显增厚；有些区域表皮细胞坏死、崩解、融合形成小疱，其中有细胞碎屑和中性粒细胞。真皮充血、出血、水肿和中性粒细胞浸润，有明显的血管炎症和坏死，同时见血栓形成。痘疹边缘的表皮细胞也发生增生和变性，但程度较轻，在变性细胞胞质空泡内可见大小不一、均质、圆形或椭圆形的嗜酸性包涵体；边缘部真皮充血、出血和白细胞浸润。

皮内痘疹部皮肤的表皮细胞增生、水泡变性及坏死，该部真皮、皮下组织和相邻的肌肉组织充血、出血、水肿，有中性粒细胞浸润，其中多数血管发生炎症，并见血栓形成。在水肿的疏松结缔组织、肌纤维之间和血管周围可见散在分布着一种椭圆形、星形的大细胞，其细胞质嗜碱性，细胞核卵圆形，染色质稀少，有核仁，此即山羊痘细胞。有的山羊痘细胞胞质内有嗜酸性包涵体。

黏膜上皮细胞增生和水泡变性，其细胞质内可出现嗜酸性包涵体，稍后中心部黏膜上皮细胞坏死、崩解、脱落和中性粒细胞浸润，固有层和黏膜下层充血、出血、有白细胞浸润，并见血管炎。

早期肺痘疹仅见小灶状肺充血、水肿，肺泡间隔增宽，中性粒细胞浸润和坏死，肺泡壁上皮细胞肿胀和脱落。以后，痘疹中央部肺泡壁及其充血的毛细血管发生坏死，中性粒细胞浸润，肺泡腔内充满渗出液。坏死灶外周有一充血、水肿带，其外围为间质性肺炎区，该部肺泡间隔水肿、增宽，中性粒细胞浸润，肺泡腔缩小，肺泡壁上皮细胞呈立方形，有的脱落入肺泡腔。痘疹局部胸膜发生炎性水肿，间皮肿胀脱落，中性粒细胞浸润，其中可见山羊痘细胞。

瞬膜和结膜的痘疹见黏膜上皮细胞坏死、脱落，固有层充血，有血管炎或血管周围淋巴细胞浸润。巩膜痘疹部球结膜的复层鳞状上皮细胞发生水泡变性，少数变性细胞破裂融合成小水疱，其间有中性粒细胞浸润；巩膜水肿、充血，血管壁坏死，并有中性粒细胞浸润和崩解。

子宫黏膜痘疹部的实质细胞变性、坏死和溶解，间质水肿、出血、中性粒细胞浸润和血管炎，有的结节可见山羊痘细胞；在乳腺的腺上皮细胞、输乳管和乳头管上皮细胞的细胞质内可见嗜酸性包涵体。

淋巴结和脾有不同程度的增生性反应，心脏、肝、肾、脑等器官发生变性。

（四）病理诊断要点

其病理变化是在皮肤和某些部位黏膜上形成痘疹，初为丘疹，以后变为水疱，后变成脓疱，脓疱干固成痂，随后痂皮脱落而痊愈。应注意与羊传染性脓疱病相区别，后者全身症状不明显，病变多局限于口、唇部，出现丘疹，脓疱和厚痂，痂垢下肉芽组织增生明显。

五、羊传染性脓疱病

传染性脓疱病（contagious ecthyma）俗称口疮（orf），又称为传染性脓疱性皮炎（contagious pustular dermatitis），是由传染性脓疱病毒（infectious pustular virus）引起人兽共患的接触性传染病。主要侵害绵羊和山羊，以 3～6 月龄羔羊最易感，骆驼和猫也可感染，犬偶有发生，人多因接触病羊而感染。其特征是在口腔黏膜、唇、鼻部等处皮肤形成丘疹、水疱、脓疱、溃疡和厚痂。该病广泛分布于世界各饲养绵羊和山羊的国家。

（一）主要临床症状

该病的主要临床特征为在口唇周围、口角及鼻部出现特别严重的病灶。病灶开始出现稍突起的斑点，随后变成丘疹、水疱及脓疱三个阶段，并最终形成非常坚硬的痂块，除去硬痂后露出凹凸不平的锯齿状的肉芽组织，很容易出血，有的形成瘘管，压之有脓液排出。病羊表现为流涎、食欲减少或不进食。

（二）发病机制

病毒主要通过皮肤或黏膜的损伤处侵入体内，在鼻唇等部位的上皮细胞中大量繁殖，导致棘细胞出现空泡变性和基底细胞增生，还会导致真皮发生水肿、充血及白细胞浸润。随着空泡变性逐渐扩散至深层及周围，组织发生液化，从而形成水疱。之后随着白细胞的进入，导致水疱发展为脓疱。当脓疱由于表皮坏死而导致破裂时，会有纤维蛋白渗出，且细胞碎片发生凝结，并最终形成痂片。痂片呈褐色疣状，牢牢附着，如果人为用力剥离，就会露出真皮，并发生出血。

（三）病理变化

二维码
14-26

二维码
14-27

病变通常开始于唇部，沿唇边缘蔓延至口鼻部（二维码 14-26）。有时最早的病变发生于眼周围的面部。重症病例，病变还可见于齿龈、齿板、硬腭、舌和颊等部位。

【剖检】初期皮肤出现红色斑点，很快转变为结节状丘疹. 再经短暂的水疱期而形成脓疱（二维码 14-27）。脓疱破裂后形成灰褐色、质硬、隆突的痂，比周围皮肤高 2～4mm。良性经过时，硬痂逐渐增厚、干燥，1～2 周后自行脱落，局部损伤经再生而修复。重症病例，病变部可以扩大且相互融合，形成大面积硬痂，波及整个口唇及其周围与颜面、眼睑等部位，其表面干燥并具有龟裂（图 14-57）。如继发感染化脓菌或坏死杆菌，则可招致化脓或深部组织的坏死。口腔黏膜的病变为出现水疱、脓疱，其周围有红晕围绕，它们破裂后形成深浅不一的糜烂（图 14-58）。病变蔓延至食管和前胃极少见。蹄的病变较唇的少见，在蹄冠、趾间隙和蹄球部发生水疱、脓疱，破裂后形成溃疡。重症例病变可蔓延至系部和球节的皮肤。由病羊羔传染时，母羊乳头部皮肤也可发生同样的病变。

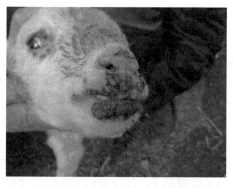

图 14-57　病羊口唇部大面积痘痂

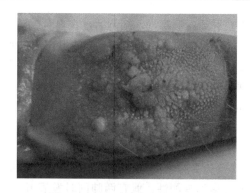

图 14-58　病羊舌后部大量脓疱

【镜检】见棘细胞层外层的细胞肿胀和水泡变性、网状变性，表皮细胞明显增生，表皮内小脓肿形成和鳞片痂集聚。通常在感染后 30h 由于颗粒层和棘细胞层外层的细胞肿胀而导致局部表皮增厚（假棘皮病），其细胞质嗜碱性。至感染后 72h，上述细胞发生明显的水泡变性，细胞核固缩，变性细胞还保持联系而形成网状，即导致网状变性。表皮细胞的增生很明显，基底层细胞的有丝分裂象很多，表皮显著增厚，增生的基底层细胞向下生长入真皮，形成长嵴状。内层的棘细胞发生水泡变性、气球样变，进而破裂形成水疱，水疱可扩大、融合；随着中性粒细胞的浸润和坏死，水疱转变为脓疱。在变性的表皮细胞内可见嗜酸性胞质包涵体，其持续时间为 3～4d。真皮的病变为充血、水肿和血管周围单核细胞浸润，同时见中性粒细胞渗出并游走进入表皮。脓疱增大、破裂，局部形成由角化细胞、不全角化细胞、炎性渗出液、变性的中性粒细胞、坏死细胞碎屑和细菌集落等组成的痂。

（四）病理诊断要点

病羊口唇、鼻周、口腔黏膜、齿龈等部位常见丘疹、水疱、脓疱、溃疡及结痂等特征性的口疮病变。但应注意与羊痘、坏死性杆菌病等鉴别诊断。羊痘多见于冬末春初，伴发全身症状，无毛皮肤处有丘疹、疱疹，致死率高达 50% 左右。羊坏死性杆菌病，可见明显的组织坏死，无脓疱和疣状增生物。

六、绵羊肺腺瘤病

绵羊肺腺瘤病（sheep pulmonary adenomatosis）又称为驱羊病（jaagsiekte），是由绵羊肺腺瘤病毒（sheep pulmonary adenomatosis virus）引起的以细支气管黏膜上皮和肺泡上皮腺瘤化增生为特征的慢性传染病。该病遍及全世界所有养羊国家，我国内蒙古及西北各地的养羊地区也屡有发现。该病对各种年龄和品种的绵羊都能感染，常呈地方性流行。

（一）主要临床症状

病羊的早期症状是在运动后时有咳嗽和喘息。随着病程的发展，患羊咳嗽频繁并逐渐消瘦、呼吸困难和流泪。流水样鼻液，尤其是当低头或高抬后躯时，往往见多量水样鼻液从鼻孔流出。除并发肺感染外，体温与食欲均无变化。

（二）发病机制

绵羊肺腺瘤病毒主要侵害肺泡Ⅱ型细胞和终末细支气管上皮细胞，引起细胞肿瘤性转化，形成上皮肿瘤。病毒进入细胞后，在自身编码的反转录酶作用下形成前体 DNA，随机整合到宿主细胞基因组中，以前病毒 DNA 的形式暂时或长期存在于宿主细胞染色体中。如果前病毒整合插入原癌基因附近，病毒的启动子和增强子就会启动原癌基因过表达，最终导致肿瘤的形成。因为前病毒整合插入原癌基因附近的概率较低，所以非急性转化反转录病毒诱导肿瘤形成需要很长的时间。癌基因捕获和原癌基因的插入激活是反转录病毒诱导肿瘤形成的两个主要机制。

（三）病理变化

二维码
14-28

【剖检】肺常因气肿、腺瘤增生及含多量液体而显著膨胀，其体积可达正常肺的 3～4 倍。肺病变多为单侧性，偶有两肺同时发病者，病变多位于肺胸膜下，部分病例因病变部隆起而使肺胸膜凹凸不平。有时病灶位于肺组织深部，须在切开后方能见到（二维码 14-28）。根据病变范围的大小分以下三种。

1）原发性小灶性（肺泡性）病灶：此种病灶呈粟粒大，灰白色；大的也可达黄豆大或豌豆大，直径为 1～10mm，由数个或一群腺瘤化的肺泡组成。

2）小叶性病灶：为融合性病灶，表面不平整，边缘呈锯齿状。切面有时呈圆形或椭圆形，其周围常见密集的粟粒样病灶。小叶性病灶有时可侵犯一个肺叶的 1/3。

3）大叶性或大灶性病灶：侵犯一个肺叶的大部甚至整个肺叶，病灶呈灰白色实变，质脆，触摸有滑腻感。病变肺叶的支气管和血管一般尚可辨认。病灶边缘不整，周围也有小灶性病灶散在地分布于正常的肺组织中。肺如继发细菌性感染，则在大灶性病灶中可发现脓肿形成。病程久者，病变部硬化，肺胸膜增厚，并与肺粘连。大灶性病灶与脓肿一般多见于膈叶，尤其是膈叶的前 2/3 和腹面。

支气管淋巴结和纵隔淋巴结通常不肿大或轻度肿大，切面呈灰白色，有时由于存有转移性腺瘤结节而使淋巴结变形。

【镜检】见肿瘤细胞起源于肺泡壁Ⅰ型上皮细胞与终末细支气管黏膜上皮细胞，主要表现为以下三种病变。

二维码
14-29

1）肺泡壁上皮细胞与细支气管黏膜上皮细胞增殖：肺泡上皮细胞变成立方形或柱状上皮，核染色质呈细网状，细胞质淡染，进而增殖成绒毛状突起，突入肺泡腔，并具有一个由中隔增生的结缔组织性中心，正常肺泡的界线常因这种增生而遭破坏，使整个病变区呈乳头状囊腺瘤形态（图 14-59，二维码 14-29）。有的肺泡壁上皮细胞仅部分增生呈复层上皮状。瘤细胞通常不见核分裂象。在原发病灶一般只侵犯数个肺泡，很少有绒毛状突起。但在小叶乃至大叶性病灶中，肺泡的

二维码
14-30

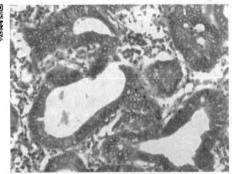

图 14-59　支气管上皮密集增生，
形成团块状和囊腺状（HE 10×20）

正常结构常被破坏，乳头状突起明显，同时，在腺瘤化肺泡的周围，常伴发肺泡气肿、萎陷与充盈细胞性渗出物。有时瘤细胞密集成团，呈实体样（二维码 14-30）。细支气管黏膜上皮细胞也常参与腺瘤形成，有软骨片的小支气管黏膜上皮细胞一般不见增生，但个别也可形成乳头状腺瘤或囊腺瘤。瘤细胞不穿透管壁，也不进入肺泡。细支气管黏膜上皮细胞都可形成乳头状腺瘤，相当于终末性和呼吸性细支气管的乳头状腺瘤则进入肺泡，成为肺腺瘤的组成部分。细支气管性腺瘤上皮为单层柱状，进入肺泡后即变成矮柱状。

2）肺泡腔内巨噬细胞增多：病变区有的肺泡群为

巨噬细胞所充满，巨噬细胞胞核呈肾形，细胞质淡红色，常吞噬脂滴或其他异物。该病变多继发于肺泡壁上皮细胞增生之后。

3）间质反应：腺瘤化的肺泡中隔见有不同程度的淋巴网状细胞增生和纤维组织增生。病变早期间质反应轻微，病程越长间质反应越明显，甚至肺泡为一片增生的结缔组织所取代，此时肿瘤细胞继发坏死。疾病后期病变呈纤维瘤样，腺瘤样细胞消失，增生的间质还往往出现黏液样变，甚至形成黏液瘤。黏液瘤细胞核呈圆形或椭圆形，染色质较丰富，细胞质稀少，细胞质突起呈星芒状，相互连接成网眼样，偶见分裂象。有时在黏液瘤内还见有不等量的成纤维细胞，构成软性纤维瘤区。

（四）病理诊断要点

从鼻腔分泌物中检出肺腺瘤上皮、补体结合反应等，可作为该病的诊断依据。该病必须与绵羊梅迪病鉴别。绵羊梅迪病的特征为：肺内网状细胞呈肿瘤状增生，肺间质、支气管和血管周围淋巴小结增生，肺泡上皮增生不形成腺瘤样结构。

七、山羊关节炎-脑炎

山羊关节炎-脑炎（caprine arthritis encephalitis，CAE）是由山羊关节脑炎病毒（caprine arthritis encephalitis virus，CAEV）引起的羔羊急性脑脊髓炎、成年羊关节炎、乳腺炎、慢性进行性肺炎和脑炎等的一组临床病症，以慢性持续性病症为特征。该病呈世界性流行，我国在 1987 年发现该病。

（一）主要临床症状

1. 脑脊髓炎型　　主要发生于 2～6 月龄羔羊，病初精神沉郁、跛行，随即四肢僵硬、共济失调，一肢或数肢麻痹、横卧不起、四肢划动。有些病羊眼球震颤，角弓反张，头颈歪斜或做圈行运动，有时吞咽困难或双目失明。少数病例兼有肺炎或关节炎症状。

2. 关节炎型　　多发生于 1 岁以上的成年山羊，多见腕关节或膝关节肿大、跛行。发炎关节周围软组织水肿，常见前肢跪地膝行。

3. 肺炎型　　在临床上较为少见。患羊进行性消瘦，衰弱、咳嗽、呼吸困难，肺部听诊有湿啰音。

（二）发病机制

CAEV 进入体内后首先感染血液单核细胞，然后随着单核细胞进入脑、关节、肺和乳腺等靶器官转化为巨噬细胞的过程中，基因组转录复制，释放出子代病毒。随着病毒不断从组织内释放，吸收入血，又可以感染新生单核细胞，形成病毒在体内的复制侵染循环。由于病毒只在单核细胞发育成巨噬细胞时开始转录，巨噬细胞不能发挥清除作用反而成为 CAEV 免疫逃避的屏障，这是CAEV 在感病羊体内终生潜伏存在的主要原因。另外，经 CAEV 感染的山羊不产生中和抗体，使宿主免疫系统残缺，有利于病毒的持续性感染。

（三）病理变化

【剖检】自然感染山羊的关节炎主要表现为以腕关节为主的弥漫性滑膜炎，关节周围组织钙化，滑膜液常呈红褐色，黏度小但量大。脑、脊髓可见不对称的褐色-粉红色肿胀区。肺呈现间质性肺炎病变，肺组织质地变硬并呈灰白色，表面具有大小不等的坏死灶，肺切面有泡沫性黏液流出。

【镜检】关节滑膜细胞增生，单核细胞浸润，绒毛肥大，关节腔内有大量渗出物，纤维蛋白凝集成团。关节腔内积聚的炎症细胞几乎均为单核细胞。脑脊髓组织单核细胞浸润，并可见脱髓鞘和脑软化病灶。脊髓液的蛋白质含量增高，淋巴细胞和巨噬细胞数量增多。感染初期，乳房组织及乳腺导管中有大量淋巴细胞、单核细胞和巨噬细胞浸润，在乳导管基质周围可见单核细胞浸润，间质出现坏死灶。肺泡隔、支气管及血管周围单核细胞、巨噬细胞增生浸润，甚至形成淋巴小结。有些病例在肺泡上皮和肺泡隔内出现许多非特异性含酯酶阳性大颗粒的巨噬细胞。

（四）病理诊断要点

根据流行病学特点、不同类型患羊症状、病理学特征，可以初步发现病情。当羊群中有一种或多种类型山羊关节炎-脑炎症状表现时可以初步判断为患病。

八、绵羊痒病

绵羊痒病（sheep scrapie）又称为驴跑病、摩擦病、震颤病，主要发生于 2～4 岁的绵羊，人工接种可使山羊、大鼠、小鼠、猴等动物感染。其病理特征是共济失调、痉挛、麻痹、衰弱和严重的皮肤瘙痒。痒病的病原与牛海绵状脑病类似，均为朊病毒。

（一）主要临床症状

该病潜伏期一般为 2～5 年或更久。病羊剧痒，常在墙上或在围栏边摩擦，肌肉震颤，有的头部发生震颤，有的以高抬脚的姿态跑步，最后共济失调，衰弱、瘫痪，以死亡告终。病程为几周到几个月。

（二）发病机制

痒病病原可经口腔或黏膜感染，经由肠道淋巴结蔓延至体内其他淋巴组织，进入淋巴网状系统，在巨噬细胞和滤泡树突状细胞中积累和复制，最后再经由神经节导致大脑被感染。病毒还可能直接侵入机体肠神经系统，经由迷走神经在轴突的辅助作用扩散至神经背侧核和胸脊髓，导致神经末梢出现退行性病变，引起神经元发生凋亡，溶解消失。

（三）病理变化

【剖检】病羊尸体，除摩擦和啃咬引起的羊毛脱落、皮肤创伤、消瘦外，内脏常无肉眼可见的病变。打开颅腔，脑脊液有不同程度的增量。

【镜检】原发性病变主要见于中枢神经系统的脑干内，以延脑、脑桥、中脑、丘脑、纹状体等部位较为明显。大脑皮质罕有患病，脊髓仅有小的变化。病变是非炎性的，两侧对称。特征性的病变是：神经元空泡变性与皱缩，灰质海绵状疏松（海绵状脑），星形胶质细胞肥大、增生等。神经元的空泡形成表现为单个或多个空泡出现在细胞质内。典型的空泡，呈大而圆形或卵圆形，空泡内不含着色的液体或被伊红着染成淡红色，界线明显，它代表液化的细胞质。细胞核被挤压于一侧甚至消失。海绵状疏松或海绵状脑是神经基质的空泡化，即神经纤维网分解而出现许多小空泡。脑干的灰质核团和小脑皮质内可见弥漫性或局灶性的星形胶质细胞肥大、增生。

【电镜观察】海绵状病变是由神经元和神经胶质突起的空泡形成、轴突周隙的扩张和髓鞘内空泡形成，以及随之而来的髓鞘分解等所引起。邻近空泡的高尔基体和粗面内质网的扩张有助于神经元核周体内质网中空泡的融合。神经元和神经胶质内空泡形成与肿胀视为一个原发性的损害。

（四）病理诊断要点

应与以下疾病相区别：①细菌性、霉菌性和寄生虫性皮炎，如虱咬、疥癣；②所有的脑病，如病毒性脑炎、李氏杆菌病、地方性缺铜症。

痒病诊断主要依靠典型症状与病理组织学的病变。有痒病病史、长的潜伏期、不停擦痒、唇和舌的反射性咬舐活动、肌肉共济失调等都是重要的指征性症状。镜检的变化主要是中枢神经系统脑干神经元的空泡变性与皱缩、星形胶质细胞肥大与增生、神经纤维网的海绵状溶解等损害。

九、牛海绵状脑病

牛海绵状脑病（bovine spongiform encephalopathy，BSE）又名"疯牛病"（mad cow disease），是由朊病毒蛋白（PrP）引起牛的一种进行性传染病。该病的特征是病牛精神失常、共济失调、感觉过敏和中枢神经系统灰质空泡化。该病于1985年4月发现于英国，1986年11月Wells等对始发病例做了中枢神经系统的病理组织学检查后，定名为牛海绵状脑病。该病以奶牛发病率最高，占12%，肉牛群发病率为1%。除牛外，骡、鹿、麋、薮羚等反刍动物外，猫也发现有类似该病的病例。

（一）主要临床症状

患牛精神沉郁，行为反常，触觉和听觉敏感，常由于恐惧、狂躁而呈现乱踢乱蹿等攻击性行为，步态不稳，共济失调以至摔倒，一耳向前、另一耳正常或向后。少数病牛的头部和肩部肌肉震颤，继而卧地不起，伴发强直性痉挛。

（二）发病机制

PrP以两种形式存在于细胞中：一种是PrP^c，是正常的宿主蛋白，在所有细胞中（尤其是在神经元中）都存在，能被蛋白酶水解；另一种是PrP^{Sc}，是PrP^c的变构体，仅在感染朊病毒的动物脑细胞中才能发现，具有很强的蛋白酶抗性。

当动物受PrP^{Sc}感染后，PrP^{Sc}由淋巴细胞带入中枢神经系统，或者直接进入中枢神经系统，进入的PrP^{Sc}影响正常组织中的PrP^c。当一个PrP^{Sc}分子和PrP^c接触后，这个PrP^c就会转变成致病性的PrP^{Sc}，照此过程指数式周而复始，就使得PrP^{Sc}在体内大量增殖。在神经元，当膜浆膜上的PrP^c变成为PrP^{Sc}后，PrP^{Sc}脱落并聚集在神经元的溶酶体，当达到一定数量，就可使神经元细胞破裂，形成神经组织的空泡化，并使星形胶质细胞增生，从而使病牛表现出神经症状和一般临床症状。

（三）病理变化

BSE主要表现出中枢神经系统的变化。

【剖检】除偶见体表外伤外，通常不见明显病变。

【镜检】主要病变位于中枢神经系统，表现为脑干灰质两侧某些对称性神经核的神经元空泡化及神经纤维网的海绵样变（图14-60和图14-61）。在脑干的神经纤维网中散在中等量卵圆形或圆形空泡或微小空腔，后者的边缘整齐，很少形成不规则的孔隙。脑干的神经核，主要是迷走神经背核、三叉神经脊束核与孤束核、前庭核、红核及网状结构等的神经元核周体（perikaryon）和轴突含有大的、界线分明的细胞质内空泡。空泡为单个或多个，有时显著扩大，致使胞体边缘只剩下狭窄的细胞质而呈气球样。神经纤维网和神经元的空泡内含物，在石蜡切片进行糖原染色及冰冻切片进行脂肪染色，均不着色而呈透明状。此外，在一些空泡化和未空泡化的神经元细胞质内尚见类蜡质——脂褐素颗粒沉积，有时还见圆形及单个坏死的神经元，偶见噬神经细胞现象和轻度胶质细胞增生，脑干实质的血管周围有少数单核细胞浸润。

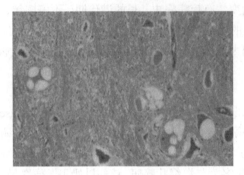
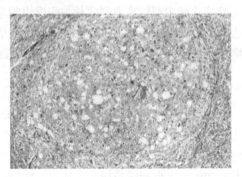

图 14-60　病牛神经细胞空泡化　　　　　　图 14-61　病牛脑神经核呈海绵状
　　　　（HE 10×40）　　　　　　　　　　　　　（赵德明供图）

必须指出，牛脑干，特别是老龄公牛的脑干某些神经核，如红核和动眼神经核的神经元细胞质内出现空泡是常见现象。神经元细胞质内有类蜡质——脂褐素色素颗粒沉积也是一种正常现象，尤以老龄牛最为常见。至于 BSE 病牛的脑干神经元和神经纤维网空泡化则具有明显的证病性特征，故与健康牛所见者迥然不同。

（四）病理诊断要点

可根据其流行病学和临床症状作初步诊断，确诊则有赖于对患牛脑干某些神经核，特别是三叉神经脊束核与孤束核的神经元和神经纤维网特征空泡化病变的检出。

十、牛恶性卡他热

牛恶性卡他热（bovine malignant catarrhal fever）又称为恶性头卡他，是由恶性卡他热病毒（malignant catarrhal fever virus，MCFV）引起的牛的一种急性、热性传染病。其病理特征是上呼吸道与消化道黏膜急性卡他性或纤维素坏死性炎症，角膜混浊，非化脓性脑膜脑炎与单核细胞性坏死性血管炎。该病在世界各地均有发生，虽为散发但病死率很高（60%～90%）。

（一）主要临床症状

分为最急性型、头眼型、消化道型及皮肤型。以头眼型较多见，但这些型可能互相混合。

1. 最急性型　　无典型症状，常有高热、呼吸困难及急性胃肠炎。

2. 头眼型　　高热，流大量的黏脓性鼻液，眼有分泌物且眼睑有不同程度的水肿。发病初期可出现肌肉颤抖，发病后期常见眼球颤动，发病末期可发生头推撞、麻痹及惊厥。

3. 消化道型　　除与头眼型相似外，有明显的腹泻、结膜炎。

4. 皮肤型　　病期长的病例可发生皮肤的变化，如腰部及鬐甲局部形成丘疹及被毛黏结，有湿疹性渗出物，最终形成痂皮，多见于外阴、包皮周围、腋内及股内。

（二）发病机制

MCFV 导致未成熟间质组织发生坏死及增生，常累及血管外膜，引起血管发生明显的病变。病毒进一步感染淋巴结，使网状内皮细胞和淋巴细胞增生，引起淋巴结增大。

（三）病理变化

【剖检】尸体消瘦，尸僵完全。血液色暗红而浓稠。鼻、眼有分泌物（二维码 14-31）。眼角膜周边或全部混浊。头窦与角窦黏膜呈卡他性炎。躯干与乳房皮肤有时见痂块或皲裂。口腔及消化道黏膜有急性卡他性炎和糜烂、溃疡，以口腔、皱胃和大肠较明显（二维码 14-32）。鼻、咽、气管黏膜充血、出血，并有纤维蛋白附着。肺充血、水肿。肝肿大，色黄红，质脆，多有针尖至粟粒大白色病灶。肾肿大，色黄红或暗红，散在灰白色结节状病灶，形圆突出。心内、外膜出血，心肌混浊，色苍白或灰黄，有时心肌切面有灰白色小灶。少数病例的主动脉弓内膜发生钙化结节。全身淋巴结肿大，以咽部和支气管淋巴结更为明显，色深红，周围胶样水肿，切面多汁，偶见坏死灶。脾稍肿大，被膜有出血点，切面色暗红，结构模糊。脑膜血管扩张充血，脑回较平，脑膜有出血点，小脑膜常较晦暗并有出血点。脑脊液增多，脑切面也有少数出血点。

二维码 14-31

二维码 14-32

【镜检】皮肤、角膜、实质器官、脑、血管等都有明显的变化。

皮肤：真皮水肿，炎症细胞浸润，小静脉充血、出血和血栓形成，血管周围有单核细胞、淋巴细胞、浆细胞和少量嗜酸性粒细胞浸润，表层上皮细胞水泡变性、坏死并形成水疱，以后融合成大水疱。水疱破裂，表皮细胞坏死而形成糜烂。

角膜：为间质性角膜炎。角膜水肿增厚，上皮变扁且不完整，部分脱落。固有层有淋巴细胞、单核细胞和白细胞浸润；浆液明显渗出。角膜纤维排列疏松、散乱，模糊不清。

淋巴结：淋巴组织坏死，小淋巴细胞减少甚至消失。网状内皮细胞和淋巴样细胞增生、坏死。髓质窦内充满单核细胞，髓索中有浆细胞浸润，并见淤血、水肿和血管炎。皮质层变薄，淋巴滤泡和生发中心缺乏。有些病例副皮质区增宽并有大量成淋巴细胞。

脾：白髓与髓索淋巴细胞与网状细胞增生，红髓含铁血黄素沉着，脾小梁与血管壁均可发生透明变性。

肝、肾、心脏：除有变性和小坏死灶外，间质尤其血管周围有明显的淋巴细胞和单核细胞浸润。

脑：呈非化脓性脑膜脑炎变化。大脑各叶、嗅球、丘脑、基底神经核、中脑、脑桥、小脑与延脑各部均有明显的炎症变化。软膜血管充血、水肿，有单核细胞、淋巴细胞和少量嗜酸性粒细胞浸润，脑膜炎的变化以小脑最为明显。在严重病例，脑膜和血管坏死，有血浆蛋白渗出，呈嗜酸性均质凝固物质，这种渗出物也见于脑实质血管外周隙。脑实质血管外周隙扩张，有外膜细胞、单核细胞、淋巴细胞和嗜酸性粒细胞增生、浸润，形成典型的管套。有的血管周出血，有的血管壁呈纤维素样变。脑各部的神经细胞发生退行性变化，以大脑各叶、海马、小脑和延脑更为严重。神经细胞浓缩、溶解、细胞质空泡化、核偏位或消失等。这些变化在延脑迷走神经核的运动细胞和小脑的浦肯野细胞最为明显。有卫星现象、噬神经细胞现象，胶质细胞呈弥漫性或局灶性增生。

血管：呈坏死性血管炎，全身许多动脉、静脉及各组织器官的小血管均有炎症变化。内皮肿胀、增生，管腔内形成纤维素性血栓，外膜有单核细胞、淋巴细胞浸润。病变的血管壁中有一种嗜酸性均质的凝固物质沉着，原结构破坏消失。在较小的血管，常表现为明显的充血、出血，管壁纤维素样坏死，管周单核细胞、淋巴细胞浸润（图 14-62）。

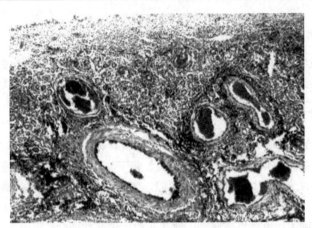

图 14-62 血管高度扩张充血，血管壁及其周围单核、淋巴细胞浸润
（HE 10×40）（陈怀涛供图）

（四）病理诊断要点

角膜混浊，消化道、呼吸道黏膜呈急性卡他性炎，甚至发生糜烂、溃疡，坏死性皮炎。镜检有坏死性血管炎，肝、肾、心脏等器官组织中淋巴细胞、单核细胞浸润，非化脓性脑炎。

此外，要注意与口蹄疫、牛瘟、传染性角膜结膜炎、牛钩体病相鉴别。

口蹄疫：口腔虽有糜烂，但常有水疱和明显的流涎症状，而且有蹄部病变。

牛瘟：呈大流行性，消化道病变严重，无角膜炎和血管炎。

传染性角膜结膜炎：由牛摩勒氏杆菌（*Moraxella bovis*）即牛嗜血杆菌引起，仅有角膜炎和结膜炎，而无其他全身性病变。

牛钩体病：急性与亚急型时除有全身败血性变化和口腔黏膜坏死外，还有黄疸。无血管炎、角膜炎病变。

十一、牛病毒性腹泻/黏膜病

牛病毒性腹泻/黏膜病（bovine viral diarrhea/mucosal disease）是由牛病毒性腹泻/黏膜病病毒（bovine viral diarrhea virus，BVDV）引起牛的一种多呈亚临床经过，间或呈严重致死性病程的传染病。该病的易感动物主要是牛，各种年龄的牛都有易感性，但以幼龄犊牛的易感性较高。人工接种可以使绵羊、山羊、鹿、羚羊、仔猪、家兔感染。已经证明，猪可以自然感染，但无临床症状。

（一）主要临床症状

急性型常见于幼犊，病死率较高。病初呈上呼吸道感染症状，表现发热（40～42℃）、流鼻液、咳嗽、呼吸急促、流泪、流涎、精神萎靡等，白细胞减少。有时呈双相热。而后口、鼻、舌黏膜发生糜烂或溃疡，出现腹泻。烂斑散在、浅表、细小，不易被发现。腹泻稀如水，混有黏膜和血液，恶臭。有的不出现腹泻。

（二）发病机制

病毒侵入易感牛的消化道和呼吸道后，首先在入侵部位的黏膜上皮细胞内复制，然后进入血液，引起病毒血症。继而经血液和淋巴进入淋巴组织，在淋巴结、脾和肠壁集合淋巴小结增殖。

母牛在妊娠早期感染该病后可导致胎盘感染，除引起死胎和流产外，还可使胎儿发生白内障、小脑发育不全、视网膜萎缩、小眼症、视网膜炎及免疫功能受损。

（三）病理变化

【剖检】尸体消瘦和脱水。整个口腔黏膜，包括唇、颊、舌、齿龈、软腭、硬腭及咽部黏膜可见糜烂病灶。食管黏膜的糜烂较严重，大部分黏膜上皮脱落，最有特征性的是小糜烂斑往往排列成纵行。偶尔可见瘤胃黏膜出血和肉柱的糜烂，瓣胃的瓣叶黏膜也见糜烂。皱胃黏膜炎性水肿，在胃底部皱襞中有多发性圆形糜烂区，直径为 1～1.5mm，边缘隆起，有时糜烂灶中有红色出血斑点。小肠黏膜潮红、肿胀和出血，呈急性卡他性炎变化，尤以空肠和回肠较为严重。集合淋巴小结出血、坏死，形成局灶性糜烂，有时其表面覆有黏稠的血色黏液。盲肠、结肠和直肠黏膜常受侵害，病变从黏膜的卡他性炎、出血性炎发展为溃疡性和坏死性炎。消化道所属淋巴结肿胀、充血、出血和水肿。颈部和咽后淋巴结也肿大，呈急性淋巴结炎变化。鼻黏膜充血、出血及发生糜烂，约有 10%病例伴发角膜混浊，但多为单侧性和暂时性的。蹄冠部充血、肿胀，趾间可见糜烂或溃疡。全身皮下组织、阴道黏膜及心内外膜出血。肝脂肪变性，部分病例的胆囊黏膜显示出血、水肿和糜烂，偶见继发肺炎。有的病例呈现小脑发育不全，表现小脑体积小，在皮质见有白色的或盐类沉积的小病灶。

【镜检】口腔、食管和前胃黏膜病变类型基本相同。其主要变化是黏膜上皮细胞的空泡变性或气球样变乃至坏死、脱落和溃疡形成，固有层充血、出血和水肿，有数量不等的淋巴细胞、浆细胞及中性粒细胞浸润。皱胃除溃疡部黏膜缺损外，其余部分黏膜均完整无损，但胃腺则呈现萎缩和囊肿样扩张。囊肿样腺体的壁细胞部分显示变性，部分呈现肥大与增生。黏膜下层水肿、出血和中性粒细胞浸润。下段肠管病变比上段严重，初期为急性卡他性肠炎，以充血、出血、水肿和白细胞浸润为特征，继而发展为纤维素性坏死性肠炎，表现肠黏膜上皮细胞坏死、脱落，伴有纤维蛋白渗出乃至溃疡形成；固有层肠腺扩张，腺上皮细胞肥大或增生，腺腔内蓄积细胞碎屑、白细胞与黏液；固有层毛细血管充血、出血、水肿和有白细胞浸润；肠壁淋巴小结的生发中心显示坏死。淋巴结和脾除表现充血、出血和水肿外，最为突出的变化是淋巴结的淋巴小结和脾白髓淋巴细胞明显减少，生发中心显示坏死。髓索或脾索浆细胞与嗜酸性粒细胞增多。肝细胞变性、坏死，迪塞间隙水肿，在汇管区、胆管周围及肝小叶内见由淋巴细胞和嗜酸性粒细胞组成的细胞性结节，胆管增生、肥大。肾的肾小管上皮细胞变性、坏死，管腔内偶见尿圆柱，间质有轻度淋巴细胞呈灶状浸润。肺在支气管和血管周围有淋巴细胞、嗜酸性粒细胞，偶见浆细胞与巨噬细胞浸润。小脑呈现浦肯野细胞和颗粒层细胞减少，小脑皮质有钙盐沉着，血管周围见有胶质细胞增生。

（四）病理诊断要点

消化道黏膜发炎、糜烂及肠壁淋巴组织坏死和临床表现发热、咳嗽、流涎、严重腹泻、消瘦及白细胞减少。该病应与恶性卡他热、牛瘟、水疱性口炎、口蹄疫、蓝舌病等区分。

十二、牛水疱性口炎

牛水疱性口炎（vesicular stomatitis in bovine）是水疱性口炎病毒（vesicular stomatitis virus，VSV）引起的一种高度接触性传染病。自然感染的动物有牛、马、猪、鹿和浣熊等。水疱性口炎病毒可使牛、马、猪、羊、鸡、鸭、鹅、豚鼠、大鼠和小鼠等动物发生实验感染。棉鼠、家兔、仓鼠和雪貂对该病毒最敏感。

（一）主要临床症状

病牛的口、唇、乳头等部位皮肤见水疱。部分病牛随着病情发展水疱会破裂形成糜烂面，波及皮下组织。病牛舌面、唇部出现米粒大水疱，后期多个水疱融合成较大水疱，内含大量黄色水疱液。由于唇部病变，病牛进食困难，大量流涎，唾液黏稠。

（二）发病机制

VSV 通过损伤皮肤或黏膜侵染动物上皮组织，并且在皮肤下较深层，特别是棘细胞层快速复制。病毒在复制繁殖过程中自身所产生的代谢物会导致细胞出现不同程度的溶解现象，进而造成病毒复制周边的渗出液显著增多，并且以小水疱的形式出现，各个水疱相互融合，形成大水疱。当病毒蔓延到生发层后，病毒通常会导致柱状细胞的基底膜严重破坏，但是不会对这些细胞产生毒性作用。如果未出现并发症，上皮细胞会迅速再生，通常经过 1～2 周即可恢复健康。

（三）病理变化

【剖检】病牛的舌、颊、硬腭、唇、鼻黏膜，以及乳头和足皮肤，初期出现小的发红斑点或呈扁平的苍白丘疹，后者很快变成粉红色的丘疹，经 1～2d 形成直径 2～3cm 的水疱，水疱内充满清亮或微黄色的浆液。相邻水疱相互融合，或者在原水疱周围形成新水疱，再相互融合则变成大水疱。水疱在短时间内破裂，形成糜烂，其周边残留的黏膜呈不规则形灰白色。上皮组织很快再生，经 1～2 周可痊愈；如果继发细菌感染，水疱变成化脓性，当其愈合时形成瘢痕。

【镜检】棘细胞层上皮细胞间桥伸长，细胞间隙扩张形成海绵样腔，细胞变小并彼此分离，海绵样腔内充满液体，随着腔的融合而形成水疱。在水疱中有细胞质破碎的感染细胞、外渗的红细胞和以中性粒细胞为主的炎症细胞。病变可累及基底细胞层与真皮上部，呈现水肿和炎性变化。水疱破裂后，存留的基底细胞层再生出上皮并向中心生长，最后修复。

【电镜观察】可见受侵害的角质细胞含有很多桥粒、细胞质内出现空泡。细胞质中张力原纤维减少，细胞膜变厚，细胞质皱缩，细胞间桥变得明显。游离于黏膜水疱中的角化细胞发生核固缩，常见球形或三角形细胞质碎块以桥粒与细胞膜相连，在游离角化细胞周围有中性粒细胞、细胞碎屑和液体围绕。

（四）病理诊断要点

该病以在感染动物的舌、齿龈、唇、乳头、冠状带、指（趾）间等处的上皮发生水疱为特征。

十三、牛传染性鼻气管炎

牛传染性鼻气管炎（infectious bovine rhinotracheitis）是 I 型牛疱疹病毒引起的一种以呼吸道黏膜发炎、水肿、出血、坏死和形成糜烂为特征的急性传染病。该病毒还可以引化脓性外阴阴道炎、结膜角膜炎、脑膜脑炎、流产等。因此，它是一种同一病原引起多种病症的传染病。该病只发生于牛，呈世界性分布。

（一）主要临床症状

1. 呼吸型　病牛发热、厌食和鼻腔初期流出黏液性鼻漏，后期变为黏液脓性，偶见带血鼻漏，咳嗽，呼吸困难，鼻孔强烈扩张和张口呼吸。

2．结膜型　此种类型的感染一般无明显全身反应，有时也伴发于呼吸型。

3．生殖型　可见化脓性外阴阴道炎，公牛生殖器也可能出现病变。

4．流产型　流产主要发生于妊娠后 4.5～6.5 个月。妊娠期不足 5 个月很少发生流产，犊牛一般无临床症状。

5．脑膜脑炎型　该型只发生于犊牛，患犊出现神经症状，感觉、运动失常。

（二）发病机制

IBRV 主要通过呼吸道进入宿主的上皮细胞，在细胞核内复制随后进入血液。病毒进入细胞后，病毒蛋白与细胞动力蛋白复合物和微管蛋白共同作用，使病毒达到核膜孔，并将病毒 DNA 释放入细胞核启动病毒基因复制、表达、包装成新的病毒粒子，引起细胞坏死和凋亡，导致宿主出现临床症状。此外，IBRV 为了消除细胞毒性 T 细胞对感染细胞的识别和清除，还可降低细胞表面 I 型主要组织相容复合物分子的表达以降低抗原细胞呈递作用，引起淋巴细胞凋亡，导致机体出现免疫抑制。

（三）病理变化

1．呼吸型

【剖检】典型无合并症病例，仅呈现浆液性鼻炎，伴发鼻腔黏膜充血、水肿。多数病例，因并发细菌感染，病变扩展到鼻旁窦、咽喉、气管和大支气管，表现鼻腔黏膜明显的卡他性炎，鼻翼和鼻镜部坏死；窦黏膜高度充血，散布点状出血，窦内积留多量卡他性脓性渗出物；有些病例，在窦腔内见纤维素性假膜，拭去假膜遗留糜烂区。假膜性炎或化脓性炎还常蔓延到咽喉、气管，伴发咽喉部水肿、气管黏膜高度充血与出血，被覆黏液脓性渗出物。在气管黏膜与软骨环之间因蓄积水肿液，有时可使气管壁增厚达 2cm 以上，使管腔变窄。气管壁的严重水肿也可蔓延到大支气管壁。患畜常因鼻腔、鼻旁窦积留炎性渗出物及气管与大支气管壁水肿而呼吸困难，严重时发生窒息死亡。肺如有并发感染时，则可出现化脓性支气管炎或纤维素性肺炎。皱胃黏膜也常见发炎与溃疡形成，大小肠黏膜显示卡他性炎。颈部与胸部淋巴结肿大和水肿。

【镜检】轻症病例，鼻腔黏膜上皮出现空泡变性乃至轻度坏死，其表面被覆有浆液性或黏液脓性渗出物。重症病例，鼻腔黏膜上皮细胞坏死，黏膜面被覆有纤维素性坏死性假膜，黏膜固有层小静脉和毛细血管充血，有数量不等的中性粒细胞和单核细胞浸润。在受损的上皮细胞核内可见嗜酸性包涵体。包涵体最初呈颗粒状，轻度着染伊红，后期变成均质性的圆形包涵体。包涵体通常只出现在感染后 2～3d，因此自然死亡病例的尸体难以见到。此外，在支气管黏膜上皮细胞和肺泡上皮细胞核内也可发现包涵体。

单纯病毒感染的重症病例，肺可出现坏死性支气管炎和细支气管炎。肺泡腔内含有浆液和纤维蛋白，如并发巴氏杆菌感染，则可发生纤维素性胸膜肺炎。

在疾病暴发期，1 月龄以下的犊牛多呈急性经过的全身感染，病理变化主要表现为广泛的局灶性坏死。上呼吸道黏膜常受到侵犯，而远端呼吸道则保持正常。食管和前胃黏膜的坏死往往波及整个上皮层，并伴有多量中性粒细胞浸润。淋巴结呈现以皮质局灶性坏死为特征的急性淋巴结炎。肝、脾、肾也显示局灶性坏死。肝的坏死灶呈灰白色、粟粒状，均匀分布或集中于右叶。在上述各组织内坏死灶边缘或残存细胞核内可见到嗜酸性核内包涵体。

2．结膜型　在结膜下见有水肿，结膜有灰色坏死膜形成，外观呈颗粒状，角膜则呈轻度云雾状，眼鼻部有浆液脓性分泌物。

3．生殖型　　外阴水肿性肿胀，外阴毛染有血样渗出物。外阴、阴道黏膜潮红肿胀，并有水疱或脓疱形成，这些病变直径为 0.1～5mm，颜色为水样透明到黄红色。大量的水疱或脓疱使阴道前庭和阴道壁呈颗粒状外观，阴道底部积集黏液样至黏液脓性渗出物。有些病例，水疱、脓疱密集，互相融合在一起，形成一层淡黄色的坏死膜，当擦拭或脱落后留下溃疡。一般不并发流产。

在感染公牛，生殖型又被称为传染性龟头包皮炎。阴茎和包皮有类似外阴及阴道的病变。波及的组织形成脓疱而呈颗粒肉芽状外观，不过公牛的病变一般在 2 周内痊愈。据报道，有些公牛在疾病过程中伴发睾丸炎，对于公牛的繁殖能力产生严重的影响。如果没有细菌继发感染，睾丸炎可经 10～14d 痊愈，但病毒的反复感染也可以发生。反复感染究竟是病毒的二次感染，还是类似人单纯疱疹病毒重新被激活现在还不清楚。镜检，生殖型病变为受损黏膜上皮细胞坏死，并发黏膜固有层的炎症反应，在黏膜上皮核内可见核内包涵体。

4．流产型　　流产一般是在胎儿死后 24～36h 发生。重要的病变是死胎的严重自溶。流产胎儿的胎衣通常正常，胎犊皮肤水肿，浆膜腔积有浆液性渗出液，浆膜下出血；肝、肾、脾和淋巴结散布坏死灶并有白细胞浸润，于各组织病灶边缘的细胞中可发现核内包涵体，但由于广泛的死后自溶，包涵体较难发现。

5．脑膜脑炎型　　呈现脑膜炎和非化脓性脑炎，神经元坏死，星形胶质细胞与变性神经元核内出现包涵体，血管周围淋巴细胞套和脑膜单核细胞浸润。

（四）病理诊断要点

呼吸道黏膜发炎、水肿、出血、坏死和形成糜烂，以及脓疱性阴道炎、结膜角膜炎、脑膜脑炎、流产等。

十四、牛结节性皮肤病

牛结节性皮肤病（bovine lumpy skin disease）又名牛结节疹、牛疙瘩病，是由结节性皮肤病病毒（lumpy skin disease virus，LSDV）引起的一种牛的全身性感染性疾病，发病牛临床症状以皮肤出现广泛性结节、皮肤水肿及淋巴结肿大为主要特征。LSDV 可侵害多个品种牛，如黄牛、奶牛、水牛等，通常产奶量高的奶牛感染最为严重。该病最早在非洲及中东地区流行，近些年蔓延至东欧、中亚、东亚及东南亚，2019 年 8 月，首次在我国新疆地区发现并报道，给养牛业及相关畜产品业造成严重经济损失。

（一）主要临床症状

该病的临床特征包括发热、食欲不振、流鼻液、流涎、流泪、淋巴结肿大、产奶量显著减少、体重下降，有时甚至可导致死亡。皮肤表面形成坚硬、轻微隆起、边界分明的结节，直径通常在2～7cm，结节在发热开始后不久出现于颈部、腿部、尾部和背部，结节可出现坏死或溃疡性病变。部分病例中可出现四肢的水肿及跛行。LSDV 还可导致流产、乳腺炎、睾丸炎。严重疾病的并发症包括角膜炎、痢疾、跛行、肺炎、乳腺炎和蝇蛆病。

（二）发病机制

LSDV 主要通过受损的皮肤进行传播，可在病变结节或痂皮中长期存在。在 LSDV 感染后，会发生病毒复制、病毒血症、发热、病毒在皮肤的定位、结节的发展及淋巴结病变等。通常在感染后 4～7d, 感染部位皮肤肿胀, 出现 1～3cm 结节或斑块; 感染后 6～18d, 病毒可从患病动物口腔和鼻液中向外排出; 感染后 7～19d, 发展为皮肤广泛性结节及淋巴结病变出现; 感染后 42d 可在精液中检测到病毒粒子的存在。

（三）病理变化

【剖检】该病除了眼观可见广泛性的皮肤结节外, 同时也可发生在皮下、内脏组织器官。剖检可见肺水肿、充血及遍布肺和胃肠道的结节。此外, 口唇、鼻腔、喉部、气管、唇内、牙龈、皱胃、乳房、乳头、子宫、阴道和睾丸等组织均可能受到影响。

【镜检】皮肤结节的组织病理学检查可见结节有大量增生的棘细胞, 伴有活动性炎症反应。可在角质形成细胞、巨噬细胞、血管内皮细胞和血管周细胞中发现嗜酸性胞质病毒包涵体及棘细胞的气球样变（图 14-63）。此外, 在某些病例中伴有广泛的血管炎和严重凝固性坏死。

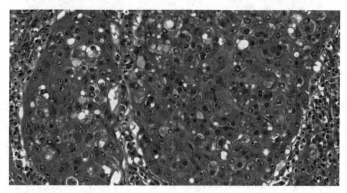

图 14-63　病牛皮肤增生的棘细胞内可见嗜酸性病毒包涵体（HE 10×36.4）

（四）病理诊断要点

患病牛临床以广泛性皮肤结节、四肢皮肤水肿、跛行、淋巴结肿大为特征, 剖检以皮下、肺、胃肠道结节为主要特征。病理组织学以棘细胞增生及在棘细胞、吞噬细胞、血管内皮细胞内形成嗜酸性胞质包涵体为特点。

十五、牛赤羽病

赤羽病又名阿卡斑病（Akabane disease, AKAD）, 是由阿卡斑病病毒（Akabane virus, AKAV）引起牛、羊的一种虫媒性传染病。临床上以引起牛、羊的流产、早产、先天性关节弯曲-积水性无脑综合征（Arthrogryposis Hydraencephaly syndrome, AH 综合征）为主要特征。目前, 该病已广泛流行于除欧洲以外的大部分地区, 尤其是东南亚、非洲、中东等地, 呈世界性分布。

（一）主要临床症状

感染 AKAV 的妊娠牛羊通常无体温变化及临床症状。其特征性的表现为流产、早产、死胎、木乃伊胎。妊娠牛可出现异常分娩, 通常发生在妊娠的 5～7 月或妊娠期满时。在妊娠中期感染可导致胎儿发育异常（关节、脊柱弯曲等）, 导致难产发生, 而怀孕后期感染可导致犊牛失明或生活能力低下。患赤羽病的仔畜主要表现出以下特征: ①肢体畸形, 蹄背部、前臂跪地状, 或四肢呈异常弯曲状, 有时可见肢体部分缺失（图 14-64）; ②头部异常增大, 出现第三、四脑室大量液体蓄积, 压迫大脑发育, 导致犊牛或羔羊出现摇头、拧脖、吞咽困难等神经症状; ③眼睛发育异常、失明，眼球呈绿色，巩膜、虹膜、睫状体等结构模糊或消失；④症状较轻仔畜表现为步态蹒跚、站立不稳，生长缓慢。

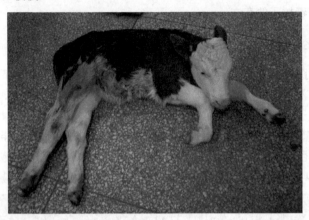

图 14-64　病牛关节弯曲，不能站立，后肢僵直、无法弯曲

（二）发病机制

AKAV 经过胎盘感染胎儿，首先到达并感染胎盘的内皮细胞及滋养层细胞，当病毒复制达到足够病毒滴度，可穿越胎盘屏障进一步感染胎儿。当感染发生在妊娠早期，AKAV 感染引起的结缔组织增生阻塞脊髓的注水孔，脑脊液异常积累导致脑积水，压迫大脑正常发育，导致小脑症或无脑。妊娠中期发生感染时，大脑发育初步或基本形成，病毒侵害神经系统，导致继发性的肌肉功能异常，包括肌肉的失神经支配改变、肌肉萎缩、变性、纤维化。当感染发生在妊娠晚期，AKAV主要感染中枢神经、骨骼肌，导致共济失调、症状较轻。

（三）病理变化

【剖检】主要可见胎儿体型异常（关节、脊柱、颈部弯曲）。脑组织萎缩，见大量脑脊液蓄积，脑实质有时可见囊状空腔形成。躯干肌肉萎缩、变白。

【镜检】感染时间较短的流产胎儿呈非化脓性脑脊髓炎的病理组织学特征，大脑、脊髓血管周围形成淋巴细胞构成的血管套现象，神经细胞变性，神经细胞周围有神经质细胞聚集，形成胶质细胞结节；脊髓前角神经细胞减少和消失，导致运动中枢功能异常，可见肌肉变性、萎缩。

（四）病理诊断要点

主要根据病牛出现流产、难产，并伴有胎儿发育异常、神经症状等特征临床症状，以及剖检的水脑症特征。

第四节　犬、猫等动物病毒性疾病病理

一、狂犬病

狂犬病（rabies）是由狂犬病毒（rabies virus，RV）引起的一种急性、接触性人兽共患传染病，也称为恐水症，俗称疯狗病。RV 属于弹状病毒科狂犬病毒属成员，几乎感染所有的温血动物。其最重要的传播途径是通过损伤（主要是咬伤）的皮肤、黏膜发生感染，病毒通过病畜唾液，经伤口侵入动物体中。也有人证明狂犬病可通过胎盘或呼吸道传播。临床上主要表现各种形式的兴奋和麻痹症状，死亡率几乎为100%。

（一）主要临床症状

病犬表现狂暴不安和意识紊乱。病初主要表现精神沉郁、举动反常，如不听呼唤、喜藏暗处，出现异嗜，好食碎石、木块、泥土等物，病犬常以舌舔咬伤处。不久，即狂暴不安，攻击人畜，常无目的地奔走。外观病犬逐渐消瘦，下颌下垂，尾下垂并夹于两后肢之间。声音嘶哑，流涎增多，吞咽困难。后期，病犬出现麻痹症状，行走困难，最终因全身衰竭和呼吸麻痹而死。

（二）发病机制

病毒通过唾液排出，在被患狂犬病的动物咬伤后，携带病毒的唾液通过皮肤接种到易感动物的肌肉和皮下组织。早期感染阶段，病毒被隔离在接种部位，经局部复制后，病毒沿感觉神经纤维通过轴突运输逆行由外周进入神经中枢。发生在头颈部多处咬伤的病例，病毒直接进入神经而无局部复制导致潜伏期极短。病毒主要在三叉神经节（感觉神经元）、脊髓的背根神经节和腹侧角运动神经元内复制。在中枢神经系统中广泛传播后，该病毒从中枢神经系统沿着神经离心地传播到包括唾液腺在内的各个器官。神经细胞受刺激后引起兴奋症状，如神志扰乱和反射兴奋性增强，后期神经细胞变性，逐渐引起麻痹症状，因呼吸中枢麻痹而造成死亡。

（三）病理变化

【剖检】一般表现尸体消瘦，血液浓稠、凝固不良。口腔黏膜和舌黏膜常见糜烂和溃疡。胃内常有毛发、石块、泥土和玻璃碎片等异物，胃黏膜充血、出血或溃疡。脑水肿，脑膜和脑实质的小血管充血，并常见点状出血。

【镜检】呈弥漫性非化脓性脑脊髓炎，表现脑血管扩张充血、出血和轻度水肿，血管周围淋巴间隙有淋巴细胞、单核细胞浸润构成明显的血管套现象。脑神经元细胞变性、坏死和噬神经细胞现象。在变性、坏死的神经元周围主要见有小胶质细胞积聚，并取代神经元，称之为狂犬病结节。这些变化在脑干、海马回、半月神经节最显著。半月神经节的病变出现最早，甚至出现在包涵体形成之前，病变具有特异性。

最具特征的是在神经细胞胞质内常出现特异性包涵体，并有少量淋巴细胞和浆细胞浸润。此包涵体于1903年首先由Negri描述，故称为内氏小体（Negri body），对狂犬病具有诊断意义。这种小体分布于大脑海马回和大脑皮层的锥体细胞、小脑的浦肯野细胞，以及基底核、脑神经核、脊神经节及交感神经节等部位的神经细胞胞质内。在光学显微镜下，该包涵体为直径2～8μm的圆形或椭圆形、嗜酸性小体（图14-65）。包涵体周围有狭窄亮晕。荧光抗体染色显示包涵体由病毒抗原构成。

【电镜观察】包涵体含有狂犬病毒抗原及一些细胞成分，是病毒复制的部位。外周神经的有髓鞘和无髓鞘的轴突变性，其在电镜下也见有病毒粒子。唾液腺腺泡上皮细胞变性，间质有单核细胞、淋巴细胞、

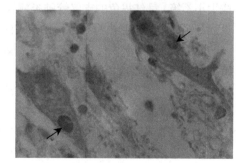

图14-65　小脑神经细胞内包涵体
（箭头所示）（HE 10×100）

浆细胞浸润。免疫荧光显微镜检查见腺泡和腺管内有尘埃状病毒粒子积聚。

（四）病理诊断要点

一般根据发病史、临床症状及病理剖检见到神经细胞内嗜酸性病毒包涵体即可确诊。此外，还可用病尸的新鲜脑组织压片，Seller 氏染色，见有内含嗜碱性小颗粒的鲜红色内氏小体，即可作确诊依据。该病应与犬传染性肝炎、弓形体病、犬瘟热等病相鉴别。

二、犬瘟热

犬瘟热（canine distemper）是由犬瘟热病毒（canine distemper virus，CDV）引起幼犬多发的一种具高度接触性的急性传染性疾病。CDV 属副黏病毒科麻疹病毒属成员，主要侵害犬科动物，患犬临床症状多样，包括发热、呼吸道症状和神经症状等。除犬外，狼、狐、豺、獾、鼬、熊猫、浣熊、狮和貂等野生动物也易感。

（一）主要临床症状

临床上患犬呈现不同程度的鼻炎、双相热，在腹部皮肤常见有水疱性化脓病变。在一些病例还由于出现腹泻而导致脱水、消瘦。有 50% 左右病例还出现咀嚼障碍、唾液分泌过多、癫痫样抽搐和偶发神经肌肉僵直等一系列神经症状。病犬眼睛失明和麻痹比较罕见，而趾指掌上皮过度增生、变厚却常可见到。

（二）发病机制

病毒经由上呼吸道和消化道侵入机体，首先在侵入门户附近的淋巴网状组织中增殖，经 7～8d 后，即出现病毒血症而呈急性发热，但在 96h 内体温即下降至正常水平。再经 11～12d 体温又升至第二个高峰，这种双相热型是该病的典型特征。在病犬高热期间，可从血液的中性粒细胞和单核细胞中检出病毒；感染后第 7 天在胃肠道、呼吸道、泌尿道黏膜上皮，部分病例还在皮肤和中枢神经系统均发现有病毒存在。

（三）病理变化

【剖检】病犬尸体消瘦，具卡他性或卡他性化脓性结膜炎、溃疡性角膜炎乃至化脓性全眼球炎。股内侧、腹部、耳廓和包皮等部位皮肤，常发生水疱性或脓疱性皮肤炎，凝固后形成褐色干痂。少数病例，可见脚底肉趾皮肤增厚变硬，形成硬脚掌病。肺，常于尖叶、心叶和膈叶前缘形成大小不等、呈红褐色的支气管肺炎病灶，病灶有时布满整个肺叶，此时常伴发纤维素性胸膜炎。炎灶断面的小支气管内有栓子样黏液性渗出物。脑膜淤血和水肿。肝无特征病变。脾肿大。

【镜检】鼻、喉、气管和支气管黏膜表现充血、肿胀，被覆有卡他性或脓性渗出物，可看到特征性的胞质或核内包涵体。HE 染色，胞质包涵体直径为 5～20μm，呈均质红染、轮廓清晰的圆形或卵圆形体，常位于与核相邻的空泡内。核内包涵体形态与细胞质内相似，仅细胞核表现稍肿大，染色质边聚。

小支气管及其相邻肺泡腔内，积有大量中性粒细胞、黏液和脱落、崩解的细胞碎片，在早期病灶的渗出物中，还见有红细胞和单核细胞，后者多半沿肺泡壁积聚或充填整个肺泡腔。见有单核细胞积聚的某些病例，还在支气管、肺泡隔和肺泡内有多核巨细胞形成，这种多核巨细胞性肺炎与人和猴麻疹时的巨细胞性肺炎相似。在肺炎病灶的单核细胞、细支气管和支气管黏膜上皮及多核巨细胞内可以发现胞质包涵体，但核内包涵体少见。

皮肤，尤其是腹部水疱性、化脓性皮炎处的生发层有淤血并偶见淋巴细胞浸润。在皮肤表层的上皮细胞，均可见有胞质和核内包涵体。病犬脚掌部上皮增生、变厚导致所谓的硬脚掌病变，有时也见于如弓形虫病等一些疾病，因此它非该病所固有的病变。

尿道黏膜，特别是肾盂和膀胱黏膜淤血，上皮细胞内可见有核内和胞质包涵体。

胃肠道黏膜除见有卡他性炎病变外，还常存有黏膜糜烂和溃疡病灶，肠黏膜孤立和集合淋巴小结肿大，并偶发重剧出血性肠炎。在胃肠黏膜上皮内，也见有胞质和核内包涵体。

肝的胆管上皮内，也见有包涵体。脾淤血，脾白髓内的淋巴细胞坏死。

中枢神经系统有非化脓性脑膜脑脊髓炎特征。病变主要位于小脑脚（小脑中脚、小脑前脚、绳状体）、前髓帆、小脑有髓神经束和脊髓白柱，大脑皮质下白质一般不受侵害。病变特征为病灶有鲜明的界线，特别是在以上所述的有髓神经纤维束部。用 Weil 氏法染色后低倍镜检，出现许多具鲜明界线的不规则的海绵状孔眼，称此为海绵样变（status spongiosa）。同时，还见有小胶质细胞和星形胶质细胞增生，血管周隙有淋巴细胞积聚。在白质的坏死灶周围偶见有格子细胞聚集。在许多部位的渗出物中见有很多原浆性星形细胞或原浆细胞，在原浆细胞和一些小胶质细胞内存在核内包涵体是这一病变的特征。

大脑的病变与小脑相似，但毛细血管数量增多，这可能是由于毛细血管增生，也可能是由血管扩张、淤血而其周围实质破坏致使血管更为显露所致。

脑组织内神经元的变化远不如有髓神经纤维束的病变明而经常，但也表现有核固缩、染色质溶解、神经胶质细胞增生和噬神经细胞现象等变化，在神经元内很少见有胞质和核内包涵体，在大脑和小脑皮质、脑桥和髓质核内可见有神经元坏死，多数病例还见有以淋巴细胞浸润为特征的软脑膜炎。

犬眼主要表现为视网膜充血、水肿，有淋巴细胞围绕的血管套、神经节细胞变性和胶质细胞增生，并见有以脱髓鞘和胶质细胞增生为特征的视神经炎，在视网膜和视神经的胶质细胞内有核内包涵体，视网膜萎缩，视网膜的色素上皮表现肿胀和增生。

（四）病理诊断要点

根据病犬的临床症状、病理变化特征和发现核内包涵体即可确诊。但不是所有病例都能见到包涵体，未见包涵体者也不能排除该病。

三、犬腺病毒病

犬腺病毒病是由犬腺病毒（canine adenovirus，CAV）感染引起的主要侵害幼犬的一种急性传染病，是危害犬的重要疫病之一。CAV 属于腺病毒科成员，有两个血清型，即 CAV-1 和 CAV-2。CAV-1 可引发犬传染性肝炎和狐狸脑炎；CAV-2 可引发犬传染性喉气管炎。病原主要通过消化道感染，但呼吸型也可能经飞沫通过呼吸道传播。患犬病愈后可于肾长期带毒并经尿排毒，成为重要传染源。

（一）主要临床症状

根据该病的临床表现，可分为犬传染性肝炎、犬喉气管炎和狐狸脑炎。其中以犬传染性肝炎最为多见，表现体温升高（40℃以上）、神态淡漠、渴欲增加、食欲不振、呕吐、腹泻、齿龈出血、扁桃体肿大，偶见角膜混浊和神经症状，少数病例出现黄疸。犬喉气管炎有明显的呼吸道症状。

（二）发病机制

该病毒对内皮细胞和肝细胞具侵嗜性，在细胞内产生核内包涵体。病毒经口腔摄入后，通过扁桃体和小肠上皮经由淋巴和血流而传播。在感染早期，病毒在单核巨噬细胞系统和血管内皮细胞中增殖，引起受侵害细胞增生性和退行性变化及出现核内包涵体。血管内皮细胞受损，导致出血及血液循环障碍。肝细胞损害与血液循环障碍和病毒直接作用有关。

（三）病理变化

1. 犬传染性肝炎

【剖检】犬头颈和腹部皮下水肿，腹腔积留多量橙黄透明或血样液体，腹腔浆膜散布有斑点状出血，胃前部浆膜出血呈喷洒状；肝、肠浆膜面见有絮状纤维蛋白附着。肝稍肿大，呈黄红褐色，或因淤血而呈紫褐色，有时肝表面因多种色泽相间而呈斑纹状。肝实质脆弱，透过肝被膜常可见到细小的淡黄色坏死灶。胆囊膨大，充盈黏稠胆汁。胆囊壁常因水肿而表现增厚，其浆膜附有纤维素性渗出物。胆囊黏膜呈黄绿色或红绿色，散布点状出血；严重病例，胆囊黏膜可发生大凝固性坏死。脾通常肿大、淤血。肾表面散在有点状出血。

【镜检】肝窦状隙与中央静脉扩张淤血，肝细胞普遍显示颗粒变性和脂肪变性。在肝小叶内散在有局灶性嗜酸性的凝固性坏死灶。在一些变性、坏死的肝细胞胞质内可见浓染伊红的圆形小体，即嗜酸性小体。在邻接坏死灶边缘的变性肝细胞、窦状隙的内皮细胞和肝巨噬细胞的细

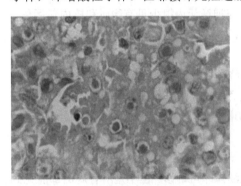

图 14-66　病犬肝细胞可见核内包涵体
（HE 10×100）

胞核内均见有包涵体。包涵体有均质状和颗粒状两型，以均质状较多见，表现为均质圆形、边缘光滑、嗜酸性（图 14-66），其与核膜之间有一狭窄的透明环。颗粒状包涵体为许多细颗粒散在或聚集一起，其外周较粗糙，也有透明环。核内包涵体呈福尔根（Feulgen）染色反应阳性，着染成紫红色。胆囊黏膜上皮呈变性、坏死和剥脱，黏膜固有层水肿，结缔组织纤维变性、膨胀或排列紊乱，肌层变性，肌层外膜中见有数量不等的淋巴细胞浸润。有的病例见有大片黏膜乃至整个胆囊壁发生坏死，失去固有结构，呈一片均质红染或残存大量细胞碎屑。

脾静脉窦淤血，多数脾白髓稍增大，生发中心明显，网状细胞肿胀、增生。有的白髓呈现坏死，淋巴细胞固缩、崩解，中央动脉内皮肿胀，管壁呈玻璃样变。在网状细胞和血管内皮细胞内偶见有核内包涵体。

淋巴结，特别是肝和肠系膜淋巴结及扁桃体和胸腺均见出血、水肿和淋巴细胞坏死变化，在网状细胞内均可见到核内包涵体。肺淤血、水肿及出血。心外膜点状出血，心肌实质变性，间质轻度水肿。

肾小管上皮细胞变性或发生灶状坏死，间质毛细血管充血或出血，肾小球毛细血管内皮细胞肿胀，并见核内包涵体。肾上腺淤血或局灶性出血，在窦内皮细胞或毛细血管内皮细胞见有核内包涵体。

胃肠黏膜常见有出血性卡他性胃肠炎变化，尤以空肠变化较为明显。黏膜层淋巴小结肿大，并伴有出血和坏死。

中枢神经系统以丘脑、中脑、脑桥和延脑的病变较为明显，常呈两侧对称性。主要表现毛细血管内皮细胞肿大、增生，并见有核内包涵体；毛细血管周围淋巴腔出血，受损血管周围的脑组织发生渐进性坏死和神经纤维脱髓鞘，偶见胶质细胞增生积聚。神经系统变化显然与毛细血管内皮细胞受损密切相关。

【电镜观察】见肝细胞的线粒体肿胀，嵴断裂，病变严重的肝细胞胞质内的固有细胞器结构破坏，呈崩解、碎裂状态。核内包涵体由核基质和病毒粒子构成。核内病毒粒子可通过核膜溶解或崩解而进入细胞质，也可经细胞崩解而释放至细胞外。在存有嗜酸性小体的肝细胞胞质内也可见有病毒粒子。目前认为，嗜酸性小体形成，是肝细胞于疾病早期受病毒刺激，引起细胞核和整个细胞的细胞器发生退行性变化所致，它与核内包涵体一样可作为诊断该病的标志性病变。

黏膜皱襞肿胀、增宽并互相融合，上皮细胞顶部凸出的颗粒状结构消失，故黏膜表面平坦。黏膜坏死部表面粗糙，上皮坏死脱落，其周围的上皮细胞顶部突出，故坏死灶中央凹陷如脐状；有时黏膜上皮细胞顶部突出的颗粒状结构脱落，致其表面凹陷，形似蜂窝状。

2. 犬喉气管炎 主要表现为呼吸道黏膜上皮病变，不引起肝炎病变。

【剖检】见病变主要局限于呼吸道，肺表现充血和肺膨胀不全，并常存有不同大小的实变病灶。肺淋巴结和支气管淋巴结充血或出血。

【镜检】见有不同程度的肺炎变化，在支气管黏膜上皮、肺泡上皮和鼻甲黏膜上皮见有考德里 A 型包涵体（Cowdry A inclusion）。

（四）病理诊断要点

主要根据患犬突然发病，出血时间延长，角膜混浊，表现出"蓝眼"症状。外部检查可发现瘀斑和点状出血，腹腔含有大量透明或血清液。肝肿大，黄褐色，充血，有小的圆形坏死区域；胆囊增厚、水肿，呈灰白色或蓝白色，颜色不透明。组织学的改变以肝小叶中心坏死为特征，肝巨噬细胞和肝细胞可见核内包涵体为特征。

四、犬细小病毒病

犬细小病毒病（canine parvovirus disease）是由犬细小病毒（canine parvovirus，CPV）引起犬的一种急性传染病。CPV 属于细小病毒科细小病毒属成员，可在犬、狼、狐狸和浣熊等动物中传播，但以犬属动物的感染率最高，有时可达 100%。

（一）主要临床症状

病犬表现沉郁、呕吐、食欲废绝、白细胞减少、体温升高，不久发生腹泻，粪便先呈灰黄色，而后因含有血液而呈番茄汁样，味腥臭。因严重脱水、急性衰竭而死亡。病犬表现突然死亡，或继短时的呼吸困难和某些肠炎症状后，因急性心力衰竭而死亡。

（二）发病机制

CPV 主要的自然感染方式为口腔感染，因此病毒的定植部位大多数为口腔咽鼻，经过血液传播病毒对其他器官进行感染。CPV 在宿主中主要攻击两种细胞，分别为肠上皮细胞和心肌细胞。病毒感染肠上皮组织后，肠绒毛变短，肠上皮细胞发生不同程度的坏死、脱落；感染心肌细胞时，病毒在细胞内进行大量增殖，心肌毛细血管发生扩张及充血现象。

（三）病理变化

1. 肠炎型

【剖检】病死犬均显消瘦、腹部卷缩、眼球下陷、可视黏膜苍白，眼角部常有灰白色黏稠分泌物。肛门部皮肤附有血样稀便或从肛门流出血便。皮下组织因脱水而显干燥。血液黏稠呈暗紫红色，全身肌肉淡红色，少数病例见腹腔液体增量。胃和十二指肠空虚或有稀薄液体，黏膜轻度潮红、肿胀，被覆较多的黏液。空肠和回肠表现肠壁呈不同程度的增厚、肠管增粗、肠腔狭窄，充积紫红色血粥样内容物或混有紫黑色血凝块；黏膜潮红、肿胀，散布斑点状或弥漫性出血，并形成厚的黏膜皱褶，集合淋巴小结肿胀。盲肠、结肠和直肠的内容物稀软，呈酱油色，具腥臭味，黏膜肿胀，散在少量点状出血。肝肿大，呈紫红色或红黄色，质地脆弱，切面有多量凝固不良的血液。胆囊膨大，内贮多量绿色胆汁，黏膜光滑，呈黄绿色。胰和肾轻度变性及淤血。脾轻度肿大，偶见出血性梗死灶。心脏呈现右心扩张，心内、外膜偶见点状出血，心肌黄红色、柔软。心包液稍增量。心肌纤维颗粒变性，肌束间轻度出血与水肿。全身淋巴结肿胀、充血，偶见出血，其中以肠系膜淋巴结的变化较明显。

【镜检】小肠绒毛短缩、倒伏或断裂，黏膜上皮细胞坏死、脱落，黏膜面呈一片均质红染的坏死现象。固有层毛细血管高度扩张充血和出血（图 14-67），伴有结缔组织增生和轻度淋巴细胞浸润。肠腺上皮细胞呈不同程度的坏死与脱落，腺腔扩张，充满坏死的细胞碎屑。未脱落的肠腺上皮细胞形态各异，有的呈扁平状，有的则肿胀、增生呈多层叠积，在其核内可见嗜酸性或嗜碱性包涵体（图 14-68）。集合淋巴小结的淋巴细胞显示坏死、崩解，网状细胞肿胀、增生。黏膜下层的小动脉和小静脉充血，内皮细胞肿胀、轻度水肿，有数量不等的淋巴细胞浸润。肌层淡染，显示变性。大肠病变与小肠基本相同，但病变程度较轻。肝细胞呈脂肪变性，窦状隙和中央静脉淤血。脾白髓萎缩，伴有不同程度的坏死，红髓网状细胞肿胀、增生，脾静脉窦淤血。皮质淋巴小结和副皮质区的淋巴细胞数量减少，伴发不同程度的坏死。髓索的淋巴细胞也相对减少，淋巴窦扩张、积留浆液和有较多的单核细胞。在淋巴细胞和网状细胞核内偶见包涵体。胸腺皮质的淋巴细胞减少，轻度坏死，间质水肿。在胸腺细胞和上皮性网状细胞的核内也可见包涵体。软脑膜充血，神经细胞轻度变性，伴发水肿。

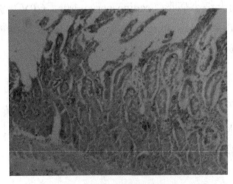 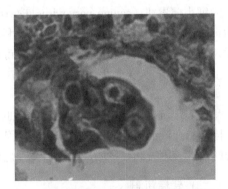

图 14-67　病犬肠绒毛坏死脱落，绒毛间出血　　　图 14-68　病犬肠上皮内见嗜碱性包涵体
　　　（HE 10×20）（陈怀涛供图）　　　　　　　　　（HE 10×100）（陈怀涛供图）

【扫描电镜观察】小肠黏膜面覆盖较多的黏液，绒毛增粗、倒伏，呈蘑菇顶状，绒毛上的横沟消失，杯状细胞开口的数量增多。绒毛的顶端上皮细胞脱落，固有层裸露。

【透射电镜观察】见小肠隐窝未分化上皮细胞的微绒毛稀少、断裂，线粒体肿胀、数量增多、嵴减少或断裂；粗面内质网扩张，部分核糖体脱落；高尔基体肥大；核周隙稍增宽，异染色质与核仁边集。在一些核内可见颗粒状包涵体和病毒粒子。

2. 心肌炎型

【剖检】尸体营养良好，可视黏膜苍白，胸、腹腔积有中等量澄清或混有血液的液体。肝轻度肿大、淤血和实质变性，胆囊壁增厚，有时可见胶样浸润。胰偶见灶状出血。肺膨满，呈灰红色或花斑状，肺胸膜散发斑块状出血，触诊肺组织较坚韧。膈叶下缘常见少数紫红色实变区，肺门与前纵隔周围的结缔组织伴发胶样水肿。肺切面富有血液，挤压切面见有较多量的血样液体自支气管断端与肺切面流出。气管和支气管充满泡沫样液体。心包液稍增量。左心腔扩张，心外膜散布黄红色与白色条纹，后者以左心室外膜及其心尖部最为明显。左心房与心内膜混浊，心肌也呈白色条纹状，左心室心肌壁变薄。

【镜检】肺泡壁毛细血管充血，肺泡隔因间质细胞增生和巨噬细胞浸润而增宽，肺泡充满浆液和脱落的肺泡上皮细胞或巨噬细胞。肺胸膜下的淋巴管也扩张。另外，部分肺组织显示萎陷、出血，偶见均质红染的微血栓形成。支气管与血管周围水肿、出血，淋巴管扩张。心肌纤维变性与断裂，肌浆凝固，嗜酸性，进而心肌纤维溶崩、消失，形成多发性细小的灶状坏死，散布于变性的心肌纤维之间。在变性的心肌纤维周围有少量中性粒细胞浸润，淋巴细胞和浆细胞则呈小灶性聚集。间质内见成纤维细胞增生，伴有数量不等的巨噬细胞浸润。一些周龄较大或存活较久因急性发作而死亡的犬，还常见心肌纤维的早期纤维化现象。

（四）病理诊断要点

肠炎型以小肠出血性坏死性炎为特征，心肌炎型则表现为急性非化脓性心肌炎。具有诊断意义的病变是在一些肿大的心肌纤维核内可发现嗜碱性或嗜双色性包涵体，后者呈福尔根（Feulgen）反应阳性。

五、犬副流感

犬副流感（canine parainfluenza）是由犬副流感病毒（canine parainfluenza virus，CPIV）感染引起的一种急性呼吸道传染病，是犬的常见传染病。自然病例见于人、猴和犬，可能还包括牛、绵羊及猫。在兽医临床上，犬副流感又称为犬传染性气管支气管炎、犬窝咳。

（一）主要临床症状

感染犬出现发热、浆液性鼻漏、顽固性阵发性干咳，偶尔可见呼吸困难症状。严重者出现结膜炎、扁桃体炎、厌食、嗜睡。脑内感染新生犬，表现为进行性沉郁、厌食、体重明显下降，以及出现肌阵性痉挛，重度惊厥，急性死亡。

（二）发病机制

病毒从呼吸道入侵，在鼻腔黏膜的细胞中繁殖，扩散到邻近细胞或直接通过细胞间桥从一个细胞进入另一个细胞，病毒无远距离扩散能力，限于局部感染，引起局部或全身症状。副流感病毒易在细胞质内形成包涵体，并能使感染细胞的膜发生改变，进而导致感染细胞与邻近未感染细胞发生融合，细胞融合的结果是形成多核巨细胞合胞体。

（三）病理变化

1. 实验感染病例

【剖检】实验感染时病毒原发性侵犯从喉、气管、主支气管到细支气管的气道，纤毛上皮脱落，淋巴细胞、大单核细胞浸润，小气道的细胞浸润更为广泛。偶发小灶性肺炎。脑内接种感染的病例中，急性病例脑和脊髓无明显病变，偶尔可见肺膨大与硬变。接毒4周至6个月后，有83%的新生犬可见脑内积水，侧脑室、第三脑室扩大，脑实质呈严重的压迫性萎缩，中脑导水管扩张，一般不侵犯第四脑室。偶见肺间质性肺炎，肺泡中隔显著增厚。

【镜检】病变主要在前脑、嗅球，呈多发性坏死性炎症，神经元呈中心性染色质溶解、核溶解与坏死，不同程度的星形胶质细胞、小胶质细胞增生和中性粒细胞浸润，颞叶灰质严重软化呈海绵状，白质内小神经胶质细胞增生，血管周围单核细胞积聚。上述病变部的软脑膜有淋巴细胞、单核细胞浸润。中脑和延脑有类似的变化，尤其中脑导水管周围淋巴细胞、单核细胞浸润明显。脑血管周围区水肿，沿侧脑室出现中度泡沫状变性，侧脑室室管膜下的泡沫状变性可从颞叶扩散到顶叶的大脑白质，室管膜细胞水肿、扁平，部分脱落。脊髓可见局灶性的神经元坏死、胶质细胞增生与轻度脊髓膜炎。颞部脑皮质也有脑炎病变和脑灰质软化。

2. 自然感染病例

【剖检】见气道内有卡他性、黏液脓性或血性渗出物。肺尖叶下部有时出现暗红色实变区。腭扁桃体、气管、支气管、咽后淋巴结肿大，潮红。

【镜检】有不同程度的气管、支气管炎，病变从局灶性、表层坏死性炎症至重度的黏液化脓性炎症。坏死性病变表现为黏膜上皮细胞变性与坏死，正常假复层上皮结构破坏，但通常不侵犯黏膜固有层。化脓性支气管肺炎可能与继发细菌感染有关。

（四）病理诊断要点

因为许多犬病毒感染都有呼吸道症状，所以鉴别还有赖于病原的血清学鉴定。

六、猫泛白细胞减少症

猫泛白细胞减少症（feline panleukopenia）又称为猫瘟热（feline distemper）、猫传染性肠炎（feline infectious enteritis），是由猫泛白细胞减少症病毒（feline panleukopenia virus，FPV）引起猫及猫科其他动物的一种急性致死性传染病。FPV属于细小病毒科细小病毒属成员，主要感染家猫，也曾见于猫科的其他动物如虎、豹、山猫等，其中幼猫特别易感，患猫的主要特征是肠炎和造血功能的抑制，从而发生明显的白细胞减少。

（一）主要临床症状

大多数猫呈亚临床感染，感染发病的猫多为1岁以下的幼猫，急性病例可能突然死亡，并伴随轻微症状或无任何症状。急性病例潜伏期为2～7d，病初体温升高，精神委顿、厌食，发热1～2d后出现呕吐；病程中后期可能出现腹泻症状，腹泻病例迅速表现出严重脱水；病程后期病猫体温降低，可能出现败血性休克和弥散性血管内凝血。

（二）发病机制

该病主要传播途径是消化道，FPV侵入宿主体内后首先在咽部进行复制、增殖，然后随血液流向全身各处，主要破坏宿主骨髓和淋巴组织，在到达肠道后损伤肠上皮细胞。

（三）病理变化

【剖检】尸体明显脱水、消瘦，鼻腔黏膜被覆黏液脓性渗出物。肠管空虚但有时含有少量胆汁样液体。整个小肠均有病变，但以回肠下端病变最为明显，肠黏膜出血、坏死，轻者形成糜烂，重者形成溃疡。肠系膜淋巴结水肿、出血、坏死。长骨的红骨髓多脂或呈胶冻样。

【镜检】肠系膜淋巴结内很少有成熟的淋巴细胞，网状细胞显著增生，淋巴小结生发中心的淋巴细胞发生变性、坏死，淋巴窦内充满单核细胞。骨髓发育不全。后段回肠黏膜糜烂，残存的黏膜上皮细胞显示增生。隐窝和腺泡的上皮细胞变性、坏死、脱落，固有层有炎症细胞浸润，并在上皮细胞内见有核内包涵体。同时淋巴结生发中心的细胞内、肝细胞和肾小管上皮细胞内有时也见有核内包涵体。有的病猫在受感染后不久直至体温升到最高时，白细胞数逐渐下降，也有的病猫患病初期白细胞数量变化不大，但在发热后白细胞数急剧下降，仔猫出现共济失调，小脑外颗粒层见明显病变。

（四）病理诊断要点

根据流行病学、临床双相热型、骨髓多脂样和胶样、肠黏膜上皮内的病毒包涵体等病理变化及血液白细胞大量减少可以做出初步诊断。

七、猫传染性腹膜炎

猫传染性腹膜炎（feline infectious peritonitis）是由猫传染性腹膜炎病毒（feline infectious peritonitis virus，FIPV）感染引起的猫慢性进行性衰弱性疾病。根据临床表现差异，该病可分为渗出性（干性）、非渗出性（湿性）及混合性三种类型：渗出性以纤维素性腹膜炎、腹腔内大量腹水集聚为主要特征；非渗出性以腹腔脏器形成肉芽肿为主要特征；两种类型同时出现则称为混合性。该病呈世界性分布，美国和欧洲国家广泛存在。

（一）主要临床症状

主要是断乳仔猫发病。幼猫感染后 3～6d 出现低热、间歇性呕吐、精神沉郁、食欲减退。随后出现嗜睡、肛门肿胀，如肠炎严重，即有脱水现象，但死亡率较低。发病 1～6 周后，可见腹部膨胀，无触痛感，似有积液。在不继发感染的情况下，多数可自愈。一般不表现明显的病变，但自然感染青年猫出现肠系膜淋巴结肿大。少数病例可见角膜水肿，角膜上有沉淀物，虹膜睫状体发炎，眼房液变红，眼前房内有纤维蛋白凝块，患病初期多见有火焰状网膜出血。中枢神经受损时表现为后躯运动障碍，行动失调，痉挛，背部感觉过敏；肝发生黄疸，也可出现肾功能衰竭。

（二）发病机制

FIPV 是从猫肠道冠状病毒（FCoV）突变而来。猫肠道冠状病毒对小肠绒毛上皮细胞有趋向性，主要在肠上皮细胞中复制。感染猫肠道冠状病毒的猫将陷入一个感染—痊愈—再感染的循环周期，而动物体内发生猫肠道冠状病毒突变会使病毒毒性增强并具有对单核细胞、巨噬细胞的趋向性。从局部上皮细胞到单核细胞、巨噬细胞的转移被认为是 FIPV 毒力增强的重要原因。病毒的大量复制激活组织巨噬细胞，导致多种促炎细胞因子的分泌，这些细胞因子作用于内皮细胞，增加中性粒细胞和单核细胞向该区域的移动，打开内皮细胞的紧密连接，从而使血浆和纤维蛋白渗漏到体腔中，导致血管中心性脓肉芽肿及纤维素性渗出。

（三）病理变化

【剖检】猫尸消瘦，显著特征是腹围增大，腹腔积聚纤维蛋白性渗出物，多的可达1000mL。

图14-69　病猫腹腔浆膜表面
被覆有大量灰白色渗出物

腹腔液一般为无色或浅黄色、黏稠、透明的液体，杂有灰白色纤维蛋白絮片，遇空气可发生凝固。腹腔浆膜表面被覆有灰白色颗粒状渗出物（图14-69），尤以肝和脾的表面最厚。同样的纤维素性渗出物可进入公猫的阴囊内，也可以在胸腔中积聚。整个肝常可见有灰白色稀疏散在的小坏死灶。病程延缓的病例，因纤维素性渗出物机化而造成腹腔内各器官严重的粘连。

【镜检】见典型的纤维素性腹膜炎和胸膜炎。在不同厚度炎性纤维蛋白渗出物中，含有超常量的细胞碎屑、中性粒细胞、淋巴细胞和巨噬细胞。延缓病例可见伴随渗出物而增生的纤维组织和毛细血管，这种炎性过程可在浆膜下扩展进入邻近的任何组织。肝局灶性坏死，伴有炎症反应。类似的病灶，也可见于脾、肾、胰、肠系膜淋巴结和胃肠壁的肌层组织中。

少数病例在上述组织器官中有淋巴细胞和组织细胞增生形成肉芽肿性病变，在病灶的小血管周围有炎症细胞聚集，呈现脉管炎，但在肉芽肿中未见有病毒粒子的存在。偶见在脑膜、室管膜或脉络丛中有化脓性或单核细胞性脑膜炎，极少数病例炎症可沿血管进入脑实质。此外，部分病例可见眼病变，眼房中有渗出物，视网膜和视神经等有单核细胞浸润。

（四）病理诊断要点

患猫腹腔积液，剖检可见胸腔、腹腔内纤维素性渗出性炎症反应及脏器浆膜形成肉芽肿。

八、貂阿留申病

貂阿留申病（Aleutian mink disease）又称为浆细胞增多症（plasmacytosis），是由阿留申病毒（Aleutian disease virus，ADV）感染貂引起的以终生毒血症、全身淋巴细胞增殖、血清γ-球蛋白数增多、肾小球肾炎、动脉血管炎和肝炎为特征并伴发母貂空怀显著增加的慢性病毒病。ADV属细小病毒科阿留申病毒属成员，貂易感，此外，水獭、赤狐等的感染也被报道过。貂阿留申病引起貂皮品质下降、貂群繁殖能力下降，给貂养殖业造成了巨大的打击。

（一）主要临床症状

急性病例由于病程短促，往往看不到明显症状而突然死亡。

慢性病例的病程为数月或数年，病貂食欲减退、口渴、消瘦，口腔黏膜及齿龈出血或有小溃疡，粪便呈黑煤焦油状，病貂被毛粗乱、失去光泽，眼球凹陷无神，精神沉郁、嗜睡、步态不稳，表现出贫血和衰竭症状。神经系统受到侵害时，伴有抽搐、痉挛、共济失调、后肢麻痹或不全麻痹。患病的公兽，性欲下降，或交配无能、死精、少精或产生畸形精子，母貂不孕，或怀孕流产及胎儿中途被吸收。

（二）发病机制

仔貂感染 AMDV 后发病迅速，AMDV 主要侵染Ⅱ型肺泡上皮细胞，增殖引起细胞病变，且仔貂母源抗体有限，本身产生抗体能力低，使Ⅱ型肺泡上皮细胞表面饱和二棕榈酰磷脂酰胆碱（DPPC）性状改变，最终导致严重间质性肺炎。对成年貂，AMDV 在单核巨噬细胞系统内呈现低水平限制性复制，病毒侵染巨噬细胞导致抗病毒抗体水平显著增高，抗体介导的抗体依赖性增强（ADE）效应形成免疫复合物，经抗体 Fc 片段识别单核巨噬细胞系统表面的 Fc 受体并与之结合，将 AMDV 带到靶细胞，促进 AMDV 侵入靶细胞，加速感染。

（三）病理变化

该病的病理变化主要表现在肾、脾、淋巴结、骨髓和肝，尤其肾变化最为显著。

【剖检】初期肾体积增大，可达 2～3 倍，呈灰色或淡黄色，偶呈土黄色，表面出现黄白色小病灶，有点状出血，后期萎缩，颜色呈灰白色。肝肿大，急性病例呈红色、红肉桂色，慢性病例呈黄褐色或土黄色，实质内散在有灰白色针尖大小的病灶。脾肿大，呈暗红色，慢性经过时脾萎缩，边缘锐利，淋巴结肿胀、多汁，呈淡灰色。

【镜检】全身所有器官，特别是肾、肝、脾及淋巴结的血管周围浆细胞浸润。在浆细胞中发现许多拉塞尔小体，呈圆形，嗜酸性，HE 染色呈粉红色。另外，还能看到胆管增生、肾小球肾炎、肾小管变性、动脉壁类纤维变性和球蛋白沉着等。

（四）病理诊断要点

浆细胞异常增殖是其组织学的特征性变化，尤其是在脾、肾及淋巴结的血管周围发生明显浆细胞浸润。在浆细胞中出现许多圆形的拉塞尔小体（Russell body），该小体可能由免疫球蛋白组成。

九、貂细小病毒性肠炎

貂细小病毒性肠炎（mink parvovirus enteritis）又称为貂泛白细胞减少症，是由貂细小病毒（mink parvovirus）引起的高度接触性急性传染病。貂细小病毒属于细小病毒属成员，有人认为貂病毒性肠炎病毒是猫泛白细胞减少症病毒的一个变种。在自然条件下，该病毒可感染猫科和鼬科的多种动物，症状主要表现为食欲不振和严重的黏液性肠炎。

（一）主要临床症状

根据病程可分为最急性型、急性型、亚急性型和慢性型。

最急性型病程极短，症状未明显时就病发死亡。除最急性型外，其他三种类型均出现腹泻症状。患病貂出现厌食、排稀便、体温升高、鼻镜干燥及严重的黏液性肠炎。发病严重貂排血便和煤焦油样便，身体消瘦，出现器官衰竭等症状后死亡。

（二）发病机制

貂细小病毒感染后最初在宿主的口咽部定植复制，随后 2～7d 发生病毒血症，随血流分布在全身的各个组织中。貂细小病毒可使淋巴细胞衰竭从而引起免疫抑制，同时阻碍肠隐窝细胞的快速复制，由于隐窝细胞受到破坏致使肠绒毛损伤，使患病动物吸收不良而产生腹泻。

（三）病理变化

【剖检】病死貂消瘦，肛门周围黏附黏液样便。病变主要限制于肠及淋巴结。胃肠黏膜，尤其是小肠黏膜呈急性黏液性出血或坏死性炎，内容物呈水样，具恶臭，肠管充血、水肿。

【镜检】肠黏膜上皮细胞水肿、变性，并有大型核内包涵体。在固有层可见充血、炎症细胞浸润，小肠隐窝和绒毛的上皮细胞显著剥脱及坏死。肠系膜淋巴结肿大、充血，生发中心有网状细胞增生和淋巴细胞减少。

（四）病理诊断要点

空肠黏膜细胞广泛变性、脱落，并伴有纤维蛋白性假膜。取貂十二指肠制成组织切片，HE染色，可见上皮细胞内有圆形或椭圆形、边缘整齐、界线清晰的特异性嗜酸性包涵体。

十、兔出血症

兔出血症（rabbit hemorrhagic disease）又称为出血性肺炎或兔病毒性出血病，俗称兔瘟，是由兔出血症病毒（rabbit hemorrhagic disease virus，RHDV）引起兔的一种急性、热性、败血性、高度接触传染性、致死性传染病。感染兔以全身实质器官出血、肝脾肿大为主要特征，该病的病程短，为1～2d，死亡快，死亡率高达90%以上。

（一）主要临床症状

二维码
14-33

急性病兔常无明显症状而突然死亡。病程较长者病初高热达41℃，之后体温急剧下降，病兔抽搐、尖叫。死后呈角弓反张，鼻孔流出红色泡沫状液体（二维码14-33）。慢性病例多见于老疫区或流行后期，潜伏期和病程较长，体温轻度升高，精神不振，迅速消瘦，衰弱而死。

（二）发病机制

病原经呼吸道或消化道侵入机体，最先侵害的靶器官是肝、脾和肺。动物在感染后18～24h，在肝、脾、肺、肾和肠黏膜上皮细胞、血管内皮细胞、循环的中性粒细胞、淋巴细胞及肥大细胞的核内发现病毒颗粒；该病是由于病毒血症对各器官的直接损伤及对血管壁的损伤，导致全身弥漫性血管内凝血（DIC）及全身性出血。

（三）病理变化

【剖检】全身实质器官淤血、出血和水肿。胃内充满食糜，胃黏膜脱落，十二指肠内有黄色胶样分泌物，幽门口和盲肠有出血点。肝明显肿大、淤血、出血，肝表面有淡黄色或灰白色条纹，俗称"槟榔肝"，切面粗糙、质脆，有时在肝的边缘见有灰白色坏死灶。脾肿大呈青紫色，并有出血点。肾肿大、淤血，表面有大量针尖大的出血点。肺明显膨隆、淤血、出血，并有粟粒至绿豆大小的出血斑点，呈花斑状（二维码14-34）。将肺组织切开，用力挤压，可见肺切面有大量泡沫状血样液体流出。气管内也有泡沫状血样物，气管环有大量出血，呈典型的"红气管"。心肌淤血，心冠状区有出血点，心房心室内有凝固不良的黑红色血块。门齿齿龈出血，具有特征性。喉头黏膜严重淤血。打开颅腔，软脑膜和脑实质充血。全身淋巴结肿大，并有出血点。母兔子宫黏膜淤血，并有出血斑点，公兔睾丸淤血。

二维码
14-34

【镜检】肝淤血，肝细胞严重颗粒变性，部分肝小叶周边的肝细胞严重空泡变性，肝细胞有坏死灶，坏死灶内肝细胞消失而由淋巴细胞、网状细胞及多量红细胞代替。中央静脉、汇管区血管周围网状细胞大量增生。肺间质水肿、上皮细胞增生、肺泡壁增厚。肺泡腔中散有红细胞及脱落的上皮细胞和水肿液，细支气管周围有大量淋巴细胞增生形成结节。肾小球体积增大，肾小管上皮细胞颗粒变性、空泡变性。部分上皮细胞与基底膜分离。髓质部分间质增宽，水肿、出血，并有淋巴细胞浸润。脾体积增大，脾小体体积缩小，红髓髓窦内集有红细胞、窦内皮细胞及网状细胞肿胀、脱落。心肌间质水肿、淤血，心肌细胞颗粒变性，心肌纤维断裂、溶解。肾上腺髓质区扩大，皮质变薄，网状细胞增生、肿胀，小叶间及小叶内血管扩张，充血，有的静脉管内有血栓，间质水肿并散有红细胞。骨髓充血，髓质内有红细胞，个别多核巨细胞的核消失，窦内皮细胞肿胀脱落。大脑充血，血管内皮细胞肿胀，部分神经元染色质溶解呈空泡状。肠黏膜上皮细胞坏死脱落。

（四）病理诊断要点

病理剖检最常见实质器官出血、淤血、水肿、坏死，该病需与兔巴氏杆菌病鉴别诊断，兔巴氏杆菌病除出血病变外，主要特征是卡他性化脓性鼻炎、斜颈、皮下脓肿及结膜炎。

十一、兔黏液瘤病

兔黏液瘤病（myxomatosis of rabbit）是由黏液瘤病毒（myxoma virus，MYXV）引起的一种具高度接触传染性、致死性传染病。该病特征是在皮肤形成黏液瘤及皮肤、皮下组织水肿，尤其是颜面部和天然孔周围最明显。

（一）主要临床症状

兔全身浮肿，以头、耳、肛门、生殖器等部位最为明显。急性病例症状表现比较明显，头部因明显水肿而增大，外观似狮子头样；眼睑肿胀，黏液脓性结膜炎，严重时上、下眼睑互相粘连；耳肿胀、下垂；肛门、外生殖器也可见到炎症和水肿。有的伴发鼻炎，可见黏液脓性鼻漏。最后全身皮肤变硬，出现部分肿块或弥漫性肿胀，死前常出现惊厥。

由变异株引起的"呼吸型"黏液瘤病，特点是呼吸困难和肺炎，但皮肤肿瘤不明显。

（二）发病机制

MYXV 经皮肤侵入体内，在局部复制、释放，并经淋巴管进入局部淋巴结。病毒在局部淋巴结内大量复制，引起巨噬细胞系统的细胞明显增生。3～4d 后病毒进入循环血液，形成病毒血症。病毒在体内主要侵害间叶细胞，使其增殖并转变为肿瘤；病毒还损伤毛细血管和微静脉的内皮细胞引起血管壁通透性增高。

（三）病理变化

【剖检】皮肤肿瘤为圆形或卵圆形隆起的肿块，色彩与周围皮肤相同，有些因充血显红色；多数肿块硬实，但邻近生殖器的肿块则质软。肿块的表皮有水疱形成，进而结痂。切面质地硬韧，表皮增厚，真皮和皮下组织含有胶样物质，其间散布着许多血管。皮肤肿瘤有时可深达肌肉组织。

胃、肠浆膜和心内、外膜均可见出血，上呼吸道和肺常出现卡他性炎。皮肤和皮下组织均显水肿，切面见大量淡黄色、澄清的胶状液体蓄积。淋巴结和脾肿大，质地变实。

【镜检】皮肤的表皮细胞增生、水泡变性和水疱形成，上皮细胞内可见胞质包涵体；真皮中出现大的星形或多边形细胞，其细胞核肿大，且有核分裂象，细胞质内可见包涵体，此即黏液瘤细胞。黏液瘤细胞间的基质是黏蛋白，同时见伪嗜酸性粒细胞浸润。有时瘤组织中血管内皮细胞增生，使管腔狭窄，甚至完全闭塞导致瘤组织坏死（图 14-70）。

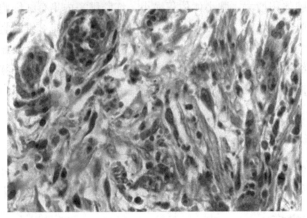

图 14-70　肿瘤细胞异型性高，核分裂象多，血管内皮增生（陈怀涛供图）（HE 10×40）

淋巴结和脾：淋巴细胞和网状细胞增生，在淋巴滤泡内增生的网状细胞间常混杂有少量伪嗜酸性和嗜酸性粒细胞，后期淋巴细胞大量消失，明显增生的网状细胞和内皮细胞及散在的伪嗜酸性粒细胞小灶取代了淋巴滤泡的大部分区域。

（四）病理诊断要点

根据病兔皮肤特征性肿瘤结节和皮下胶冻样浸润，尤其是颜面部和天然孔、眼睑及耳根部皮下充血、肿胀进行诊断。组织学上，取皮肤肿瘤制作组织切片，可见黏液瘤细胞内的胞质包涵体。

第五节　马属动物病毒性疾病病理

一、马传染性贫血

马传染性贫血（equine infectious anemia）（简称马传贫）是由马传染性贫血病病毒（equine infectious anemia virus，EIAV）引起马属动物的一种传染病。该病在临床上常呈急性、亚急性和慢性经过，主要临床病理特征是高热稽留或间歇热，并出现明显的贫血、出血、黄疸、铁代谢障碍和全身网状内皮系统细胞的增生反应。

（一）主要临床症状

马传染性贫血可分为三种类型：急性型、亚急性型和慢性型。

急性型症状多表现为体温突然升高且反复发作，消瘦，易出汗，眼结膜充血、黄染，随着病情的加重，眼结膜的颜色会变成黄色或苍白；胸、腹下浮肿。

亚急性型和慢性型马传染性贫血的潜伏周期会逐渐变长，发病症状也会有所减轻，表现为不规则的发热和进行性消瘦等特征。

（二）发病机制

该病主要是通过吸血昆虫（如蚊、虻、刺蝇和白蛉等）的刺螫经皮肤感染。病毒进入机体后，首先在骨髓中复制增殖，随着机体的抵抗力变弱，病毒进入血液，使病马出现典型的临床特征，如进行性贫血等。由于毒素的作用，骨髓的造血功能减退，白细胞吞噬红细胞的作用加强。受损的红细胞及其他受损细胞被白细胞吞噬后，经过酶的分解，将游离出来的血红蛋白变为含铁的胆红素。

（三）病理变化

1. 急性型　多见于新疫区在该病流行的初期。由于病畜初次感染该病毒而缺乏抵抗力，故病毒常迅速突破机体的防御而大量增生、繁殖，致使病畜在较短时间内呈败血症而死亡。

【剖检】急性经过病例，尸体多半营养良好，如生前经持续高热，则尸体消瘦。

全身的黏膜、浆膜和实质器官发生出血及水肿。常见第三眼睑、鼻腔、阴道和舌系带两侧的黏膜，以及胸腔、腹腔的浆膜有小出血点，尤以大结肠和盲肠的浆膜与黏膜、肾的表面和切面及膀胱黏膜的出血点为最多。有些病例，在胸部、腹部和四肢皮下还见胶样浸润，四肢和腰背部骨骼肌呈弥漫性斑点状出血。

全身淋巴结肿大，特别是内脏淋巴结肿大更明显。淋巴结呈暗红色，断面可见充血、出血和水肿。脾肿大，有时达正常大小的 1.5 倍以上，被膜紧张，表面呈蓝紫色，稍显高低不平的颗粒状隆起，脾切面呈暗红色，有时见有紫黑色的出血斑块。脾髓软化，脾小体一般不明显。肝肿大，边缘钝圆，被膜下常有斑点状出血，肝表面呈淡黄红色，肝切面呈灰黄色。

肾肿大，肾实质呈灰黄色，肾表面和切面皮质部常有许多粟粒大的出血点（图 14-71）。心脏呈实质变性，心肌呈灰黄色或土黄色，心脏纵沟和冠状沟部密发点状出血，左心室内膜常有出血斑块。管状骨的骨髓呈浆液性水肿。有的病例，在其骨髓中出现棕红色的红骨髓增生灶（图 14-72）。有的病例发生出血性肠炎，肠内容物呈血样。

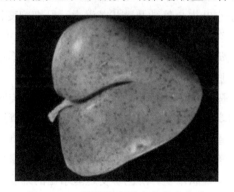

图 14-71　病马肾表面有大量出血点

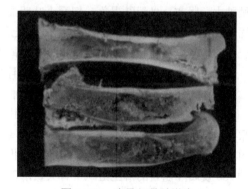

图 14-72　病马红骨髓增生

【镜检】淋巴结多数淋巴细胞发生核固缩和核崩解，仅残留少数正常的细胞，皮质细胞变性特别明显，髓索因浆液浸润而细胞减少。脾静脉窦内有大量红细胞积聚，严重时，脾组织被红细胞挤压而呈岛屿状；多数脾小体的淋巴细胞变性，核发生浓缩和崩解，有的网状内皮细胞肿大、增生，并吞噬多量含铁血黄素或红细胞。肝细胞严重颗粒变性和脂肪变性乃至坏死，肝小叶结构模糊，肝窦状隙扩张，淤滞中等量血液，窦壁肝巨噬细胞和内皮细胞有的呈变性状态，有的从窦壁脱落，变为圆形，其细胞质内常吞噬有含铁血黄素、红细胞和红细胞碎片；在汇管区内，于静脉周围组织中，散在有少量组织细胞和淋巴样细胞。肾小管上皮变性，细胞肿胀，细胞核固缩、崩解或消失。肾小球肿胀，肾球囊周围及囊内有出血变化。许多病例见膀胱黏膜呈点状出血。骨髓中的成红细胞与成髓细胞增生，显示造血功能亢进。

2. 亚急性型　该型病例多半是由急性型转化而来，病理变化既有急性病例的败血症变化，又有网状内皮系统细胞的增生性反应，在肝、脾、淋巴结和肾等器官出现比较多的组织细胞和淋巴样细胞。

【剖检】由于病畜生前持续反复发热，所以病尸比较消瘦，贫血比较严重，眼结膜、口黏膜等可视黏膜呈苍白色，血液稀薄。浆膜和黏膜的出血点比较少，常常是新旧出血点同时存在。脾显著肿大，质地坚实，脾小体显著肿胀，在脾表面与切面均见有颗粒状突出，脾切面色泽变淡。淋巴结肿大，见有新鲜或陈旧的出血点。肝显著肿大，呈暗红色或铁锈色，切面常因淤血而呈现明显的类似槟榔断面的花纹。

【镜检】有些病例脾小体中心的淋巴细胞核固缩、崩解和淋巴细胞形成减弱，有的脾小体周围有组织细胞和淋巴样细胞显著增生。红髓内的网状内皮细胞肿大、增生，但含铁细胞的数量减少。脾小梁与血管周围出现淋巴样细胞和组织细胞浸润。肝细胞变性，呈不完全的灶状坏死。窦状隙扩张淤血，肝巨噬细胞和内皮细胞显著肿胀、增生、脱落，在窦状隙中积聚有多量组织细胞和淋巴样细胞。在许多组织细胞内吞噬大量含铁血黄素。在汇管区的血管周围组织中，组织细胞和淋巴样细胞呈灶状浸润。淋巴结的淋巴小结中心发生变性、坏死，但整个淋巴结的淋巴组织内，网状内皮细胞增生、肿胀和淋巴样细胞浸润。管状骨骨髓见有明显的红色骨髓增生灶。

3. 慢性型　多见于该病常在地区，通常是由亚急性型转来。其病理变化常随机体抵抗力的消长、间歇发热次数的多少和无热期的长短不同而不一样。

【剖检】病畜特别消瘦，严重贫血，可视黏膜呈灰白色瓷样色泽，血液稀薄如血水样。脾稍肿大，被膜呈灰青色，质地坚实，脾小体肿大，呈灰白色粟粒大。脾切面呈颗粒状隆突，脾髓色泽显著变淡，常呈樱桃红色。在长期无热的慢性病例，脾通常不肿大或稍萎缩，但质地较坚实。肝稍肿大，坚实，呈淡红褐色，切面小叶明显，由于小叶中央静脉及窦状隙淤血，肝细胞变性、萎缩，故形成花纹很致密的肉豆蔻样肝。淋巴结髓样肿胀，由麻雀蛋大至鸽蛋大，切面较干燥，淋巴小结增生呈颗粒状。肾肿大或稍萎缩，肾实质呈黄色，有的表面呈瘢痕样凹陷，被膜不易剥离。慢性型因衰竭而死亡的病马，其管状骨骨髓常呈胶冻样。

【镜检】见脾小体因淋巴样细胞增生而肿大，在脾小动脉周围有大量淋巴样细胞呈岛屿状增生，含铁细胞减少或消失，网状纤维增生。肝组织的窦状隙扩张、中央静脉周围及门脉血管腔内积聚多量淋巴样细胞和含铁细胞，在肝小叶周边、汇管区血管周围有大量淋巴样细胞浸润灶。病灶内肝细胞呈明显的脂肪变性。肝小叶的网状纤维显著增生。淋巴小结由于淋巴样细胞大量增生而肿大，皮质和髓索的淋巴组织中有大量淋巴样细胞呈灶状增生，淋巴窦受这些增生的细胞挤压而模糊不清。网状纤维也逐渐增生。肾间质血管周围有大量淋巴样细胞及网状纤维增生。有时小静脉内有淋巴样细胞淤滞。肾小管上皮呈灶状变性。骨髓腔脂肪消失，被浆液性物质所代替，有时骨髓细胞浮游于浆液中。骨髓细胞、中性粒细胞和淋巴样细胞都呈增生现象，红细胞的生成则显著受到抑制。

（四）病理诊断要点

该病可通过临床症状和血液学检查进行初步诊断。有些慢性病马，由于长期处于间歇无热状态，其抵抗力逐渐增强，营养可恢复正常，临床症状完全消失，剖检常无任何眼观变化，有时病理组织学变化也极轻微，但其血液及组织内仍含有病毒，成为隐性带毒病马。

该病需与马血孢子虫病进行鉴别诊断：马血孢子虫病的黄疸变化比马传染性贫血严重；马血孢子虫病时，网状内皮细胞的增生，特别是脾的淋巴样细胞增生不如马传染性贫血显著，所以，脾内的含铁血黄素的含量不显著减少，更不完全消失。

二、马传染性鼻肺炎

马传染性鼻肺炎（equine rhinopneumonitis）即马病毒性流产（equine viral abortion），是由马疱疹病毒Ⅰ型（equine herpes virus-1，EHV-1）引起的马的一种病毒性传染病。临床主要表现为上呼吸道炎症与妊娠母马流产。

（一）主要临床症状

幼驹呈现上呼吸道卡他症状，妊娠马常于妊娠后期出现流产，流产的胎儿多为死胎，流产后存活的胎儿在产后 1～5d 死亡，暂时存活的胎儿表现体质衰弱，呈现初生驹败血症征象，常出现嗜睡、哺乳无力、昏迷或惊厥等症状，有时还出现黄疸。

（二）发病机制

该病主要经消化道或呼吸道感染。鼻腔和黏膜上皮细胞是 EHV-1 复制的主要部位，随着病毒复制，呼吸道上皮细胞因坏死和炎症细胞反应而迅速糜烂，最终导致传染性病毒经鼻脱落，一旦进入上呼吸道，EHV-1 可以迅速传播，利用并劫持感染的黏膜单核细胞，入侵更深的结缔组织。因此，EHV-1 可以穿过基底膜，侵入网状内皮系统和淋巴管，感染循环白细胞和血管内皮细胞，感染后 24h 内，呼吸道相关淋巴器官的鼻窦和实质内均可发现受感染的单核白细胞。在这里，EHV-1 经历了第二轮复制，病毒颗粒显著扩增，最终受感染的白细胞通过淋巴逃逸进入血管循环，导致细胞相关病毒血症，病毒血症促进病毒传播到妊娠子宫内皮或中枢神经系统的三级复制位点，导致 EHV-1 呼吸道感染的两种临床上重要的后遗症，即流产或神经系统综合征。

（三）病理变化

幼驹和成年马患该病后很少发生死亡，故其病理形态学方面的资料记载不多。在病理学诊断上具有价值的为流产胎儿的病变，故此处着重予以叙述。

【剖检】流产胎儿胎衣完整，胎儿发育良好，脐带常因水肿而变粗，可视黏膜黄染，皮下组织水肿，常呈胶样浸润外观；少数病例发生肌间水肿和有出血点。腹腔、胸腔和心包腔内存有多量淡黄色透明液体。各浆膜光滑，偶见有小出血点。心肌色泽稍黄，缺乏光泽。右心轻度扩张，心冠状沟和纵沟部浆膜上有散在的出血点，两心室内膜下，尤其是左心乳头肌部，可见点状或斑状出血。两肺叶呈肺不张状态，有不同程度的淤血和水肿。肝常呈明显淤血状态，肝表面和切面常见有较多的针帽大的灰白色或灰黄色小坏死灶。脾大小正常，表面可见小点状出血，切面多血，脾小梁不明显；脾小体增大，呈粟粒大、灰白色、半透明，密布于整个脾切面。肾质地较软，被膜下可见小出血点，肾表面和切面均呈暗红黄色淤血、变性状态。口、胃、肠黏膜常呈淤血和散在有小点状出血。

【镜检】该病的病理组织学变化对该病诊断具有十分重要的意义。

肝：肝小叶窦状隙呈明显淤血，肝细胞索受扩张的窦状隙压挤而结构紊乱；肝细胞呈程度不同的颗粒变性、脂肪变性和水泡变性。在变性的肝小叶内，存有大小不等的凝固性坏死灶，小的坏死灶仅相当于 3～5 个肝细胞，大的坏死灶可达 120～130μm。坏死灶内的肝细胞核大部分已溶解消失，细胞质凝固，形成淡红色的团块状。有些坏死灶内散在有大量蓝色颗粒状的核碎片。病程稍久的坏死灶，其崩解坏死的细胞可被增生的网状细胞所取代。坏死灶周围呈浊肿和脂变的肝细胞核内及坏死灶边缘残存的裸核中，经常可看到核内包涵体。存有包涵体的细胞核肿大，核染色质崩解成小颗粒在核膜部积聚，故核膜深染，核仁消失，核中央呈空泡状。肝细胞核内包涵体在 HE 染色的切片中呈均质红染，边缘整齐，呈圆形、椭圆形、不正形等多种形态。一般大的包涵体直径可达 2.7～4.5μm，小的相当于核仁大小。每个核内一般只有一个包涵体，少数可达 2～3个。在间质的网状细胞和窦状隙的内皮细胞内，也有类似的核内包涵体存在，但不如肝细胞核内的典型。

肺：死胎肺组织呈肺不张状态，有不同程度的淤血，肺泡上皮肿大或脱落；支气管上皮也有不同程度的肿胀和脱落。有些病例的肺组织内存有小坏死灶，肺组织坏死、崩解，并有多量核碎片积聚。在变性的肺泡上皮、网状细胞和支气管上皮细胞内，都能发现有核内包涵体。

脾：呈急性坏死性脾炎变化。在白髓和红髓内均有不同程度的细胞崩解、坏死，但以白髓中的变化最为明显。脾小体中的细胞成分崩解成大小不等的深蓝色颗粒，坏死起始于脾小体中央，严重时坏死扩展到整个脾小体。在存有坏死变化的脾小体内，网状细胞增生、肿大，其核内可发现有核内包涵体。红髓部的坏死灶内有浆液和纤维蛋白渗出，在残存的网状细胞同样见有核内包涵体。

淋巴结：无论体表还是内脏淋巴结的眼观变化都不明显，但组织学检查同样见有坏死性淋巴结炎变化。淋巴小结和髓索内均有细胞成分的崩解及坏死，形成蓝色的颗粒碎片。淋巴窦内出血，并有程度不同的浆液和纤维蛋白渗出；窦内的细胞成分也发生变性、崩解和坏死，坏死严重的部位呈一片均质红染，其中散在有少量细胞崩解碎片。坏死一般从窦腔扩展到淋巴小结和髓索。淋巴结坏死部残存的网状细胞核内，也可见到包涵体。

胸腺：有坏死变化，往往比淋巴结还严重；胸腺的网状细胞也有核内包涵体。

（四）病理诊断要点

病马流产胎儿的肝发生坏死灶，组织学上可见肝细胞核内出现嗜酸性核内包涵体。

三、非洲马瘟

非洲马瘟（African horse sickness，AHS）是由非洲马瘟病毒（African horse sickness virus，AHSV）引起马科动物的一种急性、非接触传染性、高度致死性传染病。发病马的临床症状主要表现为马瘟热型、亚急性/心脏型、超级性/肺型及混合型 4 种类型，死亡率高达 95%。该病主要发生在非洲，在撒哈拉地区呈地方性流行，并曾在欧洲、中东的部分国家和地区偶尔发生。

（一）主要临床症状

1. 马瘟热型　马瘟热型是该病最轻微的形式，动物会出现短暂的中度发热和眶上窝部分水肿，无其他临床表现。该类型的患畜几乎不发生死亡。

2. 亚急性/心脏型　动物出现发热，头颈部、胸部、眶上窝水肿，眼睛点状出血，舌头瘀斑性出血和绞痛。在这些情况下，感染动物的死亡率可能超过 50%。

3. 超急性/肺型　肺型是几种类型中最严重的，症状迅速出现，包括发热（39～41℃）、抑郁、重度呼吸窘迫、鼻孔内有鼻分泌物、重度呼吸困难、头颈伸展，咳嗽和严重出汗。通常死亡率超过 95%。

4. 混合型　混合型结合了心脏型和肺型的特征。通常情况下，死亡率可能超过 70%，死亡往往发生在感染后 3～6d。

（二）发病机制

AHS 为虫媒性疾病，病毒通过库蠓叮咬传播。动物被受感染库蠓的叮咬暴露后，AHSV 最初在邻近的淋巴结中复制，随后产生病毒血症，通过血液循环扩散。病毒易感染血管内皮细胞，造成广泛损害，包括体腔和组织积液及大范围出血。

（三）病理变化

肺型最明显的病变是肺小叶间水肿和胸腔积液，表现为小叶间组织浆液性浸润，肺泡扩张和毛细血管充血。胸膜下和小叶间组织被黄色的胶状渗出物浸润，整个支气管可能充满表面活性物质，产生泡沫。肝中央静脉扩张，间质含有红细胞和色素，肝实质细胞脂肪变性。肾皮质可见细胞浸润，脾严重充血。腹腔和胸腔出现积液，胃黏膜充血、水肿。

心脏型最突出的病变是皮下、筋膜下、肌内组织和淋巴结内的胶状渗出物，心肌和骨骼肌混浊肿胀。心包积液，心外膜和心内膜出血。盲肠和结肠的浆膜表面也可出现点状出血和/或发绀。在这些情况下，由于内皮细胞的选择性参与，受累部位和未受累部位之间经常可见明显的界线。与肺型一样，可出现腹水，但仅表现为轻微的肺水肿或不发生肺水肿。在混合型 AHS 中，可出现肺型和心脏型疾病共同的病变。

（四）病理诊断要点

病马出现皮下水肿、呼吸窘迫等临床症状，剖检内脏充血/出血、胸腹腔积液。

第十五章　细菌性疾病病理

细菌是环境中最为常见的一类微生物，其中的一些致病菌或条件致病菌常常会感染动物引发疾病，甚至造成死亡。在动物养殖中，如果未能及时对细菌性疾病采取有效的防控措施，往往会导致疾病迅速蔓延，从而给畜牧养殖业造成巨大的经济损失。因此，学习掌握常见细菌性疾病的病理变化及其发病机制，对于疾病防治具有重要意义。

第一节　多种动物共患细菌性疾病

一、炭疽

炭疽（anthrax）是由炭疽杆菌（*Bacillus anthracis*）引起的一种人兽共患急性传染病。动物中马、牛、羊易感性最高，猪次之。该病的特征是突然发病、经过急剧、死亡率极高。炭疽杆菌在适宜的温度下，能形成抵抗力强大的芽孢，被芽孢污染的地区，可成为该病长期的疫源地，因此对该病必须有足够的重视。临床上对于已确诊的炭疽病尸，禁止剖检；可疑为炭疽的病畜尸体，若需剖检，必须在严格消毒和有安全防护的条件下进行，剖检后，须将尸体深埋或焚烧，剖检地点必须进行严格的消毒处理。

（一）主要临床症状

临床表现可分为最急性型、急性型、亚急性型和慢性型4种。最急性型常见于绵羊和山羊，动物突然发病，天然孔出血，抽搐而亡；急性型多见于马和牛，病程1～2d，发病初期体温升高，濒死时体温骤降；亚急性型一般见于马、驴、骡等，病程3～7d，常伴呼吸困难症状；慢性型主要发生于猪，潜伏期12h～12d，无明显临床症状。

（二）发病机制

炭疽杆菌感染后首先在侵入的局部组织进行发育繁殖；当机体健康状态良好时，自身的防御机制会主动对病菌繁殖产生抑制作用，且会杀死大部分菌体；但当机体抵抗力下降时，就会使有毒力的炭疽杆菌及时形成一种荚膜，保护菌体不会受到体内溶菌酶和白细胞吞噬作用，导致细菌大量繁殖和不断扩散。另外，炭疽杆菌还能够产生毒素，导致局部发生水肿，且菌体能够在水肿液中继续繁殖，并通过淋巴管侵入局部淋巴结，最终侵入血液中并开始大量繁殖，从而引起败血症。

（三）病理变化

动物发病后，由于畜种、机体抵抗力和菌株毒力等的不同，其所呈现的病理变化也不一样。通常可分为败血型（全身型）和痈型（局灶型）两种。

1. 败血型（全身型）炭疽　　败血型（全身型）炭疽（anthrax of the septicemic or general form）

多发生于马和牛等大动物。感染炭疽杆菌后，炭疽杆菌在感染的局部迅速发育繁殖，很快进入血液，并大量繁殖，引起败血症，使病畜呈最急性经过而死亡。

【剖检】死于败血型炭疽的病畜，表现尸僵不全或不发生尸僵，尸体很快腐败而腹围膨大。从鼻腔和肛门等天然孔内流出暗红色不凝固的血液。可视黏膜呈蓝紫色，并有小出血点。切断肢体时，见血液凝固不良，血液黏稠呈暗红色或黑红色的煤焦油样。机体不同部位（皮下、肌间、浆膜下、肾周围、咽喉部等）的结缔组织被红黄色透明的浆液所浸润而呈胶冻样，并密发大小不等的出血点。胸、腹腔内积留多量混浊的液体，肌肉呈暗红褐色。

脾极度肿大，达正常的3～5倍。被膜紧张，外观呈紫红色，质地软化，触之有波动感。切面呈黑红色，边缘外翻，脾髓呈软泥状，有时能自动向外流淌。脾小体和脾小梁不明显。脾极度肿胀时可引起破裂。

全身淋巴结肿大，呈暗红色；切面湿润，呈暗红色或黑红色，呈出血性淋巴结炎病变。

胃肠道，尤其是小肠呈现弥漫性出血性肠炎或出血性坏死性肠炎。有的病例，形成局灶性出血性坏死性肠炎，即所谓的肠炭疽痈。肠管呈弥漫性出血和坏死时，肠黏膜肿胀，呈褐红色半透明状，并密发暗红色出血斑点，肠内容物稀薄，呈红褐色如煮烂的红小豆水样。

心脏、肝和肾等器官，显示明显的颗粒变性和脂肪变性，被膜均散存有小出血点。肺严重淤血、出血和水肿。气管黏膜肿胀，密发点状出血。

【镜检】脾静脉窦及脾髓内充满红细胞，脾组织结构被压挤而大部分破坏，在脾组织内存有大量炭疽杆菌。淋巴组织内的血管高度扩张充血和出血，窦腔内充满红细胞和多量中性粒细胞。在淋巴组织内也有大量炭疽杆菌，有时淋巴组织发生坏死。肠黏膜充血、出血和坏死，黏膜上皮坏死、脱落，黏膜下层与肌层也有浆液和纤维蛋白浸润。

2. 痈型（局灶型）炭疽　　痈型（局灶型）炭疽（anthrax of the carbuncular or local form）主要发生于机体抵抗力比较强、侵入的炭疽杆菌数量少和毒力弱的病例。此时，由于机体对侵入的炭疽杆菌进行顽强的防御，炭疽病变限制在局部而形成炭疽痈。如果此时在临床上实行有效治疗和机体抵抗力继续增强，则炭疽痈病变可以治愈。如果炭疽痈形成过程中，机体的抵抗力逐渐降低，细菌数量逐渐增多和毒力继续增强，则常在局部痈的基础上发展为败血型炭疽，故在剖检时见两型病变同时存在。炭疽痈的常发部位有下列几处。

（1）肠炭疽（intestinal anthrax）　　多见于马和牛。炭疽芽孢经消化道侵入肠腔后，由于环境适宜，即发展成带荚膜的菌体；后者侵入肠壁的淋巴小结，使淋巴小结发生潮红、肿胀，形成半球形或堤坝状隆起，以后逐渐扩大，形成局灶性出血性坏死性肠炎。此时肿大、坏死的淋巴小结顶端黏膜呈暗红色或黑红色，其中心有灰褐色或灰黑色的坏死痂皮，而病灶周边发生严重的炎性水肿。

（2）皮肤炭疽（cutaneous anthrax）　　多见于马、骡，也见于牛。常因皮肤创伤感染或经带菌的吸血昆虫刺螫而发生。初期见于颈部、肩胛部、胸前部或腹下部发生局灶性的坚硬肿胀，与周围组织界线明显。以后病变扩大，皮肤呈出血性浆液性水肿，此时如针刺肿胀部，常流出半透明或混浊的棕黄色液体；镜检渗出液见有大量炭疽杆菌。

（3）咽炭疽（pharyngeal anthrax）　　多见于猪，常经消化道感染而发病。猪炭疽90%表现为咽炭疽。病变主要局限于颌下、颈前和咽后淋巴结及扁桃体。病变淋巴结呈不同程度的肿大，有的可达鸭蛋大。初期，患畜主要呈现出血性淋巴结炎，随侵入细菌的数量和毒力的不同，在淋巴结的局部或大部出现病变。病变部分呈粉红色至深红色，多汁，病、健部分界线明显。在淋巴结周围有浆液性或浆液出血性浸润。转为慢性时，呈出血性坏死性淋巴结炎的变化，病灶切面致密，发硬发脆，呈一致的砖红色，并有散在的坏死灶。在下颌淋巴结出现病变的同时，扁桃体也受侵害，表现为充血、出血和水肿，有时于表面被覆黑褐色纤维素性坏死性假膜。病灶周围，有时甚至整个咽喉头部的结缔组织发生出血性胶样水肿，严重时导致动物发生窒息而死。

（四）病理诊断要点

猪患该病多表现为炭疽痈，草食兽常表现为急性败血症，脾显著肿大和脾髓软化。

二、布鲁氏菌病

布鲁氏菌病（brucellosis）是由布鲁氏菌（*Brucella*）所引起的人兽共患传染病。动物中，以牛、羊和猪最为易感。临床上以流产为主要表现形式，故又称该病为传染性流产（infectious abortion）。布鲁氏菌按其生物学特点可分为牛、羊、猪三型。

（一）主要临床症状

动物感染布鲁氏菌常为睾丸炎、胎盘炎、流产等表现。

（二）发病机制

布鲁氏菌通过消化道、生殖器官、健康或受伤的皮肤、有时也可能由眼结膜等处侵入机体，通常在侵入局部存活短期之后即经淋巴到达局部淋巴结，如果在此过程中没有被机体的防御反应所消灭，则将在淋巴结中进行繁殖，引起局部淋巴结的病变，并侵入血液，引发菌血症及全身性的病理过程。

（三）病理变化

1. 基本病理变化　各种家畜因布鲁氏菌病而自然死亡的病例不多，一般在患病以后经一定时期就可能自然痊愈，或转变为慢性过程而使原先出现的病变瘢痕化甚至消失，只有极少数病例在急性期或病情的急性发作过程中死亡。布鲁氏菌病基本病理变化可分为增生性结节和渗出性结节。

（1）增生性结节　见于慢性病例。

【剖检】该结节常见于淋巴结、脾、肝、肾、心脏、肺等多种器官，其中以肝、肾和肺的结节最为典型。

【镜检】结节中心有少量中性粒细胞聚集，同时有局部组织实质细胞（如肝细胞、肾小管上皮、肺泡上皮）的变性和坏死、间质网状细胞增生和淋巴细胞浸润。然后，增生的网状细胞转变为上皮样细胞和多核巨细胞，构成特殊性肉芽组织。随着坏死的组织被吸收，所留的空隙被增生的间质细胞填充，故在镜下只看到细胞集团，而坏死组织表现不甚明显（图15-1）。

增生性结节的转归随具体情况而不同。在淋巴结和脾，增生组织的面积较大，为弥漫性增生，其细胞形态以上皮样细胞为主，以后逐渐纤维化，转变为普通肉芽组织，进而瘢痕化。

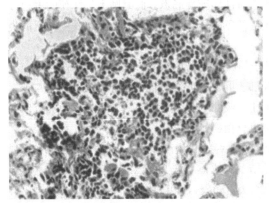

图15-1　布鲁氏菌病肺肉芽肿（绵羊）（HE 10×40）
结节主要由上皮样细胞和淋巴细胞组成

出现在肝、肾、心脏、肺等器官中较小的增生性结节，当病原菌被杀灭后，可以因组织的改建而完全恢复正常结构；反之，如病原菌继续繁殖，则结节继续扩大，在其中可出现不同数量的上皮样细胞和多核巨细胞，结节的中心部分发生坏死，并逐渐转变为干酪样坏死，甚至继发钙化。

（2）渗出性结节　　见于慢性病例急性发作，多由增生性结节转化而来。

在机体抵抗力降低、病情恶化的情况下，增生性结节转化为渗出性结节。转化的过程是：未被消灭的病原菌使中央坏死区迅速向外扩大，其外周的特殊性肉芽组织或普通肉芽组织继发充血、渗出，并出现新的坏死灶。其结果使原来作为结节包膜的结缔组织充满怒张的毛细血管和渗出的浆液，同时结缔组织细胞也逐渐变为成纤维细胞；有些转变为上皮样细胞和多核巨细胞。坏死一方面从坏死灶边缘向外扩展，另一方面在结节外围包膜中也出现中性粒细胞集聚，这些细胞集聚总是以某一怒张的毛细血管为中心，表明病菌从血流向外扩散，这种充满中性粒细胞的血管进一步成为新坏死灶的起点，而且迅速扩大。这种坏死区的扩大使其外围原有的特殊性肉芽组织消失，普通肉芽组织区充血、渗出和新坏死区逐渐形成，即由增生性结节转化为渗出性结。

2. 不同动物感染后的病理变化

（1）羊布鲁氏菌病　　羊布鲁氏菌病（brucellosis in sheep）是由羊型布鲁氏菌所引起的一种慢性传染病。该病多为隐性型，剖检时通常很少发现明显的肉眼病变。只在少数病情比较严重的病例，可以看到某些淋巴结的增生性肿大，在淋巴结、肺、肝、肾、脾等器官内出现少数灰白色布鲁氏菌病结节。

1）妊娠母羊：在临床上表现为流产，流产后子宫常继发子宫炎。这是因为胎衣滞留不下，化脓性细菌乘机侵入而引起，甚至可以导致子宫积脓和子宫坏疽，成为脓毒败血症之源。如果感染较轻，炎症长期存在，则发展成为慢性子宫炎。剖检见子宫体积较正常大，子宫内膜因水肿和组织增生而显著增厚，呈污红色。增厚的黏膜呈波纹状皱褶，有时可见局灶性的坏死和溃疡，或呈息肉状的增生物。

2）流产后的子宫：在子宫绒毛叶阜间隙中，有污灰色或黄色无气味的胶样渗出物，其中含有脱落的上皮细胞、中性粒细胞、组织坏死崩解产物和病原菌。绒毛叶阜呈化脓性坏死性炎，因肿胀充血而呈污红色或紫红色；由于伴发坏死灶，表面覆以黄色坏死物和污灰色脓液。

3）胎膜：胎膜由于水肿而增厚，表面覆以纤维蛋白和脓液。镜检胎膜上皮发生炎性水肿、充血、出血，胎盘绒毛上皮发生变性、坏死和崩解。

4）胎儿：受感染而死亡的胎儿呈现败血症的变化。浆膜与黏膜有出血点与出血斑，皮下组织炎性水肿，脾和淋巴结肿大，脾出现小坏死灶。脐带也常呈现炎性水肿。

（2）牛布鲁氏菌病　　牛布鲁氏菌病（brucellosis in bovine）是由牛型布鲁氏菌所引起的一种慢性传染病。

1）妊娠母牛：临床主要表现为流产。其主要病变见于流产后的子宫、胎膜和胎儿的变化，具体病变同妊娠母羊布鲁氏菌病。

2）非妊娠的母牛：以乳腺和淋巴结最易受侵害，其次是脾和肝，而肾、子宫、卵巢受侵的机会则较少。这些受侵的器官可以出现或多或少的布鲁氏菌性结节性病变（如前述）。

3）公牛：可以发生化脓性坏死性睾丸炎和附睾的炎症。睾丸显著肿大，其被膜与外层浆膜相粘连。切面见有淡黄色干固的坏死灶与化脓灶。

（3）猪布鲁氏菌病　　猪布鲁氏菌病（brucellosis in swine）是由猪型布鲁氏菌所引起的一种慢性传染病。其病理变化和牛、羊布鲁氏菌病大体一致。

1）母猪：子宫常受侵害，引起子宫内膜炎。在妊娠母猪，发生胎盘炎症，并导致流产；流产后可能由慢性子宫炎使受精发生障碍，或即使受精也可能再发流产。据统计，有44%的患病母猪有子宫病变，表现为多发性黄白色高粱米粒大的结节性病变，位于黏膜深部，并向黏膜面隆突，通常称为子宫粟粒性布鲁氏菌病。

2）公猪：睾丸最常受侵，据统计，34%~95%的患病公猪有睾丸病变。睾丸高度肿大，出现化脓性或坏死性炎，后期病灶常发生钙化；睾丸继发萎缩，生殖能力消失。除睾丸外，附睾、精囊、前列腺和尿道球腺均可发生同样性质的炎症。

猪患布鲁氏菌病时，机体各部均可发生脓肿，各内脏、中枢神经系统、四肢或机体某部皮下。骨及关节的病变偶尔见之，如椎体和椎间软骨有坏死灶形成，有时可以造成截瘫。四肢关节可发生浆液性纤维素性关节炎或化脓性关节炎。

（四）病理诊断要点

动物感染布鲁氏菌常表现为睾丸炎、胎盘炎、流产。

三、结核病

结核病（tuberculosis）是人兽共患的一种慢性细菌性传染病，病原体为结核分枝杆菌（*Mycobacterium tuberculosis*）。结核分枝杆菌按其致病力的不同，可分为人型（*Mycobacterium tuberculosis* var. *hominis*）、牛型（*Mycobacterium tuberculosis* var. *bovis*）和禽型（*Mycobacterium tuberculosis* var. *avium*）三种。人型菌以侵害人类为主，牛型菌以侵害牛为主，禽型菌以侵害禽类和猪为主。但无论何型，对其他动物和人类也具有一定的侵害能力，所以引起的病理过程和病理变化也基本一致，只是易感性和致病力有些程度上不同。

（一）主要临床症状

1. 人型

呼吸系统结核：发病早期一般没有症状或出现干咳，随着病情的发展，出现咳痰症状，少数患者可出现咯血、胸痛等症状。

泌尿系统结核：发病早期多表现为尿痛、尿急、尿频，后期会出现腰痛、脓尿等症状。

消化系统结核：发病早期多表现为右下腹隐痛，偶尔有阵发性绞痛，随着病情的发展，会出现腹泻、腹部肿块等症状。

生殖系统结核：睾丸、附睾肿大，少数出现阴囊增大、精液量变少、会阴部不适等症状。

骨与关节结核：病变部位疼痛，部分患者会伴随全身症状，如低热、乏力、盗汗等。

2. 牛型

肺结核：病牛病初无明显症状，常发生短促干咳，渐变为湿性咳嗽。随着病情进一步加重，咳嗽频次增加，呼吸次数逐渐增加，严重时会出现气喘现象。

淋巴结核：肩前、腹前、腹股沟、颌下、咽及颈部等淋巴结肿大。

乳房结核：乳房淋巴结肿大。乳汁稀薄，泌乳量逐渐减少甚至无乳。

肠结核：犊牛多发，常表现消化不良、食欲不振、便秘与下痢交替出现，动物快速消瘦。

生殖器结核：妊娠母畜流产。公牛附睾肿大，阴茎前部发生结节、糜烂等。

脑结核：表现神经症状，如癫痫、运动障碍等。

3. 禽型　　感染初期不表现任何明显症状。随着病情的加剧，病禽精神委顿，食欲减少，消瘦，产蛋率下降或停产。

（二）发病机制

结核病本质是寄生在宿主体内的结核分枝杆菌诱发的复杂宿主免疫反应。结核分枝杆菌的免疫原性很强，可诱导宿主产生保护性和组织损伤性两种免疫应答，既保证宿主免于致死，又适时破坏机体组织，释放结核分枝杆菌逃离宿主，从而完成结核分枝杆菌从感染、寄生到传播的完整生命周期循环。

（三）病理变化

1. 基本病理变化　　畜禽结核病的病理变化虽很复杂，但其基本表现形式是在各组织、器官形成特异性的结核结节（tubercle）。结核结节随机体的反应性不同，分为增生性和渗出性两种。

（1）增生性结核结节

【剖检】增生性结核结节为最多见的一种病变，其特点是在组织和器官内特别是在肺组织内形成粟粒大至豌豆大灰白色半透明的坚实结节；有的结节孤立散在，有的密发，也有的几个结节相互融合，形成比较大的集合性结核结节。

【镜检】增生性结核结节的结构：中心是中性粒细胞及组织细胞的坏死碎片，其周围是对结核分枝杆菌有强大吞噬能力的单核细胞（巨噬细胞）。单核细胞有来自血液的，而更主要的是由局部组织的间叶细胞（网状细胞、成纤维细胞、血管外膜细胞和血管内皮细胞）增生而来。当这种单核细胞吞噬结核分枝杆菌后，如果病菌毒力较强，在细胞内未被消灭，甚至继续繁殖，则导致单核细胞崩解。如果机体抵抗力增强，则病菌在细胞内被消灭，病菌的类脂质成分弥散于巨噬细胞内，该细胞即变为细胞体大、细胞质淡染较透明、细胞之间分界不清而细胞核呈不正圆形或椭圆形的上皮样细胞（epithelioid cell）。其中有些上皮样细胞分裂增生为朗汉斯巨细胞（图 15-2），这种细胞的细胞体特别大，常在细胞内有几个或几十个细胞核，具有强大的吞噬力。由上皮样细胞和多核巨细胞所构成的组织，称为特异性肉芽组织，其中含有血管，在眼观上呈灰白色半透明状。时间经久，结节中心发生干酪样坏死或钙化，此时结节在眼观上由灰白色变为灰黄色混浊，周边由结缔组织增生和淋巴细胞浸润而形成包膜。一个典型的增生性结核结节，在镜下有三层结构，即中心为干酪样坏死与钙化，中间层为上皮样细胞和多核巨细胞构成的特异性肉芽组织，外层为由成纤维细胞和淋巴细胞等构成的普通肉芽组织（图 15-3）。

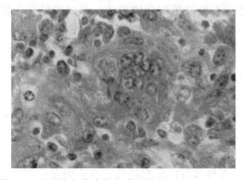

图 15-2　视野中央为朗汉斯巨细胞（HE 10×40）

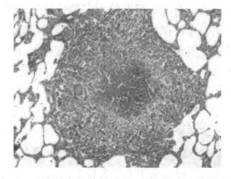

图 15-3　肺增生性结核结节（猪）（中心为坏死组织，周围有上皮样细胞、朗汉斯巨细胞和淋巴细胞围绕）（HE 10×10）

（2）渗出性结核结节

【剖检】渗出性结核结节比较少见。当机体抵抗力弱时，结核分枝杆菌侵入组织后，引起局部组织充血、渗出，表现有多量浆液、纤维蛋白和渗出各种游走细胞呈灶状积聚。

【镜检】渗出的炎症细胞主要为单核细胞、淋巴细胞和少量中性粒细胞。由于病灶内增生过程微弱，所以上皮样细胞较少。渗出性结节比较坚实，切面呈黄白色干酪样坏死，病灶周围有明显的炎性水肿。

2．不同动物感染后的病理变化

（1）牛结核病　　牛结核病（tuberculosis of cattle）主要由牛型结核分枝杆菌引起。牛是各种家畜中对结核分枝杆菌最敏感的动物，乳牛的结核病尤为多见。

1）原发性结核病变（primary tuberculous lesion）：当结核分枝杆菌从呼吸道或消化道侵入机体后，如果机体抵抗力较弱，病菌很快突破呼吸道和消化道的黏膜防御，首先在肺和肺淋巴结、肠和肠系膜淋巴结等部位，形成原发性结核病变。有时即使是由消化道侵入的病原菌，也多半于肺形成原发性结核病变，可见结核分枝杆菌对肺组织具有特殊的亲和性。

肺的原发性结核病变，多数位于通气较良好的部分，如膈叶壁面钝圆部的肺胸膜下方，其大小限于一至几个肺小叶，病变部硬实，呈结节状隆起。结节中心呈黄白色干酪样坏死，其周边呈明显的炎性水肿。随着机体免疫性的逐渐增强，这种渗出性结节可因肉芽组织的迅速增殖而停止发展，周围的水肿液可被吸收而不留痕迹，干酪样坏死物继发钙化。如果病变内的结核分枝杆菌沿淋巴道扩散，则同侧淋巴结也发生类似性质的病变，即在干酪样坏死后继发钙化，并被结缔组织所包围。

消化道及相关免疫器官的原发性结核病变多半发生于扁桃体及小肠后段的黏膜上。发生于扁桃体的病变，形成很小的干酪样坏死灶，以后继发钙化和包囊形成，而有的于黏膜表层形成溃疡。出现于小肠的原发病变，主要发生于回肠的淋巴小结部，形成呈干酪样坏死的溃疡灶。相应的肠系膜淋巴结可继发同肺淋巴结所见的病变。

2）继发性结核病变（secondary tuberculous lesion）：当原发性结核病变形成之后，其结局取决于机体的抵抗力。如果机体抵抗力强，则很快于病灶周围增生大量结缔组织，将其包围、机化而治愈。如果机体抵抗力特别弱，则原发病灶内的病菌很快侵入血液而使疾病早期全身化，主要是在肺形成许多粟粒大、半透明、密集的结核结节，此称为急性粟粒性结核。后者严重时呈现败血症经过而死亡。如果原发病灶内的病菌在相当长的时间内，只是小量而间断地进入血液，则可于各器官形成不同生长时期和大小的结核结节，此称为慢性粟粒性结核，它是早期全身化的良性类型。但在绝大多数情况下，病牛随着原发性结核病变的形成，机体对结核分枝杆菌的免疫力也在增长，故常使原发病灶局限化，使其处于相对静息状态。以后，当机体的免疫力受各种因素影响而降低时，病变内仍存活的病菌又通过淋巴或血液蔓延而扩散到全身，此称为晚期全身化。此时，病牛常于肺、淋巴结、胸腹腔浆膜和乳腺等部位，形成慢性增生性结核病变（图 15-4～图 15-7）。

A．慢性肺结核：除经血液和淋巴途经扩散而来外，更主要的是经支气管扩散到肺，因此病变是比较复杂的。在肉眼上支气管源性病灶具有与支气管树一致的分布规律，有下列几种形式。

结核性肺泡性肺炎：为病变的最初形态，炎症从细支气管开始，蔓延到所属的肺泡。病变很快干酪化，形成粟粒大至米粒大、形态不整、周边呈炎性水肿的坚实结节。结节切面呈灰白色油脂样，干酪化时呈黄白色混浊。

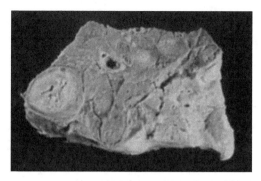

图 15-4　牛肺结核结节

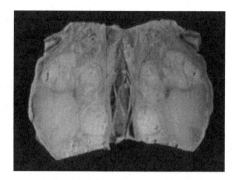

图 15-5　牛淋巴结干酪样结核结节

图 15-6　牛肝结核结节

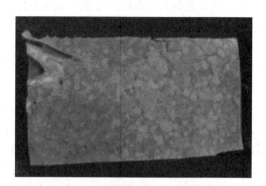

图 15-7　牛肺粟粒样结核结节

肺泡结节性结核：由结核性肺泡性肺炎直接扩大而形成。病变大小不到一个小叶，多半位于肺叶的钝圆部。肺泡结节性结核有的以渗出变化为主，呈明显干酪样坏死；有的以增生变化为主，有大量特异性肉芽组织增生，结节周边炎性水肿轻微或缺乏。

小叶性结核：病变达一至几个肺小叶大小，具有明显渗出特征。病变坚实，切面干燥，呈黄白色或灰白色干酪化，常形成干酪性肺炎。

肺空洞：由小叶性结核病变形成。其形式有溶解性肺空洞和支气管扩张性空洞两种。前者指干酪样病灶破坏支气管，干酪样内容物经破坏的支气管咳出而形成；后者指支气管壁本身发生慢性结核病变，管腔内渗出多量脓性分泌物，而管壁有多量结缔组织增生和瘢痕化牵引使支气管局限性扩张。

B．淋巴结结核：淋巴结是结核病过程中最常受害的组织之一。凡是某一器官内出现结核病变，其所属的淋巴结也必然相应地出现结核病变。有时器官的病变不明显或已消灭，但所属的淋巴结却仍存有病变。肺和肠是最常受侵害的器官，所以肺淋巴结、纵隔淋巴结和肠系膜淋巴结是最常出现结核性淋巴结炎的部位。结核性淋巴结炎主要通过淋巴源转移而来，有时也可经血源转移而来。病变分渗出性和增生性两种。

渗出性干酪性淋巴结炎：淋巴结首先发生浆液性或浆液性纤维素性淋巴结炎，淋巴结的网状细胞和网状纤维发生急性肿胀，以后迅即转变为干酪样坏死；而淋巴结固有的小梁仍残留，故切面见干酪样坏死呈放射状，此时整个淋巴结高度肿大。

增生性结核性淋巴结炎：表现上皮样细胞和多核巨细胞呈结节性和弥漫性增生两种形式。结节性增生形成粟粒大、中心干酪化或钙化的结节；弥漫性增生时淋巴结呈急性肿胀、硬实，切面灰白色，无明显的干酪样坏死变化。

C. 浆膜结核：多见于胸膜、腹膜和心外膜。病菌由血液转移而来，多半属于增生性。病变特点是在浆膜下有大量特异性肉芽组织和普通肉芽组织增生，形成黄豆大、榛子大、核桃大或拳头大的结节，结节有一细长根蒂与浆膜相连接，结节中心为干酪样坏死和钙化。结节表面光滑而有光泽，故习惯称之为"珍珠病"（pearl disease）。

D. 结核病变还见于肝、肾和乳腺等器官，其特点为形成渗出性或增生性结核病变。

（2）猪结核病　猪结核病（tuberculosis in swine）是一种慢性传染病，常在屠宰后检查时发现，而自然死亡的病例少见。其病原体有禽型、牛型和人型结核分枝杆菌，病菌经扁桃体或肠黏膜侵入机体。

1）局部淋巴结结核：在猪宰后检查中，比较常见的病变是咽颈部淋巴结结核（尤其颌下淋巴结），其次是肠系膜淋巴结结核。局部淋巴结结核多数是由禽型结核分枝杆菌所引起，少数是由牛型和人型结核分枝杆菌所引起。

【剖检】局部淋巴结结核有结节性和弥漫性增生两种形式。前者有粟粒大至高粱米粒大，呈灰黄色，中心干酪化或钙化；后者见淋巴结呈急性肿胀而硬实，切面灰白色，无明显的干酪样坏死变化。

局部淋巴结结核病变是由禽型结核分枝杆菌还是由牛型或人型结核分枝杆菌引起，这在眼观上虽然难以鉴别，但各自具有某些特点。前者，淋巴结呈不同程度的肿大、坚实，没有散在的化脓灶，而有数个比较大而软的干酪样区。虽然有弥漫性增生现象，但包膜形成不明显。干酪样坏死灶的钙化也不明显，这种干酪样坏死区，有时可波及整个淋巴结。后者，病变为结节状，结节外围包膜形成良好，界线清楚，结节中心干酪样坏死和钙化均较明显。

【镜检】禽型结核分枝杆菌所引起的结核病变的特征是上皮样细胞和多核巨细胞呈弥漫性增生。在陈旧的病变中可见有不明显的坏死和钙化，在外围也不见有明显纤维化的包囊形成。相反，由牛型或人型结核分枝杆菌所引起结核病变，病变周围有良好的结缔组织包囊形成，病变中心为明显的干酪化和钙化。

2）全身性结核病：猪的全身性结核病很少见，它主要是由牛型结核分枝杆菌引起，少数也可由禽型结核分枝杆菌引起。病原菌侵入消化道后，经淋巴和血液扩散至全身。

【剖检】猪全身性结核，除咽、颈部淋巴结和肠系膜淋巴结的结核病变外，肺、肝、脾、肾等器官及其相应的淋巴结都可见数量不等和大小不同的结节性病变。这种结节性病变因病原菌型的不同，其形态也有差异。

【镜检】由牛型结核分枝杆菌所形成的结节性病变多半散在，周围有良好的结缔组织包膜形成，结节中心发生干酪样坏死，并且钙化明显；由禽型结核分枝杆菌所引起的结节性病变，为由上皮样细胞和多核巨细胞组成的弥漫性增生，包膜形成不明显，通常不见有干酪样坏死。

（3）鸡结核病　鸡结核病（tuberculosis of fowl）是由禽型结核分枝杆菌所引起的慢性传染病。家禽中鸡、鸽、鸭、鹅等都可感染，但以鸡和鸽的发病率最高。该病主要见于成年鸡，6个月以下的幼鸡较少见。病原菌经消化道感染，先在肠部出现病变，在肠病变的基础上引起血源性或淋巴源性扩散，从而导致肝和其他器官的病变。

鸡结核病的病变最多见于肝，其次是脾和肠管，而肺受侵的机会较少。

1）肝结核性病变。

【剖检】大致可分两型，一型是整个肝布满多数细小的结核结节，这种结节本质上是粟粒性结核病的表现形式。当肝出现这一型变化时，脾和其他器官也或多或少地出现同样的病变。另一型是肝出现体积较大但数量较少的结核性病变。这一型病变相当于由血源性扩散所致的慢性器官结核病的变化，病程久之，则可发展到相当大的体积，最大的病灶可达鸡蛋大，呈灰白色。大病灶中含有无数小的灰白色结节，因而整个病灶实为无数小病灶的集合体，这是鸡结核性病变所特有的表现形式。

【镜检】一个发展完整的结核结节，其中央部分为富有核破碎的、呈鲜明红染的坏死性物质，进一步发展，核破碎物质转变成均匀无结构状，并在其边缘出现多量上皮样细胞和多核巨细胞，有时这些细胞呈放射状排列。在这些上皮样细胞和多核巨细胞的外围为一狭窄的"透明区"，其间可看到极少数的上皮样细胞、单核细胞和淋巴细胞。在透明区外围为上皮样细胞、单核细胞和淋巴细胞混合存在的肉芽组织区。

2）肠结核病变。

【剖检】见于肠壁的淋巴小结，特别是集合淋巴小结。受侵的淋巴小结在初期发生坏死，其后继发干酪化。病变进一步向外围发展，首先引起表层黏膜坏死而形成溃疡。干酪化深达肌层，有时可达浆膜下。当鸡肠结核深达浆膜下时，从浆膜面就可明显见到，病变向浆膜面呈结节状隆突。由于病变发展很缓慢，溃疡底部有足量的结缔组织增生，所以不致穿孔。

【镜检】肠结核病变的镜下所见同肝病变。

3）其他部位：脾、肺、肾、骨髓等可能受侵害，有时骨和关节部分也可能发生结核性病变。

（四）病理诊断要点

淋巴结和器官形成干酪样坏死的结核结节，牛结核常侵害肺、小肠及相应淋巴结，鸡结核常侵害肝、脾，动物往往死于结核性败血症。

四、钩端螺旋体病

钩端螺旋体病（leptospirosis）是由钩端螺旋体（*Leptospira*）引起的人兽共患传染病。在自然条件下，犬、猪、马、绵羊等动物都可感染发病。

（一）主要临床症状

不同血清型的钩端螺旋体对各种动物的致病性有差异，动物机体对各种血清型钩端螺旋体的特异性和非特异性抵抗力又有不同，因此各种家畜感染钩端螺旋体后的临诊表现是多种多样的。总的来说，传染率高，发病率低，症状轻的多，症状重的少。钩端螺旋体所致疾病的临床症状主要为发热、贫血、黄疸、出血、血红蛋白尿及黏膜和皮肤坏死。

（二）发病机制

病原体主要是经胃肠道黏膜侵入，但也可经鼻腔黏膜、眼结膜及损伤的皮肤而感染。钩端螺旋体具有显著活动性，能迅速侵入组织，首先在肝停留增殖，然后进入血液内发育繁殖。当出现明显临床症状的时候，血液中的钩端螺旋体已消失而进入其他组织器官，其中以肝、肾和肾上腺存在的菌体为最多。

（三）病理变化

马、牛和猪的钩端螺体病的病理变化分别叙述如下。

1. 马钩端螺旋体病　　马钩端螺旋体病（leptospirosis in horse）的病原体有波蒙纳钩端螺旋体（*Leptospira pomona*）、黄疸出血性钩端螺旋体（*Leptospira icterohaemorlrhagiae*）及犬疫

钩端螺旋体（*Leptospira canis*）等。波蒙纳钩端螺旋体可以从马肾内检出，其他脏器和血液中少见。

【剖检】呈急性死亡的马，营养一般无变化；但若病程持续，则呈营养不良，眼结膜、口鼻黏膜呈现湿润的黄褐色。慢性病例黏膜呈淡黄色贫血状态。皮肤有大小不等的脱毛部位，角质层大量脱屑，多见于唇、颈、背腰和臀等部位。皮下结缔组织、腱、骨膜和脂肪组织在多数病例均被染成黄褐色；在咽下部和腹部见有水肿；骨骼肌萎缩，呈深黄红色或淡黄红色，并见有点状、线状出血。

胸腹腔内的液体增量，呈橙黄透明。腹膜、大网膜和肠系膜被染成淡黄色。胃黏膜肿胀，肠黏膜可见有出血。肝稍肿大，呈黄褐色、土黄色，被膜下见有少量出血斑点；肝实质见有少数灰黄色小坏死灶。肾常肿大，肾表面呈灰色、土黄色或深褐色，在皮层常见有小出血点。在肾表面还见有粟粒大到豌豆大的灰白色病灶，如果病程持续，则肾变硬呈灰黄色，切面见有增生的结缔组织呈灰色的条索带，肾盂黏膜出血。膀胱含混浊、深黄色尿液，少数病例尿呈深红色；膀胱黏膜散在有多数出血点。脾大小正常，在急性病例脾稍肿大；脾髓见有不同数量和不同大小的出血灶；脾小体肿大，脾髓内有多量含铁血黄素沉着，脾组织有时发生灶状坏死。淋巴结通常明显肿大、柔软，切面呈淡黄色，常有点状出血。肺呈明显水肿，肺胸膜有点状出血。心肌色泽变淡，呈黄红褐色、柔软；心内外膜见有斑点状出血。脑实质及脊髓呈淡黄色或淡灰色，脑髓发生水肿。

病马通常还发生周期性眼炎，眼炎经多次反复，出现严重的化脓性纤维素性虹膜睫状体炎，导致晶体混浊、萎缩甚至脱位，造成马匹失明。虹膜多半与混浊的晶体粘连而发生瞳孔不整和虹膜撕裂呈破网状。

【镜检】肝细胞呈颗粒变性，有时呈水泡变性和脂肪变性。肝细胞常含有多量呈颗粒状的胆色素；核溶解、碎裂。在间质细胞内见有含铁血黄素沉着；沉着的含铁血黄素量多时，肝呈锈褐色。镜检见神经细胞发生空泡变性，毛细血管内皮增生和血管周围细胞浸润。

2．牛钩端螺旋体病　　牛钩端螺旋体病（bovine leptospirosis）是由波蒙纳钩端螺旋体（*Leptospira pomona*）所引起的一种传染病。该病少数病例呈急性、亚急性经过，多数病例为慢性经过。

【剖检】疾病呈急性或亚急性经过时，其病理变化主要表现为不同程度的败血症变化；可视黏膜、皮下组织及浆膜呈明显的黄疸色；皮下、肌间、腹膜下及肾周围等处结缔组织发生弥漫性水肿。浆膜、黏膜及实质器官出血；胸、腹腔积有黄色或淡红色液体；实质器官呈现变性、坏死变化，尤以肝和肾最为明显。淋巴结呈急性浆液性淋巴结炎。肾除呈变性和坏死变化外，还可能见有浆液或浆液性出血性肾小球肾炎；肾体积增大，被膜紧张而易剥离，肾表面平滑，呈黄红色。有些病例肾表面有淡灰色粟粒大至豌豆大的病灶；切面湿润，皮质和髓质界线模糊。肾盂常充满灰红色或黄色黏液。病程长时呈间质性肾炎，肾固缩硬化，被膜不易剥离，表面凹凸不平呈颗粒状；切面皮质变窄，可见因结缔组织增生所致的淡灰色条索贯穿皮质和髓质。膀胱扩张，充满血样尿液。肝体积增大，边缘钝圆，表面呈黄褐色、土黄色，切面在黄棕色肝小叶的基础上常见黄绿色小点，质地脆弱、柔软。肺实质内有多量较大的出血斑。呈亚急性经过时，可见皮肤大片坏死，有时个别部位的皮肤发生干性坏疽及剥脱。

慢性病例主要呈贫血、衰竭，骨骼肌萎缩，并有增生性淋巴结炎和间质性肾炎。

【镜检】肝细胞发生颗粒变性，较少见脂肪变性或空泡变性。在肝细胞内常见有小颗粒状黄绿色的胆色素。微胆管扩张，充满胆汁。严重变性时，肝细胞索结构被破坏，肝细胞坏死、崩解，特别是在小叶的中央区，被血液代替。残留的肝细胞分离，仿佛悬浮于血液中。微血管内皮细胞肿胀、剥脱。病程久之，在小叶内可见组织细胞和淋巴细胞呈灶状聚集，叶间血管周围及结缔组织中有多量组织细胞和淋巴细胞浸润，有些组织细胞（包括肝巨噬细胞）内吞噬有大量的含铁血黄素。

肾间质血管扩张，充满红细胞并有血浆和白细胞积聚，内皮细胞肿胀、剥脱。肾小球毛细血管内皮显著增生，因而体积增大；肾小囊内有浆液性或浆液性出血性渗出物，并混有红细胞及球囊脱落上皮。肾尿管上皮细胞发生颗粒变性和较少呈脂肪变性，管腔内除见有脱落上皮细胞外，还见有蛋白质颗粒、白细胞、红细胞，个别有浆液性渗出物。在肾小管之间和肾小体周围有组织细胞和淋巴细胞呈灶状聚集。病程久时，肾小球发生萎缩和透明变性，间质由细胞增生转为大量结缔组织增生，肾小管也发生萎缩。

用银染法，在肝和肾组织内往往可以发现钩端螺旋体。

3. 猪钩端螺旋体病　　猪钩端螺旋体病（porcine leptospirosis）是由波蒙纳型和猪型等钩端螺旋体所引起的一种传染病。该病按其临床和剖检特点可分为黄疸型和非黄疸型两类。

（1）黄疸型　　多呈急性或亚急性经过。

【剖检】可视黏膜、眼巩膜呈浅黄色；皮下脂肪组织、浆膜呈明显淡黄色；胸腹腔和心包腔积有少量淡红色透明或稍混浊的液体。

肝体积轻度肿大，呈黄棕色、黄褐色、土黄色，切面在黄棕色的小叶内常隐约可见黄绿色小点，个别病例形成弥漫性粟粒大至绿豆大的胆栓。有些病例在肝被膜下出现粟粒大至黄豆大的呈丛状密集而稍向表面隆突的出血性病灶，切面上也有不规则、大小不等的出血性浸润区。这样的病例，其肝淋巴结显著肿大，切面可见重度充血和出血。

肾淤血、肿大，黄疸也很明显，其周围组织淡黄色。肾淋巴结也有充血、出血。

膀胱多呈高度膨满，尿液呈茶黄色，一般略带混浊，其中常混有黄绿色凝固的小块状物，黏膜有时有小出血点。

心外膜、心瓣膜及动脉内膜呈黄疸色。少数病例在心房和冠状沟见有轻度点状或斑状出血；肺常见水肿，在肺的表面及切面上可见均匀散在绿豆大至黄豆大的出血性病灶，并形成较硬的结节状病变。

【镜检】肝呈急性实质性肝炎。肝细胞索结构破坏，肝细胞肿大，呈颗粒变性或兼有脂肪变性，有时见肝细胞坏死；毛细胆管扩张，充满胆汁，有时可见胆色素沉积在肝细胞的细胞质内，叶间结缔组织内有少量组织细胞、淋巴细胞和中性粒细胞浸润。银染时在肝组织内有时可发现典型的钩端螺旋体。

肾曲小管上皮细胞发生颗粒变性，肾小体一般没有改变；间质内出现局灶性细胞浸润，即在肾小管周围有淋巴细胞、浆细胞和少量中性粒细胞浸润。银染时在曲细尿管的上皮细胞间常可见到钩端螺旋体。

猪钩端螺旋体病的出血性素质一般不明显，但也有见全身淋巴结、肾、心脏、肝乃至睾丸等各器官有重度出血，曾见少数病例在颈部、胸部皮下组织及肌间结缔组织呈现重度出血，也有在腹壁或四肢内侧处的皮肤呈局部性斑点状或大片融合性血斑。

（2）非黄疸型　　一般临床症状不明显。

【剖检】最明显的病变集中表现于肾。被膜因纤维性粘连而不易剥离，在皮质的表面散在多量直径为 0.1～1.0cm 的略呈圆形的灰白色病灶，切面见这些病灶多集中于皮质层，有些病例则延伸入髓质内。肾淋巴结轻度肿大。病程较长病例，肾表现固缩而硬化，表面呈高低不平的颗粒状，被膜不易剥离，切面皮质层狭窄，呈现肾萎缩病变。

【镜检】呈间质性肾炎变化，明显的病变是在肾曲小管之间、血管和肾小体的周围有淋巴细胞、组织细胞和浆细胞浸润；在炎区内肾曲小管上皮变性和坏死，肾小体毛细血管内皮细胞数目增多，有些发生透明变性。慢性病例，肾间质结缔组织明显增生。

（四）病理诊断要点

易感家畜种类繁多，钩端螺旋体的血清群和血清型十分复杂，只有进行实验室检查才能确诊。动物发热期采取血液，无热期采取尿液，死后采取肾和肝，进行暗视野活体检查和染色检查可见纤细呈螺旋状，两端弯曲成钩状的病原体。

五、坏死杆菌病

坏死杆菌病（necrobacillosis）是侵害多种家畜的一种创伤性传染病，其病原菌是坏死杆菌（*Fusobacterium necrophorum*）。该病常见于马、牛、猪等动物，人也可感染。由于各科动物受侵害的组织和部位的不同而有不同的名称，如腐蹄病、坏死性皮炎、坏死性口炎（白喉）、坏死性肝炎、坏死性乳腺炎等。

（一）主要临床症状

根据感染动物的不同呈现不同的临床症状。

猪的坏死杆菌病以坏死性皮炎较多。表现在皮肤和皮下组织发生坏死和溃疡，病初体表出现小丘疹，顶部形成干痂，干痂深部迅速坏死。如不及时治疗，病变组织可向周围和深部组织发展，形成创口较小的坏死腔，较大的囊状坏死灶，流出黄色、稀薄、恶臭的液体。

牛、羊、鹿、马为腐蹄病，蹄垫外伤感染、跛行、痂皮下组织坏死，严重者脱蹄。乳牛多见乳房组织坏死。

禽类以坏死性口炎为特征，流涎、口臭、厌食、黏膜坏死。

（二）发病机制

病菌经皮肤或黏膜的创伤感染，因机体抵抗力的不同而取急性或慢性经过。当机体抵抗力强大时，病情的发展常取慢性经过，且以局部组织的炎症为其基本表现形式。如果机体抵抗力很弱，原发性病灶内的病菌可以经淋巴管在其附近的组织内形成转移性病灶，病畜终因脓毒败血症而死亡。也可经血液迅速扩散到全身，在机体各个内脏器官，特别是肺和肝，形成转移性病灶。坏死杆菌病的典型病变表现为受侵害组织的凝固性坏死，无论是原发性病灶还是转移性病灶都是如此，其坏死过程和病菌的毒素有密切关系。实验证明，病菌产生的外毒素，可引起组织水肿，而其内毒素可使组织坏死。

（三）病理变化

1. 基本病理变化

【剖检】坏死组织呈淡黄色乃至黄褐色，干燥、硬固，其周围有不同程度的红色带。

【镜检】在坏死的初期，组织、细胞肿胀，其微细结构渐趋崩解，细胞质淡染，细胞核因染色质溶解而着色变淡，进而渐渐消失，但一般仍保留有原结构轮廓。随着时间的推移，组织结构完全被破坏，呈均质无结构的碎屑状物。这种坏死物可继发脓性溶解，此时坏死物由原来的凝固状态转变为半液状的脓样物。至于脓性溶解的发生，不单是坏死杆菌本身的作用，而是和与之共存的需氧菌即杂菌共同作用的结果。周围活组织中出现分界性炎，其基本形式为充血、出血、浆液渗出和中性粒细胞浸润；在疾病的后期，见有肉芽组织显著增生。革兰氏染色时，在接近活组织部分的坏死组织中可以看到呈放射状排列、稠密地交织着的长丝状坏死杆菌。

2. 不同动物坏死杆菌病的病理变化

（1）马坏死杆菌病　　多发生于四肢，在系、冠、蹄部形成坏死性皮炎。首先，在皮肤创伤感染病菌的局部发生炎性肿胀，流出黏稠的液体，随后形成小脓肿，后者逐渐扩大，破溃后流出灰色脓液。脓液有时带血，具恶臭，遗留的溃疡表面呈污秽红色。严重时则出现广大的溃疡面，深部组织包括肌、腱、韧带、软骨、骨膜、骨都可发生坏死，并常因感染杂菌而并发化脓，甚至腐败。球节以下的各关节可以发生不同程度的关节炎，有时形成瘘管。小动脉发炎和血栓形成可使整个蹄部发生坏死，甚至整个蹄匣脱落。死于该病的马匹，常在肺发生转移性病灶。这种坏死性病灶呈圆形、灰黄色、坚硬，切面干燥，直径有 0.5～5cm，其周围有红色带或有结缔组织包囊形成。镜检见病变部为细胞性坏死性肺炎。

（2）牛坏死杆菌病　　成年牛：以腐蹄病较为常见。在两趾间或蹄后部的皮肤出现坏死区，并可蔓延到滑液囊、腱、韧带和关节。有时蹄底溃烂，引起内部组织广泛坏死，以致蹄匣脱落。坏死灶内充有灰黄色恶臭的脓液。

犊牛：于生齿和换齿期间，易发生坏死性口炎。病变见于齿龈、舌、上颌、颊内面和喉等处。眼观见黏膜出现高出周围黏膜面的溃疡面，其表面附有黄白色碎屑状坏死物，其深部则为干硬的凝固性坏死。坏死组织脱落后，遗留深溃疡，经肉芽组织增生而修复。

母牛：有时因分娩而损伤子宫黏膜，由此造成感染而引起坏死杆菌性子宫炎。眼观子宫体增大（产后未复旧所致），子宫壁显著增厚变硬，腔内蓄留多量脓样液体。黏膜增厚，表层富有干硬粗糙的碎屑状坏死物。

内脏器官：以肝出现坏死杆菌性病灶为最常见，特别是在犊牛的肝。这种病灶为转移性病灶，也可为原发性病灶。因为牛胃肠道在正常时就有坏死杆菌的存在，所以在胃肠黏膜受损伤或发生炎症时，病菌就可能侵入黏膜，经门静脉到达肝而引起病变。眼观肝肿大，在肝组织内有多发性病灶。病灶一般呈圆形、淡黄色，有帽针头大至核桃乃至鸡蛋大，质地坚硬，其外围有由反应性炎所引起的红色带。除肝病灶外，在肺也可出现转移性病灶，其形态与马坏死杆菌病的病变相似。

（3）猪坏死杆菌病　　猪坏死杆菌病（necrobacillosis of swine）常于颈部、胸侧、臀部、耳根和四肢下部的皮肤出现坏死性皮炎。患部皮肤最初出现针头大的溃疡，溃疡周围的皮肤略显湿润而有界线不明的硬固肿胀，以探针探测可发现皮下有很大的囊状坏死区，有的直径可达 10cm 以上。随着皮肤坏死脱落，溃疡面逐渐扩大，可以发展到鸡蛋大乃至掌大。溃疡的边缘不整，溃疡底不平，其表面附有黄白色恶臭的坏死组织，溃疡深达 2～3cm，大多局限于皮下组织（图 15-8），但也有深达肌肉，甚至波及骨骼而引起骨膜炎。此外，鼻黏膜可出现溃

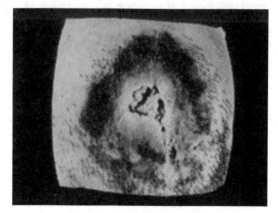

图 15-8　猪皮肤坏死杆菌病

皮肤坏死达皮下，溃疡的边缘不整、底部不平

病和坏死。母猪发生坏死杆菌病时，则可发生乳头和乳房皮肤的坏死，甚至乳腺坏死。

（四）病理诊断要点

根据皮肤、皮下组织、口腔或胃肠黏膜的坏死性炎和坏死组织特殊的臭味，以及多雨季节大批发病，一般可以确诊。

第二节　禽细菌性疾病

一、鸡白痢

鸡白痢（pullorum disease）的病原体为鸡白痢沙门菌（*Salmonella pullorum*）。该病通常致雏鸡白色下痢、衰竭和急性败血症，死亡率很高。成年鸡感染后多为慢性经过，主要侵害生殖器官。

（一）主要临床症状

患病雏鸡精神低落、羽毛松乱、怕冷聚堆、食欲下降、肛门处有粪便附着，病鸡张口呼吸，呈现呼吸困难，极少数在病情缓解后期有些跛行，病雏初期拉白痢，出现糊肛现象。病程长的病鸡出现甩头扭颈、运动不协调等神经症状。

（二）发病机制

该病主要通过消化道传播，感染后细菌首先在消化道定植，破坏肠道结构与功能，使雏鸡出现严重的下痢。但病原并不局限于肠道内，可通过菌血症发展为败血症，引起全身各组织器官的代谢、功能与结构的改变。最终病原在体内大量繁殖并产生毒素，破坏机体的防御屏障而导致死亡。成年鸡感染后主要侵害生殖器官。

（三）病理变化

1. 雏鸡　多由于卵内带菌，于胚胎时期即被感染，也可由病雏排菌而通过消化道等途径传染给健康雏鸡。

【剖检】病程短者，病变一般不明显，只显示败血症迹象；病程稍长者，常见尸体显著瘦弱，肛门周围的绒毛沾污白色粪便。肝实质变性、淤血，表面及切面散在有针尖大的灰黄色病灶或粟粒大的灰白色结节（图15-9）。脾淤血，被膜下也常见小坏死灶。肺早期淤血和出血，以后常形成灰黄色干酪样坏死灶或灰白色结节，较大的病灶可侵及数个肺小叶。心脏实质变性，有些病例可见心包炎，有时在心肌内出现粟粒大的灰黄色或灰白色病灶。肾实质变性。盲肠中常含有一种带白色的干酪样物质，有时混有血液。卵黄囊通常变化不明显，病程长者，卵黄囊皱缩，内容物呈淡黄色奶油样。

图15-9　鸡沙门菌感染
肝表面可见大量的灰白色病灶

【镜检】见上述肝灰黄色病灶主要由变性、坏死的肝细胞组成，而当灰黄色病灶内的变性、坏死肝细胞崩解后，逐渐被增生的网状细胞所代替而形成灰白色结节。

2．成年鸡

【剖检】感染母鸡多为慢性或隐性带菌者，并呈现慢性卵巢炎。卵黄囊从正常的深黄色或淡黄色变为灰色、红色、褐色甚至淡绿色或铅黑色，内容物为干酪样或半液状物质，囊壁增厚。卵黄囊大小不一，形状不规则，质地变硬。有些卵黄囊与卵巢附着处形成一长柄的蒂，蒂断裂后，卵泡游离于腹腔中，成为干硬的干酪样团块，或为纤维蛋白粘连而附着在腹膜上。如果卵黄囊破裂，则卵黄物质流入腹腔，引起腹膜炎。部分病例的输卵管呈显著扩张，管腔内充满凝固的似煮熟的卵白和卵黄物质，管壁变薄，并有充血、出血和炎症。

患病的公鸡，病变常见于睾丸和输精管。一侧或两侧睾丸肿大或萎缩变硬，睾丸鞘膜增厚，实质内有许多小脓肿或坏死灶。输精管变粗，内含渗出物。

（四）病理诊断要点

雏鸡特征为白色下痢、衰竭和败血症，成年鸡病理特征为生殖器官受损。

二、禽大肠杆菌病

禽大肠杆菌病（avian colibacillosis）是由致病性大肠杆菌引起禽类的不同类型疾病的总称，其中较常见的有败血症、心包心肌炎、气囊炎、全眼球炎、关节炎、卵黄性腹膜炎、输卵管炎及大肠杆菌性肉芽肿。病型的差别主要与发病时禽的年龄有关。

（一）主要临床症状

1．败血症　　本型大肠杆菌主要发生于6～8周龄的肉用仔鸡，但不满1周龄的雏鸡也可大批发病死亡。若在鸡群中有经蛋感染的幼雏，则其发病后排出强毒力致病菌通过脐、消化道和呼吸道而发生水平传播，在短期内造成大批幼雏发生败血性大肠杆菌病死亡。临床特征为极度萎靡、排绿白色稀粪和短期内死亡。

2．心包心肌炎　　在中雏尤其肉用鸡多发，有时以心包心肌炎为表现形式，疾病呈亚急性经过，病鸡消瘦、贫血、逐渐衰竭死亡。

3．气囊炎　　主要发生于6～9周龄肉用仔鸡。该病通常是大肠杆菌和其他病原微生物（如支原体）混合感染所致，气囊的炎症常蔓延而伴发肝周炎。

4．全眼球炎　　常发生于败血症流行后期，一般仅单侧眼发炎，多为血源性感染的结果。

5．关节炎　　多发于幼雏和中雏，病鸡跛行，足垫肿胀。

6．卵黄性腹膜炎及输卵管炎　　该型多发生于成年鹅、鸭和鸡，一般呈散发。某些地区产蛋母鹅群可大批发生且是致死性的，死亡率在产蛋旺季暴发时很高，俗称"蛋子瘟"。发病禽的主要症状为腹泻、腹部肿大、蹲伏、脱水，逐渐衰竭而死，但也有突然死亡的。

7．大肠杆菌性肉芽肿　　主要侵害成年鸡和火鸡，一般呈散在发生，个别鸡群发病率可高达75%。该病以肝、盲肠和肠系膜等组织器官出现典型的肉芽肿病变为特征。

（二）发病机制

禽大肠杆菌病是多重毒力因子综合作用的结果，包括黏附素、外毒素和外膜蛋白（OMP）等。经呼吸道进入机体的病原菌在OMP辅助下，以其菌毛黏附在呼吸道黏膜上皮细胞定植，引起上皮细胞变性坏死。病原菌还可侵入血管，形成菌血症，随血液到达全身各处。病原菌产生的外毒素及内毒素引起靶器官变性坏死，血管通透性增加，常常发展为败血症。

（三）病理变化

1. 败血症

【剖检】在 4 日龄以上的雏鸡，除一般败血症变化外，突出的病变是浆液性纤维素性心包炎、纤维素性肝周炎甚至腹膜炎、纤维素性气囊炎、肠炎。脾充血、肿胀，肝呈铜绿色，实质内有白色坏死点。

【镜检】具有一般败血症的病变特点。

2. 心包心肌炎

【剖检】心包呈不均匀明显增厚，心包内积留浆液性纤维素性渗出物，后期出现心包纤维性粘连（图 15-10）。部分病例心肌内可见大小不等的灰白色结节，大的结节突出于心脏，使心脏变形，切面为灰白色或粉红色的致密组织，杂有灰黄色豆腐乳样病灶。此外，脾、肝、肾偶尔也可见到肉芽肿样病灶和化脓灶。

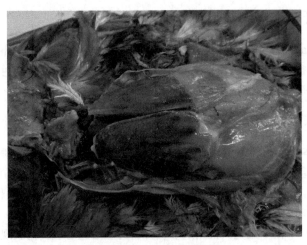

图 15-10　鸡大肠杆菌病

心脏及肝表面可见大量淡黄色纤维蛋白渗出物

【镜检】主要病变是心包炎和间质性心肌炎。肉芽肿样结构由旺盛增殖的肉芽组织和上皮样细胞构成，并有单核细胞和异嗜性粒细胞浸润，通常还有小化脓灶，病灶内可见心肌纤维溶解或断裂。

3. 气囊炎

【剖检】气囊壁混浊，不均匀增厚。囊内表面有黄白色纤维蛋白凝块附着，腔内也有同样的渗出物，如同蛋皮。此外，该病伴发纤维素性肝周炎，肝表面有灰白色纤维蛋白覆盖，肝实质局部有化脓坏死灶。

【镜检】早期病变为囊壁水肿和异嗜性粒细胞浸润，以后出现组织坏死、成纤维细胞增生和纤维蛋白渗出，并有多量坏死的异嗜性粒细胞而形成脓性溶解。

4. 全眼球炎

【剖检】初期结膜潮红肿胀，眼畏光流泪，随之眼前房积液或积脓，角膜混浊，最后因视网膜剥离而失明。

【镜检】全眼都有异嗜性粒细胞和单核细胞浸润，脉络膜充血，视网膜完全破坏。

5. 关节炎

【剖检】有时表现纤维素性化脓性关节炎，主要在膝关节、胫跗关节。发炎关节呈竹节状肿大，关节囊肥厚，关节液混浊且有黄白色豆腐乳样渗出物。有时腱鞘也有同样性质的炎症。

6. 卵黄性腹膜炎及输卵管炎

【剖检】腹腔内充满淡黄色腥臭的卵黄性液体和凝固的卵黄块，腹腔各内脏和肠系膜表面充血，有纤维蛋白渗出物附着；病期长者出现肠祥、内脏之间纤维性粘连，肠浆膜有散在的点状出血；卵巢卵泡变性，呈灰色、褐色等。破裂的卵黄凝结成大小不一的团块，切面呈层状。输卵管黏膜充血、出血，腔内有蛋白和纤维蛋白凝块，严重时塞满凝固的蛋白和卵黄。

7. 大肠杆菌性肉芽肿

【剖检】可见小肠、盲肠、肠系膜和肝出现肉芽肿结节，一般为粟粒至玉米粒大，乃至鸡蛋大。一般呈球形，切面灰黄色，略呈放射状或轮层状，中央有脓点。

【镜检】结节中央为坏死区，其外环绕上皮细胞样细胞带，有少量多核巨细胞；最外层为纤维组织包囊，其间有异嗜性粒细胞浸润。肠系膜除散发肉芽肿结节外，常因淋巴细胞等增生、浸润而呈油脂样肥厚。

（四）病理诊断要点

根据该病败血症、心包心肌炎、气囊炎、全眼球炎、关节炎、卵黄性腹膜炎、输卵管炎及大肠杆菌性肉芽肿等临床症状和病变特征可做出初步诊断。

三、鸡巴氏杆菌病

鸡巴氏杆菌病又名鸡霍乱（fowl cholera），是由鸡巴氏杆菌引起的一种传染病。根据病程长短，一般分为最急性型、急性型和慢性型，其中以急性型最为常见。

（一）主要临床症状

1. 最急性型　病鸡通常没有任何前期症状，次日会突然发病猝死。

2. 急性型　症状表现为精神萎靡、羽毛松乱、缩颈闭眼及双翅下垂等症状。初期，患病的鸡畏寒扎堆、嗜睡、呆立等。中后期出现腹泻的症状，粪便多呈现稀薄状，颜色多以灰黄色、灰白色及绿色为主；体温升高，食量减少，饮量剧增；此外，患病鸡会出现比较明显的呼吸道症状，口鼻分泌物增多，伴有呼吸困难及呼吸啰音等。

3. 慢性型　口鼻流出黏性分泌物，鼻窦肿大，喉头处也常常积有分泌物，并导致患病鸡呼吸困难。随着病情的不断加重，病鸡消瘦，贫血，鸡冠颜色多呈现苍白色。

（二）发病机制

病原菌通常经黏膜或皮肤创伤侵入机体。该病有内源性感染，也有外源性感染。内源性感染是呼吸道内的常在菌（Fo 型菌）在机体抵抗力下降的情况下，乘机繁殖而发病；外源性感染主要是经过消化道或呼吸道感染。

（三）病理变化

1. 最急性型

【剖检】病菌侵入血液后，大量繁殖，使病鸡迅速呈败血症而突然死亡。心冠部的心外膜上出现针尖大的出血点，肝有坏死灶形成。如用心脏血和肝、脾病料做涂片检查，容易找到典型的巴氏杆菌。

2．急性型

【剖检】见有典型的败血症变化和肝的局灶性坏死性炎。肝肿大，常有许多针尖大至粟粒大灰黄色或灰白色坏死灶（图 15-11）。鸡冠和肉髯发绀，胸部肌肉散在有小出血点。多数病例，胸膜、腹膜、心外膜及各器官浆膜呈急性浆液性、纤维素性炎，并伴有明显点状出血。心包内常有混浊浆液，并含有纤维蛋白絮状物。在消化道，特别是十二指肠呈明显的出血性肠炎，肠内容物似稀液状，并混有黏液和血液，其他部分多为急性卡他性炎。肺充血、水肿，有时见纤维素性肺炎或纤维素性胸膜炎。

【镜检】见肝细胞灶状坏死，有大量核碎片积聚（图 15-12）。

 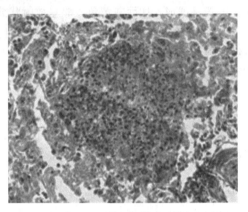

图 15-11　巴氏杆菌病（鹅）　　　　　　　图 15-12　巴氏杆菌病（鸡）
（肝表面可见大量针尖大小白色坏死灶）　　（肝细胞灶状坏死）（HE 10×20）

3．慢性型

【剖检】病鸡除见消瘦和贫血外，常见肺有较大的黄白色干酪样坏死灶。有时还见关节炎（最常见于胫关节），在关节囊和关节周围的脓肿中含有黏稠或干酪样渗出物。有些病例，见鸡冠、肉髯或耳片呈水肿样肿胀，以后坏死，称为肉髯病。

（四）病理诊断要点

急性型以下痢、广泛性出血及肝的局灶性坏死性炎为主要病理特征。

四、鸡传染性鼻炎

鸡传染性鼻炎（infectious coryza）是由鸡嗜血杆菌（*Haemophilus gallinarum*，HP）引起鸡的一种急性上呼吸道传染病。该病广泛发生于世界各地，虽死亡率不高，但可使雏鸡育成率降低、开产期延迟，成年鸡产蛋率下降或停止产蛋，对养禽业造成一定的危害。

（一）主要临床症状

发热、精神不振、食欲减退。鼻腔和鼻窦发炎，鼻腔流浆液性分泌物。面部及公鸡肉髯、母鸡下颌部出现水肿，发生结膜炎并伴有流泪。如果炎症蔓延至下呼吸道，则发生呼吸困难、气喘和咳嗽，并有啰音。呼吸道被分泌物堵塞时可因窒息而死亡。

（二）发病机制

病原可经互相接触或经空气传播，感染后，病原首先在上呼吸道定植，其中细菌的菌毛、荚膜在细菌的定植中起关键作用；荚膜的多糖抗原还可中和机体产生的抗体，抵御吞噬细胞的吞噬。外膜蛋白和细菌内毒素对局部组织有毒性作用，内毒素导致感染部位血管通透性增加，引起鼻腔及鼻窦的卡他性炎，炎症可逐步蔓延至颜面部、结膜、气管、气囊等部位。

（三）病理变化

【剖检】病鸡的鼻腔和鼻窦黏膜潮红、肿胀和充血，表面被覆有大量的黏液，窦内含有渗出物凝块。面部、眼睛、下颌间隙、肉垂水肿、充血、出血，呈黄绿色或紫色，切开可见该部组织呈胶样浸润并有黄色干酪样凝块。眼睛出现卡他性结膜炎，初期表现流泪，随后渗出黏液性渗出物并导致眼睑黏着。结膜囊充满脓性渗出物并常形成黄色干酪样物。结膜炎进一步发展，导致溃疡性角膜炎、眼内炎。当感染蔓延到下呼吸道时，气管和支气管被覆黏稠的黏液和脓性渗出物，继而变为干酪样物堵塞气道。病鸡有时有支气管肺炎，发炎肺组织潮红、质地稍坚实。

【镜检】鼻腔、鼻窦和气管黏膜上皮变性、坏死、脱落，固有层充血、水肿，有异嗜性细胞和淋巴细胞浸润。肺呈急性、卡他性支气管肺炎，在二级与三级支气管内填充有异嗜性细胞和细胞碎屑。气囊间皮肿胀、增生、水肿与异嗜性细胞浸润。

（四）病理诊断要点

病理变化特征为鼻腔和鼻窦卡他性炎、颜面部水肿和结膜炎等。

鸡传染性鼻炎需与鸡新城疫、传染性支气管炎及大肠杆菌病等鉴别诊断。鸡新城疫除表现呼吸困难、呼吸道蓄积大量黏液、黏膜充血和出血变化外，还有各浆膜、黏膜出血，出血性纤维素性坏死性肠炎和非化脓性脑膜脑脊髓炎的变化。鸡传染性支气管炎以支气管变化最为明显，很少见颜面部肿胀变化。鸡的大肠杆菌感染通常产生纤维素性心包炎、肝周炎和气囊炎。

第三节　猪细菌性疾病

一、猪链球菌病

猪链球菌病（swine streptococcosis）是由多种致病性链球菌感染引起的一种人兽共患病。其中，猪链球菌2型可导致人类的脑膜炎、败血症和心内膜炎，严重时可导致人的死亡。

（一）主要临床症状

1. 败血症　急性病例迅速死亡，病程缓慢的猪体温升高、食欲减退、肌肉震颤和呼吸困难，眼结膜潮红、耳根颈部腹部肤色发紫。

2. 脑膜炎　体温升高、食欲消退，转圈并且后肢麻痹，表现出四肢游泳的症状。

3. 关节炎　病猪会反复高温，关节肿大导致病猪站立及行走困难。

4. 淋巴结脓肿　淋巴结肿胀，尤其是下颌淋巴结，恶劣情况下会出现呼吸困难。

（二）发病机制

病菌经呼吸道或消化道感染后，很快通过黏膜的屏障而侵入淋巴和血液，随血液扩散到全身。

由于病菌在血液和组织中迅速、大量地繁殖和产生毒素，机体内相继发生菌血症、毒血症和败血症。

（三）病理变化

【剖检】死于猪链球菌病的尸体通常营养良好，可视黏膜潮红，胸腹下部及四肢内侧皮肤可见紫红色斑，或见有暗红色的出血点。胸腹腔及心包腔的浆膜包括肋胸膜、肺胸膜、心外膜、腹膜和脾、肝、胃、肠等处浆膜，其随疾病严重程度的不同，可呈浆液性炎或浆液性纤维素性炎，甚至纤维素性炎；胸腹腔及心包腔蓄留多量淡黄色或橙黄色混浊的液体，常杂有纤维蛋白絮片，在空气中多凝固成胶冻状。心内膜出血、溃疡，部分病例心冠状沟及心房外膜部可见针尖大的出血点。脾呈急性炎性脾变化，脾边缘偶见出血性梗死区。肾淤血，其表面与切面上可见针尖大出血点。肾上腺肿大，部分病例的皮质出血。脑、脊髓呈明显脑脊髓膜脑炎变化。脑蛛网膜和软膜血管充血、出血与血栓形成。四肢关节肿胀。

【镜检】见脾梗死区的静脉窦、坏死组织及巨噬细胞内有大量的病原菌。肝淤血并发生颗粒变性、水泡变性或脂肪变性，在窦状隙和肝巨噬细胞内也见有病原菌。肾小球为急性增生性肾小球肾炎，肾小管发生颗粒变性。在肾小球毛细血管和叶间毛细血管内，可见成团病菌所形成的栓塞。全身淋巴结，特别是肝、脾、肾、胃淋巴结呈浆液性淋巴结炎；病变严重的淋巴结，其淋巴组织发生坏死，仅残存少数孤岛状的淋巴小结。心肌细胞颗粒变性，上部呼吸道为急性卡他性炎；在肺胸膜、间质及肺泡腔内可见有病原菌。弓状带和束状带细胞发生颗粒变性及水肿变性；窦状隙充血或出血。胃肠道黏膜呈急性卡他性炎。

脑膜血管内外有较多中性粒细胞、单核细胞和淋巴细胞；较严重的病例，在灰质或表层有中性粒细胞浸润，甚至出现中性粒细胞聚集所形成的小化脓灶；灰质深层微血管充血、出血，其周围淋巴间隙有中性粒细胞及单核细胞等浸润而呈袖套状；灰质中神经细胞发生急性肿胀、空泡变性或坏死；胶质细胞呈弥漫性或局灶性增生而形成胶质细胞结节。在脑膜、血管周围可见多量病原菌。脊髓蛛网膜及软膜因充血、出血、水肿和炎症细胞浸润而增厚。灰质、白质内血管也充血或出血，血管及管壁也见有多量炎症细胞。腹角运动神经元胞体发生变性、坏死。中央管扩张，充满含有蛋白颗粒、白细胞和病原菌的脑脊液。

（四）病理诊断要点

败血症、化脓性淋巴结炎、脑膜炎及关节炎是该病的主要特征。

二、仔猪副伤寒

仔猪副伤寒（paratyphus suum）多发生于 6 个月以内的仔猪，病原体主要是猪霍乱沙门菌（*Salmonella choleraesuis*）和猪伤寒沙门菌（*Salmonella typhisuis*）。

（一）主要临床症状

仔猪精神萎靡、食欲不振、发热、畏寒、持续腹泻，有的排黄色水样稀粪，严重者可见粪便中有少量血液，呼吸困难、急促，前胸、腹部及耳根皮肤有紫红色斑点。

（二）病理变化

根据病理剖检特点，分为急性型和慢性型。

1. 急性型　　多见于机体抵抗力弱的病例。无论是从外界侵入的还是原来寄居在体内的猪沙门菌，在肠道内大量繁殖，产生毒素，引起肠壁组织发生急性炎症，同时突破肠壁的防御机构，经淋巴管侵入血液，由菌血症转化为败血症而导致死亡。

【剖检】主要见淋巴结肿胀、充血、出血；心内膜和心外膜、膀胱、咽喉、胃黏膜出血；肝肿大和出血等败血性病变；脾肿大，呈暗紫色；盲肠、结肠黏膜充血、肿胀，淋巴小结肿大，黏膜表面附有少量纤维蛋白等。

2. 慢性型　　多半由急性型转变为该型。由于机体抵抗力增强，体内大部分病菌被杀灭，而少部分病原菌在肝、脾、肾、肺、肠系膜淋巴结等组织器官进行繁殖，引起局灶性坏死性炎。特别是在肝、胆囊内繁殖的细菌，形成菌胆症；以后细菌随胆汁再次进入肠管，使肠黏膜形成特异性局灶性或弥漫性纤维素性坏死性炎（图 15-13）。

【剖检】最特征性的病变是在盲肠和大结肠的黏膜上出现局灶性或弥漫性纤维素性坏死性炎（二维码 15-1）。胃底腺部黏膜充血、肿胀，有小点状出血，表面附有多量黏液，呈卡他性胃炎变化，个别病例于胃黏膜上还见溃疡。肠系膜淋巴管

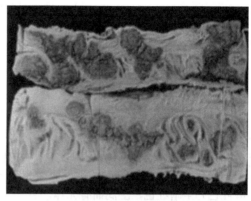

图 15-13　猪副伤寒
肠黏膜纤维素性坏死性肠炎

二维码
15-1

由于淋巴淤滞或淋巴栓形成而显著变粗，呈混浊的灰白色条索状。肝肿大，实质变性，有的病例在肝的表面和切面可见灰黄色或灰白色针尖大至粟粒大的病灶。全身淋巴结，特别是咽、颌下和肠系膜淋巴结因淋巴组织大量增生而肿胀，呈灰红色，切面致密而较干燥。有时还于增生的淋巴组织中出现大小不等的灰白色坏死灶，有的坏死灶有结缔组织包围，内含干酪样物质。

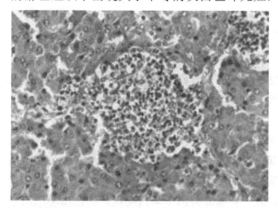

图 15-14　肝副伤寒结节（HE 10×40）
肝细胞坏死，网状细胞增生形成结节

脾呈轻度肿大，由于脾髓增生而稍硬，常可见由沙门杆菌所形成的结节性病变。肺在部分病例可见点状出血，或有浆液性、出血性、纤维素性、化脓性肺炎灶。

【镜检】肝灰黄色病灶是肝细胞的局灶性坏死。灰白色病灶多为肝细胞溶解消失，以及增生的网状细胞形成的肉芽肿样结节，称此为副伤寒结节（图 15-14）。这种结节性病变，除见于肝实质外，有时在中央静脉及叶下静脉的内膜上也可见到，因此称为副伤寒性静脉炎。胆囊常扩张，充满绿褐色胆汁；胆囊黏膜肿胀，有时形成小溃疡。

（三）病理诊断要点

大肠的纤维素性坏死性肠炎是该病的特点，但猪瘟和弓形体病也有纤维素性坏死性肠炎变化，须注意区分。肝的副伤寒结节和弓形体病肝的变化极易混淆，须注意病原的检查。

三、猪大肠杆菌病

猪大肠杆菌病（colibacillosis of pig）是由致病性大肠杆菌引起猪的一类急性传染病，多发生

于仔猪，常见有仔猪黄痢、仔猪白痢和猪水肿病，有时也可见断奶仔猪腹泻、出血性肠炎和猪败血症等病型。

（一）仔猪黄痢

仔猪黄痢（yellow diarrhea of newborn piglet）又称为新生仔猪大肠杆菌病（neonatal colibacillosis in piglet），是由大肠杆菌引起的1周龄以内初生乳猪的一种急性肠道传染病，其主要症状以拉黄色稀粪或呈急性死亡为特征。该病的发病率和死亡率均可达到90%以上。

1. 主要临床症状　感染仔猪主要表现为腹泻，排黄色稀粪，污染后躯，粪便内含有凝乳块，精神沉郁，腹部皮下水肿，严重脱水，仔猪常因消瘦、昏迷而亡。

2. 病理变化

【剖检】主要呈现急性卡他性胃肠炎，少数为出血性胃肠炎。以十二指肠最严重，空肠及回肠次之，结肠比较轻微。胃显著膨胀，胃内充满多量带有酸臭味的白色、黄白色以至混有暗红色血液的凝固乳块，胃壁黏膜水肿，表面附有多量黏液。胃底部黏膜墨红色、紫红色。小肠内充满黄色黏稠内容物，发酵积气，肠腔扩张和肠壁变薄，呈半透明状。多数病例均见肠黏膜呈淡红色、鲜红色乃至暗红色，湿润而有光泽。

【镜检】见胃肠黏膜完全破坏脱落，肠绒毛坦露，固有层水肿，有少量炎症细胞浸润。黏膜层腺体萎缩，大多破坏，仅留下空泡状的腺管轮廓；腺上皮完全破坏消失，因而肠壁变薄，表现萎缩性炎症的变化。黏膜下层均见充血、水肿和少量炎症细胞浸润。肠系膜淋巴结充血、肿大、多汁。实质器官（心脏、肝、肾）均有明显的变性变化。肝、肾常有小的凝固性坏死灶出现。

（二）仔猪白痢

仔猪白痢（white diarrhea of suckling piglet）多见于10～30日龄的仔猪，以泻出乳白色或灰白色带有腥臭的稀粪为特征。病程多为2～7d，死亡率较低，大多数病例可自行恢复，但对仔猪的生长发育有着非常严重的影响。

1. 主要临床症状　患病仔猪主要表现为腹泻，排出灰白色、黄白色的糊状粪便，有恶臭气味，腹泻次数较多，体温无明显变化，精神沉郁，食欲减退，消瘦。

2. 病理变化

【剖检】死于白痢病仔猪多无特异性病变，而且随病程长短其表现也不一致。经过短促的病例，胃内含有凝乳，肠内有气体和稀薄的食糜，部分黏膜充血，其余大部分黏膜呈黄白色。肠系膜淋巴结稍有水肿，但实质脏器则无明显变化。病程长的仔猪，除消瘦和脱水等外观变化外，胃肠较空虚，或有不等量的食糜和气体，黏膜稍见潮红，肠壁菲薄而带半透明状。肠系膜淋巴结水肿，实质脏器无变化或有变性变化。有时可见继发性肺炎。

（三）猪水肿病

猪水肿病（edema disease of swine）多发于1～2.5月龄断奶仔猪，较大的架子猪也有发生。

1. 主要临床症状　病猪精神沉郁，食欲减退或废绝，呼吸速度先加快后减慢，肌肉抽搐，四肢呈划水样，无法站立，弓背，发出鸣叫声。眼睑水肿，有时还会扩散至颈部、腹部。

2. 病理变化

【剖检】猪水肿病取急性经过，甚至呈超急性经过，其主要病理变化为水肿和出血。水肿最明显的部位是胃壁和结肠盘曲部的肠系膜（图15-15，二维码15-2）。胃壁水肿多见于胃大弯和贲

二维码
15-2

门部或整个胃壁，水肿液蓄积于黏膜层和肌层之间，切面流出无色或混有血液而呈茶色的液体，胃壁因此而增厚，最厚可达3cm左右。结肠肠系膜蓄积水肿液较多时，也可厚达3~4cm。一些病例在直肠周围也见有水肿。此外，眼睑、面部、下颌间隙和下腹部皮下也常见有水肿（图15-16），而且有些病猪在生前即可发现。心包腔、胸腔和腹腔内见有不同量的无色透明或呈淡黄色或稍带血色的液体。这种渗出液暴露于空气时，则凝固呈胶冻状。肺有时见有淤血和出血。在病程的后期可见有肺水肿，在脑可见有脑水肿。

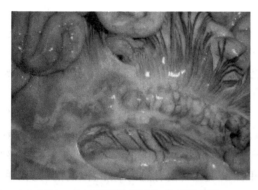

图15-15　病猪肠系膜和淋巴结水肿　　　　　　　图15-16　病猪眼睑明显水肿

【镜检】有明显水肿病变的病例，可见胃和小肠黏膜为卡他性出血性炎，大肠黏膜卡他性炎。皮下组织及心脏、肝、肾、脾、淋巴结和脑膜等组织器官均有不同程度的出血变化。

四、猪巴氏杆菌病

猪巴氏杆菌病又名猪肺疫，是由猪巴氏杆菌所引起的一种急性传染病。由于机体抵抗力大小和病原菌毒力强弱的不同，该病可分为流行型猪肺疫和散发型猪肺疫两型。前者由外源性感染强毒菌（Fg型）所引起，取最急性经过，并有高度传染性，多见于我国南方地区。后者由健康猪呼吸道所寄居的弱毒菌（Fo型）所引起，取急性或慢性经过，呈典型的猪肺疫病变。此外，该病还常继发于猪瘟和猪气喘病。

（一）主要临床症状

1. 流行型猪肺疫（最急性型）　　　俗称"锁喉风"，常突然发病死亡。病程稍长病猪，体温达41℃以上，食欲废绝，精神沉郁，寒战，呼吸困难，白猪在耳根、颈、腹等部皮肤可见明显的红斑。咽喉部肿大、坚硬，有热痛，病猪张口喘气，口吐白沫，可视黏膜发绀。严重者呈犬坐式张口呼吸，终因窒息死亡。病程1~2d。

2. 散发型猪肺疫（急性）　　　体温41℃左右，病初为干性短咳，后变为湿性痛咳，鼻孔流出浆液性或黏液性分泌物，呼吸困难，可视黏膜发绀，口角有白沫。触诊胸部有痛感，初期便秘，粪表面被覆有黏液，有时带血，后转为腹泻。多在4~6d死亡。不死者常转为慢性。

3. 散发型猪肺疫（慢性）　　　病猪持续咳嗽，呼吸困难，持续性或间歇性腹泻，逐渐消瘦，被毛粗乱，行动无力，有的关节肿胀、跛行。皮肤出现湿疹。有的病猪皮肤上出现痂样湿疹，最后多因呼吸衰竭而死亡。

（二）发病机制

病原菌侵入机体后，首先是在扁桃体和咽喉部繁殖，迅速进入其附近的组织，引起颈部皮下组织发生急性出血性浆液性炎，所以病猪经常出现颈部红肿，呼吸极度困难，民间称为"锁喉风""肿嗓瘟""大红脖"。当机体抵抗力降低时，寄居在健康猪上部呼吸道的病原菌可沿呼吸道侵入肺进行繁殖，产生毒素，损害支气管和肺泡壁，结果引起肺充血、水肿。如果细菌作用时间较长，则引起纤维素性肺炎和局部肺组织坏死。

（三）病理变化

1. 流行型猪肺疫（最急性型）

【剖检】病尸主要表现为败血症。皮肤、皮下组织、浆膜和黏膜上见有大量出血点。最突出的特点是：咽喉部及其周围组织呈出血性浆液性炎，切开颈部皮肤时，可见大量胶冻样淡黄色稍透明的水肿液，有时水肿可蔓延至前肢。全身淋巴结出血、肿胀，尤以咽喉部淋巴结最为明显。肺充血、水肿，有时可见红色肝变区。各实质器官发生实质变性。

2. 散发型猪肺疫（急性型或慢性型）

【剖检】早期的病死病例，除全身黏膜、浆膜、实质器官和淋巴结有出血性病变外，最值得注意的是出现典型的纤维素性肺炎。病变主要位于肺的尖叶、心叶和膈叶前缘，严重时可达整个肺叶。肺病变根据病程长短不同，有大小不等肝变区。肝变区切面有的为暗红色，有的为灰红色，肝变区中央常有坏死灶。小叶间结缔组织由于胶样浸润而呈不同程度的增宽，因此呈现大理石样花纹。与此同时，胸膜也常出现浆液性纤维素性炎。胸腔常积有含纤维蛋白凝块的混浊液体。在胸膜上，特别是肺炎区的胸膜上附有黄白色纤维素性薄膜，有时因纤维素膜的增厚，使两层胸膜发生粘连。

病程长的慢性病例，尸体高度消瘦，黏膜苍白，肺组织大部分发生肝变，并有大块坏死灶或化脓灶。个别坏死灶周围，有增生的结缔组织包膜。肺胸膜出血、坏死，有时因结缔组织增生而与肋胸膜粘连。肺淋巴结化脓。

（四）病理诊断要点

猪急性巴氏杆菌病发生纤维素性胸膜肺炎。在鉴别诊断上应注意与猪瘟、猪丹毒及猪气喘病相区别。急性猪瘟全身出血病变明显，尤其皮肤及淋巴结出血有特征性。急性猪丹毒有皮肤疹块和急性炎性脾肿。另外，猪肺疫的纤维素性胸膜肺炎是猪瘟、猪丹毒没有的。猪气喘病多发于幼龄猪，其肺部病变为两侧对称的支气管肺炎。

五、猪丹毒

猪丹毒（swine erysipelas）是由猪丹毒杆菌所引起的一种传染病。猪丹毒杆菌按血清型分为A、B、C、D、E、F 6型，其中A、B型具有致病性，其他各型不具致病性。

（一）主要临床症状

猪丹毒按临床经过和病理变化通常分为下述三种病型。

1. 急性猪丹毒　　急性猪丹毒（acute swine erysipelas）为感染A型菌所致。病原菌从鼻、咽、消化道黏膜或者皮肤的创伤经淋巴道侵入血液后，进行大量繁殖，产生毒素，从而引起败血症。严重病例可在短期内（3～4d）死亡。

2. 亚急性猪丹毒　　亚急性猪丹毒（subacute swine erysipelas）大部分为感染B型菌所致。在病猪颈部、背部的皮肤上形成特异性疹块，呈正方形、菱形或者圆形。

3. 慢性猪丹毒　　慢性猪丹毒（chronic swine erysipelas）主要是由急性或亚急性病例转移而来，病菌多为 B 型菌。此时，由于猪丹毒杆菌长期存在于体内，机体反应性发生改变，因而出现疣状心内膜炎、关节炎和皮肤坏死。

（二）发病机制

猪丹毒杆菌都是首先侵入血液，或发展成为一种急性败血症，或成为菌血症使细菌定位于一些器官或关节。若并发病毒性感染特别是猪瘟，可以增加宿主对猪丹毒杆菌的易感性。慢性猪丹毒，细菌很可能是在菌血症发作之后即常定位于皮肤、关节及心瓣膜上。在关节，其最初的损害是滑液增加，滑膜充血，经数周后即出现滑膜的绒毛增生，关节囊增厚及局部淋巴结增大。

（三）病理变化

1. 急性猪丹毒　　死于败血型猪丹毒的病尸，常在耳根、颈部、胸前、腹壁和四肢内侧面等部皮肤上，出现一种不规则的鲜红色斑。有时这种红斑互相融合形成一大片稍隆起的充血区。病程稍长，则在红斑块上可见浆液性水疱，水疱破裂后，浆液性渗出物干固而形成黑褐色痂皮。但是这种红斑容易被黑毛猪的颜色或因临死时心脏衰弱引起的全身性淤血所掩盖，所以剖检时须用手触摸体表，注意有无稍隆起的区域。

有时胸腔、腹腔、心包腔积有含少量纤维蛋白的浆液性渗出物。脾因充血而显著肿大，呈樱桃红色，被膜紧张，边缘钝圆，质地柔软，切面隆突，呈暗红色。脾小体和脾小梁结构模糊，用刀背可刮下多量粥样脾髓。

全身淋巴结呈急性浆液性淋巴结炎，淋巴结肿大、充血，切面湿润多汁，有时伴发斑点状出血。

胃、肠普遍呈急性卡他性或出血性炎，尤以胃和十二指肠明显。其黏膜潮红、肿胀，被覆较多的黏液，常在皱褶处有出血点。严重者黏膜呈弥漫性暗红色。

实质器官（心脏、肝、肾）以变性变化为主。肾常发生出血性肾小球肾炎，其特征为肾肿大、淤血而呈暗红色；在表面和切面上有少量针尖大的出血点；肾小球因充血和出血，眼观上清晰可见。

2. 亚急性猪丹毒　　该型病变特征是在病猪颈部、背部的皮肤上形成特异性疹块，呈正方形、菱形或者圆形扁平，硬实而稍隆起，与周围组织的界线明显。通常认为疹块的形成过程是：初期，病变部皮肤因血管痉挛而变为苍白；其后因血管发生反射性扩张充血，病变部皮肤转变为红色或紫红色；然后一方面因有多量炎性渗出液而使充血的毛细血管受压迫，另一方面在小动脉内膜炎的基础上继发血栓形成，因而病变部中心的皮肤又由红色逐渐变淡，而且在其表面产生小水疱，小水疱破裂后，又形成棕褐色痂皮。此时，如果病变进一步发展，血管完全被栓塞，则疹块发生坏死，从皮肤上脱落下来。

当局部皮肤发生充血、水肿而形成疹块后，以后疾病如何发展取决于病情变化。如果病情逐渐缓解，小动脉内的栓塞被消除或者栓塞的程度减轻，则通过侧支循环，可使病变部的营养逐渐得到改善，疹块可以不发生坏死而痊愈。反之，如果病情恶化，则可以转为败血症而死亡。

3. 慢性猪丹毒

1）疣状心内膜炎（verrucous endocarditis）：主要发生于二尖瓣，其次是主动脉瓣、三尖瓣和肺动脉瓣。眼观见心瓣膜上有灰白色结节状血栓样物，其表面粗糙不平，如菜花状；其基底部因结缔组织增生而牢固地附着于瓣膜上，并常引起瓣膜孔狭窄或闭锁不全。

2）关节炎（arthritis）：主要侵害四肢关节，以股、腕和趾关节为最多见。患病猪关节肿胀，关节囊内蓄留多量浆液性、纤维素性渗出物；滑膜充血、水肿，关节软骨面有小糜烂。病程较久的病例，结缔组织增生而使关节囊变厚，甚至发生关节粘连和变形。

二维码
15-3

3）皮肤坏死（sloughing of skin）：关于皮肤坏死的发生、发展过程，已如前述（二维码 15-3）。有些病例，不仅由于疹块互相融合而使大片的皮肤坏死脱落，还可能因某些动脉发生炎症和血管栓塞而致皮肤坏死。

（四）病理诊断要点

若皮肤上表现有菱形损害则具有诊断意义，从血液及组织中分离出猪丹毒杆菌可做确诊依据。

六、猪传染性萎缩性鼻炎

猪传染性萎缩性鼻炎（swine infectious atrophic rhinitis）是由支气管败血波氏杆菌和产毒素多杀性巴氏杆菌或其他细菌协同引起猪的一种慢性呼吸道传染病。

（一）主要临床症状

病猪在临床上主要表现打喷嚏、鼻塞等鼻炎症状；猪鼻部流出分泌物，最初是透明黏液样，继之为黏液或脓性物，甚至流出血样分泌物，或引起不同程度的鼻出血。病猪的眼结膜常发炎，从眼角不断流泪。由于泪水与尘土沾积，常在眼眶下部的皮肤上出现一个半月形的泪痕湿润区，呈褐色或黑色瘢痕，故有"黑斑眼""泪斑"之称，这是具有特征性的症状。病猪因鼻甲骨萎缩引起鼻缩短，向上翘起；当一侧鼻腔病变较严重时，可造成鼻子歪向一侧，甚至呈 45°歪斜，因此也称为"歪鼻子"。

（二）发病机制

该病病原主要为支气管败血波氏杆菌，其主要通过呼吸道感染。病原经呼吸道侵入机体后，首先黏附于鼻腔黏膜上皮细胞的纤毛、微绒毛及上皮的表面，增殖形成微小的菌落并产生凝集素、溶血因子、组织因子，破坏局部的纤毛或上皮，同时细菌的代谢产物弥散进入鼻甲骨组织，引起鼻甲骨中的成骨细胞和骨细胞发生不同程度的变形和坏死，骨质再生障碍，骨基质形成减少或不能形成等一系列的病变和症状。

（三）病理变化

【剖检】萎缩性鼻炎的病变常以鼻腔（特别是鼻甲骨）及其邻近组织最为明显。当鼻腔病变轻微时，仅在下鼻甲骨的前部可以见到病变。病初，鼻黏膜通常因水肿而增厚，表面有浆液性渗出物，在后部的隐窝和筛骨小室内蓄积浓稠的脓性渗出物。随着疾病的发展，鼻甲骨逐渐发生萎缩，经常发生的部位是下鼻甲骨的下卷曲。严重的病例，下鼻甲骨的上卷曲和筛骨也受到侵害，以致两侧下鼻甲骨的上、下卷曲全部萎缩消失，鼻中隔弯曲，鼻腔变为空洞样通道。鼻甲骨病变发生发展的过程是：鼻甲骨黏膜首先发生淤血和糜烂，接着鼻甲骨开始软化，骨质被破坏，隐窝中蓄积黏液脓性渗出物。继而鼻甲骨逐渐萎缩消失。严重的病例仅见留下小块黏膜皱襞附着在鼻腔的外侧壁上，鼻腔四周的骨骼变薄。由于鼻甲骨萎缩，故常导致病猪的面部或头部变形。慢性病例可见鼻甲骨肥厚，卷曲不正或不完整，鼻道腔隙变小。

【镜检】其特征性病变是在幼龄仔猪疾病早期见到较多的破骨细胞，而在陈旧的病灶中，骨陷窝扩大，骨质疏松。骨髓腔在发病初期呈现充血、水肿，随病程发展则见多量成纤维细胞增生。

在骨组织破坏的同时，还见不完全的骨质生成，其表现为在骨膜内和骨小梁周边出现多量不成熟的成骨细胞。黏膜的病变轻微，主要表现为上皮细胞受损、化生和黏膜下腺体萎缩。

此外，患病猪肺炎发生的比例较高，发生部位主要在肺尖叶和心叶的背侧，多呈小叶或多叶融合性病变。其他器官的表现为：心肌的小血管周围可见淋巴细胞、浆细胞和单核细胞浸润；肝偶见小叶内坏死灶；肾呈现增生性肾小球肾炎；脾及全身淋巴细胞结萎缩；胸腺皮质萎缩；甲状腺主细胞轻度增生；神经系统呈现轻度非化脓性脑膜脑炎和神经节炎。

（四）病理诊断要点

鼻甲骨萎缩，尤以鼻甲骨下卷曲的萎缩最为常见，严重时可蔓延到鼻骨、颌骨及筛骨，使之变薄并破坏其固有结构。应注意与传染性坏死性鼻炎、骨软化症、猪细胞巨化病毒感染等相鉴别。

七、猪接触传染性胸膜肺炎

猪接触传染性胸膜肺炎（porcine contagious pleuropneumonia）又称为猪胸膜肺炎（porcine pleuropneumonia），是由胸膜肺炎放线杆菌（*Actinobacillus pleuropneumoniae*，APP）引起的猪的一种传染病，临床以急性出血性纤维素性胸膜肺炎和慢性纤维素性坏死性胸膜肺炎为主要特征。各种年龄的猪对该病都有易感性，但通常以 6 周～6 月龄的猪较为多发，重症病例多发生于育肥晚期，死亡率为 20%～100%，这可能与饲养管理和气候条件有关。

（一）主要临床症状

根据病程经过可分为最急性型、急性型、亚急性型和慢性型。最急性型和急性型的病例常突然死亡，或在短期内表现精神沉郁、高热、呼吸困难而致死亡，且往往从口鼻流出泡沫样带血色的分泌物。亚急性和慢性型病例多半由急性型转来，表现体温不高，但常出现咳嗽或间歇性咳嗽，生长迟缓。

（二）发病机制

健康猪经由呼吸污浊的空气感染放线杆菌，并通过呼吸道侵入肺，在肺泡上皮附着，然后肺泡的巨噬细胞会快速将病菌吸附或者吞噬，病菌生成大量的毒素而导致肺部发生病变，如肺泡壁水肿、淋巴管扩张、毛细血管堵塞等，最终造成毛细血管壁发生坏死及破裂，从而导致存在于血浆中的红细胞及纤维蛋白渗出，引起出血性、纤维素性胸膜肺炎。

（三）病理变化

1. 最急性型　　患猪流血色鼻液，气管和支气管充满泡沫样血色黏液性分泌物。其早期病变颇似内毒素休克病变，表现为肺泡与间质水肿，淋巴管扩张，肺充血、出血和血管内有纤维素性血栓形成。如给猪静脉注射灭菌的肺炎组织悬液，则可引起双侧性肾皮质坏死，从而证实内毒素休克的论点。肺炎病变多发于肺的前下部，而在肺的后上部，特别是靠近肺门的主支气管周围，常出现界线清晰的出血性实变区或坏死区。

2. 急性型　　肺炎多为两侧性，常发生于尖叶、心叶和膈叶的一部分。病灶区呈紫红色、坚实、轮廓清晰。间质积留血色胶样液体；纤维素性胸膜炎明显。肾组织病变主要是肾小球毛细血管、肾小球动脉和小叶间动脉有透明血栓，血管壁纤维素样坏死。

3. 亚急性型　　肺可能发现大的干酪性病灶或含有坏死碎屑的空洞。由于继发细菌感染，肺炎病灶转变为脓肿，后者常与肋胸膜发生纤维性粘连。慢性病例常于膈叶见到大小不等的结节，其周围有较厚的结缔组织环绕，肺胸膜粘连。

（四）病理诊断要点

该病发生突然、传播迅速，伴发高热和严重呼吸困难，死亡率高。死后剖检见肺和胸膜有特征性的纤维素性坏死性和出血性肺炎、纤维素性胸膜炎。应注意与猪支原体肺炎、副猪嗜血杆菌病和猪巴氏杆菌病相鉴别。

八、副猪嗜血杆菌病

副猪嗜血杆菌病（haemophilus parasuis disease）是由副猪嗜血杆菌（*Haemophilus parasuis*，HPS）引起的猪的一种传染性疾病。近年来，该病在我国的发病率有升高的趋势，并常与猪繁殖与呼吸综合征、猪圆环病毒病、猪流感等疾病伴发，对养猪业造成较大损失。

（一）主要临床症状

1. 最急性型　　发病猪通常不表现任何临床症状而突然发生死亡。

2. 急性型　　断奶前后的仔猪易感，发病猪表现为发热、咳嗽、呼吸困难、关节肿胀、跛行、皮肤及黏膜发绀、站立困难甚至瘫痪、僵猪或死亡，部分猪出现肌肉震颤、四肢划水等神经症状。

3. 慢性型　　被毛粗乱、生长速度减慢、跛行、呼吸困难和咳嗽。

（二）发病机制

HPS 为巴氏杆菌科（Pasteurellaceae）嗜血杆菌属（*Haemophilus*）的革兰氏阴性菌，主要通过呼吸道或消化道感染，长途运输或其他应激因素可成为发病的诱因。HPS 有 15 个血清型，各型间毒力差异较大，其毒力与菌毛、荚膜、内毒素、外膜蛋白等有关。菌毛协助细菌黏附在呼吸道黏膜；荚膜可保护细菌免受血清中杀菌物质杀灭和抵抗巨噬细胞的吞噬作用；内毒素可损伤血管内皮细胞，使血管通透性升高，引起出血。

（三）病理变化

1. 最急性型　　通常没有特征性的大体病变，但在某些组织中可能出现点状出血。

2. 急性型　　以纤维素性或纤维素性化脓性多发性浆膜炎、多关节炎及脑膜炎为主要特征。病猪胸腔、腹腔、心包的浆膜和多个关节的关节面呈现浆液-纤维素性炎变化（图 15-17）。心包及胸腔、腹腔内有多量淡黄色渗出液及纤维蛋白凝块，渗出的纤维蛋白常在浆膜面形成假膜，疾病后期常见心包与心外膜、肺与胸壁粘连。关节肿大，有波动感，关节囊内有多量淡黄色渗出液，有的呈胶冻状，关节面上因有渗出的纤维蛋白而显得粗糙。肺淤血、出血，有的发生局灶性坏死。肝、肾、脾及肠道充血，偶见出血点。脑蛛网膜下腔脑脊液增多，脑脊液中含有纤维蛋白、脓液或漏出的红细胞而呈混浊的淡红色或淡黄色。渗出物主要由浆液、纤维蛋白、中性粒细胞及少量巨噬细胞组成。早期相关组织可见充血、出血及中性粒细胞浸润，后期浸润的细胞主要以巨噬细胞为主。

3. 慢性型　　明显的病理变化是纤维素性坏死性肺炎，纤维素性胸膜炎和慢性关节炎。纤维素性坏死性肺炎多为局灶性，病灶大小不一，有些坏死灶中心化脓。因纤维蛋白及坏死组织机化而使脏器与胸腹壁粘连。心包、胸膜及腹膜发生纤维化。

图 15-17 副猪嗜血杆菌病

胸腔及腹腔脏器表面有大量黄色纤维蛋白渗出物

（四）病理诊断要点

根据剖检全身浆液-纤维素性浆膜炎、多关节炎、脑膜炎可做出初步诊断。该病应注意与猪接触传染性胸膜肺炎、猪巴氏杆菌病及猪链球菌病相鉴别。

九、猪痢疾

猪痢疾（swine dysentery）又叫作猪血痢，是由猪痢疾短螺旋体（*Treponema hyodysenteriae*）引起的猪的一种严重的肠道传染病。各种年龄的猪均可发生，但以 7～12 周龄小猪多发。

（一）主要临床症状

全身消瘦和重剧下痢，最急性型和急性型下痢便中常含有黏液和血液；亚急性型和慢性型下痢便中，含血液量少而含黏液和坏死碎片较多。

（二）发病机制

猪痢疾不同于产毒素大肠杆菌或沙门菌引起的腹泻，是由于猪结肠和盲肠里的各种厌氧菌和厌氧性的猪痢疾短螺旋体一起协同作用，促进了短螺旋体与盲肠和结肠的上皮细胞紧密相连。它能产生溶血素，溶血素、内毒素（诱生促炎细胞因子，使结肠发生增生性病变）和脂寡糖（脂多糖的一种半粗糙形式）等毒力因子的共同作用，导致肠黏膜变性、发炎，黏膜上皮细胞过度分泌黏液，以及黏膜层表面点状出血。

（三）病理变化

【剖检】主要病变在大肠，炎症的性质、程度因病的轻重和病程长短而差别很大。

最急性和急性病例为卡他性出血性肠炎，表现为病变肠段内存有含黏液和血液的内容物，黏膜肿胀，明显充血和出血。

亚急性和慢性病例主要为纤维素性或坏死性肠炎。轻症病例，肠内容物含有多量黏液，黏膜充血或稍有出血；重者肠内容物含有多量坏死组织碎片，黏膜附有灰黄色伪膜，并见有灶状坏死。坏死多局限于表层，罕见肠黏膜深层坏死和扣状溃疡。病变虽在盲肠、结肠、直肠都可见到，但以结肠盘的顶部病变最为严重。小肠和肠系膜淋巴结常不受侵害。

【镜检】银染组织标本（结肠），于肠腔渗出物、肠黏膜表面、肠腺及腺腔中均可见到染成黑色的短螺旋体。

（四）病理诊断要点

根据病理剖检大肠的炎症及其他脏器常无明显变化的特征进行初步诊断。

第四节　反刍动物细菌性疾病

一、牛副结核病

牛副结核病（paratuberculosis）是由副结核分枝杆菌（*Mycobacterium paratuberculosis*）引起的一种慢性传染病。该病在临床上表现为长期间断性顽固下痢，病变特征为慢性增生性肠炎，因此又称为副结核性肠炎。该病主要侵害牛，其次是羊和骆驼等动物。幼龄牛对该病菌最敏感，但以3～5岁的母牛发病率最高。

（一）主要临床症状

消瘦是最明显的症状，精神萎靡，食欲减退或废绝，通常伴有颌下水肿，长期间断性顽固下痢，粪便稀软。

（二）发病机制

患畜一般通过消化道感染，病菌通过肠上皮进入黏膜，首先是小肠后段的黏膜，并在此被巨噬细胞所吞噬；有些在巨噬细胞体内继续繁殖，也可经肠黏膜的淋巴道进入肠系膜淋巴结引起病变。特别重症的病例，病菌也可再经血流到达其他器官而引起病变。

（三）病理变化

【剖检】病尸体极度消瘦，可视黏膜因贫血而苍白，脂库的脂肪消耗殆尽，呈胶样萎缩状态。血液稀薄、色淡；胸腹腔和心包腔积有较多的漏出液。特征性病理变化主要见于小肠和大肠。病变的肠管变粗，其质地如食管，肠腔极度狭小，常常缺乏内容物。小肠中含有多量带臭味的混浊浆糊状黏液；大肠的内容物为污浊而略带褐色的恶臭液体；黏膜增厚，一般可达正常的2～3倍，最严重的部分可达10倍以上；黏膜折叠成脑回样的皱襞（图15-18），触摸时柔软而富有弹性；黏膜表面覆有一层灰黄色的黏稠黏液，黏膜呈淡黄白色和灰黄色，有些部位皱襞表面呈红色并有小出血点；在皱襞之间的凹陷部，有时可见结节状或疣状增生；肠壁淋巴小结轻度肿胀。肠浆膜下和肠系膜的淋巴管变粗，呈弯曲的绳索状。

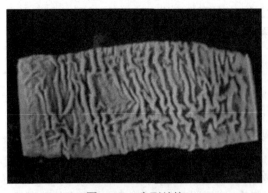

图 15-18　牛副结核

小肠黏膜呈脑回样

【镜检】肠壁增厚处淋巴细胞和上皮样细

胞大量增生；由于肠管受侵害的严重程度不同，这两种细胞增生的数量和所出现的部位也有所差别。小肠病变较轻者，增生的细胞主要出现于黏膜固有层，黏膜下层很少，增生的细胞成分以淋巴细胞为主，有少量上皮样细胞。病变严重者，这种增生就更为广泛，除固有层有明显增生外，黏膜下层也有一层细胞增生，其增生的细胞以上皮样细胞为主，这些增生细胞排列十分密集。上皮样细胞的多少和病菌侵害的程度呈正比例。当大量病菌出现时，上皮样细胞大量增生，病菌主要存在于上皮样细胞内，但也有少数散在于细胞外。上皮样细胞由于吞噬了大量的病菌，其体积显著肿大，在抗酸性染色的标本中，可见其细胞质内有大量鲜红色的菌体。除上皮样细胞吞噬大量病菌外，还有少数多核巨细胞的胞体内也充满大量的菌体。此外，在肌层之间和浆膜层的血管外周，也见有或多或少的淋巴细胞和上皮样细胞增生。

由于黏膜固有层有大量细胞成分增生，肠绒毛变粗。肠腺被压迫而变性、萎缩，有些已经消失；在个别的腺腔内充有变性、脱落的上皮细胞和黏液，残留的腺细胞呈扁平状；在腺上皮与基底膜之间因水肿液的蓄积而出现空隙。在黏膜下层和肌层水肿明显，所以其结构疏松。肠壁的副交感神经节细胞也发生变性。

盲肠和结肠部分的病变基本同小肠，但二者之间有不同之处。例如，轻症病例在小肠固有层内就有比较明显的增生，增生的成分以淋巴细胞为主。此时在大肠黏膜固有层内的增生不及小肠明显，增生的细胞中浆细胞几乎和淋巴细胞的数量不相上下，而上皮样细胞则很少。在重症病例，黏膜固有层内主要是上皮样细胞增生，其紧贴于黏膜肌层之上，密集成层，其细胞质内吞噬了大量病菌。黏膜下层的增生比小肠更为显著，在黏膜肌层下方有一厚层增生的上皮样细胞，其细胞质内也吞噬大量病菌；淋巴细胞为数不多，分散存在于上皮样细胞之间，而在一些小血管的外周可见有密集的淋巴细胞。

肠系膜淋巴结，尤其是病变段肠管相应的淋巴结肿大，呈髓样肿胀，质地与色彩无明显变化，切面多汁，不见坏死灶。镜检见窦腔内有大量上皮样细胞增生，并混有少数多核巨细胞。重症病例，固有的淋巴组织可被增生的上皮样细胞所压挤，淋巴小结和髓索因此而萎缩。用抗酸菌染色法，在增生的上皮样细胞内，同样可见大量的病菌。

除了肠及其相应的肠系膜淋巴结出现上述具有证病意义的病理变化外，体内其他器官、组织一般都不呈现特异性的病变。

（四）病理诊断要点

主要以机体消瘦、体力和精神状态不佳、反复腹泻等典型特征对副结核病进行初步诊断。

二、绵羊链球菌病

绵羊链球菌病（streptococcosis in sheep）是由链球菌中一些菌株（C、D 和 L 等群）所引起的传染病。当病菌的毒力较强而机体的抵抗力较弱时，死亡快，剖检时仅有一般败血症的病变；机体抵抗力较强的病畜，出现强烈的炎症反应与网状内皮组织增生。

（一）主要临床症状

根据临床和剖检变化，该病可分为败血型与胸型。

1. 败血型　　多见于成年羊。死于败血型的病羊，眼结膜呈黄红色，眼角有脓性分泌物；鼻孔周围及鼻腔内有灰白色或淡黄色的液体；血液呈暗红色，凝固性较差。部分病例可见咽喉部肿胀及颌下淋巴结显著肿大。

2. 胸型 多见于羔羊。病程稍长，病羊一般在 1～2 周死亡，多有明显的纤维素性胸膜肺炎和腹膜炎。

（二）发病机制

病菌通过呼吸道、消化道、皮肤创口等途径侵入机体，随血流散布全身并大量繁殖，引起菌血症和败血症。链球菌的危害程度主要取决于其分泌的毒素，最常见的为透明质酸酶、溶血素、链激酶、链球菌 DNA 酶、红疹毒素等。透明质酸酶具有溶解透明质酸的特性，增加组织透性，从而有助于菌体在局部扩散，扩大感染区域，常见于蜂窝织炎病例。溶血素对红细胞、白细胞、心肌细胞等都有较强的杀伤作用，红细胞受破坏后表现溶血，这种链球菌体外培养呈现出 α-溶血、β-溶血特征，感染后使动物出现全身败血症和心肌炎病变。链激酶本质是纤维蛋白溶酶原激活剂，具有阻止血液凝固的作用，间接促进病灶区域的扩散。链球菌 DNA 酶具有溶解脓液的作用，多见于化脓性胸膜肺炎的病例。红疹毒素能导致动物皮肤、黏膜出现红疹块，病羊同时表现出高热症状。

（三）病理变化

1. 败血型

【剖检】上部呼吸道呈急性浆液性卡他性炎的变化。胸腔中可见较多淡黄色的透明液体。肺膨大、充血或见针尖大的出血点。部分病例可见大小不等的浆液性肺炎区，该处肺间质显著增宽，为淡黄色透明的浆液所浸润，肺实质紫红色，较坚实，切面上流出多量淡黄色或淡红色稍混浊的液体。

脾肿大，常达正常的 2～3 倍。被膜因充血、出血、水肿和炎症细胞浸润而增厚，表面与切面呈紫红色，结构模糊，柔软易碎，用刀背轻刮附有多量脾髓；脾小体因炎性水肿或网状内皮细胞增生而呈无色透明或灰白色的颗粒状；红髓充血、出血，网状内皮细胞也有不同程度增生。部分严重病例，常见大小不等化脓坏死灶和因血栓形成而出现出血性梗死区。

全身淋巴结，尤以体表的肩前及颌下淋巴结，咽喉部的咽背淋巴结，腹腔的肝、胰和肠系膜淋巴结，胸腔的肺和纵隔淋巴结等显著肿大，可达正常的 2～3 倍，甚至 7～8 倍，表面呈黄白色、灰红色、紫红色，切面多呈杂色，皮质淋巴小结肿大，呈透明的颗粒状突出，切面流出较多的淡黄色稍混浊的液体。

心包腔有多量无色或淡黄色透明的液体；心外膜尤以冠状沟、纵沟脂肪及其两侧常见有密集的出血点，心内膜乳头肌部常有充血与出血。心外膜因充血、水肿和炎症细胞浸润而增厚。肝被膜因充血、渗出而增厚。肾稍肿大、混浊而质脆。肾上腺肿大，切面皮质部常见出血斑点。

皱胃胃底腺部及幽门部黏膜潮红、肿胀，或见有出血点。黏膜表面附有黏稠黏液，偶见浅在溃疡，小肠肠壁水肿，黏膜充血及点状出血，集合淋巴小结显著肿胀，肠腔充有淡黄色或淡红色黏液。多数病例，空肠或回肠壁的炎性水肿特别明显。肠系膜充血、出血、水肿，其中淋巴管增粗呈半透明条索状。大肠轻度充血或无明显异常。

脑脊液增多，呈淡黄色或淡红色。蛛网膜及软膜充血，并有小出血点。

【镜检】心肌纤维发生颗粒变性或水泡变性，间质充血、出血、水肿和炎症细胞浸润。肝细胞发生颗粒变性或脂肪变性，部分病例肝小叶中央区的肝细胞发生弥漫性和局限性的坏死，中央静脉、窦状隙及间质血管显著扩张充血。肾小球呈浆液性肾小球肾炎或增生性肾小球肾炎；肾小管上皮细胞发生颗粒变性，少数病例因血栓形成或细菌栓塞，其周围肾小管发生凝固性坏死而形成小的坏死灶。间质内有不同程度的圆形细胞浸润。肾上腺皮质部上皮细胞发生颗粒变性与水泡变性，间质充血、出血和水肿。

脑、脊髓血管壁及脑膜内有不同程度的浆液、中性粒细胞、单核细胞、淋巴细胞或有红细胞和纤维蛋白浸润；在灰质及白质中，微血管充血、出血及血栓形成。血管周围有或多或少的中性白细胞、淋巴细胞、单核细胞浸润。神经细胞急性肿胀；神经胶质细胞增生，多围绕于变性或坏死的神经细胞周围而呈现卫星现象或噬神经细胞现象。少数病例在灰质和白质中见有微细软化灶。脊髓膜也呈充血、水肿和有不同程度的炎症细胞浸润，灰质中血管、神经细胞和胶质细胞的变化与大脑相仿。中央管扩张，积液增多。

2. 胸型

【剖检】胸腔积有多量含纤维蛋白絮片的灰黄色混浊液体或积有灰白色透明而又黏稠的液体。肺的尖叶、心叶、膈叶下缘和膈叶钝圆部常与肋胸膜和膈发生纤维性粘连。肺的大叶性肺炎病变呈紫红色或暗红色，质地坚实，切面较致密、干燥或湿润光泽，并有淡黄色或稍混浊的液体流出。腹腔内腹水增多，呈混浊淡黄色，并混有纤维蛋白絮片。腹膜潮红肿胀，常附有淡黄色纤维蛋白。多数病例见有肝膈粘连和肠袢粘连。

其余脏器的病变与败血型相仿。

【镜检】肺被膜因充血、水肿而增厚；肺泡壁充血、出血及炎症细胞浸润；肺泡腔充满纤维蛋白、浆液、中性粒细胞、淋巴细胞、脱落的上皮细胞和红细胞。随病程的不同，肺存有炎性水肿、红色肝变、灰白色肝变等多种病变形式。

（四）病理诊断要点

根据临床症状及病理变化进行初步诊断，确诊需结合病原学检查。

三、羊快疫

羊快疫（bradsot）是由败毒梭菌（*Clostridium septicum*）引起的一种急性传染病，主要发生于绵羊，发病羊多在 6 个月至 2 岁。

（一）主要临床症状

该病一般呈急性病例，病羊往往来不及出现临床症状，就突然死亡。病程稍缓者离群独处，可见卧地，不愿走动，强迫行走时，表现虚弱和运动失调，腹部膨胀，有腹痛症状。有的病例体温可升高至 41.5℃左右，病羊最后极度衰竭、昏迷而死，罕有痊愈者。

（二）发病机制

该病主要经消化道感染。败毒梭菌通常以芽孢形式散布于自然界，特别是潮湿、低洼或沼泽地带。羊只采食污染的饲草或饮水，芽孢随之进入消化道，当机体抵抗力降低，病菌在肠道内大量繁殖，产生外毒素经肠吸收入血而引起毒血症，使消化道黏膜发炎、坏死并引起中毒性休克，使患羊迅速死亡。

（三）病理变化

【剖检】羊快疫取最急性经过时，尸体内因有大量败毒梭菌的存在而迅速腐败，尸体极度膨胀，可视黏膜呈蓝紫色，鼻腔流血样泡沫液体，污染鼻孔及口周围的皮肤。皮下组织有出血性胶样浸润，尤其是咽部和颈部皮下表现得更为明显。胸腹腔及心包腔蓄留或多或少的淡红色液体。

心外膜和心内膜有出血点，心肌发生颗粒变性。肝肿大呈土黄色，质地柔软；被膜下常见有出血点；切面散在有大头针帽头大至核桃大的淡黄色坏死灶，但由于死后迅速腐败，肝的病变不易辨认。肺淤血、水肿。脾多无变化，仅个别病例脾稍肿大。咽部和颈部淋巴结肿大、充血和出血。少数病程稍长或剖检稍迟的病例，肾有"软化"变化。胃和十二指肠的变化最为明显。前胃黏膜常自行脱落，当倾倒胃内容物时，即随其脱下；多数病例的瓣胃内容物干硬，有时像薄石片状嵌于胃瓣之间，用力挤压也易破碎。皱胃多空虚，黏膜潮红、肿胀，尤其是胃底部和幽门部黏膜，常有大小不等的出血斑或呈弥漫性出血，有时还有坏死和溃疡。十二指肠的变化和皱胃相似，空肠为急性卡他性炎，大肠病变不明显。

（四）病理诊断要点

该病以突然发病，病程短促，真胃出血性炎性损害为特征，以散发性流行为主，发病率低而病死率高。

四、羊肠毒血症

羊肠毒血症（sheep enterotoxemia）主要是绵羊的一种急性传染病，其病原菌为产气荚膜梭菌（*Clostridium perfringens*）（又称魏氏梭菌）中的 B、C、D 型（主要为 D 型）。该病会急性发作，造成羊只死亡，死后的羊肾软化，因此又称为"软肾病"。多发生于 2 岁以下、膘情较好的羊，绵羊比山羊易感。该病多发生在初夏，主要诱因为多雨，气候骤变，大量食用青草、精饲料、青绿饲料，同时运动过少。

（一）主要临床症状

潜伏期短，多呈急性经过，突然发病，几分钟后死亡。病程缓慢的病羊表现离群呆立或卧地，以侧身的姿态倒地、左右翻滚、抽搐、头颈弯曲、呼吸急促、口吐白沫、角弓反张、眼结膜苍白、全身肌肉抽搐、腹泻、粪便呈暗黑色，混有黏液或血液。有的病羊有食毛癖，发出痛苦的呻吟，濒死前可见转圈或步态不稳，倒地后呈四肢划水状，颈向后弯曲，继而昏迷或呻吟，最后衰竭死亡。

（二）发病机制

病菌可经污染的饲料和饮水进入消化道，或肠道平时就可能有这种病菌，当饲料突然改变，如饲喂大量青嫩多汁或富有蛋白质的饲料，引起瘤胃内菌群的改变，使部分消化的食糜进入肠道，这种食糜富含淀粉粒，最适于 D 型梭菌大量繁殖，产生毒素（一种致死性的坏死毒素）。当大量毒素被吸收入血液时，可导致急性中毒。

（三）病理变化

【剖检】羊肠毒血症取最急性或急性经过，没有特征性病变，通常都是营养良好，死后尸体迅速腐烂，剖检见有全身毒血症的表现。胸腹腔及心包腔常有稻草黄色的积液，在空气中可凝固。心脏扩张，心肌松软，心内外膜有出血点（图 15-19）。肺淤血、水肿。腹肌、膈肌、肠浆膜及胸腺出血、肝淤血和实质变性，被膜下有点状或带状出血。肾的变化具有特征性，呈肿胀柔软，如髓样。所以由 D 型梭菌引起的羔羊肠毒血症又称为"软肾病""髓样肾"。胃由于食物积滞和发酵产气而膨胀。肠黏膜尤其是小肠黏膜严重出血，经常见整个肠段（特别是十二指肠和空肠）的肠壁呈弥漫性紫黑色，肠内容物呈血样所以又称为"血肠子病"（图 15-20），有的还有溃疡。

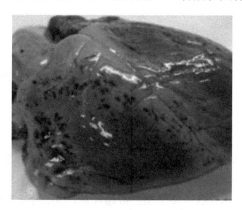

图 15-19　病羊心外膜出血（韩红卫供图）

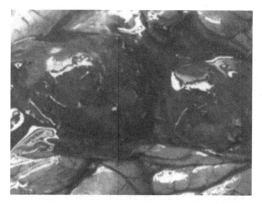

图 15-20　病羊小肠严重出血呈弥漫性黑紫色
（韩红卫供图）

（四）病理诊断要点

根据剖检肾呈软泥状、胆囊肿大、心包和腹腔积液等症状可做出初步诊断。

五、恶性水肿

恶性水肿（malignant edema）是家畜经创伤感染的急性传染病。多发生于马、绵羊和猪，有时见于牛和山羊，病原菌为恶性水肿梭菌（腐败梭菌）。

（一）主要临床症状

潜伏期为 12～72h。牛患病时初减食，体温升高，在伤口周围发生炎性水肿，迅速弥散扩大，尤其在皮下疏松结缔组织处更明显。病程发展急剧，多有高热稽留、呼吸困难、脉搏细速、眼结膜充血发绀，偶有腹泻，多在 1～3d 死亡。

（二）发病机制

病菌经皮肤、口腔、消化道、阴道、子宫、阉割等创口进入受伤的组织后，在厌氧条件下进行繁殖，产生外毒素，损害血管壁，引起局部组织的炎性水肿。病菌在繁殖时，通过酶的作用，分解肌肉组织中的肌糖和蛋白质，产生有机酸和气体。毒素大量进入血液，则引起毒血症。

（三）病理变化

【剖检】病尸感染局部呈现弥漫性水肿，皮下及邻近肌间结缔组织中有红黄色或红褐色液体浸润，含有气泡，有酸臭味，常有出血点。肌肉松软似煮肉样，易撕裂。受侵害严重的肌肉呈暗红色或暗褐色，肌纤维间多半含有气泡。血液常凝固不良。局部淋巴结急性肿胀，脾一般不肿大，肺淤血、水肿。心脏、肝、肾颗粒变性，腹腔和心包积有多量液体，肠黏膜呈急性卡他性炎。

（四）病理诊断要点

根据临诊特点，结合外伤情况及病理剖检一般可做出初步诊断，恶性水肿与炭疽及气肿疽在临床上应予以鉴别。

六、气肿疽

气肿疽（emphysematous gangrene）是反刍动物的一种急性败血性传染病，病原菌是气肿疽梭菌（*Clostridium anthracis*）。该病俗称"黑腿病""鸣疽"，主要发生于黄牛，其次是水牛、绵羊和山羊等动物。

（一）主要临床症状

发生气性、炎性的肿胀，常常伴有跛行、无法站立等症状。病畜发病突然体温升高达 42℃，初期精神不振、食欲下降、反刍停止并出现跛行，伴随病情加重病畜无法站立，在肩、胸、臀、腰等肌肉处出现气性肿胀，初热痛后变冷无痛、肿胀部皮肤干硬呈黑色或暗红色、指压有捻发音、穿刺后有黑红色液体流出，伴有气泡和酸臭气体；患病后期严重病畜结膜发绀、体温下降、呼吸困难，最终衰竭死亡。

（二）发病机制

病原菌经创伤感染时，须进入组织深部，且在缺氧的条件下才能繁殖。经口感染时，病原菌从消化道黏膜侵入，随着血液和淋巴液进入肌肉或结缔组织中。病菌在畜体组织内发育繁殖时，产生毒素使受害部发生高度的充血、出血和浆液渗出。由于溶血毒素的作用，血液红细胞崩解，渗出物被染成红色。构成间质的透明质酸在酶的作用下发生液化分解，因而组织中血管通透性增加，渗出物大为增多，使病变部形成高度水肿。同时，由于肌肉中的蛋白质和肌糖被分解而产生气体（CO_2 和 H_2 等），这就形成了该病所特有的气性坏疽表现。蛋白质分解产生的硫化氢和游离血红蛋白中的铁结合形成硫化铁，使患部呈污黑色。该病在发病的初期，是以局部性炎症过程的形式出现，但是病情进一步发展之后，病菌就逐渐侵入血液，随血液分布到全身而成为败血症，导致病畜迅速死亡。

（三）病理变化

【剖检】病畜死后，尸体很快腐败而发生臌胀，从天然孔流出带有泡沫的血样液体。患部皮下组织和肌膜有多量黑红色或黑褐色的出血点，并有明显的出血性胶样浸润。患部肌肉表现明显的气性坏疽和出血性炎，呈黑褐色，压之有捻发音，触之易碎；切开时流出暗红色或褐色带有酸臭味的液体，并夹杂有气泡。在肌肉内有暗红色的大块坏死病灶，其中心部较为干燥。由于气体的形成，肌纤维的肌膜之间形成裂隙，横切面呈海绵状。在肌纤维束间常充满带泡沫的胶样浸润物，纵切面呈红黄相间的斑纹。局部淋巴结呈浆液性出血性淋巴结炎。胸、腹腔及心包腔内积有黄色或红褐色液体。心脏扩张，心内、外膜有大小不等的出血斑，肺淤血、水肿，有时有出血和坏死灶。脾轻度淤血，脾髓内有干燥黑红色界线明显的坏死灶。肝、肾肿大，呈紫红色或暗黑色，有豆粒大至核桃大干燥、黄褐色的坏死灶；切开时有多量血液和气泡。胃肠一般无变化。个别病例，瓣胃及小肠黏膜呈卡他性炎，有时为出血性炎。

【镜检】病变部肌肉呈蜡样坏死，细胞核不着色，但肌纤维仍保留原有轮廓。由于水肿和气肿，肌纤维彼此分离，其间有大小不等的气泡。此外，可见出血、水肿及大量病原菌的集聚。在毛细血管内也可见有病原菌。间质组织也呈不同程度的变性和坏死，而病灶周围的间质则有水肿和白细胞浸润。

（四）病理诊断要点

依据典型临床症状（肩部、胸部、臀部等肌肉处肿胀，触压有捻发音）及病理变化（肌肉切面呈海绵状，伴有红色泡沫液体流出，散发酸臭味）可做出初步诊断。

七、鹿魏氏梭菌病

鹿魏氏梭菌病（clostridiosis of deer）是由魏氏梭菌引起的鹿肠毒血症。其发病急、病程短，死亡率极高，以胃肠道严重出血为主要特征。

（一）主要临床症状

病鹿突然食欲减退或拒食，精神高度沉郁，反刍停止。初期体温升高至 40.5~41.0℃，后期体温下降，口鼻流泡沫样液体，腹围增大、拉稀、便血，粪便呈酱红色，含有大量黏液，有腥臭味。病鹿有明显的疝痛症状，常做四肢叉开、腹部向下用力姿势，回视腹部，腹痛不安。死前运动失调、后肢麻痹、口吐白沫、昏迷、倒地死亡。

（二）发病机制

病原菌为产气荚膜杆菌，在鹿体内能形成荚膜，中央或偏端芽孢，无鞭毛，不能运动。该菌广泛分布于粪便、土壤、污水中，其繁殖体抵抗力较弱，形成芽孢后则有很强的抵抗力，在牛乳培养基中培养 8~10h，牛奶凝固，同时产生大量气体，气体穿过蛋白凝块，使凝乳块呈多孔海绵状，即所谓的牛奶暴烈发酵。该菌可产生外毒素，引起溶血、坏死。

（三）病理变化

死亡鹿体质状态良好，鼻孔和口角有少量泡沫，可视黏膜发绀，腹围明显增大，皮下出血，有胶样浸润。腹腔剖开后，有大量红黄腹水流出。大网膜、肠系膜、胃肠浆膜明显充血和出血，呈黑红色。瘤胃充满未消化完全的食物，真胃胃底和幽门部黏膜脱落，呈紫红色，有大面积出血斑，个别严重呈坏死状态，整个黏膜和肌层脱落，小肠外观呈血肠状，剖开有大量的红紫色黏液流出，黏膜和肌层脱落，大肠内容物黑色、腥臭；肾肿大变软，脾肿大出血，肝肿大质脆，个别有出血点和灰白色坏死灶。胸腔剖开后，有大量淡黄色胸水流出。心脏扩张，冠状沟有胶样浸润，心房和心室有紫黑色血块，心内膜和外膜有点状出血。肺充血、水肿。

（四）病理诊断要点

常见的鹿魏氏梭菌病有鹿快疫、鹿肠毒血症及鹿瘤胃胀气等。

鹿快疫：鹿快疫多发生于春末和秋季阴雨连绵的时期，各种年龄均可发病，但在 1 岁左右的鹿发病率较高。临床表现为口吐血样泡沫、两耳下垂、反刍停止、腹部膨大、四肢伸直。剖检可见全身出血性病变，尸体迅速腐烂，天然孔流血水，浆膜出血。胃黏膜均有大出血斑、坏死灶和溃疡灶，肠腔内充满气体。

鹿肠毒血症：鹿肠毒血症一年四季均可发生，膘情好的鹿易发病。口鼻流出白色泡沫样液体；小肠出血，呈血肠样。

鹿瘤胃胀气：鹿瘤胃胀气在各日龄鹿都可发生。仔鹿发病率、死亡率高。临床表现为左侧肷窝因瘤胃膨胀而突出；眼角膜出血、血管怒张、眼球突出；触诊腹壁紧张并有弹性，用拳压迫不留痕迹；叩诊时瘤胃有鼓音。

第五节　马细菌性疾病

一、马鼻疽

马鼻疽（glanders in horse）是由假单胞菌科假单胞菌属的鼻疽假单胞菌引起的一种人兽共患传染病，以马属动物最易感、慢性经过为主的传染病。

（一）主要临床症状

以在鼻腔、喉头、气管黏膜或皮肤上形成鼻疽结节、溃疡和瘢痕，在肺、淋巴结或其他实质器官发生鼻疽性结节为特征。该病的潜伏期为6个月，临床上常分为急性型和慢性型。

1. 急性型　　初表现体温升高，呈不规则热（39~41℃）和颌下淋巴结肿大等全身性变化。主要包括肺鼻疽（pulmonary lesions of glanders）、鼻腔鼻疽（nasal lesions of glanders）及皮肤鼻疽（skin lesions of glanders）。

肺鼻疽主要表现为干咳，肺部可出现半浊音、浊音和不同程度的呼吸困难等症状。

鼻腔鼻疽可见一侧或两侧鼻孔流出浆液、黏液性脓性鼻液，鼻腔黏膜上有小米粒至高粱米粒大的灰白色圆形结节突出黏膜表面，周围绕以红晕，结节坏死后形成溃疡，边缘不整，隆起如堤状，底面凹陷呈灰白色或黄色。

皮肤鼻疽常于四肢、胸侧和腹下等处发生局限性的炎性肿胀并形成硬固的结节。结节破溃排出脓液，形成边缘不整、喷火口状的溃疡，底部呈油脂样，难以愈合。结节常沿淋巴管路径向附近组织蔓延，形成念珠状的索肿。后肢皮肤发生鼻疽时可见明显肿胀变粗。

2. 慢性型　　慢性型临床症状不明显，有的可见一侧或两侧鼻孔流出灰黄色脓性鼻液，在鼻腔黏膜常见有糜烂性溃疡，呈慢性经过的病马，在鼻中隔溃疡的一部分取自愈经过时，在鼻中隔形成放射状瘢痕。下颌淋巴结因粘连几乎完全不能移动，无疼痛感。

（二）发病机制

自然感染是通过病畜的鼻分泌液、咳出液和溃疡的脓液传播的，通常是在同槽饲养、同桶饮水、互相啃咬时随着摄入受鼻疽菌污染的饲料、饮水经由消化道发生的。有时也可由呼吸道和皮肤创伤感染，但较为少见。鼻疽杆菌进入消化道后，当机体抵抗力低时，其可突破扁桃体和肠黏膜的防御，侵入淋巴和血液在全身循环，可在机体的任何组织、器官引起特异性的鼻疽性炎，但最易受侵害的部位是肺、鼻腔黏膜、皮肤和相应的淋巴结。

（三）病理变化

鼻疽的特异性病变，多见于肺，占95%以上；其次见于鼻腔、皮肤、淋巴结、肝及脾等处。在鼻腔、喉头、气管等黏膜及皮肤上可见到鼻疽结节、溃疡或瘢痕；有时可见鼻中隔穿孔。肺的鼻疽病变主要是鼻疽结节和鼻疽性肺炎的病理变化。

1. 肺鼻疽　　肺鼻疽病变是鼻疽杆菌经血液侵入肺所致，至于在肺形成的病变性质、数量和形态特征，则主要取决于机体的抵抗力。如果机体抵抗力弱，则渗出性病变迅速扩大，并发生坏死，常引起败血症而死亡。若机体抵抗力强，侵入的病原菌被消灭，则病理过程终止；反之，病原菌没有被消灭，疾病转为慢性经过，则病变由渗出转化为增生。

肺鼻疽的基本病理变化是形成鼻疽结节和鼻疽性支气管肺炎。鼻疽结节可分为急性渗出性鼻疽结节和慢性增生性鼻疽结节，两者在一定的条件下可以互相转化。

（1）急性渗出性鼻疽结节（acute exudative glanderous nodules）

【剖检】上呼吸道病变在鼻腔、鼻中隔、喉头甚至气管黏膜形成结节、溃疡，甚至鼻中隔穿孔。慢性病例的鼻中隔和气管黏膜上，常见部分溃疡愈合形成的放射状瘢痕。病灶出现结节，病灶局部组织出现坏死，结节中央为一黄白色脓样坏死灶，其周围有一红晕围绕。此种结节一般为小米粒大、高粱米粒大乃至小豆大，均匀地散布于整个肺，触摸结节有硬实感。

【镜检】结节中央的肺组织坏死崩解，局部聚集大量核碎裂的中性粒细胞；在坏死灶外周的肺泡壁毛细血管强度扩张充血，肺泡腔内填充多量浆液、纤维蛋白和红细胞，在邻近坏死灶的浆液中有多量中性粒细胞。

急性渗出性鼻疽结节是机体与病原体进行斗争所呈现的一种非特异性免疫反应，它的大小和转归不是固定不变的，而是随着机体抵抗力的大小与病原菌的毒力强弱而改变。当机体抵抗力弱时，此种结节可进一步扩大，互相融合，形成较大范围的鼻疽性肺炎，常成为病畜死亡的原因；而当机体抵抗力增强时，可由结节周围出现明显的免疫增生过程，使炎症局限化，转变为增生性结节，甚至发生钙化、愈复。

（2）慢性增生性鼻疽结节（chronic productive glanderous nodules）　　多半由急性渗出性鼻疽结节转化而来。在机体抵抗力较强的情况下，急性渗出性鼻疽结节的发展速度逐渐减慢，接着渗出物开始吸收和机化，网状细胞和成纤维细胞分裂增殖，形成特殊性肉芽组织和普通肉芽组织，将中央坏死灶完整地包围起来，使病理过程局限化形成慢性增生性鼻疽结节。

【剖检】一个发展完全的慢性增生性鼻疽结节，眼观见其中央先呈混浊黄白色脓样，继之发展成干酪坏死，最后发生钙化。其外围为一层灰白色的结缔组织包囊。结节大小不一，通常为小米粒大至大豆大，均匀散布于整个肺或孤立散在，结节硬实，常隆突于肺胸膜表面。

【镜检】中央坏死灶为大量核破碎物质，如发生钙化，则出现粉末状或小块状钙盐；在坏死灶外围为一层由巨噬细胞转变而来的上皮样细胞和多核巨细胞构成的特殊性肉芽组织；再外围为普通肉芽组织，即由毛细血管、成纤维细胞和胶原纤维组成的包囊，其间有多量淋巴细胞和少量浆细胞浸润形成以细胞免疫为主的混合免疫反应（图15-21）。

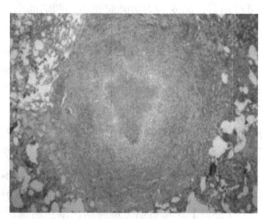

图 15-21　肺增生性鼻疽结节（马）（HE 10×20）

中心为坏死组织，周围较透明的是上皮样细胞，最外层为淋巴细胞和结缔组织细胞

（3）鼻疽性支气管肺炎（glanderous bronchopneumonia）　　肺除由血液转移来的鼻疽杆菌形成渗出性或增生性鼻疽结节外，还常见由支气管扩散来的鼻疽病变，形成鼻疽性支气管肺炎。有时这两种性质的病变在肺同时存在。鼻疽性支气管肺炎的病变特征与一般支气管肺炎相同，只是病原为鼻疽杆菌。

【剖检】肺炎区为暗红色，质地硬实，切面可见散在的粟粒大、米粒大形态不整的黄白色病灶；支气管黏膜呈脓性卡他性炎症。

【镜检】见炎灶区肺泡壁毛细血管扩张充血，肺泡腔内充满浆液、中性粒细胞和脱落的上皮细胞；在炎灶区内见有大量散在的核破碎颗粒，后者是由坏死的肺组织和变性、坏死的中性粒细胞所形成；支气管壁充血、水肿，白细胞浸润，黏膜上皮变性、脱落和崩解，支气管腔内充满中性粒细胞、脱落的上皮细胞和渗出液。

如果在融合性支气管肺炎的基础上继发化脓，则还可形成鼻疽性脓肿。脓液侵蚀病变部较大的支气管时，脓性渗出物往往通过遭受破坏的支气管咳出，这样就形成所谓的开放性鼻疽；而病变部因脓液排出即变为边缘不整的肺空洞。但当机体抵抗力增强时，病灶部增生大量结缔组织，则形成鼻疽性肺硬结。

2. 鼻腔鼻疽　　由肺鼻疽经血液转移而来或经呼吸道直接感染，也可由肺病变经咳嗽排出的带菌物质，附于鼻黏膜而发病。

【剖检】眼观结节有粟粒大至高粱米粒大，结节中心呈黄白色混浊，其周边因充血、出血和水肿而形成一圈红晕。病程发展后结节表面的黏膜变性、坏死而破溃，形成鼻疽性糜烂和溃疡。糜烂和溃疡的大小不一，有时孤立散在，有时融合成一片。溃疡面常附有脓性坏死物，溃疡边缘因水肿和炎症细胞浸润而呈堤坝状隆起，因而溃疡凹陷呈囊状。如果鼻中隔相对两侧黏膜均发生溃疡，并继续向深处发展，则常造成鼻中隔穿孔。如机体抵抗力增强，鼻腔黏膜的溃疡可被增生的普通和特异肉芽组织填充和修复。以后肉芽组织逐渐成熟，发生瘢痕收缩，形成放射状冰花样瘢痕。另外，在喉头、气管的黏膜也常发现鼻疽性结节、溃疡和瘢痕等病变。

【镜检】以鼻疽杆菌为中心，有中性粒细胞渗出、积聚和崩解，当积聚和崩解的中性粒细胞达到一定数量时，即呈结节状向黏膜表面突出。

3. 皮肤鼻疽　　主要发生于鼻、唇部的皮肤，通常是在表皮及真皮形成硬实的小结节，结节破溃后，则变为周边隆起而中心凹陷的小溃疡。

【剖检】皮肤鼻疽多见于四肢、胸侧壁和腹下。细菌在淋巴管瓣膜处繁殖，形成硬实的鼻疽结节。病原菌再经淋巴流转移，又在另一个瓣膜处形成第二个或更多的病变，如此，在淋巴管的经路上形成排列成串的鼻疽结节，同时淋巴管也由于化脓性炎而变粗，呈索状。邻近的淋巴结也常发生鼻疽性化脓性炎。淋巴管经路上的鼻疽结节初期较小，须用手触摸才能感觉到，随病程发展，结节日益明显，可达榛子大甚至核桃大，并逐渐化脓、软化而破溃，形成周边隆起、中心凹陷的鼻疽性溃疡；如溃疡内的脓液侵入病灶周围皮下疏松结缔组织，则形成鼻疽性蜂窝织炎，此时病畜往往因败血症而死亡。如机体抵抗力增强，皮肤与皮下组织可发生弥漫性增生，使皮肤和皮下组织互相粘连，外观上患肢变粗，皮肤增厚，形成所谓的"象皮腿"。

4. 淋巴结鼻疽（lymphaden lesions of glanders）

【剖检】在鼻疽病发展时期，淋巴结鼻疽性炎具有渗出性结节的特点：淋巴结肿大、潮红，切面隆突、多汁，可见散在的灰黄色坏死灶或化脓性灶。在慢性或趋向好转期，淋巴结的鼻疽性炎具有增生性结节的特点，此时淋巴结不肿大，质地硬实，呈灰白色，切面可见针帽大、粟粒大至黄豆大的结节，结节中央为化脓坏死灶，有的发生钙化，外围有完整的结缔组织包囊；结节周围的淋巴组织有的表现增生，有的发生弥漫性纤维化。当病理过程蔓延到淋巴结周围的结缔组织时，常引起淋巴结周围炎。

肝、脾、肾、睾丸和骨等部位，也常发生增生性鼻疽结节或鼻疽性脓肿。

（四）病理诊断要点

在病理剖检中，主要进行鼻疽结节和寄生虫结节的鉴别，以及鼻疽性溃疡和流行性淋巴管炎的溃疡的鉴别。鼻疽性溃疡已在上文有描述，故此处不再重复。寄生虫结节周边一般无红晕，结节多呈灰白色、均匀一致且易钙化；结节与周围组织界线明显，不易切开，但易剥离。镜检见结节无三层特异构造，结节周边有异物性巨细胞和大量嗜酸性粒细胞聚集，结节中心有时见有虫体；结节多见于肝，肺较少见。流行性淋巴管炎的溃疡主要见于皮肤和呼吸道黏膜，溃疡高而扁平，边缘不隆突，溃疡很少下陷，并常因溃疡底增生大量肉芽组织而呈蕈状，镜检病变部脓液见有囊球菌。

二、马副伤寒

马副伤寒（equine paratyphoid）的病原体为马流产沙门菌（*Salmonella abortus equi*），主要经消化道感染，其次是经生殖器感染。在马最常见的是妊娠母马的副伤寒，临床表现为流产，因此又称为马副伤寒性流产。

（一）主要临床症状

患马通常出现精神沉郁，呆立少动，食欲废绝。结膜初期潮红，中后期变黄白以至苍白。体温高热稽留（39.5℃以上，一般稽留 3～4d）。初期排粪正常或排稀软粪便，不久即出现腹泻，多为黑绿色或灰黄色的水样便，有时混有黏膜甚至带血。病畜日渐消瘦，最后衰竭死亡。

（二）病理变化

1. 妊娠母马副伤寒　　病原体经消化道或生殖器侵入，在妊娠母马子宫黏膜上增殖，产生内毒素。一方面刺激子宫壁引起收缩，另一方面可使胎盘发生炎症和组织坏死，破坏胎儿胎盘和母体胎盘的联系，断绝胎儿的营养供给。病菌还能通过病损胎盘进入胎儿体内，因此引起胎儿死亡和流产。

妊娠母马副伤寒的病变主要见于子宫、胎膜和流产胎儿。

1）子宫：子宫黏膜充血并有点状或弥漫性出血，在黏膜面和子宫腔内均有少量灰黄色黏稠的渗出物，此为急性卡他性子宫内膜炎的变化。如果伴发化脓菌或腐败菌感染，则引起化脓性或腐败性子宫内膜炎。

2）胎膜：胎膜肿胀，呈浆液性出血性浸润。胎膜血管充血，常有血栓形成。胎膜有坏死灶及灰黄色的附着物。绒毛膜肿胀比正常增厚 2～3 倍，并见有不均匀的充血、点状出血或出血性浸润。绒毛膜表面绒毛坏死，常有圆形或带状溃疡。脐带肥厚、肿胀并有出血。羊水混浊呈淡黄色或粉红色。

3）流产胎儿：一般呈败血症变化。主要表现为皮下、肌间结缔组织水肿，浆膜、黏膜及实质器官出血。肝、肾明显变性和出现坏死性变化，脾肿大、柔软，淋巴结尤其是肠系膜淋巴结呈明显的髓样肿胀，胃、肠常出现急性卡他性出血性炎。

2. 马驹副伤寒　　病原体可由生后感染或来自生前母马，主要病变是四肢关节的浆液性、出血性或化脓性关节炎，卡他性、出血性肠炎，支气管肺炎。

3. 公马副伤寒　　病原菌常局限于睾丸、关节囊、鬐甲、臀、背、腰等处，引起局部炎症。初期为浆液性、出血性炎，以后转化为化脓性炎。

第十六章　支原体和立克次氏体病病理

支原体（mycoplasma）曾被称为霉形体，是介于细菌与病毒之间，能独立生活的一群微小生物。支原体的种类多样，多数是从呼吸系统、生殖器的黏膜分离出来的，但也有从眼、关节、乳腺、脑等部位分离到的。不同种类的支原体可引起哺乳动物和鸟类的不同类型疾病。现仅就其中的几个主要疾病，分别叙述如下。

一、牛传染性胸膜肺炎

牛传染性胸膜肺炎（contagious bovine pleuropneumonia，BPP）又称为牛肺疫，是由丝状支原体（*Mycoplasma mycoides*）引起的一种呈亚急性和慢性经过的传染病，主要感染牛，在临床上传播很快。该病以形成纤维素性胸膜肺炎为特征，病牛有发热、咳嗽、呼吸促迫和流鼻液等临床症状。

（一）主要临床症状

1. 急性型　　病初体温升高，鼻孔扩张，鼻翼扇动，有浆液或脓性鼻液流出。呼吸高度困难，呈腹式呼吸，有呻声或疼痛性短咳。反刍迟缓或消失，可视黏膜发绀，臀部或肩胛部肌肉震颤。前胸下部及颈垂水肿。若病情恶化，则呼吸极度困难，病牛呻吟，口吐白沫，伏卧伸颈，体温下降，最后窒息而死。

2. 亚急性型　　其症状与急性型相似，但病程较长，症状不如急性型明显而典型。

3. 慢性型　　病牛消瘦，常伴发咳嗽。在老疫区多见牛使役力下降，消化功能紊乱，食欲反复无常。病程2～4周，也有延续至半年以上者。

（二）发病机制

在自然感染的情况下，病原起初侵害细支气管，继而侵入肺间质，随后侵入血管和淋巴系统，病原体经过支气管源性和淋巴源性两种途径扩散，进而形成各种病变。

（三）病理变化

根据肺和胸膜的变化，按其发生和发展的过程可分为初期、中期及末期三个不同阶段的病理变化。

1. 初期病变

【剖检】病原体从呼吸道感染后，首先形成多发性支气管肺炎，少数为纤维素性支气管肺炎。病变多见于肺尖叶、心叶及膈叶前部，切面呈灰红色。

【镜检】细支气管及其周围的肺泡内有浆液性细胞性渗出物，少数病例为纤维素性渗出物。在支气管周围的肺组织见有炎性水肿，此时肺间质与胸膜一般无变化。

2. 中期病变

1）病原体经由支气管周围和血管周围结缔组织内的淋巴管蔓延时，肺病理变化如下。

【剖检】中期呈典型的浆液性纤维素性胸膜肺炎。病肺有重感，肿大而增重，胸膜脏层由于发炎而显著增厚。切面可见间质扩张，其中淋巴管呈蜂窝状扩展，管内充满液体或凝固的淋巴液，堵塞淋巴管，结果淋巴液和炎性渗出物更加大量潴留，肺间质与胸膜发生炎性水肿。

【镜检】肺间质增宽，肺间质内的淋巴管极度扩张，管腔内充满炎性渗出物（主要为纤维蛋白）（图 16-1）。肺间质的浆液性炎还波及血管壁而引起血管炎，结果可导致血管内血栓形成。支气管动脉内的血栓形成可引起肺组织发生大片凝固性坏

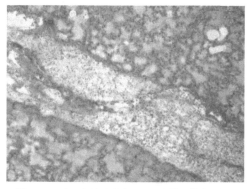

图 16-1　间质明显增宽，间质淋巴管扩张、水肿，充满炎性渗出物（HE 10×10）

死。肺间质因病菌寄生、血管内血栓形成和淋巴管内淋巴栓形成而导致肺间质坏死。

2）病原体经支气管内扩散时，在肺实质可逐渐形成不同阶段的肺炎变化。

A．充血水肿期。

【剖检】由于肺泡毛细血管渗出大量浆液于肺泡腔内，故肺的病变部位膨大而呈深红色，切面流出多量带泡沫液体。

【镜检】肺泡壁毛细血管高度扩张充血，肺泡内存有大量呈粉红色的浆液性液体和红细胞，并存少量中性粒细胞、组织细胞等。

B．红色肝变期。

【剖检】由充血水肿期进一步发展而来，肺泡腔内渗出大量纤维蛋白，因此肺更加肿大并呈暗红色，质量和硬度增大，外观如同肝样，故称为肺肝变。胸膜面也有纤维蛋白渗出而并发胸膜炎。呈肝变的肺组织放入水中下沉。

【镜检】肺泡内充满大量细网状纤维蛋白，其中充填红细胞、中性粒细胞和淋巴细胞，肺泡上皮肿胀、剥脱。肺泡壁毛细血管仍然扩张充血。

C．灰白色肝变期。

【剖检】此期肺泡腔内中性粒细胞的渗出显著增多，肺泡壁毛细血管的充血减弱。眼观肺仍然肿大而坚实，切面呈灰白色，干燥或稍湿润，肺泡内无空气。挤压时可流出灰白色脓样液体。

【镜检】肺泡内仍充满纤维蛋白，此外由肺泡壁毛细血管内游出许多中性粒细胞，常将肺泡内的纤维蛋白挤压在肺泡的中心部，纤维蛋白开始被中性粒细胞的蛋白溶解酶所溶解。肺泡壁毛细血管因受压迫而贫血，肺泡内的红细胞比上期大为减少。

由于上述不同阶段病变同时存在，可导致肺形成大理石样外观。胸膜有时渗出大量纤维蛋白而表现粗糙、无光泽并呈炎性充血。有时胸腔内蓄有多量淡黄色胸水，胸膜因受浆液浸润而增厚。

3．末期病变

【剖检】当初期的原发病灶病变停止发展后，被增生的结缔组织所包围，其中的坏死肺组织最终由结缔组织机化而生成瘢痕。

【镜检】见肺泡内充满肉芽组织，最后变成瘢痕组织。

发展至灰白色肝变期的病变，其肺泡内的纤维蛋白，可被中性粒细胞的蛋白溶解酶溶解而呈乳糜状，其一部分被咯出，大部分由淋巴管吸收排出。被破坏的肺泡上皮，经再生修复而又容纳空气。但在牛传染性胸膜肺炎时，其间质结缔组织因受病菌的严重侵害而坏死，所以肺泡内的纤维蛋白难以经间质内的淋巴管吸收排出。但支气管周围、血管周围、胸膜及支气管动脉分支周围

的结缔组织，常常免于坏死。此外，沿肺小叶边缘行走的毛细血管，由于没有形成血栓，仍继续有血液供给，因此由结缔组织经再生、机化而形成支气管周围、血管周围和肺小叶边缘机化灶。增生的结缔组织，将肺泡内的纤维蛋白和间质坏死组织机化而生成肺肉变（图 16-2）。

病原体由支气管周围的间质结缔组织蔓延时，常引起动脉周围炎和静脉周围炎，这样血管内常常有血栓形成，结果在肺组织可引起贫血性梗死。梗死灶大小不一，坏死的肺组织有的保持其原来肝变样状态，有的则呈脓解状态。在梗死灶周围有结缔组织包围。肺胸膜、肋胸膜存有纤维蛋白时，经机化后可引起肺与胸膜粘连。心外膜也常有纤维蛋白渗出，心包液增量。慢性病例，心外膜纤维蛋白可被肉芽组织机化。因心脏的不断搏动，渗出于心外膜的纤维蛋白被机化，增生的肉芽组织常呈绒毛状，故称为绒毛心（图 16-3）。

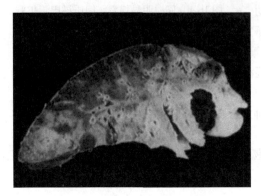
图 16-2　牛肺疫后期（肺肉变）
支气管及血管周围大量结缔组织增生

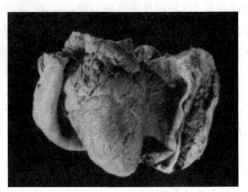
图 16-3　牛肺疫（纤维素性心包炎）
心外膜、心包膜附着大量纤维蛋白而增厚

（四）病理诊断要点

牛传染性胸膜肺炎须与牛巴氏杆菌病相区分，二者的区别在于：牛传染性胸膜肺炎肺呈现明显的大理石状病变（中期），牛巴氏杆菌病的肺组织，因病程短促而大理石样变化表现不明显，败血症、肺水肿等症状较显著；另外，牛传染性胸膜肺炎时坏死的肺组织仍保持原组织构造（肺的红色或灰白色肝变灶）及几种机化灶，对于诊断具有重要作用，而牛巴氏杆菌病肺无此特征。

二、猪气喘病

猪气喘病（gasping disease of swine）又称为猪地方流行性肺炎、猪支原体肺炎，是由猪肺炎支原体（*Mycoplasma hyopneumoniae*）所引起的一种仔猪多发的慢性接触性传染病。该病的临床特点是咳嗽、气喘，故在我国又形象地称此病为"猪气喘病"。患病率为 40%～50%，但死亡率较低，该病常致感染猪发育不良（形成小僵猪），对养猪业造成损失。该病至今在世界各地都有发生，可以说凡是有猪的地方都有该病。

（一）主要临床症状

1. 急性型　　病猪临床表现出精神不振、离群、伏卧、呼吸次数剧增、咳嗽，呈腹式呼吸。咳嗽低沉，咳嗽次数少。继发性感染的病猪呼吸困难、气喘，呈张口伸舌状喘气，时常有哮鸣声发出。病猪呈犬坐，不愿意卧地，有体温升高症状，最高可达 40℃以上，鼻有浆液性液体流出，病程为 7～14d。

2. 慢性型　　　临床表现出典型的咳嗽症状，以反复干咳为主，体温、食欲、呼吸等无异常。慢性型主要发生在育肥猪、架子猪、后备猪群中，病症为2～3个月，有的长达半年或更久。

3. 隐性型　　　隐性型症状见偶发性的咳嗽，食饮、体温、呼吸无异常，一般在猪群中较难发现。

（二）发病机制

猪支原体肺炎气喘病潜伏期为10～16d，该病的发生是病原黏附到气管、支气管和细支气管上皮纤毛上，只有很少的一部分病原可以到达肺泡。支原体存在于纤毛的顶端及纤毛之间，使纤毛的活力下降以至脱落，最后导致上皮细胞的破坏和脱落。纤毛活力降低，分泌物增多，支气管内腔堵塞和周围的肺泡崩塌，呈"肉变"。

（三）病理变化

【剖检】该病的病理剖检特点是形成慢性支气管周围炎。死于该病的病猪，因病程经过长短不同，其病变可有很大差异。

初期病变是在肺的尖叶或心叶，有单在的蚕豆大至拇指头大的淡红色乃至鲜红色稍湿润透明的病灶，压之有坚实感。随着病程的延长，尖叶、心叶及膈叶前部的病灶可融合扩大，病灶外观由红色变成红紫色，最终变成灰红色或灰黄色。病变的肺组织坚实，和正常肺组织的界线清晰。两侧肺组织的变化多数在大体上呈对称状，少数为一侧肺单发，并以右侧肺叶较为多发。切开肺的病变部，从切面流出黄白色带有泡沫的浓稠液体，小叶间结缔组织增宽，呈灰白色水肿状。

病程长的病例，见尖叶、心叶、中间叶和膈叶前部的大部分肺组织，变成灰白色或灰黄色质地较坚实的病灶，此种病变的肺组织比正常肺组织稍塌陷，和周围肺组织分界明显（图16-4）。切面较干燥，支气管内充满黏稠内容物。个别病例，由于叶间结缔组织的增生，肺小叶变形，肺表面高低不平。肺门淋巴结常见肿大，呈灰白色湿润，轻度充血。脾呈轻微肿胀或无变化。肝、肾呈轻微的实质变性。肝常伴有淤血。在营养状况恶劣的病例，心脏心外膜下脂肪常呈胶样水肿状。心肌轻度实质变性，右心室扩张，后者随肺的病变恶化而加重。消化管在多数病例只在小肠有卡他性炎的变化。在病期较长的猪，盲结肠的淋巴小结常肿胀。

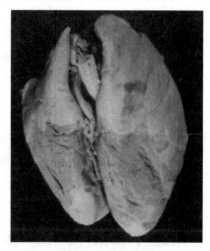

图16-4　猪气喘病
肺心、尖叶呈灰白色坚实，与周围有明显界线

【镜检】小支气管和血管周围有大量淋巴细胞，病程长的病例可见淋巴组织增生，或于支气管周围生成淋巴小结，形成支气管周围炎和血管周围炎。小支气管上皮发生黏液变性或稍剥脱，管腔内有少量淋巴细胞和中性粒细胞。炎灶区肺间质组织水肿，间质增宽，其中有少量淋巴细胞和中性粒细胞浸润，支气管黏膜层也常有少量炎症细胞浸润，肺泡腔内含有浆液。上述这些变化，是猪支原体所生成的特异性病理变化。

猪气喘病时常继发感染巴氏杆菌、链球菌和棒状杆菌等，因此其病理变化常常较复杂。除见猪气喘病所固有的病理变化外，常在肺炎灶内散在有米粒大至大豆大的化脓灶。胸膜及心外膜有轻微的浆液性纤维素性炎，胸膜粘连。镜检见肺泡壁毛细血管极度扩张充血，肺泡腔及支气管腔内充满大量中性粒细胞、巨噬细胞及淋巴细胞等。肺门淋巴结的淋巴组织弥漫性增生，淋巴小结扩大，有明显的生发中心。

（四）病理诊断要点

一般可从以下几个方面确诊：从肺炎病灶做涂片进行细菌学检查；病理剖检时，根据其肺的特异性变化，一般可以做出诊断；病理组织学的特点是支气管周围炎。

三、鸡慢性呼吸道病

鸡慢性呼吸道病（chronic respiratory disease of fowl）是由鸡败血性支原体引起的鸡呼吸器官疾病。发生于鸡和火鸡，又称为火鸡传染性副鼻腔炎。该病的潜伏期长（1～3 周），疾病经过也长。临床有流鼻液和咳嗽等症状，但幼鸡的症状轻微，易被忽略。成鸡病程经过长、症状重、产卵减少。病原多经卵感染，卵孵化率低。

（一）主要临床症状

1. 幼龄鸡　　病鸡初期表现出鼻液增多，往往呈黏液性或者浆液性，并附着在鼻孔四周及羽毛上，鼻液容易黏附饲料而导致鼻孔被堵塞，使其无法正常呼吸，频繁打喷嚏。之后炎症会扩散至下呼吸道，使其呼吸困难，咳嗽增多，气喘明显，往往张口呼吸，并伴有气管啰音，精神萎靡，食欲不振，生长发育停滞，机体日渐消瘦，进而引起鼻炎、鼻窦炎及结膜炎。眼睑由于肿胀而黏合，眶下窦存在较多的干酪样分泌物，眼球明显突出，严重时会由于压迫眼球而出现一侧或者两侧失明。病程至少可持续 1 个月，病死率为 5%～10%，但如果并发其他疾病，病死率就会升高至 30%。

2. 成年鸡　　病鸡具有较轻的症状，基本不会死亡。有时病鸡表现出精神不振、采食减少、发生腹泻，产蛋鸡患病后不会表现出明显的呼吸道症状，主要是导致产蛋量和孵化率下降，且容易孵出弱雏，如果继发感染其他病时就会导致病情加重。

（二）发病机制

病原体经吸附进入体内生长繁殖、吸附于上皮细胞并侵入固有层，使上皮细胞的纤毛停止活动，脱落退化，死亡，以及杯状细胞分泌减少，导致呼吸道屏障功能降低，引起一系列的临床症状和病理变化。

（三）病理变化

【剖检】见气管、支气管、气囊等有黏稠的脓性渗出液。

【镜检】见黏膜过度增生肥厚，其中有许多淋巴细胞浸润。肺和气囊的渗出液中含有许多异嗜性细胞。鸡和火鸡还见有滑膜炎。

该病的严重程度，常与是否继发细菌感染有关。如果继发感染大肠杆菌，则发生纤维素性及纤维素性化脓性心包炎、干酪性气囊炎等。一般自然感染的慢性呼吸道病例，即属这样的变化。此时的大肠杆菌始终是继发感染菌，如果不事先感染支原体，则大肠杆菌不能侵入下部呼吸器内。除了大肠杆菌外，传染性支气管炎、鸡新城疫及这些疾病所使用的活疫苗的接种等，都可使慢性呼吸道病恶化。

（四）病理诊断要点

除注意尸体剖检特征外，检出鸡败血性支原体为最可靠的确诊依据。此外，可用玻片及试管做凝集反应进行诊断。

四、猪附红细胞体病

猪附红细胞体病（eperythrozoonosis of pig）是由立克次氏体目无浆体科附红细胞体属的成员（又称附红细胞体）引起的猪的一种散发性、热性、溶血性疾病，以贫血、黄疸、肝小叶中心性坏死为特征。我国近年来在猪、绵羊等多种动物发生该病，给畜牧业带来较大危害。

（一）主要临床症状

病畜发生溶血性贫血、高热，红细胞降至 100 万～200 万，血红蛋白降至 2～4g/100mL，黄疸指数增至 8～25，一般死于急性期，大多数病例常呈隐性感染而耐过，成为长期带病原的传染源。

（二）发病机制

当附红细胞体侵入机体后，附红细胞体迅速增殖，侵入外周血液并破坏红细胞。猪附红细胞体的致病机制包括以下两点：①猪附红细胞体侵害红细胞，导致红细胞的形态结构发生变化，发生变化的红细胞在流经网状内皮组织时会被当作异物被吞噬。血液的红细胞比例降低，血液的功能减弱，其新陈代谢出现障碍，导致其抗力降低，从而继发感染毒血症，最终会因心力衰竭发生死亡。②由于猪附红细胞体的刺激，猪的机体发生免疫应答，出现凝血因子被破坏、溶血、血管通透性增加及血尿等早期的出血症状，随着病情的严重，其体内红细胞结构被破坏，开始出现血液颜色淡、稀薄，皮肤和可视黏膜出现黄染等症状，由于血细胞的数量严重减少，血液的功能降低，从而导致全身的器官功能障碍。

（三）病理变化

【剖检】临床症状明显的病尸尸体消瘦，可视黏膜苍白、黄染，血液稀薄如水样，皮下和肌间结缔组织胶样浸润，散发点状出血。全身肌肉色泽变淡，脂肪黄染。肺淤血、水肿。心包液量增加，心肌变性，心内、外膜出血。腹水增量。胃肠黏膜呈出血性炎变化。肝肿大，呈淡黄褐色，胆囊肿大，充满黏稠胆汁。脾肿大、柔软。肾肿大，皮质散发点状出血。膀胱黏膜出血。全身淋巴结呈不同程度肿大，偶见出血。脑膜充血、轻度出血和水肿。长骨红色骨髓增生。

【镜检】长骨的骨髓组织红细胞系明显增生。淋巴结和脾网状细胞活化，有较多含铁血黄素沉着。肝细胞颗粒变性和脂肪变性，窦状隙和中央静脉扩张充血，肝巨噬细胞肿胀、剥脱，吞噬多量含铁血黄素。肝小叶中心坏死，汇管区有数量不等的淋巴细胞浸润和含铁血黄素沉着。在组织切片中很难见到病原体。

【病原学检查】病原体寄生于猪的红细胞表面和血浆内，多半呈环状。血液涂片吉姆萨染色，附红细胞体淡紫红色，呈环形，偶见呈三角形、卵圆形、杆形、哑铃形和网球拍形等，其直径为 0.5～1μm，有的还稍大些。在一个红细胞内可见一至十多个附红细胞体，或见大量附红细胞体均匀地遍布于血浆。电镜观察，附红细胞体呈卵圆形的圆盘状，分凹、凸两面，以凹面附于红细胞表面。

（四）病理诊断要点

根据临床有重症黄疸和溶血性贫血和病理变化，可做出初步诊断。观察血液涂片，在红细胞膜上发现附红细胞体可确诊；也可做补体结合反应、间接血凝或免疫荧光等血清学诊断。还须与微孢子虫病、巴尔通体病、梨形虫病及其他溶血性贫血进行鉴别。

第十七章　真菌病病理

真菌病（mycosis）是感染真菌类所发生的疾病，人及动物都能感染发病。一般所称的真菌病，常把放线菌类所引起的疾病也包括在内，这是因为放线菌与真菌或丝霉菌纲（Hyphomycetes）有关联，且它所引起的病变与霉菌病相似，因而常把它们与真菌划在一起。

一、放线菌病和放线杆菌病

放线菌病（actinomycosis）是由牛放线菌（*Actinomyces bovis*）、猪放线菌（*Actinomyces suis*）所引起的牛或猪的感染性疾病，放线菌主要侵害皮肤、皮下组织、骨组织、猪的乳房和耳翼等部位皮肤；而放线杆菌病（actinobacillosis）是由林氏放线杆菌（*Actinobacillus lignieresi*）所引起的动物和人的一种慢性传染病，林氏放线杆菌主要侵害软组织。两种病的共同剖检特点是结缔组织呈肿瘤样增生，并伴有轻微的慢性化脓性炎症，因此两种疾病在病理解剖学上易于混同。

（一）放线菌病

牛和猪易患放线菌病，此外野生反刍动物（如麋鹿等）及人也能感染发病。人的放线菌病可侵害面部、胸部皮肤，骨及肝、肺、肠等组织和脏器，因此该病是人兽共患传染病。

二维码
17-1

病理变化　　牛的放线菌病主要见于面部及喉部皮肤、皮下组织和颌骨等部位（二维码 17-1）。猪的放线菌病可由猪放线菌、牛放线菌或衣氏放线菌（*Actinomyces israelii*）引起，主要发生于猪的乳腺或耳朵。

【剖检】皮肤放线菌病多见于头部皮肤，皮肤呈蕈状或弥漫性增生。蕈状放线菌肉芽肿见于皮肤和皮下组织内，肉芽肿突出于皮肤表面，呈丘状或蕈状的坚硬结节，有时结节表面的皮肤破溃而生成溃疡。皮肤的弥漫性放线菌肿较少见，在弥漫性肥厚的皮肤中见有脓肿。

骨放线菌病多发生于颌骨，特别是上颌骨。其病变的发生有两种途径：一为禾本科植物的芒刺入齿槽，由此沿齿根进入骨髓；另一种途径为齿根的放线菌病灶，直接蔓延到骨膜，随着骨膜的破坏而蔓延到骨组织和骨髓，并破坏骨组织，病变继续发展恶化而形成大块骨疽性病变，同时由骨内、外膜增生大量骨样组织。如果病变穿过皮肤，可形成瘘管排脓。此外，经血源可扩播至肺、脾、肝、肾及淋巴结等部位。

【镜检】牛骨放线菌病在镜检时可观察到化脓灶和放线菌集落（图 17-1），骨组织肿大呈粗糙的海绵样多孔状。猪放线杆菌病可发生于一个或几个乳腺，病变发生于乳腺的皮下或乳腺实质小叶内，生成核桃大含脓的小结节，在乳腺增生的结缔组织内，散在有放线菌集落。在耳部病灶可呈弥漫性或结节状增生，在增生的结缔组织内，散在有放线菌性肉芽肿，于肉芽肿中心存有菊花瓣样的放线菌（图 17-2）。

（二）放线杆菌病

放线杆菌病的症状和病变类似放线菌病，但林氏放线杆菌主要侵害软组织，多见于舌、头、

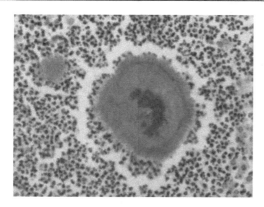

图 17-1　牛放线菌病（HE 10×20）

在大量中性粒细胞内有周围呈放射棒状的放线菌集落

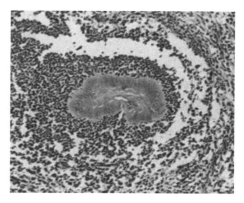

图 17-2　猪放线菌病（HE 10×20）

肉芽肿中央有呈菊花瓣样的放线菌集落

颈、胸部的皮肤及软组织，少数可侵害肺。林氏放线杆菌侵害软组织远比骨多，这是和放线菌不同之点。放线杆菌病也可见于绵羊，侵害软组织和咽部所属淋巴结；人有全身感染的记载。

病理变化

【剖检】口腔内的放线杆菌病：牛舌是常发的部位，生成结节状或蕈状肉芽肿，有时肉芽肿呈高度弥漫性增生，在呈弥漫性增生的肉芽组织中散在有小的颗粒状菌集落。牛舌因肉芽组织增生而变硬，常称此为木舌（woody tongue）。齿龈和腭黏膜见有散在的溃疡，或肉芽组织呈结节状或弥漫性增生，在增生的肉芽组织中散在有放线杆菌集落。同样的变化也可见于咽部，病变呈乳头状突出于咽腔内。

肺的放线杆菌病：见于牛和猪，经呼吸道或血源感染。经呼吸道感染则呈大叶性病灶，由柔软的肉芽组织组成，其中有许多化脓性小病灶与砂粒状菌集落。经血源感染的病菌，在肺内形成粟粒大或更大病灶，类似结核病灶，故应做涂片及组织学检查加以鉴别。

此外，在心肌、肝、脾、肾、脑髓、睾丸、子宫、阴道、膀胱、四肢的骨骼和肌肉也可生成病灶。肝的放线杆菌病灶有原发和继发之分，原发性病灶是由反刍动物的前胃随异物穿入肝而生成，在肝形成拳大或更大的结节，与结核结节的区别在于其肉芽组织呈海绵状，并有多数化脓性小病灶。

病灶部位的相应淋巴结：发病的淋巴结一般形成脓肿，直径有数厘米，含有浓稠的脓液。淋巴结肿大，有时呈水肿状。陈旧病灶则形成纤维性结节状，其中含有脓液及菌集落。放线杆菌病灶可发生钙化。

【镜检】在病菌侵入部位的组织内生成小结节，结节中央有菌集落，集落呈不规整的菊花瓣状，直径有 20μm 或以上，集落周边围有末端钝圆的放射状排列的突起，类似棍棒状；此放射状的棍棒体的直径有 3～10μm，长有 10～30μm，粗糙而呈嗜酸性。集落中心为革兰氏阳性的呈丝状缠绕成球形的菌块；在菌集落的外层有中性粒细胞围绕，此即眼观所见到的脓肿灶；再外层有很多巨噬细胞、淋巴细胞围绕，其中有结缔组织包围脓肿和整个病灶。

（三）病理诊断要点

林氏放线杆菌的病灶和放线菌很类似，但是林氏放线杆菌的棍棒体比较长并且细，而且脓液比较多，病菌为革兰氏阴性菌。采取脓液中的砂粒样物，放于载玻片上做压片镜检（不染色），见有浅黄色放线菌棍棒体和丝状菌，做切片染色，菌丝为革兰氏阳性着染，而林氏放线菌为革兰氏阴性着染。

二、禽曲霉菌病

禽曲霉菌病（aspergillosis of poultry）是由曲霉菌属（*Aspergillus*）霉菌，特别是烟曲霉（*A. fumigatus*）感染禽类引起的疾病。此种微生物普遍存在于自然界，寄生在植物和食品上呈白色的纤毛状的霉。该病在家禽中见于鸡、鸭、鹅等，但也发生于哺乳动物。

（一）临床症状

禽曲霉菌病可引起霉菌性肺炎。牛、马、猪、绵羊等哺乳动物，除引起霉性肺炎外，还可引起流产、皮肤病及全身性疾病等。人也可感染而引起肺炎。

（二）发病机制

发霉的饲料、铺草、木屑、糖渣、玉米缨等生霉的物质都是感染源，大群饲养的动物发病时多由霉饲料引起。孵化箱内如有霉菌孢子或者卵接触到霉菌所污染的敷草，在孵化过程中可感染给鸡雏。霉菌经呼吸道侵入可生成霉菌性肺炎，经消化道和创伤侵入可形成全身性感染和流产。

（三）病理变化

二维码
17-2

二维码
17-3

【剖检】急性死亡的禽类幼雏，于肺见有针帽大黄白色干酪样的病灶，小病灶融合可形成不规则的大病灶（二维码 17-2）。经过稍久的病例，在气囊、气管、内脏等都可见到病灶，此时气囊可形成泛发性的病灶，气囊肥厚。

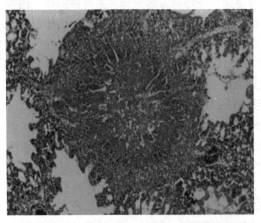

图 17-3　鸡肺曲霉菌病结节（HE 10×20）
结节中心为坏死细胞及放射状菌丝

【镜检】自然感染病例或鸡、鸭的实验感染病例，见在病灶中心有霉菌团块（二维码 17-3）。病灶部最初有假性嗜酸性细胞的渗出，而后于病灶中央部见细胞核崩解坏死。中心部的病菌呈短细的分枝状菌丝，如果菌丝消失，见有放射状或菊花瓣状的嗜酸性着染物质。病菌的外围有上皮样细胞、异物巨细胞和淋巴细胞出现（图 17-3）。后期则由结缔组织包围坏死灶。在同一病例可见有新旧不同的病灶。

（四）病理诊断要点

根据典型病灶中见有的短细分枝状菌丝的病理组织学变化即可做出诊断。

三、球孢子菌病

球孢子菌病（coccidioidomycosis）是由粗球孢子菌（*Coccidioides immitis*）引起的畜禽慢性传染病。该病可发生于家畜和多种野生动物，家畜中见于牛、绵羊、犬、马、猪；野生动物见于野鹿、袋鼠、地松鼠、大猩猩、猴等；人也能感染该病。啮齿类可为该病的传染源，但动物之间一般不能直接传播。

（一）主要临床症状

该病常取慢性经过，感染的动物种类不同，临床症状不一致。患病牛和羊等反刍动物，无特殊症状，日渐消瘦，微热，有时咳嗽，一般在屠宰时才发现肺淋巴结的病变。马患病后可见严重的渐进性消瘦，眼结膜出现轻度黄疸，体温为38～40℃，重者中性粒细胞增多、四肢下部浮肿、脉搏微弱频数、鼻孔开张、呼吸困难、鼻黏膜点状出血。患犬的临床症状主要表现为食欲减退、呕吐、精神沉郁或虚脱。

（二）病理变化

【剖检】病变类似结核变化，生成孤立的或融合性的肉芽肿，内有化脓或钙化。多在支气管淋巴结和纵隔淋巴结形成小结节，少数可在肺和下颌、咽背淋巴结及肠系膜淋巴结生成小肉芽肿。淋巴结肿大，含有黄色黏稠脓液，类似放线菌病的变化，脓肿周围为结缔组织所包裹。少数病例的病灶有不同程度的钙化。

不同动物的病理变化简述如下。

1. 马　患马瘦弱、贫血，有明显的白细胞增多症和肢体下部水肿。剖检腹腔内充满凝血块（肝破裂之故），肝被膜下有多数大出血灶，肝实质散发小颗粒状脓肿。脾肿大，坚实，散发有大小不同的脓肿。肺也有大小不同的脓肿。

2. 牛　牛患该病时，在支气管淋巴结和纵隔淋巴结发生肉芽肿，颌下淋巴结和咽背淋巴结发病较少。淋巴结的病变大小不一，小病灶坚硬，呈灰黄色，与淋巴结固有色泽相似，一般难以辨认；稍大的病灶呈黄白色，具有肉芽组织包囊和坏死，中心为黄色脓液。支气管淋巴结和纵隔淋巴结，有时可见多数坏死灶。淋巴结的病变，有时可单独地出现于肠系膜淋巴结，从而认为该病有可能经消化道而感染。肺病灶可发生于肺的各个部位，病灶直径平均为1.9～2.5cm，包括一个或几个小叶，正在发展的新鲜病变为粉红色，逐渐呈红色肝变样，再变成黄白色乃至灰色，陈旧病灶呈白色。在病灶的肉芽组织内有黄白色脓液。肺支气管周围淋巴小结肿大，呈红色、粉红色乃至灰白色坚硬的炎性病灶。在犊牛肝也见有病变。

3. 犬　可形成泛发性的感染，在全身生成肉芽肿性病变。例如，在肺、胸膜、肝、淋巴结、脾、肾、骨髓、脑等器官，都可形成粟粒性的结节；后者颇似结核，但在病灶内可见到球孢子菌。

4. 兔及鼠类　通常在肺散发粟粒大乃至绿豆大的灰黄色硬性结节。

【镜检】见各脏器化脓灶周围组织内有圆形的粗球孢子菌，周围围绕多量的上皮样细胞层，其中混有少数中性粒细胞和淋巴细胞。在牛，此球形体周围围以棍棒样的放射状花冠（图17-4），类似放线菌集落的组织反应。如果球体壁破裂，肉孢子溶解，则有许多中性粒细胞、淋巴细胞和少数上皮样细胞围绕。病菌可清楚地见于巨噬细胞内，用过碘酸希夫染色（PAS）见球形体有双层壁。兔及鼠类的结节周围有巨噬细胞、淋巴细胞、多核巨细胞和成纤

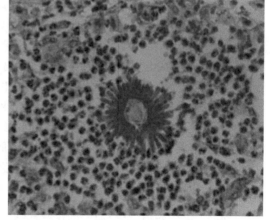

图17-4　肺球孢子菌（鹿）（HE 10×20）

圆形菌体周围为短棒状放射冠，外周有中性粒细胞和淋巴细胞

维细胞等包裹，中心干酪化。在肉芽肿病灶内有多数病原体。此外在鼠肺内还见有钙化结节。

（三）病理诊断要点

该病以形成肉芽肿和脓肿为特征，此种肉芽肿酷似结核分枝杆菌、放线杆菌、放线菌和化脓性棒状杆菌等所形成的肉芽肿或脓肿，因此容易误诊。同时，牛的球孢子菌病与放线菌病常呈混合感染，所以在诊断上更应注意。

1. 与结核病的鉴别　　剖检结核病灶为黄色的干酪钙化灶，常无厚层的肉芽肿性囊壁；球孢子菌病所形成的结节有厚层的肉芽肿性囊壁，镜检病灶内可发现球孢子菌，结核菌素反应呈阴性。

2. 与放线杆菌病和放线菌病鉴别　　放线杆菌病的病变通常局限于颌下淋巴结和咽背淋巴结；放线菌病的病变可发生于下颌骨，较少发生于淋巴结；这两种病所形成的肉芽肿内的脓液为淡黄色，镜检病变组织或脓液涂片能见到呈菊花瓣状的菌落。球孢子菌病发生于支气管淋巴结和纵隔淋巴结，病原体为圆形具有双层壁屈光性强的囊壁。

3. 与化脓棒状杆菌病鉴别　　化脓棒状杆菌病，在牛常引起化脓性肺炎，同时伴发化脓性支气管淋巴结炎和化脓性纵隔淋巴结炎。脓液呈液状、有恶臭、脓肿壁薄、不形成肉芽肿，病原体为化脓棒状杆菌，故易与球孢子菌病相鉴别。

如果病灶内病菌少可用特殊染色法证明［PAS、六胺银染色（methenamine silver stain）］。

四、组织胞浆菌病

组织胞浆菌病（histoplasmosis）是由荚膜组织胞浆菌（*Histoplasma capsulatum*）引起的人兽共患的霉菌性传染病，侵害巨噬细胞系统，生成灶状或泛发性病灶。该病广泛地发生于各种动物，如犬、猫、大鼠、小鼠、牛、马等。

（一）主要临床症状

动物感染的原发灶常见于呼吸道。

（二）发病机制

该病由荚膜组织胞浆菌所引起，经呼吸道、皮肤、黏膜及胃肠传入。经呼吸道吸入该菌的孢子后，首先引起原发性肺部感染，形成肺部病灶，通过淋巴或血液运行播散到全身。

（三）病理变化

二维码
17-4

【剖检】肺形成上皮样细胞性结节（二维码 17-4）。淋巴结在播散型病例因网状内皮细胞增生而极度肿大，坚硬，变化均匀一致，很像淋巴肉瘤。严重感染的淋巴结，因网状内皮细胞的增生而失去了正常淋巴小结的构造。脾肿大，由于网状内皮细胞的增生而呈淡灰色，实质致密坚硬。肝肿大，坚硬，由于肝小叶间及肝小叶内网状细胞的增生而呈淡灰色。肠黏膜面见有很厚的皱纹或结节，固有层或黏膜下层因网状细胞增生而肠壁肥厚，黏膜一般无溃疡。肠淋巴小结肿大，其中的巨噬细胞含有病菌。肾上腺肿大，在肾上腺增生的巨噬细胞内含有病菌。其他器官，如皮肤、胰、心脏、生殖器和肾，一般很少严重感染，但有网状内皮细胞的增生。

【镜检】最明显的变化是网状内皮细胞的广泛性增生，在其中有很多酵母样菌，由于网状内皮细胞的增生而代替了正常组织，使脏器极度肿大。淋巴结很少见有坏死、化脓和钙化，也没有多核巨细胞，主要细胞有巨噬细胞，常吞噬有病菌，此外有少量淋巴细胞和浆细胞。细胞质内有

二维码
17-5

不规则的卵形酵母样菌体，大小为 2μm×3μm 到 3μm×4μm，以 HE 染色，中心有球形的嗜碱性小体，周围有无着染的层晕（图 17-5）；以 PAS、六胺银染色法染色，其壁则呈选择性着染，其内容不着染，病原看似呈一个空的环（二维码 17-5）。

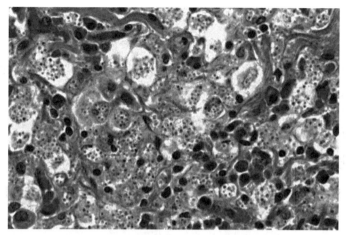

图 17-5　猫组织浆菌病（JPC）（HE 10×40）

肺巨噬细胞内含有大量嗜碱性卵形酵母样菌体

（四）病理诊断要点

组织切片镜检具有一定的诊断意义，确诊有赖于病菌培养。恶性肿瘤如恶性淋巴肉瘤、网状细胞肉瘤，也有组织坏死和吞噬细胞碎片的吞噬作用，易与该病混同，但肉瘤无病菌，两者可加以区分。霉菌染色法可以进一步验证该菌。

第十八章　寄生虫病病理

　　寄生虫因种类、寄生方式、寄生部位的不同，其病原作用也不一样。寄生虫可通过分泌毒素、机械性损伤、吸取营养和成为其他疾病的媒介等造成动物发病。感染宿主可出现炎症反应、肉芽组织增生、包囊形成、贫血、继发感染或出现免疫反应等。寄生虫病的经过和结局，与机体的反应状态、寄生虫寄生的数量、毒素作用和寄生部位等有关。

一、球虫病

　　球虫病（coccidiosis）是由球虫（*Coccidium*）引起的畜、禽寄生虫性疾病。动物感染球虫常引起卡他性肠炎，临床上以严重下痢和极度衰弱为主要特征。

（一）家兔球虫病

　　家兔球虫病是由数种艾美耳球虫，如斯氏艾美耳球虫、大型艾美耳球虫、中型艾美耳球虫等引起的呈急性或慢性经过的原虫病。兔球虫病原体有7种，除斯氏艾美耳球虫寄生于胆管上皮外，其余的均寄生于肠上皮细胞。其病变有球虫性肝炎和球虫性肠炎，常并发。出生后6~8周的幼兔最易感染发病，成年兔较少发生。

　　1. 主要临床症状　　病兔精神不振，伏卧不动，腹泻和便秘交替，腹围膨大；肝受损害时可发现肝肿大，可视黏膜轻度黄染；末期可出现神经症状，如痉挛、麻痹等，多数极度衰弱而死。死亡率有时可达80%以上。

　　2. 发病机制　　兔艾美耳球虫的发育均需经过3个阶段：裂殖生殖、配子生殖和孢子生殖。前两个阶段在胆管上皮细胞或肠上皮细胞内进行，孢子生殖在外界环境中进行。家兔在饮水或吃食时吞下成熟的孢子化卵囊，子孢子在肠道内逸出后钻进肠细胞或胆管细胞并发育成滋养体，接着发育为裂殖体。裂殖体中的裂殖子又侵入肠管或肝胆管上皮细胞进行后续数代裂殖生殖，严重破坏上皮细胞，致使家兔出现严重的肠炎或肝炎。裂殖生殖后，部分裂殖子变成大配子或小配子，大小配子结合形成合子和卵囊。卵囊到肠腔随粪便排出体外，在外界适宜条件下进行孢子化，形成孢子化卵囊。

　　3. 病理变化

　　【剖检】肠球虫病兔尸体极度消瘦。小肠呈现严重的卡他性炎，肠黏膜有明显的充血、肿胀或伴有出血。慢性病例肠黏膜有多量白色粟粒大至豌豆大的结节，小肠肠壁肥厚。肝可见粟粒大、豌豆大黄白色结节，结节有时密发（二维码18-1）。结节内有淡黄色脓样或干酪样物质，结节周围为增生的结缔组织所包围，其中含有大量球虫。

　　【镜检】胆管内有多量球虫，胆管上皮崩解破坏。在坏死灶内可见椭圆形球虫（图18-1）。

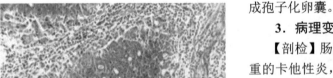

图 18-1　兔球虫病（HE 10×20）

胆管高度扩张，上皮坏死脱落有大量球虫，基膜有大量淋巴细胞浸润

4. 病理诊断要点　　根据肝和肠管的病变，并用病变部位结节和肠黏膜涂片镜检，找到卵囊或裂殖子后可确诊，或在粪便内检到球虫卵囊后确诊。

（二）鸡球虫病

鸡球虫病是由艾美耳球虫（*E. tenella*，*E. brunetti*，*E. necatrix*，*E. maxima* 和 *E. acervulina* 等）所引起的呈急性经过的传染性寄生虫病。虫体寄生于肠上皮细胞内，一般寄生于盲肠，一部分可寄生于小肠，有时可寄生于全肠管。

1. 主要临床症状　　病鸡精神沉郁，羽毛蓬松，头卷缩，食欲减退，嗉囊内充满液体，鸡冠和可视黏膜贫血、苍白，逐渐消瘦，病鸡常排红色胡萝卜样粪便。若感染柔嫩艾美耳球虫，开始时粪便为咖啡色，以后变为完全的血粪；若多种球虫混合感染，粪便中带血液，并含有大量脱落的肠黏膜。

2. 发病机制　　鸡感染球虫的途径主要是吃了感染性卵囊，鸡球虫卵囊呈卵圆形或椭圆形，有时可在盲肠内容物的涂片中检出香蕉形的球虫裂殖子（图 18-2）。随粪便排出的卵囊，在适宜的温度和湿度条件下，经 1～2d 发育成感染性卵囊。这种卵囊被鸡吃了以后，子孢子游离出来，钻入肠上皮细胞内发育成裂殖子、配子、合子。合子周围形成一层被膜，被排出体外。鸡球虫在肠上皮细胞内不断进行有性和无性繁殖，使上皮细胞受到严重破坏，遂引起发病。

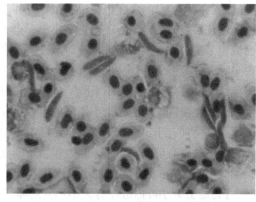

图 18-2　鸡球虫病（瑞特染色 10×100）
鸡盲肠血样内容物涂片中的香蕉形球虫裂殖子及大量红细胞

3. 病理变化　　急性病例多呈现急性卡他性肠炎的变化，肠黏膜肿胀，有时见有粟粒大的灰白色结节。肠内容物呈现黏稠血样或呈不洁的灰白色黏液（二维码 18-2）。少数雏鸡有时缺少炎性变化，但在肠内容物中可发现大量球虫。病鸡如继发感染细菌，可发生败血症而死亡。

亚急性或慢性经过的病鸡极度消瘦，肠黏膜呈斑点状充血，表面覆有大量黏液（二维码 18-3）。

4. 病理诊断要点　　生前用饱和盐水漂浮法或粪便涂片查到球虫卵囊，或死后取肠黏膜触片或刮取肠黏膜涂片查到裂殖体、裂殖子或配子体，均可确诊为球虫感染。以肠道尤其多见于盲肠的出血斑点为病变特点。

二维码
18-2

二维码
18-3

二、弓形体病

弓形体病（toxoplasmosis）是由刚地弓形虫（*Toxoplasma gondii*）引起的人兽共患原虫性疾病。犬、猫、猪、牛、马、羊、野兔、鸡、鸽等多种哺乳动物和鸟类都能自然感染。

1. 主要临床症状　　弓形虫有先天性感染和后天性感染两种形式。先天性感染是经胎盘感染胎儿，见于人、犬、猪、牛和其他实验动物；后天性感染可经口、鼻、阴道、创伤等部位感染，其中经口是主要的感染途径。胎儿感染后呈现发育异常而导致流产或死胎，即使正常生产也会于产后不久发病。

2. 发病机制　　弓形虫的发育，可分为弓形虫发育期或称全身感染型（在宿主体内寄生）和幼虫发育期或称肠黏膜局限型（寄生于猫的肠管内）。弓形虫侵入动物体后，经局部淋巴结或直接进入血液循环，造成虫血症。感染初期，机体无特异性免疫。血流中的弓形虫很快播散侵入各个器官，在细胞内以速殖子形式迅速分裂增殖，直到宿主细胞破裂后，逸出的速殖子再侵入邻近细胞。如此反复，发展为局部组织的坏死。同时伴有以单核细胞浸润为主的急性炎症反应。在慢性感染期，只有当包囊破裂，机体免疫力低下时，才会出现虫血症播散。

弓形虫可侵犯动物体任何器官，其好发部位为脑、眼、淋巴结、心、肺、肝和肌肉。随着机体特异性免疫的形成，血中弓形虫被清除，组织中弓形虫形成包囊，可长期在宿主体内存在而无明显症状。包囊最常见于脑和眼，其次为心肌和骨骼肌。当宿主免疫力下降，包囊破裂逸出的缓殖子除可播散引起上述组织坏死病变外，还可引起机体速发型超敏反应，导致坏死和强烈的肉芽肿样炎症反应。

3. 病理变化　　　根据疾病的轻重和经过的不同，病理变化也稍有差异，下面以猪为例进行阐述。

【剖检】猪体表的各个部位，特别是腹下、耳翼、肢体和尾部的皮肤，因淤血和皮下出血而呈紫红色，与猪瘟的紫红色斑很相似。肝肿大、脆弱。严重的病例，有针尖大至粟粒大的淡黄色或灰白色的坏死灶，此外还可见到小出血点。肺淤血、水肿，呈淡红色乃至橙黄色，肺膨大，切面流出多量带有泡沫的液体，有时散在有灰白色小结节。胸腔内通常蓄积透明或半透明的胸水。脾呈肿大或萎缩。急性病例脾肿大，脾小体、脾小梁不清，脾髓呈泥状。全身淋巴结明显肿大、坚硬，尤以肝门、肺门、肠系膜、胃门、脾门淋巴结变化显著。淋巴结被膜和周围结缔组织常呈现黄色胶样浸润，切面有大小不同的出血点和黄白色干酪样坏死灶，其间夹杂有暗红色出血。肾表面及切面都有小出血点。空肠至结肠黏膜肥厚，有斑点状出血，有的病例形成淡黄色小灶状假膜，严重时出血可波及浆膜，肠内容物呈暗红色泥状。多数病例在盲结肠黏膜散有小豆大到小指头大中心凹陷的溃疡。脑血管扩张充血。

【镜检】肝小叶内散在有大小不同的坏死灶，坏死灶可达肝小叶的 1/3～1/2。坏死灶内肝细胞萎缩、溶解、消失，见有大量嗜酸性物质和核碎片。在坏死灶周围有时可见到弓形体原虫和吞噬原虫的巨噬细胞（假包囊）。慢性病例在坏死灶的基础上见有网状组织增生，形成许多增生性结节病灶。坏死灶周边无炎症反应。肝细胞索多断裂，有时肝细胞单个散在或数个集聚。肝细胞胞质呈细网状，核染色质呈网状而核膜染色较深。间质内有较多的淋巴细胞和少数嗜酸性粒细胞浸润。严重的坏死灶，不易查出原虫。

肺组织有小灶状凝固性坏死灶，坏死灶内有网状的纤维蛋白样物，游走细胞的核固缩、碎裂、溶解而坏死。肺泡壁毛细血管扩张充血，多数肺泡腔内有少数巨噬细胞、淋巴细胞和红细胞。少数肺泡腔内有均匀红染的浆液样物。原虫可见于肺泡上皮和巨噬细胞内（图 18-3），或者原虫游离于肺泡腔内。慢性病例见肺泡壁结缔组织轻度增生，或者肺泡上皮变为立方形或圆柱状，上皮明显增生，形成肺腺瘤样或胎儿肺样，因此肺泡壁肥厚。

淋巴结的一部分或大部分坏死，组织构造遭到破坏，淋巴结的网状组织特别是淋巴细胞等各种游走细胞的核呈现浓缩、碎裂、溶解状。只有极少数淋巴组织保持正常状态。淋巴结的皮髓质明显出血。变化轻微的淋巴结，见淋巴小结内的淋巴细胞减少，由网状细胞、巨噬细胞将其代替，

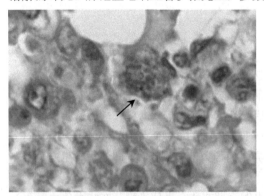

图 18-3　猪弓形体病（肺）（HE 10×40）

箭头所示为肺泡巨噬细胞内的弓形虫"假囊"，囊内充满速殖子

可见有虫体。淋巴窦扩张、出血。

　　脑血管扩张充血并有出血。脑实质血管周围有多量淋巴细胞浸润，呈现弥漫性非化脓性脑炎的变化。神经细胞呈固缩状，少数神经细胞胞质内出现小空泡。白质内可见空泡形成。脑实质内可见原虫呈单个、成对或成团集聚。

　　肾组织的近侧和远侧肾小管上皮细胞肿大，管腔狭小，核膜呈现过染状。肾间质血管稍扩张、充血。胰组织见有灶状坏死、水肿和肿胀，并有多数淋巴细胞浸润。

　　4. 病理诊断要点　　猪弓形体病与猪瘟、猪副伤寒在病理剖检方面有很多类同的变化，因此在检查时，应用肝、肺、淋巴结等组织直接做涂片或腹水涂片（图 18-4），干燥固定后瑞特或吉姆萨染色，可以发现单个虫体散在或多数虫体含于巨噬细胞内。肝、肺、淋巴结等脏器的坏死灶也有一定的诊断价值，从脏器中查出虫体即可确诊。

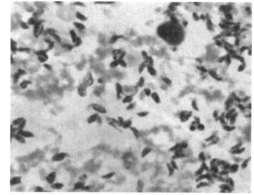

图 18-4　病猪腹水涂片（吉姆萨染色 10×40）

见有大量吉姆萨蓝染的弓形虫虫体，虫体微弯，中心有核

三、贝诺孢子虫病

　　贝诺孢子虫病（besnoitiosis）又称球孢子虫病（globidiosis），是牛和马的一种慢性寄生虫性疾病。病原体为贝诺孢子虫（*Besnoitia besnoiti*）。该病的特点是皮肤过度增生肥厚而生成慢性皮肤炎。患该病的动物死亡率虽不超过 10%，但由于患畜丧失使役能力、母牛流产、公牛失去繁殖能力和皮革利用率降低，而造成严重的经济损失。

　　1. 主要临床症状　　患牛的临床病变可区分为三期：初期患牛发热，眼畏光流泪，一肢或数肢及胸垂皮下发生不同程度的浮肿，体表淋巴结特别是腹股沟浅淋巴结明显肿大。中期病牛皮下水肿加重，皮肤增厚、失去弹性、坚硬和出现皱襞。鼻黏膜发生鼻炎，流出黏液脓性鼻漏。后期呈皮脂溢出，皮肤干燥脱毛，表面被覆厚层不洁的皮垢，因瘙痒或舌舔致使皮肤破损，露出血样组织而生成小溃疡。皮肤病变多发生于四肢、股部、阴囊、腰部等部位。

　　2. 发病机制　　牛吞食了由猫排至外界环境中并已发育成具有感染性的卵囊后，其中的子孢子便被释出，经胃肠道黏膜进入血液循环，在真皮、皮下组织、筋膜和上呼吸道黏膜等部位的血管内皮细胞里进行内双芽增殖，产生大量速殖子。速殖子随细胞破坏而被释出，再侵入其他细胞继续产生速殖子。这一过程的不断进行，逐渐刺激机体产生相应的抗体，使机体抵抗力增强，从而发生机体反应，将速殖子包裹而形成包囊，此时速殖子便从组织中消失。但包囊中的速殖子变成了发育较缓慢的缓殖子。当猫采食了牛体内的包囊后，其中的缓殖子在小肠黏膜上皮细胞和固有层中变为裂殖体，进行裂殖生殖和配子生殖，形成卵囊随粪便排出。卵囊在外界进行孢子化形成，含有两个孢子囊，每个孢子囊又有 4 个子孢子，这种卵囊即变为感染性卵囊。

　　3. 病理变化

　　【剖检】初期于两后肢从飞节至蹄冠部皮下发生水肿，皮肤变厚，失去弹性。由两后肢浮肿可扩散到四肢浮肿，唇部、面部、头部、颈部及全身其他部位的皮肤都可发生浮肿，继而皮肤变得粗糙，凹凸不平，患部脱毛，被毛稀少。患部皮下因结缔组织增生而肥厚。在头部、四肢、背部、臀部、股部、阴囊、腰部等皮下结缔组织和表层肌间结缔组织，见有大量球孢子虫的包囊，包囊呈灰白色、圆形、坚硬的结节状，呈细砂粒样。包囊散在、密集或呈串珠样。轻症患牛的包囊多见于四肢下部的皮下,在肢体上部则逐渐减少,肌肉表层的结缔组织内包囊多,而深层则减少。重症病例全身皮下结缔组织有不同量的虫体寄生,其中后肢的环韧带、趾伸屈腱、趾浅屈腱、腓肠肌腱、外侧伸肌腱等的腱鞘内有多数包囊形成。皮下组织大量增生、肥厚而呈颗粒状。与腱膜连接的肌组织也有少量贝诺孢子虫的包囊寄生。个别病例在大网膜有多数包囊。在舌部、会厌软骨、环状软骨、气管、支气管等部位的黏膜上也有包囊散在或多数密集。肺实质内也有包囊散在。

【镜检】贝诺孢子虫常形成一厚层的包囊,在包囊内有大量梭形或芭蕉形的孢子密集寄生。孢子 HE 染色呈淡红色,中央有圆形核。包囊囊壁有三层:内层由嗜酸性的类似网状组织所构成的薄膜,其中散在有大的梭形细胞;中层为结缔组织玻璃样变层;外层为成熟的结缔组织层,此层有厚有薄,如形成厚壁则见有淋巴细胞和嗜酸性粒细胞浸润,薄壁则无任何细胞反应。牛贝诺孢子虫的包囊直径为 0.2～0.6mm。

皮肤及皮下组织:在真皮乳头层和皮下结缔组织内有大量包囊寄生,个别病例寄生于表皮(图 18-5)。部分表皮增厚,角化明显,或表皮破溃而包囊脱落。因球孢子虫的寄生,真皮以下增生大量结缔组织,因此该部位的皮脂腺、汗腺、毛囊发生萎缩或消失。包囊呈圆形或椭圆形。

肌肉:肌间结缔组织内包囊呈单个或数个集聚寄生,少数包囊寄生于肌组织内。由于球孢子虫的寄生,肌纤维的纵横纹消失,肌浆多寡不均,肌纤维因受包囊和增生的结缔组织压迫而萎缩失去正常排列。肌组织呈现慢性肌炎的变化(图 18-6)。

舌:舌尖的横纹肌内或舌下的结缔组织内,有单个散在的或多数集聚的包囊。

喉、气管、支气管:在会厌部黏膜下结缔组织及管泡状腺间质内有少数包囊。气管固有膜下散在有多数包囊,有的包囊紧靠黏膜表面,黏膜上皮因此而剥脱。在较大的支气管黏膜肌层下的结缔组织内,有少数包囊形成。

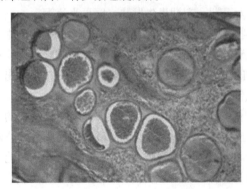

图 18-5　病牛皮肤真皮内多量包囊寄生
(HE 10×20)

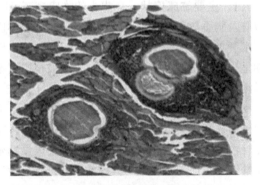

图 18-6　病牛肌肉内寄生的包囊周围有明显的
炎症细胞浸润(HE 10×20)

肺:肺实质内有包囊寄生。包囊囊壁的结缔组织发生玻璃样变,包囊周围无细胞增生反应。包囊内有多量裂殖子(图 18-7)。

淋巴结:淋巴结的被膜和小梁内也有包囊形成,但数量极少。在咽部的淋巴组织内也有少数包囊寄生,囊壁外层无结缔组织增生反应。

血管:患牛皮下结缔组织内的动、静脉壁也有包囊寄生(图 18-8),包囊多位于中膜的肌层,但也有寄生于内膜的,此时部分囊壁作为根蒂而游离于血管内。

4. 病理诊断要点　用病变部皮肤深层刮取物检查见有贝诺孢子虫包囊及缓殖子;死后剖检时在皮肤、皮下等部位可见到直径 0.5mm 的白色包囊结节。

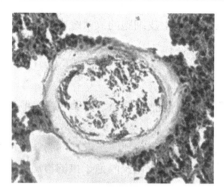

图 18-7　病牛肺组织内包囊囊壁玻璃样变
（HE 10×40）

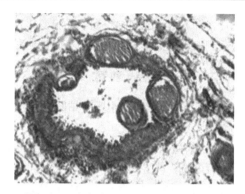

图 18-8　病牛皮下小动脉管壁包囊寄生
（HE 10×20）

四、隐孢子虫病

隐孢子虫病（cryptosporidiosis）是由隐孢子虫（*Cryptosporidium parvum*）引起的一种人兽共患原虫性疾病。隐孢子虫对哺乳类、鸟类、鱼类和爬行类等多种动物都有感染力。隐孢子虫在小白鼠体内主要寄生于胃腺和小肠；在马驹寄生于胆囊、胆管和胰管；在豚鼠主要寄生于回肠绒毛上皮细胞表面；犊牛的大小肠均可感染；在羊主要寄生于回肠黏膜的微绒毛；在猪主要寄生于结肠；雏鸡对虫体感染率最高的器官是小肠和直肠，次为盲肠，其他器官的感染率依次是脾、腺胃、法氏囊、气管、眼结膜、肺胰等；在火鸡主要寄生于小肠末端的绒毛上皮细胞和气管黏膜上皮细胞表面；在孔雀主要寄生于呼吸道黏膜上皮细胞表面。

1．主要临床症状　　急性胃肠炎型：腹泻，糊状便或水样，偶有少量脓血，可有恶臭。

慢性腹泻型：起病缓慢，腹泻迁延不愈，呈水样便，偶有血性便，病程可持续 3～4 个月甚至 1 年以上，可反复发作。

2．发病机制　　隐孢子虫属于孢子虫纲隐孢子虫属的原虫。隐孢子虫在发育过程中形成的卵囊内含子孢子。卵囊随宿主粪便排出，被易感宿主摄入后，在胃肠道内脱囊，释出子孢子，进行裂体增殖，形成第一代裂殖体，每个裂殖体含有 8 个裂殖子。然后进行有性的配子生殖，即形成大小配子体，受精后形成合子，合子再进行孢子生殖形成卵囊。卵囊可通过消化道感染，还可通过呼吸道和眼结膜感染。自然条件下，也可垂直感染。发病无明显的季节性，患病动物和带虫动物是该病的传染源。

3．病理变化　　因患病动物的不同而稍有差异。

（一）犊牛隐孢子虫病

【剖检】尸体消瘦，脱水。尾和会阴部常附有水样黄色粪便，胃黏膜充血，小肠由于充满气体和水样黄色液体而膨胀，肠壁变薄，肠黏膜呈现急性卡他性炎变化。肠系膜淋巴结肿大，切面湿润、多汁。肝肿大，实质变性。有的犊牛还伴发皱胃炎。

【镜检】肠管病变以回肠和结肠最为明显，表现回肠绒毛缩短和不同程度的融合，绒毛顶端的黏膜上皮细胞呈低柱状至立方形，细胞质嗜酸性。黏膜固有层充血、水肿和乳糜管扩张，有多量淋巴细胞、浆细胞、少量中性粒细胞和嗜酸性粒细胞浸润，肠腺上皮细胞增生，常见有丝分裂象并伴发变性、脱落，腺腔扩张，内含脱落的上皮细胞和中性粒细胞；淋巴小结轻度肿大；黏膜下层有较多的淋巴细胞浸润。结肠病变多为局灶性，表现患部黏膜上皮细胞呈立方形，黏膜固有层充血，有多量淋巴细胞浸润，肠腺变化更为明显。在肠黏膜上皮细胞的纹状缘内及隐窝内，常可观察到大量隐孢子虫，其吸附部位通常缺乏微绒毛。

（二）羔羊隐孢子虫病

【剖检】尸体消瘦，小肠和结肠肠腔内含水样黄色粪便，肠黏膜充血，肠壁变薄，肠系膜淋巴结肿大。

【镜检】病变局限于小肠，特别是回肠最为明显，表现为从空肠到回肠末端的肠绒毛明显变短并相互融合，被覆幼稚的立方形上皮细胞。黏膜固有层和肠腺变化及隐孢子虫的检出情况与犊牛所见相同。大肠仅呈现轻度的炎症变化。

（三）仔猪隐孢子虫病

【剖检】除肠管变化与犊牛和羔羊相同外，其他器官变化多不明显。

【镜检】变化主要表现在结肠。隐孢子虫寄生的隐窝内常含有脱落的上皮细胞和变性、坏死的中性粒细胞所组成的细胞碎屑，从而使隐窝扩张，在感染的隐窝底部可见上皮细胞具明显的分裂象。肠黏膜固有层有多量淋巴细胞浸润。

（四）兔隐孢子虫病

【剖检】病兔消瘦，肠腔内含有水样或稀薄内容物，肠黏膜呈急性卡他性炎变化。

【镜检】肠管各段均有隐孢子虫寄生，但以回肠较为严重。表现肠绒毛变短，肠黏膜上皮细胞变性、脱落，并由柱状变为立方形，固有层充血，有较多的淋巴细胞和少量嗜酸性与中性粒细胞浸润。在肠绒毛上皮细胞的纹状缘或微绒毛层及隐窝内常见有隐孢子虫寄生。

（五）雏鸡隐孢子虫病

【剖检】消化道的病变与上述哺乳动物所见基本相同。雏鸡法氏囊内有液体蓄积，伴发轻度出血。肝淤血和实质变性。

【镜检】法氏囊黏膜上皮细胞呈局灶性乃至弥漫性增生和不同程度的异染性细胞浸润，滤泡的淋巴细胞减少，常形成空腔状，滤泡间结缔组织显著增生。

肝细胞颗粒变性、脂肪变性，伴发淤血、出血和坏死，汇管区见胆管黏膜上皮细胞增生、脱落，小胆管新生，其外周有较多的淋巴细胞浸润，在胆管黏膜上皮细胞表面和叶间动脉内膜、外膜及管壁常可检出虫体，内皮细胞增生、变形。

脾的淋巴组织减少，小梁动脉管壁增厚，内皮细胞增生，血管周围有淋巴细胞浸润和网状细胞增生，在血管内膜、外膜和管壁上都可检出虫体。

鼻窦和气管黏膜上皮细胞增生、变厚；肺呈现支气管肺炎或出血性间质性肺炎，小动脉壁增厚或纤维素样坏死，在鼻腔、气管和支气管黏膜上皮细胞及肺泡上皮细胞和小动脉均可发现虫体。

心肌纤维呈现颗粒变性，心外膜下偶见炎症细胞浸润，在肌间小动脉的内膜和管壁上可发现虫体。

胰腺的叶间导管上皮细胞和小动脉内膜及管壁可发现虫体。

肾的集合管和乳头管管壁增厚，肾小管上皮细胞颗粒变性，间质充血、出血，在小动脉内膜、集合管和乳头管上皮细胞表面可发现虫体。

眼结膜上皮呈局限性增生，眼睑皮肤生发层细胞也显示增生、坏死及炎症细胞浸润等变化，并可检出虫体。

睾丸和卵巢的生殖上皮增生，伴有淋巴细胞浸润，在睾丸的精索内动脉、白膜动脉及间质动脉，卵巢的卵巢动脉、白膜动脉及基质动脉均可检出虫体。大、小脑软膜或脑内小动脉可发现虫体。

由于上述各器官的小动脉均发现有隐孢子虫寄生，表明该虫体在雏鸡可通过血液循环途径进行传播，故其侵袭的器官广泛。肾集合管和乳头管上皮细胞也曾检出虫体，揭示该虫体可能通过肾随尿液而排出。

4. 病理诊断要点　经病理组织切片发现虫体可做出诊断，常用卵囊检出法做诊断。

1）用 PBS 或生理盐水将粪便以 1∶1 稀释，涂片。用甲醇固定，吉姆萨染料染色后镜检。隐孢子虫卵囊呈透亮环形，细胞质呈蓝色至蓝绿色，细胞质内含有 2～5 个红色颗粒，偶见空泡。为与粪中酵母样真菌鉴别，可用乌洛托品硝酸银染色法，此时酵母样真菌染成黑褐色，而隐孢子虫卵囊则不着色。此外，涂片用抗酸染色法染色，镜检卵囊明亮，病料中的其他构造均成红色。涂片还可用 HE 染色，亚甲蓝、沙黄染色也可获得良好效果。

2）粪便处理后取漂浮物置载玻片上加盖镜检，可见隐孢子虫卵囊呈圆形，直径为 5～6μm，并有一层薄的细胞质质膜。细胞质呈微细颗粒状。

五、梨形虫病

梨形虫病（piroplasmosis）是具有季节性的一种疾病，每年在温暖季节，即春、夏、秋季蜱类大量繁殖时期，在低洼牧地放牧的动物最易感染发病。梨形虫由蜱类作为传播媒介，通常在血细胞及网状内皮系统细胞内寄生。患畜呈现高度贫血、血红蛋白尿、黄疸、发热等症状。牛、马多发，此外，绵羊、山羊、鹿、猪、犬、猫及许多野生动物都能感染发病。

不同家畜所寄生的梨形虫各不相同。寄生于牛的梨形虫种类最多，危害最大；绵羊、山羊次之；寄生于马及其他动物的梨形虫较少。

（一）牛梨形虫病

牛梨形虫病是由双芽梨形虫（*Piroplasma bigeminum*）所引起的疾病。病程一般呈急性经过。疾病多散发，但有时也可呈地方性流行。

1. 主要临床症状　急性型主要表现为体温升高至 40～42℃，呈稽留热，病牛初期食欲减退，前胃迟缓；中后期喜啃土或其他异物，反刍减少甚至停止，贫血、消瘦，可视黏膜色淡、黄染，黄尿或红尿，病程一般为 7d 左右，重者发病 2～3d 死亡。慢性型病牛临床症状不明显，仅见食欲下降，呼吸加快，体温稍高，渐进性贫血或消瘦。

2. 发病机制　牛梨形虫是由微小牛蜱（*Boophilus microplus*）传播而感染发病。虫体经蜱叮咬后进入宿主血液，在发病初期对红细胞的感染率可达到 5%～10%，感染的红细胞受损后引起贫血。寄生在牛的红细胞内的虫体，一般呈双梨形。

3. 病理变化　尸体常呈瘦弱状态。可视黏膜呈苍白色。皱胃和肠的黏膜特别是大肠黏膜有小出血点和糜烂，黏膜呈卡他性炎的变化。肝肿大，见有黄色斑纹。胆囊含有浓稠碎块状（如同咀嚼的青草）的胆汁。胆囊黏膜常常见有小的出血斑点。脾肿大几倍。脾髓呈褐红色或黄红色。脾柔软，切面隆突。淋巴结肿大，常常伴发充血和出血。重症病例时，肾被溶解的红细胞红染，有时呈灰褐色。膀胱一般含有透明的或暗红色尿液，黏膜常常见有出血斑点。肺见有淤血。心肌呈混浊肿胀，心内膜和心外膜下有出血斑点。骨髓呈红色骨髓增生。皮下及膜下结缔组织为浆液性物质所浸润。血液呈淡红色稀薄液状。

4. 病理诊断要点　血液涂片镜检，可在红细胞内查出虫体。

（二）牛巴贝斯虫病

牛巴贝斯虫病是由牛巴贝斯虫（*Babesia bovis*）通过蓖子硬蜱（*Ixodes ricinus*）传播而感染发病。疾病多呈急性经过，一般呈散发或呈地方性流行。

1. 主要临床症状　　病畜体温升高，伴有血尿、贫血和黄疸。

2. 病理变化　　病畜表现黄疸、皮下水肿和骨骼肌呈混浊肿胀。淋巴结肿大多汁，常伴有出血。脾肿大为正常的 1.5～2 倍。脾髓呈暗红色粥样。脾常沿边缘破裂。脾被膜有时有出血点。镜检见脾静脉窦充满血液，网状内皮细胞吞噬大量含铁血黄素。肝呈混浊肿胀，具有槟榔样花纹。镜检见肝窦状隙扩张充血。重症病例见肝小叶中心层发生坏死，坏死灶周围的肝细胞发生脂肪变性。肝有轻度的含铁血黄素沉着。肝巨噬细胞肿大、增生。胆管内充满胆汁，胆囊肿大，其中含有大量浓稠的胆汁。肾发生混浊肿胀与脂肪变性，并常见有充血及小出血点。肾小球毛细血管内皮增生；肾小球和肾小管上皮细胞常常见有含铁血黄素沉着；肾小管管腔内有颗粒状和血液型管型。心脏发生混浊肿胀，心外膜下有点状和斑状出血。

3. 病理诊断要点　　从病畜血液或各脏器所做的涂片中，在红细胞内可见到病原体。患畜体温升高时，于红细胞内或红细胞表面有巴贝斯虫寄生。原虫在红细胞内的数目有时为一个，呈球形，直径为 1～2μm。有时原虫成对呈梨形，以其锐端相连接，虫体长 1～3μm。少数原虫呈小的双球形和杆状形。红细胞内也可见到两个以上的虫体。

（三）牛泰勒虫病

牛泰勒虫病（theileriasis）是由一群不同种类的泰勒虫所引起的疾病。现就两种泰勒虫病叙述如下。

1. 小泰勒虫病　　是由小泰勒虫（*Theileria parva*）所引起的疾病。虫体的大小为 0.5～3μm。在红细胞内呈杆状，其一端含有染色质颗粒。在一个红细胞内有 1～4 个虫体，除杆状形外，还有环形、逗点形和圆盘形。但无双虫相连。

小泰勒虫和其他泰勒虫与巴贝斯虫不同，其不在血流内繁殖，而是在脾、淋巴结、肝等脏器的淋巴细胞和组织细胞内繁殖。

（1）主要临床症状　　病初体温升高，呈稽留热型，保持在 39.5～41.8℃。病牛精神不振，食欲减退。此时血液中很少发现虫体。以后当虫体大量侵入红细胞时，病情加剧，体温升高到 40～42℃。反刍停止，弓腰缩腹。初便秘，后腹泻，或两者交替，粪中带黏液或血丝。

（2）发病机制　　带有泰勒虫的蜱刺螫易感牛时，原虫即进入淋巴系统，并在脾、淋巴结、肝的淋巴细胞和组织细胞内大量繁殖。经过 12～14d 形成许多点状和逗点状的小体存于石榴体（是指网状内皮系统细胞内的虫体）或称科赫氏蓝体（Koch's blue body）内。虫体在淋巴细胞和组织细胞内成熟后进入血液，寄生在红细胞内。虫体在红细胞内并不分裂增殖。

（3）病理变化　　全身淋巴结呈髓样或出血性肿胀。脾一般不肿大，早期反而表现萎缩；脾小体肿大。肝呈红褐色，肝实质内有小的灰白色结节状或线状淋巴瘤样病灶。肾皮质内见有灰白色的结节和斑块。皱胃黏膜潮红，有小圆形溃疡。小肠黏膜有点状出血。皮下结缔组织、膈、肠系膜呈胶样或胶样出血性浸润。心包液及胸腔液增量。肺有水肿和气肿。动物可因肺水肿而引起窒息死亡。气管内存有炎性渗出物和黏液，堵塞细支气管。

（4）病理诊断要点　　在红细胞内见有原虫和在淋巴细胞内见有石榴体即可做出正确诊断。

2. 环形泰勒虫病　　又称热带梨形虫病（tropical piroplasmosis），病原为环形泰勒虫（*Theileria* *annulata*），其形态和小泰勒虫相似，其中以小的环形泰勒虫占优势。临床症状、发病机制及诊断要点与小泰勒虫病相似。

病理变化 病畜毛少皮薄部位的皮肤和黏膜呈黄疸色彩。肛门周围、外生殖器或耳壳等部位的皮肤有灰黑色的斑状出血和灰红色结节。皮下结缔组织出现黄疸，部分呈胶样浸润。

胸腔内有少量淡黄色或淡红色的透明液体。胸腹膜呈黄疸色，有时并散在有点状出血。呼吸道黏膜有斑点状出血。肺无显著变化。心肌细胞颗粒变性，心内膜散在有点状出血。肝发生颗粒变性，在被膜下常有出血点。胆囊内含有大量黏稠胆汁。肾发生颗粒变性，肾实质有点状出血。皱胃黏膜潮红肿胀，黏膜散发有结节，结节破溃后生成溃疡；黏膜表面散在密发点状出血。肠黏膜充血肿胀，十二指肠黏膜散在有点状出血、结节和溃疡。

（四）马梨形虫病

马梨形虫病有驽巴贝斯虫病和马巴贝斯虫病两种，均由寄生于马体内的蜱传播而感染发病。原虫寄生在马体内的红细胞内，而在蜱则寄生于肠及其他器官的上皮细胞内。除马匹外，骡、驴也能感染发病。

1. 驽巴贝斯虫病 该病的病原体为驽巴贝斯虫，是寄生于红细胞内的原虫。

（1）主要临床症状 临床病畜以高热稽留、呼吸困难为主要特征，病程6～14d或更长。发病初期症状不明显，体温略高、精神沉郁、食欲减少、呼吸急促、心率加快。中期体温升高至41℃左右，呼吸困难，心悸亢进，脉搏70～80次，出现明显的贫血和黄疸，大便干燥，继有下泻，小便量小而黄，黏稠如豆油，后期出现后肢麻痹，极度虚弱，直至死亡。

（2）发病机制 当若蜱或成蜱吸血时，虫体随唾液腺接种入马体内。侵入马红细胞的虫体，以简单分裂或成对出芽增殖的方式繁殖。驽巴贝斯虫寄生在红细胞内，破坏红细胞后生成大量胆色素进入血液，引起动物贫血和黄疸。

（3）病理变化 贫血在慢性病例表现明显，皮下组织出现黄色胶样水肿。黄疸以黏膜、浆膜、皮下组织最为明显。

脾：极度肿大，被膜散在有点状或斑状出血。脾切面呈深红色，实质柔软。镜检见脾静脉窦极度扩张，充满血液。脾小体萎缩，脾小梁呈疏松水肿状。在网状细胞和巨噬细胞内有多量含铁血黄素沉着。呈慢性经过的病例，因网状细胞增生而脾变硬，脾小体肿大，脾静脉窦狭小，含血量少，含铁血黄素沉着量减少。

肝：呈黄褐色，切面呈槟榔样花纹，重症病例见肝细胞呈现渐进性坏死状。肝细胞发生颗粒变性和脂肪变性，肝窦状隙扩张充血。肝细胞索间有大量淋巴细胞和巨噬细胞散在或呈灶状集聚；肝细胞因受压迫而萎缩、消失。在肝巨噬细胞内有含铁血黄素沉着。肝细胞内有时有胆色素沉着。

肾：肾小管上皮细胞发生颗粒变性和脂肪变性，因此肾肿大。肾切面皮质部呈黄白色，散发多数出血斑点。镜检见肾小管上皮细胞肿大，管腔狭小，部分肾小管上皮细胞剥脱形成管型。肾间质有大量淋巴细胞和巨噬细胞浸润。间质组织发生水肿并见有出血。

淋巴结：肿大，尤以脾和肝的淋巴结肿大最为明显。淋巴结呈灰红色、多汁、柔软，实质内散在有小出血点。镜检见淋巴组织内毛细血管扩张充血，淋巴细胞、巨噬细胞及淋巴窦内皮细胞增生，窦内并混有中性粒细胞。

心脏：心包液增多，呈淡黄色。心肌颗粒变性，实质柔软脆弱。心内外膜有点状出血。心间质结缔组织发生水肿。

肺：淤血和水肿。此外，肺见有局限性的肺气肿。气管及支气管黏膜呈黄疸色。镜检见肺泡壁毛细血管扩张充血，肺泡腔内充满浆液性渗出物，部分肺泡腔内有剥脱的肺泡上皮和中性粒细胞。

胸腹腔内有多量淡红色透明液体。胃肠黏膜充血及出血。脑膜及脑实质血管扩张充血。血液稀薄，凝固不良。

（4）病理诊断要点　　驽巴贝斯虫病是在春、夏、秋蜱类活跃的季节发病。从病马或病死马匹做血液涂片或取脾做压片，发现红细胞内有梨形虫即可做出正确诊断。

2. 马巴贝斯虫病　　马巴贝斯虫病的病原为马巴贝斯虫（*Babesia equi*）。虫体小而多形，在红细胞内可增殖分裂成梨形，呈十字形排列。原虫病的传播者为矩头蜱属，少数为璃眼蜱属。临床症状、发病机制及诊断要点与驽巴贝斯虫相似。

病理变化　　病马全身出现黄疸，呈柠檬黄色，血液稀薄；尿呈黄疸色，有时为暗褐色，其中含有血红蛋白。马体躯下部和后肢见有水肿。呈亚急性和慢性经过的病例，在皮下和心外膜等部位的脂肪组织呈胶样萎缩。脾、淋巴结肿大，肝、肾肿大、柔软，浆膜、黏膜见有出血斑点。

六、锥虫病

锥虫病（trypanosomiasis）是由鞭毛虫纲（Mastigophora）锥虫科（Trypanosomidae）的不同种类的锥虫所引起的疾病。锥虫是带有鞭毛的原生动物，一般见于马、水牛、象、犬和骆驼等动物。虎吃了感染锥虫的马肉，可发病致死。

（一）伊氏锥虫病

伊氏锥虫病又称为苏拉病（Surra），由伊氏锥虫所引起的血液寄生性原虫病。由昆虫的刺螫（如虻类）而感染、传播。

1. 主要临床症状　　急性病例多为不典型的稽留热（多在 40℃ 以上）或弛张热。发热期间，呼吸急促，脉搏增数，血象、尿液、精神、食欲等均有明显新变化。一般在发热初期血中可检出锥虫，急性病例血中锥虫检出率与体温呈正相关。后期病马高度消瘦，心功能衰竭，常出现神经症状，主要表现为步态不稳，后躯麻痹等。骡对该病的抵抗力比马稍强，驴则具有一定的抵抗力，多为慢性，即使体内带虫也不表现任何临床症状，且常可自愈。

2. 发病机制　　锥虫在血液中寄生产生大量有毒代谢产物，宿主也产生溶解锥虫的抗体，使锥虫溶解死亡，释放出毒素。毒素可使中枢神经系统受损引起体温升高、运动障碍，使造血器官损伤、贫血、红细胞溶解，出现贫血与黄疸；血管壁的损伤导致皮下水肿；肝的损伤及虫体对糖的大量消耗，造成低血糖症和酸中毒现象。

3. 病理变化　　动物极度消瘦而呈恶病质状。贫血严重。皮下结缔组织特别是体躯下部、生殖器、后肢等部位出现胶样水肿。黏膜、浆膜有出血斑点。急性病例的脾呈明显肿大。慢性病例则脾不肿大，但淋巴结呈髓样肿胀。胸腹腔有多量浆液。心包液增量，心肌呈颗粒变性而柔软、脆弱，心外膜下有出血斑点。肺、肝、肾淤血。肠黏膜有出血点。病马的血液内的红细胞大小不均，出现异型红细胞而红细胞数及血红蛋白量减少。白细胞数增多，中性粒细胞核左移，淋巴细胞数增多。

4. 病理诊断要点　　该病的确诊依据是在血液中检出虫体。

（二）媾疫

媾疫（dourine）是由马媾疫锥虫引起的一种慢性马属动物传染病。病原由交配而感染发病，公马和母马互相传播。也可经人工授精器具等的污染传播。病畜的生殖器一般出现炎性变化，皮肤出现扁平疹。自然感染只限于马属动物，病畜可见瘦弱、麻痹等症状。

1．主要临床症状　临床症状以周期性恶化和复发为特点。常见症状为发热、生殖器和乳房局部水肿、皮肤丘疹、肢体呈不全麻痹或完全麻痹、运动失调、嘴唇歪斜、面部麻痹、眼睛损害、贫血和消瘦等，并伴有红细胞减少、血红蛋白降低、血沉加快、淋巴细胞增多和中性粒细胞核左移等现象。

2．发病机制　马媾疫锥虫侵入公马尿道或母马阴道黏膜以后，即在黏膜表面进行繁殖，并在这些部位引起原发性的局部炎症。极少数锥虫能周期性侵入患畜的血液和其他器官。若马抵抗力弱，锥虫大量繁殖，毒素增多而被马体吸收，出现一系列临床症状，特别是神经系统更为明显，形成多发性神经炎。

3．病理变化　尸体瘦削、贫血，皮肤常见扁平疹。

公马的阴茎、包皮及输尿管等部位出现水肿。慢性经过时，阴囊、包皮增生大量结缔组织，因此阴囊显著肿大，其中含有大量淡黄色水肿液。此时睾丸肿大或萎缩，有时见有干酪样炎灶。睾丸的总鞘膜与固有鞘膜粘连。大多数患马在生殖器的皮肤和黏膜上出现小结节和溃疡，溃疡深浅不一。结节和溃疡消失后残留无色的白斑，但半放牧的马匹，白斑多不明显或缺乏。

母马的阴唇、尿道出现明显的水肿。尿道有时见有化脓性炎。有时由阴道流出淡黄色的黏稠液体，阴道黏膜有线状或斑状出血，并常常有局限性的肥厚。阴道、阴唇常常出现溃疡和瘢痕等变化。母畜乳房可见有脓肿。

周围神经，如坐骨神经和腓骨神经等的神经纤维变性，并有圆形细胞浸润和结缔组织增生，形成多发性神经炎，这是由血中的毒素作用所引起；此种毒素刺激结缔组织而发生神经间质炎，随后发生神经实质变性。

脊髓有时有点状出血和软化灶。脊髓膜充血、混浊、粘连，膜间有大量浆液。镜检见神经节细胞核、细胞质及轴突变形，神经胶质细胞增生。软脑膜充血，脑室有多量脑脊液。脑实质有时发生水肿。

体表淋巴结髓样肿胀。脾多呈增生性脾炎的变化。肝呈黄褐色并多萎缩。

呼吸器黏膜见有卡他性炎；肺有沉积性肺炎。

肌肉（臀部及腿部）出血，肌间结缔组织出现浆液性水肿。肌纤维脂肪变性。

在生殖器官、肌肉、脊髓的血管周围有圆形细胞浸润，肌肉内的血管有血栓形成和血管破裂等变化。

4．病理诊断要点　根据临床检查和刮取生殖器部位黏膜镜检见有病原即可做出诊断。患媾疫公马的生殖器常有明显的肿胀、结节及溃疡，阴囊出现明显的水肿。

七、组织滴虫病

组织滴虫病（histomoniasis）是由火鸡组织滴虫（*Histomonas meleagridis*）引起的鸡和火鸡等禽类的原虫性传染病。在疾病经过的末期，病鸡头部变成暗褐色或暗黑色，所以又称为黑头病。该病病理剖检特点是在盲肠和肝形成坏死性炎症，因此又称为传染性盲肠肝炎。

1．主要临床症状　病鸡表现精神不振，食欲减少以至废绝，羽毛蓬松、翅膀下垂、闭眼、畏寒、下痢。排淡黄色或淡绿色粪便，严重者粪中带血，甚至排出大量血液。病的末期，有的病鸡因血液循环障碍，鸡冠发绀。病程通常为 1～3 周。病愈康复鸡的体内仍有组织滴虫，带虫者可长达数周或数月。成年鸡很少出现症状。

2．发病机制　蚯蚓吞食土壤中的鸡异刺线虫虫卵后，组织滴虫随同虫卵进入蚯蚓体内，并进行孵化，新孵出的幼虫在组织内生存到侵袭阶段，当鸡吃到这种蚯蚓时，便可感染组织滴虫病。因此蚯蚓起到一种自养鸡场周围环境中收集和集中异刺线虫虫卵的作用。

3. 病理变化

二维码
18-4

二维码
18-5

【剖检】死于该病的病禽，由于疾病后期严重的血液循环障碍，病死禽头部呈暗黑色。其剖检特点是盲肠肝炎，表现一侧或两侧盲肠呈不规整的肿大，盲肠壁肥厚。盲肠内充满层状或块状的黄白色或灰色的干酪样物或不洁的坏死物（二维码 18-4）。但是盲肠内所充满的上述干酪样物中心有的完全填实，有的存有空隙。此种盲肠炎症有时引起肠壁穿孔，使细菌蔓延至周围组织及腹膜而发炎。肝大小正常或肿大 2～3 倍。于肝见有孤立的或相互融合的病灶（二维码 18-5）。病灶多呈黄绿色，有时呈黄色或黄白色，病灶的数目多少不一。病灶表面的中心部常呈凹陷状态，病灶周边有红色环围绕。

【镜检】盲肠只具轻度的炎症和有少量炎性渗出物，肝一般具特异性的坏死病灶，在坏死区域的残留肝细胞间，见有淡红色圆形或不正圆形的多半具有鞭毛的虫体（图 18-9）。

4. 病理诊断要点
以盲肠高度肿大和肝局灶性病灶为主要病变特征。取病死鸡盲肠内容物及其内侧病灶刮取物，可见活动虫体呈钟摆状的来回运动。

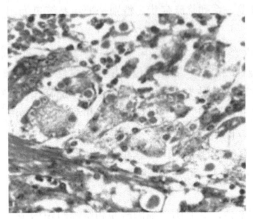

图 18-9　鸡组织滴虫病（火鸡）（HE 10×100）
肠上皮细胞内的组织滴虫

八、马圆虫病

马圆虫病（equine strongylosis）是由圆虫科的多种圆虫引起马属动物的寄生虫病。成虫寄生于盲肠和大结肠摄取营养，引起马贫血和发育障碍。幼虫不仅寄生于肠内，同时根据虫体种类不同，可在体内不同部位穿行，最后进入肠内变为成虫。引起圆虫病的主要寄生虫有普通圆虫、马圆虫和无齿圆虫，圆虫长度为 1.5～2.5cm。除上述三种外，还有很多不超过 12mm 的小圆虫。马大肠内寄生大量的圆虫时，常形成严重的肠炎。

1. 主要临床症状
临床上分为肠内型和肠外型，成虫大量寄生于肠管，表现为大肠炎症和消瘦，由于恶病质而死亡。少量寄生时呈慢性经过。幼虫移行时以普通圆线虫引起血栓性疝痛最多见，马圆线虫幼虫移行引起肝、胰损伤，无齿圆线虫幼虫则引起腹膜炎、急性毒血症、黄疸和体温升高。

2. 发病机制
由于成虫在结肠和盲肠内寄生、吸血，分泌溶血毒素、抗凝血素等，可引起宿主贫血和卡他性炎症、创伤和溃疡。幼虫在肠壁形成结节，影响肠管功能，特别是幼虫移行危害更为严重。普通圆线虫幼虫移行危害最大，可引起动脉炎形成、动脉瘤和血栓，进而引起疝痛、便秘、肠扭转和肠套叠、肠破裂。无齿圆线虫幼虫在腹膜下移行，形成出血性结节，腹腔内有大量淡黄至红色腹水，引起腹痛、贫血。马圆线虫幼虫移行，导致肝和胰损伤，肝内形成出血性虫道，胰形成纤维性病灶。

3. 病理变化
以下就三种常见的马圆虫病分别叙述如下。

（一）普通圆虫病

普通圆虫是马匹圆虫中致病力最强的一种。成虫寄生在马的大肠内，在肠黏膜上吸血而呈灰红色。其幼虫一部分穿入肠壁进入血管，另一部分在肠肌层和浆膜层之间移行或沿淋巴管移行。进入淋巴结和肝的幼虫迅速死亡。进入动脉内的幼虫，寄生在动脉内膜，主要在前肠系膜动脉根部。幼虫穿入血管内膜基质，破坏血管内膜而使内膜面变得粗糙不平，纤维蛋白和破碎的细胞集聚在此粗糙面上，逐渐生成血栓而堵塞管腔。经过一定时间，动脉壁由于血管内膜结缔组织增生而肥厚，形成蠕虫性动脉炎（verminous arteritis）。此时由于动脉壁弹力减弱，管壁易受血压冲击而扩张成囊状，形成蠕虫性动脉瘤（verminous aneurysm）（寄生性动脉瘤）。动脉瘤呈梭形膨大，大小不一，小的有榛子大、核桃大，大的可达小儿头大。可引起腹痛或动脉破裂性内出血。

（二）马圆虫病

成虫寄生于马的盲肠，少数寄生于结肠，可在黏膜上吸血。幼虫被吞食后穿入肠壁进入血管，并穿进肝、心脏、肺，经咳嗽咳出的幼虫又被吞咽入肠道。接近成熟的圆虫可见于肠腔、胰、脾、肺和肝组织，并经常见于腹壁下的脂肪组织。

（三）无齿圆虫病

成虫寄生于盲肠及结肠，可在黏膜吸血。

【剖检】幼虫通过肠系膜进入小肠的浆膜，特别是在回肠和空肠的浆膜下，在此形成多数小结节。新鲜结节因出血而呈红色，而后变成暗红和褐色，这是由于出血而红细胞溶解，由残留的含铁血黄素或橙色血质沉着所致。此外，腹膜面、膈的腹面、肝和脾的表面常有大量纤维蛋白渗出，时间经久则机化呈绒毛状。肝表面和实质内常有粟粒大到小豆大的结节，有时结节内可见到幼虫，结节易于钙化，结节数量不一，有时结节密发，称此为肝砂粒症。普通圆虫幼虫在肝、肺也可形成结节。

【镜检】浆膜下病灶有水肿和结缔组织增生，有红细胞、白细胞、巨噬细胞和血液色素等浸润、沉积，结节中心有干酪样坏死碎片。在浆膜下的病灶内很难找出幼虫，但偶尔可见一通道经肌层进入黏膜下。肺内的结节常与鼻疽结节相混淆，在做组织学检查时必须注意两者的区分（图18-10）。

4. 病理诊断要点　　在粪便中查出虫卵，可证实有此类圆线虫寄生。圆线虫虫卵难以区分，可以第三期幼虫形态进行鉴别，幼虫寄生期诊断困难，剖检可确诊。

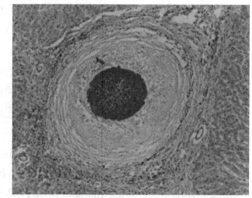

图18-10　肝内圆虫结节（马）（HE 10×10）

九、兔脑原虫病

兔脑原虫病（encephalitozoonosis）是由兔脑原虫（*Encephalitozoon cuniculi*）所引起的一种慢性、隐性或亚临床原虫病。多数动物通常为隐性感染而不显临床症状，但可作为传染源。该病可垂直传播。家兔的感染率为15%～76%。

1. 主要临床症状　　自然感染的病兔有时可见脑炎和肾炎症状，如惊厥、颤抖、斜颈、麻痹、昏迷和平衡控制失调等神经症状。此外，还有蛋白尿、下痢、局部湿疹等症状，在3～5d死亡。

2. 发病机制　　病原经口、鼻、气管或皮下、腹腔内和静脉注射等途径均可感染兔发病，在神经细胞、巨噬细胞、内皮细胞及其他组织细胞内可以发现无囊壁的虫体假囊（虫体集落）。

3. 病理变化　　主要病变是呈非化脓性脑膜脑炎和肉芽肿形成。肾病变也很常见。

【剖检】肾表面散布许多细小的灰白色病灶，或在肾皮质表面散布不同大小的灰色凹陷。肾广泛被侵害且经时较久时，则肾体积常缩小，质地坚硬，外观呈颗粒状。肾皮质表面的小凹痕常常可作为该病的诊断依据。肝通常呈现轻度局灶性非化脓性肝炎。感染动物的其他器官病变，包括血管炎、腹膜炎、胸膜炎、心包炎及淋巴组织增生，尤以肠系膜淋巴结最为明显。另外，在肾上腺和视网膜也见有淋巴细胞浸润，外周神经和视神经也有病变出现。

【镜检】脑实质内神经细胞轻度变性，血管周围有淋巴细胞浸润，严重者形成明显的血管套，该病变以海马回最多见。软脑膜有不同程度的淋巴细胞灶状浸润。脑血管内有时可发现多发性血栓和虫体，其周围有脑软化带。脑实质内肉芽肿形成常是该病主要特征性病变之一，早期肉芽肿仅由上皮样细胞和巨噬细胞组成。充分发展的肉芽肿则可见三层结构：中心为坏死的细胞碎屑或成片淡染伊红的坏死组织，周围环绕厚层上皮样细胞，偶见多核巨细胞，最外层为浸润的淋巴细胞和浆细胞。肉芽肿内增生的上皮样细胞，从其形态特点看，它们是由活化的小胶质细胞演变而来的。脑内肉芽肿结构常因动物种类的不同而稍有差异。除上述脑内肉芽肿病变外，还可见由小胶质细胞增生所形成胶质细胞结节，后者普遍分布于脑的各部。轻度病例，有的虽不见肉芽肿形成，但常可发现胶质细胞结节。以上病变多见于大脑皮质与海马回，其次是中脑和延髓，小脑、脊髓少见。

切片用石炭酸复红染色、PAS 染色，可见肉芽肿中心的坏死灶内和上皮样细胞或巨噬细胞胞质内聚集成堆或散在分布的细颗粒状虫体，虫体呈卵圆形，两端钝圆。此外，在肉芽肿附近的胶质细胞结节内、神经细胞和血管内皮细胞胞质内也可发现原虫，有时许多原虫密集成团形成假囊结构，但无明显的囊壁，其周围也不见细胞反应。

肾的组织学变化主要表现为间质性肾炎。肾小管上皮细胞变性，在肾皮质与髓质的间质内见成堆的和散在的淋巴细胞与浆细胞浸润。少数病例的肾髓质可见中心为增生的巨噬细胞，外周为淋巴细胞浸润的早期肉芽肿结构。明显的肉芽肿病变多见于患犬。病变重度者，除肾间质有淋巴细胞浸润外，尚见有明显的结缔组织增生，局部肾单位萎缩、消失，其周围的肾小管扩张。肾小球的变化一般较轻微。在髓质肾小管上皮细胞内和管腔中可发现虫体；急性病例的肾中虫体较多，慢性病例则较少。从肾的发病情况看，肾的病变多与脑组织的病变呈平行关系。

心肌主要表现心肌纤维之间有多量淋巴细胞呈灶状浸润，形成间质性心肌炎。

肺可出现局灶性上皮样细胞增生性肉芽肿，肺泡隔因淋巴细胞浸润和上皮样细胞增生而增宽，血管周围有淋巴细胞和浆细胞浸润。这种间质性肺炎病变以鼻腔或气管内接种的动物较为明显。

4. 病理诊断要点　　脑炎原虫属于小孢子虫目微粒子虫科。该原虫能在其生活环的一点长出囊膜并伸出极丝（polar filament）；极丝是鉴定该原虫的重要依据。病理学特点主要表现为中枢神经组织中有肉芽肿形成和非化脓性脑膜脑炎、间质性肾炎及间质性心肌炎。

十、蛔虫病

蛔虫病（ascariosis）是由蛔虫科和无饰科的大型线虫（统称蛔虫）感染引起的人和多种动物的寄生虫病。幼龄动物易感，很多成年动物可以自然排出寄生的蛔虫。成虫通常见于小肠中，虫体没有节段。虫卵壳厚，对干燥和低温的环境及许多化学药品有较强的抵抗力。常见的蛔虫病原体有人蛔虫（Ascaris lumbricoides），寄生于人和猪；猪蛔虫（A. suum），寄生于猪和人；犬弓首蛔虫（Toxocara canis），寄生于犬；猫弓蛔虫（T. cati），寄生于猫、犬、野猫、狮子、豹等；狮弓蛔虫（Toxascaris leonine），寄生于犬、猫、狮、虎、狐狸等；牛新蛔虫（Neoascaris vitulorum），寄生于牛；马副蛔虫（Parascaris equorum），寄生于马；鸡蛔虫（Ascaridia galli），寄生于鸡和火鸡。

1. 主要临床症状　　宿主呈现营养不良、幼小动物生长迟缓及消化功能紊乱等症状。

2. 发病机制　　蛔虫成虫通常游离在宿主的小肠腔中，以小肠内容物为食，夺取宿主的营养。成虫可移行到胃、胆管或胰管，常可引起蛔虫性胆管阻塞而发生黄疸。虫体数量多，可造成小肠腔阻塞，使幼小动物致命。虫体的游动偶见擦伤肠黏膜或穿透幼小动物的肠壁而发生腹膜炎。

3. 病理变化

（1）幼虫移行期　　病变主要见于肠、肝和肺，呈现以嗜酸性粒细胞浸润为主的炎症反应和肉芽肿形成。肺出现细支气管黏膜上皮脱落，甚至出血。大量幼虫在肺内移行和发育时，可引起蛔蚴性肺炎，但康复后常不留病变残迹。在肝移行时，造成局灶性实质损伤和间质性肝炎。严重感染的陈旧病灶，由于结缔组织大量增生而发生肝硬化，如猪的乳斑肝。尚可见以幼虫为中心出现肝细胞凝固性坏死，周围环绕上皮样细胞、淋巴细胞和中性粒细胞浸润的肉芽肿结节。肝汇管区受害最严重。

（2）成虫期　　由于蛔虫变应原作用可见宿主发生荨麻疹和血管神经性水肿。成虫在小肠内游动及其唇齿的作用可使空肠黏膜发生卡他性炎。虫体多时可导致小肠阻塞（图18-11）。虫体钻入胆道、胰管时可造成黄疸、胰腺出血和炎症。此外，由于夺取宿主营养和小肠黏膜绒毛损伤影响吸收，动物表现消瘦、幼小动物发育不良。其分泌物和代谢产物也可引起实质器官中毒性变性和神经症状。

弓蛔虫幼虫引起内脏移行症，犬、猫多见，人也发生。幼虫在深部组织移行，刺激局部组织形成

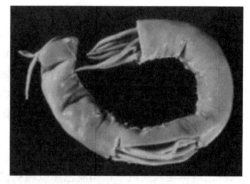

图18-11　蛔虫性小肠阻塞（猪）

嗜酸性粒细胞性肉芽肿，主要发生于肝、肺、脑、眼等器官。呈现肝肿大和外周血嗜酸性粒细胞增多症。由于蛔虫幼虫可在非特异的自然宿主体内移行，故常可发生这种综合征，尤其是幼龄动物。还由于幼虫移行，带入细菌而常见肠壁或肝的脓肿，甚至蔓延为腹膜炎等。

4. 病理诊断要点　　剖检可见肠道内有蛔虫寄生或大量的蛔虫造成肠阻塞。

十一、犬恶丝虫病

犬恶丝虫病（dirofilariasis）是指丝虫寄生在犬心脏的一种疾病。猫和狐狸等也能感染。成虫的雄虫长12～30cm，雌虫长25～31cm，主要寄生于心室，少数寄生于肺动脉。

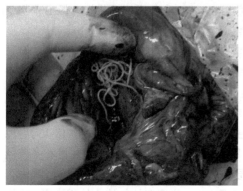

图18-12　犬恶丝虫

心室寄生有犬恶丝虫

1. 主要临床症状　　发病早期只有轻微的症状，重病例出现呼吸困难、心脏扩大、肝肿大、腹水症和衰弱等症状，由于右心功能不全可引起死亡。

2. 发病机制　　丝状幼虫在宿主的皮下和脂肪组织发育后，进入静脉并进入右心，继续生长为纤维状丝状成虫后寄生在犬的心室内，致使血液循环障碍引发水肿、呼吸困难等。

3. 病理变化　　犬恶丝虫（*Dirofilaria immitis*）主要寄生在右心室，但也见于血管系统及其他脏器内，如后腔静脉、前腔静脉、胸腔、气管、食管等部位（图18-12）。寄生在心脏的犬恶丝虫，由于长

期的机械性影响而产生右心的代偿性肥大。由于右心功能不全，从而发生肺、肝、脾等脏器的淤血，以及胸水及腹水症。寄生在右心室的成虫逐渐衰老，由于其不能抵抗强血流的冲击，或因使用驱虫药使成虫衰弱，此时多数成虫常被推至肺动脉及其分支中集聚。心脏腱索常有虫体缠绕，心内膜肥厚、混浊。肺动脉内膜下结缔组织增生，内膜呈弥漫性肥厚，生成慢性动脉内膜炎及栓塞形成。肺见无气肺、贫血和肝变。肝、肾见有慢性间质性炎的变化。末期出现卡他性胃肠炎及全身性贫血。

微丝虫在血内自由循环，故在全身动脉、毛细血管及末梢静脉血内都有散布。在各脏器中以肺血液含微丝蚴最多，其次为肝、肾、心脏的血液内，外周血液含量极少。在切片中可见血管出现轻微的损伤，但一般缺少炎症反应及其他组织反应。一些微丝蚴死亡后，可在其周围有小的肉芽肿生成。此种小的肉芽肿也见于感染犬的肾间质内。

4．病理诊断要点　死后剖检见在心室内有丝虫的成虫。

十二、猪浆膜丝虫病

猪浆膜丝虫病（serousfilariasis in swine）由双瓣线虫科的虫体寄生于家猪的心脏、子宫、肝等部位的浆膜，引起水泡状、乳斑状、条索状或沙粒状等不同性状的病变。

1．主要临床症状　病猪多精神委顿，眼结膜严重充血，有黏性分泌物，易产生惊恐反应，黏膜发绀，呼吸极度困难，呈腹式呼吸，伴有肺炎症状，突然惊厥倒地，四肢痉挛抽搐而死，从发生症状到死亡仅几分钟时间。

2．发病机制　在猪的心脏、子宫、肝等部位的浆膜淋巴管内寄生的成虫产生的微丝蚴进入淋巴液再转入血液中，当淡色库蚊吸吮猪血时，将微丝蚴吸入蚊体内，并在蚊体内发育成感染期的幼虫；当淡色库蚊再度吸吮猪血时，感染幼虫即进入猪体的血液内，然后发育成为成虫而寄生于猪体内各脏器浆膜的淋巴管内，使淋巴管扩张呈结节状。

3．病理变化

【剖检】猪浆膜丝虫可寄生于心脏、肝、胆囊、子宫阔韧带、胃、膈肌、腹膜、肋胸膜及肺动脉基部浆膜等部位的浆膜淋巴管内，其中以心脏的寄生率最高。淋巴管因丝虫寄生而扩张，外观呈隆起透明的管道或绿豆大的灰白色包囊状。在条索状和水泡状病灶内可见有活的线虫，每一病灶内常有 2 条以上或更多的线虫。由于心外膜淋巴管扩张，渗出性增强，形成纤维素性心外膜炎，呈绒毛心状，严重者可引起心包粘连。

心脏的大多数病灶发生钙化，有的钙化灶呈弯曲条索状，有的呈圆丘状或不规则的砂粒状。在心脏一般可有 1～2 个包囊或钙化灶，但也有整个心脏布满数十个钙化灶。

其他器官的病变与心脏的病变基本相同，但是心脏的病变最严重。

【镜检】病变的发展可分有下列几种类型的变化。

（1）细胞性肉芽性结节　这是一种较新鲜的病灶。丝虫位于心外膜的淋巴腔内（图 18-13）。虫体周围有多量嗜酸性粒细胞浸润，有时并见有多核巨细胞，外层为多数单核细胞及淋巴细胞浸润，其中有少量结缔组织增生，致使病灶部的心外膜增厚。病灶部的浅层肌纤维有轻度的实质变性。

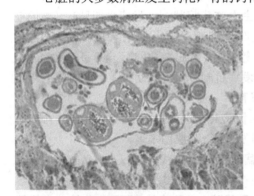

图 18-13　猪浆膜丝虫病（HE 10×20）

心外膜下扩张的淋巴管内有多量浆膜丝虫断面

部分病灶位于心外膜下浅层的肌组织内，有多数嗜酸性粒细胞、单核细胞及淋巴细胞包围虫体，局部肌纤维发生严重的实质变性及坏死，由浸润的炎症细胞将其吞噬替代，炎灶中心的虫体也已死亡，虫体周边的炎症细胞也坏死崩解，形成无结构的坏死灶。但是炎灶周边浸润的游走细胞仍然存在，炎灶周边残留的肌纤维也见有炎症细胞浸润。病灶周围只有少量结缔组织增生。

（2）纤维性肉芽性结节　　此种病灶中的虫体因死亡时间较长，故虫体结构模糊不清，有的已发生钙化。虫体周围有嗜酸性粒细胞和淋巴细胞浸润，外层增生结缔组织形成厚层包囊。心外膜也因结缔组织增生而肥厚。在此肉芽性结节的周围或邻近的心外膜及肌组织中，常见有淋巴组织大量增生，并形成淋巴小结，出现生发中心。有时可见多数淋巴小结充满在整个心外膜层中。此种由纤维性肉芽组织形成的结节，眼观呈灰白色斑块状或条索状。

（3）陈旧的钙化结节　　　此种病灶中心的虫体已死亡，但有时可残有虫骸；在死亡钙化的虫体周围有单核细胞和淋巴细胞浸润，外围增生厚层的结缔组织而形成包囊。有时在钙化虫体周围不见有细胞浸润，直接由增生的厚层结缔组织包裹。眼观此种病灶为灰白色针尖大或粟粒大的钙化结节，触之有砂砾感。

4. 病理诊断要点　　剖检所见心脏浆膜上有水泡状囊，其中有丝状虫体即可确诊。

十三、旋毛虫病

旋毛虫病（trichinelliasis）是由旋毛虫感染所致的一种人兽共患寄生虫病。旋毛虫寄生于猪和犬的横纹肌，也偶见于羊。人因食用烹调不良的猪肉、狗肉或羊肉，常引起旋毛虫病。猫、鼠类等也能感染此病。旋毛虫的雌虫是胎生线虫。旋毛虫的成虫寄生在小肠内称为肠旋毛虫，旋毛虫的幼虫寄生在横纹肌内，称为肌旋毛虫。

1. 主要临床症状　　自然感染病猪，肠型期会对病猪造成非常小的影响，肌型期没有任何临床症状；人工接种感染的病猪，通常在接种大约1周表现出症状，主要是食欲减退，呕吐，腹泻，肌肉疼痛，影响咀嚼、吞咽、运动及呼吸，体温升高，体型瘦弱，眼睑和四肢发生水肿，经过大约6周能够自行康复。

2. 发病机制　　动物吃了含有旋毛虫的肉后，在包囊内的幼虫逸出而寄生在十二指肠和空肠，经过短时间（二昼夜）后，肌旋毛虫变成性成熟的肠旋毛虫，雌雄虫交配后，雄虫死亡，受精后的雌虫侵入肠腺管腔内或肠绒毛内，在数周内产生数千个幼虫。幼虫由肠腺进入淋巴管而后进入胸管，经血液循环而带到全身。但是幼虫只有到达骨骼肌才能存活，其他大部分死亡。

3. 病理变化

【剖检】旋毛虫的病变除了由成虫引起短时间的卡他性肠炎外，主要由幼虫引起骨骼肌病变，极少数在心肌形成不同的变化。幼虫离开毛细血管进入肌组织生成浆液性肌炎，在人则有风湿性疼痛感觉。肌肉旋毛虫多寄生于膈肌、肋间肌、咬肌、喉部肌、舌肌，眼肌等骨骼肌。

【镜检】幼虫进入肌细胞内使肌细胞失去横纹，肌纤维首先变成均质状，而后变成颗粒状或块状。由于虫体分泌的酶将肌组织溶解消化，受害肌纤维失去对伊红的亲和性，而着染苏木精呈淡蓝色。在旋毛虫卷曲部位的肌细胞伸展呈梭形，其余部分狭小、崩解。虫体寄生部位的肌膜增生，然后包围幼虫。在虫体周围的间质见有水肿和中性粒细胞、淋巴细胞和嗜酸性粒细胞浸润，而后由间质增生肉芽组织形成包囊而包裹虫体。包囊是沿肌纤维的纵轴位置形成，一般呈梭形（图18-14，二维码18-6），因宿主不同也有呈圆形的。一个包囊一般含一个幼虫，有时含2～7个幼虫。经过半年以上则由囊端开始钙化，全包囊钙化后幼虫多死亡。包囊完全钙化后，眼观可看出细小白色斑点。

二维码
18-6

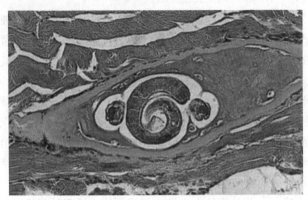

图 18-14　旋毛虫病（猪）（HE 10×20）
膈肌纤维内的旋毛虫包囊

4. 病理诊断要点　　取动物肌肉做压片或作病理组织学检查，发现虫体即可诊断。

十四、囊尾蚴病

囊尾蚴病（cysticercosis）又称为绦虫幼虫病，是由某些绦虫的幼虫寄生在人和动物的组织或脏器内的一种疾病。根据寄生宿主、寄生数量和寄生脏器的不同，可出现不同的症状。在腹膜、肌肉内寄生的虫体数量少时一般无明显的影响。寄生在肝、脑、心脏等脏器，特别是寄生数量多时可生成明显的症状，或使动物死亡。

（一）牛囊尾蚴病

牛囊尾蚴病（牛囊虫病）（cysticercosis bovis）由寄生于人小肠的无钩绦虫（*Taenia saginata*）的幼虫引起。囊尾蚴寄生在牛体的肌肉，偶见于肝、心脏、肺、膈和淋巴结等部位。牛是人的无钩绦虫幼虫寄生的重要中间宿主。

1. 主要临床症状　　牛囊尾蚴病一般很少有症状，但在大量感染的病例，可于高热之后死亡。严重感染的牛，初期可见体温升高，虚弱，腹泻，反刍减少或停止，呼吸困难，心跳加快等，可引起死亡。

2. 发病机制　　幼虫主要寄生在舌和肌肉等部位，形成由豌豆大到蚕豆大的小囊泡，囊泡内充满液体，囊泡呈白色，内有无钩绦虫幼虫的头节附于囊壁上，囊泡外有少量结缔组织与肌组织连接。幼虫大量寄生时其包囊可压迫肌组织而使之萎缩、消失。病期长的病例，幼虫死亡，由致密的包囊包围，最后形成瘢痕。

3. 病理变化　　寄生在中枢神经系统的囊尾蚴以大脑皮质为多，是临床上癫痫发作的病理基础。寄生于第四脑室或侧脑室带蒂的囊尾蚴结节可致脑室活瓣性阻塞，引起脑积水。寄生于软脑膜可引起蛛网膜炎。寄生于颅底容易引起囊尾蚴性脑膜炎，炎症性脑膜粘连造成第四脑室正中孔与侧孔阻塞，发生脑积水。

4. 病理诊断要点　　牛囊尾蚴主要在舌肌、咬肌、颈肌、肩胛肌及臀肌等处寄生，通常在屠宰过程中才会被发现。

（二）猪囊尾蚴病

猪囊尾蚴病（猪囊虫病）（cysticercosis）是由寄生在小肠内的有钩绦虫的幼虫引起。此幼虫主要寄生在肌肉，特别是颈部、颊部、肩部和舌部肌肉多发；心脏、腹壁、肝、肺、脑、眼肌等也有发生。除猪外，此幼虫也见于人和犬、猫及野猪。人是猪带绦虫的终末宿主，中间宿主除猪以外，还有犬、猫、人。

1. 主要临床症状 呼吸、吞咽困难，有时见癫痫或急性脑炎等症状，甚至发生死亡。

2. 发病机制 囊尾蚴主要寄生在猪的肌肉组织中，当其寄生在肺部或喉头时，常常会引起呼吸和吞咽困难；寄生在猪脑组织时诱发癫痫或急性脑炎等。

3. 病理变化 猪肉内可以发现不同数量的幼虫所形成的囊泡，眼观如米粒状或豆粒状，因此，又称为米猪肉或豆猪肉（二维码 18-7）。囊泡的构造和对肌组织的影响基本和牛的囊尾蚴相同。在组织内寄生的囊虫死亡后常形成肉芽肿性结节（图 18-15 和图 18-16）

二维码 18-7

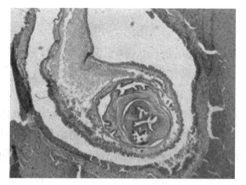

图 18-15 脑内寄生的囊虫断面含有完整的头节（HE 10×10）

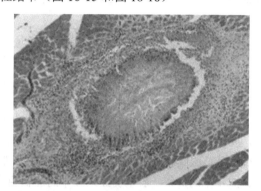

图 18-16 肌肉寄生的囊虫，死亡后形成肉芽肿性结节（HE 10×10）

4. 病理诊断要点 粪便检查可发现脱落的成虫节片，光镜下可以查到绦虫卵。

（三）细颈囊尾蚴病和豆状囊尾蚴病

细颈囊尾蚴病（cysticercus tenuicollis）由泡状带绦虫（*Taenia hydatigena*）的幼虫引起，主要侵害羔羊、仔猪和犊牛。虫体在宿主的大网膜、肝、肠系膜等部位形成豌豆大到鸡蛋大的囊泡，囊泡内充满液体，俗称"水铃铛"。幼虫的头节固着在囊壁上。虫体寄生常引起急性腹膜炎，肝表面常有纤维蛋白附着。

豆状囊尾蚴是豆状绦虫的幼虫，寄生在家兔、野兔和啮齿类动物的肝、肠系膜或大网膜等部位，形成大豆大的囊泡。囊泡有数个、数十个或 100～200 个。囊泡内充满液体和头节。囊尾蚴被狗吃后约 2 个月即变成成虫。

（四）棘球蚴病（包虫病）

棘球蚴病（echinococcosis）又称为包虫病，是由寄生于小肠内的细粒棘球绦虫（*Echinococcus granulosus*）的幼虫引起，主要见于绵羊、牛、骆驼和猪，偶见于人、犬和马。

棘球蚴有单房囊和多房囊棘球蚴。单房囊棘球蚴囊泡由豌豆大到人头大，囊的外层为角质膜，内面为生发膜，头节附于囊壁上或脱落于囊内。头节为小米粒大小的白色圆形颗粒。此型囊泡多见于绵羊和猪。

1. 主要临床症状 若脏器内寄生大量囊泡，除机械性压迫外，还可引起动物呼吸困难、腹泻、体温升高甚至导致动物死亡。寄生于脑组织的多房囊棘球蚴，患畜常出现异常运动（脑回旋病）。

2．病理变化　　棘球蚴寄生在宿主的肝、肺等部位，形成囊泡状病灶，压迫肝、肺组织使其发生萎缩。由于大量囊泡寄生，被寄生的脏器体积增大，质量增加。

寄生于脑组织的多房囊棘球蚴，常在寄生灶周围有渗出性炎和增生性炎病变。囊泡多局限在脑半球的表面，囊泡压迫脑实质使其发生萎缩。

3．病理诊断要点　　大体剖检检查囊尾蚴的寄生部位和性状，一般可做出正确诊断。

十五、吸虫病

吸虫病（trematodiasis）是由扁动物门吸虫纲（Trematoda）的各种寄生性吸虫引起的疾病，吸虫多数呈扁平叶状，少数呈柱状或线状。吸虫种类繁多，分布广泛，我国常见的有下列数种。

（一）肝片吸虫病

肝片吸虫病（fascioliasis hepatica）是由肝片吸虫（*Fasciola hepatica*）引起的以急性或慢性肝炎为特征的一种疾病。主要侵害反刍动物，一般牛、羊的受害比较大。此外，猪、骆驼、家兔也有发生，偶尔也见于人、马、犬和猫等。

1．主要临床症状　　临床症状表现取决于虫体寄生的数量、毒素作用的强弱及动物机体状况。症状可分为急性和慢性两种。牛和羊多取慢性经过。患羊表现渐进性消瘦、贫血、食欲不振、被毛粗乱，眼睑、颌下水肿，有时也发生胸、腹下水肿。后期，可能卧地不起，终因恶病质而死亡。成年牛的症状一般不明显，犊牛的症状明显。

2．发病机制　　成虫寄生在肝、胆管和胆囊。虫为两性体并产卵于胆道，由此进入肠内和粪一同排出。卵在有水环境和适宜温度下孵化成毛蚴，进入椎实螺的肝内，发育成尾蚴（cercaria），尾蚴脱掉尾部并分泌黏稠物质，把自己包裹起来变成囊蚴，囊蚴浮于水中或黏附在草叶上。动物（牛、羊）吃了囊蚴污染的水草即能感染，进入小肠内的幼虫经不同径路而入肝。幼虫移行可导致浆膜和组织损伤、出血，虫道内有童虫。虫体的刺激和代谢物的毒素作用可引起慢性胆管炎、慢性肝炎和贫血现象。

3．病理变化　　肝片吸虫寄生可引起急性肝炎、胆管炎和慢性间质性肝炎。

（1）急性肝片吸虫性肝炎　　肝片吸虫的幼虫从肝被膜进入肝实质时，在肝表面形成豌豆大的空洞样病灶，如果有大量虫体侵害肝，则肝肿大，充血，被膜有多量出血斑点，有时覆有纤维蛋白膜。肝被膜常见有边缘锐利的穿孔，压之可从孔内排出不洁的红色液体，如果混有胆汁，则液体带有黄色或绿色，有时可挤出肝片吸虫。肝组织内的空洞，含有血液和破坏的肝组织，混合成粥泥状，其中混有肝片吸虫。肝断面布满相同的空洞。胆管扩张，内有大量黏液、血样胆汁及肝片吸虫。肝片吸虫若进入腹腔则引起腹膜炎。

（2）肝片吸虫性胆管炎

【剖检】呈现慢性卡他性胆管炎，胆管内有黄褐色浓稠的胆汁和肝片吸虫。胆管壁结缔组织增生而肥厚，胆管壁的肌层和弹性纤维消失，胆管扩张，胆汁淤滞。胆管壁可达 0.5～1cm 厚，呈灰白色坚硬的索状露出于肝表面。胆管内有大量盐类沉着（磷酸钙、磷酸镁），内面粗糙。

【镜检】初期病变为胆管黏膜分泌大量黏液，胆管上皮剥脱和坏死。黏膜有圆形细胞及嗜酸性粒细胞浸润。胆汁内有肝片吸虫及卵、剥脱上皮、白细胞、红细胞、细菌及无构造的崩解产物等。后期见胆管肥厚，有腺性增殖，常呈现弥漫性腺瘤状。在管壁的结缔组织中有大量白细胞浸润。猪患肝片吸虫病时，嗜酸性粒细胞的浸润最为明显。结缔组织主要围绕门脉周围及附近的肝间质增生。

（3）肝片吸虫性慢性间质性肝炎（肝片吸虫性肝硬化）

【剖检】大量肝片吸虫寄生胆管内，受虫体代谢产物、淤滞的胆汁及细菌等的作用，肝发生弥漫性炎症，此时肝极度肿大，硬度增加，此称为"肥大性肝硬化"。随病程延长，肝实质因受压迫萎缩，形成"萎缩性肝硬化"，此时肝缩小、灰白色、坚硬，肝表面呈凹凸不平颗粒状。

【镜检】见胆管壁、肝汇管区及肝小叶周边增生大量结缔组织，肝细胞萎缩消失，肝小叶被破坏，只残留少数岛屿状肝细胞。在增生的结缔组织内有大量嗜酸性粒细胞、淋巴细胞和浆细胞浸润。

4. 病理诊断要点　　死后剖检急性病例时可在腹腔和肝实质等发现童虫，慢性病例可在胆管儿内检测到多量成虫。

（二）血吸虫病

血吸虫病（schistosomiasis）是由血吸虫（Schistosoma）寄生于动物和人，引起以贫血、营养不良及发育障碍为特征的一种疾病。在我国，主要由日本分体吸虫（Schistosoma japonicum）引起人和动物的血吸虫病。

1. 病理变化　　血吸虫成虫寄生在静脉内可引起静脉炎，静脉内膜增生，形成静脉栓塞。成熟的血吸虫也可破坏红细胞，血红蛋白被巨噬细胞吞噬，在肝和脾有含铁血黄素沉着。

血吸虫卵位于肠系膜静脉和静脉毛细血管内或在肠壁内，使血管内膜及肠黏膜发生坏死，其中以十二指肠及大肠（狗）、小肠上部（马）、结肠及盲肠（人）的变化最为明显。部分虫卵可随血流进入肝，在肝内生成小结节，形成肝砂粒症。在静脉和静脉毛细血管内的虫卵，附于内皮并被内皮包裹，由卵分泌出的酶破坏基膜，可被排入组织内。

卵在血管可引起血管内膜炎和血管周围炎，在组织内于卵的周围有嗜酸性粒细胞和中性粒细胞浸润，生成小脓肿。如果卵长期存在，则有巨噬细胞、异物巨细胞包围，最外层围以薄层结缔组织，形成结节性肉芽肿。血吸虫卵为卵圆形，有透明无色或黄色的厚壁。陈旧的结节性肉芽肿易钙化，一般见不到虫卵。

血吸虫的尾蚴经皮肤感染，可生成不同的组织反应。尾蚴进入真皮，见有不同程度的中性粒细胞、淋巴细胞和嗜酸性粒细胞浸润，皮肤伴有荨麻疹、发痒和形成小的结节突出于皮肤面。寄生在真皮死亡的虫体，可长期留有局部组织反应，生成皮肤炎。

2. 病理诊断要点　　血吸虫病临床诊断须在粪便中证明有虫卵，剖检时可见成虫位于静脉内。

（三）前后盘吸虫病（双口吸虫病）

前后盘吸虫病（双口吸虫病）由前后盘科各属的多种前后盘吸虫寄生在猪肠道引起的疾病。这种前后盘吸虫是人猪共患的寄生虫，对猪的危害较大。吸虫呈长椭圆形或圆形，横断面近似圆形。

1. 主要临床症状　　病畜表现为顽固性拉稀，粪腥臭，消瘦，贫血，黏膜苍白，淋巴结肿大。急性病例可发生具有恶臭的急剧下痢和迅速瘦削，死亡率很高。

2. 病理变化　　童虫在移行过程中，使小肠、真胃黏膜水肿，出血，引起出血性肠炎，黏膜坏死和纤维素性炎。成虫以后吸盘吸附于反刍动物的瘤胃、网胃黏膜，少数可寄生于瓣胃，使胃黏膜生成溃疡。幼虫移行寄生于真胃、小肠、胆管、胆囊可引起严重疾病。其中鹿前后盘吸虫的成虫（寄生于牛、羊、山羊、鹿的瘤胃、网胃）及小沟前后盘吸虫危害较重，特别是后者的幼虫，吸附于十二指肠黏膜，可使黏膜肿胀，出血而发生下痢、血便、贫血、浮肿等变化，动物因而瘦弱，易于死亡。

3. 病理诊断要点　　剖检在寄生部位找到童虫和成虫即可确诊。

（四）胰吸虫病

胰吸虫病（阔盘吸虫病）（eurytremiasis）是由双腔科（Dicrocoeliidae）阔盘属（*Eurytrema*）的胰阔盘吸虫（*E. pancreaticum*）、腔阔盘吸虫（*E. coelomaticum*）和枝睾阔盘吸虫（*E. cladorchis*）所引起，虫体寄生于反刍动物（牛、水牛、绵羊、山羊、骆驼等）胰的胰管中；少数也可寄生于猪、人的胰管；偶尔也可寄生于胆管和十二指肠。

1. 主要临床症状　　患畜衰弱、营养不良、下痢，颈部和胸部水肿及消瘦。

2. 发病机制　　在充满虫体的胰管内常见虫卵侵入管壁，产生炎症反应和结缔组织增生，或因虫卵深入胰实质引起结缔组织增生，将腺体挤向一边，使胰呈萎缩状态。在结缔组织压迫下，腺小叶的结构破坏致胰腺功能紊乱，胰岛呈营养不良变化。严重的慢性感染常因结缔组织增生导致胰硬化。

3. 病理变化　　吸虫寄生于胰管内，状如血块，切断胰管，压之可挤出胰吸虫。胰管由于结缔组织增生而肥厚，胰管上皮增生可呈腺瘤样变化。胰管也可呈囊状扩张。增生的结缔组织内有淋巴细胞和嗜酸性细胞浸润。胰组织、胰岛被增生的结缔组织压迫、萎缩乃至消失。

有多数虫体寄生时致使动物营养障碍而贫血，病牛可见极度消瘦、倦怠及浮肿，粪块小而硬，如同山羊粪。

4. 病理诊断要点　　从粪便或十二指肠液内发现典型虫卵即可确诊。

（五）肺吸虫病

肺吸虫病（并殖吸虫病）（distomatosis pulmonum）是由并殖属（*Paragonimus*）的吸虫引起的慢性肺疾病。吸虫呈卵圆形豆状，腹面稍扁平，背面圆，呈红褐色。其中最常见的为卫氏并殖吸虫（*P. westermani*），可寄生于肉食兽（犬、猫、豹）及人的肺。

1. 主要临床症状　　肺吸虫进入胸腔引起渗出性胸膜炎和胸痛。侵入肺内，常有阵发性咳嗽、咳痰、咯血。脑型肺吸虫病可有头痛、呕吐等脑膜刺激症状，少数有抽搐、运动障碍等表现。

2. 病理变化　　肺吸虫寄生在肺实质内，周围由增生的结缔组织形成囊泡状，结缔组织内有白细胞浸润。囊与支气管相连通。病变位于肺表面时呈小指头大隆起，但也有不隆起的，呈暗红色或灰白色。囊内含有 1~2 个虫体，其中有血液和混有虫卵。肺组织内见有虫卵，形成结核样小结节。肋膜面有纤维蛋白沉着，可形成愈着性胸膜炎。陈旧病灶的囊泡可发生钙化，虫体崩解，但可含有虫卵。

异位寄生时多见于肝，此外也见于皮肤、脾、胰、脑、腹腔、胸腔、腹壁、阴囊、眼窝、淋巴结等部位。肝的膈面附有纤维蛋白。

（六）禽吸虫病

禽吸虫病（avian trematodiasis）是由禽类的输卵管及法氏囊所寄生的一种小吸虫所引起的疾病。虫体扁平，幅宽。

1. 病理变化　　禽吸虫的原寄生部位为法氏囊。禽产卵时，吸虫游出法氏囊，进入接近泄殖腔的输卵管内，或者侵入禽蛋的蛋白质内，故在蛋清液内常可见有一米粒大血块样虫体。因吸虫的寄生而引起输卵管及法氏囊发生炎症，产出无壳或软壳蛋，肛门附近有分泌物黏附。卵黄有时落于腹腔内而发生腹膜炎，可引起动物死亡。

2. 病理诊断要点　　死后对病禽做病理剖检，在其体内发现吸虫即可确诊。

第十九章　代谢性疾病病理

物质代谢障碍引起的疾病很多，现就动物临床上常见的几种疾病病理变化简述如下。

一、纤维性骨营养不良

纤维性骨营养不良（fibrous osteodystrophy）是发生于马、骡、猪、山羊和犬等多种动物的一种代谢性疾病，其病理变化特点是：患畜骨质疏松、变软和肿胀。

纤维性骨营养不良与佝偻病（rickets）、骨软化症（osteomalacia）和骨质疏松症（osteoporosis）等虽同属于营养不良性骨病，但它们的病理变化不同。佝偻病是幼畜软骨骨化障碍，所以表现新生的骨基质无钙盐沉积；骨软化症是成龄动物已钙化的骨组织脱钙，新形成的骨基质无钙盐沉积；骨质疏松症是由于蛋白质代谢障碍，使骨基质萎缩或再生不足而造成。

（一）原因和发生机制

纤维性骨营养不良的发生原因主要是磷、钙代谢障碍。长期用大量谷类和稻草等饲料饲喂的牛、马、骡，由于饲料中所含的钙量较少，植酸磷较多，而植酸在草食动物消化过程中能显著影响钙的吸收，所以导致机体缺钙。另外，长期厩内饲养，缺乏运动和日光照射，造成机体维生素D缺乏而阻碍钙的吸收时，以及妊娠、哺乳动物不注意补钙时，均易发生该病。

动物摄取的钙量不能满足机体需要，或因各种原因阻碍钙盐从肠道吸收，或因妊娠和哺乳使钙消耗过多而又得不到及时补充时，机体血钙浓度降低。此时，甲状旁腺功能亢进，甲状旁腺激素分泌增加，一方面刺激破骨细胞的活动，破坏骨组织，使磷酸钙溶解并转入血液，以满足机体的需要；另一方面降低肾小管对磷的再吸收，增加尿磷的排泄，以维持内环境的恒定。此时，动物血钙量虽然正常，但骨钙已不足，如不及时发现和纠正，就逐渐呈现纤维性骨营养不良的临床症状。轻者表现骨痛和运动障碍，重者表现头骨疏松、肿胀、变形和好卧地，甚至卧地不能起立。

（二）病理变化

【剖检】该病一般呈慢性经过。疾病初期，常无明显的眼观变化。随着疾病的发展，全身各部位骨骼逐渐出现不同程度的疏松、肿胀和变形；各关节遭受损伤及甲状旁腺肿大。此外，由于甲状旁腺功能亢进，一方面钙盐大量由骨组织进入血液；另一方面尿磷排出增多，致使血钙含量增高，故于病畜的动脉壁、肾小管等部位发生钙盐异常沉积。

1. 骨骼　　骨骼的病变，常随疾病所处的阶段和骨骼所在的部位不同，其严重程度也不一样。但其共同特点是：骨膜肥厚，骨质松软，针易刺入，刀、锯易将其切断。剥去骨膜后，骨质呈黄褐色，缺乏光泽。新鲜骨因含水量比正常马多，故质量增加；但干燥后表现骨质疏松、变轻，骨质多孔。

（1）头骨　　呈对称性肿大，颜面增宽。重症病例，上、下颌骨肿胀得特别明显。上颌骨肿胀严重时，鼻道受肿胀骨的挤压而变窄，临床呈现高度呼吸困难。下颌骨肿胀常使下颌间隙变窄，齿冠变短，齿根松动，妨碍采食、咀嚼和吞咽，故临床上表现吐草。肿胀骨的断面失去原有的结构，变得柔软、疏松，富有血液。肋骨变软，呈波状弯曲，肋骨和肋软骨结合部肿胀呈串珠状。长期卧地的病马，常见肋骨骨折。骨折愈合处呈球形肿大，断面见梭形骨痂。

（2）椎骨　　表现椎体肿大，表面疏松多孔。

（3）四肢骨　　于肌腱附着部表现疏松、肿胀；骨体易锯断，锯末粗而且湿。长骨断面见松质骨范围扩大，密质骨变薄而疏松多孔，故很易发生骨折。

【镜检】病骨组织中的哈氏管呈不同程度的扩张，管腔内血管充血或出血，并以哈氏管为中心，周围的骨层板呈远心性钙质脱失。随着钙质脱失，骨基质被破坏，由哈氏管内血管周围增生大量结缔组织置换骨组织。在增生的结缔组织和骨层板接触处，既可见有胞体大而胞核多的破骨细胞对骨组织呈凹陷状吸收的破坏过程，又可见残留的层片周围围绕有排列成行的成骨细胞的修复和再生过程（图 19-1）。有的还见骨层板骨细胞肿大，骨小腔扩张，肿大的骨细胞有转变为结缔组织的趋向。骨松质的骨小管、骨髓因受增生的结缔组织挤压萎缩。在上、下颌骨变化特别严重时，骨组织已全失去固有结构，有时颌窦黏膜下的骨膜呈结节状肿瘤样增生，导致窦腔堵塞和鼻道窄，严重阻碍病畜呼吸。

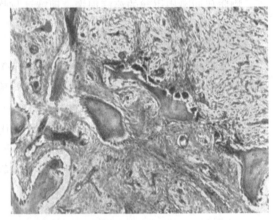

图 19-1　纤维性骨营养不良（马）（HE 10×40）

骨板脱钙，骨基质破坏，结缔组织增生。残留骨板有多核破骨细胞呈凹陷状吸收，在残留骨板周围也有成骨细胞进行修复

2. 关节　　主要表现关节液增量，色橙黄而较黏稠，其中常混有少量芝麻大、黄白色或乳白色的组织碎片或絮状物。四肢关节周围有时见有出血性胶样浸润或结缔组织增生而肿大，关节囊绒毛往往因充血而呈红色。关节面软骨表现不同程度肿胀而呈淡黄褐色，缺乏光泽。活动范围较大的肩胛关节、肘关节、髋关节和膝关节，其关节软骨面都有数量不等的粟粒大或小豆大呈半球形隆突或虫蚀样的溃疡灶，股骨远端关节面呈脑回样凹陷。

3. 甲状旁腺　　患纤维性骨营养不良的病畜，其甲状旁腺由于主细胞增生而呈不同程度肿大，而肿大的程度往往与骨组织病变的严重性相平行，足见该病的发生与甲状旁腺功能亢进有密切的关系。

4. 其他　　患纤维性骨营养不良的过程中，由于骨组织发生钙转移，故常见肾小管内有钙盐沉积，引起亚急性或慢性间质性肾炎。有时还偶见胃、肠、脾等脏器的血管壁有钙盐异常沉积。

二、白肌病

白肌病（white muscle disease）又称为肌肉营养不良病或肌透明变性，是发生于幼龄动物的一种呈急性、亚急性和慢性经过的代谢性疾病。其病理变化的主要特征是：骨骼肌和心肌呈显著的变性和凝固性坏死，同时有间质结缔组织的强烈增生。临床主要表现：急性心脏衰弱和运动障碍（二维码 19-1）。该病多见于羔羊、犊牛和仔猪，马驹和雏鸡也偶有发生。由于其发病率和死亡率高，故常给畜牧业带来很大损失。

二维码
19-1

（一）原因和发生机制

妊娠母畜饲料内较长时间缺乏维生素 E 和微量元素硒，可能是引起幼畜发生该病的主要原因。维生素 E 在机体内主要具有调节氧化过程的作用，维生素 E 作为抗氧化剂，在脂肪酸的代谢过程中，可防止生成大量不饱和脂肪酸的过氧化合物，因此可维持细胞膜的完整功能。不饱和脂肪酸的过氧化合物可损害细胞膜的类脂质，引起细胞破裂；同时还能使溶酶体破裂，释放出水解酶等进一步损害细胞组织。故当维生素 E 缺乏时，常可导致骨骼肌、心肌等肌肉萎缩、变性和坏死。硒在机体内同样具有抗氧化作用，主要参与谷胱甘肽过氧化物酶（GSHPX）的组成，此酶可使不饱和脂肪酸过氧化合物还原成无毒的羟基化合物，加速 ROOH 和 H_2O_2 的分解，防止细胞膜及细胞内线粒体膜、溶酶体膜受过氧化物损害。此外，硒是构成肌肉的一种正常成分（硒蛋白）的重要原料，硒蛋白缺乏则形成白肌病样的肌肉病变。

（二）病理变化

白肌病的主要病变是全身肌肉色泽变淡，呈淡红色或灰白色鱼肉样（二维码 19-2）。仔猪白肌病还见皮下组织内浸润有大量渗出的浆液。在骨骼肌和心肌出现黄白色条纹状或斑块状的坏死病灶。

二维码
19-2

1. 心脏病变　　多见于临床经过急速并呈突然死亡的病例。病变多见于左、右心室的心内膜和室中膈内膜，呈黄白色斑块状或弥漫性的变性、坏死。病变首先从心内膜下肌层开始，严重时可达肌层厚度的 1/3～1/2，也有的病变局限于心壁的肌层中央。当病灶被增生的结缔组织机化后，则使心壁变薄。

2. 骨骼肌病变　　见于绝大多数白肌病病例。此种病例临床经过比较缓慢，并具有运步强拘、跛行、四肢挛缩等临床症状。

【剖检】病变多见于臀部、肩胛部、胸背部肌群，尤以冈上肌、冈下肌、肩胛下肌、臂二头肌、臂三头肌、股四头肌、背最长肌、半膜肌、半腱肌受害最经常而又明显，有时也见于颈肌、咀嚼肌和膈肌。上述部位皮下和肌间结缔组织水肿，肌肉肿胀，色变淡，透过肌膜见肌组织上出现黄白色条纹状的坏死病灶，有时整个肌群全部形成黄白色条纹状病变。

【镜检】病变组织有大片的肌纤维发生急剧的变性和坏死，变性的肌纤维膨胀，肌浆淡染，有的肌纤维崩解成大小不等、形态不正的肌浆碎块。当肌纤维完全坏死时，凝固的肌浆浓缩，伊红深染。有的肌纤维断端靠近肌纤维膜处的细胞核及其周围的少量肌浆发生增生和再生过程。这种正在增生的细胞核及其周围的肌浆，称为成肌细胞。成肌细胞可清除变性、坏死和崩解的肌浆，参与肌肉的修补过程。陈旧的坏死和崩解的肌纤维可发生钙化（图 19-2）。在肌纤维发生变性、坏死的同时，肌纤维间的幼稚结缔组织和毛细血管强烈增生，在增生的结缔组织内，伴有少量浆液渗出和中性粒细胞、组织细胞和淋巴细胞浸润。

心肌纤维同样呈变性、坏死，坏死的肌纤维断裂、崩解和发生钙化，坏死的肌纤维之间见结缔组织增生和毛细血管再生。

除骨骼肌和心肌病变外，还表现心脏纵沟和冠状沟的脂肪呈胶样萎缩，有时可见全身淋巴结呈髓样肿胀；胃黏膜常有小点状出血，小肠呈卡他性炎；肝、肾实质变性；肺淤血、水

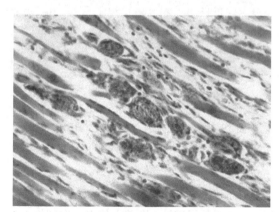

图 19-2　白肌病（仔猪）（HE 10×20）
骨骼肌纤维变性、坏死，肌间结缔组织增生，
坏死的肌纤维发生钙化

肿；有时见神经细胞变性和坏死。

三、马麻痹性肌红蛋白尿病

马麻痹性肌红蛋白尿病（myohemoglobinuria paralytica equine）多发生于重挽马经休闲而又突使重役之后。主要临床特征是前肢前臂部和体躯后部肌肉紧张、强直，四肢提举困难并常曳足而行；重症病马后肢常用蹄尖着地，或呈半蹲姿势，有时倒地而不能站立。病理变化主要表现为背腰部和臀部肌肉呈严重变性及坏死。

该病多半发生于营养状况良好的马匹，品种较好的轻型马、营养不良的马和幼驹几乎不患该病。疾病除呈散发外，偶呈大群的地方性流行特征。

（一）原因和发生机制

该病的发生主要与肌糖原代谢障碍有关。一些重型挽马经休闲又饲喂过多谷物饲料之后，肌糖原大量蓄积，此时又突然重役或剧烈运动，肌糖原则急剧地呈无氧分解，产生大量乳酸而使肌组织内酸度增高，引起肌球蛋白变性、凝结和吸水性增强，这样就又促使肌红蛋白从肌细胞内游离而形成肌红蛋白尿。此外，由肌组织形成的过多乳酸还进入血液，引起血液酸性增高，刺激呼吸中枢和温热中枢，并导致心肌变性。

（二）病理变化

该病的病理变化主要表现于骨骼肌和心肌。

【剖检】见机体多数部位的肌肉色泽变淡，特别是背腰部、肩胛部、臀部和股部肌肉呈现高度变性。病变肌肉多呈灰黄色或土黄色犹似煮沸状，肌纤维变粗，质地稍硬而脆，肌间结缔组织呈水肿状。肌肉变性多具弥漫性的特征，但有的部位变性轻的肌群呈黄红色，变性重的肌群呈土黄色，两者混杂存在。一般表层的肌肉变性较轻，紧靠骨骼的肌肉变性较重。在临床症状重剧的病例，还见头部咬肌、颈肌、肋间肌和膈肌等也呈显著的变性状态。心脏体积多半增大，心肌色泽变成淡红黄色或灰黄色，心脏扩张，心外膜常散在有点状出血灶。此外，肾和肝也多呈淤血和变性状态。

【镜检】见骨骼肌纤维发生肿胀、断裂、崩解，未崩解的肌纤维肌浆呈均质淡染，横纹消失，呈凝固性坏死状态，有的肌纤维内见肌原纤维松散，肌浆呈颗粒状（图 19-3）。坏死的肌纤维常常发生钙化。肌间结缔组织呈不同程度的增生状态。心肌纤维呈严重的颗粒变性状态，有的还发生断裂、崩解和钙化，肌纤维间结缔组织也表现增生。

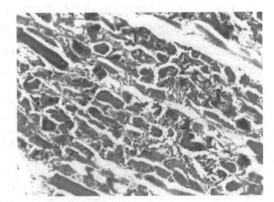

图 19-3　麻痹性肌红蛋白尿病（HE 10×20）
骨骼肌纤维变性、坏死。肌间结缔组织增生和淋巴细胞浸润

四、痛风

痛风（gout）是指核蛋白代谢障碍，引起以尿酸盐（主要是尿酸钠）沉着于体内一定部位（如软骨、腱鞘、滑膜及皮下结缔组织和内脏器官的浆膜面等）为特征的一种疾病。该病多发生于鸡，也可发生于水禽。

（一）原因和发生机制

尿酸是核酸或嘌呤的最终代谢分解产物。尿酸来源于体内合成的嘌呤类物质或来自核酸分解者称为内源性尿酸；若由食物中嘌呤类物质分解而生成称为外源性尿酸。尿酸生成后主要经肾排出，其次是经肠道排泄。当机体内核酸及嘌呤类物质发生代谢障碍时，尿酸即在体内沉积。

饲料中核酸及嘌呤类物质含量过多、维生素 A 和维生素 D 缺乏、矿物质量配合不当、肾功能障碍或其他引起细胞内核酸大量分解的疾病，均可导致尿酸在体内蓄积。此外，禽舍拥挤、运动和日光照射不足都可诱发尿酸盐在机体内沉积。

（二）病理变化

由于尿酸盐在体内沉积的部位不同，痛风可以分为关节型和内脏型两种病型，有时两者可以同时发生。

1. 关节型痛风　　其特征为脚趾和腿部关节肿胀，有疼痛感，行动软弱无力。

【剖检】关节软骨（尤其是趾关节和腿部关节的软骨）、关节周围结缔组织、滑膜、腱鞘、韧带及骨骺等部位，见有尿酸盐沉着。关节局部肿胀和质地变软。随着炎症发展，尿酸盐沉着部周围的结缔组织逐渐增生、成熟和瘢痕化，形成致密、坚硬的痛风结节。结节切面中央为白色或稍黄色的团块，周围为伴有炎症反应的增生结缔组织。在关节中沉着尿酸盐时，可使关节肿大变形并形成尿酸石（痛风石）。

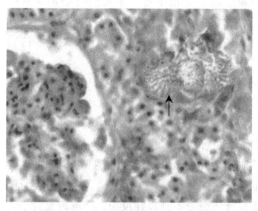

图 19-4　痛风（鸡）（HE 10×40）

箭头所示为肾曲小管内尿酸盐结晶沉积，

其周围有上皮样细胞围绕

【镜检】尿酸盐沉着部组织发生变性、坏死，周围发生炎性水肿、白细胞浸润等炎症反应，剖检所见黄白色团块，由无定形的尿酸钠与尿酸结晶构成（图 19-4）。

2. 内脏型痛风　　在鸡群中最为常见。其特征为在胸、腹腔和心脏的浆膜面及皮下结缔组织内有白色、粉末状、粟粒大的尿酸盐沉着。显微镜下，尿酸盐呈针状或菱形结晶，往往伴发浆膜炎。

【剖检】肾肿大，颜色变淡，表面和切面上形成散在的白色尿酸盐小点。输尿管肿大，管腔中充满石灰样沉淀物。严重的病例，在心脏、肝、脾和肠系膜上可见石灰样的尿酸盐沉着。沉着的尿酸盐多时，形成一层白色薄膜，覆盖在脏器表面。

【镜检】尿酸盐沉着部的实质细胞坏死、崩解，其周围的实质细胞变性、坏死和结缔组织增生，并见巨细胞与炎症细胞浸润。

患痛风的病鸡在临床上表现食欲减退，逐渐消瘦和衰竭，鸡冠和肉髯因贫血而苍白，产卵率下降或停止，粪便中含有多量尿酸盐，呈白色、半液状。

第二十章　中毒病病理

有毒物质进入体内引起动物中毒的疾病称为中毒病（poisoning）。毒物对动物的伤害，有直接的刺激或腐蚀作用（如强酸、强碱对组织的直接损伤），或破坏体内的酶（如砷、汞），或与酶结合以影响新陈代谢（如 CO 与血红蛋白结合后影响氧的代谢），或直接作用于体内某一化学物质（如氟化物可使血浆钙下降）；还有一些有毒物质作用于神经系统，引起神经功能紊乱等。本章仅就一些比较常见的有毒物质中毒时的病理形态学变化分别叙述。

一、化学毒剂中毒

（一）磷中毒

磷中毒（phosphorus poisoning）主要是指由黄磷引起的动物中毒。常见的有动物误食磷制杀鼠剂而引起中毒。家禽中毒后无特异症状，突然死亡；犬、猪则有明显的局部病变和呼吸困难、缺氧等临床症状。被吸收入血液和组织内的磷，可抑制机体的氧化作用，使蛋白质异常分解。

病理变化　　病程经过快的几乎看不出变化，但经过一段时间的病例，见有下述一些变化。

消化道从口腔黏膜到大肠黏膜表现潮红、肿胀和出血，或见黏膜剥脱而形成溃疡。胃肠内容物在暗处可见有磷光，有蒜臭味。

肝极度肿大、脆弱，呈黄褐色脂肪变性状态。由于肝胆管肿胀、狭小、闭塞而出现明显的黄疸。肝的大部分肝细胞充满脂滴，如果病畜存活一段时间后死亡，肝小叶中心层见有坏死。

肾见有明显的颗粒变性和脂肪变性。颗粒变性常见于近曲肾小管上皮细胞。犬中毒时在肾髓放线的肾袢上皮及远曲肾小管上皮有较多的脂滴沉着。肾一般看不到炎症反应，严重时见肾小管上皮坏死。

心脏有明显的脂肪变性。脾萎缩变小。有些病例见胸水增多及机体多数部位见有水肿，这是由于心肌变性而心功能不全的结果。

心脏、肝、横纹肌的糖原急速减少，中毒后 8h 可大部分消失。

（二）汞中毒

汞中毒（mercury poisoning）主要是指由升汞、甘汞、碘化汞等汞制剂引起的中毒。升汞作为消毒药、腐蚀剂或有时作为杀鼠剂，误用后可引起中毒；若用作农药则可引起家畜中毒。升汞中毒动物在数小时内即可死亡，而其他汞类中毒的病程可延续 10～14d，慢性时也可达数周至数月。

病理变化　　经口进入体内的汞，首先侵害消化系统的口腔和胃肠。口腔齿龈、舌、口黏膜肿胀，出血，最后黏膜剥脱，生成溃疡，形成溃疡性口炎。反刍动物的牙齿弛缓、脱落，腭骨坏死，唾液腺肿胀。继而出现卡他性胃肠炎乃至出血性胃肠炎，临床上见有出血性下痢。胃黏膜发生凝固性坏死。肝贫血、肿胀。如果病畜存活数月后死亡，可见到严重的溃疡性结肠炎，这是由于吸收的汞由结肠黏膜大量排出。

肾贫血及出血。镜检见近曲肾小管上皮和少数其他肾小管上皮发生颗粒变性及坏死，坏死细胞剥脱，有时在管腔形成蛋白管型，因此临床上见有蛋白尿、少尿或无尿；如果病畜存活，大约在10d后肾小管可生长出新的低而平的上皮。

心肌见有脂肪变性和出血，因此临床上可见到心麻痹和虚脱。

呼吸系统见鼻腔出血，肺充血、出血及支气管炎（慢性病例），临床表现呼吸困难。

慢性病例在神经系统具有明显的变化。镜检见脑神经细胞变性和坏死，胶质细胞增生，神经轴索脱髓鞘直到脊髓部，偶尔见脑髓和脊髓软化。周围神经也脱髓鞘，常见许多周围神经纤维只含有不规整球形红染的坏死物质，因而在临床上出现震颤、痉挛，继而发生麻痹性衰弱、迟钝、肌麻痹等，终而陷于昏睡。

（三）砷中毒

砷中毒（arsenic poisoning）主要是指由砷酸、砷酸铅、无水亚砷酸、亚砷酸钠等含砷物质引起的中毒。急性中毒多因动物吞食了驱鼠剂的毒药；此外，使用农药时不注意、毛皮被防腐剂污染等也能中毒。为驱除外寄生虫而使用其溶剂，或矿山附近含有此物的尘埃被吸入等都能引起中毒。

病理变化　急性砷中毒见胃及小肠前部的黏膜充血、肿胀、水肿和出血，并见有糜烂和假膜形成，呈现严重的胃炎或胃肠炎。牛的皱胃黏膜可见糜烂、溃疡，有时胃壁穿孔。因此在临床上见有呕吐（犬、猪）、流涎，继而出现腹痛和出血性下痢。

亚急性病例见有中等程度的胃肠炎。肝、肾、心脏出现脂肪变性，肝淤血呈黄褐色并有结缔组织增生。胸膜及心外膜下有出血。此种病例在临床上见有麻痹、倦怠和心脏衰弱。外用中毒时则见局部出现炎症，形成痂皮，继而毛细血管呈麻痹性扩张，有时有严重的胃肠炎。

慢性病例，见反刍动物的皱胃有陈旧性溃疡及形成瘢痕，肝见有颗粒变性、脂肪变性乃至坏死，形成中毒性肝炎。还见有慢性皮肤炎和皮肤角化，视神经萎缩而失明，周围运动神经也可能遭到损伤而出现知觉麻痹、运动麻痹和吞咽困难。

（四）铅中毒

铅中毒（lead poisoning）是由铅化合物引起的中毒，多见于牛、鸡、马。舔食铅制剂的治疗药物、误食铅制的农药等均可引起家畜中毒。中毒后常间歇地出现搐弱、强直、狂暴，以及出现战栗（牛和猪）、昏迷、后躯麻痹、舌及颊部肌麻痹。

病理变化　急性病例的消化道黏膜发红，生成溃疡，形成糜烂性胃肠炎，肠绒毛呈灰白色或为黑色。脑室、脑膜及脊髓膜内蓄积浆液。镜检不仅见血管周围有明显的空隙，而且神经细胞周围空隙也增大，整个神经系统散见有神经细胞的坏死。猪的铅中毒以胃肠炎、步态失调、腹部和耳部皮肤呈暗紫色斑，以及齿龈有蓝色铅线为特征。

慢性中毒病例见口黏膜有溃疡性炎，肝、心脏、肾有脂肪变性。

二、有机磷中毒

有机磷中毒（organic phosphates poisoning）是动物误食有机磷农药或杀虫剂引起的中毒性疾病。有机磷杀虫剂可经呼吸道、消化道及皮肤侵入体内，各种有机磷杀虫剂如经皮肤大量吸收或误食后可造成急性中毒。

有机磷农药是一种高效、广谱、分解快的杀虫剂，但其缺点是对人畜也有很大的毒性。通常引起家畜中毒的有机磷有甲拌磷、内吸磷、对硫磷、敌百虫、乐果、杀螟松等，前三种有机磷杀虫剂对人、畜的毒性较高，后三种是高效低毒的广谱有机磷杀虫剂，使用不当也可引起中毒。

1. 发病机制　　有机磷能抑制胆碱酯酶活性，使乙酰胆碱在体内大量蓄积，引起胆碱能神经持续兴奋的中毒症状，如大量流涎、流泪、瞳孔缩小、肠音亢进、小便失禁、呼吸心跳加快、口吐白沫等。此外，有机磷化合物还可抑制磷酸酶及丝氨酸酶的活性（胃蛋白酶、L-胰糜蛋白酶中均含有丝氨酸）。有机磷化合物还可与溶酶体膜上的胆碱酯酶结合，使溶酶体破坏并释放出磷酸酶及 β-葡萄糖苷酸酶。因此，有机磷毒作用除因胆碱酯酶活力受抑制外，还有其他酶受抑制后的毒性反应。

2. 病理变化　　在心脏、肺、胃、肠等部位见有出血，肺呈明显淤血，肝和肾发生实质变性，颌下腺、耳下腺和泪腺上皮呈现萎缩和空泡变性，颌下腺上皮细胞见有嗜酸性颗粒，胸腺及脾见淋巴细胞减少。

三、亚硝酸盐中毒

亚硝酸盐中毒（nitrite poisoning）常发生于猪。青饲料如甜菜、白菜、萝卜叶等调制不良，可产生有毒物质——亚硝酸盐（亚硝酸钠、亚硝酸钾等）引起猪中毒而突然死亡。

1. 主要临床症状　　猪吃完甜菜后 10～60min 即出现流涎、呕吐、口吐白沫、喘息、战栗、痉挛、四肢发软、麻痹而倒地，在中毒后经 15～30min 即死亡。

2. 发病机制　　上述饲料如蒸煮不透或煮后闷在锅里又不搅拌，放置 5～12h 以后，由于去氮作用的细菌迅速繁殖，使青饲料中的硝酸盐转变为亚硝酸盐及氮的氧化物等有毒物质。亚硝酸盐可与血红蛋白稳固结合变为变性血红蛋白，从而阻止氧合血红蛋白的形成，导致组织缺氧。当 70% 的血红蛋白变为变性血红蛋白时，即发生动物机体严重缺氧而导致死亡。

3. 病理变化　　眼结膜呈紫红色水肿样，口黏膜呈弥漫性红紫色，鼻腔内有白色泡沫，皮肤发紫。剖开尸体，见全身血液不凝，呈紫褐色酱油样色泽。肺膨大，支气管内有大量白色泡沫液体，肺有明显的淤血。心外膜有点状出血，左、右侧心房与心室充满暗紫色酱油色血液。肾淤血。胃黏膜充血、出血，胃膨满而黏膜易剥脱。小肠黏膜易剥脱，肠绒毛呈坏死状，肠淋巴小结肿胀。大肠淋巴小结肿胀，隆突于黏膜表面。

4. 诊断要点　　饲喂后迅速发病，特别是平素采食量多的猪中毒最严重。体温正常或下降，死前出现上述临床症状和死后见有的上述剖检变化，再结合死前所喂的饲料，一般可做出正确诊断。必要时可做亚硝酸盐的毒物化验。

四、氟中毒

氟中毒（fluorine poisoning）可发生于各种动物。氟在工农业中有着广泛的用途，常被用来制成驱虫剂、灭鼠剂等制剂。兽用的氟制剂有氟化钠，用作驱虫剂；农用的氟制剂有氟乙酰胺和氟乙酸钠，用作杀虫剂和灭鼠剂。过量的氟进入动物体内即可引起中毒。

1. 主要临床症状　　动物的慢性氟中毒，可由某些铝制品厂、玻璃制造厂等排出含氟的空气和尘埃，污染了牧场的草或饲料，或者动物饮了含有过量的可溶性氟的水引起。

急性氟中毒可能是偶然的或不适当的应用氟化钠的结果，如在猪用此作驱虫药和在鸟类用于驱除外寄生虫（虱）而中毒。犬吃了用单氟醋酸钠毒死的鼠或者家畜吃了此毒饵可引起急性中毒。

中毒持续几小时或 1～2d，出现明显腹痛、痉挛、狂暴，进而昏睡，经短时间后发生下痢，最后由于呼吸、心跳停止而死亡。

2. 发病机制　氟进入体内可从血中夺取钙形成不溶性的氟化钙，使机体的盐类代谢发生障碍，心脏活动减弱，神经兴奋性增高。氟还能作用于酶系统，凡是需要钙、镁、锰、铁、铜、锌等金属的酶，因其可形成氟-金属复合物而影响酶的作用。

3. 病理变化　急性氟中毒病例主要表现急性胃肠炎。

慢性中毒呈现的特有病变为牙齿、骨和肾发生变化。牛齿磨损，釉质失去光泽，病牙由于迅速耗损而变短。骨膜增生肥厚。肾小管上皮变性和崩解，肾小球发生纤维化。

此外，氟是一种腐蚀剂，接触局部可使之溃烂、发炎。

五、食盐中毒

食盐是家畜不可缺少的一种营养成分，但过多的食盐进入体内和限制饮水时即可引起动物中毒，甚至造成动物死亡。雏鸡和其他鸟类对食盐最为敏感，猪次之；草食兽特别是反刍动物，当给盐过多或者持续喂过多的咸菜残渣也可引起中毒，但是如果允许动物随意饮水则不易引起中毒。

1. 主要临床症状　中毒动物常出现转圈运动，兴奋不安等神经症状，以及流涎、口渴、呼吸促迫、结膜潮红、痉挛、麻痹和昏迷死亡。

2. 发病机制　过量的食盐进入机体，可破坏正常的血液渗透压，使神经调节功能失调。机体各种功能的神经调节，一方面取决于镁和钙离子的相互平衡，另一方面也依赖于钠、钾离子的相互平衡。这些离子相互关系的改变，使神经调节失调。例如，镁、钙离子占优势可使反射活动受到抑制；相反，钠、钾离子占优势则兴奋。另外，嗜酸性粒细胞性脑炎也可使动物表现神经症状。

3. 病理变化　食盐中毒可见胃及前部肠黏膜出现急性炎症，有时见有盐粒黏在黏膜上。膀胱见有严重水肿和炎症。脾见有出血性梗死。在鸟类食盐中毒可引起肾炎。猪食盐中毒时，镜检脑组织见有脑膜炎、脑水肿和嗜酸性粒细胞在血管周围浸润。

六、黄曲霉毒素中毒

黄曲霉毒素（aflatoxin）是黄曲霉菌群中的黄曲霉（*Aspergillus flavus*）和寄生曲霉（*A. parasiticus*）所产生的有毒物质。上述霉菌可寄生在种子、蒿秆上或寄生在贮存的粮食和食品上，并产生毒素污染谷物，将含毒的谷物喂饲动物时即可引起中毒。

黄曲霉毒素能引起各种动物中毒，幼龄动物的敏感性更大。家畜中常有猪、牛犊、鸭等发生中毒。黄曲霉毒素可引起肝损害而导致肝癌，是一种常见的肝毒素。

由于动物种类、年龄和饲料含毒量的不同，其病程经过和病理变化稍有差异，现就仔猪、犊牛、家禽分别叙述如下。

（一）仔猪黄曲霉毒素中毒

仔猪对黄曲霉毒素敏感，人工一次投给 2mg/kg，对 10～20kg 的仔猪，在 24～72h 即可死亡。仔猪中毒多取急性经过，肝受到损害，并伴有大量出血，病猪食欲消失，精神不振，黏膜苍白，数天内即死亡。亚急性及慢性病例多见于架子猪、成年母猪和由急性转为亚急性或慢性的仔猪，初期表现食欲减少、逐渐消瘦、被毛蓬乱、皮肤发痒、粪便干固、尿呈橘黄色或褐黄色，进而精神沉郁、行走无力，最后因衰竭而死亡。

病理变化

【剖检】急性病例：见耳、腹部皮肤有出血斑点；肝肿大，呈黄褐色、脆弱，表面有时有出血点，胆囊扩张，充满胆汁；胃肠黏膜有出血斑点，有的病例肠内见有血块，粪便中混有血液而呈煤焦油状；结肠系膜常发生水肿呈透明胶冻状；胸、腹腔常有积液，有时腹腔内有多量血液；全身淋巴结呈现出血性淋巴结炎的变化；肾有出血点。亚急性及慢性病例：初期表现肝体积正常或稍肿大，但随病程延长，肝内结缔组织增生，肝表面呈粗糙颗粒状及结节状，肝质地坚硬（肝硬化）；胆囊萎缩，胆汁浓稠。

【镜检】急性病例：见肝细胞发生脂肪变性，小叶中心的肝细胞见有坏死，间质结缔组织内有淋巴细胞浸润。亚急性及慢性病例：见肝细胞发生脂肪变性，并见肝细胞内有胆色素沉着，有时在肝细胞内出现圆形红染的玻璃样滴状物，肝细胞间结缔组织大量增生，使肝细胞萎缩消失，形成不规整的假性肝小叶，同时也见有肝细胞再生。

（二）牛黄曲霉毒素中毒

以犊牛的死亡率较高，其主要症状为精神沉郁、耳部震颤、里急后重，有时脱肛。成年牛死亡率虽低，但见有消化功能紊乱，泌乳量降低，妊娠牛流产，有时并导致死亡。

病理变化

【剖检】肝结缔组织增生，质地坚硬，胆囊扩张。瘤胃的浆膜、肠系膜、真胃和直肠黏膜水肿。腹腔含有大量浅黄色腹水。

【镜检】见肝小叶中心层肝细胞坏死，肝小叶内增生的结缔组织将残留的肝细胞分隔成孤立的团块，很多中央静脉部分或完全被增生的结缔组织所堵塞，在肝小叶内胆管上皮细胞显著增生。

（三）家禽黄曲霉毒素中毒

鸭雏、鸡雏和火鸡雏都较敏感。鸡雏多发生在 2～6 周龄，症状为食欲减退，生长不良，排血色稀便，衰弱贫血。鸭雏食欲减退或消失，体重减轻、脱毛、呆立、跛行、腹泻，角弓反张。火鸡雏和鸭雏有相同的症状。

病理变化　　　急性中毒病例的肝出现弥漫性的充血、出血、脂肪变性和坏死，肝肿大，胆囊扩张，肾充血、肿胀，肠道空虚。镜检见肝细胞发生脂肪变性并散在有坏死灶。

亚急性及慢性病例的肝由于结缔组织增生而纤维化，多数肝细胞萎缩、消失，其余的肝细胞内有胆色素沉着。肝质地变硬，体积缩小，表面粗糙呈颗粒状。在鸭雏见肝胆管上皮增生和肝细胞癌变。

七、镰刀菌毒素中毒

镰刀菌也是自然界分布极广的真菌，与其他霉菌一样，极易污染田间的谷物和仓库贮存的各种粮食。目前已发现有不少菌种能够产生对人、畜健康威胁很大的镰刀菌毒素。以发霉的玉米喂饲动物可引起中毒，因此常称此为"霉玉米中毒"。

1. 主要临床症状　　　中毒动物临床主要表现为沉郁、兴奋、撞墙、顶槽、嘴唇麻痹、失明等明显的神经症状，严重者经数小时至一天即死亡。

2. 病理变化　　　主要变化见于中枢神经系统。

【剖检】软脑膜血管扩张充血及点状、斑状出血。硬脑膜下积聚黄褐色或红色液体。临床表现狂暴型的病例，在小脑及延脑等处的硬脑膜下腔和软脑膜积有血凝块，蛛网膜下腔、脑室腔及脊髓中央管等腔内的液体增量，脑室膜光滑，但有点状出血。脉络丛肿胀，呈紫红色。脑半球枕叶和额叶的白质、海马、丘脑、小脑、延脑等部位常出现严重的大片出血和液化坏死，有时液化灶形成囊腔，触之有波动。大脑半球还见有单个的坏死灶，坏死部呈棕黄色糊状，脑组织结构消失。脊髓白质也见有出血和液化坏死。

消化系统见嘴唇松弛、舌苔增厚，唇、齿龈和口角黏膜、舌黏膜有出血或溃疡。胃内积有大量饲料，胃底腺部黏膜增厚和有小出血点，贲门腺部还有浅层烂斑，黏膜面有多量黏液。肝轻度肿大，呈红褐色或黄褐色。腹腔内积有少量腹水。肠浆膜、肠系膜、大网膜有大小不等的出血斑点。

肾肿大，被膜易剥离，皮质呈黄褐色，髓质呈淡红色。

【镜检】见脑膜和脑髓质的毛细血管，小静脉极度扩张充血，血管内皮肿胀。脑实质内在神经纤维间充积水肿液。大脑半球的液化坏死灶在轻微时见脑神经纤维疏松呈网状淡染，胶质细胞核浓染、碎裂，神经细胞皱缩，细胞核固缩、消失或见神经细胞周围有胶质细胞围绕而呈卫星现象。小脑浦肯野细胞肿大，尼氏体呈颗粒状或细胞质呈空泡化；细胞核肿大，偏于一侧。脊髓神经细胞淡染，核消失。

胃黏膜固有层充血、出血和水肿，并有嗜酸性粒细胞浸润。肠黏膜呈点状出血，黏膜下层发生水肿并增厚，小肠黏膜绒毛剥脱，杯状细胞增多。黏膜固有层有巨噬细胞和嗜酸性粒细胞浸润。

肝小叶中央静脉及窦状隙扩张充血，肝呈现淤血状态，血管扩张部位的肝细胞稍萎缩。肝小叶周边层肝细胞有脂滴沉着，严重病例整个肝细胞发生脂肪变性。肝巨噬细胞含有棕黄色呈铁反应阴性的颗粒。小叶间质毛细血管扩张充血，间质内有中性粒细胞和嗜酸性粒细胞浸润。

肾小体囊腔充填红细胞及血浆。肾小管上皮颗粒变性，管腔狭小。肾小管上皮并见有核固缩或碎裂变化，呈渐进性坏死状态。

3. 诊断要点　　霉玉米中毒必须根据疾病发生特征、病理变化和结合饲养管理状况做综合诊断。

八、牛黑斑病甘薯中毒

牛吃被甘薯黑斑病菌（*Ceratostomella fimbriata*）所污染的甘薯后引起中毒，称为牛黑斑病甘薯中毒。也可发生于绵羊、山羊和猪。

1. 主要临床症状　　牛黑斑病甘薯中毒多发生于以甘薯为饲料的地区，呈地方性发病，多见于冬、春季。牛采食后 24h 左右即可发病，3d 左右见反刍、食欲废绝、呼吸促迫，经 5～6d 即死亡。

2. 病理变化

【剖检】肺胸膜下及肺小叶间质高度气肿，肺外观呈明显的网状花纹，有时在肺小叶间质形成鸡蛋大或更大些的含气囊腔（二维码 20-1）。切面见肺间质呈蜂窝状，实质充血、水肿和出血。肺组织脆弱，易破裂。气管黏膜充血和出血，腔内积有多量泡沫样液体。胸纵隔也含有气体，有时呈小气球状。支气管及纵隔淋巴结的被膜及实质也有气体蓄积。

二维码
20-1

瘤胃膨大，胃内蓄积大量饲料。网胃内容物干固，皱胃空虚，黏膜充血，含有透明黏液。十二指肠至回肠黏膜弥漫性充血和出血，肠内有多量黏液。肝稍肿大，切面流出多量暗红色血液，呈肉豆蔻样花纹。胆囊极度扩张，胆汁稀薄呈深绿色。肾淤血，肾盂黏膜出血，肾周围脂肪及腹膜下蓄积气体。心脏的内外膜见有条纹状及点状出血，右心扩张，心肌变软。

胰腺呈褐黄色，间质含有气泡。脾被膜有小出血点。肩及脊背两侧肌肉和皮下集聚气体。

【镜检】肺胸膜下及间质结缔组织高度水肿，其中有嗜酸性粒细胞浸润。肺泡壁及呼吸性支气管破裂，肺泡形成大小不等的空腔。小肠黏膜高度充血，绒毛脱落，肠腔内充满大量混有脱落上皮和绒毛的黏液。肝小叶中央静脉、窦状隙扩张充血。有时见中央静脉周围出血，出血处肝细胞坏死、消失。大脑皮层毛细血管扩张充血，毛细血管内皮肿胀，丘脑部散在有出血点。

九、肉毒中毒

肉毒中毒（botulism）是由肉毒梭菌（*Clostridium botulinum*）产生的外毒素引起的中毒病，多发生于牛、马、羊、鸡，少数见于山羊和猪。

肉毒梭菌有多型，家禽为 A、C 型（少数有 B 型）中毒，而牛、马为 C 型引起中毒。在土壤中的细菌及其毒素和饮食物一同被采食时即可引起中毒，如食发霉腐败的青贮饲料、马铃薯、发霉干草、谷类及稻草等，家鸡采食腐败肉、昆虫、蛆等也可引起中毒。疾病多发于温暖季节和夏日。

病理变化　　见有急性卡他性肠炎，肺出现水肿及小出血点，少数病例有误咽性肺炎的变化（马），神经系统出血，特别是周围神经变化更为明显。

主要参考文献

陈怀涛，赵德明. 2013. 兽医病理学. 2 版. 北京：中国农业出版社.

高丰，贺文琦. 2010. 动物疾病病理诊断学. 北京：科学出版社.

高丰，贺文琦. 2013. 动物病理解剖学. 2 版. 北京：科学出版社.

马学恩，王凤龙. 2019. 兽医病理学. 北京：中国农业出版社.

祁保民. 2022. 动物肿瘤病理诊断. 北京：科学出版社.

谭勋. 2020. 动物病理学（双语）. 杭州：浙江大学出版社.

Anders HJ, Kitching AR, Leung N, et al. 2023. Glomerulonephritis: immunopathogenesis and immunotherapy. Nat Rev Immunol, 23(7): 453-471.

Cao Z, Zhang C, Liu Y, et al. 2011. Tembusu virus in ducks, China. Emerg Infect Dis, 17(10): 1873-1875.

Chen H, Dou Y, Tang Y, et al. 2016. Experimental reproduction of beak atrophy and dwarfism syndrome by infection in cherry valley ducklings with a novel goose parvovirus-related parvovirus. Vet Microbiol, 183: 16-20.

Joint Pathology Center (JPC). http://www.askjpc.org/vetpath.

Liu Y, Wan W, Gao D, et al. 2016. Genetic characterization of novel fowl aviadenovirus 4 isolates from outbreaks of hepatitis-hydropericardium syndrome in broiler chickens in China. Emerg Microbes Infect, 5(11): e117.

Lorbach JN, Wang L, Nolting JM, et al. 2017. Porcine hemagglutinating encephalomyelitis virus and respiratory disease in exhibition swine, michigan, USA, 2015. Emerg Infect Dis, 23(7): 1168-1171.

Maxie MG. 2016. Jubb, Kennedy & Palmer's Pathology of Domestic Animals (Vol. I -III). 6th ed. Amsterdam: Elsevier.

Meuten DJ. 2017. Tumors in Domestic Animals. 5th ed. New Jersey: Wiley.

Opriessnig T, Karuppannan AK, Castro AMMG, et al. 2020. Porcine circoviruses: current status, knowledge gaps and challenges. Virus Res, 286: 198044.

Salim SAS, Talb OQ, Saad MS, et al. 2019. Clinico-pathological and biochemical aspects of foot and mouth disease in calves. Adv Anim Vet Sci, 7(10): 835-843.

Zachary JF. 2022. Pathologic Basis of Veterinary Disease. 7th ed. Amsterdam: Elsevier.

Zhang Q, Cao Y, Wang J, et al. 2018. Isolation and characterization of an astrovirus causing fatal visceral gout in domestic goslings. Emerg Microbes Infect, 7(1): 71.